第二次增訂

臺灣脊椎動物誌

上　冊

A SYNOPSIS OF THE VERTEBRATES
OF TAIWAN

by

JOHNSON T. F. CHEN

陳　兼　善

Revised and Enlarged Edition (in 3 vols)

by

MING-JENN YU

于　名　振

Vol. I

臺灣商務印書館發行

二 次 增 訂 序

　　業師陳兼善教授所撰之「臺灣脊椎動物誌」，自初版刊行迄今，即將屆三十年。其在動物學學術上之貢獻，當毋容置疑，已獲肯定。

　　然此巨著出版前後所歷之辛酸，恐鮮為人知。初，稿雖完成，但刊行印刷費用，却苦無着落。幾經籌措，亦僅得什之二、三。事聞於游彌堅先生，彼當時主理教育廳轄下之臺灣省特種教育基金會。乃慨焉決定貸予新臺幣五千元。惟在立約中則註明期限為兩年，到期須以現款償還，不得以書本作抵。此即陳雪屏先生在初版序中所謂「……終於獲得臺灣省特種基金會的贊助……」也。誠然，有錢好辦事，此動物誌不久便順利付梓，刊出面世。陳師之夙願得償，自然沾喜。生輩等亦為之欣然。可是當時國人經濟，並不寬裕，購書與讀書風氣，尚未開展。此等較專門之著作，又屬冷門。每月售出，平均不過三、五本。就算予開授脊椎動物學課程，列之為主要參考書，每年亦僅增其銷路十餘二十本而已。開明書局為動物誌代為發行之書店，彼之存書倉庫不大，容量有限。而動物誌篇幅多，版本大，若銷路不暢，便有無處存放之苦。陳師已遷居臺中，曾就商於予，擬將部分存書寄放予住之宿舍。惟一經考慮，宿舍為日人留下之建築，年事已久，維護亦欠佳，基礎已經動搖，恐難承擔重荷。加以若遇颱風，瓦片翻飛，滴漏四處。書本最忌潰濕，因而作罷。時光匆匆，兩年過去，特種教育基金會之貸款需要償還，但售出之書款却只寥寥。當時特種教育基金會貸出之款項人數眾多，且均非如陳師者區區之數目，又逾期多時而無合理之解釋，拒不償還。特種教育基金會乃決定凡到期而未能償還者，悉數移送法院處理。事為彌堅先生所悉，乃挺身出而斡旋，將陳師之案件抽出，因為此事若一經報章披露，恐必成為文化學術界中的一大諷刺，亦有違特種教育基金會設立之原則。遂暫不顧不能以書本抵償之立約，將相當數量之書本歸還基金會，而由教育廳通令勸導全省各中學圖書館購買，所得書款還墊特種教育基金會，此案乃告了結。陳師遂僥免涉訟之災。

　　臺灣脊椎動物誌在國內銷售情形雖然平平，但國外函購者却源源不絕。但由於書本大部分已轉爲中學圖書館藏書，逐告絕版。而國內外對此書之需求愈殷，王雲五先生深悉此書在學術界上之價值，復得中山文化學術基金會之資助，乃徵求同意由商務印書館印行再版，陳師欣然答允，並趁機增訂，分爲上、下兩冊，上冊完全記述魚類，下冊則自兩生類以至哺乳類。自民國五十八年發行以來，雖非暢銷之書，但售出之情形，尚稱不惡。最重要者，厥爲欲研究臺灣產脊椎動物者，指出一條正確之途徑，同時在國際學術研究上，對此方面之歷年科學報告，作爲一個有系統性的綜合研究彙輯。

　　在陳序與游序中，多爲讚美之辭。卽在陳師之卷首語中，主旨在闡述研究臺灣產脊椎動物的扼要史略。對於所歷辛酸，並無半句怨言。此種學養，實應效法。陳師默默耕耘，嘉惠後學，令人欽佩。

　　在卷首語中，陳師對予有不少嘉勉與鼓勵之語，實愧不敢當。但予受業於陳師較早，追隨其學習工作，亦達三十餘年，確是事實。至於于名振教授則爲陳師在晚年所收的最得意之弟子，深獲眞傳。在動物誌第一次增訂至後期時，陳師積勞成疾，其未竟之工作，皆賴于教授繼續完成。而此次第二次增訂，則完全由于教授獨力爲之。在魚類方面，因增加之資料較多，乃自一冊分爲二冊。下冊兩生類以至哺乳類部分，變動則較少。但增圖與訂正，亦使內容更加正確而篇幅亦略增，予受益於陳師旣深且長，惟此事並未出力。承于教授邀爲作序，因敍出當年一段經過，聊遮愧疚。

　　聞陳師已於本年七月間病逝。則此增訂版刊出時，彼已無法目睹。但其在天之靈，若悉其所著之動物誌，不獨永垂不朽，且日益茁壯，薪傳有人，想必可告慰！

梁　潤　生

中華民國七十四年十月五日

於國立臺灣大學動物學系

二 次 增 訂 前 言

　　本書這次擴大增訂，是奉業師　陳兼善教授生前之命開始進行的，而其完成和出版則是爲了紀念業師對臺灣產脊椎動物的基礎分類學研究的奠立，和他這部原著對學術界的不朽貢獻。

　　本書再版本之刊行，已歷十五年。在此期間，無論分類學理論和方法的創新，分類系統的改進，均發生極大之變革。而臺灣產脊椎動物的調查研究，也由於風氣漸盛，新記錄種和新種大量增加。粗略估計，魚類增加近九百種，兩生類增加三新種，爬蟲類增加一新種，鳥類增加約六十種，陸生哺乳類亦增加二新記錄種和一新亞種。尤其是一種文昌魚的新記錄種的發現，塡補了臺灣頭索動物的空白，更是難能可貴。因此之故，遠在五年以前，業師卽自美函囑將本書全面增訂，以期符合現時之進步情況。承命之初，深感力有未逮，雖戮力以赴，終於完成，惟是否已達成使命，並無信心，但希不辱師承而已。

　　在此新增訂版本中，大部分內容都曾作過或多或少之更動，而內容格式和全書宗旨則保持原樣。爲配合歷年來各大學相關科系採用爲敎本，關於各類脊椎動物的形態特徵，演化過程，和分類系統的新觀念的介紹，都已根據最新研究報告予以充實或改寫，而所有在臺灣區域發現的新記錄種和新種，亦均納入重編的檢索表中，以便查對和鑑別。爲了便於查考，另編簡明目錄，分別附於中冊（魚類）和下冊（其他各類）之後。而新增彩色圖版多幅則附於各冊之前。附於內文中的黑白插圖亦增加甚多。要容納這樣多的新資料，內容篇幅當然隨之大量增加，所以已由上下二冊改爲上中下三冊。

　　此新增訂本之得以完成，當然得首先感謝提供或引證其參考資料的海內外學者，因人數衆多，難以一一列出。商務印書館朱發行人建民慨允本書之全面修訂，並諸多勉勵，出版科章科長堯鑫及該科同仁對內容和圖版之反覆校排，費神費力，毫無怨言，余尤表感謝。東海大學生物系同學協助索引之編排，熱心讀者殷殷催促垂注，學長梁潤生教授在百忙中惠允賜序，在此亦深表謝意。因本書篇幅巨大，撰寫中前後文難以兼顧，名稱，術語及用句與措辭，難免失之統一，疏漏錯誤之處一定很多，尚祈專家先進不吝匡正，實所至盼。

于　名　振

中華民國七十四年十月

於東海大學魚類研究室

卷　頭　語

　　科學有純理與應用之別，亦有世界性與地方性之分。中國爲科學落後之國家，其於純理的世界性的科學，或可祇襲他人之業績，而不必斤斤企求其創獲。但應用的與地方性的科學，倘無切合實際之觀察，嶄新獨立之研究，徒然拾人牙慧，無異太阿倒持；其結果物不能盡其用，地不能盡其利，人民日常生活之所需，亦將仰給他人，國家不淪爲次殖民地者蓋尠矣。

　　中國學者對於動物學之研究，至少當有四十年之歷史，精湛淵博之報告，常散見於中外著名之專門雜誌，但所謂 “中國的動物學”，依然爲一未經開闢之荒地。域內產物，無論魚、蟲、鳥、獸，未經調查命名者甚多，一也。重要經濟動物之生活史，學者間尚無詳盡之研究報告，二也。上自大學校長，下至中小學生，無視動物學在學術界中之地位，三也。其所以致此者，學者間求其高深，而忘其普及，實爲最重要之原因。須知一篇專門性之研究論文，如以西文或艱深之中文發表，雖不能抹煞其在學術上之貢獻，而國人知者甚少，無以引起青年學者嚮往之興趣，此於有地方性之學問如動物學者，實爲莫大之損失。

　　予執教於中山、勷勤、臺灣等大學，主講脊椎動物學者先後垂三十年，每以無完美適用之教本爲苦。中國大學教育之風氣，往往以採用西文教本相炫耀，如同濟採用德文教本，震旦採用法文教本，其他各大學則大都採用英文教本，是誠令人百思而不得其解者。予意數、理、化等學科採用西文教本，雖不免失却國家學術獨立之本旨，但對於學科內容，尚無重大不良之影響。至若地質學、地理學、植物學、動物學等學科，一方既不能忽視其地方性，一方又必需明瞭其對於國計民生之關係，其必須採用中國教材，編爲中文教本，殆爲毋容懷疑之原則。

　　中外學者研究中國脊椎動物之報告，以予所知當不下二千餘篇，但迄無綜合性的敍述，可供初學參考之需者。李扶斯女士之中國東北部中部脊椎動物綱要 (REEVES, C. D.: Manual of the Vertebrate Animals of North-eastern and Central China, 1933) 當爲最早之創作。但本書將鳥類刪除，又未列舉參考文獻，於初學諸多不便。張春霖之脊椎動物分類學 (1936) 篇幅甚少，而魚類佔去其大部分。鄭作新之脊椎動物分類學綱要 (1948) 僅列舉目、科、屬、種之名而無說明。此二書在應用時均有相當困難。抗戰以前，予主講脊椎動物學於廣東省立勷勤大學，曾努力搜集文獻，以中國產物爲主，擬編寫脊椎動物學一書，藉便初學，亦可權充爲大學教本。惟此種計畫，爲蘆溝橋之礮火所摧毀，八年之間，輾轉於西南各省，所藏圖書散失無餘，更何敢奢望專心著述，作名山萬世之想邪。

　　三十四年多奉命來臺，於協助接收臺灣大學時，見其動物學教室藏書粗具規模，因復思廣續舊業，償予宿願。自三十六年起予在臺大擔任脊椎動物學功課，即着手編寫講義。惟初時以全中國爲範圍，頗覺篇幅過鉅，非如予衰朽所能畢其事，而參考文獻亦時感不敷應用，故所寫講義時斷時續，完成者僅哺乳類及魚類之一部分而已。三十九年起予爲師範大學博物學系學生講述同一學科，乃考慮縮小範圍而僅以臺灣爲限。如是則篇幅不至過多，編寫較易，並可期於一年內講授完畢；同時諸生出任中學教師，有此藍本，對於採集標本，鑑定名稱，亦可增加其興趣。經五年間之奮鬥，初稿始勉強完成，其中魚類部分（包括板鰓綱、眞口綱）曾由臺灣銀行經濟研究室以臺灣魚類誌之名稱，作爲臺灣研究叢刊第二七種，於四十三年八月出版。臺灣魚類誌問世後，因接獲各方寄贈之報告甚多，而博物館，水產試驗所之魚類標本亦續有增加，因復重加釐訂，不特種類新增六分之一有奇，而文字內容修正之處亦甚多。是爲本書編著之經過，不得不爲讀者傾訴其私衷與苦心也。

⋯⋯⋯⋯⋯⋯⋯⋯⋯⋯⋯⋯⋯⋯⋯

　　臺灣脊椎動物志之編寫，自遠較中國脊椎動物志爲輕易，蓋不特地域局限於一隅，而日人五十年來之努力，亦殊有助於吾人之工作。但日人並無綜合性之著作，甚至一綱一目，作有系統的敍述者，亦不多覯。故予之計畫，對臺灣學術界言，亦殊有此迫切之需要也。

　　臺灣脊椎動物之研究，當遠溯百年前斯文豪氏（R. SWINHOE）之採集與報告。斯氏英人，1836 年生於印度之加爾各答，就讀於 Kings 大學。1854 年以翻譯生名義至香港，1855年任職廈門領事館，翌年升任助理領事。1857 年三月自廈來臺在新竹作一週間之旅行採集。1858年 6 月再度來臺，足跡遍全省，包括澎湖在內，收獲甚富。1861年12月任臺灣副領事，1864 年升任正領事，直至 1866 年又轉任廈門領事，在臺前後五年，採集哺乳類、鳥類標本甚多。氏於鳥類頗有研究，所寫論文多刊載於著名之鳥學雜誌，即 Ibis，及倫敦動物學會會報（Proc. Zool. Soc. London）中。其餘標本則多寄贈於當時著名學者，故臺灣哺乳類、鳥類、爬蟲類，繫以斯文豪種名以紀念此卓絕之採集家者甚多。如 *Rusa unicolor swinhoei*（水鹿），*Capricornis swinhoei*（臺灣長鬃山羊），*Lophura swinhoei*（山鷄），*Chlidonias hybrida swinhoei*（黑腹燕鷗），*Japulura swinhonis*（斯文豪氏攀木蜥蜴），*Natrix swinhonis*（斯文豪氏遊蛇），*Rana swinhoana*（斯文豪氏蛙）均是也。

　　與達爾文同時公佈天擇學說之華萊士（A. WALLACE）有島國生物（Life of island）一書，曾列舉臺灣哺乳類 35 種，鳥類 43 種，其根據資料亦以斯文豪氏報告爲主。

　　德人梭德（H. SAUTER）1871 年 6 月生於德國之巴伐利亞（Bavaria），長入明興大學（Munchin），繼轉 Tuelingen 大學，專習動物學。曾於 1902、1905 年兩度來臺，在高雄、安平採集魚類，在恒春、甲仙、關仔嶺採集蛇與蜥蜴，在高雄、恒春採集昆蟲。梭氏採集標本原與日本橫濱之標本商 A. OWSTON 合作，1914 年歐戰爆發，OWSTON 被迫停業，梭氏生活失其憑恃，乃改就高等學校、醫學專門學校等校教職，以使其工作不致中輟。直至 1923 年體力衰弱，始停止採集。梭氏二十餘年間奮鬥之結果，於動物學貢獻甚鉅。世界各國學者因得梭氏之標本而撰爲專門報告者達三百餘篇之多。故臺灣產脊椎動物中以梭德氏爲種名者，不下於斯文豪。如: *Pristiurus sauteri*（梭氏蜥鮫），*Rana sauteri*（梭德氏蛙），*Hemibungarus sauteri*（帶紋赤蛇），*Achalinopsis sauteri*（臺灣標蛇），*Pseudoxenodon macropus sauteri*（梭德氏斜鱗蛇），*Natrix sauteri*（梭德氏遊蛇），*Takydromus sauteri*（梭德氏蛇舅母）。*Tamiops sauteri*（臺灣松鼠）均是也。

　　甲午戰役 (1894) 而後，臺灣割讓 (1895) 於日本，日人來臺採集者絡繹於途。而最初爲文報導者當推波江元吉氏。氏執教於東京帝大，臺灣淪陷之次年 (1896) 卽摘錄外國學者之研究，以帝國新領地臺灣動物彙報爲題刊載於動物學雜志第七卷，記述臺灣產哺乳類 43 種，鳥類 177 種（此外尚有軟體動物 171 種，蝶類 45 種）。

　　實際來臺採集標本之日本學者，以多田綱輔爲第一人。多田出身於東京帝大簡易科動物部，後任東京帝大助教，於1896年 8 月奉大學命來臺採集，滯留一年有半，足跡遍及臺灣本島及澎湖、蘭嶼各地。其復命書載東洋學藝雜誌及動物學雜志，所得標本屬於脊椎動物者，計魚類 100 種，兩生類 7 種，爬蟲類 18 種，鳥類約 80 種，哺乳類約 10 種。此等標本分送飯島魁、波江元吉等學者研究。

　　菊池米太郎爲日本宮崎縣人，1902～1904 在我國海南島曾隨德人學習動物標本採集製作法。1905 在中國、大島、五島等地採集。1906 年來臺從事採集動物前後凡十六年 (1922 年 11 月卒時年 53)，不僅踏遍全島及蘭嶼、綠島，且曾攀登玉山巔峯，阿里山帝雉之發見尤爲著名。脊椎動物新種以菊池命名亦復不少，如 *Aphyocypris kikuchii*（菊池氏細鯽），*Gekko kikuchii*（菊池氏蛤蚧），*Passer rutilans kikuchii*（山麻雀，卽 *P. rutilans rutilans*），*Microtus kikuchii*（菊池氏畑鼠）等是。菊池氏積多年之經驗，對於本島鳥獸之習性與分佈，知之綦詳，且能由鳥類之鳴聲而辨知其種類，誠爲一卓絕之採集家。

....

　　初期採集工作，逐漸進而爲分綱、分目，甚至於分科之專門研究，茲再分別敍述之。

　　一、魚類（包括圓口類、軟骨魚類，及硬骨魚類）——臺灣魚類之研究當遠溯至一世紀以前，貢德 (A. GÜNTHER) 在其不朽名著不列顛博物館魚類目錄 (Catalogue of the Fishes in the British Museum, 8 vols, 1859～70) 中曾散記臺灣淡水魚類 16 種，卽斯文豪氏所得之標本。鮑倫吉 (G. A. BOULENGER) 於 1894 氏發表一新種，名臺灣石爬子 (*Homaloptera formosanus*)，亦爲值得一提之初期研究工作。

　　本世紀之初日本魚類之研究工作，以美國史丹福大學校長喬丹博士 (D. S. JORDAN) 爲中心，逐目、逐科發表於美國國立博物館報告 (Proc. U. S. Nat. Mus.) 中，奠定日本魚類分類研究之基礎。臺灣魚類則另有初步的報告，最先發表者為喬丹與愛卓曼 (EVERMANN, B. W.) 二氏之臺灣魚類採集記 (Notes on a Collection of Fishes from the Island of Formos, Proc. U. S. Nat. Mus., XXV, 1902)，共記魚類 186 種，以海產為主，其標本則多數為多田綱輔氏所得者。越七年喬丹又與李察遜 (R. E. RICHARDSON) 重新釐訂上述之採集記，更益以梭德氏之標本 100 種，成臺灣魚類目錄 (A. Catalogue of the Fishes of the Island of Formosa or Taiwan, based on the collections of Dr. H. SAUTER, Mem. Carn. Mus., IV, 4, 1909) 一文，仍注重於海產魚類，共記 286 種。

大島正滿氏曾普遍調查全島之淡水魚類，並益以青木赳雄、松田英二、菊池米太郎諸位之標本，渡美從喬丹博士進行研究。於 1919 年發表臺灣淡水魚類研究 (Contribution to the study of the Fresh-water Fishes of the Island of Formosa, Ann. Carn. Mus., XII, 2～4) 一文，共記 76 種，內有 8 新屬，15 新種。翌年又於費城自然科學院報告 (Proc. Acad. Nat. Sci. Philad.) 中發表論文兩篇，均以淡水魚類為主題，其一記 58 種，內有 8 種為新種，另一篇則記載新種 2 種。

大島正滿對於臺灣魚類之整理工作，有其不可磨滅之功績，除上述三篇論文而外，如鯔科 (Mugilidae)，蝦魚科 (Centriscidae) (上二文發表於 Ann. Carn. Mus., XXIII, 1922)、鰺科 (Carangidae) (發表於 Philipp. Journ. Sci., 1925)、鯛科 (Sparidae)、比目魚類 (Flounders & Soles) (上二文發表於 Jap. Journ. Zool., I, 1927) 等，均有精湛之報告。

基隆水產試驗場之設立，以漁業之基本調查為其中心工作，而重要食用魚類之分類學的研究，亦為當局所重視。該場技師中村廣司氏曾於短期間寫成臺灣產鮫類調查報告 (1936)、臺灣近海產旗魚類調查報告 (1938)、臺灣近海產鮪類調查報告 (1939) 等三篇論文，不僅注意於分類系統，而於廻游漁期、習性、產量等亦有詳盡之記載。光復前夕，中村廣司由臺灣水產會所印行之小冊，實用臺灣主要魚介圖說，在學術上雖無多大貢獻，但裨益漁民實非淺尠。

此外涉及臺灣魚類之研究報告，亦復不少，但綜合性的文字，迄未出現。唯一可供參考之著作，當推岡田彌一郎之日本脊椎動物目錄 (A Catalogue of Vertebrates of Japan, by Y, OKADA, 1938)。該書於日本產脊椎動物中各部類均逐一註明其產地，但魚類非岡田氏所專擅，因此臺灣所產見於該書者不過 430 種。此數與本書所記之 870 種 (板鰓綱 71 種，真口綱 799 種) 相對照，尚不及百分之五十也。

二、兩生類、爬蟲類——臺灣爬蟲類之研究報告，當以 1863 年斯文豪氏之臺灣爬蟲類目錄 (A List of Formosan Reptiles, Ann. Mag. Nat. Hist., (3) XII) 為嚆矢，共記 15 種。美國國立博物館史丹吉氏所著之日本及其近隣之兩生爬蟲類 (STEJNEGER, L.: Herpetology of Japan and adjacent Territory, Bull. U. S. Nat. Mus., LVIII. 1907) 實為研究

東亞兩生爬蟲類學之權威，本島產者亦記載至 50 種之多。此外史氏尚有論文三篇，其第一篇發表於 1898 年 (On a Collection of Batrachian and Reptiles from Formosa, Journ. Col. Sci. Imp. Univ. Tokyo, XII)，第二篇僅記載一後溝牙蛇類之新種(A new Opisthoglyph snake from Formosa, Proc. Biol. Soc. Wash. XV, 1902)。 1910 年所發表者為最重要，題為臺灣之兩生類與爬蟲類 (The Batrachians and Reptiles of Formosa, Proc. U. S. Nat. Mus., XXXVIII)，乃彼個人及其他學者之綜合性報告，共記蛙類 19 種，蜥蜴類 16 種，蛇類 44 種，龜類 7 種，都 86 種。

巴布 (T. BARBOUR) 之兩生類、爬蟲類新種記載 (Some new Reptiles and Amphibians, Bull. Mus. Comp. Zool., LI, 1908) 及東亞產兩生類、爬蟲類記載 (Notes on Amphibia and Reptiles from Eastern Asia, Proc. New. Engl. Zool. Club. IV, 1909) 對於臺灣產之兩生類、爬蟲類亦有論及。

鮑倫吉氏為魚類學權威，同時亦為兩生爬蟲類學之泰斗。梭德氏所採之蛙、蛇，曾由彼鑑定為新種者，有論文兩篇發表 (1. Descriptions of a new Frog and a new Snake from Formosa, 1908; 2. Description of four new Frogs and a new Snake discovered by Mr. H. SAUTER in Formosa, 1909)，均登載於 Ann. Mag. Nat. Hist. 雜志中。

美人丹麥 (V. G. DENBURGH) 有文論及臺灣爬蟲類及兩生類之新種及新記錄 (New and previously unrecorded species of Reptiles and Amphibians from the Island of Formosa, Proc. Calif. Acad. Sci., (4) III, 1909)，亦為初期工作中所應提及者。

在臺日人之研究當以總督府技師羽鳥重郎之臺灣產毒蛇調查報告書 (1905) 為濫觴，該文記毒蛇 8 種，均有圖解。其次則為波江元吉氏之臺灣產毒蛇，曾於 1908～09 年連續登載於動物學雜志中。研究所技師大島正滿於魚類研究之餘，旁及蛇類，以予所知，前後共有論文四篇。以英文發表者有臺灣蛇類目錄 (An annotated list of Formosan Snakes) 載日本動物學彙報第七卷 (1910)，臺灣琉球毒蛇圖說 (Notes on the Venomous Snakes from Islands of Formosa and Riu-Kiu, 1920) 共記毒蛇 24 種，附有圖解，其中產臺灣者 11 種，內含 3 新種。以日文發表者，為臺灣產海蛇圖說 (1914) 及臺灣產蛇類種名訂正 (1916)，均刊登於動物學雜志。

此外日人之研究工作可舉者，尚有牧茂市郎氏對於山椒魚與守宮類之調查報告；山口謹爾氏以研究蛇毒著名，亦有臺灣毒蛇報告 (刊載於 Journ. Orient. Med., Dairen II, 1924) 一文發表；岡田彌一郎對於蛙類，佐藤井歧雄對於有尾類，高橋精一對於毒蛇類等均有專著發表，為世人所習知，故略而不詳。

三、鳥類——鳥類之研究當首推斯文豪氏，已如上述。彼本人發表之文字，多以臺灣鳥類通訊 (Letter on Formosan Ornithology) 為題，刊載於 Ibis 雜誌中；亦有發表於倫敦動物學會報中者，自 1857 年至 1871 年止，前後達十五篇之多。其中臺灣鳥類學 (The Ornithology of Formosa, Ibis, 1863) 一文，共記 187 種，更爲空前鉅著。彼於臺灣鳥類在地理分佈上之關係，有本島鳥類與日本、菲律賓殆無關係，而與中國喜馬拉雅之關係則甚爲密切之語，實爲不朽之名言。哥爾德 (J. GOULD) 爲亞洲鳥類學的先進，於 1850～1883 年之間完成其名著亞洲鳥類 (Birds of Asia) 共七卷。此書雖廣泛的敍述亞洲鳥類，不局限於臺灣，但因斯文豪氏之標本一部分經彼鑑定，故於本島鳥學研究史上亦佔重要之位置。彼有斯文豪氏採集之臺灣鳥類新種 (New species of Birds from the Island of Formosa collected by Robert Swinhoe, Esq. Her Majesty's Vice-Consul at Formosa) 一文，刊載於倫敦動物學會報 (1863) 中。

不列顚博物館之鳥類目錄 (Catalogue of the Birds in the British Museum) 爲鳥類分類學上最偉大之著作，全書二十六冊，集合若干專家於二十五年 (1874～1898) 間始告完成。（此書作者有 SHARPE, SEEBOHN, GADOW, SCLATER, HARGITT, SALVADORI, HARTERT, SALVIN, ‘O. -GRANT, SOUNDERS 均一時之選）。研究臺灣鳥類，此書當爲必不可缺之經典。其作者之中，如西朋 (H. SEEBOHN) 曾著有日本鳥類 (Birds of Japanese Empire, 1890)；格蘭 (W. R. OGILVIE-GRANT) 著有臺灣鳥類 (On the Birds of the Island of Formosa, 係與拉都希 J. D. LA TOUCHE 合作，載 Ibis, 1907，以後更有補篇──同誌 1908，及再補──同誌 1912 等報告則爲一人所寫)，均爲世人所稔知者。臺灣鳥類之新種由格蘭氏命名者凡 16 種，著名之帝雉即由彼鑑定者。

有關中國大陸鳥類研究之若干名著，如 DAVID, V. & OUSTALET, M. E. (著有 Les Oiseaux de la Chine, 1871，此書包括海南及臺灣二島之鳥類)，拉都希 (著有 A Handbook of the Birds of Eastern China, 1925～1934), CALDWELL, H. R. & CALDWELL, J. C. (著有 South China Birds, 1931)，均爲研究臺灣鳥類之重要參考文獻。拉都希爲一駐廈門之海關官吏，於 1893～1897 年間，數度來臺，對臺灣及澎湖、蘭嶼鳥類之研究頗多貢獻。其論文題爲北臺灣鳥類記載 (Notes on the Birds of Northern Formosa, Ibis, 1898)，共記鳥類 77 種，並對若干種類之卵與巢有極精確之描寫。

西朋之友人霍斯德 (A. P. HOLST) 曾遊臺灣，登阿里山，採得若干高山動物。黃山雀 (*Parus holsti*) 即西朋所定之新種用以紀念霍氏者。此外歐洲學者來臺從事鳥類之採集與研究工作者，尙有戈德法羅 (W. GOODEFELLOW)。戈氏曾兩度涖臺採集 (1906, 1912)，其第一次採集之標本，由格蘭與拉都希研究，成臺灣鳥類一文，較之斯文豪之臺灣鳥類學增加 73 種，合爲 260 種。

臺灣鳥類旣爲世人所注意，於是各大博物館競相羅致，除上述戈德法羅之標本爲不列顚博物館所得，拉都希之標本爲哈佛比較動物學博物館 (Museum of Comparative Zoology,

Harvard College) 所得而外，尚有紐約美國自然歷史博物館 (American Museum of Natural History) 藏有羅却爾得 (W. ROTHSCHILD) 之標本，列寧格勒博物館藏有慕爾屈利 (MOLTRECHT) 之標本，而標本商 OWSTON 之標本則分售於美國東部各博物館。

　　日本學者對於臺灣鳥類之採集與研究，用力之深，收獲之富，因憑藉其優越之政治勢力，自當凌駕乎歐美學者以上。初期採集工作有多田綱輔與菊池米太郎二位，已如上述。多田綱輔在其旅臺期間時以臺灣通訊爲題刊載於動物學雜志中，至綜合性的記載則有臺灣鳥類一班 (1898) 一文，載 196 種，其中 80 餘種爲彼本人所得標本，餘則錄自前人之記載。菊池米太郎之鳥類標本多送由內田清之助、黑田長禮等鑑定研究，其本人除在日文 "鳥" (1917年 No. 5) 雜志有一篇記載臺灣附近島嶼之鳥類之報告及 "臺灣博物學會會報" (七卷，(1917) 有一篇 Formosan Birds presented to Prince Kitashirakawa 而外，極少其他文字發表。

　　臺灣鳥類風靡於日本，無論剝製或生活標本，均爲搜藏家或賞玩家所羅致，故截至二次大戰結束，日本學者所寫之研究報告，據估計已在 150 篇以上。比較重要而綜合性的報告，當推內田清之助之臺灣鳥類目錄 (A Hand-list of Formosan Birds, Annot Zool. Jap., VIII 1912)，在格蘭以後又增加至 290 種。嗣後內田本人及黑田長禮均不斷的努力，追加增補之文字亦時有發表。1915 年內田清之助之日本鳥類圖說 (共三卷) 之第三卷，即專述臺灣鳥類者，共記 301 種。大島正滿除魚類、蛇類之研究外，對鳥類亦有興趣，由彼與黑田長禮合著之臺北博物館所藏鳥類標本目錄 (動雜，28 卷，1916)，吾人再度整理臺灣鳥類標本，此文當爲唯一可供查考之文獻。

　　近年來山階芳麿、鷹司信輔、堀川安市等對臺灣鳥類於分類而外，兼攻其習性，貢獻甚多。堀川安市於光復後尚留博物館，曾編一部臺灣鳥類，惜未完成。故侯爵蜂須賀正氏與宇田川龍男在博物館季刊所發表之臺灣鳥類研究，當爲最近之綜合性的報導，共記 394 種。

　　四、哺乳類——臺灣哺乳類之採集調查，斯文豪氏實奠其始基。彼於 1862 年卽已著臺灣哺乳類 (On the Mammals of Formosa, Proc. Zool. Soc. London, 1862) 一文，1870年又著中國及臺灣之哺乳類目錄 (Catalogue of Mammals of China and the Island of Formosa, Proc. Zool. Soc. London, 1870)，共記臺灣哺乳類 31 種。

　　華萊士之島國生物記臺灣哺乳類 35 種，除斯文豪外，尚有司克拉德 (P. L. SCLATER)，格雷 (J. E. GRAY) 二位之報告亦在參考之列，二位對臺灣哺乳類之初期研究均有相當貢獻也。1903 年戴維生 (J. W. DAVIDSON) 著臺灣島之過去與現在 (The Island of Formosa, Past and Present) 一書，亦曾提及華萊士之記載。

　　二十世紀初龐好德 (J. L. BONHOTE) 專攻松鼠及鼠類，安得生 (K. ANDERSON) 專攻蝙蝠類，其論文中往往提及臺灣種類，且有若干新種發表。稍後林得氏 (A. C. LINDE) 有專論臺灣蝙蝠之報告 (A Collection of Bats from Formosa, Ann. Mag. Nat. Hist., (8)

II, 1908)。東亞哺乳類學專家湯麥斯 (O. THOMAS) 整理倍福爵士 (Duke of BEDFORD) 及戈德法羅等所採集之標本，發表若干論文，且有專論臺灣鼯鼠之報告 (A New Flying-Squirrel from Formosa, Ann. Mag. Nat. Hist., (7) XX, 1907)。

日本學者之中，當以青木文一郎爲第一人，彼曾渡英從湯麥斯研究哺乳類，學成後執教於臺北帝大，即今之國立臺灣大學。1913 年彼有日本及臺灣哺乳類記 (A Handlist of Japanese and Formosan Mammals, Annot. Zool. Jap., VIII, 2) 一文發表，共記臺灣哺乳類 59 種。鼠類之研究爲彼畢生事業，其與田中亮合著之臺灣鼠類研究 (The Rats and Mice of Formosa, Mem. Fac. Sci. Agr. Taihoku Imp. Univ., XXIII, 4, 1941)，敍述之詳細，附圖之精美，允推爲空前之佳構。

其次如倉岡彥助氏因調查鼠疫而兼及鼠類之研究，曾於臺灣博物學會會報第六號(1912) 中有一日文報告，記全島鼠類 11 種。黑田長禮於鳥類而外，亦爲日本哺乳類學之權威，發表論文甚多，而對於中央山脈之鼠類，及臺灣產翼手類之研究，更著聲譽，其標本當以菊池及堀川二人所採者爲多。鹿野忠雄爲臺北高等學校出身，好登山涉水，綠島、蘭嶼均有其踪跡，故於本島哺乳類之分佈，頗有其獨特之見解。二次大戰結束，鹿野氏在婆羅洲失踪，至今生死不明，殊堪惋惜。風野鐵吉爲日據時代臺南博物館之動物部負責人，所採鳥獸標本甚夥，頗爲黑田長禮所器重。二次大戰後期，臺南博物館爲盟機所炸燬，風野以身殉。關於臺灣產蝙蝠類，岸田久吉有三篇論文發表，兩篇載於動物學雜志 (36 卷，1924 年)，一篇載於 "Lansania" (IV, 40, 1932)。堀川安市爲一有廣泛興趣之博物學家，除鳥類外，所採之哺乳類亦甚多，所著臺灣哺乳動物圖說 (1932)，至今爲一本最便於初學之參考文獻。

此外值得介紹者爲黑田長禮最近 (1952) 爲博物館季刊所寫之一篇臺灣哺乳動物研究概要，將臺灣產哺乳動物 80 種之研究歷史，分佈情形，參考文獻，均有詳細扼要之介紹，有志於哺乳類之研究者，此文當爲其入門之鑰也。

....

以上所述爲百年來臺灣脊椎動物之研究略史，緬懷先哲，悠然神往。古來學者竭畢生精力以從事於一魚一鳥之微，自然求知重於致用。予今僅以五年短暫之光陰，成此綜合性的著述，何敢媲美前人，蓋致用之心較切，成就自必有限也。

但即此粗率簡陋之著作，亦非一蹴可躋者，各類標本不足供比較之用一也，所藏文獻，未能應參考之需二也，人事牽連，苦難悉力以赴三也，稿成以後，難籌印刷之資四也。今幸特種教育基金會諸公慨然貸以鉅資，否則此稿命運，只能藏之行篋，飽蠹魚之腹而已。

此書共記板鰓綱 7 目 20 科 71 種，眞口綱 31 目 157 科 799 種，兩生綱 2 目 5 科 27 種，爬蟲綱 2 目 16 科 92 種，鳥綱 23 目 61 科 404 種，哺乳綱 10 目 24 科 79 種。爲使中學教師，大學學生，或農林漁牧狩獵之士，便於鑑定其所得標本之正確學名起見，由綱分目，由目分科，或由科分屬與種，均有簡明之檢索表。每種學名之下，多附有英、美、旦之俗名，或內地與臺灣之土名。書末更附各種西文中文學名俗名之索引，以備參考。但本書篇幅雖逾六十萬言，而每種記載，不過檢索表中寥寥數語，故鑑定標本時，仍難免遭遇種種困難，予願讀者進而求諸各種專門論文。每綱之末所附之參考文獻，卽所以介紹於讀者諸君，以備隨時查考之需也。

　　唯以予所知，臺灣脊椎動物之分類學的工作，魚類（包括軟骨綱及硬骨綱）部分，如作詳盡之搜集，精密之整理，將來新記錄之種類，可能超過今日已知之數目。其他四綱，除已知之種類外，新記錄之出現，殆爲絕無僅有之事。但任何部類，模式的或參考的標本，保存於日本或歐、美各大博物館者，當遠過於臺灣各研究機構所存有之總數，予曾計畫以省立博物館爲中心，將臺灣產脊椎動物全部搜羅無遺，倘有少數種類保存於外國博物館中，無法於短時間內搜獲者，亦可請其贈送參考標本。分類學的工作完成而後，然後可以進行形態學的、生理學的、生態學的、或與產業有關之各種問題之研究，我國之學術獨立或可肇端於斯歟。

　　臺灣省特種教育基金委員會主任委員劉先雲，以及委員謝東閔、游彌堅諸位先生對於本人之鼓勵與協助，使本書得以印行問世，謹以至誠，表示其崇高之敬意。陳雪屏先生爲本書作序，尤其五六年來對本人不斷之愛護與支持，古道熱腸，使人銘感。游彌堅先生在本書編寫印刷進行之中，時加指導，謹衷心表達其謝忱。臺大王友燮博士、師大李亮恭教授、水產試驗所鄧火土所長，對於本人之工作，諸如比較標本，查閱文獻，經常賜以極大之方便，謹此道謝，以誌不忘。田澤民先生爲一卓越之鳥類獸類採集家，其實際經驗，彌足珍貴，關於鳥綱、哺乳綱初稿曾由彼閱讀一過，頗多更正，謹此誌謝。梁潤生先生在魚類學上之貢獻甚大，本書板鰓、眞口兩綱種類之增加，大部分根據於梁氏之報告，謹表謝意，並希望梁氏不斷努力，以完成其艱鉅之工作。郭秋成君年少有爲，本書魚類部分附圖多半由彼描繪，尚望其繼續奮鬥，竊意學歷資歷並不能限制一人之成就也。

　　本書印刷僅閱半載，校對工作完全由予一人負擔，魯魚亥豕，在所難免，書成之後又校閱一過，附印勘誤表，讀者如另有發現，尚祈隨時函告本人，以便再版時加以改正。至若文字內容如有錯誤；亦祈海內先進，時加匡正，幸甚幸甚。

中華民國四十五年陳兼善記於東海大學

增訂再版附記

　　本書初版於四十五年出版後，臺灣脊椎動物（尤其魚類）之研究有如雨後春笋，除分類而外，偏亦涉及某種類之生理、生態，以及病理學的探討。在哺乳類部分有于景讓教授對於龍涎香之考證（大陸雜誌九卷十期），楊鴻嘉氏對於黑海豚（*Pseudorca crassidens*）之新記錄（鯨研通訊 108 號）。尤可珍貴者爲馬駿超博士對於蝙蝠類的採集，雖然馬博士之目的在於寄生蝙蝠體中的蝨子，但對於臺灣蝙蝠種類之搜求亦必有極大的貢獻。對於鳥類的研究值得特別提及者，爲美國軍部所設置之遷移動物病理調查所（Migratory Animals Pathological Survey—MAPS）曾邀約東海大學生物學系協助擔任臺灣區之鳥類繫放小組（Bird Banding Team），並聘予爲該小組之顧問。五年來對臺灣鳥類有比較精確之調查，據 KUO-WEI KANG（康國維）PAUL. S. ALEXANDER（歐保羅）合著之 Checklist of the Birds of Taiwan（1968）臺灣鳥類除迷鳥外實僅 378 種。爬蟲類的研究當首推毛壽先教授之工作，關於蛇類部分除分類而外，諸如蛇毒、體色、雌雄二型等（論文目錄參閱下冊 113 頁）均有所論列。最近對龜鼈類亦做廣泛的探索，有關論文尚未閱及。故王友燮博士及其助教 C. S. WANG 則有綜合性的報告（The Reptiles of Taiwan, Q. J. T. M., IX, 1, pp. 1~86）。美國海軍醫藥研究所（NAMRU, II）之 R. E. KUNTZ: Snakes of Taiwan（Q. J. T. M., XVI, 1 & 2, 1963）附有詳細之記載與美麗之彩色圖，亦稱佳構。此外 C. C. LIN（1956）有關臺灣蛇毒之研究，惜予僅見其油印講義耳。兩生類部分，除歐保羅博士有關青蛙之發生研究而外，未見有關分類上之任何著作。

　　近十幾年來，臺灣魚類的研究可謂有極其豐碩的成果，由於新記錄，新種之不斷增加，目下臺灣魚類的總數已超過 "初版" 時 60% 以上。國立臺灣大學動物學系梁潤生主任，水產試驗所鄧火土所長的領導，以及東海大學魚類標本室十年間的努力，就是造成這些成果的原動力。在這三個單位內許多從事魚類學研究工作的報告，大概十之八九已搜羅在第六章末的參考文獻中。此地限於篇幅，只能介紹部分比較重要的成就。例如在分類方面有梁潤生對於瞻星魚科（URANOSCOPIDAE），鄧火土、陳兼善對於軟骨魚類（CHONDRICHTHYES），沈世傑、陳兼善、翁廷辰對於比目魚類，于名振對於金鱗魚科（HOLOCENTRIDAE）及隆頭魚科（LABRIDAE），朱光玉對於石首魚、鰤魚，及鯡魚，童逸修對於蜥魚（Saurida），鄭昭任對於鰕虎目，陳兼善、翁廷辰、李盧報對於鰻魚（APODES）。其中特別重要的有鄧火土對於盲鰻類的發現，使臺灣的 Fish—fauna 增加圓口類一綱。在發生方面沈世傑曾發現海鰱的狹首型幼蟲。對於若干魚類之廻游習性劉發煊有廣泛的研究報告。

....

本書初版間世而後，來函詢問請益者甚多，而大學中亦常採用爲 "脊椎動物學" 教本，因此時作增訂再版之想。十餘年來搜集資料，未嘗間斷，但如何修改變更初版之體裁，使適用爲教本，煞費躊躇。如初版所列綱目僅以臺灣所產者爲限，故介皮、盾皮、圓口三綱均付闕如。現將脊椎動物分爲九綱，各綱中分目則不問其爲化石的或現生的，一律加以敍述。唯在目以下分科、分屬、分種則以在臺灣區域曾有報告者爲限。其次初版敍述綱目……特徵，旨在便於檢索，演化系統不在討論之列。"再版" 不然，敍述各綱總論，將以演化爲綱領，使學者對於該綱分類系統之排列有所理解。吾人須知分類學雖云比較保守，亦非一成不變之學科。近年來硬骨魚綱分類系統之劇變固無論矣。自來認爲比較穩定之鳥綱、哺乳綱之分類法亦時有修改。初版至今相隔十有三年，順應時代，更弦易轍，勢所難免。

至若新記錄或新種（可能也有新記錄的科或目）之增加，予於初版卷頭語中曾經提及，魚類部分可能加倍，兩生、爬蟲、鳥、哺乳四綱則絕無僅有。此語現已應驗。初版板鰓類（即軟骨魚綱）71 種，現爲 117 種，眞口類（即硬骨魚綱）799 種，現爲 1264 種其他四綱則極少增益。

根據上述各種理由，再版篇幅將較初版增加60%左右。故勢必分爲上下兩册，上册包含總論及介皮、盾皮、圓口、軟骨、硬骨等五綱，下册包含兩生、爬蟲、鳥、哺乳等四綱，參考文獻及名稱索引則兩册分列，以便讀者之檢閱。

1967 年再版初稿完成而後，方承蒙中山文化學術基金委員會資助部分印刷費，一方又承蒙雲老由臺灣商務印書館負責印刷及發行。在現階段的臺灣，此種純學術性的百萬字以上鉅著，就商業觀點言，殊無印行間世之可能，而今乃蒙雲老斥資付梓，其厚愛半世紀前之小編輯（著者曾於民國十三年秋任上海商務印書館編輯，其時雲老擔任該館編輯所所長，距今已四十六年矣），衷心感激何可言喩。所惜者此書付排後突然遭遇兩重困難，一爲個人健康問題，一爲已成之魚類學部分（本書上卷）必須重新改寫。以致稽延時日達兩年之久，承印廠商嘖有煩言固無論矣，對雲老與商務印書館更覺歉疚萬分。

予素頑健，十年前突患膽結石症，遷延至五十六年秋，病勢加劇，五十七年二月不得已乃進榮民總醫院割治，四月痊癒出院。因此本書印刷工作耽誤半年以上。病中曾獲梅耶博士（G. S. MYERS）寄贈其與友人合著之 "眞骨魚類之系統研究及其現生種類之分類法擬議"（P. H. GREENWOOD, D. E. ROSEN, S. H. WEITZMAN and G. S. MYERS: Phyletic studies of Teleostean Fishes with a Provisional Classification of Living forms, Bull. Am. Mus. Nat. Hist., Vol. 131. art. 4, 1966, pp. 341~455, 9 figs, 32 charts)。此四大魚類學者對此文雖自謙爲一種眞骨魚類之假定的分類法，但其探證之賅博，立論之謹嚴，足以樹立眞骨魚分類法之革新的模楷。 蓋本世紀前半對於眞骨魚類的分類法， 始終不能脫離軟鰭與棘鰭 (Malacopterygii and Acanthopterygii)， 或通鰾與鎖鰾 (Physostomous and Physoclistous) 之範疇， 最近始有人創議將其分爲鯡形、鱸形、與中生魚 (Clupichthyes, Perchichthyes and Mesichthyes) 三羣， 但顧此失彼， 未能與眞骨魚類之演化系統相配合。格陵伍等論文則將眞骨魚類分爲三羣， 八首目， 三十目， 於是傳統的分類法， 被澈底調整而面目一新。予於此文衷誠欽佩， 故決定將已成之下冊先行付印， 上冊關於眞骨魚部分則根據格陵伍等新著重新修改。 此種工作雖有于君名振協助（于君於去夏赴美進修）， 直至去秋始告完成。此本書延緩之原因， 希望知者能加以諒解也。

又當本書之增訂再版稿進行時， 一方面深恐初版中不無訛謬之處， 一方面又感覺參考文獻疏漏不全， 因此分函友人籲請協助。如梁潤生教授曾對全書提出若干修改之意見， 田澤民教授曾對哺乳類、鳥類部分學名俗名指出若干錯誤， 毛壽先教授對爬蟲類部分有所指正， 劉慕昭教授對鳥類、兩生類提供不少寶貴意見。至於魚類方面除上文已提及之若干學者均對本書有所貢獻外， 著者在此謹以至誠感謝臺大梁潤生教授與水產試驗所鄧火土所長對本人查閱二處所藏標本賜予便利。靑年學者李信徹對臺灣魚類研究之精湛， 楊鴻嘉對臺灣魚類搜集與鑑別之淵博， 予老矣， 此種艱鉅工作之完成， 唯有寄望於二君。英國不列顚博物館 Dr. P. J. P. WHITEHEAD, 南非 Rhodes University 已故教授 J. L. B. SMITH, 日本京都大學故教授松原喜代松或賜函指敎或寄贈參考文獻， 謹此道謝。 助敎顏重威君曾協助校對並編寫索引， 倂此誌謝。

最後尚有一事未能趍置。上文予曾提及， 此書再版爲配合大學脊椎動物學之敎學， 其內容將包含各綱各目， 不問其爲化石的或現生的， 臺灣產或非臺灣產的。因此曾函請林朝棨敎授供給臺灣產有關脊椎動物之化石資料， 林敎授對此欣然接受， 不久即賜寄臺灣化石脊椎動物目錄並補充資料各一份。此種珍貴資料如能分別加入再版中各部分， 將使拙著增光不少。但經仔細研究已成之再版原稿， 所記各綱、目、科之種類全部爲現生的， 如將林敎授之資料分別插入， 則化石種類之特徵勢難與現生種類相比較， 因之無法列入檢索表中。加以林敎授目錄中部分資料並無種名、屬名， 與本書體裁亦稍有不同。考慮再三， 乃決定將林敎授目錄附錄於此， 希望林敎授將來能擴充爲一本臺灣化石脊椎動物誌與本書並行， 對於臺灣脊椎動物學之研究， 必有重大的貢獻。

五十八年七月於東海大學魚類研究室

臺灣化石脊椎動物目錄
A List of the Fossil Vertebrates of Taiwan

林 朝 棨

魚 類 PISCES

橫口亞綱 PLAGIOSTOMI

SELACHII, gen. et sp. indet. 恒春墾丁石棺遺址，同鵝鑾鼻石棺遺址。

Isurus hastalis (AGASSIZ) 臺南縣左鎮鄉荖寮溪更新世早期（卡拉不里安期）崎頂層（頭嵙山羣）

Carcharodon arnoldi JORDAN 同上

C. carcharias LINNÉ 同上

Carcharias cuspidatus (AGASSIZ) 同上

Carcharhinus gangeticus MÜLLER and HENLE? 澎湖縣西嶼鄉太池角之第四紀更新世漁翁島層。

Carcharodon sp. 南投縣國姓鄉水長流之漸新世水長流層。

條鰭亞綱 ACTINOPTERYGII

ACTINOPTERYGII, gen. et sp. indet. 嘉義縣民雄更新世晚期白磐土層

爬 行 類 REPTILIA

龜鼈亞綱 CHELONIA

CHELONIA , gen. et sp. indet. 苗栗縣苑裡鎮苑裡坑苑裡貝塚（第二黑陶文化期，1,100 年前至數百年前）

鱷亞綱 CROCODILIA

CROCODILIA, gen. et sp. indet. 臺南縣左鎮鄉荖寮溪河床。可能由更新世早期（卡拉不里安期）之崎頂層（頭嵙山羣）所產。

DELPHINIDAE gen. et sp. unknown. 苗栗縣後龍鄉十斑坑第四紀更新世早期頭嵙山層。

DELPHINIDAE gen. et sp. unknown. 臺南縣左鎮鄉荳寮坑河床，可能來自該地之第四紀更新世早期崎頂層。

哺 乳 類 MAMMALIA

鯨目 CETACEA

CETACEA, gen. et sp. indet. 苗栗縣錦水，上新世卓蘭層下部。

ESCHRICHTIDAE, gen. et sp. indet. 臺南市六甲頂貝塚（龍山形成期文化層）。

Balaenoptera taiwanica TUNYOW HUAAG 新竹縣竹東鎮上大湖，上新世卓蘭層下部。

DELPHINIDAE, (a) gen. et sp. indet. 苗栗縣後龍鄉十斑坑，更新世早期頭嵙山羣通霄層。

DELPHINIDAE, (b) gen. et sp. indet. 臺南縣左鎮鄉荳寮溪，可能來自附近的更新世早期頭嵙山羣崎頂層。

長鼻目 PROBOSCIDEA

Stegodon sinensis OWEN. 臺中縣大坑，更新世早期頭嵙山羣通霄層，臺南縣新化鎮大坑尾更新世早期頭嵙山羣崎頂層。

S. cf. sinensis OWEN 嘉義縣頂六河床，可能來自更新世早期頭嵙山羣前大埔層。

S. insignis FALC et CAUT. 臺中縣豐原水井子更新世早期頭嵙山羣通霄層，臺中縣大坑同層。

S. orientalis OWEN 臺中縣豐原水井子同層，臺中縣大坑同層。

Elephas indicus buski MATSUMOTO: 臺南縣左鎮鄉荳寮溪河床，可能來自更新世早期頭嵙山羣崎頂層。

Elephas spp. 南投縣中寮更新世早期頭嵙山羣通霄層，臺南縣左鎮鄉荳寮溪河床，臺南縣關廟鄉五甲更新世早期頭嵙山羣崎頂層。

Parelephas trogontherii (POHLIG) 臺南縣左鎮鄉荳寮溪河床。

其他舊象化石: 新竹市南方客雅溪更新世早期頭嵙山羣香山層，新竹縣寶山頭嵙山羣寶山層上部，苗栗縣四湖鄉店子街頭嵙山羣通霄層，嘉義縣烏山頭頭嵙山羣前大埔層，臺南縣左鎮鄉荳寮溪河床。

奇蹄目 PERISSODACTYLA

犀牛科 RHINOCEROTIDAE

Rhinoceros aff sinensis OWEN: 桃園縣大溪更新世早期頭嵙山羣內柵層。

R. sp. nov.: 臺中縣大坑更新世早期頭嵙山羣通霄層。

R. sp. 臺南縣左鎮鄉荳寮溪。高雄市旗津區更新世下部 (?)。

偶蹄目 ARTIODACTYLA

　　猪科 SUIDAE

Sus taivanus (SWINHOE)： 圓山貝塚（圓山文化期，4000 年前至 2000 年前），西新庄子貝塚（凱達格蘭文化期，1200年前至300年前），淡水附近關渡遺址及士林鎮社子遺址（凱達格蘭文化期），淡水附近小基隆遺址（凱達格蘭文化期），苑裡貝塚（第二黑陶文化期，1200年前至數百年前），高雄龍泉寺貝塚（龍山形成期，約 4000 年前至 2000 年前），大湖貝塚（龍山形成期）。

Sus sp.： 臺南縣左鎮鄉荣寮溪河床，可能來自更新世早期的頭嵙山羣崎頂層。

　　鹿科 CERVIDAE

Muntiacus reevesii micrurus (P. L. SCLATER) 西新床子貝塚（凱達格蘭文化期），關渡遺址（同期），小基隆遺址（同期），圓山貝塚（圓山文化期），苑裡貝塚（第二黑陶文化期），八里鄉大坌坑頂園貝塚（凱達克蘭文化期）。

Cervus taiouanus BLYTH 臺中縣大坑更新世早期頭嵙山羣通霄層，臺南縣新化鎮大坑尾烏占湖更新世早期頭嵙山羣崎頂層，臺南縣左鎮鄉荣寮溪同層，臺南縣關廟鄉五甲同層，恒春西臺地四溝之更新世早期頭嵙山羣頂部之礫石層，圓山貝塚（圓山文化期），關渡遺址（凱達格蘭文化期），苗栗縣苑裡貝塚（第二貝塚文化期）。

Cervus (*Rusa*) *unicolor swinhoi* (P. L. SCLATER) 臺北市圓山貝塚（圓山文化期），臺北市西新庄子貝塚（凱達格蘭文化期），士林鎮社子貝塚（同文化期），淡水附近關渡遺址（同文化期），淡水附近小基隆遺址（同文化期），苗栗縣苑裡貝塚（第二黑陶文化期），高雄縣大湖貝塚（龍山形成期文化期），高雄市龍泉寺貝塚（同文化期），恒春附近龜山貝塚，花蓮縣櫂基利遺址。

Cervus kazusensis MATSUMOTO 臺南縣左鎮鄉荣寮溪，可能來自更新世早期頭嵙山羣崎頂層中。

Cervus (*Sika*) *shinchikuensis* SHIKAWA： 新竹縣竹東鎮更新世早期頭嵙山羣（寶山層上部），臺南縣左鎮鄉荣寮溪，可能來自同期的崎頂層中。

Cervus (*Deperetia*) *kokubuni* SHIKAWA： 臺南縣左鎮鄉荣寮溪。

Cervus (*Deperetia*) *syatinensis* SHIKAWA： 同上。

Cervus (*Rusa*) *timorensis* BLAINVILLE： 同上。

Cervus spp. 苗栗縣竹南鎮尖山更新世早期頭嵙山羣通霄層，苗栗縣四湖鄉烏占湖同層，臺南縣新化鎮大坑尾同期之崎頂層，臺南縣關廟鄉五甲之同層，臺南縣關廟鄉崎頂溪之同層，屏東縣恒春西臺地四溝之同期四溝層土蓋之火炎山礫石層底部，澎湖羣島小門嶼更新世晚期之小門嶼層。

牛科 BOVIDAE

Capreolus (?) *formosanus* SHIKAWA　臺南縣左鎮鄉荣寮溪，可能來自崎頂層。……

Capreolus sp. 同上。

Bison sp. 新竹縣關西鄉新城，更新世早期頭嵙山羣楊梅層。

Bos primigenius BOJ.：臺南縣左鎮鄉荣寮溪，可能來自崎頂層。

Bibos geron MATSUMOTO　新竹縣關西鄉新庄更新世早期頭嵙山羣通霄層，臺南縣左鎮鄉
荣寮溪，可能來自崎頂層，臺南縣關廟鄉五甲崎頂層，高雄市旗津頭嵙山羣（？）。

Bibos sp.　苗栗縣四湖鄉通霄層，臺南縣左鎮鄉荣寮溪，可能來自崎頂層。

Bubalus sp.　新竹縣關西鄉新城頭嵙山羣楊梅層。

Tragocerus sp.　臺南縣左鎮鄉荣寮溪，可能來自崎頂層。

Tragocerus ? sp.　臺南縣關廟鄉五甲，更新世早期頭嵙山羣崎頂層。

靈長目 PRIMATES

獼猴科 CERCOPITHECIDAE

Macaca cyclopis (SWINHOE)，苗栗縣苑裡貝塚（第二黑陶文化期）

囓齒目 RODENTIA

松鼠科 SCIURDAE

SCIURIDAE, gen. et sp. indet.　苗栗縣苑裡貝塚（第二黑陶文化期）

食肉目 CARNIVORA

狗科 CANIDAE

Canis familiaris LINNÉ　士林鎮社子遺址（凱達格蘭文化期），臺北市圓山貝塚（圓山文化
期），淡水附近關渡遺址（凱達格蘭文化期），淡水附近小基隆遺址（凱達格蘭文化期），
苗栗縣苑裡貝塚（第二黑陶文化期），高雄市龍泉寺貝塚（龍山形成期文化期），新竹公
園遺址（可能爲平埔番仔文化層）。

靈貓科 VIVERRIDAE

Viverricula indica pallida (GRAY)　苗栗縣苑裡貝塚（第二黑陶文化期）

貓科 FELIDAE

Felis sp.　（如劍齒虎 *Machairodus*）：臺南縣左鎮鄉荣寮溪，可能來自崎頂層，臺南縣關廟
鄉五甲更新世晚期崎頂層上部。

臺灣脊椎動物誌

總　目

上　冊

中　册

下　册

臺灣脊椎動物誌（上冊）

目　　次

① 蒲氏黏盲鰻 *Eptatretus burgeri*
② 斐南氏棘鮫 *Squalus fernandinus*
③ 黑緣尖鰭鮫 *Centrophorus atromarginatus*
④ 日本鋸鮫 *Pristiophorus japonicus*
⑤ 日本琵琶鮫 *Squatina japonica*
⑥ 斑紋異齒鮫 *Heterodontus zebra*
⑦ 鯨　　鮫 *Rhincodon typus*

⑧ 日本鬚鮫 *Orectolobus japonicus*
⑨ 淺海狐鮫 *Alopias pelagicus*
⑩ 食　人　鮫 *Carcharodon carcharias*
⑪ 依氏蜥鮫 *Galeus eastmani*

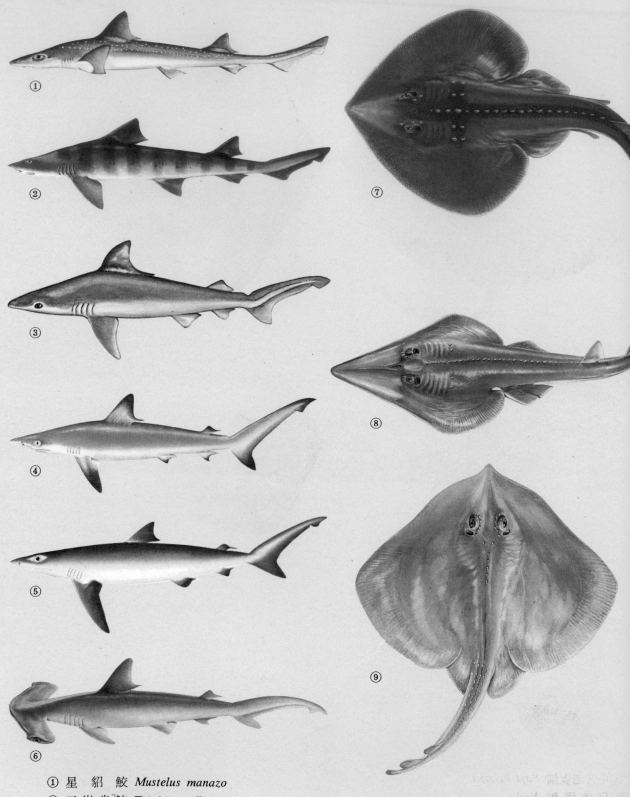

① 星　貂　鮫　*Mustelus manazo*
② 三峯齒鮫　*Triakis scyllia*
③ 恆河白眼鮫　*Carcharinus gangeticus*
④ 沙拉白眼鮫　*Carcharinus sorrah*
⑤ 鋸峯齒鮫　*Prionace glauca*
⑥ 紅肉丫髻鮫　*Sphyrna lewini*

⑦ 中國黃點鮱　*Platyrhina sinensis*
⑧ 顆粒琵琶鱝　*Rhinobatos granulatus*
⑨ 多棘老板鮱　*Raja porosa*

① 平背老板鮬 *Raja kenojei*
② 日本電鱝 *Narke japonica*
③ 印度木鏟電鱝 *Narcine maculata*
④ 赤　土　魟 *Dasyatis akajei*
⑤ 豹紋土魟 *Dasyatis uarnak*
⑥ 燕　　　魟 *Myliobatus tobijei*

① 日本鳶魟 *Gymnura japonica*
② 日本蝠魟 *Mobula japonica*
③ 黑線銀鮫 *Chimaera phantasma*
④ 疏條紋裸胸鯙 *Gymnothorax reticularis*
⑤ 闊帶裸胸鯙 *Gymnothorax petelli*
⑥ 喜樂蝮鯙 *Echidna delicatula*
⑦ 豹紋鯙 *Muraena pardalis*
⑧ 繁星蠕鰻 *Conger myriaster*
⑨ 緋蠕鰻 *Rhynchoconger nystromi*
⑩ 灰海鰻 *Muraenesox cinereus*

① 擬鶴海鰻 *Congresox talabonoides*
② 眼斑蛇鰻 *Microdonophis polyophthalmus*
③ 線　　鰻 *Nemichthys scolopaceus*
④ 臭肉鰛 *Etrumeus terres*
⑤ 斑點水滑 *Clupanodon punctatus*

⑥ 黎氏鰣 *Macrura reevesii*
⑦ 黑點砂釘 *Sardinops melanosticta*
⑧ 青花魚 *Sardinella zunasi*
⑨ 長鰳 *Ilish elongata*
⑩ 日本鯷 *Engraulis japonicus*

① 鱭　　Coilia mystus
② 干麥爾劍鱭　Thrissocles kammalensis
③ 髭吻劍鱭　Thrissocles setirostris
④ 絲翅鱭　Setipinna taty
⑤ 半帶水珍魚　Argentina semifasciata
⑥ 鮎　　Plecoglossus altivelis
⑦ 櫻花鈎吻鮭　Oncorhynchus masou
⑧ 虱目魚　Chanos chanos
⑨ 平頜鱲　Zacco platypus
⑩ 泰來海鯰　Arius thalassinus
⑪ 鰻鯰　Plotosus auguillaris

① 仙 女 魚 *Hime japonica*
② 正 蜥 魚 *Saurida undosquamis*
③ 絲 鰭 蜥 魚 *Saurida filamentosa*
④ 花 狗 母 *Synodus variegatus*
⑤ 鎌 齒 魚 *Harpadon nehereus*

⑥ 青 眼 魚 *Chlorophthalmus albatrossis*
⑦ 北方槍蜥魚 *Alepisaurus borealis*
⑧ 銀 眼 鯛 *Polymixia berndti*
⑨ 鴨嘴鬚鱈 *Coelorhynchus anatirostris*
⑩ 軟頭條鱈 *Malacephalus laevis*

① 加曼氏底鱈　*Ventrifossa garmani*
② 日本鬚稚鱈　*Physiculus japonicus*
③ 多鬚鼬魚　*Brotula multibarbata*
④ 棘無鬚鼬魚　*Hoplobrotula armata*
⑤ 黃鮟鱇　*Lophius litulon*

⑥ 蓆鱗鼬魚　*Otophidium asiro*
⑦ 三齒躄魚　*Phrynelox tridens*
⑧ 細點單棘躄魚　*Chaunax pictus*
⑨ 棘茄魚　*Halieutaea stellata*

① 環紋三角棘茄魚 *Malthopsis annulifera*

② 叉尾鶴鱵 *Tylosurus melanotus*

③ 圓尾鶴鱵 *Tylosurus strongylurus*

④ 庫氏鱵 *Hemirhamphus quoyi*

⑤ 黃翅文鰩魚 *Cypselurus katoptron*

⑥ 阿戈文鰩魚 *Cypselurus agoo*

⑦ 貧鱗文鰩魚 *Cypselurus oligolepis*

⑧ 米鱂 *Oryzias latipes*

⑨ 布氏銀漢魚 *Allanetta bleekeri*

⑩ 月魚 *Lampris regius*

① 草　　鰺　*Velifer hypselopterus*
② 鼻棘金鱗魚　*Adioryx cornutus*
③ 尾斑金鱗魚　*Adioryx caudimuculatus*
④ 厚　殼　丁　*Adioryx spinosissimus*
⑤ 正金眼鯛　*Beryx splendens*
⑥ 橋　燧　鯛　*Gephyroberyx japonicus*
⑦ 松　毬　魚　*Monocentrus japonicus*

① 鷸　嘴　魚　*Macrorhamphosus scolopax*
② 蝦　　　魚　*Centriscus scutatus*
③ 剃　刀　魚　*Solenostomus paradoxus*
④ 黑腹海龍　*Doryrhamphus excisus excisus*
⑤ 庫達海馬　*Hippocampus kuda*
⑥ 長　絨　鮋　*Amblyapistus taenianotus*

⑦ 龍鬚簑鮋　*Pterois lunulata*
⑧ 石　狗　公　*Sebastiscus marmoratus*
⑨ 絨　　　鮋　*Erisphex pottii*
⑩ 單指毒鮋　*Minous monodactylus*
⑪ 日本鬼鮋　*Inimicus japonicus*

① 黑　角　魚 *Chelidonichthys kumu*
② 短鰭角魚 *Lepidotrigla microptera*
③ 紅雙槍角魚 *Lepidotrigla alata*
④ 黑帶黃魴鮄 *Peristedion nierstraszi*
⑤ 長鬚黃魴鮄 *Satyrichthys amiscus*
⑥ 短　　鮄 *Parabembras curtus*
⑦ 赤　　鯒 *Bembras japonicus*
⑧ 印度牛尾魚 *Platycephalus indicus*
⑨ 鱷形牛尾魚 *Cociella crocodilus*
⑩ 細紋獅子魚 *Liparis tanakai*
⑪ 星蟬飛角魚 *Daicocus peterseni*

總　　　論

一、脊椎動物與脊索動物

　　將全體動物界分為**脊椎動物** (Animaux á vertébrés＝Vertebrata) 與**無脊椎動物** (Animaux sans vertébrés＝Invertebrata) 兩大類，　肇始於拉馬克 (LAMARCK, 1794)，　其唯一標準為脊椎骨 (Vertebrae) 之有無。其實此兩大類之劃分應遠溯至紀元前希臘先哲亞里士多德 (ARISTOTLE)，其名著動物史 (Historia animalium) 曾就彼所知之 500 種動物，分為有血 (Enaima) 與無血 (Anaima) 兩大系，前者相當於拉馬克之脊椎動物，後者相當於無脊椎動物。此種分法沿用甚久，故大學課程有關動物分類，仍有脊椎動物學與無脊椎動物等科目。但自文昌魚 (Amphioxus)、海鞘 (Ascidia)、玉柱蟲 (*Balanoglossus*) 等小形無脊椎動物之形性逐漸闡明而後，此兩大類之對立性根本發生動搖。

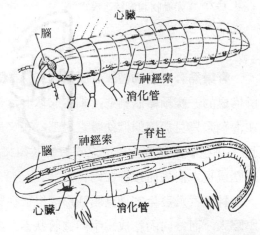

圖 1-1　非脊椎動物（上）與脊椎動物（下）基本構造之比較，注意其神經系統、消化管、以及心臟的相對位置（據 STORER & USINGER）。

　　文昌魚自發見 (PALLAS, 1778) 以來均認為軟體動物之一種，後經密拉 (MÜLLER, 1841) 之詳細解剖，哥華爾夫司基 (KOWALVESKY, A. 1867) 研究其發生，始瞭然彼與脊椎動物之親緣關係，惠萊 (WILLEY, 1894) 遂直認之為脊椎動物之祖先。海鞘之發見遠在亞里士多德時代，但學者多認為接近於蠕蟲。愛德華 (MILNE-EDWARD, 1826) 發見複體海鞘之蝌蚪狀幼蟲，哥華爾夫司基 (1866) 乃認為與脊椎動物有近緣。玉柱蟲之最先發現者愛雪修爾茲 (ESCHSCHEOLTZ, 1825) 以為是海參之一種，哥華爾夫司基 (1886) 發見其鰓裂，貝德遜 (BATESON, 1884) 研究其發生，謂與文昌魚有許多近似之處。

　　自文昌魚、海鞘等形態有進一步了解而後，海凱爾 (HAECKEL, E. H. 1874) 乃倡議將彼等與脊椎動物聯合而另立為一門曰**脊索動物** (Chordonia, 貝爾福 BALFOUR 於 1880 改正為 Chordata)，內含三亞門，除脊椎動物亞門外，文昌魚之類曰頭索動物亞門 (Cephalochordata)，海鞘之類曰尾索動物亞門 (Urochordata)。後貝德遜又將玉柱蟲等列入脊索動物中，成爲半索動物亞門 (Hemichordata)。邇來紐威爾 (NEWELL, 1951～1952) 對玉柱蟲之脊索發生疑問，謂應名爲口索 (Stomochord)，其神經系統與循環系統亦與一般脊索動物有別。故現代學者咸認半索動物爲獨立之一門，與脊索動物之關係極爲密切，而眞正的脊索動物仍維持海凱爾的範圍，僅包含尾索、頭索、脊椎等三亞門。

二、脊索動物之重要特徵

脊索動物均係兩側對稱（海鞘成體爲後起性的不對稱），三胚層性，具有分節之體制，完全的消化管，以及發育完善之原腸體腔(Enterocoel)。主要特徵有三項：（一）在消化管背側有一棒狀支持物，是曰**脊索** (Notochord)，或僅見於幼生時期，或終生具有，或成長後以脊柱 (Vertebral column) 代替之；（二）以管狀之**神經索** (Nerve cord) 爲神經系統之中樞部，縱走於脊索之背側而受其支持；（三）消化管前部分生若干對**鰓裂** (Gill slits)，使咽頭與外界溝通，此種鰓裂或終生具有，或僅出現於幼生時期。

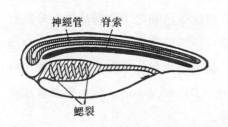

圖 1-2 脊索動物體制構造模式圖
（據 TORREY）。

脊索爲脊索動物體軀最原始的支持構造。在發生初期脊索爲原腸背側由比較密集的細胞所構成的一條細棒狀構造，細胞成球形，細胞間有膠狀基質，外被纖維性結締組織之鞘膜。在海鞘類只見於蝌蚪狀幼體之尾部；在文昌魚類及比較低等的脊椎動物則概伸展至體軀之全長，終生成爲體軀主軸位之支持物（如文昌魚、八目鰻）；在高等脊椎動物則成長後由脊柱包圍或根本消失而以脊柱代替之。

神經索爲發生初期原腸胚形成以後從胚體背面外胚層分生的構造。先在外胚層中央線增厚陷入，而終向內褶成爲中空之管狀索，其位置正在脊索之背方。神經索前端擴大，在被囊類及文昌魚成體僅爲一簡單之腦胞 (Cerebral vesicle)，在所有脊椎動物則增厚分化而成爲腦髓 (Brain)，其後方較爲纖細之管狀部分則名爲脊髓 (Spinal cord)。腦髓在頭骨之顱腔內，脊髓在脊椎骨之髓弧下方，均受到極周密的保護，以避免一切可能的損傷。

鰓裂乃胚胎時期由咽頭向外突出之內胚層性臟囊(Visceral pouches, 卽咽囊 Pharyngeal pouches)，與胚體體表與臟囊相對部分向內陷入之外胚層性臟溝 (Visceral furrows) 會合貫穿而成。鰓裂的功能，濾食 (Filter-feeder) 重於呼吸，濾食爲原始性的而呼吸則爲後起性的功能也。鰓裂之間爲鰓弧(Gill arches)，爲配合於呼吸功能而襯於鰓裂內面之皮膜，往往變形爲絲狀、瓣狀……，使表面面積擴大以加速氣體交換之進行。陸生脊椎動物雖然以肺呼吸，但在發生初期仍有數對鰓裂，演化論者認爲是復現說之有力證據。

三、脊索動物三亞門

脊索動物包括海鞘、文昌魚、及脊椎動物。海鞘、文昌魚爲低等脊索動物，體軀小形，有時形成羣體，或營着生生活。脊椎動物則槪爲獨立生活，體軀龐大，有的（如鯨）且成爲世界上（包括現生的及化石的）最大的動物。

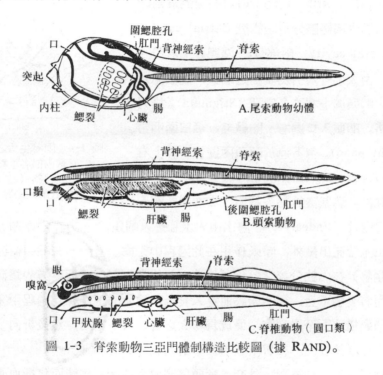

圖 1-3　脊索動物三亞門體制構造比較圖（據 RAND）。

已知之脊索動物約 67,500 種，其中屬於**尾索亞門**者約 2,000 種，屬於**頭索亞門**者約 30 種，餘均隸屬於**脊椎動物亞門**。尾索、頭索二亞門有時合稱爲**原脊索動物**（Protochordata）。彼等槪無內骨骼，缺少頭骨、脊柱、及成對之偶肢等。又因這二亞門沒有專化的頭部，亦無特別發達之成對的感覺器官，如眼、耳、鼻等，故亦名**無頭類**（Acrania）。脊椎動物亞門與此對照，可名爲**有頭類**（Craniata）。

尾索動物亞門 UROCHORDATA

本亞門僅幼蟲（多數被囊類）或成體（如尾蟲卽幼形類 Larvacea）尾部見有脊索，故曰尾索。均係海產，着生或自由游泳，單體或羣體，遍佈於各處海洋，由近岸以至遠洋，由淺海以至深海（5,300 公尺以下）。成長之海鞘，其體壁可分爲被囊（Tunic）與外套（Mantle）兩層。外套包圍所有內臟，向外分泌膠質狀或軟骨狀之被囊，故又有**被囊動物**（Tunicata）之稱。構成被囊之基本物質曰被囊素（Tunicine），極似植物細胞壁之纖維素（Cellulose），另外含有約 20% 之醣蛋白，此爲動物界中僅見之例子。

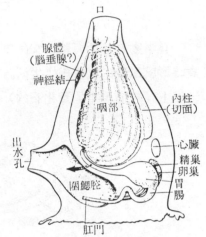

圖 1-4　固着生活之單體海鞘，縱剖面示內部各重要器官，箭頭示水流之徑路（據 DELAGE and HEROUARD）。

成長之海鞘其被囊有二開口，一在頂端，爲入水管（Incurrent siphon）之開口，亦名鰓腔口（Branchial aperture），一在囊側，爲出水管（Excurrent siphon）之開口，亦名圍鰓腔口（Atrial aperture）。將被囊縱剖，有一橫行隔壁將其內部體腔分爲圍鰓腔（Atrial cavity）與內臟腔（Visceral cavity）兩部分，圍鰓腔佔有體腔上方之大部分。由入水管內引爲廣闊之咽頭，幾乎充塞圍鰓腔之全部。咽頭壁上有許多鰓孔（Stigmata），排列整齊，有如窗格。咽頭入口處有一圈纖毛，名曰圍咽帶（Peripharyngeal band）。帶下連於咽頭內壁背中線上有一帶纖毛，名曰背板（Dorsal lamina）。連於咽頭內壁腹中線，有一縱溝，溝壁富於黏液細胞，亦有纖毛細胞分佈其間，則曰內柱（Endostyle）。海水由入水管進入咽頭，一方在內面循流，經鰓裂至圍鰓腔，然後由出水管流出體外，呼吸作用在此過程中完成。當海水在咽頭循流時，其所含食物顆粒（浮游生物）被內柱分泌之黏液所攫取，然後進入對側背板下方之隱溝（Gutter）內，靠纖毛的擺動而將食物下送，經咽頭底而進入食道，濾食的工作在此過程中完成。咽頭下接短小之食道，通過橫隔而至內臟腔，便成爲膨大之胃，胃下爲腸，然後折向上行，再穿過橫隔至出水管下方而終於肛門。在胃附近有簡單的消化腺與胃相通。

循環系統爲開放型，在被囊、外套、咽頭壁到處組織間有寶際而無微血管。心臟在胃附近的臘腸狀圍心囊中，兩端有脈管相連。心臟與脈管內部均無膜瓣。心臟作兩個方向交替收縮，一個方向使血液流入咽部的寶際中，相反的方向使血液流入內臟的寶際中。血球無色，有的爲橙綠色、紅色或藍色，乃含有釩或鈮之故。

在腸管附近另有一種無輸管之細胞集團，有人認爲具有排泄作用，能收集廢物而送入排泄囊中，然後在圍鰓腔孔附近送入圍鰓腔中再排出體外。神經系統極不發達，可以認知者僅二水管間外套內有一軀幹神經結（Trunk ganglion），由此派出少數神經至各體部而已。神經結附近有一神經腺（Neural gland），其構造多少類似於腦垂腺，可能有內分泌作用。

海鞘類均係雌雄同體。單一之卵巢在腸管開始部分，中空大形，有一輸卵管，隨腸管進入圍鰓腔，開口於肛門附近。單一之睪丸爲許多分枝之小管，在卵巢及腸管面上，有一輸精管，與輸卵管平行。異體受精，行之於體外。少數種類亦行同體受精。行出芽法之無性生殖亦屬常見，其結果往往造成羣體。

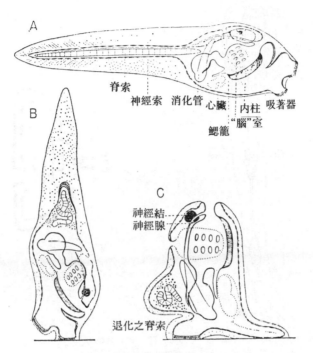

圖 1-5　單體海鞘之變態。A. 自由游泳之幼體；B. 幼
體附着水底，尾部正退化中；C. 除脊索尚殘餘
一部外，"體軀" 各構造已消失，與退化之成體已
甚接近 (據 DAWYDOFF)。

　　發生與變態　受精卵行放射狀，決定性之全分割，形成爲囊胚與原腸胚，於是孵化爲延長、透明、而能自由生活之幼體，多少近似於兩生類之蝌蚪。此種幼體有一膨大之體軀及一延長而能游泳之尾部，習性及構造與成體頗不相同。縱貫尾部全長有一脊索（故曰尾索類），其上方爲管狀之神經索，並有一連串的肌節。神經索向前越過脊索先端，伸入體軀背部外套內，略形擴大成爲一腦髓狀之感覺胞 (Sensory vesicle)，內含有平衡作用之聽石 (Otolith) 及感光作用之小眼 (Ocellus)。體軀前端有三個黏着腺 (Adhesive glands)，口在黏着腺之後，向內爲小形之咽頭。鰓裂僅二對。胃腸均甚短，肛門開於圍鰓腔中。

　　此種自由生活之幼蟲，約經數小時乃至數日，即以其前端黏着腺吸附海底岩石或碼頭木椿上。尾部的肌節、脊索、與神經索均部分吸收，部分脫落。在體軀內之感覺胞僅一軀幹神經結遺留下來，其他消化、生殖等器官則逐漸發育完成，鰓裂數大大增加。以幼體之體軀與成體相比較，大約作 90° 廻轉，可自圖 1-5 中推知之。

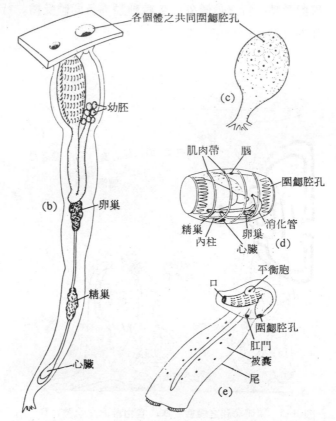

圖 1-6 尾索類之重要代表，(b)～(c) 成羣體之海鞘，(b) 由羣體中移出之個體；(d) 飄浮之海桶類；(e) 飄浮之幼形類。

現生之尾索類分爲下列三綱:

　　海鞘綱（Ascidiacea）　形態不一，幼體自由生活，成體固着不動，單獨或形成羣體。被囊內含分散之肌肉細胞；鰓孔多數；游離端有二孔口。已知者約 2,000 種。

　　海桶綱（Thalliacea）　體軀酒桶形，透明之被囊中有 6～10 個肌肉環， 有如桶上之箍， 出水管與入水管開口在兩端。成體在水中自由飄浮，雌雄同體，通常行無性生殖。現知者約 100 種。

　　幼形綱（Larvacea, 或尾蟲綱 Appendicularia）　成體保持蝌蚪狀之幼軀形態，體長連尾不過 5 mm.，鰓裂一對。被囊由尾部分泌，有一水管貫通其中，蟲體卽附於管側，被囊不時脫落，卽分泌新被囊替補之。在被囊中時營飄浮生活。現生者約 75 種。

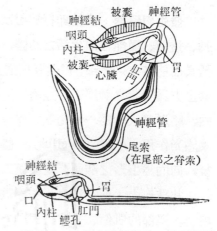

圖 1-7 尾蟲之體制構造，此可能爲近似於脊索動物祖先之動物。
上圖: 自然狀態；下圖: 將其體軀拉直，以便與其他脊椎動物相比較（據 SMITH）。

頭索動物亞門 CEPHALOCHORDATA

本亞門亦稱狹心類 (Leptocardii)，鬚口類 (CIRROSTOMI)，全索類 (HOLOCHORDA)，為熱帶或溫帶沿海產小魚形動物，體長 30～50 mm. (美國南部產之 *Branchiostoma califo-rnienses* 長達 100 mm)，脊索動物之重要特徵，如 (1) 脊索、(2) 神經索、及 (3) 鰓裂，在本亞門均極顯著，故惠萊曾認此為脊椎動物之祖先。

體纖長而稍側扁，兩端尖銳，有軀幹與尾（肛門後）之分而無顯明的頭部。有彼此連續的背鰭、尾鰭（各含單列鰭條），由尾鰭向前在肛門與圍鰓腔孔之間有單一之腹鰭（含二列鰭條），圍鰓腔孔以前有腹皮褶 (Metapleural folds)，可能為魚類偶鰭的雛型。皮膚柔軟，由單層細胞之表皮層與膠狀之真皮層所合成，表皮層向外分泌一薄角質層。肌肉層由 50～85 個肌節 (Myomeres) 前後連綴而成，每一肌節呈＜字狀，尖端向前覆於前一肌節之後上方，後方則被覆於後一肌節之前下方。前後肌節間有結締組織性之肌隔分隔之。由於此等肌肉之交互收縮，文昌魚乃能迅速游泳或縮入泥沙內。腹皮褶之間即圍鰓腔底部另有橫行之肌肉，收縮時可使體軀側扁，迫使圍鰓腔內水液向外排出。

其脊索縱貫體之全長，向前延展越過神經索最前端而伸入吻部。脊索外被結締組織性之鞘膜而無脊椎骨，體之前端亦無頭骨。唯有口笠 (Oral hood) 基部排成環狀而如幾丁質之分節骨條，環繞鰓裂之多數U字形軟骨狀鰓條，以及各鰭中之軟骨狀鰭條（各有一充滿液體之內腔），不妨認為內骨骼之雛型。

消化管始於口球腔前庭之口球笠，口笠乃若干纖細之口鬚 (Buccal cirri) 圍繞而成。前庭底有口帆 (Velum)，由此向前伸出 6～8 條被纖毛之扁濶皮膜，稱曰輪器 (Wheel organ)，由此向後伸出約 12 條纖細之口帆觸手 (Velar tentacles)。輪器與口帆觸手之作用在造成水流漩渦，進入口內。口帆觸手並能阻止大形顆粒進入口中。真正之口開於口帆之中央。口後引入廣大側扁之咽頭，兩側有 100 個以上之鰓裂，由此外通圍鰓腔。鰓裂為長裂孔狀，由前上方向後下方斜走。咽頭內腔與海鞘相似，有鰓上溝 (Epibranchial groove) 與內柱，均具

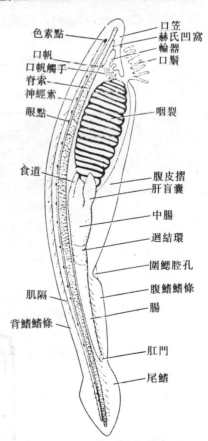

色素點　口笠
　　　　赫氏凹窩
口帆　　輪器
口帆觸手　口鬚
脊索
神經索
眼點　　咽裂

食道　　腹皮摺
　　　　肝盲囊
　　　　中腸
　　　　迴結環
　　　　圍鰓腔孔
肌隔　　腹鰭鰭條
背鰭鰭條　腸
　　　　肛門
　　　　尾鰭

圖 1-8　頭索類之 *Branchiostoma* 之外形與內部解剖（矢狀面）。

腺性細胞與纖毛。海水進入咽頭內腔，其中之有機質碎屑被內柱攝取而向後送入腸管，海水則由鰓裂竄出，經圍鰓腔而由圍鰓腔孔排出體外。故咽頭實具有濾食與呼吸兩種機能，與海鞘完全一致。咽頭後之腸管直走，而終於肛門。在腸之迴結環 (Iliocolon ring) 前方向前方腹側伸出之囊狀構造曰肝盲囊 (Hepatic caecum)，能分泌消化液，囊壁之吞噬細胞並能行胞內消化。

　　循環系統爲脊椎動物之原始型，有背大動脈、腹大動脈、動脈弧及大靜脈，但 (1) 無心臟，而只有一囊狀之靜脈竇，位於咽頭腹側後部；血液循流之主動力是靠着沿着咽頭區各主要動脈之多數膨大部分之幫浦作用；(2) 有肝門脈系而無腎門脈系；(3) 血液因無血紅素而無色，血細胞稀少。呼吸以皮膚爲主，鰓裂的前後皮膜上有大量纖毛，其主要作用在於濾食。亦有鰓上溝及內柱等構造。進入咽頭之海水自鰓裂逸出，由於鰓條上有豐富之血管，自然也完成部分呼吸作用。排泄器官酷似多毛環蟲，有將近 100 對之原腎管 (Protonephridium)，在鰓上溝附近殘留的體腔內，一端通於圍鰓腔。原腎管與櫛足胞 (Cyrtopodocytes，以前稱爲溝細胞 Solenocytes) 之突起相通，櫛足胞是一些特化的體腔膜細胞。腸管背面一對比較大形之褐腺 (Brown gland)，可能也有排泄作用。

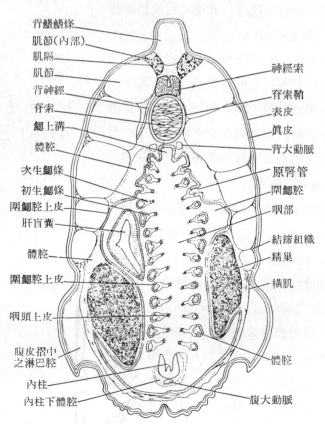

圖 1-9　頭索類之 *Branchiostoma* 之外形與內部解剖（通過咽部之橫切面）。

　　神經系統以脊索上方之管狀神經索為主。神經索先端略形膨大而成為腦胞，有七對腦神經自腦胞派出（如包括鰓神經則共達 39 對），其背部並有嗅窩 (Olfactorty pit) 與眼點。但是沒有半規管及側線，腦胞與脊髓之界限不明。分節排列之脊髓神經雖亦有背根腹根之分，但二者並不聯合，背根且無神經結。神經管兩側各有一列含色素胞之眼點 (Ocelli)，是其主要的光覺器官。

　　本亞門概係雌雄異體。生殖腺約 25 對，突出於圍鰓腔之腹側。卵與精子成熟後，均各放入圍鰓腔，經圍鰓腔孔排出體外，然後在體外受精。卵直徑約 0.1 mm，含卵黃極少，經等全割而成為典型之中空囊胚，再內摺為原腸胚。在繁殖季節，每於傍晚產卵受精，至翌晨便孵化為能自由游泳而體被纖毛之幼體。如是約經三月，便成為成體，好以尾端插入泥沙，口笠露出水中以收集食物。

脊椎動物亞門 VERTEBRATA

　　上述二亞門，海鞘與文昌魚，均為濾食性的脊索動物，彼等均有比較擴大之咽頭。脊椎動物已由濾食性演化為掠食性，咽頭區之縮小，感覺、運動等器官之分化，無一不與此種生活習性之轉變相配合。明乎此，脊椎動物體制上的種種特徵，不難舉一反三矣。

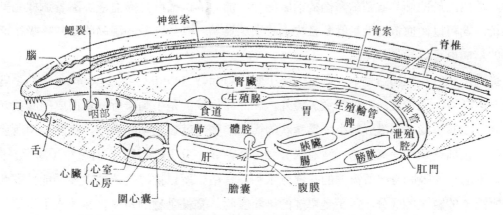

圖 1-10　脊椎動物體制構造模式圖 (據 STORER & USINGER)。
圖中鰓與肺均備，但實際上二者很少共在。

　　就一般體制言，魚型類與文昌魚為同一基型，而附加若干特化的構造。例如神經系統之中樞，在文昌魚為一條管狀之神經索，在脊椎動物因與特別發達之嗅、視、聽三種感覺器官相聯繫，於是其神經索的前端擴大為腦，並且有高度分化的內部組織。脊椎動物具有是等感覺器官，因之對於環境中種種條件，自較任何動物應付裕如。牠們能認清外物之體形與色彩，聽懂聲音的調子和聲色，辨別食物所散發出來的氣味。既經知道了環境中的情況，就應該有行動以應付這種情況，牠們最初是靠體軀的波狀運動在水中游行，奇鰭的發達，可以增加游行的速度。以後又演化成偶鰭，這些偶鰭在水中生活時不過維持平衡而已，但當脊椎動物登陸而後，却發揮了極大的功能，支持體重，牽拉體軀而前進，甚至於發展成空中飛翔的工具。

腦髓的演化最初不過是感覺和運動兩種機能的調節中心而已，後來却成爲記憶、學習、思考和一切高級精神作用的根源，脊椎動物高踞動物界的首席，即以此發達之腦髓爲其最重要之標識。就古動物學而言，像腦髓那樣柔軟的構造是不易保存爲化石的，所幸脊椎動物都有顱骨以保護腦髓，從顱骨的內腔，可以推知腦髓的大小和形態；從顱骨上的各式窟窿，可以推知眼、耳、鼻等感覺器官發達的程度；比較高等的種類，顱骨上有種種凹窩及突起，以供各種肌肉附着，因此也可以推知頭部的外形。

最古的脊椎動物還是濾食性的，現生的圓口類就多少保留着這種食性。但是極大多數的脊椎動物已從濾食演化爲掠食，所以咽頭區逐漸縮小，鰓裂的數目也逐漸減少，這個構造也成爲專化的呼吸器官，放棄了濾食的功能。而且最前方的鰓弧也演化成爲上下頜，藉以攫捕食餌，同時更有種種變形，以適應於不同的環境。

脊椎動物的循環系統也有兩大改進，第一是具有至少兩室的心臟，藉以加速血液的循環，第二具有含有血紅素的紅血球，可以增加氧氣的携帶量。脊椎動物所以能稱雄於水中和地面，當然由於牠們具有超軼羣倫的活動能力，能力的供輸就是靠血液。靠着這樣完美的循環系統，就可以使血液的供給既多且快。特別像鳥類、獸類那些內溫動物，其呼吸循環兩種系統的結構更可以說奇妙無比。

排泄系統的基本構造是中胚層性的腎小管（Kidney tubules＝Nephrons），這些小管的內端是一個漏斗，通於體腔，外端通於體外。和漏斗相接的是小動脈所纏絡而成的脈毯（Glomerulus），有時漏斗口附近縮小成爲囊狀的構造，脈毯就被包圍在囊中，代謝作用所產生的排泄物，包括鹽類和含氮廢物（還有水分和葡萄糖等小分子的物質），由漏斗（或囊）濾出，又被以下的小管吸回身體所需要的一部分水和葡萄糖。所以排泄系統的主要功能是調節全身細胞所浸浴的體液的成分，並不是單純的排除廢物。脊椎動物的祖先是在淡水中生活的，後來從淡水遷移到海水，也有的從水生變成爲陸生，但是牠們的全身細胞必須浸浴在一定性質的體液中，所以演化的結果就形成一個非常複雜的排泄系統。

以上所述只是就一般脊椎動物的生活習性和器官系統的發達情形，敍述其相互間的關聯作用而已。下文當更就脊椎動物之重要構造作詳盡的說明，使學者獲得更爲具體的概念。如是則進而分綱分目，依序介紹各類脊椎動物的種類，條理清楚，不難瞭然心目矣。

頭索動物亞門 CEPHALOCHORDATA

狹心綱 Class LEPTOCARDII

頭索亞門所含種類概稱小槍頭魚 (Lancelets)，卽國人所謂文昌魚。其有別於所有各較高等之魚類（圓口類、板鰓類、銀鮫類、硬骨魚類）者，有：(1) 表皮由外胚層性之單層細胞構成；(2) 無任何表皮性之齒狀堅硬構造；(3) 無眼，無外鼻孔，亦無眞正之耳；(4) 有圍鰓腔，成體之鰓裂開於圍鰓腔內；鰓裂數目隨生長而增加；(5) 無特化之呼吸器官，無眞正之腦，無心臟，亦無硬骨或軟骨性之頭顱及堅硬之脊椎；(6) 脊索縱貫身體全長，其前端超越背神經管之前端；(7) 血液無色，無紅血球；(8) 神經管之背方有一縱走之溝隙，顯示乃由外胚層內褶而形成；(9) 排泄器官腎管狀而非腎臟狀，由咽部之多對小管組成，各別將廢物排於圍鰓腔中；(10) 生殖腺多對，分節排列，生殖細胞直接排於圍鰓腔中，無永久性生殖輸管；(11) 消化管之內壁有纖毛。

本亞門僅包括狹心綱一綱，文昌魚目 (AMPHIOXI) 一目，下分 Branchiostomidae, Epigonichthyidae, Amphioxididae 三科。後者吻位於左側，而無口鬚，腹皮褶相互分開，因而無閉合之圍鰓腔，鰓裂只一列，位於腹面，故似終生保持幼體狀態。臺灣以前並無有關頭索類之報告，黃崇哲與楊榮宗 (1979) 二位在臺灣南部發現之魯卡亞文昌魚 (*Asymmetron lucayanum*)，彌足珍貴。

臺灣產狹心綱 1 科 1 屬 1 種以及有關科屬之檢索表：

1a. 口中位或近於中位；有口鬚；有閉合之圍鰓腔及圍鰓腔孔；鰓裂在咽部兩側。

　2a. 僅右側之生殖腺發育；右側之腹皮褶與腹鰭連續，左側者終於圍鰓腔孔之後………………………………………………右殖文昌魚科 EPIGONICHTHYIDAE
　　尾鰭延長爲細長之突起狀；口笠腹面之觸手間膜高於兩側；肌節數 66(44＋9＋13)，生殖腺 29 枚（位於 15～43 肌節）；成體長約 10 mm 上下（最長 21 mm），生活時淡褐色，呈半透明…………………………………………………………………………………魯卡亞文昌魚

　2b. 生殖腺二列；二腹皮褶均終於圍鰓腔孔之直後…………………… 文昌魚科 BRANCHIOSTOMIDAE
　　吻突（包括脊索之前端）不特別延長，向前僅稍超越口笠之前緣；尾鰭上下葉稍高於背鰭及腹鰭；尾鰭與腹鰭顯然分開；肛門在尾鰭起點之後，而遠在尾鰭下葉中點以前；肌節數 65(38＋17＋10)，生殖腺 25～27 對，口鬚 36～50 枚，口帆觸手 11～22 枚；成體長約 29～57 mm，一般在 40 mm 上下………………………………………………………………………………………東方文昌魚[1]

1b. 口在左側而無口鬚；無閉合之圍鰓腔；鰓裂一列在咽部腹面…………擬文昌魚科 AMPHIOXIDIDAE[2]

右殖文昌魚科 EPIGONICHTHYIDAE

僅右側之生殖腺發育；右側之腹皮褶與腹鰭連續而不間斷。

魯卡亞文昌魚 *Asymmetron lucayanum* ANDREWS

臺大海洋研究所黃崇哲與楊榮宗（1979）二位發表之新記錄，標本在臺灣南端之南灣採得。

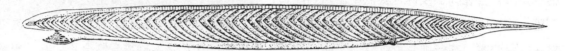

圖 1-11　魯卡亞文昌魚（*Asymmetron lucayanum* ANDREWS）
（據 BIGELOW & FARFANTE）。

---

① 東方文昌魚（*Branchiostoma belcheri* GRAY）分佈日本、我國、菲律賓、印度、錫蘭、東非以及東印度羣島。在我國大陸主要分佈廈門及靑島，尤以廈門附近劉五店爲中心產地。其地有文昌閣，故有文昌魚之名。一般文昌魚除供純學術上的研究而外，可謂毫無經濟價值。唯廈門之漁人有專捕文昌魚爲生者，漁場長僅 6 哩，寬不足 1 哩，由 8 月至 4 月爲漁期，年穫約 35 噸，生食或乾製均稱美味。擬文昌魚科爲浮游性，只見於印度洋及非洲西岸。

第一章　脊椎動物之演化及其分類

一、脊椎動物的起源

　　脊椎動物的祖先是什麼？這是學者們討論很久而難獲結論的問題。合理的推論可能是某類不具堅硬外被或骨骼的無脊椎動物，它們無法被保存爲化石，因此這一段演化歷程始終曖昧不明。頭索類之文昌魚雖無化石記錄，惟根據其現生種類之形態來推斷，其爲脊椎動物之近祖，或近祖之兄弟行，當無疑義。再就上章所述脊索動物的三大特徵而言，**半索動物**（HEMICHORDATA）至少已具有鰓裂，所以被認爲是最接近脊索動物者，而有所謂**前脊索動物**(Prechordates) 之稱。**棘皮動物**（ECHINODERMATA）則是無脊椎動物中，在生化，幼體形態，以及胚胎發生諸方面，最近似脊索動物者，由此而推論到更低等的無脊椎動物。現將此種親緣關係列述如下：

　　半索動物　本門動物大都爲海產底棲性之蠕蟲狀動物，單獨或羣體而生活。其身體可分吻部（前體）、領部（中體）與軀幹（後體）三部分，體內有由原腸外突而形成之原腸體腔。就其中腸鰓綱(ENTEROPNEUSTA)之玉柱蟲(*Balanoglossus*)以及囊舌蟲(*Saccoglossus*)而言，其領部有一由消化管前端向前伸入吻部之囊室，稱之爲口索 (Stomochord)；其咽頭區有多數（達 700 對）U 字形微小之內咽裂 (Internal pharyngeal slits)，各與一咽囊相通，再由見於背面兩側之外咽裂通於體外，由此可見其咽頭之主要功能爲濾食而非呼吸。其神經系統包括背腹兩條中實之神經索，二者以領部之神經環相連接。

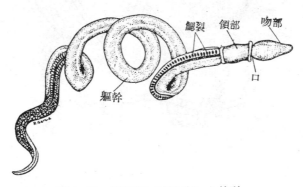

鰓裂　領部　吻部

口

軀幹

圖 1-12　腸鰓類（玉柱蟲）之外形。

　　半索類的口索當然不能與中胚性的脊索相比較；其神經系統只有背神經索之前端有內

腔，在功能上亦不能與脊索動物的中樞神經相比較。尤其是其循環系統有背腹兩條縱血管，循環型式頗似環形動物，在在顯示半索動物依然與脊索動物相去甚遠。不過半索類的柱頭幼蟲（Tornaria）與棘皮動物的耳狀幼蟲（Auricularia）極為相似，不啻為脊索動物的演化途徑提供了一個有力的線索。

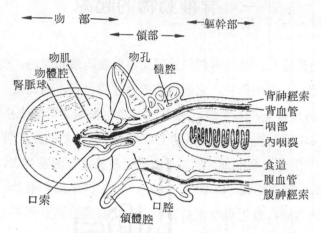

圖 1-13　腸鰓類身體前部之矢狀切面，吻部極度收縮。

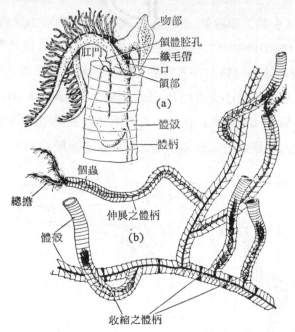

圖 1-14　翼鰓類（桿壁蟲 *Rhabdopleura*）之外形。
　　　　　(a) 一個體由體殼之開口伸出；(b) 羣體
　　　　　之一部分。

　很多學者都認為，動物的演化如溯自像水螅或海葵那樣的原始腔腸動物，顯然分為兩條途徑進行。其一經由環形動物、軟體動物而至節肢動物，另一是經由苔蘚動物、腕足動物、棘皮動物而至脊索動物。這兩條途徑各包含很多不同的動物，其基本區別是前者的受精卵作螺旋狀之定分割，中胚層源於其他組織，而體腔則由中胚層細胞集團分裂而成（所謂分裂體腔 Schizocoel），原腸胚的胚孔（Blastopore）端卽成為口，故稱為原口動物（PROTOSTOMIA）；幼蟲為輻射相稱的擔輪蚴（Trochophore），肌肉中所含之磷胺酸為磷精胺酸（Phosphoarginine）。後者的受精卵行輻射狀不定分割，其中胚層以及體腔乃由原腸向外突出而形成（所謂原腸體腔 Enterocoel），原腸胚的胚孔端成為肛門，故稱後口動物（DEUTEROSTOMIA）；幼蟲為兩側對稱之雙腹蚴（Dipleurula）；肌肉中所含之磷胺酸為磷肌酸（Phosphocreatine）。

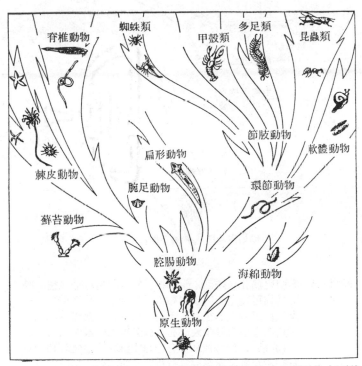

圖 1-15　動物界之簡明系統樹，示脊椎動物與其他各類動物之可能關係（據 ROMER）。

　由以上事實可見，脊椎動物的祖先必須從原始脊索動物，棘皮動物，腕足動物，這條演化途徑去探索。一般認為原始棘皮動物是固着生活，身體之一端固着水底，口端游離，環繞口緣有多數具纖毛之觸手，形成總擔（Lophophore），為其攝食器官，猶如現生半索動物中之翼鰓類（PTEROBRANCHS）。很多學者認為脊椎動物的祖先可能也屬於固着不動，以觸手攝捕食餌的類型，由此演化為靠鰓器濾取食物的定着性原始脊索動物，進而演化為能游動而主動覓食的活潑動物。當由定着生活演變爲游動生活時，可能發生的重大變化是終生保持能游動的幼體狀態，而能生育後代，卽所謂幼體成熟（Neoteny），喪失其定着生活的成體階段。事實上此種改變極爲可能，頭索類中的擬文昌魚（*Amphioxides*）以及尾索類中的幼形綱，就是幼體成熟的最好例證。

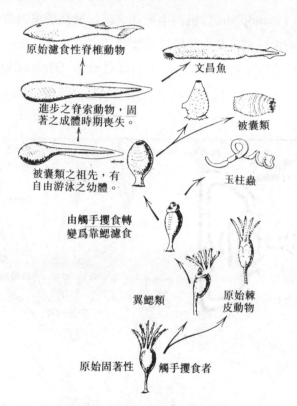

原始濾食性脊椎動物

文昌魚

進步之脊索動物，固著之成體時期喪失。

被囊類

被囊類之祖先，有自由游泳之幼體。

玉柱蟲

由觸手攫食轉變爲靠鰓濾食

翼鰓類

原始棘皮動物

原始固著性 觸手攫食者

圖 1-16 簡明之演化系統圖，示脊椎動物演化之可能途徑。棘皮動物可能是由與翼鰓類相近的動物演化而來；玉柱蟲是由翼鰓類的後裔所蕃衍，已具有鰓濾食系統，但在其他方面尚無多大改進。被囊類的鰓器顯然已甚進步(成體)，部分種類且有一自由游泳的幼體時期，具有脊索及神經索等高等特徵。進而演化爲文昌魚以及脊椎動物，原有的固着生活的成體時期已完全放棄，由幼體型演化爲眞正的脊椎動物 (ROMER)。

鈣索動物（CALCICHORDATA） 在寒武紀至泥盆紀中期出現而屬於有柄類(Stylophora)的棘皮動物，近年來受到極大重視。這些體軀包着鈣質硬板而尾部能屈曲的球拍形動物，因其體側有多數鰓裂，尾部含有脊索，體內有體節及背神經索，又有腦（近於魚類）及腦神經系統，和具有過濾功能的咽部，均與被囊類相似，還有很多與頭索類及被囊類相似的不對稱構造，所以有人把牠們看作最原始的脊索動物，而改稱爲**鈣索動物**。

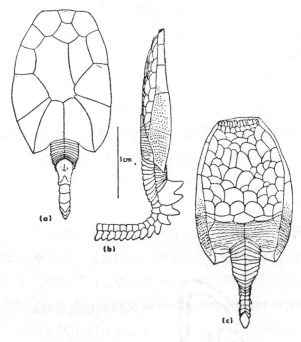

圖 1-17 鈣索動物 (*Mitrocystella*) 之外形; (a) 背面觀;
(b) 側面觀; (c) 腹面觀 (據 JEFFERIES)。

JEFFERIES (1975) 曾對鈣索動物的有角目 (CORNUTA) 所含的 *Cothurnocystis*, *Cera-tocystis*, *Reticulocarpos* 三屬,與僧帽目 (MITRATA) 所含的 *Mitrocystites*, *Mitrocystella*, *Placocystites*,以及 *Lagynocystis* 四屬,加以詳細比較研究,不但已清楚刻劃出該類動物的內部構造及生活習性,並且已概括描繪出由彼演化爲各類脊索動物的可能途徑。他推想在前寒武紀的後期或寒武紀的早期,一種背似頭盤蟲 (*Cephalodiscus*) 的半索類動物,由其體管中逸出而以右面向下在海底爬行,旋即喪失其原在右側現爲腹面的各孔口以及觸手,並在該側獲得石灰質的外骨骼,每一骨板爲單一結晶體。由彼演化爲兩類動物,一類喪失殘留的鰓裂,增強其原在左側的觸手,即成爲最早的棘皮動物。另一類則增強其仍存的鰓裂,喪失其原在左側的觸手,即成爲最早的脊索動物。

就不同脊索動物的演化而言,某些有角目的種類因在柔軟的淤泥質海底生活,即演變爲以 *Reticulocarpos* 屬爲代表的小形平扁而對稱的體型,以適應泥質環境。由 *Reticulocarpos* 屬的近緣種類演化爲最早的僧帽目,彼等除如有角目已具有左側鰓裂外,右側已出現新的鰓裂。彼等仍然適應於在泥質海底生活,亦可能靠擺動尾部而游泳,這就是所謂最早的脊索動物體型。後來,僧帽目分爲二羣,一羣以 *Lagynocystis* 屬爲代表,在其腹面中央出現圍鰓腔,即成爲最早的頭索類。進而喪失其骨骼,脊索及肌節向前擴展,並發生若干其他改變,以後演化爲現生的文昌魚之類。所有這些種類,都仍保持其與棘皮動物相似的原始的神經控制方式，肌肉細胞直接連接背神經索。另一羣的神經控制是靠運動終板 (Motor end plates)，與現生之脊椎動物以及被囊類一般，其中有些以後演化爲被囊類，有些演化爲脊椎動物。而最接近脊椎動物者，當推 *Mitrocystites* 或 *Mitrocystella*。原始而較小的 *Chinianocarpos*，或已具有側線系統，如繼續發展其游泳能力，增強其感覺器官及腦的功能，喪失其鈣質骨板，卽可能成爲現代脊椎動物的祖先。它們適應運動的需要，可能由其已存之左右外心層 (Epicardia) 發展而成眞正的腎臟，以排除劇增的含氮廢物。以後並出現含磷酸鹽的內骨骼。

　　總之，鈣索動物已爲吾人提供了確切的證據，脊椎動物的起源與演化問題的若干疑難已大體獲得澄清，當然其演化過程中的很多過渡性情況，仍有待吾人進一步深入探討。

　　因此，NELSON, J. S. (1976) 所擬的新的脊索動物門分類系統共分六個亞門，卽半索亞門、尾索亞門、頭索亞門（三者通常合稱爲原脊索動物 Protochordates）、有鬚亞門 (POGO-NOPHORA)、鈣索亞門，以及脊椎亞門。他們的共同祖先，都是棘皮動物，或至少與棘皮動物爲同一祖先之後裔。不過仍有學者堅持一些舊的觀念，例如 SILLMAN, L. R. (1960) 認爲原始的介皮類是由頭足類的鸚鵡螺 (Nautiloids) 之類演化而來的，JENSEN, D. D. (1963) 則根據解剖上的證據，而認爲由針紐蟲類 (Hoplonemertea) 經盲鰻類 (Myxinoids) 而演化爲脊椎動物，棘皮動物以及 "低等" 脊索動物只是後來退化的旁支。WILLMER, E. N. (1975) 亦高倡紐蟲起源說。但是總括看來，仍以棘皮動物-脊索動物的理論較爲穩固，信奉者亦較多。

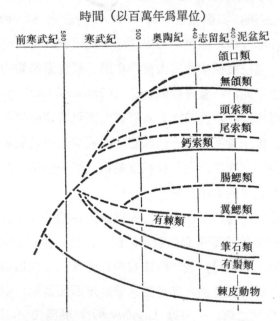

時間（以百萬年爲單位）

圖 1-18　NELSON, J. S. 的脊索動物門各主要類別及其近緣類
別之親緣關係以及分歧之時間，有很多事項及關係尚
未確定，有待繼續研究。實線示已知化石之出現時間。

NELSON J. S. (1976) 的新的脊索動物門分類系統如下：

鈣索亞門 CALCICHORDATA （有柄綱 Stylophora，海果綱 Carpoidea）

原始脊索動物，部分學者認爲其與脊索動物之關係較之與棘皮動物猶近，介皮類很可能在奧陶紀之早期由某種鈣索動物演化而來。有柄綱下分有角 (Cornuta) 與僧帽 (Mitrata) 二目，見於寒武紀至泥盆紀。

半索亞門 HEMICHORDATA

其部分特徵與眞正之脊索動物有異，但與脊索動物之類緣關係較近。下分五綱，前二綱爲化石。

筆石綱 GRAPTCLITAINA

海產，成羣體，外被骨質硬殼，固着或飄浮生活。分 Dendroidea, Tuboidea, Camaroidea, Crustoidea, Stolonoidea, Graptoloidea 六目，見於寒武紀至下石炭紀。

有棘綱 ACANTHASTIDA

奧陶紀早期之着生小動物，直徑約 5 mm.，成羣體，背面突出而有長棘。

浮球綱 PLANCTOSPHEAROIDEA

本綱只包括少數種類，可能係某種半索動物之幼體時期。

腸鰓綱 ENTEROPNEUSTA (Acorn Worms)

包括柱杆蟲、舌蟲等蠕蟲狀海生動物，其柱頭蜥蚴與棘皮動物之雙腹蚴相似。

翼鰓綱 PTEROBRANCHIA

小形着生之海棲動物，成羣體或擬羣體，具總擔及角質外殼。化石見於奧陶紀後期，白堊紀以至始新世。其早期種類可能爲棘皮動物之祖先。現生者分爲頭盤蟲 (Cephalodisca) 桿壁蟲 (Rhabdopleurida) 二目。

有鬚亞門 POGONOPHORA （分類地位未定）

特異之寒帶海洋底棲動物，一般認爲屬後口類，與半索類爲同一祖先之後裔。惟近年來之研究結果，認爲與環形動物較近，故應屬於原口類 (Protostomia)。有人認爲多毛類，有鬚動物，總擔動物，半索亞門中之翼鰓類爲同一祖先之後裔。SOUTHWARD, E. C. (1971, 1975) 則認爲與環形動物較近，惟應列爲獨立之一門。

尾索亞門 UROCHORDATA

幼體蝌蚪形，自由游泳，具鰓裂，中空之背神經索、脊索、不分節之尾部。成體固着不動，濾食性，不具上述構造。具內柱，相當於脊椎動物之甲狀腺。

頭索亞門 CEPHALOCHORDATA

棘齒類 (CONODONTOPHORIDA, ＝CONDONTOCHORDATA) 分類地位未定。

由寒武紀至三叠紀之齒狀化石，褐色透明，主要成分爲磷酸鈣。有人認爲可能是某種原始魚類的牙齒或鰓耙，亦有人認為係環形動物之顎器之一部分。有的學者提出證據指出，棘齒類是一些蠕蟲狀之浮游生物，口緣有總擔，可能是腕足類的遠親。不過由最近發現的完整化石看來，其外形很像頭索動物，可能屬於有脊索動物之一。

脊椎動物亞門 VERTEBRATA (CRANIATA)

賈維克的新觀點　當代古魚類學大師賈維克 (ERIK JARVIK) 在其最新巨著脊椎動物之基本構造與演化 (Basic Structure and Evolution of Vertebrates, 2 Vols., 1980) 一書中，對脊椎動物之起源與演化過程提出新的解釋。他認為脊椎動物在開始以化石出現之前，已渡過其演化上的最重要階段，在過去四或五億年間所發生的改變，無論就全部脊椎動物的共同特徵來看，或就各類不同脊椎動物形成的專有特徵來看，與在此以前所發生的改變相比較，均微不足道。不幸吾人並不能由化石而窺知此等最重要的早期改變的真相。賈維克把脊椎動物的主要類羣的演化分為兩個時期，其一為有化石可供稽考的時期，另一為無化石可供稽考的時期。前者約為五億年，後者可能為 25 億年（以生物在 30 億年以前開始出現來估計）。後者又分為前後二期，在前期中出現所有脊椎動物的共同特徵，在後期中則作分歧演化。

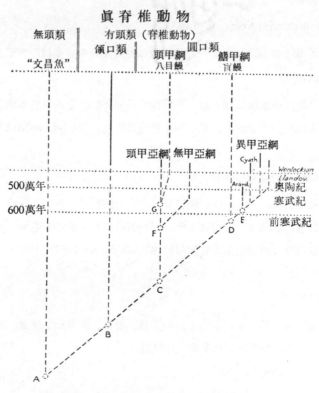

圖 1-19　脊椎動物早期演化的重要時間簡圖
（據 JARVIK）。

由化石證據吾人已知最早的脊椎動物異甲類 (HETEROSTRACI) 見於寒武紀的後期（見次章無頜首綱），其祖先必然早於該時。異甲類與鰭甲類 (PTERASPIDOMORPHA) 的共同祖先當更早（圖 1-20）。鰭甲類與頭甲類 (CEPHALASPIDOMORPHA) 之間的親緣關係甚爲密切，通常稱之爲 "姊妹羣"，二者必然有一更早之共同祖先。進而頜口類 (GNATHOSTOM-ATA) 與圓口類 (CYCLOSTOMATA) 必有一更早之共同祖先，更早則是無頭類 (ACRANIA) 與有頭類 (CRANIATA) 的共同祖先。所以依次前推，脊椎動物的祖先必然較吾人通常探信之時間爲早。

但是脊椎動物到底於何時起源，這個最早的祖先到底與其他類別如何關聯，迄無令人信服之理論基礎。不過買維克堅信脊椎動物的主要特徵在生物演化的早期即開始展現，而動物界中各門的分化亦遠較吾人通常推斷之時間爲早。這一早期的種族演化過程，或會在個體發生的最早時期（卵分割、囊胚以及原腸胚形成）展現其端倪，進一步的演化則可能像文昌魚 (Amphioxus) 的幼體時期的改變，具有中胚層性分節體制以及神經管、脊索、消化管等構造。在無化石記錄的後期演化中，由假定的原眞脊索動物 (Protoeuchordates) 分爲二條演化途徑，其一成爲現今的頭索類，卽文昌魚之類，另一條進而分爲好幾條分支，終於先後成爲假定的原脊椎動物、原圓口類、原頜口類、原橫口類，以及眞口類 (Proto-vertebrates, Proto-cyclostomes, Proto-gnathostomes, Proto-plagiostomes, Proto-teleostomes) 的祖先。

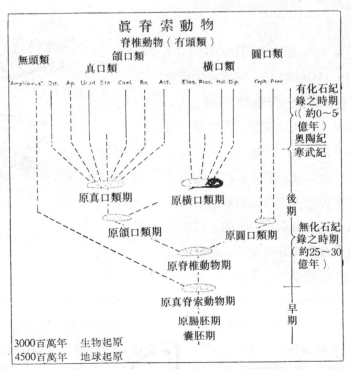

圖 1-20 脊椎動物之起源與早期演化之可能途徑圖解（據 JARVIK）。

賈維克的理論到目前尚未得到有力的回響，而實際上他只是認為脊椎動物在有化石記錄以前的演化過程，曾經過如囊胚、原腸胚等階段，並未對脊椎動物的起源問題提供任何具體線索，所以到目前為止，他的理論只能提供參考而已。

二、脊椎動物的演化趨向

最古老的脊椎動物出現在四億年前的奧陶紀時代，只是一些零散的皮齒及骨片，稍後的異甲類 (Heterostraci)、骨甲類 (Osteostraci)，與無甲類 (Anaspida)，分佈於上志留紀及泥盆紀，都屬於無上下頜的所謂介皮魚類 (OSTRACODERMI)，這些古老的脊椎動物，和現生的圓口類顯然有密切的親緣關係。牠們跟隨着時代的變遷，逐漸演化成現代的高等脊椎動物。其演化之趨向，可綜合為四點如下：

由濾食者 (Strainer＝Filter feeder) 演化成掠食者 (Predator)　如上文所述，脊椎動物的祖先型如為鈣索動物，其生活方式似乎近似於現生尾索動物中的幼形類。按幼形類具有自由游泳的體制，但其食性為濾食而並非掠食，這是極不調和的生活，所以尾蟲的演化必然只有兩條路可走，一是維性其濾食性，而從自由游泳轉變為着生生活，其結果就成為海鞘之類的動物；另一是保持自由生活的體制，而新獲得有掠食作用的構造，上下頜之演化，是最初步的成功，脊椎動物（特別是頜口類）就是走的這條路。

脊椎動物分為兩大系，即無頜類 (AGNATHA) 與頜口類 (GNATHOSTOMATA)，後者除少數後起性的濾食種類（例如鬚鯨）而外，均為掠食性，前者如介皮類為濾食性之底棲動物，圓口類則已多少有從濾食性演化為掠食性之傾向。圓口類有杯狀之口，舐食用之舌，及角質之齒，但無上下頜。到了頜口類則有更擴大之口腔與最有效之攫捕食物之構造。這是從鰓區演化而來的，最前方的一個或數個鰓裂併合為口腔，介於口腔和鰓裂之間支持鰓裂的鰓弧則變成為上下頜。

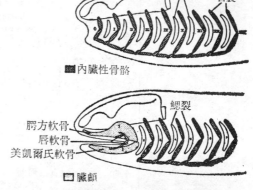

圖 1-21　無頜類與原始有頜類之鰓區構造，顯示由濾食性演化為掠食性。掠食工具即前方臟弧（第三對）變成之頜弧。左，側面（據 SMITH）；右，水平切面（據 JARVIK）。

偶肢 (Paired appendages) 之出現　偶肢之出現顯然與掠食性有不可分之關係。濾食性的水生動物多數為着生生活，牠們的棲處大都是江湖海洋的岸邊，以其有比較豐富之生物羣落也。水生動物如由濾食演化為掠食，第一步必須由着生性變為能動性 (Motile)。因為濾食是以靜待動的攝食法，牠們可以坐待食餌的降臨。掠食便大不相同，牠們是以動制靜，或

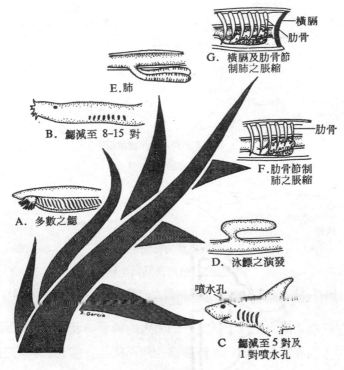

圖 1-22 脊椎動物呼吸系統之演化。

者以動制動，所以除了上下頷（指脊椎動物而言）而外，還須具有靈敏的運動器官，以便找尋食物。更進一步，則須具有強壯的體軀，銳利的爪牙，以便攫捕食餌。至於運動器官的演化，推想先是具備由肌節連綴而成的軀幹和尾部，以及在背上和尾端的奇鰭。其次則自體側伸出偶鰭，這是保持體軀平衡的器官，使能在水中（非水底）暫時停止，於是一方有休息之機會，一方對掠食對像亦可有比較正確的觀察。關於偶鰭如何從鰭褶（Fin fold）演化而成，這個問題雖然有合理的推測，却缺少有力的證據。文昌魚的腹皮褶，*Jamoytius* 的側鰭褶，只能說明脊椎動物的遠祖具有鰭褶，但鰭褶和偶鰭之間還留有一個極大的缺口。不過不問其為鰭褶或偶鰭，總是牠們掠食和運動的工具。至於介皮類的成對之膜瓣（Flaps）、棘（Spines）、或皮褶（Folds），盾皮類的各式各樣的偶鰭（或硬棘），如柵魚（*Climatus*）有 7 對偶鰭（或硬棘），其他亦有 3 對至 6 對者。牠們是否可以代表鰭褶和（或硬棘）偶鰭之間的過渡構造，可暫置勿論。不過無論如何，這些形形式式的構造，必然有利於牠們掠食的生活方式是沒有疑問的。

　　魚類有了偶鰭，牠們就能稱霸於江河海洋，那時水域中的任何生物都可能成為牠們的食餌。進而從水中爬上陸地，由魚類演化為四足類，這種維持體軀平衡的偶鰭，就變成更為有效的偶腳。

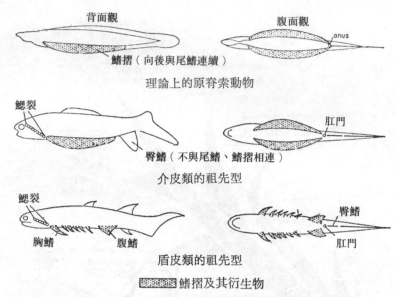

理論上的原脊索動物

介皮類的祖先型

盾皮類的祖先型

▨▨▨鰭摺及其衍生物

圖 1-23 偶肢之演化，顯示鰭摺之一部分退化，並不成爲偶肢。

爬上陸地 脊椎動物離水登陸，這是一個極大的轉變。我們沒有看到一種水生動物可以脫離水域而好好的生活在陸上，因爲水陸環境迥然不同也。遙想去今約三億年以前，可能是四足類祖先的總鰭魚類，如何爬上陸地而且建立了橋頭堡，眞是一個最難以猜透的謎。演化論者說，在悠久的歲月中生物有很多突變的性質，有利的、無用的、或有害的，不一而足。由於天擇的作用，只有有利的突變被保存起來。總鰭魚類已有氣鰾（Air bladder）和肉質之偶鰭，對牠也許另有用處，如其爬上陸地，則氣鰾就成爲呼吸空氣的肺，肉鰭就成爲偶脚，這是登陸所不可少的適應性構造。

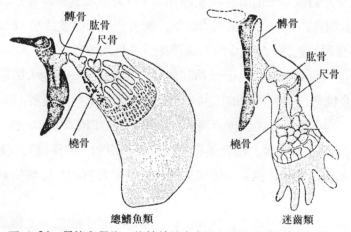

圖 1-24 偶鰭與偶脚。比較總鰭魚類與原始四足類（迷齒類）之肩帶與前肢，可以瞭解如何由魚類之偶鰭演化爲兩生類之偶脚，以適應在陸上運動。

陸地對水生脊椎動物而言，有許多條件對牠們有極大的誘惑，可是也有許多條件對牠們構成極大的威脅。在脊椎動物登陸的時期，陸地上已有豐富的食物，綠色植物以及一些直接或間接以植物爲食的低等動物。空氣中的含氧量比水中大約增多 30～40 倍，但空氣的物理性質如密度、比重、壓力、浮力、阻力都比水爲小，而傳播音波的介質和光線的折射率，水與空氣也顯然不同。加以陸地地面的堅實，地心吸力的影響，空氣中的過度乾燥，無一不影響於陸生脊椎動物的體制構造與生理機能。所以兩生類憑藉其祖先的氣鰾和肉鰭，在呼吸（包括循環）和運動兩方面，算是具備了陸上生活的條件，但是還不能徹底蛻變，所以在變態以前（從卵到蝌蚪），依然過着水中生活，變態以後也不能遠離水域。

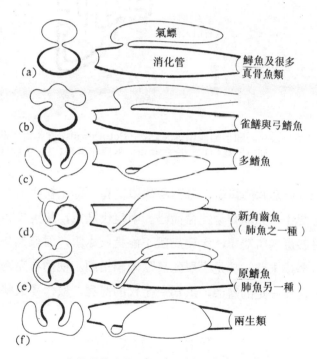

氣鰾

消化管

(a) 　　鱒魚及很多真骨魚類

(b) 　　雀鱔與弓鰭魚

(c) 　　多鰭魚

(d) 　　新角齒魚（肺魚之一種）

(e) 　　原鰭魚（肺魚另一種）

(f) 　　兩生類

圖 1-25　脊椎動物泳鰾 (Swim bladder) 與肺之演化。

爬蟲類有堅厚的外骨骼，可以不怕乾燥。在生殖和發生方面演化爲體內受精和殼卵(Cleidoic eggs)，於是軟弱無能的卵和幼體也可以在陸上生活，這才算眞正"登陸成功"。

維持一定的體溫　對於溫度的調節和適應，是所有動物都須面臨的問題，水生（特別是海洋性）動物由於水中溫度變化的輻度較小，不至受到嚴重的影響，陸生動物的情形就完全不同。在陸上一天內有晝夜之分，一年內有季節之分，而自兩極到赤道，更有種種氣溫上的變化。兩生類、爬蟲類由於循環系統結構的低劣，只能採取消極抵抗──多眠──的方法，以渡過隆多，而在兩極冰天雪地之中，則根本沒有它們的踪跡。

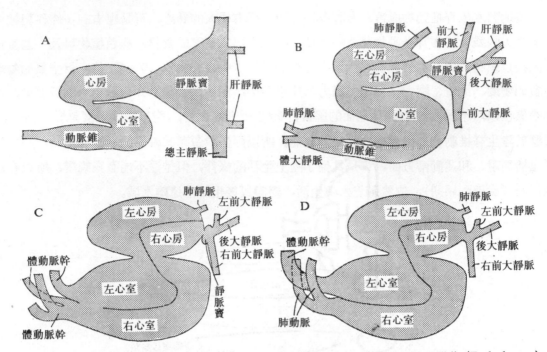

圖 1-26 脊椎動物心臟之演化。顯示如何由外溫動物 (Ectotherms) 演化爲內溫動物 (Endotherms)
A. 魚類；B. 初期四足類；C. 比較進步之外溫四足類；D. 內溫四足類（據 SMITH）。

　　鳥類和哺乳類都是爬蟲類的後裔，分別在侏羅紀和白堊紀初次出現。牠們體軀渺小，在當時大爬蟲統治的世界中，只能苟全性命而已。中生代結束，新生代開始，大陸隆起，氣候劇變，地球上大部分被嚴寒所籠罩，大爬蟲旣不能抵禦冰雪，而又無豐足的食物以果腹，在饑寒交迫的環境中，勢成末路，於是小形的鳥獸漸漸抬頭。牠們有完密的循環系統，又被有羽毛或毛髮，所以能保持一定的體溫，成爲新生代的寵兒，取代了大爬蟲的霸業。

三、脊椎動物特徵提要

　　脊椎動物爲脊索動物之一亞門，又稱眞索動物 (EUCHORDA)，包括無頜類、魚類、兩生類、爬蟲類、鳥類、哺乳類等。脊索動物的三大特徵：(1) 消化管背側之脊索；(2) 脊索上方之管狀神經索；(3) 消化管前方兩側之鰓裂，在本亞門自然一概具備，或至少出現於彼等之幼胚時期。此外脊椎動物之重要特徵，可列舉如下：

1. 概具有**兩側對稱之體制** (Bilaterally symmetric organization)，一切器官，其起源於幼胚之正中面者，以後佔有體之中軸，可稱爲中軸器官 (Median organs)；其成對分配於體軀兩側者，可稱爲偶對器官 (Paired organs)。

2. 概具**分節制構造** (Metameric in structure)，但隱於內部而不如環節動物、節肢動物等之顯於體表。

分節制在幼胚較爲明顯，成長後往往隱約不明。

3. 體軀在模式的分爲頭 (Head)、軀幹 (Trunk)、及尾 (Tail) 三部分，此專化之頭部及肛門以後之尾部實爲本亞門所特有。

(a) 所謂頭部乃主要感覺器官、神經中樞（腦）、消化管開口、及其附屬構造集中之部分（凡兩側對稱之動物，甚至如蠕蟲之類，亦有此種傾向，可名爲頭部之專化 (Cephalization)。

(b) 軀幹部乃體腔所在之體部，在水生脊椎動物應包括鰓區在內，陸生脊椎動物鰓區退化，頭部與軀幹之間，往往有或長或短之頸部 (Neck)，實與鰓區相當。哺乳類體腔內有一橫膈，於是軀幹部又淸分爲胸 (Thorax) 腹 (Abdomen) 兩部。

(c) 肛門以後之尾部爲脊椎動物所特有，因兩側對稱之無脊椎動物，肛門多開於體軀後端也。無尾兩生類與人類之尾部，後起性消失爲本亞門之例外。

4. 皮膚由表皮、眞皮所合成；一般無脊椎動物僅有外胚層性之表皮，而無眞皮，後者爲中胚層性之結締組織，乃脊椎動物所特有之構造。皮膚有種種衍生物，如角質鱗、骨質鱗、羽毛、毛髮、爪甲、角、及腺體等，本亞門中各綱往往以此等衍生物爲其分類上之重要特徵。

5. 脊索之前端終於前腦之後下方，脊索多少被脊柱 (Vertebral column) 所替代，脊柱乃多數軟骨性或硬骨性之脊椎 (Vertebrae) 前後連綴而成，脊柱與顱骨 (Cranium)、臟弧 (Visceral arches)、附肢 (Appendages)、肢帶 (Girdles) 合成爲內骨骼 (Endoskeleton)。內骨骼亦爲本亞門所特有之構造，不僅支持體軀，完成運動，亦用以保護柔軟器官（如腦、脊髓、心、肺等），並製造紅血球。

6. 所謂運動器官之附肢，有奇肢與偶肢 (Unpaired and paired appendages) 之分，如圓口類、魚類、有尾兩生類、無尾兩生類之蝌蚪，以及魚龍、鯨等，具有不成對之鰭，即所謂奇肢，亦稱奇鰭 (Unpaired fins)。偶肢除少數化石種類外均係兩對，即胸肢 (Pectoral limb) 與腹肢 (Pelvic limb)，胸肢可能爲鰭 (Fins)、脚 (Legs)、臂 (Arms)、或翼 (Wings)，腹肢可能爲鰭或脚，二者均可能退化或缺如（腹肢缺如之例較多）。

7. 骨骼上槪附有肌肉，二者聯合，構成脊椎動物靈便而有力之運動器官，適合游泳、馳驅、攀援、或飛翔。

8. 軀幹內部至少包含兩個腔所，卽腹腔 (Abdominal cavity) 與圍心腔 (Pericardial cavity)，合稱曰體腔 (Coelom)。腹腔較大，內容消化、泌尿、生殖等器官，除哺乳類外，肺亦在腹腔內，故亦稱爲胸腹腔 (Pleuro-peritoneal cavity)。圍心腔甚小，僅容心臟。腹腔與圍心腔之間有一層橫行隔膜 (Transverse septum) 分隔之，哺乳類之肺臟包圍在胸腔 (Pleural cavity) 之中，更有橫膈 (Diaphragm) 將前方之圍心腔、胸腔，與後方之腹腔 (Peritoneal cavity) 分隔淸楚。

9. 消化管在脊柱之腹側，延長而完全，口開於頭部先端，內引爲廣大之口腔，肛門開於軀幹部後端，有時開於泄殖腔，再經泄殖腔而外開。有肝臟與胰臟兩大消化腺，肝臟巨大而堅實，其消化液均注入腸胃交界處。

10. 咽部中等，兩側有七對以下（有的圓口類超過七對）之鰓裂，且不開於圍鰓腔中；前方之鰓弧變爲上下頜（圓口類除外）。水生種類以鰓 (Gills)，陸生種類以肺 (Lungs) 呼吸，二者均爲消化管之衍生物，但彼此間並無關係。陸生種類雖無鰓，而在發生初期仍有鰓裂出現。

11. **循環系統**爲閉鎖型，心臟分 2、3、或 4 室，位於消化管之腹側。血液紅色，因紅血球中含有一種名爲血紅素 (Haemoglobin) 之呼吸色素也。更有淋巴系統 (Lymph system) 以補助血液循環之不足。

12. **排泄器官**爲一對腎臟，由多數腎小管集聚而成，有輸管排除廢物於泄殖腔或肛區附近，若干種類具有膀胱，以便積貯尿液。

13. **神經系統**以腦與脊髓爲中樞，均在消化管背側，被嚴密保護於顱骨與神經管 (Neural canal) 之中。腦腔分三室；腦神經 10 或 12 對。脊髓神經按體節每節一對，由背根與腹根合成（圓口類例外）。更有自主神經系以調節內臟之不隨意運動或腺體的分泌作用。

14. **嗅覺器官**成對；兩眼構造複雜；內耳有半規管 1～3 對。

15. 有若干**內分泌腺**，其分泌物（激素）隨血流分佈，分別調節身體之各種生理作用，生長及生殖。

16. 除極少數例外，概係**雌雄異體**，各具一對**生殖腺**，分生生殖細胞，由輸管輸送至泄殖腔或肛區附近。受精卵行不等分割（有的行後起性等分割）。

四、脊椎動物之分類

脊椎動物亞門包括化石種類在內，在傳統上分爲二首綱、九綱，如將頭索亞門與尾索亞門合稱之爲無頭動物，脊椎動物相對的可名爲有頭動物。

無頜首綱 AGNATHA. 魚型脊椎動物，無上下頜。

　*__介皮綱__ OSTRACODERMI. 志留紀、泥盆紀時代之無頜魚類。

　圓口綱 CYCLOSTOMATA. 鼻孔單一，開於頭頂。口杯狀，可以吸着他魚而攝食其血肉。無偶鰭。鰓裂 5～14 對。

頜口首綱 GNATHOSTOMATA. 概有上下頜。

　*__盾皮綱__ PLACODERMI. 古生代原始有頜魚類，多數被堅甲，現已滅亡。

　軟骨魚綱 CHONDRICHTHYES. 軟骨魚類，體被盾鱗。口橫裂，開於頭部腹面。鰓裂 5～7 對（全頭亞綱有肉質鰓蓋，僅一對鰓裂）。

　硬骨魚綱 OSTEICHTHYES. 硬骨魚類，體被硬鱗或骨鱗。口開於頭部先端。概有鰓蓋。

　兩生綱 AMPHIBIA. 最原始之四足類，卵生、冷血、無羊膜，幼時水生，以鰓呼吸。現生種類體裸出。

　爬蟲綱 REPTILIA. 終生陸生之四足類，卵生、冷血。有羊膜，體被角質鱗片或堅甲。

　鳥綱 AVES. 卵生、溫血、有羊膜，體被羽毛，前肢變爲翼。

　哺乳綱 MAMMALIA. 胎生、溫血、有羊膜，以乳哺兒，體被毛髮。

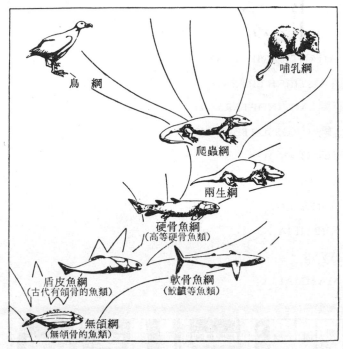

圖 1-27 脊椎動物各綱演化之簡明系統樹 (據 ROMER)。

不過新的分類系統, 重視各綱的種族發生及類緣關係, 與卜表頗不相同。妓綜合 J. Z. YOUNG (The life of Vertebrates, 1962, 1982), A. S. ROMER (Vertebrate Palaeotology, 1966), KUKALOVÁ-PECK (A phylogenetic Tree of the Animal Kingdom, 1973), E. H. COLBERT (Evolution of the Vertebrates, 1980), 以及 J. A. MOY-THOMAS and MILES, R. S. (Palaeozoic Fishes, 1971), NELSON, J. S. (Fishes of the World, 1976, 1984) 等近著, 把脊椎動物亞門所含各綱及亞綱重新排列如下:

脊椎動物亞門 VERTEBRATA

  無頜首綱 AGNATHA (=圓口綱 CYCLOSTOMATA)

    頭甲綱 CEPHALASPIDOMORPHI (=單鼻孔類 MONORHINA)

    鰭甲綱 PTERASPIDOMORPHI (=二鼻孔類 DIPLORHINA)

  頜口首綱 GNATHOSTOMATA

   魚羣 PISCES

    板鰓形亞羣 ELASMOBRANCHIOMORPHI

     盾皮綱 PLACODERMI

     軟骨魚綱 CHONDRICHTHYES

      板鰓亞綱 ELASMOBRANCHII

全頭亞綱 HOLOCEPHALI

眞口亞羣 TELEOSTOMI

　刺鮫綱 ACANTHODII

　硬骨魚綱 OSTEICHTHYES

　　條鰭亞綱 ACTINOPTERYGII

　　總鰭亞綱 CROSSOPTERYGII

　　肺魚亞綱 DIPNOI

四足羣 TETRAPODA

　兩生綱 AMPHIBIA

　爬蟲綱 REPTILIA

　鳥　綱 AVES

　哺乳綱 MAMMALIA

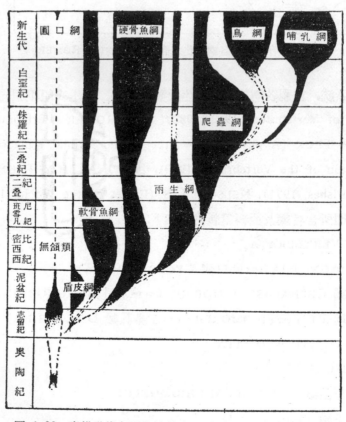

圖 1-28　脊椎動物各綱在地質時代之演化史 (據 ROMER)。

玆爲便於瞭解各類脊椎動物之間的關係，再將本亞門之分類系統列表如下：

哺　乳　類 MAMMALIA		領　口　類 GNATHOSTOMATA	四　足　羣 TETRAPODA	有　羊　膜　類 AMNIOTES
鳥　　　類 AVES				
爬　蟲　類 REPTILIA				
兩　生　類 AMPHIBIA				無　羊　膜　類 ANAMNIOTES
硬　骨　魚　類 OSTEICHTHYES			魚　　　羣 PISCES	
軟　骨　魚　類 CHONDRICHTHYES				
盾　皮　類 PLACODERMI				
無　領　類 AGNATHA	無　領　類 AGNATHOSTOMATA			

脊椎動物學一般參考書籍文獻舉要

ALEXANDER, R. McN. (1975). The Chordates. Cambridge Univ. Press.

ANDREW, S. M., R. S. MILES, & A. D. WALKERS (ed.) (1977). Problems in Vertebrate Evolution. Academic Press for Linnean Soc., London.

BARRINGTON, E. J. W. (1965). The Biology of Hemichordata and Protochordata. W. H. Freeman & Co., San Franscisco.

BARRINGTON, E. J. W. & R. P. S. JEFFERIES (ed.) (1975). Protochordates. Academic Press for Zool. Soc., London.

BERRIEL, N. J. (1955). The Origin of Vertebrates. Oxford Univ. Press.

CLARK, R. B. (1964). Dynamics in Metazoa Evolution. Clarendon Press, Oxford.

CLARK, W. E. LeG. (1960). The Antecedents of Man. Edingburgh Univ. Press.

COLBERT, E. H. (1980). Evolution of the Vertebrates, 3rd edition. John Wiley & Sons.

DARLINGTON, P. J. Jr. (1957). Zoogeography. John Wiley & Sons.

DENISON, R. H. (1956). A review of the habitat of the earlist vertebrates. Fieldiana, Geol., 11: 359-457.

GOODRICH, E. S. (1958). Studies on the structure and development of Vertebrates, 2 vols. Dover Pub. Inc., New York.

GREGORY, W. K. (1951). Evolution Emerging, 2 vols. Macmillan Co., New York.

HALSTEAD, L. B. (1969). The Pattern of Vertebrate Evolution. Oliver & Boyd, Edingburgy.

HECHT, M. K., P. C. GOODY, & B. M. HECHT (ed.) (1977). Major Patterns in Vertebrate Evolution. Plenum Press, New York.

HILDEBRAND, M. (1974). Analysis of Vertebrate Structure. John Wiley & Sons.

HUANG, C. C. & R. T. YANG (1979). A newly recorded Lancelet (*Asymmetron lucayanum* ANDREWS) found in the south tip of Taiwan. Acta Oceanogr. Taiwanica, 10: 176-181.

JAMESON, E. W. Jr. (1981). Patterns of Vertebrate Biology. Spring-Verlag.

JARVIK, E. (1960). Theories de l'Évolution des Vértébres. Masson, Paries.

JARVIK, E. (1964). Specialization in early Vertebrates. Annls. Soc. r. Zool. Belg., 94: 1-95.

JARVIK, E. (1968). Aspects of Vertebrate Phylogeny. Nobel Symposium, 4: 497-527.

JARVIK, E. (1980). Basic structure and evolution of Vertebrates, 2 vols. Academic Press.

JOLLIE, M. (1962). Chordate Morphology. Reinhold Book Co., New York.

JOLLIE, M. (1973). The Origin of the Chordates. Acta Zool., Stockholm, 54: 81-100.

JOLLIE, M. T. (1977). Segmentation of the vertebrate head. Amer. Zool., 17: 323-333.

JOYSEY, K. A. & T. S. KEMP (ed.) (1972). Studies in Vertebrate Evolution. Winchester Press, New York.

KLUGE, A. G. et al. (1977). Chordate structure and function. Macmillan Pub. Co., New York.

KUKALOVA-PECK, J. (1973). A phylogenetic tree of the animal kingdom. Nat. Mus. Canada.

LEHMAN, J.-P. (1959). L'évolution des vertebres Inferieurs. Paries.

LøVTRUP, S. (1977). Phylogeny of Vertebrata. John Wiley & Sons.

MAYR, E. (1969). Principles of Systematic Zoology. McGraw-Hill Book Co.

McFARLAND, W. N., F. H. POUGH, T. J. CADE, & J. B. HEISER (1979). Vertebrate Life. Macmillan Book Co., New York.

MOY-THOMAS, J. A. & R. S. MILLES (1971). Palaeozoic Fishes. Saunders Co.

NELSON, E. E. (1976, 1984). Fishes of the World. John Wiley & Sons.

OLSON, E. E. (1971). Vertebrate Paleozoology. John Wiley & Sons.

ORLOV, T. (ed.) (1967). Fundamentals of Paleotology. Israel Prog. Sci. Trans., Jeruslem.

ORR, R. T. (1976, 1982). Vertebrate Biology. Saunders Co., New York.

ØRVIG, T. (ed.) (1968). Current Problems of Lower Vertebrate Phylogeny. Interscience Publishers.

PANCHEN, A. L. (ed.)(1980). The terrestrial environment and the origin of land vertebrates. Academic Press.

PARKER, T. J. & W. A. HASWELL (rev. by A. J. MARSHALL) (1964). Textbook of Zoology, vol. 2. Macmillan Co., London.

ROMER, A. S. (1960). Man and the Vertebrates, 2 vols. Penguin Book Ltd.

ROMER, A. S. (1966). Vertebrate Paleotology. Univ. Chicago Press.

ROMER, A. S. (1968). Notes and comments on Vertebrate Paleotology. Univ. Chicago Press.

ROMER, A. S. (1970). The Vertebrate Body. Saunders Co., New York.

ROMER, A. S. & T. S. PARSONS (1977). The Vertebrate Story. Univ. Chicago Press.

SCHMALHAUSEN, I. I. (1968). The origin of Terrestrial Vertebrates. Academic Press.

SCHULTZE, HANS-PETER (ed.) (1978-　). Handbook of Paleoichthyology. Gustav Fisher Verlag, Stuttgart.

SMITH, H. M. (1960). Evolution of Chordate Structures. Holt, Rinehart & Winston Inc. New York.

STAHL, B. J. (1974). Vertebrate Story. New York, McGraw-Hill Book Co.

TORREY, T. W. (1967). Morphogenesis of the Vertebrates. New York, John Wiley & Sons.

WALTER, H. E. & P. S. LEONARD (1949). Biology of the Vertebrates. New York.

WEBSTER D. & W. WEBSTER (1974). Comparative Vertebrate Morphology, Academic Press.

WEICHERT, C. K. (1970). Anatomy of the Chordates. McGraw-Hill Book Co., New York.

WELLER, J. M. (1969). The Course of Evolution. McGraw-Hill Book Co., New York.

WESTOLL, T. S. (ed.) (1958). Studies on Fossil Vertebrates. Athelone Press, London.

YOUNG, J. Z. (1962, 1982). The Life of Vertebrates. Oxford, Clarendon Press.

第二章　無頜首綱
Superclass AGNATHA
＝圓口類 CYCLOSTOMATA

一、最先出現的脊椎動物及其生存環境

　　最先出現的脊椎動物是什麼？ 這問題到現在爲止仍無法肯定解答。 雖然有化石可以對照，但是最早的脊椎動物不一定有化石遺留下來，卽令有化石，也未必會被發掘出來。

　　現知最早的脊椎動物化石，是在列寧格勒附近發現的奧陶紀早期的皮齒 (Denticles)，雖然爲何等動物所有，並無痕跡可資比對，因其由齒質 (Dentine) 與琺瑯質構成，其爲某種原始介皮類 (OSTRACODERM) 所產生，殆無疑義。其次是在美國南達科塔、懷俄明、以及科羅拉多等州的奧陶紀中期的淡水岩層中，發現的一些膜骨碎片，以及頭盔的印跡，學者們已把這些化石歸列於異甲類 (HETEROSTRACI)，並根據其中大可盈寸的膜骨，而建立了 *Astraspis*, *Eriptychis* 等屬。只是這些化石並不能對脊椎動物的演化提供任何線索，吾人亦無法根據這些化石而推想該等動物的一般形象。至於脊椎動物在奧陶紀以前的演化歷程如何，那就只有憑揣測了。可能因爲脊椎動物是演化最遲者，其膜骨的出現比較突然，所以在奧陶紀以前沒有化石遺留下來。

　　另一個爭論未決的問題是脊椎動物到底起源於淡水抑海水中。吾人但知在志留紀後期，淡水與海水兩界均有介皮類分佈其中，早於志留紀者則難以確定。在已知的奧陶紀早期的淡水沉積岩層中，深信其含有大量化石者，迄今探獲者依然甚少，此可能由於地層變動而遭破壞，或有待繼續探尋。使人不解者是在更廣大的奧陶紀海洋沉積岩層中却未發現脊椎動物的化石。因此，部分古生物學家堅持脊椎動物淡水起源之論。腎生理學家 HOMER SMITH 以腎臟的功能主要在於排除水分，保持鹽分，所以亦支持脊椎動物起源於淡水之說。以後，有的移入海洋，有的登上陸地，其腎臟的功能相應而發生改變。不過持海水起源論者却說海洋沉積層中一定有脊椎動物化石存在，只是因原始脊椎動物甚少，其化石難以發現而已。他們雖同意 SMITH 所稱原始脊椎動物的腎臟具有大形脈球 (Glomeruli) 的論點，但是具有這種腎臟的動物也可能起源於稀淡的海水中。據古生物學家以及地質學家分析含有最古老的膜骨的奧陶紀沉積岩，顯示其中的無脊椎動物——腕足類、斧足類、腹足類等——均係在淺海中棲息者，足證奧陶紀的介皮類也是生活在海水中。不過這些海生介皮類或可能並非當時典型

的最原始脊椎動物，而僅係後來適應於海洋生活者。所以又有人推想，那時的介皮類可能棲息於河川或溪流中，死亡之後被冲刷入海洋中。只是就已發現的介皮類化石看來，因冲刷而碰撞的痕跡以及因搬運而析選的證據並不充分。並且就在<u>科羅拉多</u>發現的大量膜骨看來，似乎不可能是冲刷搬運所堆積者。另一個可能是由河川的入海口傾入淺灣中而堆積爲大量骨片。總之，到目前爲止，關於原始脊椎動物的棲息環境，就像脊椎動物的祖先問題一樣，仍然是一個未解的謎。大體而言，持海水起源說者似乎稍佔優勢，尤其是就排泄生理而言，腎臟的具備雖爲脊椎動物侵入淡水的先決條件，但是盲鰻之類生活在深海中，其血漿爲等滲透性 (Isosmotic)，此可能爲由早期海棲無頜類直接獲得的一項原始特徵。他們認爲所有其他魚類在其演化過程中，均曾度過一段或長或短的淡水生活時期，所以其血漿中所含鹽分均較海水中爲少。

自奧陶紀至志留紀而泥盆紀，無頜類逐漸由海棲而演變爲半鹹水乃至淡水中生活。其中的骨甲類 (OSTEOSTRACI) 以及無甲類 (ANASPIDA) 以在淡水中生活爲主，而部分異甲類 (HETEROSTRACI) 則爲廣鹽性 (Euryhaline) 動物。現生的無頜類以海生者居多。志留紀的刺鮫類 (ACANTHODII) 爲海生，後來則侵入淡水中，尤其以泥盆紀的淡水種類最爲成功。至於硬骨魚類，其中的條鰭魚類 (Actinopterygians) 幾乎自開始就已成爲海水與淡水兩界的霸主；下泥盆紀的總鰭魚類 (Crossopterygians) 與肺魚類 (Dipnoans) 先是在海洋中拓展，以後則改在淡水中生活。部分下泥盆紀的盾皮類 (PLACODERMI) 營絕對的淡水生活，其他則移入海洋中。淡水中的盾皮類在泥盆紀中期最爲興盛，而海洋中的盾皮類則在上泥盆紀稱雄。在另一方面，板鰓類 (Elasmobranchs) 與全頭類 (Holocephalans) 在本質上均爲海棲，只有少數種類侵入河川下游。

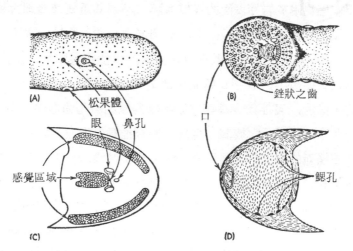

圖 2-1　圓口類（八目鰻）(A, B) 與介皮類（屬於骨甲目之 *Cephalaspis*）(C, D) 之頭部上下面之比較（據 COLBERT）。

所謂介皮類，是指一些沒有上下頜的原始脊椎動物，在泥盆紀結束之前已經滅絕。不過在志留紀的末期， 就已出現了具有上下頜的盾皮類， 更高等的魚類也已在泥盆紀中出現，其游泳能力及攝食方法， 均優於介皮類。 有證據證明， 介皮類的後裔中也有一些無頜的種類殘留下來，那就是現生的圓口類——八目鰻與盲鰻。牠們都沒有偶鰭，八目鰻的沙床幼蟲 (Ammocoete larvae) 且為濾食性；頭頂有鼻腦垂腺孔 (Naso-hypophyseal opening) 以及松果器 (Pineal organ)，內耳中只有兩條半規管。所以有人說現生的八目鰻就是化石介皮類的代表。由於稱為 *Jamoytius* 的原始化石的發現，這一推論得到更有力的支持。

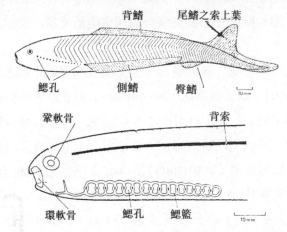

圖 2-2 復建之 *Jamoytius*，全身側面觀（上）與頭部
側面觀（下）(據 RITCHIE)。

Jamoytius 是由一位業餘採集家在蘇格蘭的志留紀中期的岩層中採得，於 1914 年售予大英博物館。兩個標本僅為附於岩片表面的炭質薄膜，不過其重要構造却大致顯露。其體長約 6～7 吋，頭部鈍短，軀幹細長，斷面圓形，卵圓形之口開於吻端；眼大形，位於兩側；腹面有二側鰭褶 (Fin folds)；體側有多數垂直之條紋，可能係其原始却甚發達之肌節 (Myo-meres)；尾鰭歪形，臀鰭短小，背鰭在體軀後部 2/3；腸短而直。據 E. I. WHITE 稱，這種不具骨質甲冑的小動物， 可能代表高等脊索動物的原始祖先的形像。*Jamoytius* 可能是此祖先的後裔中較為保守的一類，由彼演化為最早的脊椎動物與頭索動物，包括文昌魚在內。不過 A. RITCHIE 根據新的標本而認為見於 *Jamoytius* 體表的分節排列的條紋實為其鱗片，排列與無甲類的骨板相似。這種尚未骨化的鱗片薄而易屈，每一鱗片掩蓋整個體節，由背面中央至腹面中央，並不間斷。RITCHIE 並根據其鱗片、眼、口、側鰭褶，以及囊鰓的排列，而把 *Jamoytius* 列入無甲類中，其地位在轉變為圓口類的過渡階段，其攝食方式與現生無頜類的濾食方法相同。當然， 現知最早的八目鰻類化石 *Mayomyzon* 見於上石炭紀，所以圓口類是否由無甲類的 *Jamoytius* 之類直接演化而來，尚有待證明。

二、無頜首綱的分類

無頜類首見於奧陶紀中期（更早可能推至寒武紀後期），在志留紀中期至泥盆紀早期最為興盛，至泥盆紀中後期已極稀少，只有少數種類殘延至現在。最早的有頜類至上志留紀始出現，比最早的無頜類遲了約五千萬年。多數早期無頜類體被骨質厚甲，故又稱介皮類 (OSTRACODERMI)。將現生之所謂圓口類包括在內，共分二綱四亞綱如下：

頭甲綱 CEPHALASPIDOMORPHI（＝單鼻孔類 MONORHINA）

完腭亞綱 HYPEROARTII

骨甲下綱 OSTEOSTRACI（＝頭甲類 CEPHALASPIDA）

無甲下綱 ANASPIDA

八目鰻下綱 PETROMYZONIDA

穿腭亞綱 HYPEROTRETI

盲鰻下綱 MYXINOIDEA

鰭甲綱 PTERASPIDOMORPHI（＝二鼻孔類 DIPLORHINA）

異甲亞綱 HETEROSTRACI（＝鰭甲類 PTERASPIDA）

細鱗亞綱 THELODONTI（＝腔鱗類 COELOLEPIDA）

頭甲綱 CEPHALASPIDOMORPHI

如上節所述，無頜類的主要特徵是沒有由真正鰓弧變形而成的上下頜，亦無具體的偶鰭，僅部分種類具有由體側稜脊演育而成的硬棘或膜瓣，相當於有頜類的胸鰭。其次是其顱骨與鰓骨的癒合，以及內耳中僅二半規管。

無頜類在志留紀後期至泥盆紀早期作輻射狀適應性演化，所以其生態棲位不一，分佈甚廣。值得注意的是其攝食方法與游泳能力，因為牠們沒有上下頜及真正的偶鰭，一旦在攝食、游泳、及很多其他生物性機能皆顯然優越的頜口類出現了，很快地在泥盆紀的中期及後期便取代了無頜類的地位，佔據其原來的生存環境。只有身體細長如鰻的八目鰻與盲鰻延續到現在，牠們已特化為掠食者或腐食者，具有角質之銼狀齒舌或一對角質齒板，以助咬嚼。這種適應性的新攝食方法，已見於石炭紀的種類。

頭甲類是具有單一鼻腦垂腺孔的無頜動物，鰓多數，鰓孔多者達15對，位於頭部腹面。從現生圓口類的胚胎演發方面來看，其單一鼻孔實為後起性改變所致，實際上牠們是由具有成對鼻囊及成對鼻孔的祖先演化而成的。或有人認為盲鰻係具有二鼻孔的鰭甲類的後裔，其實頭甲類乃是一個天然類羣，與鰭甲類並無密切關係。而八目鰻類與盲鰻類之間亦的確有極大差異，二者的演化很早就以不同的途徑各別進行。

因爲多數早期的無領類都有硬骨性的厚甲，少數甚至有硬骨性的內骨骼，所以有人認爲脊椎動物的基本骨質是硬骨而非軟骨。然而八目鰻與盲鰻則只有軟骨性的內骨骼。以前學者以爲原始脊椎動物的骨骼，類似於現生的圓口類與板鰓類，只有軟骨性的內骨骼。當然我們也不妨說最早的脊椎動物或介皮類的幼生時期的骨骼是軟骨性。不過這只是一種推論，因爲軟骨不易保存爲化石，尙無充分的證據也。無論如何，軟骨的出現是胚胎演發上的適應，因其易於生長及變形也。如果此說屬實，那麼現生無領類之不含硬骨，必爲後起性的喪失，或停留在軟骨時期，而並非原始性。

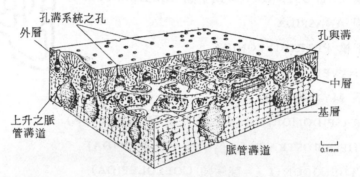

圖 2-3　頭甲類之 *Tremataspis* 的外骨骼（據 DENSION）。

至於早期無領類的硬骨性厚甲有何適應性功能，那就令人費解了。就現生之硬骨魚類而言，骨質甲冑雖妨礙運動，却顯然有保護功用。甲冑對無領類可能也是以護身爲主。因爲在同時代的地層中，曾發現巨大的掠食動物，稱爲廣翼類（Eurypterids）。廣翼類中有的長達 3 公尺，遠較無領類爲大，且性極貪婪狀暴。無領類在這樣的環境中，被有硬骨性甲冑，顯然是一種抵禦強敵的裝備。至有領類，由底棲性的濾食生活演變爲活潑游泳的掠食生活後，這種厚重的甲冑就逐漸退化了。另一可能是厚甲可儲存磷酸鹽，控制鈣質的代謝，或水分的通透。總之，骨甲有其一定的結構、形狀，可能在多種因素交互影響之下演化而成，難以論斷其利弊也。

*骨甲下綱 OSTEOSTRACI
＝頭甲類 CEPHALASPIDA

本類化石分佈於上志留紀至上泥盆紀，遺跡較多，瞭解亦最清楚，故往往作爲介皮類之代表。如半環魚（*Hemicyclaspis*），頭甲魚（*Cephalaspis*），均爲小形之魚型動物，體長約呎

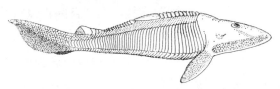

圖 2-4　半環魚 (*Hemicyclaspis*)。

許。頭部平扁，被整片之骨質堅盔，前緣弧圓，後方兩側各有一向後突出之硬棘。頭盔背面正中有眼一對，兩眼中間向前另有一小形之松果眼；松果眼前方有一單獨之鼻腦垂腺孔。此外在兩眼後方卽頭頂正中，及頭盔兩側緣，各有一區（共三區）稍爲陷入，呈蜂巢狀，有大形管道與內耳之前庭區相通，可能有感覺或 "發電" 作用。頭部腹面有一由細骨片所砌成之圓形掩蓋物，此掩蓋物之前方爲口，周圍每側有 9 或 10 個小鰓孔。將掩蓋物除去，則可見由口內引爲 9 或 10 對鰓囊，後方則有食道之入口。軀幹部斷面三角形，腹面平坦，向後漸瘦削側扁而終於一歪形尾。頭與軀幹之間有一對肉瓣，有胸鰭之功能而無其構造。有一背鰭，正在尾部以前，腹鰭則僅以胸鰭尾鰭間之腹側稜脊來代表。各鰭之表面均密佈細鱗。惟各鰭除背鰭及尾鰭中有簡單之支持物外，其他構造未詳。全身被覆瓦狀排列之骨質細鱗，肌節整齊清楚。

骨甲類之外骨骼分爲三層，外層爲齒質(Mesodentine)，中層爲脈管層(Vascular layer)，內層爲平板層 (Laminated layer)。各層通常均含有骨細胞。聽囊大形，但只有二半規管，無水平半規管，與現生之八目鰻相似。腦之形態，尤其是嗅葉，間腦及髓腦之形狀最爲相似，但其二小腦葉却像盲鰻類。腦神經之分佈亦與八目鰻相似，頭部之血管分佈則像其沙床幼蟲。側線分佈在骨板表面的淺溝內。據推想骨甲類可能亦有一與八目鰻相似的幼體時期。

已知的骨甲類分爲以下五目：

TREMATASPIDIDA. 例如 *Dartmuthia, Oeselaspis, Tremataspis.*

CEPHALASPIDIDA. 例如 *Alaspis, Boreaspis, Cephalaspis, Thyestes.*

ATELEASPIDIDA. 例如 *Ateleaspis, Hemicyclaspis, Hirella.*

KIAERASPIDIDA. 例如 *Acrotomaspis, Ectinaspis, Kiaeraspis, Nectaspis.*

GALEASPIDIDA. 例如 *Galeaspis.*

*無甲下綱 ANASPIDA
＝無盔類，缺甲類，BIRKENIAE

本類化石分佈於上志留紀至上泥盆紀，遺跡甚少，均小形，大者不逾 10 吋。例如 *Birkenia*，體長僅 4 吋（連頭部在內）。無甲類的體形側扁而高，眼在頭側，兩眼間有一個鼻腦垂腺孔，其後方有松果眼。頭部後方

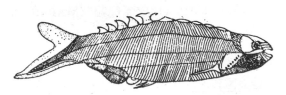

圖 2-5　*Birkenia*, 原長約 4 吋（據 KIAER）。

兩側各有 6～15 個鰓孔排成一斜列（*Jamoytius* 之鰓為囊狀，有鰓籠支持，與八目鰻相似）。口開於頭部先端，但無上下頜。頭部被有米粒狀細鱗，頭頂無頭盔，體軀兩側有長鱗排成若干縱列。無偶鰭狀構造，但在最後鰓孔之後相當於胸鰭之位置有一小棘，在軀幹部腹面更有少數小棘。背部中央線有若干大棘成一縱列。臀鰭存在。尾鰭歪型，但下葉大於上葉。從上述種種記載推斷，無甲類與骨甲類之體制雖為同一基型，但外形不同，後者可能為底棲性，而前者則可能為廻游型，且游泳遠較為活潑。

無甲類如咽鱗魚（*Pharyngolepis*）之類，其尾鰭之外部有真皮性之鰭條，其內並有鰭輻骨，有的並可看出中軸骨骼的痕跡。但是其脊索並未縊縮，亦無硬骨化的椎體。*Jamoytius* 是最古老的無甲類，若干特徵（如囊鰓、背鰭、腹皮褶等）固與文昌魚的幼體非常相近，但是與現生無頜類更為近似。*Endeiolepis* 至上泥盆紀始出現，其體表近於裸出，此或為向著現生八目鰻類演化的徵兆。

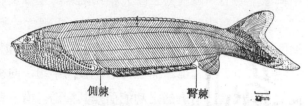

圖 2-6　咽鱗魚 (*Pharyngolepis oblongus*) （據 RITCHIE）。

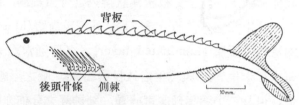

圖 2-7　*Lasanius problematicus* （據 PARRINGTON）。

已知的無甲類分為四目如下：

JAMOYTIIDA. 例如 *Jamoytius*

ENDEIOLEPIDIDA. 例如 *Endeiolepis, Euphanerops.*

LASANIIDA. 例如 *Lasanius.*

BIRKENIIDA　例如 *Birkenia, Pharyngolepis, Pterygolepis, Rhyncholepis.*

八目鰻下綱 PETROMYZONIDA
＝完腭類 HYPEROARTII

吾人向來把現生之八目鰻（Lamprey）、盲鰻（Hagfish）合稱之為圓口類，亦名單鼻孔類（MONORHINA）或囊鰓類（MARSIPOBRANCHII），為低等脊椎動物無頜首綱之現存代表。此等動物雖名之為 "鰻"，不過形似而已，其體制構造與真正之鰻魚相對照，顯然簡單而原始，除古代之所謂介皮類外，在現生脊椎動物中，無上下頜者僅此而已。八目鰻類的惟一化石是美國伊利諾州東北部上石炭紀的 *Mayomyzon*，長約 65 mm.，與現生之 *Lampetra* 屬，極為相似，其類緣關係可能亦很近。*Mayomyzon* 有連續之背鰭、尾鰭及臀鰭，僅在背鰭與

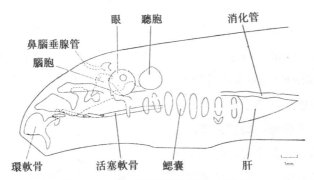

　　眼　　聽胞　　　　消化管

鼻腦垂腺管

腦胞

環軟骨　　　活塞軟骨　　鰓囊　　　　肝

圖 2-8　*Mayomyzon* 頭部側面之重建（據 BARDACK）。

尾鰭間有淺缺刻。尾鰭既非顯著之異型尾，亦非顯著之下歪型。偶鰭及肢帶完全缺如；皮膚裸出。口狹隙狀，口前無笠緣、口鬚及角質齒，但頭骨却與現生之八目鰻相同，包括口緣之軟骨環、舌軟骨。眼位於頭側，單一之鼻孔位於頭頂。囊鰓七對，第一對在聽囊下方。鰓籠只見痕跡，有一有孔之圍心軟骨。

一、現生八目鰻的重要特徵

　　八目鰻之大者二呎許，小者僅數吋，其脊髓前方分化爲腦髓，具有十對腦神經，頭部有成對之眼與耳（內耳中僅有 2 對半規管，無中耳與外耳），故其體制遠較無頭之文昌魚類爲進步。但無上下頜，無偶鰭，無硬骨，體裸出無鱗，外鼻孔單一，與其牠脊椎動物相對照，又顯然不同。茲記述其重要特徵如下：

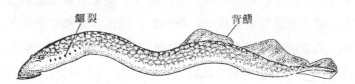

　　　　　鰓裂　　　　　　　　　　背鰭

圖 2-9　海八目鰻（*Petromyzon marinus*）之外形
（據 STORER & USINGER）。

　　一般特徵　體分頭、軀幹，與尾三部分，頭與軀幹無明確的界限，故通常合稱之爲體軀（Body），呈圓筒狀，尾部側扁。頭部前端腹側有一杯狀之口球漏斗（Buccal funnel），漏斗邊緣有軟乳突，內襯角質之圓錐狀齒。漏斗深處腹側有肉質之舌，舌面亦有角齒，當八目鰻吸附大魚皮面，即由角齒嚙破而吸吮其血液。漏斗底之開孔爲其眞正之口。頭部上方背側中央有單一之鼻孔，鼻孔後爲松果體，上覆薄膜；眼大，在頭部兩側，上覆透明皮膚，但無眼瞼，眼後有 7 對鰓孔。肛門在軀幹部之腹側後方，爲一小凹窩，肛門後有小乳突，是爲尿殖乳突（Urogenital papilla）。背鰭見於體之後方背部，尾端有尾鰭，無偶鰭。

骨骼與肌肉 脊索終生存在。內骨骼完全爲軟骨性。頭骨以承托腦髓與容納主要感覺器官之軟顱 (Chondrocranium) 爲主。口球漏斗邊緣有一圈環狀軟骨，支撐肉質之舌有舌狀軟骨。鰓區有鰓籠 (Branchial basket) 按鰓孔排列，爲鰓弧之先驅。脊索上方自前至後有若干軟骨小片，大抵每一體節兩對，是爲髓弧 (Neural arch) 之代表。肌肉系統以軀幹及尾部按體節呈Σ字狀之肌節爲主。在口球漏斗有放射狀排列之肌肉，在舌部有縮後 (Retractor) 展前 (Protractor) 之肌肉。

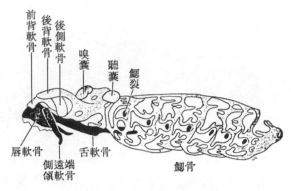

圖 2-10　八目鰻之髓顱與臟骨。

消化與呼吸系統 由口內引爲管狀之口球腔 (Buccal cavity)，恰如漏斗之柄，因舌之伸縮可使口與口球腔隨時開闊，以便吸着大魚，並舐吮其血液。口球腔後接短咽頭 (Pharynx)，咽頭底分岐爲二，在背側者爲食道 (Oesophagus)，在腹側者爲呼吸管 (Respiratory tube)，後者原爲咽頭之一部分。

消化管中並無胃之部分，食道直接簡單之腸，但中間有瓣司開閉。腸內有螺旋瓣 (Spiral valve)，後端終於肛門。腸之前方腹側有一肝臟，成體無膽囊及輸膽管，胰臟發達。

呼吸管即咽頭，呈盲管狀，管之入口處有一瓣，可以防止吸吮寄主血液時誤入管中，管之兩側各有七孔，分別通於七個鰓囊 (Gill pouches)。每一鰓囊內含若干鰓絲，實爲前後壁之片鰓 (Hemibranch) 所分生，均有微血管分佈其上，囊之外側通過體壁而外開爲鰓孔。呼吸時水自鰓孔流入，經過鰓囊交換氣體後，仍由鰓孔流出，此種呼吸運動概由鰓囊區發達之鰓籠與肌肉主司之。八目鰻之呼吸方法與所有其他魚類不同，因其成體爲外部寄生生活，口球漏斗吸着寄主體面，只有鰓孔可容水流進出也。其自由生活之沙床幼蟲 (Ammocoete)，呼吸時水自口流入自鰓孔流出，便與普通魚類無異。

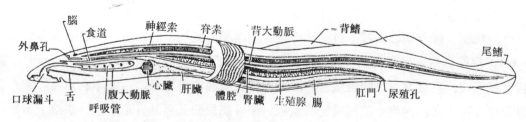

圖 2-11　八目鰻內部構造之一般（體軀左側大部分切除）（據 STORER & USINGER）。

循環系統 心臟自後向前有一心房、一心室，及一動脈球。血液由動脈球入腹大動脈 (Ventral aorta)，然後派出八對入鰓動脈，在鰓囊中成爲微血管，再注入於八對出鰓動脈，滙歸於背大動脈，由背大動脈分佈於全身。其整個靜脈系統中有右總靜脈而無左總靜脈，有肝門脈系而無腎門脈系。淋巴系是否存在，不得而知，唯有若干薄壁之竇隙 (Sinusoids)，介於體液與微血管之間，可能有調節血液成分之功用。

　　排泄系統　腎臟一對，屬於擬後腎型（胚胎時期爲前腎），位於體腔內背側；有原腎管，自腎臟輸送尿液至尿殖竇 (Urogenital sinus)，更由尿殖乳突排除於體外。

　　感覺器官及神經系統　感覺器官如上文所述，有成對之眼及單一之鼻孔及松果眼。松果眼亦具水晶體與網膜，當有感光作用。鼻孔經鼻腦垂腺管內引爲嗅囊 (Olfactory sac)，因鼻腦垂腺腔不與咽頭相通，故又稱完腭類。嗅神經一對，與腦髓之嗅葉 (Olfactory lobes) 相連。內耳有二半規管，司平衡感。頭下及體側有側線。咽頭壁上有味蕾散在。

　　腦甚小，但完全顯示其爲脊椎動物之雛型。其大腦前爲嗅葉，後爲大腦半球，顯然以嗅覺爲主，故不妨稱之爲嗅腦。間腦背部有二突出物，前爲顱頂器 (Parietal organ)，後爲松果器（亦名上生體 Epiphysis），其中松果器突出頭頂成爲松果眼。下方有腦卮 (Infundibu-lum)，將來成爲腦垂腺之後葉。中腦以視葉 (Optic lobe) 爲主。後腦中有極不發達之小腦與相當擴人之延腦。腦神經十對。脊髓平扁如帶。脊髓神經之背根與腹根，分別派送神經於肌節間腔 (Intermyotomic spaces) 與肌節 (Myotomes)，並不合而爲一，與其他脊椎動物完全不同。自主神經系極不發達。

　　內分泌腺　八目鰻已有簡單之腦垂腺，在口與咽頭之間有一腦垂腺管 (Hypophysial tube)，相當於高等脊椎動物之腦垂腺之前葉；腦卮之上皮性腹端相當於後葉；介於腦垂腺管與腦卮之間有一簇腺性細胞，相當於中葉。腦垂腺管與腦卮有無內分泌作用，尚難確認，只有中葉已可證明其爲最先出現之腦垂腺。沙床幼蟲咽頭腹面之內柱 (Endostyle)，與被囊類、文昌魚爲同一構造，成長後則變爲甲狀腺。

　　生殖系統　有單一生殖腺懸於背中線（幼時成對，成長時逐漸合而爲一）而無生殖輸管。雌雄異體，幼時生殖腺分爲多葉，成體在生殖前消化管萎縮，生殖腺幾乎充滿整個體腔。成熟之個體各將生殖物直接排出於腹腔，然後入尿殖竇，經尿殖乳突排出而行體外受精。每次產卵淡水八目鰻有卵 65,000 個，海水八目鰻可達 236,000 個。

二、八目鰻的生活情形

　　八目鰻產於淡水或海水，能吸附活魚而吸食其血液，營暫時性寄生生活。吸血時分泌一種抗凝血素 (Anticoagulant)，其情形一如水蛭。在秋季八目鰻（不問其爲海產或淡水產）往往溯流而上，有時遠渡數百哩，選擇江河中清澈水流爲繁殖之準備。入多積貯脂肪，生殖腺達成熟階段，至翌春由雌雄共同在河底以口球漏斗清除石塊雜物，造一淺窪。於是雌魚吸附窪邊石塊，雄魚則緊隨雌魚，彼此不斷扭動，卵與精子便陸續排出而在體外受精。卵小而

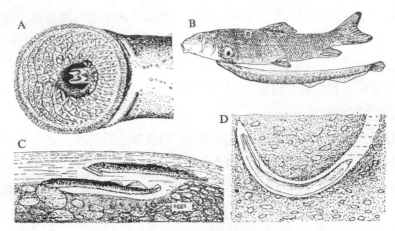

圖 2-12　八目鰻之生活情形。A. 口球漏斗之腹面以顯示此有效的吸
着器。B. 八目鰻吸附於其他魚類之腹面，一方隨之游泳，
一方吸吮寄主之血液。C. 雄者搬石造窩，雌者吸着石塊而
產卵窩中。D. 沙床幼蟲蟄居在水中之情形（據 STORER
& USINGER 轉載 S. H. GAGE）。

粘，受精後迅速沉入沙底以俟孵化，繁殖工作完畢，成魚隨即死亡。

卵孵化後之沙床幼蟲隨即離去舊窟，另覓安靜場所，在沙底造一U字管而匿居其中。由於口內纖毛顫動，水就由口流入鰓囊，交換氣體後由鰓裂流出。同時咽頭底內柱所分泌的粘液，在呼吸作用進行時，混在水中之有機質碎屑便選取爲食餌。沙床幼蟲成蠕蟲狀，眼隱皮下不能視物，無口球漏斗。無齒而代以兜狀之上下唇。如此約經 3～7 年，變態爲成魚，更一載或一載以上，完成繁殖工作後而死。

種類　八目鰻喜低溫，主要分佈南北半球 30° 以上之區域，現生者僅一科 31 種，分隸三亞科，淡水產或溯河性。分佈北半球者均屬 Petromyzoninae 亞科。我國東北產 *Lampetra planeri* (BLOCH), *L. mariae* BERG, *L. japonica* (MART.), *L. fluviatilis* (L.) 等數種，惟均不見於臺灣。

盲鰻下綱 MYXINOIDEA
=穿腭類 HYPEROTRETI

盲鰻固無頜類之一員，因迄未發現其化石，演化情形不明，其與其他亞綱之間的類緣關係亦難以判別。BERG, L. S. 將其列爲獨立之一綱，其他學者則有的列入頭甲亞綱，有的列入鰭甲亞綱，不過一致的意見都認爲牠與八目鰻差別顯著，在演化上可能早已分道揚鑣，自不宜以 "圓口類" 合稱之。

盲鰻亦鰻形，裸出無鱗，無口球漏斗，口成裂孔狀而開於頭部腹面稍後，外鼻孔開於吻端，惟其鼻腦垂腺管經嗅囊而與咽頭相通，故稱穿腭類。眼隱於皮下，無晶體與網膜。外鼻孔兩側各有鬚二枚，口兩側有鬚一或二枚。口內有外翻之舌，舌端兩側各有二橫列角質之舌齒 (Lingual teeth)，在腭部中央有單一之針狀腭齒 (Palatal tooth)。攝食是靠兩側舌齒之外翻及內收，猶如左右兩領之作用。鰓囊 5～15 對，向內以個別之流入管與咽頭相通，向外則部分或全部之通出管先滙爲一總管，再送至每側之共同開口（鰓孔）。全部鰓孔之位置顯然偏後；左側最後鰓孔特大，與食道間有一皮咽管 (Pharyngocutaneous duct) 相通。

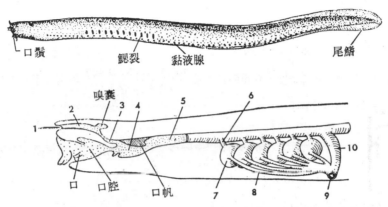

口鬚　　　鰓裂　黏液腺　　　　　　　尾鰭

嗅囊

2　　3　4　　　5　　　　6

1

口　口腔　　　口帆　　7　8　　　9

10

圖 2-13　盲鰻之外形（上）與內部構造（下）。1.鼻孔；2.鼻管；
3.鼻咽管；4.口帆腔；5.咽部；6.入鰓管；7.鰓囊；
8.出鰓管；9.總外鰓孔；10.皮咽管。

　　盲鰻的頭顱似乎停留在發育的早期，顯然較簡單。軟顱之桁架 (Trabeculae) 依然存在，顱底主要由癒合之索側軟骨 (Parachordals) 構成；聽囊已與索側軟骨癒合，但兩側之大部分及頂面則爲膜性。臟弧及鰓籠均極不完全。脊索終生存在，不形成椎體，只有尾區有少數類似於髓弧之軟骨。僅一枚連續之奇鰭，繞過尾端而至體軀後部上下方。身體腹面有兩列黏液腺，按體節分佈，其分泌作用極強。消化管內有縱走褶襞，但無螺旋瓣或纖毛。肝臟大形，小形之胰臟有數條輸管通入輸膽管中。肛門接近尾端。循環系統中除通常之簡單心臟外，另外在尾部、大靜脈，以及腎門靜脈附近各具一副心臟，以助血液流動。左總頸動脈不發育，僅右側者存在。

　　盲鰻終生具前腎及中腎，前腎之功能不詳，或有造血或淋巴組織之作用。中腎幾乎佔體腔全長，以原腎管將尿液送入尿殖竇，再經尿殖乳突而排至體外。腦壁厚，故腦室縮小；無小腦；脊髓神經之背根與腹根相合。內耳之迷路有二罍，因二半規管相互套合，故似一條半規管。雌雄異體，僅一個精巢或卵巢發育，卵大形，長徑達 1 吋，兩端有絲狀延長物，內含大量卵黃。無輸卵管，卵由肛門後之腹孔排出。受精卵行不等分割，發生直達而不經變態。

　　盲鰻完全海產，分佈溫帶之 5～1,000 公尺之泥質海底，喜食蠕蟲及其他軟體動物，尤嗜食腐屍，常鑽入死魚體中，至肉盡始離去，亦侵害生活之魚類。經濟價值甚低，僅日本及蘇聯有食用者。現生者共 30 種以上，臺灣產盲鰻已知者 1 科 5 種。

臺灣產盲鰻 1 科 5 種檢索表:

1a. 每側之出鰓水管由一共同之鰓孔通於體外⋯⋯⋯⋯⋯⋯⋯⋯**盲鰻科** (Myxinidae)（臺灣無報告）

1b. 每側之出鰓水管分別通至體外⋯⋯⋯⋯⋯⋯⋯⋯⋯⋯⋯⋯⋯⋯⋯**黏盲鰻科** (Eptatretidae)

   2a. 背面有一白色縱帶；鰓囊 6 對（5～7 對），每側鰓孔規則排成縱列，鰓孔間距離顯著；最前方之出鰓水管之長度約為最後一條之 2 倍；齒式 $\frac{6\sim8+3}{7\sim8+2}\Big|\frac{3+6\sim8}{2+7\sim8}$；黏液孔數 22+50+12=84；全長可達 670 mm. 以上 ⋯⋯⋯⋯⋯⋯⋯⋯⋯⋯**蒲氏黏盲鰻**

   2b. 背面中央無白色縱帶；兩側之鰓孔排列密集；最前方之出鰓水管之長度至少為最後一條之 3 倍。

      3a. 鰓囊 5 對；每側鰓孔前後排列有規則；齒式 $\frac{9\sim11+3}{11+2}\Big|\frac{3+9\sim11}{2+11}$；黏液孔數 25～27+44～46+7～8=76～81；全長可達 377 mm.⋯⋯⋯⋯⋯⋯⋯⋯⋯**陳氏准盲鰻**

      3b. 鰓囊 5～6 對；鰓孔密集而排列不規則。

         4a. 鰓囊 5 對；鰓孔 5 對；齒式 $\frac{6\sim8+3}{6\sim8+2}\Big|\frac{3+6\sim8}{2+6\sim8}$；黏液孔數 16～24+34～49+5～11；全長可達 296 mm.⋯⋯⋯⋯⋯⋯⋯⋯⋯⋯**楊氏准盲鰻**

         4b. 鰓囊 6 對；鰓孔 5～6 對。

            5a. 齒式 $\frac{5\sim8+3}{5\sim9+2}\Big|\frac{3+5\sim8}{2+5\sim9}$；黏液孔數 13～21+32～50+6～11；全長可達 317 mm.⋯⋯⋯⋯⋯⋯⋯⋯⋯⋯⋯⋯⋯⋯⋯⋯⋯⋯⋯⋯⋯⋯⋯⋯⋯⋯**臺灣准盲鰻**

            5b. 齒式 $\frac{8+3}{7+2}\Big|\frac{3+8}{2+7}$；黏液孔 18～20+44～48+10～12；全長可達 583 mm. ⋯⋯⋯**日本准盲鰻**

黏盲鰻科 EPTATRETIDAE

= 蛭口科, BDELLOSTOMIDAE, BDELLOSTOMATIDAE,

HEPTATRETIDAE

本科具有 6～14 對鰓孔，分別開於體外。各出鰓管約等長，或最前出鰓管之長為最後出鰓管之數倍；外鰓孔一列，稍呈波曲，或排列密集而不規則。

臺灣在光復前尚無有關盲鰻之報告，迨 47 年 (1958) 始由水產試驗所楊鴻嘉先生發現一種，由鄧火土氏發表為楊氏盲鰻 (*Paramyxine yangi*)，此為無頜魚類在臺灣首次發現，深具意義。後由沈、陶二位 (1975) 增為 2 屬 4 種，東海大學亦曾採獲蒲氏黏盲鰻，使臺灣之盲鰻達到下列 5 種。

蒲氏黏盲鰻 *Eptatretus burgeri* (GIRARD)

   產臺灣。

陳氏准盲鰻 *Paramyxine cheni* SHEN & TAO

　　產臺灣西南近海。

楊氏准盲鰻 *Paramyxine yangi* TENG

　　產臺灣東北及西南近海（圖 2-14）。

臺灣准盲鰻 *Paramyxine taiwanae* SHEN & TAO

　　產臺灣東北及西南近海。

日本准盲鰻 *Paramyxine atami* DEAN

　　產臺灣西南近海。

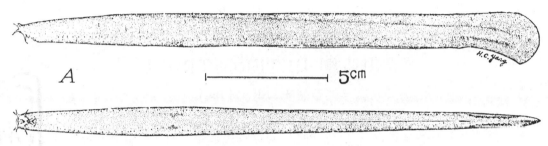

圖 2-14　楊氏准盲鰻。上，側面；下，腹面（據鄧火土）。

*古椎魚　*Palaeospondylus*（分類地位未定）

　　古椎魚（*Palaeospondylus gunni*）為蘇格蘭中泥盆紀舊紅砂岩中之小形化石，全長不過 50 mm.，包括一鈣質化的頭顱，脊柱與尾鰭。另外還有成對的鰭骨，可能為腹鰭。各脊椎有發達之環狀椎體，背方有髓弧，向後逐漸延長為棘狀。腹方有短肋骨，後部者成為脈弧及脈棘。尾部之脈棘與鰭輻骨相接而形成歪形尾。髓顱平扁，頂面尚未鈣化，聽囊大形，前端有吻突。髓顱之腹面有數對小骨，可能為其舌器之一部分，亦可能為鰓弧，惟是否具有上下領則難以查考。

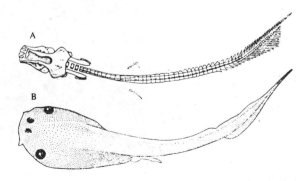

　　古椎魚的分類地位目前尚未確定。多數學者將其列為無領類，HALSTEAD & TARLO（1967）甚至直認其為盲鰻之幼期。也有人認為其髓顱的形態與很多種類的幼體的軟顱相似，所以很可能為板鰓類、盾皮類，或肺魚類、或兩生類之幼體

圖 2-15　古椎魚（*Palaeospondylus gunni*）之骨骼（A）及外形（B）之重建（據 MOY-THOMAS）。

時期。因其具有偶鰭，分類地位自必高於盲鰻類；不過其脊柱已具有椎體，且標本由最大到

最小並無發育上的差別，似不可能是幼體。總之，在沒有更完整之標本之前，其類緣關係是難以確定的。目前依 MOY-THOMAS and MILES（1971）而暫置於無頜類中。

*鰭甲綱 PTERASPIDOMORPHI

本綱包括一些形態殊異之化石無頜類，其彼此之類緣關係尚難以肯定。不過牠們都具有成對的嗅囊與鼻孔（可能有內鼻孔通於口腔）， 無鼻腦垂腺管， 一般只具一對鰓孔（鰓囊或有多對）。其骨板中無骨細胞（可能爲原始性而非後起性）。吻區由頭顱前部構成，頭部兩側無發電器。尾鰭歪型，其他奇鰭或有或無。自奧陶紀中期至泥盆紀。

*異甲亞綱 HETEROSTRACI
＝鰭甲類 PTERASPIDA

本亞綱之化石爲現知最古老之脊椎動物，首見於奧陶紀中期（或可能溯至塞武紀後期），那只是一些分散的骨板，被定名爲 *Astraspis, Eriptychius* 等。較完整之化石以上志留紀至下泥盆紀最爲興盛，至泥盆紀後期逐漸衰微。其體長一般在 300 mm. 以下，少數達 1.5 公尺。其主要特徵爲頭部及軀幹之前半被近乎連續之骨質厚甲，頭部平扁，眼位於兩側，口端位而稍偏上或偏下。

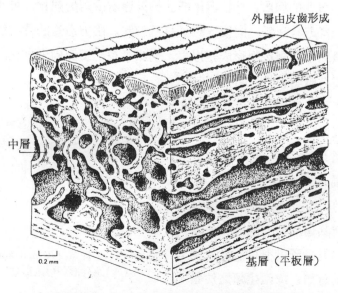

圖 2-16　異甲類之 *Psammosteus* 之外骨骼圖解（據 KIAER）。

異甲類的骨板亦分內中外三層，外層在表面形成向外突出之皮齒或稜脊，骨質爲盾鱗質 (Aspidin)，一般認爲非細胞性，較眞正之骨質爲原始[①]。體軀前部被大形骨板，後部被前後交疊之鱗片。有些種類或有鈣化之內骨骼，但並未發現具有硬骨性內顱者。嗅囊一對，外鼻孔之位置不詳，故嗅囊可能內通口腔。側線發達，埋於骨板中層之側線管中，其排列當爲一般無頜類以及頜口類的基型。

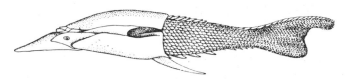

圖 2-17　*Pteraspis* 之側面觀。

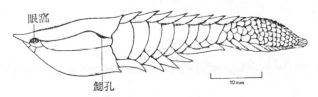

圖 2-19　*Anglaspis heintzi* 之側面觀 (據 KIAER)。

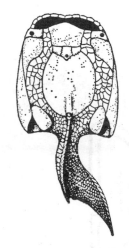

圖 2-18　鐮甲魚(*Drepanaspis*) 之背面觀。原長約 1 呎 (據 HEINTZ)。

本亞綱中如鰭甲魚 (*Pteraspis*) 爲小形而能活潑游泳，體紡錘形，斷面近於圓形；眼小，在頭甲兩側，頭頂有發達之松果孔。吻顯然突出，口近吻端下方而爲橫裂狀，可能在水面覓食。鐮甲魚 (*Drepanaspis*) 長達一公尺以上，頭部寬扁，口大而位於先端；尾部顯然較小，此爲底棲動物之一般體型。已知的異甲類分爲七目如下：

ASTRASPIDIDA. 例如: *Astraspis.*

ERIPTYCHIIDA. 例如: *Eriptychius*

CYATHASPIDIDA. 例如: *Allocryptaspis, Ariaspis, Anglaspis, Ctenaspis, Cyathaspis, Poraspis, Tolypelepis.*

PTERASPIDIDA. 例如: *Doryaspis, Psephaspis, Pteraspis, Traquairaspis.*

PSAMMOSTEIDA. 例如: *Drepanaspis, Psammolepis, Psammosteus.*

CARDIPELTIDA. 例如: *Cardipeltis.*

---

① 據 STENSIÖ 等的鱗原學說 (Lepidomorial theory)，骨板的基本構造單位是鱗原，先是由一層齒質包圍眞皮中的一段彎曲血管而成爲一個皮齒狀之鱗原，然後周圍的鱗原在基部與之癒合，成爲較大形的骨板；或多數鱗原在鈣化之前同時癒合爲一複雜之骨板，具有一複合之髓腔。亦有形成方式更複雜者。

AMPHIASPIDIDA. 例如 *Angaraspis, Amphiaspis, Eglonaspis, Obliaspis, Hibernaspis, Siberiaspis.*

Polybranchiaspis（地位未定；見於我國之下泥盆紀）

*細鱗亞綱 THELODONTI
＝腔鱗類 COELOLEPIDA

這是現今所知最不完整的一類無頜魚類。其全身被盾鱗狀小形皮齒，頭部平扁，有背鰭、臀鰭及下歪型尾鰭；有八對鰓囊，分別通於體外。體長約 100～200 mm.，最大者可達 400 mm.，主要見於上志留紀至下泥盆紀。但已發現之奧陶紀皮齒可能屬於本類。

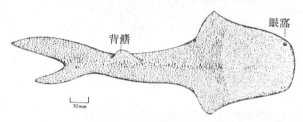

圖 2-20　*Logania scotica* 之背面（據 TRAQUAIR）。

細鱗類之前部平扁，眼在兩側而互相遠離，口近於吻端腹面。鰓腔之排列似於八目鰻之鰓囊，鰓孔排成一列而位於側鰭之下方。側鰭為活動性，似可與骨甲類的 "胸鰭" 相比較。皮齒有高低不一之齒冠，基部含盾鱗質。有側線系統，惟其排列情形不詳。現知之細鱗類分為二目如下：

THELODONTIDA. 例如：*Amaltheolepis, Thelodus, Turnia.*

PHLEBOLEPIDIDA. 例如：*Katoporus*（?）, *Lanarkia, Logania, Phlebolepis.*

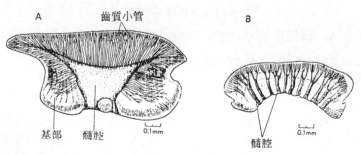

圖 2-21　腔鱗類鱗片之構造。A. *Thelodus*；B. *Katoporus*
（據 MOY-THOMAS）。

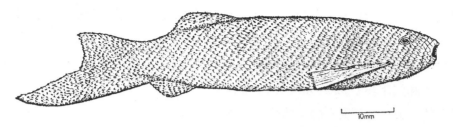

圖 2-22　*Phlebolepis elegans* 之側面觀（據 RITCHIE）。

由以上所述，可見化石無頜類中的骨甲類與無甲類，以及異甲類的共同特徵是均具有硬骨性外骨骼，無上下頜，具二半規管，鰓囊之性質亦可能相似。就已知的細鱗類而言，顯然亦屬無頜類，而與異甲類關係較近。就後三項特徵而言，骨甲類、無甲類、以及異甲類與現生的八目鰻類與盲鰻類相似。八目鰻與盲鰻的主要差異是鼻腦垂腺孔的位置，前者因上唇特別增大而鼻腦垂腺孔位於頭頂，後者則在吻端或稍偏腹側。因此之故，有人認為盲鰻類接近於異甲類，而八目鰻類接近於骨甲類與無甲類。只是因為異甲類具有雙鼻囊，外鼻孔亦可能成對，所以這個推論自不可能成立。

如上文已指出者，現生之無頜類，尤其是八目鰻，有很多與骨甲類相同的特徵。其與多數骨甲類以及無甲類之差別，除特化之攝食機能（角質齒舌）之外，是沒有硬骨，齒質及偶鰭。不過因八目鰻的沙床幼蟲頭部的黏軟骨（Mucocartilage）的排列情形與骨甲類的頭盔很相似，所以八目鰻的硬骨和偶鰭可能是後起性的喪失，或者是由硬骨及偶鰭尚未發生的早期種類演化而來的。如就頭顱及鰓區的長度來看，無甲類似乎與八目鰻的祖先更為接近，尤其是 *Jamoytius* 具有輕度硬骨化的骨骼、鰓籠，口位於吻端，圓形而由一環狀軟骨支持，與八目鰻祖先的條件最為接近。只是並沒有直接證據來證實這種推論，因為八目鰻的惟一化石 *Mayomyzon* 是出現於石炭紀。吾人敢於斷言者只是"現代"八目鰻是於具甲胄的典型古生代無頜類衰微之後不久興起的。當然八目鰻類亦可能與無甲類或骨甲類是同一祖先的後裔。不過盲鰻類的起源仍是一個未解之謎。由其與八目鰻的顯著差異，以及由 *Mayomyzon* 的特徵看來，牠們的演化過程完全不同。概括而言，骨甲類、無甲類、與八目鰻類之間的關係，較與盲鰻類的關係為密切，而這四類之間的關係，又較其與任何其他魚類之間的關係為密切。

而異甲類以及細鱗類則在無頜類中居於一疏離之地位。異甲類具有成對之嗅囊，吻區由頭顱之前部形成，有的（例如 Amphiaspidida 目）且具有噴水孔，故頗似於頜口類，所以有人假定其為頜口類的祖先。不過也有人說異甲類以及其他無頜類的鰓囊在基本上是一種內送的構造，並且異甲類的成對的嗅囊位於吻端，此種情形只見於現生單鼻孔無頜類的胚胎早期，所以不可能與頜口類有密切之類緣關係。

　　最後要提出的是，新的分歧觀點 (Cladistic) 認爲，在無頜類中盲鰻可能居於最原始的地位，而八目鰻與頜口類的親緣關係，則遠較盲鰻與頜口類爲密切。JANVIER (1981) 因而把頭甲類(Cephalaspidomorphs)和頜口類(Gnathostomes)合併而稱爲肌鰭類 (Myopterygii)，而不包括盲鰻和翼甲類 (Pteraspidiformes) 在內。現今咸認爲八目鰻和頜口類之間，在形態上和生理上的相似，遠較與盲鰻之間的相似爲著，例如八目鰻高度分化的腎小管，不具終生存在的前腎，半規管二枚，大形外泌性的胰臟，感光性的松果器，脊椎的軟骨片，腺性腦垂

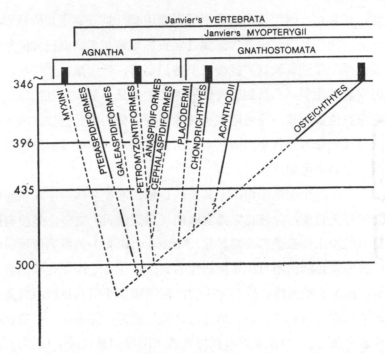

圖 2-23　關於魚類各主要類別之間的親緣關係和趨異分化時間的新觀念
　　　　　圖解。實線示已知化石種類的出現時間。本圖並提示 JANVIER
　　　　　(1981) 所建議的新分類階級肌鰭類 (MYOPTERYGII)的範圍。
　　　　　細鱗類未包括在內（據 NELSON, J. S., 1984）。

體的組織構造，以及體液的成分等，均較近似頜口類。這種相似並非由於趨同演化，而是因爲二者有一共同的祖先。而八目鰻與盲鰻之間的相似，則大都爲外貌上的，或原始性特徵，不能因此而認爲二者爲單系起源。吾人幾乎可以確定，八目鰻本來的石灰質化組織已後起性的喪失，但却無法肯定盲鰻的祖先是否具有硬骨。盲鰻與其他魚類之間的關係也隱晦不明，有待詳加研究。

無頜首綱主要參考文獻

APPLEGATE, V. C. (1950)　Natural History of the sea Lamprey, *Petromyzon marinus*, in Michigan. U. S. Dept. Inter. Fish and Wildlife Serv., Spec. Sci. Rep., Fisher., No. 55.

BERG, L. S. (1931)　A Review of the Lampreys of the Northern Hemisphere. Ann. Mus. Zool. Acad. Sci. USSR, 31(1)：87~116, 8 pls.

BERG, (1940)　Classification of Fishes both recent and fossil. Trav. Inst. Zool. Acad. Sci. USSR, 5：87~517 (in Russian). Reprint (in English) 1947.

BERG, (1962) Freshwater Fishes of the USSR and adjacent countries, Vol. 1. Israel Program for Scientific Transtations.

BIGELOW, H. B. & W. C. SCHROEDER (1948) Cyclostomes. In "Fishes of the Western North Atlantic". Mem. Sears Found. Marine Res., New Haven. No. 1, pt. 1：29~58.

BRODAL, A. and R. FÄNGE (1963)　The Biology of Myxine. Oslo.

CREASER, C. W. & C. L. HUBBS (1922)　A Revision of the Holarctic Lampreys. Occa. Pap. Mus. Zool. Univ. Michigan, No. 120.

DEAN, B. (1904)　Notes on Japanese Myxinoids. Jour. Coll. Sci. Imp. Univ., Tokyo, Vol. 19, art. 2, 23 pp., 1 pl.

DENSION, R. H. (1951)　Evolution and Classification of the Osteostraci. Fieldiana, Geol., 11：157~196.

FONTAINE, M. (1958)　Classe des Cyclostomes. Anatomie. Formes aetuelles. Traiti de Zoologie, ed. by P. P. Grasse. 13：13~144. Paries.

HOLLY, M. (1933)　Cyclostomata. In：Das Tierreich, ed. by F. E. SCHULZE & W. KUCKENTHAL, Berlin & Leipzig. Lfg. 59 (1~62).

JANVIER, P. (1981)　The phylogeny of the Craniata, with particular reference to the significance of fossil "agnathans"。Jour. Vert. Paleont. 1(2)：121~159.

JORDAN, D. S. and J. O. SNYDER (1901)　A Review of the Lancelets, Hag-fishes, and Lampreys of Japan, with a description of two new Species. Proc. U. S. Nat. Mus., 23 (1233)：725~734, pl. 30.

KAMOHARA. T. (1942)　Some rare deep-sea fishes from Prov. Tosa, Japan. Bull. Biogeogr. Soc. Jap., 12 (7)：105~114.

MATSUBARA, K. (1937) Studies on the deep-sea fishes of Japan, 3. *Paramyxine atami* DEAN, with special reference to its taxonomy. Journ. Imp. Fisher. Inst. 32 (1)：13~15, fig. 1~3, pl. 1.

MATSUBARA, K. (1971). Fish Morphology and Hierarchy, pt. 1, Ishizaki-Shoten, Japan.

NIKOLSKII, G. V. (1961) Special Ichthyology. Israel Program for Scientific Translations.

OKADA, Y., KURONUMA, K. & TANAKA, M. (1948) Studies on *Paramyxine atami* DEAN, found in the Japan Sea, near Niigata and Sado Island. I~II. Mise. Rep. Res. Inst. Nat Resour., 2: 7-10; 12: 17~20.

REGAN, C. T. (1911) A Synopsis of the Marsipobranches of the order HYPEROARTII. Ann. Mag. Nat. Hist. (8), Vol. 7, pp. 193~204.

ROMER, A. S. (1946) The early Evolution of Fishes. Quart. Rev. Biol., 21 (1): 33~69. 31 figs.

SHEN, S. C. & TAO, H. J. (1975) Systematic Studies on the Hagfish (Eptatretidae) in the adjacent waters around Taiwan, with description of two new species. Chinese Bioscience, 2(8): 65~78.

STRAHANS, R. (1958) Speculations on the Evolution of the Agnathan head. Proc. Cent. & Bicent. Congr. Biol. Singapore, pp. 83~94, 12 figs.

STRAHANS, R. (1958) The Velum and the Respiratory Current of Myxine. Acta Zool., Bd. 39, pp. 227~240, 5 figs.

STRAHANS, R. (1961) Variation in Paramyxine, with a redescription of *P. atami* and *P. springer* BIGELOW and SCHROEDER. Bull. Mus. Comp. Zool. Harv. Coll., 125(11): 323~342, 4 figs.

STRAHANS, R. (1962) Variation in *Eptatretus burgeri* (Fam. MYXINIDAE), with a further description of the species. Copeia, No. 4, pp. 801~807, 1 fig.

STRAHANS, R. (1963) The Behaviour of Myxinoids. Acta Zool, Bd. 44, pp. 73~102, 7 figs.

TENG, H. T. (1958) A new species of Cyclostomes from Taiwan. Chinese Fisheries, 66: 3~6.

TENG, H. T. (鄧火土) (1959) 臺灣產圓口魚類一新種。臺灣水產試驗所試驗報告第五號，83~87 頁，2 圖。

UCHIDA (內田亨) (1965) 動物系統分類學，中山書店，東京。

WATSON, D. M. S. (1954) A Consideration of Ostracoderms. Phil. Trans. Roy. Soc. London, B. 238, 1.

WESTOLL, T. S. (1945) A New Cephalaspid fish from the Downtonian of the Scotland, with notes on the Structure and Classification of Ostracoderms. Trans. Roy. Soc. Edinb., 31, 341.

第三章 盾 皮 綱
Class PLACODERMI

具有上下頜的魚類，包括盾皮魚類、刺鮫類、軟骨魚類，以及硬骨魚類四綱。刺鮫類首見於志留紀後期，是最早的真正頜口魚類。盾皮魚類則在泥盆紀最為興盛，只有少量殘碎遺跡見於上志留紀及下石炭紀。所有原始頜口魚類的共同特徵是具有偶鰭，內耳有三半規管，有具體的髓顱及鰓骨，鰓位於鰓弧外側，上下頜由頜弧形成。現生之魚類概屬於軟骨魚類或硬骨魚類，二者的區別是前者具盾鱗，內骨骼為軟骨性，雄性有交接器，無泳鰾；後者具硬骨性內骨骼及骨質鱗片，以泳鰾調節浮沉或幫助呼吸，不具由腹鰭變成之交接器。盾皮類雖不具軟骨魚類的一般特徵，因二者間之親緣關係較與任何其他各類為密切，所以共同列於板鰓形羣 (ELASMOBRANCHIOMORPHI) 中。

一、上下頜演化之重要性

盾皮類初見於上志留紀，至泥盆紀已稱霸於水域。泥盆紀所以稱之為魚類的時代 (Age of fishes)，就是由於盾皮類的興盛，並且當時介皮類已趨式微，硬骨及軟骨魚類僅見端倪，均無足重輕也。迨泥盆紀結束，盾皮類大部分滅亡，至古生代告終則不再見有盾皮類之踪跡矣。

盾皮類的崛起，其體質上最重大的進步是上下頜的出現。在脊椎動物的演化過程中，上下頜的出現真是值得大書特書的變化。試想無頜的脊椎動物祖先，如介皮類等只能在水底濾取有機碎屑，那是多麼艱苦的生活。某些種類口緣有能動之骨板，形似上下頜却不能有上下頜之用。假使八目鰻之類已出現在當時生存競爭的場合中，也只過着寄生生活。有了上下頜便情勢丕變，不但口裂可大張而能吞入大形食餌，並且成為捕食以及攻擊防禦的利器，依靠這種掠食利器，便可以隨時擭捕近身的小生物，生活上自然較為優裕。

上下頜是從鰓弧演化而來的。從前一章的記載，我們可以知道，化石無頜類有許多呼吸用的鰓（如 *Cephalaspis* 就有十個），同時還有支持鰓的軟骨性或硬骨性鰓弧。從脊椎動物的早期歷史推測：(1) 原有的最前方的一對或二對鰓弧可能早就喪失，(2) 到了原始的頜口類，第三對鰓弧就演化成上下頜，(3) 更進一步則第四對鰓弧演化成舌弧，以司支持舌並協助上下頜的功能。這一演化過程的第一個階段並無事實可以證明，第三個階段是現生頜口類的情形，盾皮魚類的上下頜恰好說明了第二個階段。因為每一鰓弧是由數塊骨片連綴而成，排成

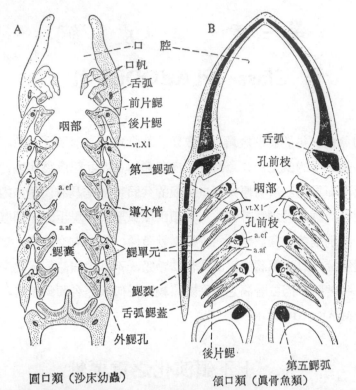

圖 3-1　領口類與圓口類之鰓區之水平切面之比較圖解。a, af, a, ef 入鰓動脈與出鰓動脈；vt, Xl 迷走神經第一部之內臟枝（據 JARVIK）。

＞字形，尖端向後，所以由鰓弧演化爲上下領乃極其自然的發展。GEGENBAUR 也早在上一世紀卽從胚胎發生上證明上下領的腭方軟骨及美克爾軟骨，與鰓弧爲同一性質，都是源自神經索所形成的外間葉組織（Ectomesenchyme）。上下領的肌系與神經分佈也是與鰓弧一致的。現生領口類中保有原始的鰓弧性上下領者只有板鰓類，其第四對鰓弧亦已變爲舌弧，而第三四對鰓弧間的鰓裂則只殘留爲噴水孔（Spiracle）。從脊椎動物上下領的演化歷史推測，在這第三階段以前，應該還有第二階段，卽第三鰓弧已變爲上下領，而第四鰓弧尙未變爲舌弧，第三、四鰓弧間的鰓裂也沒有變爲噴水孔。這第二階段在現在魚類中找不到任何例證，而在古生代的領口魚類中，却有很多停留在這階段的代表種類。

剌鮫（Acanthodes）是一個很好的例子，如圖 3-2 所示，牠有從第三對鰓弧變成的領弧，但第四對鰓弧仍舊不變，第三、四鰓弧間的鰓裂也保存老樣子。這個例子可以充分說明鰓弧演化爲上下領的第二階段。

鰓弧變成領弧，其上半部（上領）卽所謂腭方軟骨（Palatoquadrate），往往與顱骨底部成關節，盾皮類就是這個型式，在比較解剖學上稱之爲自接型（Autostylic）[1]。至原始鮫類

① 肺魚類及現代兩生類之自接型，其舌領骨與顱底部相固接，與此略有不同。

已較進步，其時第四對鰓弧已變爲舌弧，於是腭方軟骨與舌頜軟骨 (Hyomandibular) 共同與顱骨底部成關節，是曰雙接型 (Amphistylic)。至於其他較爲進步之鮫類，其上頜却間接的靠舌頜軟骨以連於顱骨，則曰舌接型 (Hyostylic)。

　　不過我們仍然難望從化石無頜類身上找出鰓弧演化爲頜弧的痕跡，因爲吾人迄今對化石無頜類的內部構造仍未深悉也。就頭甲類的鰓骨而言，那是一些相互連接並且與頭顱相接的不間斷的構造，似乎不可能成爲頜口類的分節而能活動的上下頜及鰓弧的前軀。部分學者假定在骨甲類的支持鰓器的完整骨架中，可能會出現活動的關節，只是在脊椎動物的骨骼中從未發現此種變化。不過骨甲類的鰓骨系統縱非頜口魚類的祖先類型，却可能是一種特化的構造，由彼遞傳至現生的圓口類。也有人期望從異甲類的鰓骨中得到線索，一旦確悉其與骨甲類者有所歧異，或能證明其更可能爲刺鮫類以及盾皮類的頜弧及鰓弧的前軀。不過據古生物學家 STENSIÖ 徹底研究盾皮類的頭骨之後發現，不同盾皮魚類之間，上下頜以及懸骨 (Suspensorium) 的形態變異相當大，有些種類的頜骨後端抵住舌弧，屬於舌接型。有的則腭方骨與顱骨癒合，舌弧後起性囘復爲非懸骨的狀態。並且全部盾皮魚類的頜弧與舌弧之間，並無具有完整鰓裂者。在刺鮫類中，就刺鮫 (Acanthodes) 而言，其舌弧的背側部分雖未顯著改變，却顯然向前延伸而成爲懸骨的一部分。總之，到目前爲止，所知的盾皮魚類及刺鮫類均具有具體的頜弧及鰓弧，吾人並未在這些低等頜口魚類中找到上下頜演化的早期過程的證據。

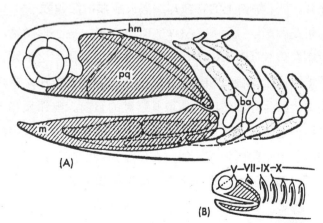

圖 3-2　原始頜口類之頭部與鰓區。(A)原始上下頜與鰓弧之關係 (Acanthodes)；(B) 腦神經與原始上下頜及鰓裂之關係(鮫類)，注意第一鰓裂已退化爲噴水孔。ba, 鰓弧；hm, 舌頜軟骨；m, 美克爾氏軟骨；pq, 腭方軟骨 (據 COLBERT)。

　　除了前方的鰓弧轉變爲上下頜的本身，爲頜口類演化上的重要改變之外，附帶的就是若干膜性骨片敷於頜骨的表面，以及在上下頜的外緣出現牙齒。牙齒的演化可能起於一種有利的突變，先在上下頜表面形成鈎狀構造，可阻止食餌脫逃。以後因刺鮫類與盾皮類向着不同的水域擴展其生存環境，於是在突變及天擇的交互作用下，其上下頜及牙齒的形態與構造，便發生種種變異。在盾皮類中，像反弓類、長葉魚類等腐食性底棲種類，上下頜鈍短而具箝挾性齒板。底棲性的蕾茵鮫則嘴可伸出，上下頜無齒而僅在上頜有小乳突。掠食性的短胸鮫類 (BRACHYTHORACIDS) 的上下頜延長而具尖齒及切截面，頰部的厚骨板擴展至上頜。硬齒類的上下頜沒有厚骨板，但有堅強的齒板。刺鮫類的牙齒細長而稍彎曲，有些種類無齒。概括而言，吾人對於盾皮類及刺鮫類的牙齒形態以及上下頜附近骨板的排列，尚難以斷定何者較為原始，何者較為特化。

二、偶鰭的起源與演化

古代的濾食性脊椎動物演化為具有上下頜的掠食性動物而後，在泥盆紀時代向着多方面發展，有的像介皮類，有的像鮫類，有的像肺魚，有的像硬鱗魚，但一概稱之為盾皮類。從無頜類演化成真正的頜口類，盾皮類以及刺鮫類是一些過渡形體。演化論者說在動物演化的歷史中，任何一個重要支派的建立，例如脊椎動物或節肢動物，就牠們現生的種類來觀察，都有若干共通、明顯、而安定的特徵，可以使人一望而知其為鳥、為獸、為昆蟲、為蝦蟹。可是這些最先出現的原始頜口動物，總是向着多方面嘗試，此起彼落，並無固定的形態。例如刺鮫的外形酷似鮫類，若干解剖上的特徵却迥異於鮫類；節頸類 (ARTHRODIRES) 體被重甲，僅頭部胸部間有可動關節；反弓類 (ANTIARCHS) 是一些小形動物，外形介於龜鼈類與甲殼類之間；還有所謂蕾茵鮫 (RHENANIDS)，多少近似於現生之鱝類、魟類而被有堅甲。

盾皮類新獲得了上下頜，具備着和無頜類完全不同的攝食方法，當然必須有活潑的行動與之配合，才方便從廣大的生存領域中，獵取其喜歡的食餌。無頜類和盾皮類都有從肌節連綴而成的尾部，這是牠們運動的工具，可以在水底爬行，也可以在水中緩慢而短暫的游泳。可是在深水區域，如其做遠距離的追捕食餌，在筋疲力竭的時候，沉入水底而休息，勢必失去一切掠食的機會，所以必須另有適應的構造以便將體軀懸浮水中。介皮類在軀幹兩側突出來的硬棘或膜瓣就是一種嘗試，雖則可以在游泳時幫助牠們平衡體軀做短時間的穩定，還不能算是真正的偶鰭，因為沒有偶鰭所具備的一切構造，也不能做偶鰭那樣複雜的運動。

關於偶鰭如何起源，在上一世紀曾有 GEGENBAUR 的鰓弧說 (Gill arch hypothesis) 與 BALFOUR 的鰭摺說 (Fin fold theory)，一時廣受景從。但是此二說在胚胎發生、解剖、或化石證據方面各有其缺失，現已不受重視。新的想法已不像以前那樣，認為全部的偶鰭是由同一祖先衍生而成。因為化石無頜類具有形狀不一的皮摺、鰭瓣或硬棘，而刺鮫類、節頸類、反弓類的偶鰭也非同一型式，所以推想偶鰭很可能是由好幾條途徑獨立演化的結果，姑稱之爲平行演化。這一假說多少與遺傳及演化的原理相符合，因爲那時出現的脊椎動物，其彼此間的類緣關係，較之與其他各類動物爲密切，其相同的部位必然有很多相似的基因，會發生相似的突變。因此，在不同的原始魚類中，很可能發生多次相似的遺傳改變，而在同一部位形成相似的構造，有的在體壁上生出皮摺，有的在甲胄上伸出硬棘。所以這樣形成的構造，彼此不可能絕對相同。然而在長時間內經由突變及天擇的結果，具有適應性價值的眞正偶鰭終於演化成功。

另一項影響偶鰭演化的重要因素是魚類有離開水底或保持垂直姿勢的需要。在化石無頜類中，如頭甲魚 (*Cephalaspis*) 具有歪形尾及位置適當的胸瓣，無疑地可防止頭部沉入泥沙中。其他無頜類而具有側出硬棘者是否有同樣效果，端視硬棘表面的大小以及其與身體的相對平面關係而定。那些沒有硬棘或雖有而效用不著者，則具有倒歪形尾，尾鰭下葉特大，亦有使頭部抬升的效用。最早的頜口魚類與原始無頜類的生活環境相同，因爲發展出更爲有效的控制游泳姿勢的身體構造，所以在生存競爭中獲得成功。盾皮類與刺鮫類的偶鰭與強棘雖然性質互異，却都有平衡身體的效果。在這兩類頜口魚類中，有很多具有歪形尾者，都有抬高身體前部而離開水底的需要，此或會影響胸肢的演化，而成爲主要的偶鰭，此或即頜口魚類超越原始無頜類的原因。尤其頜口類已變爲掠食性，偶鰭對於其追捕食餌的快速游泳動作更具重要性。

現生魚類之偶鰭：(1) 在數目上以兩對爲原則；(2) 前面一對是胸鰭，位置在鰓裂以後，後面一對是腹鰭，位置在肛門以前，對於游泳的關係，前者遠較後者更爲重要；(3) 偶鰭概有肢帶骨 (Girdle) 以連於體軀之中軸，在胸鰭者爲胸帶或肩帶 (Pectoral or shoulder girdle)，在腹鰭者爲腰帶 (Pelvic girdle)，胸鰭旣較腹鰭爲重要，故胸帶骨亦較腰帶骨爲複雜。偶鰭的構造可以大別爲三型：第一型如枝鮫 (Cladoselache) 之瓣狀鰭 (Lappetlike fin)，鰭基廣濶，有多數駢列之鰭基骨 (Basalia) 與鰭輻骨 (Radialia)，其作用如利車，可以保持魚體之平衡，這叫做側軸型 (Pleurorhachic)。第二型如肺魚 (Lungfishes)、總鰭魚 (Crossopterygians) 之肉鰭 (Fleshy-lobed fin—Sarcopterygian)，鰭形如葉，有一多節之主軸，兩側有若干分枝，在主軸前緣者通常較爲發達。偶鰭的演化大體是由廣鰭基而至狹鰭基，因後者較靈活也。第一型是較原始的偶鰭，以前學者認爲肉鰭爲比較原始的偶鰭，故稱之爲古鰭 (Archipterygium)；現代學者則認此爲後起型而非原始型，且謂四足類之偶脚乃由此演化而成。第三型如一般硬骨魚類（總鰭類等除外）之條鰭 (Ray fin—Actinopterygium)，鰭形如扇，鰭基骨、鰭輻骨均減縮，而有發達之鰭條，此等鰭可以幫助魚類游泳，使魚類能在水中浮沉、進退、並左右轉動。

但原始頜口魚類的偶鰭可以說"造化"在嘗試中，無論在數目、形態、或構造上都不合規格。例如刺鮫在軀幹部腹面兩側各有一列硬棘（共七枚），這是抵禦敵害的利器，對游泳之效果不大。溝鱗魚（*Bothriolepis*）在軀幹前部相當於胸鰭之位置，有骨質、分節而能動之鰭狀突出物，這不是游泳而是爬行的工具。又如 *Gemuendina*（屬蕾茵鮫類）具有如鱝類之團扇狀偶鰭，但體軀甚小（約九吋），口開於頭部先端，與鱝類顯然不同，故二者體形之近似可能為趨同演化（Convergent evolution）之結果。

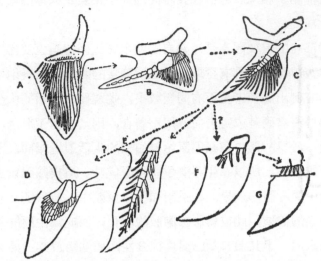

圖 3-3　魚類偶鰭（指胸鰭）之演化。（A）枝鮫之瓣狀鰭可能為最原始的偶鰭；（E）新角齒魚（*Neoceratodus* 肺魚之一屬）之肉鰭可與四足類之偶腳相比較；（G）真骨魚類之條鰭則為專化之魚鰭，適於游泳。本圖中其他各類如（B）為*Cladodus*，（C）*Xenacanthus*，（D）鮫類，（F）原始條鰭魚，顯示彼等之演化關係（據 MARSHALL）。

三、盾皮綱的特徵與分類

　　盾皮魚是一些體形歧異的化石硬骨魚類，本來都產於淡水，至上泥盆紀而大部分侵入海洋中。其頭部平扁，頭部、肩部及體軀前部被由骨板所形成之甲冑，在頸部即髓顱與接合椎弧（Synarcual）之間有活動關節。鰓遠在髓顱腹面前方。內骨骼已硬骨化。軀幹部向後漸細，多數具歪形尾。體軀後部被鄰接之厚鱗，菱形小鱗，或不被鱗片。骨板內有骨細胞，通常分為三層，基層為平板層，中層桁架狀，外層為連續之薄層，骨質或半齒質（Semidentine）有側線管通過其中，原始種類在表面有乳突、皮齒或稜脊，並且骨板之間往往有小型之"嵌鱗"（Tesserae）。頭顱表面之骨板，有固定之排列形式，左右對稱，各有一定名稱，通常包括（1）中央之背板、頸板、後松果板、松果板及吻板；（2）在耳區有成對的中板；（3）成對的側頸板及緣板，主要側線管通過其中；（4）在眼窩附近有成對的眶前板與眶後板；（5）在外鼻孔附近有鼻後板；(6) 在頰部與鰓蓋區有成對的眶下板、後眶下板、後緣板以及下緣板。

　　頸關節的功能可使頭部與胸帶間作垂直之活動，以助運動時平衡之控制，使口裂得以張大而容大型食餌之吞入，以及呼吸時推動水流通過鰓區。所以頸關節的演化可說是配合上下頜及偶鰭的出現的一種重要適應。

　　不過盾皮類並非一天然類羣，而是

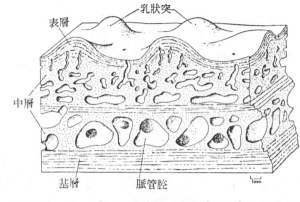

圖 3-4　盾皮類（溝鱗魚 *Bothriolepis*）之外骨骼構造圖解（據 GOODRICH）。

由好幾條途徑演化而成，化石很多，其所以歸於同一綱中，只是因為牠們有別於早期的鮫類與硬骨魚類。我們不妨把盾皮類看作一些在演化中向多方嘗試的頜口動物，泥盆紀的鮫類與硬骨魚類亦然。只是後者終於成功了，而盾皮類則是競爭下的失敗者，多數在泥盆紀結束之前卽告滅絕。盾皮類的分目，學者間的意見亦不一致，多數學者把盾皮類分爲：**史坦錫目**（STENSIOELLIDA）、**摺齒目**（PTYCTODONTIDA）、**葉鱗目**（PHYLLOLEPIDIDA）、**長葉魚目**（PETALICHTHYIDA）、**節頸目**（ARTHRODIRA）、**蕾茵鮫目**（RHENANIDA）、**反弓目**

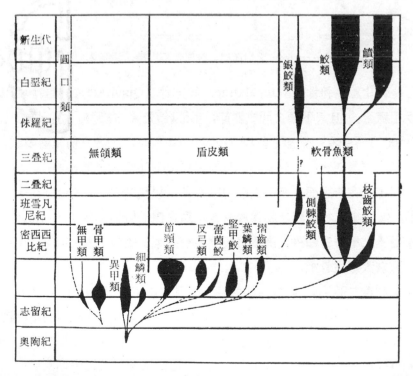

圖 3-5　無頜類、盾皮類、及軟骨魚類在地質時代的分佈與演化圖解（據 ROMER）。

（ANTIARCHI）等七目。DENISON（1975）則另增列擬長葉魚（PSEUDOPETALICHTHYIDA）與棘胸（ACANTHOTHORACI）二目。前者包括 *Pseudopetalichthys, Paralesiobatis* 等屬，後者包括 *Palaeacanthasis, Radotina* 等屬。

*節頸目 ARTHRODIRA
= COCCOSTEI

本目為泥盆紀中種類最多且最佔優勢的盾皮魚類，佔全部已知種類之60％以上，其主要特徵是頭部及軀幹部（原始種類）被全副甲冑，頭甲後方有關節窩，軀甲前方有關節髁，二者形成活動之頸關節，因而得名。大都為掠食性，全長可達 2 公尺以上，有的甚至達 9 公尺。就模式的 *Coccosteus* 而言，這種在英格蘭北部及蘇格蘭境內舊紅砂岩床中發現的小動物，長約一、二呎，頭部及肩部有堅甲，軀幹部及尾部近於裸出。頭顱稍高，背面弧形；眼大而位於前端兩側，各具四片鞏板。鼻孔甚小，在前端中央。髓顱之內外面均有一層牗膜化骨，脊索在髓顱下方，前端達腦垂腺區之後。

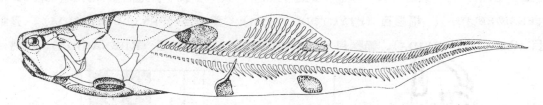

圖 3-6 *Coccosteus* 之側面觀。後部骨板去除，以示內部之骨骼。

腭方骨已硬骨化為主腭骨（Autopalatine）與方骨（Quadrate），前者與髓顱相接，後者與後眶下骨板相癒合，且與下頜之間成關節，所以頜骨為自接型。上頜有前後兩對上齒板（Superognathals），下頜有一大形下齒板（Inferognathal），二者之前緣有多數齒尖，以助攝捉食餌，有的則形成磨切面。無鰓蓋，鰓可能在頰部兩側而開於頭部後緣。脊柱發達，軟骨性之脊索終生存在，在背腹面有細長之髓棘與脈棘，以代表脊椎，但並未形成椎體。側線在開放之骨溝中，有大小二種骨溝，相當於其他魚類之側線管與窩線（Pit-lines）。除細長之歪形尾鰭及鰭條發達之單一背鰭外，胸鰭與腹鰭均較簡單。奇特者是在體內背鰭基部之前後以及肛門後方，另有大形之骨板。

節頸目通常分為二亞目，即較原始的長胸亞目（Dolichothoraci, = Arctolepida）與較進步的短胸亞目（Brachythoraci）。前者胸甲較發達，身體較平扁，眼小而偏前，頸關節不發達，胸鰭基部寬廣，胸鰭棘短，胸鰭基孔小形，見於泥盆紀早期，主要種類有 *Arctinolepis, Holonema, Phlyctaenaspis* 等屬。後者則反是，主要見於泥盆紀中期及後期，重要之屬除 *Coccosteus* 之外，有 *Pholidosteus, Pachysteus, Dunkleosteus, Gemuendenaspis, Rhinosteus,*

Titanichthys, *Heterosteus* 等 。 DENISON (1975) 則根據其演化系統而分為八亞目，即 Actinolepina, Wuttagoonaspina, Phlyctaenina, Holonematina, Coccosteina, Pachysteina, Heterosteina, Brachydeirina.

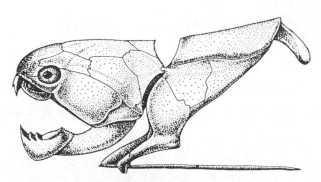

圖 3-7 *Dunkleosteus* 之側面觀。

*摺齒目 PTYCTODONTIDA

本目為泥盆紀中期至泥盆紀後期之小形盾皮魚類，體長一般在 20 cm 以下，其主要特徵為頭甲與軀甲均極度退化，外形與現生之全頭類 (Holocephalans) 很相像。就最為人熟知之 *Rhamphodopsis* 與 *Ctenurella* 二屬而言，其頭甲只存一大形鰓板，吻部完全裸出。頭胸甲之間之關節不發達。腭方骨短，已硬骨化為主腭骨，後翼骨及方骨等區，在眼窩下方與髓顱固接，亦即其舌頜骨並未發生懸骨的功能。吻區有吻軟骨及唇軟骨，鰓腔高而短，掩於鰓蓋下方。上頜有一對大形齒板，下頜者較小，二者形成堅強之剪截面或磨切面，其構造與全頭類及肺魚類之齒板相似。軀甲甚短；背鰭二枚，各有一短壯硬棘 (*Ctenurella* 無)。脊索完整，髓弧與脈弧形成長棘。各鰭在體內均有鰭基骨及鰭輻骨支持；尾鰭細長，上葉甚小；胸鰭大

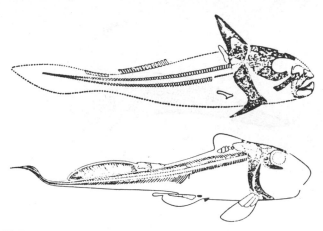

圖 3-8 摺齒目二例。上，*Rhamphodopsis*；下，*Ctenurella*
　　　 (據 ROMER)。

形，基部狹細而能活動。腹鰭大而有雌雄之別，雄者變為鰭脚（Claspers），用以交配而行體內受精。腹鰭之前並有副鰭脚，此均與全頭類相同。所以有人說摺齒目就是全頭類的祖先。不過摺齒目的外鼻孔位於何處尚無所知。

*葉鱗目 PHYLLOLEPIDIDA

本目包括少數非常特化之上泥盆紀盾皮魚類，其體軀極度平扁，骨板有同心排列及橫走之稜脊；軀幹部之骨板數顯著減少；頭甲除背面中央之大形頸板（Nuchal）及中背板（Median dorsal）之外，其他大都消失，所以可認為是由節頸類退化的遠親。胸鰭棘短壯，吻部未硬骨化。

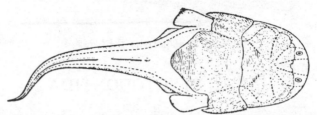

圖 3-9 葉鱗魚（*Phyllolepis*）之重建。此魚為泥盆紀後期退化之盾皮魚類（據 STENSIÖ）。

本目中較為人熟知者僅葉鱗魚（*Phyllolepis*）一屬，全長約呎許。*Antarctaspis* 屬僅憑一不完整之顱頂骨；澳洲中泥盆紀之 "*Wuttagoonaspis*" 屬如能證明其為原始葉鱗類，其與節頸類的關係就更接近了。DENISON（1975）將本目分為 Phyllolepina 與 Antarctaspina 二亞目。

*長葉魚目 PETALICHTHYIDA
＝大瓣魚目，MACROPETALICHTHYIDA

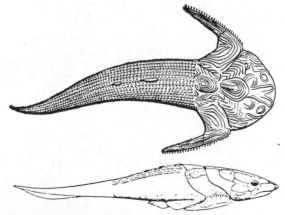

圖 3-10 月甲魚（*Lunaspis*）之背面（上）及側面（下）圖。此魚發現於下泥盆紀，體平扁，頭部與肩帶間無關節。

　　本目亦均小形之盾皮魚類，體長一般在 0.5 公尺以下，見於下泥盆紀至上泥盆紀，在很多方面與節頸類相似。身體平扁，頭與軀幹均被甲冑，胸甲之兩側有長棘板。眼窩在背面；頸關節構造特殊，枕區特別延長，側線管陷於骨板之深層。軀幹部向後漸尖細，被鄰接之小形骨板，尾鰭爲原正型 (Diphycercal)。在背面中央有三枚大形稜鱗，排成一列。髓顱爲平顱型 (Platybasic)，枕骨狹，側壁厚，爲一硬骨化的整體，腹面之腦垂腺孔已完全封閉。

　　本目中最著名者爲月甲魚 (*Lunaspis*) 與大瓣魚 (*Macropetalichthys*) 二屬，由其骨板的排列情形看來，似乎與節頸類的關係很近，不過其演化地位則尙有很多爭議。

*蕾茵鮫目 RHENANIDA
=硬鮫，堅甲鮫 STEGOSELACHII

　　本目包括少數小形不甚明瞭之盾皮魚類，見於泥盆紀早期至後期之海洋性地層中，體長一般在 0.3 公尺以下，身體平扁，頭部濶圓，外形極似鰩魟之類。典型者當推 *Gemuendina* 與 *Radotina* 二屬，眼與鼻孔位於背面，口端位而偏下，以適應其底棲生活。口橫裂，上下頜有星狀銳齒。其頭甲及軀甲與一般盾皮類無異，但在頭甲之大形骨板表面之間鑲嵌小形骨板；骨板表面更有乳突狀構造，很像現生鮫類之皮齒。

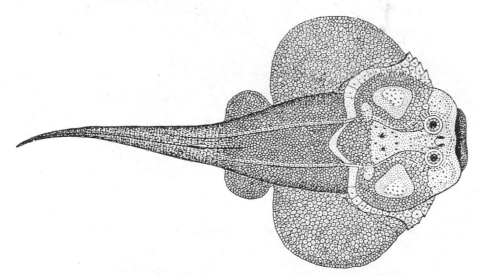

圖 3-11　奇夢鮫 (*Gemuendina*) 之背面觀。

　　據 MOY-THOMAS and MILES (1971)，本目可分爲古棘甲魚 (Palaeacanthaspidoidei) 與奇夢鮫 (Gemuendinoidei) 二亞目，前者以 *Radotina, Kosoraspis, Palaeacanthaspis* 爲代表，軀甲較發達；頸關節不顯，但脊柱前部變形爲接合椎弧，與髓顱關節突相接。胸鰭有狹鰭基，側線在骨板之深溝中，此均與節頸類相似。後者以 *Gemuendina, Asterosteus, Jagorina*

三屬爲代表，就 *Gemuendina* 而言，其頭部特別濶扁，胸鰭特大，腹鰭半圓形，無臀鰭，尾部尖長，有對稱型尾鰭。頭甲只有少數大形骨板，嵌鱗發達。DENISON（1975）將本目之大部分種類另列爲棘胸目（ACANTHOTHORACI）。

*反弓目 ANTIARCHI
＝胴甲類，兵魚類 PTERICHTHYES

　　反弓類爲一羣高度特化，分佈甚廣之小形盾皮魚類，首見於下泥盆紀，至泥盆紀結束或石炭紀早期始漸趨式微。主要在淡水中，體長一般在 30 cm 以下。頭部及體軀前部被骨質堅甲，由交叠相接之骨板構成，有骨細胞。體軀後部則被小圓鱗（如翼魚 *Pterichthyodes*），或近於裸出（如溝鱗魚 *Bothriolepis*）。背鰭一枚或二枚，尾鰭歪形，臀鰭缺如。胸鰭棘特長，表面有小骨板，與肩區間之關節發達，中央有另一關節。溝鱗魚在軀幹前部之堅甲後端有一對皮摺，或爲其腹鰭之代表。

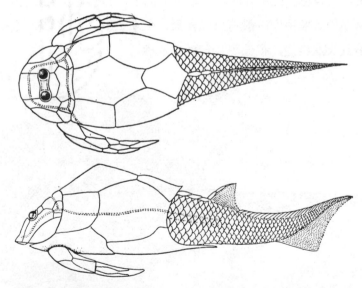

圖 3-12　翼魚（*Pterichthyoides*）之背面觀（上）與側面觀（下）。

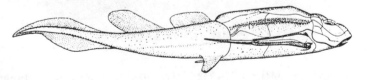

圖 3-13　溝鱗魚（*Bothriolepsis*）之側面觀。

　　頭甲短而骨板之排列與節頸類稍異。眼窩在背面而互相接近，中央爲松果孔，外鼻孔即位於其前緣。口端位而偏下，上下頜分別由頤板（Mental plates）與下齒板構成，二者構成咬嚼齒緣。鰓掩於頭甲後角下方。有些標本可看到內臟的痕跡，例如腸中有螺旋瓣，類似鮫類、肺魚類，及低等條鰭魚類。並且有一對大囊與咽頭腹面相接，是否為肺臟則尚有爭議。反弓類可能與節頸類為同一祖先的後裔，但很早就分道揚鑣，向著底棲生活及水底覓食的方向演化。本目中其他重要之屬尚有 *Asterolepis*, *Remigolepis* 等。

*史坦錫目 STENSIOELLIDA

　　本目所包括者可能是最原始的盾皮魚類，其化石只見於德國下泥盆紀，身體稍平扁，頭部與肩部最寬，向尾端而漸細。胸鰭有狹細鰭基，表面被鱗片，近外緣有角條 (Ceratotrichia)，但內側骨骼不詳。頭胸甲之間無關節，却顯然具有由前方數枚脊椎癒合而成之接合椎弧，與內顱之枕區成關節。體表被小皮齒，可能有髓腔，並含有齒質，並可能附於薄嵌鱗上。腹鰭半圓形，有長鰭基；背鰭小形，接近尾基。髓顱狹長，未顯著硬骨化。頭部除三塊小形骨板外，亦被皮齒。眼窩在兩側，鼻孔可能在前端或偏腹面。口在腹面而接近吻端，腭方軟骨與美克爾軟骨均不被膜骨，而僅具皮齒。兩領可能為舌接型。鰓弧五對，在內顱下面前部。

　　本目中除基本的 *Stensioella* 屬之外，*Nessariastoma* 屬可能亦屬於本目。

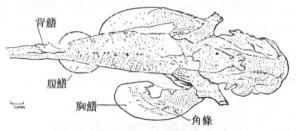

圖 3-14　*Stensioella* 之背面觀 (據 GROSS)。

　　到目前為止，我們對於盾皮魚類各目之間的關係仍然不甚明瞭，分類方法自難期一致。因為它們自志留紀與泥盆紀的交替時期出現，是最古老的領口脊椎動物，可是形態歧異，無一堪稱"典型"者，不但難以從其中探索出鮫類以及高等硬骨魚類的真正祖先，也無法推斷無領類中何者是牠們的真正祖先。不過，牠們的存在至少為脊椎動物的演化過程，以及志留紀已存的原始盾皮類的生活類型，提供了寶貴的線索。

　　那時的原始盾皮魚類必然已具有發達的"頭"甲，掩蓋頭顱及鰓區，頭甲之後是鰓裂的總開口（無單獨之噴水孔）。其原始性上下領包括內骨骼與膜性骨兩部分，位於頭甲的前下方。軀幹部亦被甲冑，尾部則完全為堅強的骨鱗所包被。其肩區兩側已具有伸出的棘突，棘後可能連着小形胸鰭，在近肛門處則可能有小形腹鰭。牠們自始即營底棲生活，因適應不同的水底環境而作輻射演化，例如摺齒目的習性像現生的銀鮫，為狹食性 (Stenophagous) 的底棲魚類；進步的蕾茵鮫之類像現生的魟類，在水底時必然以其擴展的胸鰭翻動泥沙，而掩藏其身體，以俟食餌接近。反弓類則以其柱狀的胸肢支撐身體於水底，從泥沙中揀取有機物碎屑爲食。長葉魚目的特化較淺，其生活習性可能與早期的節頸類相似，史坦錫目則爲特化較深的底棲魚類，具有大形胸鰭以及寬廣的端下位口。

節頸類的適應性輻射演化最複雜，下泥盆紀的原始種類，身體中度平扁，在水底以腐物或吞嚼泥沙爲食。以後演化爲顯著平扁而極度特化的魚類，有的爲底棲性，有的在水面覓食。

盾皮類的頭部與軀幹前部被重甲，軀幹後部漸細而肌肉發達，並且脊索並未分節，游泳姿態殆難想像。早期種類有發育不良的小形胸鰭，在節頸類則代之以巨大棘板。盾皮類的胸鰭在演化中分兩條路線進行，其一是肌肉漸趨發達，而成爲運動靈活的胸鰭，猶如板鰭類，另一是成爲支柱狀的胸鰭，像節肢動物的附肢，反弓類的變形胸鰭就是著例。摺齒目具有發達的鰭腳及副鰭腳，是關於盾皮魚類生殖器官的惟一證據。由此可見其生殖方法似於軟骨魚類。不過其卵囊的形態如何，以及是否爲卵胎生或胎生則尙無所知。

盾皮類大都因上頜與頭甲癒合（如節頸目），或與髓顱癒合（如摺齒類），所以口裂不能靈活張閉。也不具眞正的牙齒，旣非連續替換的“鮫類”齒型，亦非不定期替換而固定附着的硬骨魚類齒型，而是由膜骨變形而成的齒板，在一生中逐漸磨損而從不替換。只有摺齒目的齒板與銀鮫類及肺魚類相似，都有高度礦物化的柱狀組織，以適應以堅硬食餌爲食。吾人推想盾皮類之所以在泥盆紀結束之前卽很快敗亡而被軟骨魚類取代，部分原因可能因爲其攝食機制比較原始，不能與上下頜張合靈活而具利齒的軟骨魚類相抗衡之故。

盾皮亞綱主要參考文獻
（上章已列者省略）

DENISON, R. H. (1975) Evolution and Classification of Placoderm Fishes. Breviora, No. 432.

JARVIK, E. (1968) Aspects of Vertebrate Phylogeny. Nobel Symposium, 4: 497~527.

OBRUCHEVA, D. V. (1967) "Class Placodermi", in "Fundamentals of Paleotology. 11, Agnatha, Pisces, ed. OBRUCHEV, D. V." Israel Program for Scientific Translations, Jerusalem.

STENSIÖ, E. A. (1963) Anatomical studies on the arthrodiran head, part 1. K. Svenska Vetensk. Acad. Handl., 9: 1~419.

WESTOLL, T. S. (1958) The lateral fin-fold theory and the pectoral fins of Ostracoderms and early fish, in "Studies of fossil Vertebrates, ed. WESTOLL, T. S." The Athlone Press, London.

WESTOLL, (1962) Ptyctodont fishes and the ancestry of the Holocephali. Nature, 194: 949~52, London.

第四章 軟骨魚綱
Class CHONDRICHTHYES
=CHONDROPTERYGII

一、軟骨魚類的起源

脊椎動物的初期歷史，從無頜首綱到有頜首綱的盾皮類，一切體制構造始終在嘗試中。這種從濾食性變爲掠食性，從着生性變爲自由活動性，從底棲性變爲游泳性的演化趨勢，就好像兵器和交通工具一般，每一種式樣都可以盛行一時，等到新的式樣出現，舊的就漸趨式微而終被淘汰。泥盆紀是魚類的時代，從無頜類到有頜的盾皮魚類、軟骨魚類、和硬骨魚類，每類都有代表，紛紜雜陳，極一時之盛。泥盆紀而後，由於軟骨魚類和硬骨魚類的興盛，那些不合時宜的種類，例如所謂介皮類已掃數消滅，只留了幾個不具堅甲的孤臣孽子殘延至現在，盾皮魚類則只有少數節頸類苟延殘喘至石炭紀。

真正的魚類，卽軟骨魚和硬骨魚，何以能從石炭紀早期起以迄現代，稱霸於地面上整個水域？當然由於牠們具有優越的體制構造，迫使介皮類、盾皮類在生存競爭場中敗退下來，終歸滅亡。現代魚類種類之多，超過所有其他脊椎動物（包括所有四足類）之總和，個體數目更是難以估計，其所以能造成如此浩大之聲勢，最主要的原因是由於牠們具有可以配合於活潑游泳之體制。例如牠們具有流線型的體形，使牠們在游泳前進時，水中阻力減少到最小限度。其次則具有強有力的尾鰭，可以在水中推動體軀而前進，一枚或二枚背鰭與一枚臀鰭，可以維持身體之垂直位置而不至於傾斜，兩對偶鰭（盾皮類的偶鰭無定數），卽胸鰭與腹鰭，可以保持身體平衡，暫時在水中停止活動，或可使身體左右轉動與上下浮沉。

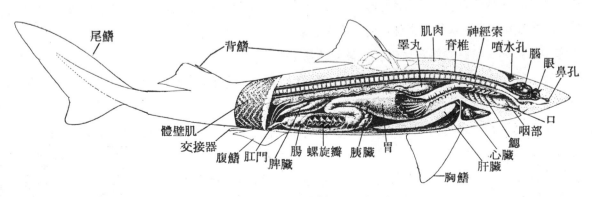

圖 4-1 軟骨魚綱（鮫類♂）體制之一般。

　　軟骨魚和硬骨魚都有兩對偶鰭，但軟骨魚類的偶鰭，却有若干硬骨魚類所未見的特點。例如枝鮫的胸鰭有特別寬廣的鰭基，主張鰭褶說的學者便引爲有力的證據。在尾基兩側具有第三對"偶鰭"，則爲軟骨魚及硬骨魚類中所僅見。至於鰭的基本構造，不問其爲奇鰭或偶鰭，軟骨魚或硬骨魚，概具有支鰭骨（Pterygiophore）。支鰭骨又可分爲三部分，即：鰭基骨（Basalia）、鰭輻骨（Radialia）、與皮質鰭條（Dermal fin rays）。前二者爲軟骨性或硬骨性構造，其中鰭基骨往往癒合爲少數骨片，最前方者癒合爲一橫條，是即肩帶或腰帶之雛型；鰭條則爲眞皮性構造，外包皮膚，即平常所見露出於外之鰭身。

　　頜弧以後的一對鰓弧（第四鰓弧）變爲舌弧，頜弧、舌弧之間的鰓裂縮小爲噴水孔，或完全消失，這也是眞正魚類一個重大的進步。舌弧的出現雖然對於眞正魚類的新生活，沒有偶鰭的演化那麼重要，但舌弧上半的舌頜骨（Hyomandibula），可以協助上頜骨與顱骨之間成關節（所謂雙接型），或單獨與顱骨成關節（所謂舌接型），讓上下頜骨有更多活動的機會，無論如何對掠食工作是有重大貢獻的。

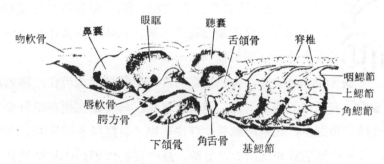

圖 4-2　板鰓類之頭骨與鰓區（試與圖 3-1 相比較）。

　　此外在護身、攝食、生殖等各方面，眞正魚類也有許多重要的演進，使牠們成爲水域的霸主。

　　在泥盆紀時代（也許可以推前到志留紀，但無化石遺跡），從盾皮魚類演化爲眞正的魚類，似乎自始就分爲軟骨魚和硬骨魚兩支。軟骨魚從泥盆紀經過石炭紀、二叠紀，到古生代結束，就有若干類被自然所淘汰。自中生代起牠們的發展似乎已受到限制，牠們的分佈區域，除極少數例外，始終脫離不了海洋。硬骨魚類不然，從泥盆紀起牠們就很快的發展，踏入中生代後，更加欣欣向榮。至白堊紀眞骨魚類（Teleostei）勃然而興，無論江湖海洋都成了牠們的生存領域。

　　從盾皮魚類所蓄衍的兩個分支——軟骨魚和硬骨魚兩綱，在泥盆紀時代原來無分軒輊，可是中生代而後，硬骨魚類成爲水界盟主，而軟骨魚類退處爲海洋中的次要地位，此中關鍵可能須從多方面來解釋，而最重要的一點就是軟骨魚類沒有作爲水壓器（Hydrostatic organ）用的鰾，而硬骨魚類則一般具備。

鰾的原始構造是氣鰾 (Air bladder)，它可以變為肺，也可以變為泳鰾 (Swim bladder)。肺可以在乾涸季節時呼吸空氣，泳鰾可以隨時改變其身體的比重，使能在淡水或海水的任何深度中自由游泳。硬骨魚類具有這種利器，這可能就是它們在水界佔優勢的重要條件之一。軟骨魚類沒有鰾，所以只能侷處於比重較大的海水中，活動範圍受到水深的限制甚嚴，而且以底棲為原則。鱝、魟之類如此，鮫類在休息的時候亦必沉入水底。關於鰾的一切將在下一章中另加討論。

至於軟骨魚類跟其他魚類之間的類緣關係如何，百餘年來，學者間的觀點並不一致。早先認為軟骨魚類是所有領口動物的祖先，近年來 STENSIÖ (1963) 與 MOY-THOMAS and MILES (1971) 把軟骨魚類列為盾皮魚類的兄弟輩，現今多數分類學家因襲此觀點。不過據 SCHAEFFER and WILLIAMS (1977) 指出，這兩類魚類之間並無特別之共同特徵，反之，盾皮魚類的腭方骨的形態以及其與口部諸膜性骨片之關係，固與軟骨魚類及其他魚類顯然不同，盾皮魚類的頭甲與肩甲亦不見於軟骨魚類。盾皮魚類中的褶齒目雖具有鰭腳，但構造與全頭類者並不相同，此可能為趨同演化的結果；二者的上下領構造亦差別甚大，所以 ØRVIG(1960) 所倡的摺齒類和全頭類之間的親密類緣關係也不可能存在。SCHAEFFER & WILLIAMS 認為軟骨魚類並非盾皮魚類的兄弟輩，從分歧觀點 (Cladistic) 來看，盾皮魚類應與全部其他領口動物兄弟相稱，換言之，如圖 4-3 所示，它們與其他領口動物有一共同祖先，這個祖先可能已具有由上領弧 (Epimandibular) 與角領弧(Ceratomandibular) 衍生而成之領骨條，渦旋狀排列的簡單牙齒，分節的臟弧，以及延長的髆突 (Scapular processes)。其子裔分為二支，一支演化為盾皮魚類，另一支演化為其他領口動物。後者再分為二支，一支演化為**軟骨魚類**，另一支為**眞口魚類** (TELEOSTOMI)。軟骨魚

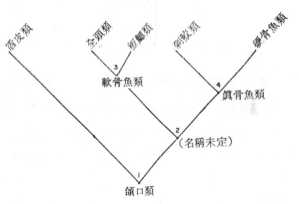

圖 4-3　領口類理論上的分歧關係 (據 SCHAEFFER & WILLIAMS)。

類又分為**板鰓類** (ELASMOBRANCHII) 與**全頭類** (HOLOCEPHALI) 二支，一般認為二者互為單系起源 (Monophyletic) 之兄弟輩，因為牠們都具有 (1) 軟骨性之內骨骼，部分石灰質化為斜方結晶顆粒，(2) 眞皮性盾鱗 (皮齒)，(3) 唇軟骨，(4) 由腹鰭變形而成之鰭腳，(5) 在背鰭之後下方有三角形之軟骨基板，(6) 各鰭之外側有角條 (Ceratotrichia) 支持之，(7) 現生種類具有直腸腺 (Rectal gland) 以排除過多之鹽分。

因板鰓類中的非正鮫類 (並非指全頭類) 與早期的眞口魚類 (包括刺鮫類與硬骨魚類) 具有若干共同的特徵，例如腭方骨與頭顱的眶後區 (又稱耳區或前耳區) 成關節，其劈刀形

的腭方骨以及與下頜收肌（Adductor mandibular m.）的特殊排列方式，所以牠們可能為同一祖先的後裔。SCHAEFFER & WILLIAMS 並推想頜口動物的共同祖先僅具有較狹小的原始上頜，腭方骨與頭顱眶後區之間的關節為衍生性的構造。軟骨魚類與硬骨魚類的共同祖先必然在泥盆紀以前即已存在，但是必然在與盾皮魚類的共同祖先之後。所以軟骨魚類的演化至少已有四億年的歷史。

　　近來 ZANGERL（1981）所提出的新的解釋亦大體符合 SCHAEFFER & WILLIAMS 的觀點。他說盾皮魚類、軟骨魚類與硬骨魚類的牙齒均為冠齒型（Stephanodont），亦即齒輪由舌側向唇側生長，側齒列定期更新，新齒由舌側生出，唇側之舊齒脫落。但是盾皮魚類並不形成齒葉（Dental lamina），而軟骨魚類與硬骨魚類的牙齒則沿着齒葉更替，可見盾皮魚類較為原始，而軟骨魚類與硬骨魚類則因具有此一共同特徵而應屬於兄弟輩。不過因所有頜口動物（盾皮類除外）的骨骼均有生成硬骨的潛勢，只有軟骨魚類的骨骼中無硬骨，全部維持軟骨性，或在軟骨膜之下方出現石灰質層，此為後起性特化的結果，所以他所提出的頜口動物類緣關係圖與 SCHAEFFER & WILLIAMS 所提出者稍異。

　　以上略述軟骨魚類與其他頜口動物的類緣關係，當然並非定論，尤其是與刺鮫類之間的關係，爭議尤多。容於第五章中另行討論。

二、軟骨魚綱的特徵

　　軟骨魚類的化石首見於下泥盆紀，在石炭紀最為興盛，延續至現在，則僅以鮫、鱝、銀鮫等為代表，是海洋中仍佔有相當優勢的真正頜口魚類。如上節所述，軟骨魚類（Cartilaginous fishes）之得名，乃因彼等只具有軟骨性之內骨骼，為支持或運動的便利，部分骨片可能在軟骨膜的直下方石灰質化（Calcification）為由斜方結晶顆粒所成之石灰質層，但決不硬骨化（Ossification）。此種特徵以前學者以為乃原始性的構造，因硬骨的發生往往經過軟骨階段，所以這種推測，亦言之成理。但無頜類、盾皮類的歷史，必然在軟骨魚類之前，換言之，彼等可能為軟骨魚類的祖先，或至少是軟骨魚類祖先的兄弟行，而彼等之化石遺跡，大多具有硬骨性之甲冑或內骨骼，於是軟骨魚類的軟骨為原始性構造的解釋便發生了疑問。再者從魚類演化的化石記錄來看，軟骨魚類出現之時，硬骨魚類中的古鱈類（Paleoniscoids）已經存在，所以硬骨魚類絕非軟骨魚類的後裔。牠們可能是分別從與盾皮魚類中的同一祖先演化而來的兩個支派，二者均出現於泥盆紀，只是硬骨魚類比較的領先。所以鮫、鱝之類的軟骨性內骨骼，如其說是原始性，毋寧說是後起性的。

　　鮫、鱝之類都是相當活潑的掠食性動物，牠們都有發育完善的上下頜，並且有舌弧以協助上下頜的掠食工作。上下頜骨之前有唇軟骨（Labial cartilage）。鰓及鰓裂均 5～7 對，鰓裂分別外開，無皮瓣或鰓蓋。鰓生於特別擴展之鰓隔兩側（每側之鰓名爲片鰓Hemibranch），鰓隔之游離緣突出，與鰓裂間之皮膚相連。背鰭一枚或二枚，前方有棘或無棘，如有棘時堅硬而不能活動。尾鰭歪形（歪型尾 Heterocercal），強壯有力，間或成原正形（Diphycercal）或細長如鞭（細型尾 Leptocercal）。臀鰭一枚或缺如。偶鰭兩對，即胸鰭與腹鰭，胸鰭較大，在枝鮫類其尾基兩側，尙有一小形之第三對偶鰭。在第一鰓裂與眼眶之間有噴水孔一對，爲領弧舌弧間鰓裂之遺跡，在底棲種類特別大形，亦有無噴水孔者。體表密被盾鱗（或皮齒），偶或裸出。齒僅見於上下領，與分佈體面之盾鱗構造相同，數甚多，排列成若干列。每齒有數尖頭，中央者較大；亦有鈍圓如豆粒者，則排列成砌石狀，以適應於磨碎軟體動物之介殼。脊索多少按體節緊縊，終生存在，或僅脊椎間部分永存。脊椎按體節每節一枚，亦有兩枚者（倍椎型 Diplospondylous）；椎體多少發育完善。至少軀幹部脊椎有部分具有肋骨。頭骨僅有軟顱而無眞皮性骨片。鰓弧一般爲＞形。上領骨爲腭方軟骨（Palatoquadrate cartilage），賴舌領軟骨與顱骨相連（舌接型），或僅在前方與顱骨相連（兩接型）。下領骨爲美凱爾氏軟骨（Meckel's cartilage），與上領骨成關節，更經上領骨而連於舌領軟骨（六鰓鮫類之舌弧萎縮，不與上領相連）。吻軟骨一至三片，與顱骨成關節。腰帶兩側瘉合成爲一簡單之棒狀物。雄者之腹鰭內側變形爲交配用之鰭脚，有軟骨支持之，內側有溝，精子可由此輸入雌性泄殖腔中。腸有螺旋瓣，肛門開於泄殖腔。腔以一縱裂孔開於左右腹鰭基底之間，孔之兩側更有一對腹孔（Abdominal pores），爲體腔之外開口。

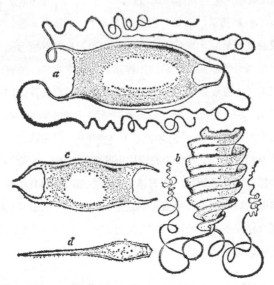

圖 4-4　板鰓類卵殼四型: a. 頭鮫；b. 異齒鮫之一種（*Heterodontus galeaus*）；c. 老板鮬之一種（*Raja sp.*）；d. 銀鮫（a. c. 據松原氏；b. 據 WAITE；d. 據 DEAN）。

雌雄異體，概行體內受精。生殖有卵生 (Oviparous)、卵胎生 (Ovoviviparous)、及胎生(Viviparous) 三型，卵概大形。卵未孵化前已產出者爲卵生；卵在體內孵化，胎兒在母體子宮（輸卵管一部分擴大而成）內發育，但無胎盤狀構造者爲卵胎生；胎兒發育時有一卵黃囊性之胎盤 (Yolk-sac placenta)，附着於母體子宮壁上，藉以吸收養分者爲胎生。卵生者，其受精卵經過輸卵管時因有殼腺 (Shell gland) 分泌物之包被，成爲堅韌之角質卵殼。通常爲麵粉袋狀，四角有絲狀延長物以便纏絡外物，或作螺旋狀，或長橢圓形，大者可達尺許。發生直達，胎兒初期有外鰓，後漸吸收而消失。

本綱魚類概棲息於海洋，在沿岸表層者較多，在遠洋深海中活動者亦不乏其例。間或溯河而上，可能終生生活於淡水（此等種類在東亞尚無報告）。均好肉食，性狀暴兇殘，亦有以浮游生物爲食而性較溫馴者。

軟骨魚類的其他特徵是嗅囊大形，吻部前伸爲吻突，其內或有吻軟骨支持之，因而口位於腹面而橫裂。外鼻孔開於頭部腹面，內通一盲囊，並且可能以口鼻間溝 (Oronasal groove) 與口相通。外鼻孔之前緣有一活動瓣膜，把外鼻孔分隔爲入水孔與出水孔兩部分。側線溝通過兩列鱗片之間，在頭部則往往與成族之壺狀感覺器 (Ampullary sense organs) 相結合。內耳之膜質迷路以內淋巴管與體外相通，瓶狀囊 (Lagena)、及球狀囊 (Sacculus) 中有平衡砂 (Statoconia)。

現生之軟骨魚類絕無眞皮性骨片，但體表被微小之眞皮性鱗原 (Lepidomoria) 或其衍生物，即盾鱗 (Placoid scales)。部分鱗原或增大癒合爲鰭棘或盾板，亦有後起性裸出者。古生代軟骨魚類之鱗片頗不相同，就石炭紀的 *Holmesella* 屬而言，乃是一種形成方式不一的複合構造，並且隨體部之不同而異。腹部者由數目不定之指狀小皮齒（即鱗原，或稱小齒 Odontodes）在基部癒合而成，每一皮齒之外表是一薄層齒質，內爲一大髓腔，基部爲骨質。側面之鱗片則除指狀之小皮齒外，另有一些大皮齒，其表面之齒質較厚，髓腔較小。背面之皮齒最大且最複雜，其基部厚墊狀，生長時骨質依同心圓增加而成爲新皮齒的齒冠，皮齒之基部通常並無骨細胞腔。由此看來，依照鱗原學說 (Lepidomorial theory)，古生代軟骨魚類鱗片的形成，是屬於逐漸增大的圓鱗原型 (Cyclomorial scales)。後期軟骨魚類的盾鱗不能長大，是屬同時鱗原型 (Synchromorial scales)。軟骨魚類的鱗片由圓鱗原型演化爲同時鱗原型，可能由於異時形成 (Heterochrony)的結果，亦即在演發過程中，器官構造的相對出現時間發生改變之故。一般認爲現生軟骨魚類的盾鱗的發生，因各鱗原同時出現，在齒冠形成之前的齒乳突時期即互相癒合，因此鱗片發育的全部時間便縮短了。因鱗原之癒合程度不一，所以髓腔之分合狀態便有種種差異，二叠紀的啖鮫 (Edestida)，其圓鱗原型與同時鱗原型之盾鱗約各佔半數。

另就現生種類而言，軟骨魚類有具體的交感神經系統、胰臟、脾臟以及動脈錐，心瓣二列、三列或多列。

玆再將軟骨魚類的重要特徵，綜合臚列於下，以便查對：

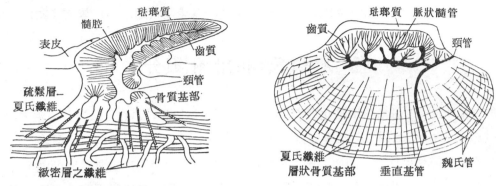

圖 4-5　鮫類 (*Squalus*) 之盾鱗（左），以及鱝類 (*Dasybatus?*) 鱗片（右）之切面
　　　　（上據 JOLLIE，下據 ØRVIG）。

1. 皮膚粗糙，　被微小之盾鱗，　主要由眞皮性之齒質構成，　內有髓腔，　表面爲一層表皮性之透明齒質 (Vitrodentine) 或琺瑯質；並有若干粘液腺 (Mucous glands)；　具奇鰭、偶鰭，其外側均有角質鰭條支持之，雄者腹鰭內側變形爲鰭脚。

2. 口在腹面，齒被琺瑯質；鼻孔一對與口腔不通。無眞正之鰓蓋，僅銀鮫之類有皮摺形成之蓋膜，具有鰓蓋之功用。第一對鰓囊（噴水孔）中有鰓絲一列。有臟顱性頜弧，後有舌弧；腸內有螺旋瓣。

3. 內骨骼全部軟骨性，無眞正之硬骨；軟顱性頭骨無骨髓，並且與各種感覺囊 (Sense capsules) 相聯合；脊索終生存在，但多少按體節凹縊；脊椎多數，完全，各個分離。

4. 心臟二室（一心房及一心室），心房後有靜脈竇 (Sinus venosus)，心室前有動脈錐 (Conus arteriosus)，大動脈弧 (Aortic arches) 視鰓弧之多少而增減，通常五對；紅血球卵圓形，有核。

5. 有鰓五對（少數 6～7 對），各有鰓裂外開；銀鮫類有三對全鰓兩對半鰓。

6. 牙齒埋於齒齦內而不附着或埋於上下頜骨內。

7. 腦神經十對。

8. 體溫隨環境而改變（外溫亦卽變溫 Poikilothermous）。

9. 雌雄異體；模式種類生殖腺一對；生殖輸管通泄殖腔；體內受精；卵生、卵胎生或胎生；卵大形，富含卵黃，卵之分割爲盤割 (Meroblastic)；胚膜 (Embryonic membranes) 缺如；發生直達，無變態。

　　軟骨魚類如與圓口類相比較，　則有下列諸點較爲進步：(1) 體被鱗片；(2) 偶鰭兩對；(3) 有可動之上下頜骨與顱骨成關節；(4) 上下頜有齒，齒冠覆琺瑯質；(5) 鼻孔一對，內耳有三個半規管；(6) 生殖腺成對並有輸管。如與硬骨魚類相比較則又有下列諸點較爲遜色：(1) 內骨骼爲軟骨性，無眞正之硬骨；(2) 鱗片爲盾鱗；(3) 鰓裂

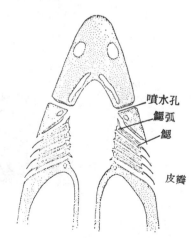

圖 4-6　鮫類頭部之水平切面，示噴水孔及鰓裂。

分別外開，無鰓蓋；(4) 第一鰓裂以前有一噴水孔，與咽頭相通；(5) 無肺（鰾）。

三、軟骨魚綱的演化與分類

如前節所述，軟骨魚類不論化石與現生，由其衍生性特徵，顯然可以清分爲兩大類，卽**板鰓類** (ELASMOBRANCHII) 與**全頭類** (HOLOCEPHALI)。板鰓類有鰓及鰓裂各 5～7 對，背鰭如有硬棘不能倒伏，上頜與頭顱不固接，爲兩接型或舌接型；吻軟骨與頭顱癒合；椎體多少已分化，脊索多少呈分節狀凹縊，至少部分脊椎具肋骨；二腰帶骨癒合爲單一骨條；雄者不具副鰭脚；牙齒經常更新，其表面爲琺瑯質狀，其內爲含有很多微細小管之定向齒質 (Orthodentine)，包圍中央的骨狀齒質 (Osteodentine) 或桁狀齒質 (Trabecular dentine)。原始種類之胸鰭具明顯之後鰭基骨軸，或變形爲原鰭 (Archipterygium)，後期種類此骨軸退化。有泄殖腔。全頭類有鰓 3（全鰓）+ 2（半鰓）對，鰓裂 4 對，上覆一鰓蓋狀之皮瓣，故僅後方一裂孔外開；背鰭有硬棘能倒伏；成體皮膚裸出；牙齒以三對齒板代表之。上頜與頭顱固接，爲自接型；具接合椎弧 (Synarcual)；吻軟骨與顱骨成關節而不癒合。脊索不作分節狀凹縊；無肋骨。二腰帶骨分開；原始種類之胸鰭沒有後鰭基骨軸 (Metapterygial axis)；現生種類具有完整之舌弧（包括咽舌骨 Pharyngohyal 在內，如果這是一項原始特徵，那麼頜口動物的共同祖先，乃至全頭類與板鰓類的共同祖先，可能亦具有咽舌骨，而盾皮類、板鰓類，以及眞口魚類的咽舌骨就是後起性個別喪失，另外個別新獲得一塊舌頜骨了。）無泄質腔，肛門在前，泌尿生殖孔在後。雄者除具鰭脚之外往往另具副鰭脚。

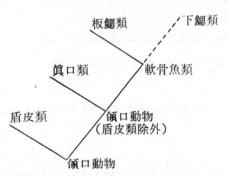

圖 4-7　ZANGERL 的頜口類分歧系統。他以 "下鰓類" 來
代替 "全頭類"，理由見次節。

可是 ZANGERL(1981) 的新的分類系統是把軟骨魚綱分爲**下鰓**(SUBTERBRACHIALIA)與**板鰓**二亞綱，前者除具有上述全頭類的特徵之外，尤其重要的是胸帶在頭部直後方，鰓籠緊密，在胸鰭之前，大部分在髓顱的正下方；胸鰭爲無軸型 (Anaxial type)，前列輻骨特別

增大。後者除具有上述板鰓類的若干特徵外，其與下鰓類之最大差別是鰓籠向後擴展，大部分在髓顱的後下方，鰓弧之間有較大空隙，鰓囊個別外開，髆喙骨在枕區之後；胸鰭分爲鰭軸與鰭輻兩部分。ZANGERL 創用 "下鰓類" 來代替 "全頭類"，以包容若干分類地位難以確定的化石軟骨魚類，無疑的是一項很新的構想，預期將來會被多數分類學家接受。

其次是在板鰓類之中又有鮫類 (Sharks) 與鱝類 (Rays and Skates) 之分，二者之體形及習性等均有極大差別。鮫類體呈流線型，爲游泳快速之掠食性魚類，覓食時主要靠嗅覺，所以其兩眼較小而嗅囊較大。鱝類體軀平扁，底棲性，通常以軟體動物爲食餌，模式種類的尾鰭與腹鰭均顯著萎縮，胸鰭則盡量廣展，向前超越鰓區，可能到達頭部前方。如此寬廣之胸鰭，當其作波狀運動時，魚體即賴以前進。由於鱝類體制之劇變，鰓裂被迫自頸側移至頭部腹側，故彼等靜止時，口與鰓裂均埋在海底泥沙中，有就近選取食餌的方便，但在呼吸方面，由口吸取污水而經鰓裂排出，必然有許多窒碍，因此全靠頭部上方位於眼後之大形噴水孔（在鮫類一般縮小甚至於消失），吸取清水而進入咽頭，以完成氣體交換的工作。

全頭類包括銀鮫 (Chimaeras) 等比較罕見之深海軟骨魚類，牠們也是以貝類爲食，但體形並不像鱝類那樣平扁。頭大而胸鰭寬廣，軀幹部向後漸細，尾鰭纖細如鞭，游泳活潑而不易捕獲。

全頭亞綱 HOLOCEPHALI
=下鰓亞綱 SUBTERBRANCHIALIA；完首類（鄭）

全頭類是軟骨魚類演化的兩條主要路徑之一。根據 SCHAEFFER (1981) 的新觀點，全頭類與板鰓雖爲單系演化，但前者遠較原始。現生的全頭類雖僅 6 屬約 25 種，其化石却早已見於古生代。全頭類的主要特徵是髓顱有短而狹之眶前區，緊接一長而濶之眶顳區。眼大而聽區及枕區短。上下頜短濶，爲全接型，腭方軟骨往往與髓顱完全癒合（化石種類有例外），舌弧並不變形而有舌頜骨的分化，與鰓弧同形。下頜關節在眼眶前下方之突起上。鰓弧在髓顱下方而爲單一之大形鰓蓋所掩蓋。脊索不按體節凹縊，但多數被有石灰質環而無明顯之椎體，前方之椎弧往往癒合爲一連合椎弧 (Synarcual)，與髓顱之後面成關節。胸帶緊接髓顱之枕區，有高髆骨片；胸鰭爲二鰭基骨型，有大形之後鰭基骨以及粗壯之第一鰭輻骨。腰帶有長鰭基骨及一長列鰭輻骨。現生種類之噴水孔在成體已閉合不見，有咽舌骨吻軟骨三片，與頭骨前方成關節。現生種類之齒以齒板爲代表，上頜兩對，下頜一對。無胃，亦無肋骨。成體均無鱗片（化石之棘銀鮫 *Echinochimaera* 爲例外）。交接器除鰭脚之外，其他部分往往有副鰭脚。

以前，由於化石資料之貧乏，吾人對全頭類的系統演化所知甚少。近三十年來，隨着新化石資料的大量累積，新科新目之時有增加，其分類系統也時時隨着改變。ZANGERL (1981) 對下鰓下綱提出的新分歧圖可供參考。

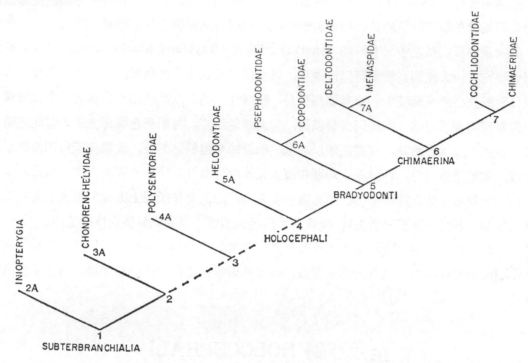

圖 4-8　ZANGERL (1981) 提出的下鰓下綱分歧圖。虛線示尙未確定之單系演化關係。

*准鮫首目 PARASELACHIMORPHA

　　齒形近似鮫類；腭方軟骨不與髓顱相癒合（舌接型）或相癒合（全接型）。均化石種類，見於上泥盆紀至二叠紀。

*肩鰭目 INIOPTERYGIFORMES

　　本目魚類因具有位於 " 肩部 " 之大形胸鰭而得名， 化石見於北美石炭紀後期之黑頁岩中。由其外形看， 無疑地屬於全頭類， 例如其由胸鰭第一鰭輻骨形成之把握鈎（Tentacular hooks）， 以及由軟骨條支持之鰓瓣， 掩蓋全部鰓裂， 均與現生銀鮫之類相似。 但是其齒型却較原始而與一般鮫類相近， 由簡單之皮齒排成若干齒列， 齒之替換亦可能與一般鮫類相同，所以其地位實介於板鰓類與銀鮫類之間。惟三者可能爲兄弟輩，而非祖嗣關係，亦卽它們可能有一共同祖先， 都是早期板鰓類的後裔。 其次是本目魚類具有近於圓形之小對稱尾（Diphycercal tail）； 髆喙骨之下端與鰓籠相連接， 與本亞綱之其他各目顯然不同。 其皮膚裸出，僅頭部有若干皮齒，雄魚之胸鰭及腹鰭骨片上有鉤狀之皮齒。脊柱腹面有成對之弧片，背面有簡單之髓突片 (Neuropophysial pieces)。腸內有螺旋瓣。

本目中除模式屬 *Iniopteryx* 之外，尙包括 *Sibyrhynchus*, *Promexyele*, *Iniopera* 等屬。

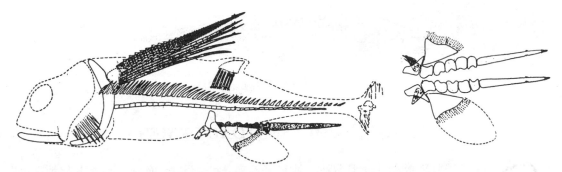

圖 4-9　肩鰭目 *Promexyele* 之骨骼重建（據 ZANGERL）。

*櫛齒鮫目 HELODONTIFORMES

本目就其模式屬 *Helodus* 而言，爲上石炭紀至下二叠紀，長約 30 公分之中型魚類，其上下頜具有多數扁平之牙齒，排成約十列，有的稍見癒合，但並未形成大形齒板。體稍平扁，體表被同時鱗原性皮齒，形狀不一，單尖頭或多尖頭。腭方軟骨與髓顱完全癒合；胸鰭有二鰭基骨，均與現生銀鮫類相似。但鰭輻骨分節，其分佈距鰭緣甚遠。左右胸帶與腰帶亦均未癒合，腹鰭有由第一鰭基骨形成之主軸，只與少數鰭輻骨相連接。頭部之篩區有成對之突出物，功用未明。背鰭二枚，第一背鰭小形，有強棘，由大形之連合椎弧支持之，第二背鰭延長。脊索無石灰質環，尾歪型。

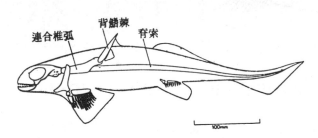

圖 4-10　*Helodus* 之側面觀（據 PATTERSON）。

*軟鰻目 CHONDRENCHELYIFORMES

本目之軟鰻屬 (*Chondrenchelys*) 爲小形細長之下石炭紀魚類，體長在 20 公分以下。其奇鰭均延長而連續，尾爲原正型，末端尖細。胸鰭爲"原鰭型"，有一短軸，兩列對排之鰭輻骨；腹鰭有分節之長軸及鰭脚，胸帶與腰帶之左右兩半亦均分開而未癒合。由此看來，軟鰻與異棘鮫非常相似，不過其脊柱有具體的環狀石灰質椎體。上領與髓顱之間爲全接型連接。上下領各有兩對大形齒板，前方有數片小齒板。體表被簡單之單尖頭鱗片。

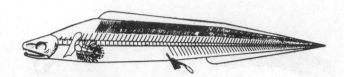

圖 4-11　軟鰻（*Chondrenchelys*）之側面觀（據 PATTERSON）。

*多棘鮫目 POLYSENTORIFORMES

ZANGERL（1981）對本目未定名稱，就其模式屬 *Polysentor* 而言，其腭方軟骨爲活動性；牙齒不詳，可能爲未特化之微小皮齒。髗喙骨特大形；胸鰭無中軸，無鰭基軟骨。腹鰭有鰭脚，外形與板鰓類之交接器相似。脊椎無椎體，有連合椎弧而無髓棘。連合椎弧以後之髓突均已石灰質化。背鰭由肩區延伸至尾鰭上葉，前方有二棘，後部之下方有石灰質化之鰭基骨。側線系統複雜，有多條橫向之連接枝相交通。

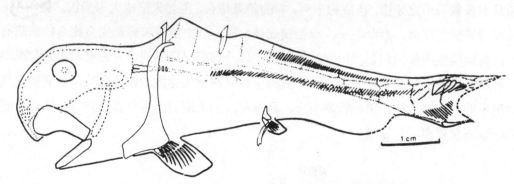

圖 4-12　多棘鮫（*Polysentor*）之外形（據 ZANGERL）。

全頭首目 HOLOCEPHALIMORPHA

齒由少數大形齒板構成，永久性，適於磨碎（少數或具有與鮫類同型者）。腭方骨與髓顱癒合。本首目只包括緩齒目一目。

緩齒目 BRADYODONTIFORMES

本目包括若干分類地位未定，類緣關係不甚明瞭之軟骨魚類，均具有砌石狀齒，適於磨碎。上領與顱骨間之連接爲全接型（Holostylic）。本目大致可分爲以下各亞目：

***穹齒鮫亞目**（COPODONTOIDEI）　本亞目之 *Acmoniodus* 見於上泥盆紀，*Copodus* 與 *Solenodus* 見於石炭紀，所知者亦僅其牙齒而已。其牙齒亦扁四邊形，稍形弓起，位於上下頜髓上，其後方可能另有一齒，在構造上亦為典型之緩齒型齒冠，齒基薄層狀。

***旋齒鮫亞目**（COCHLIODONTOIDEI）　本亞目現知者亦僅其牙齒，上下頜骨以及髓顱之底部（如下石炭紀之 *Cochliodus* 屬），因其上頜與髓顱癒合，顯然為全接型。在二下頜枝各有二或三片大形齒板，兩上頜枝則各有一片大形齒板，其前方各有一片較小之齒板。小齒板似由與櫛齒鮫相似之小齒癒合而成。

***月銀鮫亞目**（MENASPOIDEI）　本亞目以上二疊紀之 *Menaspis* 以及下石炭紀之 *Deltoptychius* 為其代表，除具有全頭類之一般特徵外，其背面有多列大形棘鱗，顯然與其他亞目有別。惟據 BENDIX-ALMGREEN（1971）之研究，*Menaspis* 似不應列於全頭亞綱中。

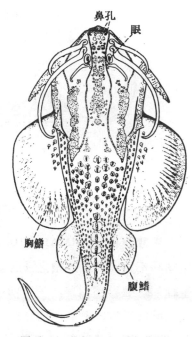

圖 4-13　*Menaspis* 之背面觀（據 JARVIK）。

***多棘銀鮫亞目**（MYRIACANTHOIDEI）　下侏羅紀具有長吻之原始銀鮫，齒型與櫛齒鮫相似。代表種類有 *Mgriacanthus*, *Acanthorhina* 等。

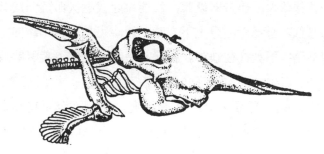

圖 4-14　侏羅紀之 *Acanthorhina*，示頭顱與肩區，全長約呎許（據 FRAAS）。

***棘鱝亞目**（SQUALORAJOIDEI）　下侏羅紀而吻部特異之原始銀鮫，長約 2 呎，頭平扁，頭頂有複雜之突出物，但背鰭無棘。代表種類為 *Squaloraja*。

***棘銀鮫亞目**（ECHINOCHIMAEROIDEI）　石炭紀早期之化石銀鮫，其與現生銀鮫不同者為頭顱被覆真皮性皮齒所形成之甲冑，體被盾鱗，第一背鰭棘有節結，雄者額頂無鰭腳。

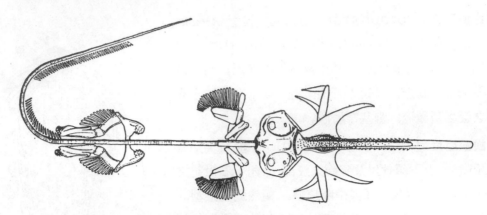

圖 4-15　侏羅紀之 *Squaloraja*，長約 2 呎（據 PATTERSON）。

　　銀鮫亞目（CHIMAEROIDEI）本亞目除如全頭亞綱之一般特徵外，其胸鰭絕不爲原鰭型，尾鰭亦不爲與背鰭連續之原正型。化石種類無大形吻軟骨及額頂鰭脚（Frontal clasper）。現生種類之軀幹部側扁，尾部向後瘦削，而終於纖細之鞭；吻圓錐狀，先端鈍，或爲鋤狀突出。鰓弧五枚，鰓 3（全鰓）＋2（半鰓）對，鰓裂 4 對，上覆一鰓蓋狀之皮瓣，故僅後方一鰓孔外開。概無泄殖腔，肛門後有尿乳突及生殖孔；幼時在肛門附近有一對腹孔（Abdominal pores），與鮫類所有者相同，腹腔經此與外界直接相通。雄者除有自腹鰭基部變形而成之鰭脚外，在腹鰭以前尙有一種把握器（Tenaculum），或名副鰭脚（Supplemental clasper），在吻上眼前有一個指狀之額頂鰭脚，（在魚類中僅現生全頭類有此奇特之交配器），均爲本類之交配器官。皮膚裸出，幼時有盾鱗之痕跡。

　　背鱗兩枚，第一背鰭較大，前方有硬棘，均能昂起或壓伏而隱匿於其下方之溝中。第二背鰭低而延長。尾鰭甚低，原爲歪型分上下二葉，短時可見其主軸略向上翹；長時則後方纖細，成爲後起性的對稱尾；下葉往往缺如。臀鰭甚短，與尾鰭下葉隔離或相連。胸鰭下位，腹鰭腹位，均發育完善。卵生，卵有大形角質卵殼。

　　本亞目包括現生之銀鮫，種類稀少，不易探獲。它們可能爲棘鱝類或多棘銀鮫類的後裔，更早則推至月銀鮫類。現生者可分爲鋤鼻銀鮫（CALLORHYNCHIDAE）、長鼻銀鮫（RHINOCHIMAERIDAE）以及短鼻銀鮫（CHIMAERIDAE）三科。臺灣僅產短鼻銀鮫一科。

短鼻銀鮫科 CHIMAERIDAE

Ratfishes, Rabbit fishes；銀鮫科

　　吻圓錐狀，不突出爲鋤狀。第一背鰭強大，三角形，具一強大硬棘。第二背鰭低，基底甚長。尾鰭狹長尖細，上下葉低平；臀鰭低小，與尾鰭下葉相連合，或有一缺刻相隔。胸鰭寬大，低位。牙齒癒合爲大形齒板，上領是一對喙狀前齒板和一對側齒板，下領具一對側齒

板。鼻孔腹位，具鼻口間溝，唇摺發達；前鼻瓣連合，伸達前齒板，後鼻瓣與上唇摺相連。鰭脚簡單不分叉，或分爲二枝或三枝。

　　臺灣產黑線銀鮫一種，其臀鰭與尾鰭下葉之間有一缺刻相隔，臀鰭之尖端至少達第二背鰭基底之後端。尾鰭背面之鰭條部分之高度，約爲第二背鰭肉質基底上方之 1/2。鰭脚二分或三分叉；側線短波狀。體銀白色，側線黑褐色，背鰭、尾鰭邊緣黑色。

黑線銀鮫 *Chimaera phantasma* JORDAN & SNYDER

　　亦名劍鮫（動典）；英名 Ratfish, Rabbit fish, Elephant fish。產基隆、高雄。

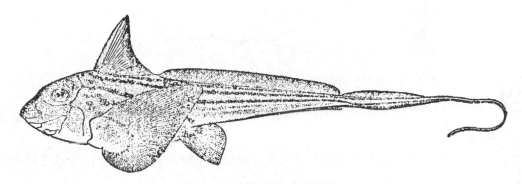

圖 4-16　黑線銀鮫（據張等）。

板鰓亞綱 ELASMOBRANCHII
＝橫口亞綱 PLAGIOSTOMI

　　板鰓類的化石初見於泥盆紀的中期或早期，延續至今而從未間斷。因爲其未石灰質化的軟骨性內骨骼不易保存爲化石，早期種類只有一些散在的牙齒，皮齒以及鰭棘。最早的鮫類骨骼見於上泥盆紀的岩層中，不過由證據顯示,其石灰質化的內骨骼必然承襲自更原始的頜口動物，所以到現在爲止，關於板鰓類各主要類別之間的親緣關係，仍然難以確定。GLIKMAN (1964) 曾建議把 “枝齒” 板鰓類以下分爲兩個次亞綱，即**直齒類** (Orthodonti) 與**骨齒類** (Osteodonti)，前者之牙齒有定向齒質 (Orthodentine) 之齒冠，表面爲琺瑯質，基部爲根齒質 (Rhizodentine)，中央有髓腔；後者之牙齒無髓腔，中央爲骨齒質 (Osteodentine)，中層爲齒質小管，表面爲瑯琺質。這兩個次亞綱除了各包含若干化石種類外，並包容所有現生的鮫類與鱝類。這個假說因與事實頗多不符，現今已遭摒棄。

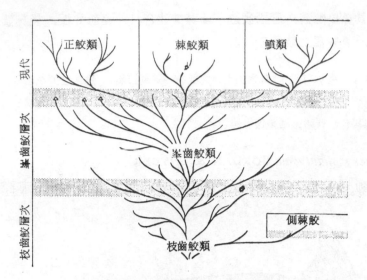

圖 4-17　理論上的板鰓類演化層次。暗帶示轉變期間。上方橫帶中之三角形示異齒鮫（*Heterodontus*），樂鱶（*Chlamydose-lachus*），以及六鰓鮫類的相對地位（據 SCHAEFFER）。

　　SCHAEFFER（1967）認爲板鰓類自其祖先（類似於原始盾皮類）以下，分爲三個演化層次如下：

枝齒鮫層次 (Cladodont Level)

代表種類: *"Ctenacanthus" clarki, Diademodus, Protacrodus, Denaea, Tamiobatis, Symmorium, Xenacanthus.*

特　　徵:　　1. 頭顱具纖弱之吻區，眶下板堅強，眶後突顯著。

　　　　　　2. 腭方骨與眶後突相連接。

　　　　　　3. 上下頜以雙重關節與軟顱相連接，向前伸至吻部，向後超越枕髁。

　　　　　　4. 脊索保持不凹縊之完整狀態。

　　　　　　5. 一般具有 "枝齒" 型牙齒。

　　　　　　6. 胸鰭、腹鰭之鰭輻骨不分節，並且多少延伸至鰭之外緣。

　　　　　　7. 鰭脚具基軸 (Basal axis)。

　　　　　　8. 有些種類之背鰭無棘（或後起性具有），背鰭三角形，基部廣大。

　　　　　　9. 尾鰭長，上下葉約相等，索下脈條連接不分節之鰭輻骨，有索上鰭輻骨。

　　　　　　10. 體表被複式鱗片（有的爲單式），每一齒突或尖頭均具有髓腔。

　　以此爲起點，經峯齒鮫層次然後作輻射狀演化，所以峯齒鮫層次只是一個轉變階段。

峯齒鮫層次 (Hybodont Level)

代表種類: *Ctenacanthus* (*"Ctenacanthus" clarki* 除外), *Goodrichthys, Tristychius, Sphenacanthus* (以上古生代後期), *Lissodus, Hybodus* (三叠紀)。

特　徵[①]: 1. 胸鰭具三鰭基骨，即前鰭基骨，中鰭基骨，後鰭基骨。

2. 偶鰭之鰭輻骨分節，並退化。

3. 可能出現臀鰭。

4. 尾鰭之索上鰭輻骨顯然已消失，索下鰭輻骨分節並退化。

5. 沿着脊索全長出現髓弧、脈弧，並出現肋骨·（？）。

現代鮫層次

代表種類: 多數現生之鮫類以及可稽考之化石記錄（可溯至侏羅紀），通常分爲正鮫 (Lamnoids)、棘鮫 (Squaloids)、鱝 (Batoids) 三大類。

特　徵: 1. 頭顱與腭方骨間之連接爲完全之舌接型，眶後突退化。

2. 上下頜短縮，但能向前伸出。

3. 連續之脊索一部分被石灰質化之椎體代替。

4. 有發達之髓弧與脈弧。

5. 腰帶骨癒合。

6. 盾鱗僅具單一尖頭。

　　峯齒鮫層次之重要改變是偶鰭的構造，尤以石炭紀前期之種類偶鰭最爲發達。現代鮫類的起源當以舌接型上下頜之出現，中軸骨骼之石灰質化，以及髓弧與脈弧的增強爲轉捩點。現生之六鰓鮫 (*Hexanchus*) 與樂鱶 (*Chlamydoselachus*) 的地位，大致在峯齒鮫層次與現代鮫類的過渡階段。

　　隨後，BLOT (1969) 即把這三個層次分爲三"支"，即枝齒鮫類 (Cladodontiformes)，包括枝鮫，各種枝齒鮫，以及異棘鮫；峯齒鮫類 (Hybodontiformes)，包括櫛棘鮫、峯齒鮫、唉鮫、樂鱶、六鰓鮫、異齒鮫、鬚鮫、Squalicoracids 等；眞鮫類 (Euselachiformes)，包括其他現生之鮫類及鱝類。BLOT 的分類系統顯然過於混亂，他把各類現生鮫類以及類緣關係未明之唉鮫類 (Edestids) 與 Squalicoracids，一齊併歸於峯齒鮫類，完全爲權宜的人爲安排，現已不受重視。而 SCHAEFFER 的三個演化層次則頗具參考價值。

　　ZANGERL (1973) 根據多方面之標本，比較其胸鰭之骨骼，背鰭棘之有無以及其構造，口之位置，牙齒之形態等，把全部古生代板鰓類分爲六型，即無棘型 (Anacanthous design)，光棘型 (Phalacanthous design)，琵琶鮫型 (Squatinoid design)，唉鮫型 (Edestoid design)，

---

① 仍保持很多枝齒鮫層次的特徵。

異棘型 (Xenacanthid design)，緩齒型 (Bradyodont design)，牠們的共同特徵是脊索無構造
上的分化，未形成軟骨性之椎體；脊柱僅有簡單之髓弧軟骨條，有的在尾柄部有脈弧構造；
各鰭之軟骨性輻條擴展至鰭之外緣，無角條（異棘鮫除外）；口端位，腭方骨接於髓顱之眶
後突上（啖鮫類之腭方骨退化）；牙齒不顯著歧異，但是其皮質甲胄，包括鰭棘，口道黏膜
齒，則頗多分化；皮膚之鱗原性皮齒 (Lepidomorial denticles) 聚合為複雜之鱗片；骨骼作
斜方晶狀石灰質化，皮齒之基部可能有硬骨。現代板鰓類（包括中生代種類）則顯然不同，
其共同特徵是脊索之一部分被軟骨性之椎體代替，椎體之石灰質化有多種形式，但並不成斜
方晶狀，此種石灰質結晶只見於其他骨骼中；各鰭之軟骨性輻條退化，角條為其主要支持構
造；口端下位，上下頜之連接方式頗多變異。牙齒之形狀以及換新方式不一；皮質甲胄以及
口道黏膜齒均為簡單之鱗原性皮齒；現代種類均無硬骨。上述六種古生代形態型均在連續演
化中，並非由一型突然轉變為另一型，所以各型之間的差異並不顯著。至於如何由古生代板
鰓類演化為現代板鰓類，現在尚無充分資料。大致而言，中生代的板鰓類可能是光棘型種類
（相當於 SCHAEFFER 的峯齒鮫層次）的後裔。

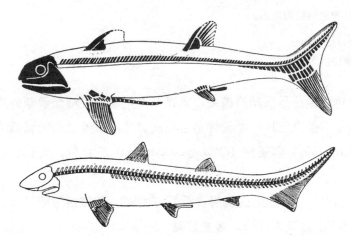

圖 4-18 古生代（上）與現代（下）板鰓類之形態型之比較。
黑色為骨骼之斜方晶石灰質化部分（據 ZANGERL）。

SCHAEFFER 與 WILLIAMS (1977) 在新近的報告中，把板鰓類的演化歷程分為五個分
歧點，各以最著名熟知之屬作為例證（圖 4-19）。同一特徵之改變（例如顱骨聽區之由短變
長，胸鰭鰭基軟骨由多片變為三片，後鰭基骨軸之退化，脊索鞘由非石灰質變為石灰質等）
稱為轉變系列 (Transformation series)，或形態連續變異相 (Morphoclines)。分歧點 "A" 指
具有前述衍生性特徵之所有板鰓類，異棘鮫 (Xenacanthus) 是鮫類中特化的一羣，其聽區較
長，半規管大形，有一巨大之頭棘 (Cephalic spine)；偶鰭有一分節之骨骼中軸（變形的後
鰭基骨軸），前後鰭輻骨相對排列；背鰭起於頭後，向後與延長之原正型尾鰭相連，臀鰭二

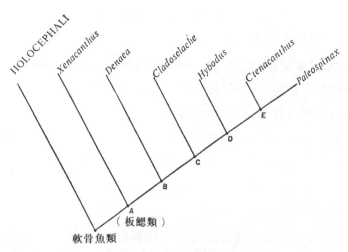

圖 4-19　板鰓類各著名屬之類緣關係（理論上的）
（據 SCHAEFFER & WILLIAMS）。

枚；牙齒三尖頭或二尖頭，外側尖頭顯然較大。因其顯然有別於其他鮫類，故可能爲單獨演
化，而與其他各屬爲兄弟相稱。由分歧點"B"開始，胸鰭變爲不甚規則的"三角形"，鰭軸
基部之節片有程度不一之癒合，以前通稱枝鮫類（包括 Denaea, Cladoselache）。"B"以上
各類的鰭軸諸骨亦癒合而減少，至分歧點"D"便只有三片鰭基骨了。Denaea 的其他特點是
髓顱短而高，眼窩大形，腭部結構奇特，背鰭單一而無硬棘，體表無皮齒，後鰭基骨軸發達。
而 Cladoselache 的特點則是胸鰭的前方八片鰭輻骨直接連於烏喙骨上，而其他鰭輻骨則附於
由一列鰭基骨所形成的短後鰭基骨軸上（此種情形亦見於全頭類）；其尾鰭顯然成彎月形，上
方之髓弧與下方之脈弧均異於其他鮫類；並且尾柄兩側各有一突出之稜脊。從分歧點"D"
開始，除胸鰭具有三片鰭基骨之外，二背鰭各具一硬棘，臀鰭一枚，鰭身之一半以上由角
條（Ceratotrichia）支持之（所謂少輻骨型 aplesodic condition，鰭輻骨只限於鰭之基部）。
峯齒鮫（Hybodus）與櫛棘鮫（Ctenacanthus）的差異是前者的背鰭棘後面有鋸齒，棘之後壁
突出而側壁較薄，後者的背鰭棘後壁平滑或凹入，且顯然較前壁爲薄。古棘鮫（Paleospinax）
以及其他眞鮫類的背鰭棘，均與後者相同而異於前者。因此之故，櫛棘鮫與古棘鮫由分歧點
"E"分開。最後，SCHAEFFER 與 WILLIAMS 乃推古棘鮫爲早期眞鮫類的代表，因爲牠已
具有以下衍生性特徵：(a)部分或全部石灰質化之椎體，(b)腭方骨與眶後區之間的關節已喪
失，(c)口端下位，(d)兩側之胸帶與腰帶均已癒合，(e)背鰭棘平滑。

　　由以上各位學者的描述，使吾人對板鰓類的演化概況已大致瞭解。以下我們來看現生板
鰓類的演化與分類上的若干問題。很多學者用眞鮫類（Euselachii）來包括所有現生的板鰓
類，不過是否應包括上述所謂"峯齒鮫層次"，或亦包括石炭紀的渦齒鮫（Cochliodonts），
瓣齒鮫（Petalodonts），甚至中泥盆紀至下二疊紀的櫛棘鮫（Ctenacanthus），學者間的意見

並不一致。COMPAGNO（1977）以新鮫類（Neoselachii）來包括所有現生之板鰓類（現生鮫類及鱝類的各目），以及中生代之古棘鮫類（Paleospinacids，如 *Paleospinax, Synechodus* 等屬），並且可能亦包括侏羅紀至白堊紀的 Orthacodonts 與 Anacoracids。學者們向來把古生代與中生代的峯齒鮫以及櫛棘鮫列爲新鮫類的祖先，與新鮫類共同列爲眞鮫類。眞鮫類的共同特徵是胸鰭中有三片鰭基骨（少數現生鮫類後起性的減爲二片或一片，部分早期櫛棘鮫類可能原爲多片），臀鰭一枚（現生種類有很多已後起性的喪失其臀鰭），背鰭二枚（前方各有一枚柱狀硬棘，由琺瑯質及齒質構成，基部有鰭骨支持之；多數現生鮫類之背鰭棘已消失；少數鮫類缺第一背鰭，很多鱝類的一個或兩個背鰭都付缺如）。

現代鮫類的演化自侏羅紀的峯齒鮫（*Hybodus*）已見端倪，因爲牠的若干衍生性特徵已有向着新鮫類演化的傾向，例如其腰帶的左右兩半已經癒合（很多古生代板鰓類以及銀鮫的腰帶分開），眼窩在髓顱的位置後移，胸鰭之鰭基骨後端小骨片數減少，鰭輻骨不擴展至鰭之外側，尾鰭不成彎月形（少數現生板鰓類之尾鰭已後起性的變爲彎月形）。不過如上節所述，峯齒鮫的背鰭棘在形態上與新鮫類相差甚大，而同時期的櫛棘鮫的背鰭棘却與新鮫類相似，足見峯齒鮫於石炭紀前期出現之後，歷經古生代後期而至中生代，最後終於被新鮫類代替，而後者則可能於三叠紀由最後的櫛棘鮫演化而成（櫛棘鮫首見於泥盆紀後期，在二叠紀後期消失），換言之，新鮫類與峯齒鮫可能有一共同祖先，在較早的古生代後期。

COMPAGNO（1977）亦認爲現代板鰓類的共同祖先應該在 SCHAEFFER（1967）的 "峯齒鮫層次"（包括櫛棘鮫與峯齒鮫）中探尋，這個共同祖先也就是最早的新鮫類，而峯齒鮫則是早期新鮫類的兄弟輩。該祖先種類一方面具有很多原始特徵，一方面亦具有若干衍生性特徵，原始特徵包括（1）單一臀鰭，（2）背鰭二枚，各具一硬棘（與櫛棘鮫者相似），鰭的下方有大形軟骨性基板，（3）胸鰭有三片鰭基骨，（4）上下頜及口裂均甚長，（5）上頜（腭方軟骨）與髓顱間有二關節，前關節在眶突與眼窩前緣之間，後關節在方骨突與眶後突的後面之間，（6）腭方軟骨之後外面有一深溝，上覆稜脊，（7）髓顱有眶下架，眶上脊，以及完整之眶後壁，（8）牙齒有大形之中央尖頭，外側有若干小形之尖頭，低而扁平之琺瑯質齒根有稜脊或節紋，並且有一內突以及很多小形營養孔，上下頜齒同形。衍生性的特徵則有（1）各鰭之鰭輻骨不伸達鰭之外側，（2）尾鰭不成彎月形，（3）胸鰭之後鰭基骨向後延伸，末端只有少數短小骨片（卽後鰭基軸），（4）胸帶之左右兩半在腹面癒合，或至少以關節相連，（5）腰帶之左右兩半癒合爲單一之坐耻骨條（Puboischiadic bar），（6）雄性腹鰭之細長鰭基骨與鰭腳（Mixopterygium）之中軸軟骨間以一至三塊小軟骨相連接，（7）髓顱之篩區（嗅囊及吻部）延長，眼窩及眼之位置後移，（8）牙齒之琺瑯質構造爲現代類型，（9）皮齒爲簡單之現代類型。所有現生之板鰓類也都具有這兩方面的特徵，只是衍生性特徵較發達而已。比較而言，以六鰓鮫類與棘鮫類最爲原始，鱝類最爲進步。至於那個共同祖先是甚麼，如果以上述各原始性及衍生性特徵立一範疇，稱之為"形態型"（Morphotype），那麼下侏羅紀的古棘鮫（*Paleospinax*）可能最為接近，不過後者與現代板鰓類的眞正關係到底如何，目前尚未確定。

　　以上是近年來學者們對板鰓類的系統分類的幾個大體一致的主要觀點。但是 ZANGERL（1981）根據若干尚未發表的新資料指出，目前把古生代板鰓類以異棘鮫與其他鮫類相對立的分類方法，只是以少數著名的種屬為依據，所以並不可靠。他提出如下之新分歧圖（Cladogram），包括 EUSELACHII, DESMIODONTIDA, XENACANTHIDA, CLADOSELACHIDA, CORONODONTIDA, SYMMORIIDA, EUGENEODONTIDA, ORODONTIDA, PETALODONTIDA, SQUATINACTIDA 等目（見後文）。只惜資料依然不足，各目之間的類緣關係並未明瞭，暫時恐難被普遍接受。

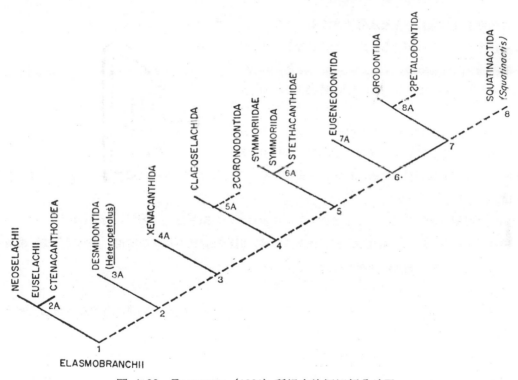

圖 4-20　ZANGERL（1981）所提出的板鰓類分歧圖。

　　至於現代板鰓類中的鮫、鱝二類，到底是單系起源，二系起源，或二者的地位應該如何相稱，亦是言人人殊，觀點並不一致。不過無論如何，因為全部現代板鰓類（包括中生代種類）具有下列共同特徵（COMPAGNO, 1973），足見乃是由同一較早的祖先種類承襲而來。

1. 現生板鰓類均具有同時鱗原性之皮齒，生長時較小之皮齒脫落，由較大者代替，或因骨齒質（Osteodentine）之積聚而由皮齒之根部直接長大，而成為特化之衍生物，例如鋸鮫（Pristids）之吻齒，或鱝頭鱝（*Rhina*）身體背面之鈍棘。現生種類絕無具圓鱗原性皮齒者。

2. 左右腰帶骨癒合爲單一之坐恥骨條（Puboschiadic bar）。

3. 雄性之大形腹鰭鰭基骨與鰭脚中軸軟骨之間只有一或二個基節。

4. 腹鰭骨之基節癒合而形成一細長之鰭基骨，約等於鰭基之全長。

5. 左右胸帶通常癒合而在腹面形成一U字形之髆烏喙骨（Scapulocoracoid）。

6. 胸鰭有三片鰭基骨，即小形之前鰭基骨，中鰭基骨，與大形之後鰭基骨。

7. 現生鮫類之胸鰭，鰭輻骨只達鰭之內半，外部主要受角條之支持，是爲少輻骨型（Aplesodic）；部分正鮫類之胸鰭爲後起性之多輻骨型（Plesodic），角條發達；鱝類顯然爲多輻骨型。

8. 髓顱之篩骨區及眶骨區較長而大，聽區及枕區較短。

9. 眶後突通常不形成完整之眶後壁（琵琶鮫例外）。

10. 二背大動脈不包於顱基板中之管道中。

11. 椎體發達（六鰓鮫、樂鰩及棘鮫者較不發達）。

12. 尾鰭如存在，不成彎月形，尾椎下鰭輻骨不延伸至尾鰭之下葉。

至於鮫類與鱝類之區別，則可歸納爲以下各點：

1. 鱝類無活動之上眼瞼，鮫類具有。

2. 鱝類之肛門不與腹鰭之內緣相連接，多數鮫類相連接（琵琶鮫、鬚鮫等例外）。

3. 鮫類髓顱之枕髁間有半椎體，且已石灰質化，顱基板中有脊索之殘跡；鱝類無半椎體，亦無脊索之殘跡。

4. 鱝類之髓顱直後方有長短不一之接合椎弧，由數目不一之髓弧形成；鮫類均無接合椎弧。

5. 鱝類之上髆骨（Suprascapulae）在脊柱背方相接，與脊柱或接合椎弧成關節，或與接合椎弧相癒合；鮫類之上髆骨相互分離，亦與脊柱分離。

6. 鱝類有眶前軟骨，鮫類無之。

7. 鱝類之腭方軟骨不與髓顱以關節相接；鮫類則在篩骨區及眶骨區有前關節，有的並且有眶後關節（例如六鰓鮫，砂鮫）。

8. 鱝類之角舌軟骨退化，不與舌頜軟骨相接，或完全消失；鮫類之角舌軟骨大形，在背面成弧形，並且與舌頜軟骨相接。鱝類有假舌骨（Pseudohyoids），乃由舌骨突起之基部所形成，代替角舌軟骨之作用。鮫類無假舌骨。

9. 鱝類之胸鰭有擴展之前葉，在鰓裂之上方與頭部兩側相癒合，鰓裂在腹面。鮫類之胸鰭無前葉，鰓裂在兩側。琵琶鮫爲中間型，其胸鰭前葉向鰓裂之前上方擴展，但並不與頭部兩側癒合，鰓裂在側下方。

10. 鱝類胸鰭之前鰭基骨大形，並且向前延伸，通常等於或大於中鰭基骨。鮫類之前鰭基骨小形，不向前延伸，且顯然較中鰭基骨爲小（琵琶鮫之前鰭基骨較大，並且向前伸，但較中鰭基骨爲小）。

11. 鱝類具有多鰭輻骨之胸鰭，角條退化；鮫類之胸鰭爲多輻骨性或少輻骨性，角條發達。

　　根據上列特徵，　你或以爲鮫類與䱁類是來自同一祖先而平行演化的兄弟輩（並非如 HOLMGREN 所主張的二系起源，謂二者乃由不同的盾皮魚類祖先而來，亦非如 GLIKMAN 的分爲直齒與骨齒二亞綱），其實，二者的形態差異，主要與䱁類趨於底棲生活，體盤極度擴展有關。由於胸鰭的增大，而與頭部相接，所以胸帶接於脊柱上，以增強對胸鰭的支持力。接合椎弧的增大，或亦與此有關。因爲事實上鮫與䱁難以截然清分，所以 COMPAGNO (1973, 1977) 乃打破把現生板鰓類分爲對立的鮫、䱁二類的傳統，而分爲四個首目，其中三個屬於鮫類（共分八目），即棘鮫首目 (Squalomorph)，正鮫首目 (Galeomorph)，琵琶鮫首目 (Squatinomorph)，一個屬於䱁類（共分四目二亞目），即䱁首目 (Batoids)，COMPAGNO 並且根據上述特徵之差異而把現生新鮫類的分歧關係 (Cladistic relationships) 做成圖解（圖 4-21），以助瞭解。不過各目及首目之間的相互關係，有些並未十分明瞭。

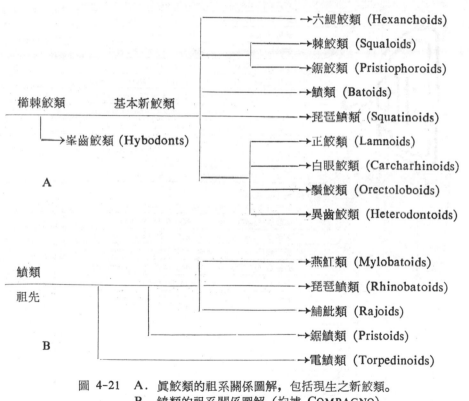

圖 4-21　A. 眞鮫類的祖系關係圖解，包括現生之新鮫類。
　　　　　B. 䱁類的祖系關係圖解（均據 COMPAGNO）。

　　近年來，我國魚類學家<u>朱元鼎</u>與<u>孟慶聞</u>（1979）根據軟骨魚類的側線管系統以及勞倫氏罍 (Ampulla of Lorenzini) 和勞倫氏管系統的形態，並配合古魚類學的資料，而把我國軟骨魚類的系統演化歸納爲二表如下：

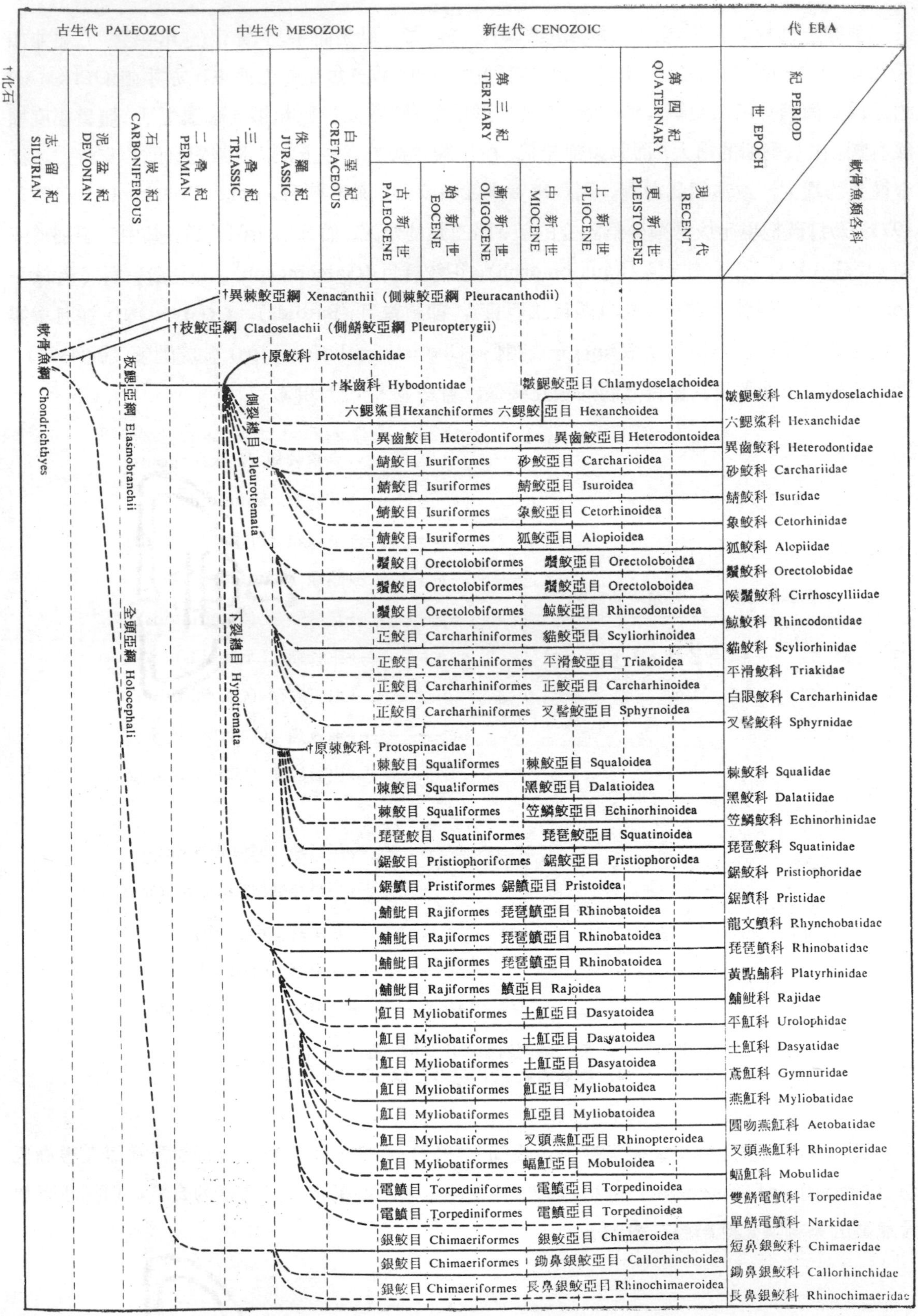
古生代 PALEOZOIC
中生代 MESOZOIC
新生代 CENOZOIC
代 ERA
紀 PERIOD
世 EPOCH
軟骨魚類各科
志留紀 SILURIAN
泥盆紀 DEVONIAN
石炭紀 CARBONIFEROUS
二疊紀 PERMIAN
三疊紀 TRIASSIC
侏羅紀 JURASSIC
白堊紀 CRETACEOUS
第三紀 TERTIARY
第四紀 QUATERNARY
古新世 PALEOCENE
始新世 EOCENE
漸新世 OLIGOCENE
中新世 MIOCENE
上新世 PLIOCENE
更新世 PLEISTOCENE
現代 RECENT
†化石
軟骨魚綱 Chondrichthyes
板鰓亞綱 Elasmobranchii
全頭亞綱 Holocephali
側裂總目 Pleurotremata
下裂總目 Hypotremata
†異棘鮫亞綱 Xenacanthii（側棘鮫亞綱 Pleuracanthodii）
†枝鮫亞綱 Cladoselachii（側鰭鮫亞綱 Pleuropterygii）
†原鮫科 Protoselachidae
†峯齒科 Hybodontidae
皺鰓鮫亞目 Chlamydoselachoidea
六鰓鯊目 Hexanchiformes 六鰓鮫亞目 Hexanchoidea
異齒鮫目 Heterodontiformes 異齒鮫亞目 Heterodontoidea
鯖鮫目 Isuriformes 砂鮫亞目 Carcharioidea
鯖鮫目 Isuriformes 鯖鮫亞目 Isuroidea
鯖鮫目 Isuriformes 象鮫亞目 Cetorhinoidea
鯖鮫目 Isuriformes 狐鮫亞目 Alopioidea
鬚鮫目 Orectolobiformes 鬚鮫亞目 Orectoloboidea
鬚鮫目 Orectolobiformes 鬚鮫亞目 Orectoloboidea
鬚鮫目 Orectolobiformes 鯨鮫亞目 Rhincodontoidea
正鮫目 Carcharhiniformes 貓鮫亞目 Scyliorhinoidea
正鮫目 Carcharhiniformes 平滑鮫亞目 Triakoidea
正鮫目 Carcharhiniformes 正鮫亞目 Carcharhinoidea
正鮫目 Carcharhiniformes 叉髻鮫亞目 Sphyrnoidea
†原棘鮫科 Protospinacidae
棘鮫目 Squaliformes 棘鮫亞目 Squaloidea
棘鮫目 Squaliformes 黑鮫亞目 Dalatioidea
棘鮫目 Squaliformes 笠鱗鮫亞目 Echinorhinoidea
琵琶鮫目 Squatiniformes 琵琶鮫亞目 Squatinoidea
鋸鮫目 Pristiophoriformes 鋸鮫亞目 Pristiophoroidea
鋸鱝目 Pristiformes 鋸鱝亞目 Pristoidea
鯆魮目 Rajiformes 琵琶鱝亞目 Rhinobatoidea
鯆魮目 Rajiformes 琵琶鱝亞目 Rhinobatoidea
鯆魮目 Rajiformes 琵琶鱝亞目 Rhinobatoidea
鯆魮目 Rajiformes 鱝亞目 Rajoidea
魟目 Myliobatiformes 土魟亞目 Dasyatoidea
魟目 Myliobatiformes 土魟亞目 Dasyatoidea
魟目 Myliobatiformes 土魟亞目 Dasyatoidea
魟目 Myliobatiformes 魟亞目 Myliobatoidea
魟目 Myliobatiformes 魟亞目 Myliobatoidea
魟目 Myliobatiformes 叉頭燕魟亞目 Rhinopteroidea
魟目 Myliobatiformes 蝠魟亞目 Mobuloidea
電鱝目 Torpediniformes 電鱝亞目 Torpedinoidea
電鱝目 Torpediniformes 電鱝亞目 Torpedinoidea
銀鮫目 Chimaeriformes 銀鮫亞目 Chimaeroidea
銀鮫目 Chimaeriformes 鋤鼻銀鮫亞目 Callorhinchoidea
銀鮫目 Chimaeriformes 長鼻銀鮫亞目 Rhinochimaeroidea
皺鰓鮫科 Chlamydoselachidae
六鰓鯊科 Hexanchidae
異齒鮫科 Heterodontidae
砂鮫科 Carchariidae
鯖鮫科 Isuridae
象鮫科 Cetorhinidae
狐鮫科 Alopiidae
鬚鮫科 Orectolobidae
喉鬚鮫科 Cirrhoscylliidae
鯨鮫科 Rhincodontidae
貓鮫科 Scyliorhinidae
平滑鮫科 Triakidae
白眼鮫科 Carcharhinidae
叉髻鮫科 Sphyrnidae
棘鮫科 Squalidae
黑鮫科 Dalatiidae
笠鱗鮫科 Echinorhinidae
琵琶鮫科 Squatinidae
鋸鮫科 Pristiophoridae
鋸鱝科 Pristidae
龍文鱝科 Rhynchobatidae
琵琶鱝科 Rhinobatidae
黃點鯆科 Platyrhinidae
鯆魮科 Rajidae
平魟科 Urolophidae
土魟科 Dasyatidae
鳶魟科 Gymnuridae
燕魟科 Myliobatidae
圓吻燕魟科 Aetobatidae
叉頭燕魟科 Rhinopteridae
蝠魟科 Mobulidae
雙鰭電鱝科 Torpedinidae
單鰭電鱝科 Narkidae
短鼻銀鮫科 Chimaeridae
鋤鼻銀鮫科 Callorhinchidae
長鼻銀鮫科 Rhinochimaeridae

表 4-1 我國軟骨魚綱地質時代表（據朱、孟，1979）

表 4-2　我國軟骨魚綱各科演化表（據朱、孟，1979）

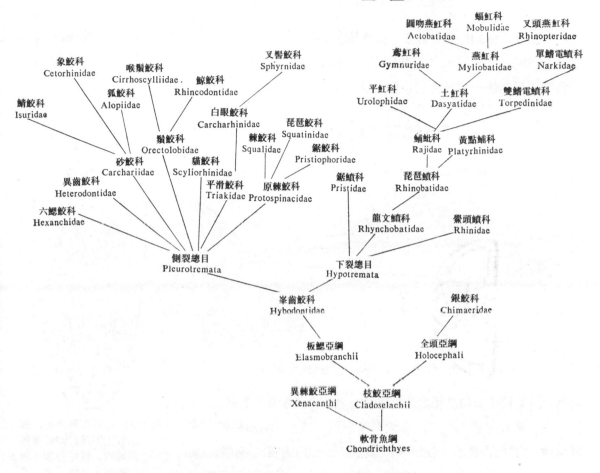

　　板鰓亞綱之分類，無論化石或現生種類，學者間之意見迄未完全一致，已如上述。今暫由形態之差異分爲以下三部，其檢索表如下（ZANGERL 於近年發現命名之新目未包括在表內）：

1a. 胸鰭大致成三角形，有廣濶之鰭基，鰭輻骨不分節，幾乎擴展至鰭之外緣；背鰭二枚或一枚，鰭基短；尾鰭歪型；無臀鰭；鰭脚缺如（**枝鮫部**）。

　　2a. 背鰭二枚，各有一硬棘，棘之表面無定向齒質（Orthodentine）··················**枝鮫目**

　　2b. 背鰭一枚，不具硬棘···**枝齒鮫目**

1b. 胸鰭葉狀，有一主軸，兩側列生鰭條，鰭基較鰭身爲狹；尾鰭原正型；臀鰭二枚；背鰭特別延長，佔有體軀及尾之大部分；雄者有鰭脚（**異棘鮫部**）·····································**異棘鮫目**

1c. 胸鰭多少成扇形，鰭基多少較鰭身爲狹，有三片鰭基骨；尾鰭歪形；臀鰭或有或無；背鰭二枚或一枚，不特別延長，有棘或無棘；雄者有鰭脚（**真鮫部**）。

*枝鮫部 CLADOSELACHIFORMES

可能爲最原始的板鰓魚類，初見於泥盆紀中期。其主要特徵爲具有枝齒型齒（Cladodont-type tooth），有一較大之中央尖頭，兩側有一或多對側尖頭；通常無鰭腳；上頜爲兩接型；無臀鰭，偶鰭成三角皮瓣狀；鰭輻骨分節，幾乎擴展至鰭之外緣。

*枝鮫目 CLADOSELACHIFORMES

本目以上泥盆紀之枝鮫（*Cladoselache*）而著名，化石保存非常完整，不僅外部形態歷歷

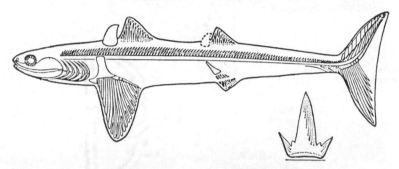

圖 4-22　枝鮫（*Cladoselache*）之側面觀及其牙齒。

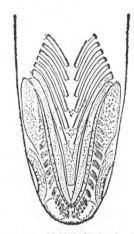

圖 4-23　枝鮫頭部腹面，顯示其上下頜與鰓弧爲同源構造。圖中前端一對虛線圈爲鼻軟骨囊，囊後兩側所見之半圓形爲眼眶（據 ROMER 轉載 DEAN）。

可辨，即柔軟部分如肌纖維及腎臟亦極清晰。其身體作長紡錘形，吻鈍短，全長可達二公尺，有大形歪形尾，其上下葉殆相等。背鰭兩枚，其前方各有一枚短棘，其表面無定向齒質。胸鰭、腹鰭各一對，胸鰭特大，鰭基廣濶，因知其作用在於保持平衡與控制方向。在尾基兩側有一對不能活動之水平小鰭，不見於其他鮫類。眼大形，遠在頭部前方兩側，上頜與顱骨之間爲兩接型，前關節在眼後，後關節在聽區。舌弧後有五對鰓弧，鰓裂六對。口裂弧形，開於頭部先端。

軀幹部近於裸出，僅在各鰭之外緣及口腔中有多尖頭性鱗片，眼窩周圍有一圈大形鱗片。脊柱無椎體，脊索終生存在。無肋骨。髓顱平扁，有明顯之眶後突。

*枝齒鮫目 CLADODONTIFORMES

=SYMMORIIDA

本目爲最著名之古生代鮫類，其身體構造大致與枝鮫相似，體紡錘形、口端位、吻短；尾鰭歪型，但外表爲正型。只是一枚背鰭偏後，前方無棘。胸鰭中有一片三角形後鰭基骨，有的在後端有一長串小軟骨片，構成細長之鰭基軸。髆烏喙骨發達，但左右兩半依然分開。

腹鰭無中軸，雄魚有交接用之鰭腳。髓顱短而高，上下頜長，眼窩大形；全身近於裸出。本目包括 Cobelodus, Denaea, Symmorium, Stethacanthus 等屬，見於中泥盆紀至上石炭紀。

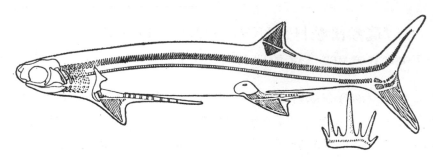

圖 4-24 枝齒鮫目之 Denaea 之側面觀及其牙齒。

*異棘鮫部 XENACANTHIMORPHA

=側棘鮫類 PLEURACANTHODII；魚切類 ICHTHYOTOMI

本部之主要特徵爲具有側棘型齒 (Pleuracanth-type tooth, or diplodus)，有三尖頭，通常外側二尖頭顯然較大，而夾一特小之中央尖頭。雄者有鰭腳；上頜爲兩接型。背鰭甚長，向後與尖細之原正型尾部相接，前方有一延長而能動之頭棘。胸鰭有一中軸，屬 "原鰭型" (Archipterygial)；臀鰭二枚。

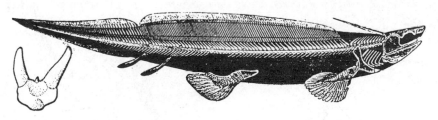

圖 4-25 異棘鮫 (Xenacanthus) 之側面觀及其牙齒 (據 FRITSCH)。

*異棘鮫目 XENACANTHIFORMES

=PLEURACANTHIFORMES

本目爲古生代鮫類一個高度特化的旁支，見於上泥盆紀以至三叠紀。就異棘鮫屬 (Xenacanthus) 而言，乃爲體型中等之淡水魚類，棲息淺溪及湖沼中，體紡錘形，長不達一公尺。其原鰭型之胸鰭中有一細長而分節之中軸，兩列鰭輻骨相對排列成羽狀，鰭輻骨分節而不達鰭之外緣，外緣以角條支持之。背鰭亦至少有二列鰭輻骨，外緣由角條支持。脊索終生存在，有微小之肋骨。體表裸出。髓顱不顯著平扁；枕區特別發達，與頭棘成關節。

本目中除 *Xenacanthus* 屬外，另外還有 *Pleuracanthus, Orthacanthus, Triodus* 等屬。

⋯⋯⋯⋯⋯⋯⋯⋯⋯⋯⋯⋯⋯⋯⋯⋯⋯⋯⋯⋯⋯⋯⋯⋯⋯⋯⋯⋯⋯⋯⋯⋯⋯⋯⋯⋯⋯⋯

*眞頰齒鮫目 EUGENEODONTIFORMES
＝EDESTIFORMES, 渦齒鮫目 HELICOPRIONIFORMES 之一部分

　　本目爲 ZANGERL (1981) 所命名，以包容若干類緣關係未明之種類。其共同特徵爲成體之骨骼未石灰質化或輕度石灰質化，腭方軟骨退化，美克爾氏軟骨細長。在下頜之髓合部有渦卷狀巨大齒輪，側齒成砌石狀。齒輪之下方有一空腔，老舊的牙齒卽捲入腔內。上頜齒較細弱。頭顱之聽枕部特短，眶前區顯著延長。體紡錘形；尾鰭強壯，深分叉，外觀爲正型。背鰭一枚，無棘，但基部有大形矢狀軟骨板，或卽其鰭基骨。無腹鰭亦無腰帶。髆喙骨大形，發育完善；胸鰭有一主軸；體表被多種形狀不同之皮齒，包括簡單之鱗原在內。有的學者將本目列入全頭亞綱中。

　　本目可分頰齒鮫與啜鮫二亞目：

　　頰齒鮫亞目 (CASEODONTOIDEA) 下頜髓合部齒橫脊狀或隆突狀；腭方骨是排成帶狀之小軟骨，以鈎狀之關節連於髓顱前方，後方則以簡單關節與眶後突相接。尾鰭之髓弧及脈弧多少癒合，下葉之鰭條甚短。本亞目中重要之屬有 *Caseodus, Ornithoprion, Fadenia, Gilliodus, Eugeneodus* 等，主要見於上石炭紀。

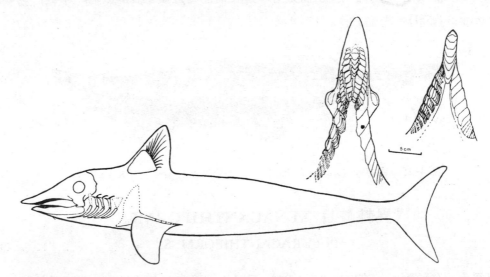

圖 4-26　*Fadenia* 之外形以及其上頜（上左）與下頜（上右）齒（據 ZANGERL）。

　　啜鮫亞目 (EDESTOIDEA)　見於下石炭紀至早期三叠紀，下頜髓合部齒較強大，側扁而有尖銳之矢狀切面，齒之基部以背腹向延長，與齒冠之中軸成相當角度；頭顱之形態不詳。本亞目中重要之屬有 *Agassizodus, Edestus, Sarcoprion, Helicoprion, Helicampodus* 等。

圖 4-27　渦齒鮫（*Helicoprion*）之身體前部（左）以及下頜前部側面，
示渦卷狀排列之齒（右）（據 BENDIX-ALMGREEN）。

*帶齒鮫目 DESMIODONTIFORMES
=DESMIODONTIDA

　　ZANGERL（1981）命名之新目，齒堅實而成乳突狀，有定向之厚齒質層，表面爲透明齒質。齒冠脊鈍短，在舌側有一列小齒峯，咬嚼面大致成爲三角形。體向後漸細而成對稱型之尾鰭。背鰭長而在身體後部，其前方有一構造未明之弱棘。脊柱有發達之髓弧，脊索之腹面有石灰質化之部分，腰部以後有脈弧。最奇特的是胸鰭有兩條分節之縱軸，鰭輻骨亦分節，由二縱軸擴展至背腹邊緣。胸帶包括細長之髆骨軸與甚短之烏喙突。腰帶三角形；腹鰭有一分節之中軸及鰭輻骨。髓顱之聽枕區較短，有相當發達之眶後突，眼窩約佔髓顱長之三分一。腭方骨之前方稍擴大，後上方有突起，但不與眶後突相接，而是以舌頜骨爲橋樑而接於眶後突之後下方（舌接型）。口端下位，體表除沿側線有皮齒外大部分裸出。

　　本目包括 *Desmiodus, Heteropetalus* 等屬，主要見於下石炭紀。

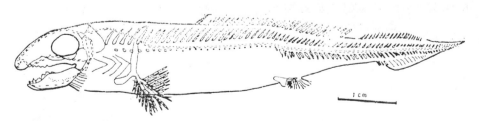

圖 4-28　*Heteropetalus* 之側面觀（據 ZANGERL）。

*冠齒鮫目 CORONODONTIFORMES
=CORONODONTIDA

ZANGERL (1981) 建立本目，主要根據 *Coronodus* 屬之牙齒，齒之中央二齒峯尖銳，兩側齒峯外向，中間有數枚小齒峯。 *Diademodus* 屬之體表有形狀、大小不一之皮齒，成直線排列並互相癒合。髓顱之聽枕區長，眶後突堅強。口端下位，上頜可能爲兩接型。胸鰭及腹鰭偏後；尾柄短，尾鰭之下葉較小。背鰭一枚（或可能有第二枚），無硬棘；亦無臀鰭。胸鰭爲中軸型，腹鰭無中軸。 雄者有交接器。 化石見於上泥盆紀。

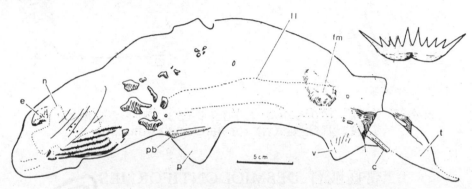

圖 4-29 *Diademodus* 之側面觀及上頜中央齒（據 ZANGERL）。

*口齒鮫目 ORODONTIFORMES
=ORODONTIDA

ZANGERL (1981) 建立之新目，體延長，或呈鰻形。鰭小，背鰭無棘。 體表被由變形鱗原所構成混合堅厚皮齒。頭部鈍短，髓顱少石灰質，腭方軟骨形狀不明，美克爾氏軟骨較短而扁潤。牙齒成砌石狀排列，下頜髓合部齒與側齒約同大。脊柱有成對之髓弧，尾柄區域有桿狀之脈弧。髆喙骨之髆骨軸在背方有一前向之尖端，烏喙骨部較短。胸鰭有單一長骨片構成之中軸，背方與胸帶之關節突相接，外端有一列小形鰭基骨，與不分節之簡單鰭輻骨相接。腹鰭之構造不詳。背鰭偏後；尾鰭之上葉不詳，下葉有不分節之鰭輻骨。本目中除著名之下石炭紀 *Orodus* 屬之外，尚包括若干地位尚未確定之種屬。

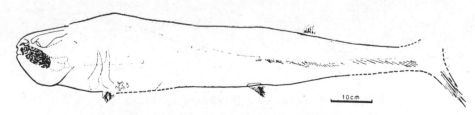

圖 4-30 *Orodus* 之外形（據 ZANGERL）。

*瓣齒鮫目 PETALODONTIFORMES

=PETALODONTIDA

　　本目為古生代後期分佈甚廣之海生鱝形魚類，其牙齒多數、細長，前後面平扁，排成密集之縱列及橫列；齒冠有銳利之切截面或鋸齒緣，亦有形成研磨面者。胸鰭大形，有分節之基軸；腰帶有一腸骨突；如現代鱝類一般。尾端尖銳，但有一大形半圓之索上葉。全身被同時鱗原性而成蕈狀之鱗片。

　　本目中重要之屬有 *Janassa, Chomatodus*（包括 *Psammodus* 之一部分），*Ctenoptychius, Petalodus* 等，主要見於石炭紀。

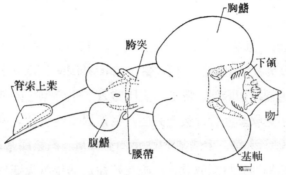

圖 4-31　*Janassa* 之腹面觀（據 MALZAHN）。

*擬琵琶鮫目 SQUATINACTIFORMES

=SQUATINACTIDA

　　ZANGERL (1981) 建立之新目，僅知下石炭紀之 *Squatinactis* 一屬，其鰓區及胸鰭之前緣像現生之琵琶鮫。尾部細長，近末端有一棘。其牙齒尖銳，但形狀不一，由枝齒型 (Cladodont) 至冠齒型 (Diademodont) 均有。口腔黏膜上之皮齒形成鑲嵌狀之小齒板，各由數枚皮齒癒合而成。

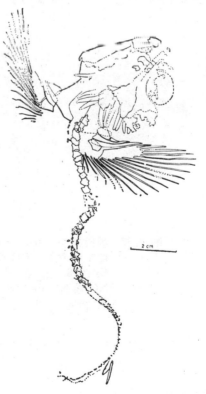

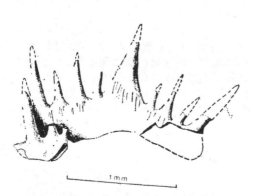

圖 4-32　*Squatinactis* 及其牙齒（據 ZANGERL）。

眞鮫部 EUSELACHIMORPHA

如上文所提，現生之板鰓類大致可分爲鮫、鱝二類，其重要區別，鮫類之鰓裂至少部分開於頸側，胸鰭決不向前擴展，超越鰓裂而達於頭側。鱝類之鰓裂完全在腹面，胸鰭向前擴展而與頭部兩側相連合。除此而外，兩方在外形上極難有明確的界限，例如一般所謂鮫類具有圓柱狀之體軀，而鱝類則具有平扁之體盤及易與體盤清分之尾部，眼與噴水孔在體盤（頭部）背面。其實單就外形而言，琵琶鮫 (*Squatina*) 之軀幹與頭部顯然平扁，唯胸鰭前方雖然向前擴展而掩覆鰓裂，但並不與頭側連合，這可以說介乎鮫類與鱝類中間的體制。鋸鱝 (Sawfishes) 具有近似於鮫類之體制，琵琶鱝 (Guitarfishes) 則介乎鋸鱝和眞正鱝類之間，但是牠們具有鱝類的體制，如胸鰭、鰓裂、上眼瞼及若干骨骼上的特徵，決難誤認爲鮫類。

現生板鰓類頭骨中之軟顱性骨片發育完善，但無眞皮性骨片。胸鰭在模式種類有三片鰭基軟骨（前鰭基 Propterygium、中鰭基 Mesopterygium、與後鰭基軟骨 Metapterygium），其近軸端連於胸帶，遠軸端連於鰭輻軟骨，唯在鮫類之鰭輻軟骨連於前鰭基軟骨者，較之連於後鰭基軟骨者爲大，但數較少，其情形與鱝類恰好相反。又在鮫類左右胸帶上端並不連

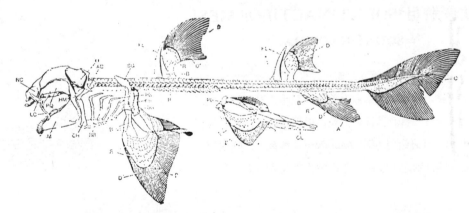

圖 4-33 異齒鮫 (*Cestracion*) 之骨骼。**A.** 臀鰭；**AC.** 聽囊；**B.** 鰭基骨；**BB.** 基鰓節；**C.** 尾鰭；**CH.** 角舌軟骨；**CL.** 雄鮫之交接器；**D.** 背鰭；**D'.** 眞皮性鰭條；**EB.** 上鰓節；**FS.** 鰭棘；**HM.** 舌頜軟骨；**LC.** 唇軟骨；**M.** 下頜骨；**NC.** 嗅囊；**O.** 眼窩；**P.** 胸鰭；**PB.** 咽鰓節；**PG.** 腰帶；**PQ.** 腭方軟骨；**R.** 鰭輻骨；**R'.** 肋骨；**SG.** 胸帶；**V.** 腹鰭（據 ROMER 轉載 DEAN）。

合，亦不固着於脊柱，而在鱝類則其間有髆骨 (Scapular elements) 爲之聯繫。脊椎概有發達之椎體，並且部分石灰質化以增強其硬度。石灰質化部分如成爲一個環繞椎體中心之圓圈，則曰環椎 (Cyclospondylous)，棘鮫 (*Squalus*) 之類屬之；如成爲大小兩個同心圓，則曰被椎 (Tectospondylous)，琵琶鮫之類屬之；如由中心向周圍放射，於是在橫斷面上成星芒狀，

則曰星椎（Asterospondylous），一般鮫類屬之。

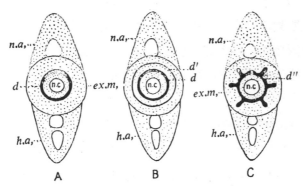

圖 4-34　鮫類椎體之石灰質化三型: A.環椎; B.被椎;
C.星椎。d. 石灰質化雙錐之中部; d′. 增加之
同心石灰質層; d″. 雙錐而另有輻射狀石灰質層;
ex. m. 彈性外膜; h. a. 脈弧; n. a. 髓弧; n. c.
脊索腔（據 ZITTEL）。

體密被細小之盾鱗（在魟類往往裸出或變形而爲棘狀、針狀、或結節狀）。鮫類之齒多尖
銳，排成一列或數列，偶或鈍圓而排列爲砌石狀，以便於壓碎貝殼。鮫類全部爲肉食性，饕
餮無厭，但亦偶有濾食性者，如鯨鮫（*Rhincodon*）
之類，以微小之浮泳生物爲食。一般魟類均爲底棲
性魚類，牙齒角狀，顆粒狀，或骨板狀，排成數列，
或成砌石狀，或爲有規則之齒帶，以軟體動物爲食
餌，故齒多適於磨碎貝殼。由於底棲生活，不能由
口吸水以供呼吸，故噴水孔特大，成爲水流之主要
入口。在鮫類僅琵琶鮫以噴水孔吸水，餘則均由口
吸水，故噴水孔甚小，或竟缺如。唯蝠魟除外，彼
等強大之胸鰭，游泳迅速，呼吸完全由口吸水，故
噴水孔甚小。食道短，胃多大形，U 字狀。腸短，
但內有螺旋瓣（Spiral valve），成環狀（例如鯖鮫
Lamna），渦卷狀（例如頭鮫 *Cephaloscyllium*），或
螺紋狀（例如七鰓鮫 *Heptranchias*）等，以擴展消
化吸收之面積。肝臟大形，肝油富含維生素A。

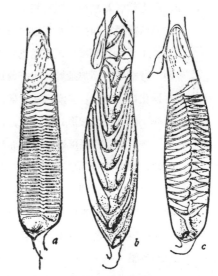

圖 4-35　板鰓類腸中之螺旋瓣: a. 環狀（
狗鮫）; b. 渦卷狀（頭鮫）; c. 螺紋狀
（尖頭七鰓鮫）（據 GARMAN）。

體內受精，雄者以鰭脚爲交配之用。鮫類中卵生，胎生，卵胎生者均有，魟類中則除鰩
魟科（Rajidae）爲卵生外，餘均爲卵胎生。

鮫類雖已有相當發達之神經系統，但智力低下，任何實驗，不能證明其有記憶力。視覺

只能看到近在咫尺之物體，聽覺更爲遲鈍，對高頻率的音波並無反應，低頻率的音波則由側線系統感受之。最重要的感覺爲嗅覺，一切活動如覓食、求偶等，似均依賴於嗅覺。

在漁業上，鮫類和鱝類均非漁人之主要目的物，因其肉質粗劣，不甚受人歡迎也。唯魚翅（卽鮫類之鰭）爲我國珍餚，且人捕鮫取鰭，爲其大宗輸出品。肝油富含維生素 A，近來美國乃有專捕鮫類者，據云丫髻鮫之肝臟維生素 A 含量最富，不知我國漁業界中亦曾注意及之否。

在分類方面，今依 COMPAGNO (1973) 以及 NELSON (1976) 等以眞鮫部來包括所有現生之板鰓類，以及古代至中生代之峯齒鮫類 (Hybodonts) 與櫛棘鮫類 (Ctenacanths)。只是因爲對很多化石種類的資料不足，其彼此之間的類緣關係未盡瞭解，排成檢索表亦頗爲不易。現僅根據最明顯之特徵分爲六首目如下：

1a. 背鰭棘後緣有鋸齒，棘之後壁突出，側壁較薄⋯⋯⋯⋯⋯⋯⋯⋯⋯⋯⋯⋯⋯⋯⋯⋯⋯**峯齒鮫首目**

1b. 如有背鰭棘，其後緣平滑，後壁凹入，且顯然較前壁爲薄。

  2a. 脊索終生存在，無石灰質之椎體⋯⋯⋯⋯⋯⋯⋯⋯⋯⋯⋯⋯⋯⋯⋯⋯⋯⋯⋯⋯⋯⋯**櫛棘鮫首目**

  2b. 脊索按體節凹縊，有石灰質化之椎體 (NEOSELACHII)

    3a. 無眶下棚 (Suborbital shelf)；髓顱腹面有無基角 (Basal angle) 不一定。

      4a. 腭方軟骨與髓顱之間有腭基關節 (Palatobasal articulation)，腭方軟骨之明顯眶突與基板上之垂直縫隙或凹窩以及篩區之眼窩壁成關節；吻部顯然成水槽形，有容納腦前腔之凹窩或管道。體軀不平扁；鰓裂在頭部兩側；胸鰭不向前擴展而超過鰓裂；眼瞼上緣游離⋯⋯⋯⋯**棘鮫首目**

        5a. 背鰭單一而無硬棘，有一臀鰭，鰓裂 6～7 對，全鰓 5～6 對，機能鰓弧 6～7 對；噴水孔退化或已消失；唇溝退化或僅存痕跡；口裂甚大；吻長正常，兩側無齒亦無鬚⋯⋯⋯**六鰓鮫目**

          6a. 體延長如鰻形；口端位，口緣有大形具尖頭之皮齒；第一對鰓裂在腹面相通，其前緣形成喉皮摺；鰓隔顯著延長而如皺摺，且互相覆蓋；有側線溝⋯⋯⋯⋯⋯⋯⋯**皺鰓鮫亞目**

          6b. 體中度延長以至肥短；口次端位，口緣無大形具尖頭之皮齒；第一對鰓裂不在腹面相通，無喉皮摺；鰓隔中度延長；有側線管⋯⋯⋯⋯⋯⋯⋯⋯⋯⋯⋯⋯⋯⋯**六鰓鮫亞目**

        5b. 背鰭二枚，有棘或無棘；無臀鰭；鰓裂 5 對，全鰓 4 對，機能鰓弧 5 對；噴水孔由小至甚大；唇溝顯著；口短，橫裂 (*Echinorhinus, Centroscyllium* 等屬例外)；吻長正常，兩側無齒亦無鬚⋯⋯⋯⋯⋯⋯⋯⋯⋯⋯⋯⋯⋯⋯⋯⋯⋯⋯⋯⋯⋯⋯⋯⋯⋯⋯⋯⋯⋯⋯⋯**棘鮫目**

        5c. 背鰭二枚，無棘（有時內部或存痕跡）；無臀鰭；鰓裂 5 或 6 對，全鰓 4 或 5 對，機能鰓弧 5 或 6 對；噴水孔大形；口極短而稍呈弧形。吻顯著延長爲劍狀突出；兩側有利齒，並且有一對肉質之鬚⋯⋯⋯⋯⋯⋯⋯⋯⋯⋯⋯⋯⋯⋯⋯⋯⋯⋯⋯⋯⋯⋯⋯⋯⋯⋯⋯⋯⋯**鋸鮫目**

      4b. 腭方軟骨與髓顱之間無關節，一般無基角（部分鋸鱝具有）；吻部成水槽形，但有的後起性退化或消失。體軀平扁；鰓裂開於頭部腹面；胸鰭向前擴展至頭部兩側，有時達吻端；眼瞼上緣不游離⋯⋯⋯⋯⋯⋯⋯⋯⋯⋯⋯⋯⋯⋯⋯⋯⋯⋯⋯⋯⋯⋯⋯⋯⋯⋯⋯⋯⋯⋯⋯**鱝首目**

7a. 吻部向前極度延伸而成有齒之吻鋸；　鼻孔互相遠離，　並且遠離口前；　前鼻瓣亦距口甚
遠；　無鼻口間溝。胸鰭與腹鰭遠離；　胸鰭小形，尾部短壯，頭、胸鰭、及軀幹不形成體
盤。胸鰭、腹鰭之鰭輻骨之遠軸端均附有多數角條。二背鰭及尾鰭均大形，成體完全被皮
齒⋯⋯⋯⋯⋯⋯⋯⋯⋯⋯⋯⋯⋯⋯⋯⋯⋯⋯⋯⋯⋯⋯⋯⋯⋯⋯⋯⋯⋯**鋸鱝目**

7b. 吻部不延長爲鋸狀，兩側亦無齒狀構造。胸鰭後緣往往掩覆於腹鰭前緣之上方。

8a. 胸部無發電器（或在尾柄兩側有發電器）。鼻孔遠離口前或與口接近；　前鼻瓣分開或
互相連接；有鼻口間溝（發達程度不一）；胸鰭較小以至極大；尾部由短壯如鮫類以至
細長如鞭狀；頭、胸鰭及軀幹形成完整或不完整之體盤；體被皮齒以至裸出⋯⋯**鯆魮目**

9a. 尾部強壯，因此與體盤成爲一體而不能淸分；背鰭及尾鰭發育完善，有鰭輻骨及角
條支持之。胸鰭中等；腹鰭不向兩側擴展，前鼻瓣分開或相互癒合，其基部在口前；
鼻口間溝不發育或全無⋯⋯⋯⋯⋯⋯⋯⋯⋯⋯⋯⋯⋯⋯⋯⋯⋯⋯⋯**琵琶鱝亞目**

9b. 尾部纖細如鞭，　因此與體盤可以淸分。背鰭小形（如有時其遠軸端決無角條支持
之），只存痕跡或缺如，尾鰭小以至缺如。胸鰭甚大；腹鰭向兩側擴展，並且往往有
深缺刻，外角有一距狀突起 (Prepelvic spur)。前鼻瓣分開，基部與口接近；鼻口間
溝發達⋯⋯⋯⋯⋯⋯⋯⋯⋯⋯⋯⋯⋯⋯⋯⋯⋯⋯⋯⋯⋯⋯⋯⋯⋯⋯**鯆魮亞目**

8b. 在頭側與胸鰭之間有發電器。鼻孔互相接近，　亦與口接近；　前鼻瓣互相連接而形成

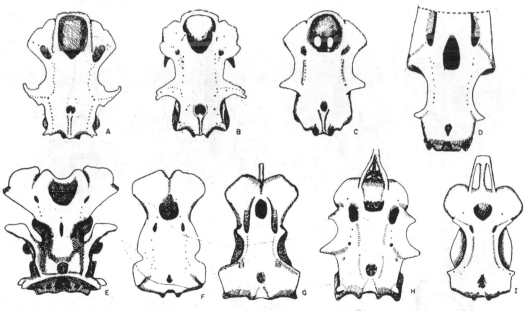

圖 4-36　鮫類髓顱背面觀。A, *Hexanchus griseus* (六鰓鮫科)；B, *Chlamydoselachus
anguineus* (皺鰓鮫科)；　C, *Aculeola nigra* (棘鮫科)；　D, *Pristiophorus
japonicus* (鋸鮫科)；E, *Squatina californica* (琵琶鮫科)；F, *Heterodontus
francisci* (異齒鮫科)；　G, *Brachaelurus waddi* (Brachaeluridae)；　H,
Odontaspis taurus (砂鮫科)；I, *Proscyllium habereri* (原鮫科)；A-D, 棘
鮫首目；E, 琵琶鮫首目；F-I, 正鮫首目 (據 COMPAGNO)。

"鼻簾"；有鼻口間溝，胸鰭大形；尾部粗細不一；軀幹、頭部及胸鰭形成大形體盤；頭骨兩側有大形眶前軟骨（Preorbital cartilage），其前端爲分枝狀或網狀擴大，並附加一、二吻軟骨，以支持體盤之前緣。背鰭二枚、一枚，或缺如，尾鰭發育完善；體表完全裸出⋯⋯⋯⋯⋯⋯⋯⋯⋯⋯⋯⋯⋯⋯⋯⋯⋯⋯⋯⋯⋯⋯⋯⋯⋯⋯⋯⋯⋯**電鱝目**

8c.　無發電器。鼻孔互相接近或遠離，與口接近或遠離；前鼻瓣互相連接成"鼻簾"而將口掩蓋，或鼻瓣在中央不連接，亦不將口掩蓋；鼻口間溝發達，或無口鼻間溝；胸鰭巨大；尾鰭細長，以至成鞭狀。頭、軀幹與胸鰭形成菱形之體盤。背鰭、尾鰭甚小或全無；體表被皮齒或裸出，多數在尾部背面有強棘⋯⋯⋯⋯⋯⋯⋯⋯⋯⋯⋯⋯⋯**魟目**

3b.　有眶下棚，但髓顱腹面無基角。

10a.　吻部短水槽狀；頭與軀幹極度平扁，胸鰭向前擴展爲三角形之鰭葉，與頭側平行。口端位；噴水孔大形，內無瓣摺；眼在頭部背面，鰓裂 5 對，側腹位，胸鰭前緣掩蓋鰓裂上方。肛門與腹鰭分開；只背面被皮齒⋯⋯⋯⋯⋯⋯**琵琶鮫首目**

10b.　吻部由單一或三枚吻軟骨形成，或無明顯之吻部；頭與軀幹成圓柱狀以至極度平扁。噴水孔大小不一，或竟缺如，孔內無瓣摺；眼一般在頭部兩側。鰓裂 5 對，側位或背側位，胸鰭前緣不掩蓋鰓裂。肛門通常與腹鰭相連接⋯⋯⋯⋯⋯⋯**正鮫首目**

11a.　有特化之鼻口間溝及完整之脣溝；口甚短，近於上下頜之先端。

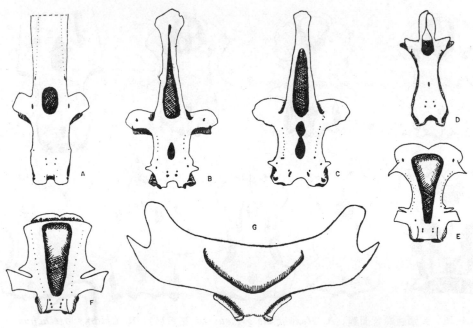

圖 4-37　鱝類髓顱背面觀。A, *Anoxypristis cuspidatus*（鋸鱝科）；B, *Rhinobatos productus*（琵琶鱝科）；C, *Raja binoculata*（鯆魮科）；D, *Torpedo californica*（電鱝科）；E, *Urolophus halleri*（平魟科）；F, *Myliobatis californica*（燕魟科）；G, *Manta* sp.（蝠魟科）；A, 鋸鱝目；B-C, 鯆魮目；D, 電鱝目；E-G, 魟目（據 COMPAGNO）。

12a. 無口鬚；鼻外皮摺 (Perinasal folds) 發達；無吻軟骨；背髓前方有短壯之硬棘；兩頜齒相同，前方者較小，後方爲扁平之臼齒狀齒…………**異齒鮫目**

12b. 有口鬚，通常具鼻外皮摺（有例外），唇溝顯著；通常具單一之吻軟骨；背鰭無硬棘；兩頜齒未分化，無臼齒狀齒…………………………**鬚鮫目**

11b. 無鼻口間溝，亦無鼻外皮摺及口鬚；背鰭無棘，鰭基骨分節而無基板；吻軟骨三條，腹方一條，兩背側方各一條。

13a. 牙齒爲鼠鮫型 (Lamnoid tooth pattern)，無中央齒，上下頜髓齒或有或無；頜髓兩側（前位）爲大形之齒，上頜 2～3 列，下頜 2 列；中位齒在上頜或有或無，上下頜之側位及後位齒多少已分化，但後位齒絕不爲臼齒形。無下眼瞼瞬膜；口甚長，向後達上下頜之後部。腸螺旋瓣環狀。均卵胎生……
………………………………………………………**鼠鮫目**

13b. 牙齒不爲鼠鮫型，齒帶由不分化而至高度分化爲齒列羣，通常有中央齒，前位齒有時具有，但通常較小，無中位齒，如有後位齒多不成臼齒形（有例外）。有下眼瞼瞬膜；腸螺旋瓣螺旋狀，螺環狀，或渦卷狀。卵生、胎生、卵胎生均有，但無螺旋狀外緣之卵殼…………………………**白眼鮫目**

*櫛棘鮫首目 CTENACANTHIMORPHI

　　最早之櫛棘鮫與上泥盆紀之枝鮫類同時存在，而以下石炭紀最爲興盛。其與枝鮫及枝齒鮫不同者是兩枚背鰭棘深植皮下之肌節間，基部有大形基板。有一臀鰭，與尾鰭接近。各鰭之鰭輻骨最少分爲二段，其分佈不達鰭之外緣。早期種類之胸鰭鰭基骨軸甚長，至下石炭紀之 *Ctenacanthus costellatus*，胸鰭中只存前、中、後三片大形之鰭基骨，與發達之胸帶成關節。牙齒爲典型之枝鮫型；上頜與髓顱之連接爲兩接型。脊索終生存在；體表近於全裸。

　　Ctenacanthus costellatus 長可達 1.5 公尺，*Goodrichthys* 達 2.5 公尺，其他還有 *Tristychius*, *Bandringa* 等屬，多爲較大形之古生代鮫類，見於上泥盆紀至二叠紀。

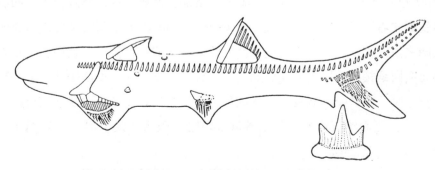

圖 4-38　櫛棘鮫 (*Ctenacanthus*) 之側面觀及其牙齒
（據 MOY-THOMAS）。

*峯齒鮫首目 HYBODONTIMORPHI
= PROTOSELACHII

本首目中就著名的下侏羅紀峯齒鮫（*Hybodus*）而言，其背鰭具有特殊之原始性硬棘，牙齒爲 "枝鮫型"，臀鰭亦與尾鰭接近，故雖與櫛棘鮫關係甚近，可能均爲枝鮫類的後裔，但却是一個旁支。其胸鰭之鰭基骨短縮，後端已與體壁分開，只三片鰭基骨與胸帶成關節。兩側之胸帶仍然分開。二背鰭各具硬棘，基部有大形基板。各鰭之鰭輻骨分爲多段，但距鰭之外緣更遠，鰭身之大部分由易屈之角條支持之。早期種類之上頜骨爲兩接型，脊索終生存在，有肋骨。雄者眼之上方有一或二對鈎棘，在交配時可能有副鰭脚之功用。

除 *Hybodus* 之外，本首目中尙包屬 *Arctacanthus*, *Coronodus*, *Acrodus* 等屬，見於上石炭紀至上白堊紀。

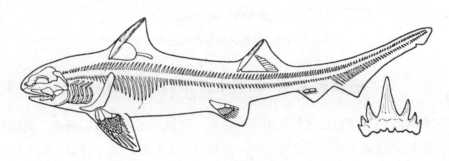

圖 4-39　峰齒鮫（*Hybodus*）之側面觀及其牙齒（據 WOODWARD）。

棘鮫首目 SQUALOMORPHI

本首目主要包括現生之寒帶深海鮫類，其主要特徵爲髓顱無眶下棚，聽囊側方通常有側連合（Lateral commissures），有顯著之基角。吻部水槽形，有容納腦前腔之凹窩或管道。腭方軟骨與髓顱間有腭基關節（Palatobasal articulation），亦卽腭方軟骨之眶突與基板上之垂直縫隙或凹窩以及篩區後之眼眶壁成關節。此外，本首目有較長之聽囊，完整之眶前壁，有明顯之眶前突與眶後突，以及發達之眶上脊。臀鰭或有或無；尾鰭歪型或近於原正型。胸鰭有小形前鰭基骨，大形中鰭基骨，以及甚長之後鰭基骨，後者之末端有短後鰭基軸。身體柱狀，稍側扁，或斷面作三角形。口次端位或端位，噴水孔大小不一；鰓裂 5 ～ 7 對，側位；肛門與腹鰭之內緣相連。

本首目均無連合椎弧；角條退化，上眼瞼瘉合，胸鰭爲多輻骨型（Plesodic）。

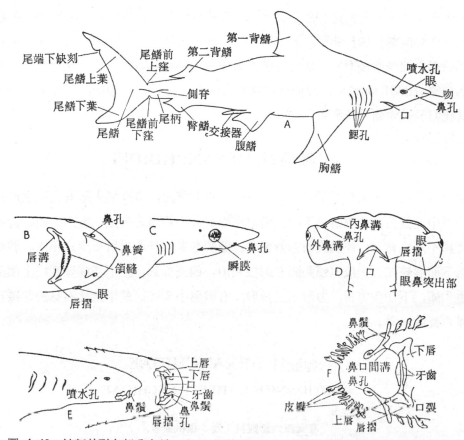

圖 4-40　鮫類外形各部分名稱。A. 一般外形；B. 一般鮫類（平滑鮫科）之頭部腹面；C. 一般鮫類之頭部側面；D. 丫髻鮫科之頭部腹面；E. 一般鬚鮫之頭部腹面；F. G. 斑鬚鮫之頭部腹面（據 MUNRO）。

六鰓鮫目 HEXANCHIFORMES

=NOTIDANOIDEI; DIPLOSPONDYLI

背鰭單一，位於身體後部，無棘，臀鰭存在；鰓裂 6～7 對，噴水孔退化或缺如；唇溝退化或僅存痕跡。鼻孔有前鼻瓣，無吻鬚。齒無擴展之基突。唇軟骨小形或缺如。兩頜延長，向前達篩區下方，向後達枕區或超過之；口裂甚長。眼無瞬膜。脊索未顯著凹縊，但脊索鞘已作分節凹縊。椎體亦未顯著石灰質化，初生性之套錐狀石灰質部分退化或消失，後起性之石灰質化成輻紋狀。胸鰭之前鰭基骨無鰭輻骨，中鰭基骨擴展至鰭之前緣。卵胎生。

皺鰓鮫亞目 CHLAMYDOSELACHOIDEI

體延長作鰻形，口端位，口緣有大形具尖頭之皮齒；鰓裂六對，第一對鰓裂在腹面連續，有喉皮瓣；鰓隔極度延長而成皺摺狀；體側及頭部腹面有側線溝。體側之皮齒有釘子狀齒冠，背鰭前緣以及尾鰭背面之皮齒形成突脊。身體腹面有一對縱脊。鰭脚無鞘。臀鰭基長，尾鰭後端下面無缺刻，胸鰭圓形，胸帶細長。牙齒有低扁之二葉狀縱齒根，齒冠有三尖頭。腭方骨與髓顱之間無眶後關節。本亞目僅含襞鰓鮫 *Chlamydoselachus anguineus* GARM. 一種，又名樂鱶 (Frill sharks)，分佈日本及東大西洋，生活在深海中，十分稀少，我國並無報告。其化石見於中新世及鮮新世。

六鰓鮫亞目 HEXANCHOIDEI

身體中度延長，前部略形平扁，口次端位，強度彎曲，口緣無大形有尖頭之皮齒，無喉皮瓣，鰓隔中度延長，側線隱於管中。體側皮齒有扁平菱形之齒冠，有三尖頭，背鰭前緣及尾鰭之背緣不形成背脊，體軀腹面亦無縱脊。鰭脚包於腹鰭內緣所形成之鞘內。臀鰭短，尾鰭近後端下面有缺刻。上頜與髓顱間有眶後關節。齒高而扁，上下頜齒異型；上頜齒有尖細彎曲之主尖頭，下頜齒寬扁，方形或三角形，有數個小尖頭。最早之化石見於侏羅紀中期，現生者僅六鰓鮫一科。

六鰓鮫科 HEXANCHIDAE
=NOTIDANIDAE; HEPTRANCHIDAE

臺灣產六鰓鮫科 2 屬 3 種檢索表：

1a. 具七鰓裂 (*Heptranchias*)

  2a. 頭部平扁而寬；吻鈍圓；眼之水平位直徑顯然較二鼻孔間距離爲短（夷鮫亞屬 *Notorhynchus*）；上頜中央齒一枚，下頜側齒之主尖頭之內緣爲鋸齒狀⋯⋯⋯⋯⋯⋯⋯⋯⋯⋯⋯⋯**油夷鮫**

  2b. 頭部扁而狹；吻銳圓；眼之水平位直徑顯然較二鼻孔間距離爲長（七鰓鮫亞屬 *Heptranchias*）；臀鰭起點與背鰭基部後端相對⋯⋯⋯⋯⋯⋯⋯⋯⋯⋯⋯⋯⋯⋯⋯**尖頭七鰓鮫**

1b. 具六鰓裂 (*Hexanchus*)（本屬迄今已知者僅一種）⋯⋯⋯⋯⋯⋯⋯⋯⋯⋯⋯⋯⋯**灰六鰓鮫**

油夷鮫 *Heptranchias pectorosus* GARMAN

  英名 Seven-gilled shark；俗名油沙（基）。基隆水產試驗所曾採得標本。本種與盛產於北太平洋至印度洋之扁頭哈那鮫 *Notorhynchus platycephalus* (TENORE) 非常相似。

尖頭七鰓鮫 *Heptranchias perlo* (BONNATERRE)

  英名 Seven-gilled sharks；日名江戶油鮫，又名尖吻七鰓鯊；俗名無頂鰭，老鼠沙（大溪），鼠鰈（東港）。基隆水試所曾採得標本。產宜蘭大溪。

灰六鰓鮫 *Hexanchus griseus* (BONNATERRE)

  英名 Six-gilled sharks, Cow sharks, Mud sharks；亦名六鰓鯊（張）；俗名埋沙

（基），鯊仔、條鯊、條仔（高）。產基隆、東港。

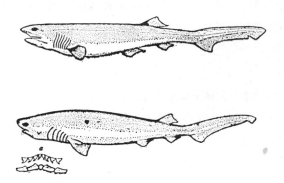

圖 4-41　上，尖頭七鰓鮫；下，灰六鰓鮫（據松原氏）。

棘鮫目 SQUALIFORMES

＝TECTOSPONDYLI；角鯊目

背鰭二枚，有棘或無棘。無臀鰭；鰓裂 5 對，均在胸鰭之前。口裂彎度較小，有的近於平直；有明顯之唇溝；鼻孔普通，與口遠離，無吻鬚。吻短，多少成水槽狀，腦前腔無頂蓋。噴水孔大小不一。頭中度平扁，有的尾柄兩側具縱走之皮質稜脊。脊索之凹縊程度不一，椎體之石灰質化部分成套錐形（被椎型），無後起性之石灰質化。眼側位，無瞬膜或皮摺。上頜與髓顱間之連接爲舌接型。胸鰭之前鰭基骨有一至數片鰭輻骨附着之，腹鰭在泄殖孔之後，其內緣分開，鰭脚一般具棘。一般爲卵胎生，可能亦有卵生者。最早之化石見於白堊紀。現生而見於臺灣者分爲三科如下。

臺灣產棘鮫亞目 3 科檢索表：

1a. 二背鰭前方均有一或長或短之硬棘，棘之上端露出或隱匿皮下……………………………………**棘鮫科**

1b. 第二背鰭前方無棘，有時第一、二背鰭前方均無棘。

  2a. 齒僅一尖頭；上下頜齒不同型，上頜齒較狹，爲穿刺型 (Raptorial)，下頜齒較寬，爲切截型

  (Sectorial)……………………………………………………………………………………**黑鮫科**

  2b. 齒有數尖頭；上下頜齒同型，均爲切截型……………………………………………**笠鱗鮫科**

棘鮫科 SQUALIDAE

＝SPINANCIDAE；角鯊科、角鮫科（日）

體多少延長，頭部平扁，眼在頭側，無瞬膜。口彎曲，口角有深唇溝。齒有一個或數個尖頭，上下頜齒同型或不同型。噴水孔大。鰓裂概在胸鰭基底以前。二背鰭前方均有一硬棘，或長或短，短時隱於皮下，僅能以指撫摸而覺察之。尾鰭比較的小形。

臺灣產棘鮫科 5 屬 15 種檢索表①:

1a. 背鰭棘無側溝；尾鰭近後端下方無缺刻。上下頜齒同形，均僅一個尖頭；體之斷面近圓柱狀，尾部兩側往往有縱走之皮摺。由口裂前緣至吻端之距離，遠較由彼至胸鰭起點之水平距離為短；鱗片為中型齒狀，有柄或無柄。

2a. 鼻孔無鬚 (*Squalus*)。

3a. 第一背鰭硬棘大約在吻端至尾鰭下葉起點間距離之中點；胸鰭內角鈍圓，後緣不深凹入，前鼻瓣僅為一簡單之葉狀；鱗片在第一背鰭下方體側者有三個尖突，中間者最長，兩側者僅及其 1/2；幼時體側有白斑，成體則逐漸模糊⋯⋯⋯⋯⋯⋯⋯⋯⋯⋯⋯⋯⋯⋯⋯⋯⋯**油角棘鮫**

3b. 第一背鰭硬棘在胸鰭內緣（當胸鰭褶伏時）中點之上方；前鼻瓣有大小二葉；體側（不論幼體或成體）無白斑。

4a. 胸鰭內角為直角狀，先端成鈍角，後緣略凹入。

5a. 第二背鰭棘到達鰭之頂點。眼之水平直徑大於鼻孔間距離，約為口前緣至吻端長之 2/3⋯⋯⋯⋯⋯⋯⋯⋯⋯⋯⋯⋯⋯⋯⋯⋯⋯⋯⋯⋯⋯⋯⋯⋯⋯⋯⋯⋯⋯⋯⋯⋯**高棘棘鮫**

5b. 第二背鰭棘只到達鰭高之 2/3。眼之水平徑略短於鼻孔間距離，小於口前緣至吻端長之 1/2⋯⋯⋯⋯⋯⋯⋯⋯⋯⋯⋯⋯⋯⋯⋯⋯⋯⋯⋯⋯⋯⋯⋯⋯⋯⋯⋯⋯⋯**斐南氏棘鮫**

4b. 胸鰭內角為銳角狀，先端尖銳或略鈍，後緣深凹入；鱗片在第一背鰭下方體側者為十字形，中間為鈍棒狀，兩側翼狀，略向前斜，先端鈍圓⋯⋯⋯⋯⋯⋯⋯⋯⋯⋯⋯**短吻棘鮫**

2b. 每一鼻孔有一鼻鬚，長如眼徑 (*Cirrhigaleus*)。

第一背鰭起點在胸鰭內角上方。體灰色至褐色，有時可見體側有兩列白斑，形狀不一，通常在二背鰭前方各有一對，一在其後方，下列斑點延長。腹面白色⋯⋯⋯⋯⋯⋯⋯⋯⋯⋯**鬚棘鮫**

1b. 背鰭棘有側溝；尾鰭近後端下方有缺刻。

6a. 上頜齒有數尖頭，下頜齒一尖頭；鼻孔多少為斜裂 (*Etmopterus*)。

7a. 腹鰭起點比較的近於胸鰭起點，而距尾鰭下葉之起點較遠。尾鰭長與頭長（由吻端至最後鰓裂）約相等。鱗片與體軸平行排列。體側面暗灰色，腹面黑色，側下方有暗褐色縱帶⋯⋯⋯⋯⋯⋯⋯⋯⋯⋯⋯⋯⋯⋯⋯⋯⋯⋯⋯⋯⋯⋯⋯⋯⋯⋯⋯⋯**燈籠棘鮫**

7b. 腹鰭起點在胸鰭起點與尾鰭下葉起點之中點，或較接近尾鰭下葉起點；第二背鰭起點在腹鰭基之後；尾鰭短於或等於由吻端至胸鰭之距離。鱗片排列不規則，不與體軸平行。體近於一致之暗褐色⋯⋯⋯⋯⋯⋯⋯⋯⋯⋯⋯⋯⋯⋯⋯⋯⋯⋯⋯⋯⋯⋯⋯**烏棘鮫**

6b. 上下頜齒均僅有一個尖頭，不同型。

8a. 由口裂前緣至吻端之距離，遠較由彼至胸鰭起點之水平距離為長。鱗片為餐叉狀 (Pitchfork)，下連一細長之柄部 (*Deania*)。

---

① 本科據陳哲聰、程一鮫尚未發表之研究報告，在臺灣東部海域另有 *Squalus japonicus* ISHIKAWA, *Deania calcea* (LOWE)，*Centrophorus squamosus* (BONNATERRE)，*Centrophorus uyato* (RAFINESQUE) 等四種。

9a.　第二背鰭起點在腹鰭基底中央之上方；胸鰭後緣圓形⋯⋯⋯⋯⋯⋯**箆吻棘鮫**

9b.　第二背鰭起點在腹鰭基底後端上方；胸鰭內緣內角較長⋯⋯⋯⋯⋯⋯**尖吻棘鮫**

8b.　由口裂前緣至吻端之距離，短於由彼至胸鰭起點之水平距離。鱗片爲中型齒狀，有柄
或無柄。胸鰭內角成銳角而多少延長 (*Centrophorus*)。

　　10a.　第二背鰭硬棘上端有逆鈎，呈箭頭狀；體側鱗片尖銳，有若干銳稜；第二背鰭較
第一背鰭爲低；鱗片塊狀。胸鰭內角延長，至少達第一背鰭基底中央（但由胸鰭起
點至內角後端之長度，較由吻端至第一鰓裂之水平位之距離爲短）；全身灰褐色而
無斑點⋯⋯⋯⋯⋯⋯⋯⋯⋯⋯⋯⋯⋯⋯⋯⋯⋯⋯⋯⋯⋯⋯⋯⋯⋯⋯⋯**鐮棘尖鰭鮫**

　　10b.　第二背鰭硬棘上端尖銳無逆鈎；胸鰭內角略延長。

　　　　11a.　體側鱗片方磚狀，緊密排成梅花形。

　　　　　　12a.　第一背鰭基底長至少爲第二背鰭基底長之二倍，後者約與腹鰭同大。上頜齒
直立，邊緣光滑；下頜齒側斜，無鋸齒緣⋯⋯⋯⋯⋯⋯⋯⋯⋯⋯⋯**尖鰭鮫**

　　　　　　12b.　第一背鰭基底長小於第二背鰭基底長之二倍，後者並小於腹鰭。齒形同上
種；全身暗褐色而散佈小白點⋯⋯⋯⋯⋯⋯⋯⋯⋯⋯⋯⋯⋯⋯⋯**黑緣尖鰭鮫**

　　　　11b.　體側鱗片不爲方磚形。第一背鰭基底小於第二背鰭基底之二倍。

　　　　　　13a.　腹鰭顯然大於第二背鰭；第一背鰭高至少爲第二背鰭高之二倍。鱗片塊
狀，前緣成不規則之多邊形，後緣尖銳，具五條稜脊，向後集中，但不達頂
端；體灰褐色而無斑點⋯⋯⋯⋯⋯⋯⋯⋯⋯⋯⋯⋯⋯⋯⋯⋯⋯**皺皮尖鰭鮫**

　　　　　　13b.　腹鰭與第二背鰭之大小約略相等，或後者略大。第一背鰭高，小於第二背
鰭高之二倍。

　　　　　　　　14a.　鱗片爲鱗形，後緣中央有一強齒，兩側各有一弱齒，乃由表面之稜脊延
伸而成。體黑褐色，而在眶後及前頭部中央有淡色區域⋯⋯⋯⋯**黑尖鰭鮫**

　　　　　　　　14b.　體側鱗片錐刺狀，排列鬆疏而紊亂；第二背鰭基底約爲第一背鰭長之
4/5。上下頜齒均有鋸齒緣 ⋯⋯⋯⋯⋯⋯⋯⋯⋯⋯⋯⋯⋯⋯⋯**鄧氏尖齒鮫**

油角棘鮫 *Squalus acanthias* LINNAEUS

　　英名 Sping dogfish；又名司氏棘鮫 (*S. suckleyi*)（陳），司氏銼魚（顧），白斑角鯊，
箕作氏棘鮫 (JORDAN & FOWLER, 1903, 附圖非記載) 均本種異名。日名油角鮫。產
臺灣。(圖 4-42)

高棘棘鮫 *Squalus blainville* RISSO

　　據陳哲聰博士告知產臺東。

斐南氏棘鮫 *Squalus fernandinus* MOLINA

　　英名 Bigeye Sping dogfish。中村氏 25 年在基隆發見本種，定名爲箕作氏棘鮫 (*S. mi-
tsukurii*)。日名角鮫；又名長吻角鯊。產基隆、東港。(圖 4-42)

短吻棘鮫 *Squalus megalops* MACLEAY

田中氏發見本種時定名爲 *S. brevirostris*，故譯爲短吻棘鮫。亦名短吻鉎魚（顧），短吻角鯊；日名短角鮫，短相鮫。產基隆。

鬚棘鮫 *Cirrhigaleus barbifer* TANAKA

據陳哲聰博士告知產臺東。

燈籠棘鮫 *Etmopterus lucifer* JORDAN and SNYDER

產東港，大溪。48年水產試驗所首次發見。日名藤鯨鮫。又名亮烏鯊。（圖 4-42）

烏棘鮫 *Etmopterus pusillus* (LOWE)

日名烏鮫。東海大學曾在東港採得標本。

篦吻棘鮫 *Deania eglantina* JORDAN and SNYDER

俗名地風鬼；日名篦角鮫。產小琉球。47年水產試驗所首次發見。

尖吻棘鮫 *Deania aciculata* (GARMAN)

臺灣大學在東港採得一標本。BIGELOW and SCHROEDER (1957) 認爲本種與上種以及 *R. rostrata, R. hystricosa* 均爲同一種，鄧火土 (1962) 亦採認其說。

鏃棘尖鰭鮫 *Centrophorus armatus* (GILCHRIST)

發見本種時因其第二背鰭棘上有逆鈎，故另立一新屬曰 *Atractophorus*。BIGELOW & SCHROEDER (1957) 認爲可能爲 *Centrophorus* 屬之變異。鄧火土氏發見本種，產臺灣東北部深海，爲之另立一新亞種，似無必要。

尖鰭鮫 *Centrophorus lusitanicus* BOCAGE and CAPELLO

鄧火土氏初記錄本種。俗名刺沙（龜山，頭城）。產宜蘭、龜山、大溪。

黑緣尖鰭鮫 *Centrophorus atromarginatus* GARMAN

據楊鴻嘉先生 (1979) 在大溪發現本種，俗名貓公沙，但種名存疑。

皺皮尖鰭鮫 *Centrophorus scalpratus* McCULLOCH

據陳哲聰博士告知產臺東。

黑尖鰭鮫 *Centrophorus acus* GARMAN

亦名棘鯊。據陳哲聰博士告知產臺東。

鄧氏尖鰭鮫 *Centrophorus niaukang* TENG

本種爲鄧火土發表之新種，俗稱貓公沙（東港），沙仔王（土城）。本書舊版認爲係 *C. harrisoni* McCULLOCH 之異名，惟近據陳哲聰博士之詳細比較，認爲與後者顯然有別而應列爲獨立之種，今暫依之。

黑鮫科 DALATIIDAE
鎧鯊科

體纖長，紡錘形，頭部平扁，吻端鈍圓。口寬，橫裂，彎度不顯。上下領齒不同型，但均僅一尖頭，上領齒如錐子，下領齒如劍頭，邊緣有鋸齒，或光滑。背鰭二枚，第二背鰭往往無棘，有時第一、二背鰭均無棘。

臺灣產黑鮫科 2 屬 3 種檢索表:

1a. 口角之唇褶為厚肉質；下領齒不對稱，尖頭向外傾斜，邊緣平滑，外緣有缺刻；第一背鰭有硬棘；第二背鰭無硬棘，其基底長約為第一背鰭基底之二倍；尾部主軸不上翹，其上緣僅略長於尾鰭下葉之前緣（抹香鮫屬 *Squaliolus*）。

第一背鰭之硬棘約為該鰭前緣長之 1/3，上端露出；齒式$\frac{11+1+11}{10+1+10}$ ⋯⋯⋯⋯⋯⋯**小抹香鮫**

1b. 唇（包括口角部）肥厚；下領齒直立三角形，近於對稱，鋸齒緣；第一背鰭無硬棘；第二背鰭僅略大於第一背鰭；尾部主軸顯著上翹，其上緣約為尾鰭下葉前緣之二倍（黑鮫屬 *Dalatias*）。

2a. 上下唇同等肥厚；體側鱗片多少成四角形。齒式$\frac{9-9}{9+1+9}$ ⋯⋯⋯⋯⋯⋯⋯**黑鮫**

2b. 下唇特別肥厚，並有多數淺溝；體側鱗片刺芒狀，排列稀疏。齒式$\frac{9-9}{9-9}$ ⋯⋯⋯⋯**大溪黑鮫**

小抹香鮫 *Squaliolus alii* Teng

鄧火土氏 47 年發見本種，名為 *alia*，以紀念其夫人黃阿里女士。產小琉球西南海域。俗名青貓公（東港）。（圖 4-42）

黑鮫 *Dalatias licha* (Bonnaterre)

英名 Black shark, Seal sharks；47 年水產試驗所初次發見。俗名烏蕃沙（東港）；烏沙（龜山島、頭城）；日名鎧鮫。產東港、宜蘭近海。（圖 4-42）

大溪黑鮫 *Dalatias tachiensis* Shen & Ting

沈世傑與丁蔚華二氏於 60 年發表之新種，標本採自大溪。

笠鱗鮫科 ECHINORHINIDAE
Spiny sharks; 棘吻鯊科

體肥大，略呈紡錘形，頭部平扁。吻寬，口新月形，口角有唇褶。上下領齒同型，每齒有數尖頭，中間尖頭特大而向外強度傾斜，故其內緣成為切截面。鱗片大形，可以肉眼見之，笠帽狀，有一尖頭在盤狀基底上。背鰭二枚，均無硬棘。

臺灣產一屬一種，其二背鰭偏於軀幹後部，第一背鰭基底在腹鰭上方，尾鰭後端下方無顯著之缺刻；噴水孔大，在眼之上後方，其距離相當於吻（眼前至吻端）長；鼻孔在口前部之中間，遠離。

笠鱗鮫 *Echinorhinus brucus* (BONNATERRE)

英名 Spiny shark, Bramble shark; 又名棘吻鯊。俗名油沙，無頂刺沙（蘇澳），旦名菊鮫。水產試驗所 45 年初次自蘇澳獲得本種。（圖 4-42）

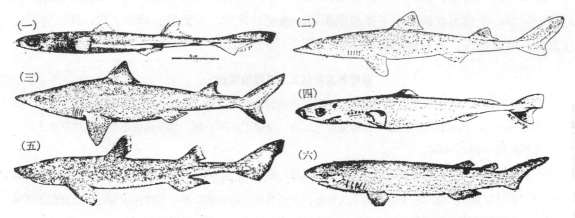

圖 4-42 　（一）燈籠棘鮫；　（二）油角棘鮫；　（三）斐南氏棘鮫；　（以上棘鮫科）；
（四）小抹香鮫；　（五）黑鮫（以上黑鮫科）；　（六）笠鱗鮫（笠鮫鮫科）
（二、據張等；三、據 TINKER；四、五據鄧火土；六、據松原氏）。

鋸鮫目 PRISTIOPHORIFORMES

背鰭兩枚，殆同大，均無棘（有時在內部或有棘之痕跡），第一背鰭在胸鰭腹鰭中間上方，第二背鰭在腹鰭尾鰭中間上方；無臀鰭。鰓裂 5 或 6 對（後者之例如南非之 *Pliotrema*），全鰓 4 或 5 對，機能鰓弧 5 或 6 對。噴水孔大形，內有瓣膜。吻顯然突出，呈劍狀，以延長合一之吻軟骨支持之，兩側列生銳齒，吻下面近中部處又有一對長觸鬚。眼在頭之背方，有眶下脊，上眼瞼游離，無瞬膜或皮摺。鼻孔在頭下面，與口完全隔絕，有特殊之鼻瓣以形成入水孔。頭極度平扁；尾柄兩側有皮質縱脊。口甚短，稍成弧形，有退化之唇溝。

本類因有劍狀之吻，極易與鋸鱝（Sawfishes）相混淆，但 (1) 彼之體軀除吻與頭顯然平扁外，餘均為次圓柱狀；(2) 鰓裂在頭側而不在頭下；(3) 眼有游離的上眼瞼；(4) 胸鰭不與頭側連合，故與鋸鱝仍可清分。脊索顯然按體節凹縊，有發育完善之石灰質化椎體，後起性石灰質化成同心環狀，有時成輻射狀。腭方軟骨以一狹橫突與頭骨之眶後區（Post-orbital region）成關節，更有一靱帶與眶前支柱（Antorbital bar）相連，後方則連於舌頷軟骨。牙齒與鱝類相似，有顯著之基突及向內側伸出之齒根。胸鰭之前鰭基軟骨僅有一片鰭輻軟骨附着於後。卵胎生。鰭腳有棘或距突。

本目已知者僅鋸鮫科一科，化石見於白堊紀至中新世。

鋸鮫科 PRISTIOPHORIDAE
鋸鯊科

臺灣僅產日本鋸鮫一種，吻之兩側有 24+26 個大齒，大齒間有 2 或 3 個小齒。上頷齒 46～58 列，下頷齒 38 列以上。背鰭、胸鰭幾乎全部被鱗。體灰褐色，腹面白色，各鰭後緣色淡，吻上有二暗色縱條紋。

日本鋸鮫 *Pristiophorus japonicus* GÜNTHER

英名 Saw-sharks; 亦名鋸沙（動典），日本鋸鯊，鋸齒鯊（伍），挺額魚。產基隆。

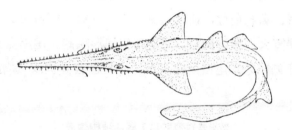

圖 4-43　日本鋸鮫（據松原氏）。

琵琶鮫首目 SQUATINOMORPHII
Angel sharks; 扁鯊類

髓顱有顯著之眶下棚而無基角。吻軟骨一片，吻部呈短水槽形，腭方軟骨上之細長眶突與眶下棚之前端以及眼窩之側方成關節。有完整之眶前壁，眶後壁，及堅強之眶後突。上下頷甚長，與髓顱之間無眶後關節，上頷以一長形之橫突起與舌頷軟骨成關節，再由一韌帶連於髓顱之篩區。鰓裂五枚，概在胸鰭起點以前。胸鰭甚大，向水平面擴展，其前緣則沿頭側伸展，惟與頭側並不連合。體軀包括頭部、胸鰭，及腹鰭，形成為扁平之體盤（Disc），酷似鰩類。但因 (1) 有游離之眼瞼；(2) 胸鰭不連頭側，僅保持體軀平衡而不參與游泳運動；(3) 鰓裂由頭側下伸至頭部腹面，以及其他若干骨骼與內部特徵，故成為獨立之一首目。背鰭兩枚，無硬棘，臀鰭缺如。吻特寬廣，兩側無齒亦無鬚。眼在頭背，無瞬膜或皮褶。噴水孔大，半月形，在眼之直後。口在頭部先端。齒多數，上下頷同型，有廣濶之基底與細長之圓錐形尖頭。口角有唇褶。鼻孔與口隔離，可自吻端上方見之，前緣有瓣及鬚。脊椎清分，有被椎型椎體；脊索在通過椎體之中央通道時特別緊縮，在尾鰭中稍向下彎曲。胸鰭向前擴展而形成三角形鰭葉，與頭側平行。胸鰭之前鰭基軟骨向前延長，以與胸鰭之前方擴展部分相配合；中鰭基骨大形，後鰭基骨附有明顯之鰭基軸；鰭輻軟骨以附着於後鰭基軟骨者較多。僅背面有皮齒；雄性之胸鰭背面有大形皮齒；背面中央線之皮齒亦較大。肛門與腹鰭分開。

卵胎生。

本首目已知者僅一目琵琶鮫一科。化石見於侏羅紀至現代。

琵琶鮫目 SQUATINIFORMES

琵琶鮫科 SQUATINIDAE

扁鯊科

體平扁，吻短而寬；胸鰭擴大，前緣游離，向頭側延伸。口寬大，唇摺發達。眼上位，橢圓形。噴水孔半月形，鼻孔前位；前鼻瓣具二扁平皮瓣，後鼻瓣具一扁平半環狀薄膜。背鰭位於腹鰭後方；腹鰭寬大，接近胸鰭。尾柄兩側稍形隆起。尾鰭寬大，上葉稍大於下葉，下葉前部不突出，後部無缺刻，尾鰭後緣凹入。本科僅含琵琶鮫（*Squatina*）一屬，臺灣產 4 種。

臺灣產琵琶鮫科 1 屬 4 種檢索表:

1a. 內鼻鬚 (Inner nasal barbel) 先端分歧為多枝，內外鼻鬚間之鼻孔邊緣呈流蘇狀；胸鰭之外角為顯然大於直角之鈍角；體背面黃褐色，密佈白色斑點，在胸鰭前後角，尾部前方兩側，腹鰭基部前方，腹鰭後角及後角略前，各有一枚較大之黑褐色眼狀斑‥‥‥‥‥‥‥‥‥‥‥‥‥**擬背斑琵琶鮫**

1b. 內鼻鬚簡單，內外鼻鬚間之鼻孔邊緣平滑，或略現凹凸狀。

  2a. 胸鰭外角僅略大於直角；腹鰭內緣後端在第一背鰭起點以前；噴水孔間隔大於眼間隔‥‥**日本琵琶鮫**

  2b. 胸鰭外角顯然大於直角；腹鰭內緣後端達第一背鰭起點以後；噴水孔間隔小於眼間隔。

    3a. 噴水孔與眼的距離與眼徑相等（幼體），或比眼徑大 1.5 倍以上（成體）‥‥‥‥‥**雲紋琵琶鮫**

    3b. 噴水孔與眼的距離小於眼的水平直徑‥‥‥‥‥‥‥‥‥‥‥‥‥‥‥**臺灣琵琶鮫**

擬背斑琵琶鮫 *Squatina tergocellatoides* CHEN

東海大學魚類標本室得此於臺灣海峽，極似澳洲之 *Squatina tergocellata* McCULLOCH，但花紋與背面瘤狀突起之分佈情形不同，經鑑定為新種。（圖 4-44）

日本琵琶鮫 *Squatina japonica* BLEEKER

又名日本扁鯊。黑田氏（KURODA, 1951）曾提及臺灣產此種，沈世傑教授（1984）亦記載產宜蘭大溪。（圖 4-44）

雲斑琵琶鮫 *Squatina nebulosa* REGAN

鄧火土氏（1962）記載本種，標本得自基隆魚市場。

臺灣琵琶鮫 *Squatina formasa* SHEN & TING

沈世傑與丁蔚華二氏（1972）發表之新種，標本採自東港及大溪。

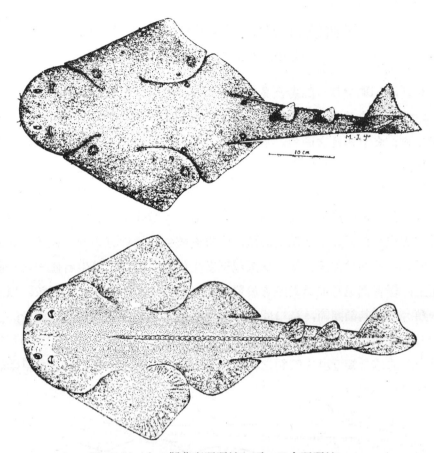

圖 4-44　上，擬背斑琵琶鮫；下，日本琵琶鮫。

正鮫首目 GALEOMORPHII
=LAMNINA; ASTEROSPONDYLI

　　本首目之特徵爲髓顱具有眶下棚，無側連合，無基角；無吻部，或具有由一或三條細長吻軟骨所形成之吻部。腭方軟骨與髓顱間無腭基關節。此外，本首目之聽囊一般較短，眶前壁通常不完整，眶後壁甚小或不發育，眶上脊退化或缺如，背鰭二枚 (*Pentanchus* 僅一枚)，有棘 (*Heterodontus*) 或無棘；有臀鰭；尾鰭歪型或近於原正型。胸鰭無擴展之前葉，其前緣決不超過第一鰓裂以前；前鰭基骨小形，向側方伸出，中鰭基骨大小不一，後鰭基骨大形，後鰭基軸發達程度不一。 頭部不向兩側擴展（丫髻鮫科例外）， 頭部與軀幹部圓柱狀以至極度平扁。體表到處被微小之皮齒，雄者胸鰭背面無大形皮齒。噴水孔大小不一，或缺如，孔內無瓣摺；鰓裂 5 對，側位或背側位。肛門通常與腹鰭相連（鬚鮫科例外）。脊索凹縊， 椎體已充分分化，並且有程度不一之後起性石灰質化，但絕不成同心層狀（星椎型）。

異齒鮫目 HETERODONTIFORMES

＝CESTRACIONTES；虎鯊目

鼻孔特化，有明顯之鼻口間溝及鼻外皮摺，但無鼻鬚。口短，在上下頜之先端，有大形完整之唇溝，遠在頜之前方。眼背側位，無瞬膜，有明顯之眶下脊。噴水孔小形，在眼之後下方。背鰭二枚，各具短壯之硬棘。無吻軟骨，聽囊較短。腭方軟骨無伸出之眶突，而以廣濶之關節面接於鼻囊腹面之篩腭溝以及眶下棚的背前端，後端則以短靱帶連於髓顱底部，故為兩接型，上下頜向後不到達枕區。唇軟骨大形，遠在上下頜前方。胸鰭之前鰭基骨小形，僅有一鰭輻骨與之連接，中鰭基骨及後鰭基骨均大形，後鰭基軸不發達。腸瓣螺旋狀，卵生，卵殼有特殊之螺旋狀外緣。上下頜齒同型，中央齒較小，幼時有 3～5 尖頭，側齒大形，臼齒狀，無尖頭。化石種類甚多，從上侏羅紀至新生代之中新世。現生者僅一科一屬。

在分類上，學者們通常把異齒鮫置於單獨之一類，或與峯齒鮫、六鰓鮫，以及其他原始鮫類併為一類。但因其頜關節，鼻口間溝，上下頜前方之牙齒，頜肌，唇軟骨的位置及胸鰭骨骼等，均與鬚鮫類相似，其髓顱之形態亦大致彼此相似，故依 COMPAGNO (1973) 改列為正鮫首目中。前述最接近現代鮫類之古棘鮫 (*Palaeospinax*) 通常亦列於本目中。

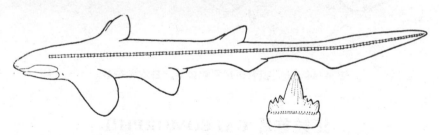

圖 4-45 古棘鮫 (*Palaeospinax*) 之側面觀及其牙齒 (據 DEAN)。

異齒鮫科 HETERODONTIDAE

＝CESTRACIONTIDAE；CENTRACIONTIDAE；Bull-head shark

虎鯊科；Prof. Jackson Shark；Horn Sharks

體延長，頭短而高。口裂狹，上唇分七葉，下頜口角有唇褶。鰓裂 5 對，後方 3 或 4 對在胸鰭基底上方。兩頜齒相同，前方者小而鈍，側齒為肥大之臼齒狀。噴水孔小。第一背鰭在胸鰭與腹鰭之間，第二背鰭在腹鰭與臀鰭之間，尾鰭後端下方有一深缺刻，尾基無凹窪。

臺灣產異齒鮫科 1 屬 2 種檢索表：

1a. 吻短鈍；由臀鰭基底後端至尾鰭下葉前端之距離，為臀鰭基底長之 $1\frac{1}{5}$～$1\frac{2}{3}$ 倍；體側由頭至尾有
8～10 條不甚明顯之暗色橫帶 ·· **日本異齒鮫**

1b. 吻略尖；由臀鰭基底後端至尾鰭下葉前端之距離，為臀鰭基底長之 2 倍或 2 倍以上；體側有若干條明顯之黑褐色橫帶，濶狹相間，濶者向下往往分歧為二條‥‥‥‥‥‥‥‥‥‥‥‥‥‥**斑紋異齒鮫**

日本異齒鮫 *Heterodontus japonicus* DUMÉRIL

　　英名 Japanese bull-head shark，又名寬紋虎鯊，虎頭鮫（動典）；日名貓鮫。產基隆。

斑紋異齒鮫 *Heterodontus zebra* (GRAY)

　　亦名狹紋虎鯊，角沙（湯），貓兒鯊（FOWLER）；日名縞貓鮫。產基隆。

圖 4-46　斑紋異齒鮫。

鬚鮫目 ORECTOLOBIFORMES
鬚鯊目

　　鼻孔有顯著之鼻口間溝，通常具鼻外皮摺（*Stegostoma, Ginglymostoma, Rhincodon* 等屬例外）以及鼻鬚（*Hemiscyllium* 者不發育）。口甚短，限於上下頜之先端；大形完整之唇溝遠在上下頜之前方。眼背側位或側位，下眼瞼通常無瞬膜。噴水孔大小不一，通常位於眼下後方（*Rhincodon* 者在眼之正後方）。無鼠鮫齒型，齒根通常不成顯著之二裂片狀，齒帶不分化，後部無臼齒形齒。背鰭無棘，吻軟骨單一（*Orectolobus* 極度退化，*Rhincodon* 無吻軟骨）。聽囊較短。腭方軟骨無伸出之眶突，而有廣濶的關節面接於鼻囊腹面的篩腭溝以及眶下棚的前背端。上下頜向後不達枕區；唇軟骨大形，遠在上下頜之前方。胸鰭之前鰭基骨小形，或缺如，中、後鰭基骨大形，延長，與其鰭輻骨之長軸平行。腸瓣環狀或螺旋狀。卵生或卵胎生，卵殼無螺旋狀外緣。

臺灣產鬚鮫目 2 科檢索表:

1a. 第一背鰭之鰭基至少有 1/2 在腹鰭起點以後。

　　2a. 尾鰭大形，後緣為彎月狀；前後鰓弧以一種海綿狀組織彼此相連成為一種特殊的篩狀構造。無鼻口間溝，亦無鼻鬚‥‥‥‥‥‥‥‥‥‥‥‥‥‥‥‥‥‥‥‥‥‥‥‥‥‥‥**鯨鮫科**

　　2b. 尾鰭不特大，後緣不為彎月狀；前後鰓弧清分，無海綿狀構造聯絡之。具有深鼻口間溝，鼻孔前緣有相當發達之鼻鬚‥‥‥‥‥‥‥‥‥‥‥‥‥‥‥‥‥‥‥‥‥‥‥**鬚鮫科**

鯨鮫科 RHINCODONTIDAE

=RHINODONTIDAE; Whale sharks; 鯨鯊科

體軀肥碩， 最大形之已知現生鮫類， 身體兩側由肩部向後至尾基有數條縱走之隆起稜脊。頭廣寬，吻短縮平扁而鈍圓。口在吻端，爲一寬濶之橫裂，僅略小於頭之寬度，口角有唇褶，但無鼻口間溝。眼小，在口角略後，下眼瞼無瞬膜。鼻孔小，在口裂略前，但完全隔離。噴水孔小， 位於眼後。 鰓裂特別寬大， 第四、五個在胸鰭基底上方。 鰓弧上有角質鰓耙，分成許多小枝，交叉成海綿狀之精巧濾器，當水通過鰓區，浮游生物等小形食物均被濾出而吞食之。齒微小而繁多，前後排成十數行，每齒有一小尖頭。背鰭兩枚，第一背鰭介乎胸鰭、腹鰭之間，但其鰭基後方則在腹鰭基底之上方，第二背鰭與臀鰭對在，均較第一背鰭爲小。尾柄兩側各具一側突；尾椎軸上翹。尾鰭大形，後緣呈彎月狀，尾基上方有凹窪，下方無之。

僅一屬一種，分佈於印度洋、太平洋及大西洋之溫帶及熱帶區域，漁獲量不多。我國在東海、黃海、南海均有捕獲記錄，臺灣在基隆曾有捕獲記錄。

鯨鮫 *Rhincodon typus* ANDREW SMITH

英名 Whale shark，又名鯨鯊；日名甚兵衞鮫，俗名豆腐沙（北部），大戇沙（南部）。全長約 10 公尺（最大可達 20 公尺），體重 4,500 公斤。曾在基隆，臺東附近海域捕獲。

圖 4-47　左，鯨鮫（據松原氏）；右，鯨鮫之鱗片。

鬚鮫科 ORECTOLOBIDAE

=HEMISCYLLIDAE＋ORECTOLOBIDAE＋GINGLYMOSTOMIDAE;

Nurse sharks, Carpet sharks; 天竺鮫科，鬚鯊科

體圓筒狀，或肥厚而平扁。體輻狹，吻中型，或短而廣。口爲短橫裂，鼻口間溝發達，口角有唇褶，鼻孔前緣有鼻鬚或鼻瓣。眼小，無瞬膜，但眼瞼內方有游離存在之肉質皮褶。

噴水孔小或大。鰓裂小或中等，後方一個至三個鰓裂在胸鰭基底之上方；鰓弧無鰓耙，亦無篩狀構造聯絡其間。齒小，有數尖頭。背鰭兩枚，第一背鰭遠較尾鰭爲短，其起點在腹鰭上方或略後。臀鰭在第二背鰭下方偏前或偏後，靠近或遠離尾鰭下葉。尾鰭長或短，後緣不爲彎月狀，後端下方有缺刻，尾基無凹窪，其主軸後方略向上翹。尾鰭下葉之前下方不特別延長。吻軟骨缺如，一枚，或三枚，如有三枚時其前端彼此分離。胸鰭之中鰭基骨與後鰭基骨殆同大，中間有一孔爲之隔離，相連之鰭輻軟骨數目亦大致相等。卵生（如 *Chiloscyllium, Stegostoma*）或卵胎生（如 *Orectolobus, Ginglymostoma*）。棲於港灣及岩礁附近，沿岸之淺海中，行動緩慢，大都爲底棲性，以無脊椎動物及小魚爲食。

臺灣產鬚鮫科 5 屬 8 種檢索表：

1a. 頭側及吻有觸鬚排成不規則之數列；體平扁，口次端位，前面牙齒細長，單一尖頭；噴水孔大，在眼之水平直徑之位置以下；第 4、5 鰓裂較爲接近；臀鰭小，在第二背鰭以後，並接近尾鰭下葉，尾鰭短於體長之 1/3；卵胎生（鬚鮫屬 *Orectolobus*）。

  2a. 眼之後上方有一、二枚乳突，頭側觸鬚較少，頸部有鬚；鼻瓣分枝多分叉；第二背鰭顯然較第一背鰭爲小；體褐色，有若干不規則之白斑………………………………………**斑鬚鮫**

  2b. 眼上方無乳突，頭側觸鬚較多，但頸部無鬚；鼻瓣分枝簡單；兩背鰭殆同大；體銹褐色，具有白色邊緣之斑紋，更有十條或更多之不規則暗色橫帶，各鰭亦有同樣之斑紋…………………**日本鬚鮫**

1b. 頭側及吻無觸鬚；體近於圓筒形；口腹位。

  3a. 第二背鰭起點在臀鰭上方（起點以後）或以後（基底以後）；喉部有短鬚；最後鰓裂最大（喉鬚鮫屬 *Cirrhoscylium*）。

    4a. 第一背鰭之起點在由吻端至尾鰭後端下方缺刻間之中點；臀鰭基底後端在第二背鰭基底前方 1/3 處之下方，其後緣末端則僅達第二背鰭基底中點之下方；由第五鰓裂上端至腹鰭起點間之距離大於頭長；體鱗多數具五突起稜………………………………………**臺灣喉鬚鮫**

  3b. 第二背鰭起點在臀鰭起點以前。

    5a. 噴水孔微小；各鰓裂大小殆相等，第 4、5 鰓裂靠近，在胸鰭基底上方；鼻孔近吻端，內緣各具一鼻鬚；齒之中央尖頭特大，兩側各有若干細尖頭（銹鬚鮫屬 *Ginglymostoma*）。

    6a. 尾鰭長約爲全體體長之 1/3，後端下方有缺刻；此外各鰭後緣均凹入，胸鰭尖端（外角）壓平時達胸鰭、腹鰭間距離之 1/2………………………………………………**銹鬚鮫**

    5b. 噴水孔與眼徑殆同大。

      7a. 噴水孔與眼之水平直徑同一位置；尾鰭特長，約爲全體體長之 1/2 或略長於 1/2；第一背鰭與腹鰭對在，但其起點在腹鰭起點以前（虎鮫屬 *Stegostoma*）。

      鰓裂小，第一鰓裂約與眼之直徑相等，第 4、5 鰓裂略大，最後三鰓裂在胸鰭基底上方；幼魚全體有二十餘條明顯之黃色橫帶，成魚橫帶不明，而密佈深色斑點…………**大尾虎鮫**

      7b. 噴水孔在眼之水平直徑之位置以下；尾鰭較短，短於全體體長之 1/3；第一背鰭起點在腹鰭起點以後；鰓裂小，第 4、5 鰓裂靠近，最後三鰓裂在胸鰭基底上方；齒小，上下頜齒同型，各有三尖頭；卵生（狗鮫屬 *Chiloscyllium*）。

8a. 體背面僅有一條隆起稜線；臀鰭短於尾鰭下葉。

  9a. 第一背鰭起點在腹鰭基底前半之上方；兩背鰭較腹鰭為大，鰭之後角突出；體上半為一致之淡褐色，下半淺色⋯⋯⋯⋯⋯⋯⋯⋯⋯⋯⋯⋯⋯⋯⋯⋯**狗鮫**

  9b. 第一背鰭起點在腹鰭基底後半（最後之 1/4）之上方；兩背鰭較腹鰭為小，鰭之後角不突出；體側有十三條淡褐色橫帶，並雜有小形白斑⋯⋯⋯⋯⋯⋯⋯⋯**斑竹狗鮫**

8b. 體背面有三條隆起稜線；臀鰭與尾鰭下葉同長或稍長；第一背鰭起點在腹鰭基底後端之上方；兩背鰭與腹鰭殆同大，鰭之後角不突出；體側有十二條濃褐色橫帶，並雜有許多白色斑點⋯⋯⋯⋯⋯⋯⋯⋯⋯⋯⋯⋯⋯⋯⋯⋯⋯⋯⋯⋯⋯⋯**印度狗鮫**

斑鬚鮫 *Orectolobus maculatus* BONNATERRE

英名 Wobbegongs 或 Carpet shark；又名斑紋鬚鯊；俗名虎鯊。見於本省西南海域及南中國海。

日本鬚鮫 *Orectolobus japonicus* REGAN

英名 Wobbegongs 或 Carpet shark；亦名日本鬚鯊，蝦蟆鯊（湯）；俗名虎鯊；日名桐の戶鱶。產南中國海，臺東。

臺灣喉鬚鮫 *Cirrhoscyllium formosanum* TENG

鄧火土氏（1956）發表之新種。俗名鉤纏仔（紅毛港）。產高雄。

銹鬚鮫 *Ginglymostoma ferrugineum* (LESSON)

水產試驗所初次發見之鬚鮫。英名 Rusty shark, Tawny shark；俗名鑼槌沙。產基隆。此標本僅一背鰭（無第二背鰭），鄧火土氏認為本種之畸形。

大尾虎鮫 *Stegostoma fasciatum* (HERMANN)

英名 Tiger shark, Zebra shark；亦名豹紋鯊，豹鯊（湯）；俗名大尾虎鯊；日名虎斑鮫，產蘇澳、基隆、澎湖、東港。

狗鮫 *Chiloscylliun punctatum* (MÜLLER & HENLE)

英名 Lip shark；俗名狗鯊；亦名點紋斑竹鯊；日名犬鮫。產高雄、東港，臺東。

斑竹狗鮫 *Chiloscyllium plagiosum* (BENNETT)

英名 Lip shark；亦名條紋斑竹鯊，Tasha (FOWLER)。產臺灣。

印度狗鮫 *Chiloscyllium colax* (MEUSCHEN)

英名 Lip shark；亦名長鰭斑竹鯊，犬鯊（湯），天竺鯊（湯），印度沙鮫（袞），犬鮫（袞）；俗名銀筒；日名天竺鮫。*C. indicum* (GMELIN) 為其異名。產蘇澳、基隆、梧棲、高雄、澎湖，臺東。

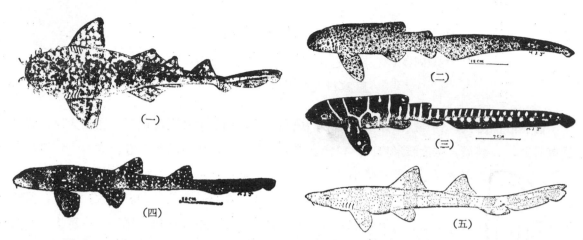

圖 4-48　鬚鮫科四例。（一）日本鬚鮫（據朱等）；（二）大尾虎鮫；（三）大尾虎鮫之幼魚；（四）印度狗鮫；（五）斑竹狗鮫（據松原氏）。

鼠鮫目 LAMNIFORMES

鼻孔普通，無鼻口間溝，亦無鼻外皮摺及鼻鬚。口甚長，向後達上下頜之後部；唇溝之發育情形不一，在上下頜之後部。眼側位，下眼瞼無瞬膜。噴水孔小或缺如，如有時在眼之正後方或低於眼之水平。齒根為顯著之二裂片狀（象鮫例外），鼠鮫型齒，無中央齒，上下頜縫處或有或無，頜縫兩側（前位）大形之齒，上頜 2～3 列，下頜 2 列；中位齒在上頜或有或無；上下頜之側位及後位齒多少已分化，但後位齒絕不為臼齒狀。背鰭無棘，鰭基骨分節而非板狀。吻部有三吻軟骨。嗅囊球形。眶前壁完整。腭方軟骨有短眶突，與眶下棚之側方以及嗅囊之後面成關節。上下頜甚長，通常伸達枕區（狐鮫科較短）。唇軟骨或有或無。胸鰭之前鰭基骨小形，中鰭基骨大小不一，後鰭基骨大形，後二者不與鰭輻骨之長軸平行。腸瓣環狀。卵胎生。

臺灣產鼠鮫目 4 科檢索表:

1a. 第一背鰭鰭基之終點正在腹鰭起點之上方，惟一般概在腹鰭起點以前；第一背鰭基底較尾鰭為短。

　2a. 尾鰭後緣彎月狀，尾部主軸向後上方翹起；尾柄平扁，兩側有隆起稜脊，第二背鰭小於第一背鰭。

　　3a. 齒大，錐形或寬扁三角形，數少；鰓弧無鰓耙⋯⋯⋯⋯⋯⋯⋯⋯⋯⋯⋯⋯⋯⋯**鯖鮫科**

　　3b. 齒微小，數繁多；鰓弧有發達之角質鰓耙⋯⋯⋯⋯⋯⋯⋯⋯⋯⋯⋯⋯**象鮫科**

　2b. 尾鰭後緣不為彎月狀，尾部主軸略向後上方翹；尾柄不平扁，兩側無隆起稜脊。

　　4a. 尾鰭長相當於全體體長之 1/2 或超過 1/2，鐮刀形；最後二鰓孔位於胸鰭基底上方；第二背鰭顯然小於第一背鰭⋯⋯⋯⋯⋯⋯⋯⋯⋯⋯⋯⋯⋯⋯⋯⋯⋯⋯⋯⋯**狐鮫科**

　　4b. 尾鰭顯然短於全體體長之 1/2；第五鰓裂在胸鰭起點以前；第二背鰭約與第一背鰭等大⋯⋯⋯⋯⋯⋯⋯⋯⋯⋯⋯⋯⋯⋯⋯⋯⋯⋯⋯⋯⋯⋯⋯⋯⋯⋯⋯⋯**砂鮫科**

鯖鮫科 LAMNIDAE

ISURIDAE; Mackerel sharks; Man-eater sharks

鼠鮫科（動典）；鼠鯊科

　　體强壯而肥大，紡綞狀；頭部圓錐形，尾柄平扁，兩側有强隆起稜脊，尾鰭大形，後緣爲彎月狀。口裂廣，强度弧形彎曲，口角有唇溝。鼻孔小，與口隔離，僅前緣有小形鼻瓣。眼正圓，下眼瞼無瞬膜或皮褶。噴水孔小，或完全缺如。眼圓形，無瞬膜，鰓裂大，第四、五枚較爲接近，均在胸鰭基底以前；鰓弧無鰓杷，亦無篩狀構造聯絡其間。齒大，數少，錐子狀或箭頭狀，僅有一尖頭。背鰭兩枚，第一背鰭大形，在體軀（不包括尾鰭）中部上方，第二背鰭微小，與臀鰭相似而對在。尾鰭後端下方有缺刻，尾基上下有凹窪；下葉發育完善，故後緣呈彎月形，胸鰭殆與第一背鰭同大，腹鰭略小。吻軟骨三片，先端連合。胸鰭之後鰭基骨與中鰭基骨同大，但與後鰭基骨相連之鰭輻軟骨爲中鰭基軟骨之三倍，此二鰭基骨間無隔離之孔。卵胎生。游泳力甚强，故分佈甚廣。*Lamna* 屬不見於熱帶海洋，*Carcharodon* 屬不見於北部海洋。化石見於白堊紀至現代。

臺灣產鯖鮫科 2 屬 2 種檢索表:

1a. 齒錐子狀，較爲纖小，邊緣光滑，基部無小尖頭（鯖鮫屬 *Isurus*）。

　　第一背鰭之起點在胸鰭內角(當胸鰭褶伏時)以後，臀鰭起點在第二背鰭基底中部之下方；上頜齒24列，下頜齒 22 列 ···灰鯖鮫

1b. 齒箭頭狀（三角形），邊緣鋸齒狀，基部無小尖頭（食人鮫屬 *Carcharodon*）。

　　第一背鰭之起點在胸鰭基底以後，臀鰭起點完全在第二背鰭基底以後；上頜齒 26 列，下頜齒 24 列······
···食人鮫

灰鯖鮫 *Isurus glaucus* (MÜLLER and HENLE)

　　英名 Bonito shark；*I. oxyrinchus* RAFINESQUE 爲其異名。亦名灰青鮫（袁）；俗名烟仔鯊；日名鯖鮫或青鮫。產蘇澳、基隆、高雄、臺東。

食人鮫 *Carcharodon carcharias* (LINNAEUS)

　　英名 Great White shark, Man-eater；又名噬人鯊；日名頰白鮫；俗名烟仔沙舅。45年水產試驗所初次發現。產基隆近海。（圖 4-49）

象鮫科 CETORHINIDAE

HALSYDRIDAE; Basking sharks; 姥鯊科; 姥鮫科（日）

　　體肥大，紡綞狀；頭短，吻部圓錐形；尾柄細小略形平扁，兩側有隆起稜脊。鰓裂甚

長，上起背部，下迄喉部正中線，但左右側不相連，最後鰓裂在胸鰭基底前。每一鰓弧內側有櫛齒狀之角質鰓耙，形細長而數繁多（每一鰓弧大約有一千個），形成過濾器。鼻孔狹小，位於口前。口大，弧形，具唇摺；噴水孔微小，位於眼後。齒極微小（13 呎長之個體，齒長 3 mm, 30 呎長之個體，齒長 6 mm.），數甚多，圓錐形，無鋸齒緣，亦無側尖頭，由鰓耙與齒之性質，可知象鮫為濾食性動物。背吻軟骨（Dorso-rostral cartilage）、腹吻軟骨（Ventrorostral cartilage）濶劍狀。其他特徵與鯖鮫科大致相同，故學者多併合為一科。唯就鰓裂、鰓耙、及齒等特徵而言，不特與鯖鮫有別，在正鮫首目中亦為特出之一羣，故另列為一科。化石見於漸新世至現代。

　　本科已知者僅一屬一種，即象鮫是。WHITLEY (Fish. Aust., 1, 1940, p. 132) 所論及之澳洲象鮫（*C. maccoyi* BARRETT）是否為另一種，仍有疑問。水產試驗所於 46 年在新港、深澳首次發現本種，體長達 10 公尺以上，漁業取其肝製魚肝油。肝重可達體重之 20%，其中含油達 60%。分佈溫帶海洋。在寒冷季節鰓耙脫落，至下一浮游生物旺季生出新鰓耙。

象鮫 *Cetorhinus maximus* (GUNNERUS)

　　英名 Basking shark, Bone shark；亦名姥鮫；俗名象沙。產新港、深澳。（圖 4-49）

圖 4-49　左，食人鮫（鯖鮫科）；右，象鮫（象鮫科）。

狐鮫科 ALOPIIDAE

Thresher sharks, Fox sharks；長尾鯊科

　　本科因有特長而上翹之尾鰭，極易與其他鮫類相區別。一般特徵極似鯖鮫，故亦有認為鯖鮫科中之一亞科者。體長中庸，吻比較的短。口大，強度弧形彎曲；口角有唇溝。鼻孔小，橫裂，無鼻鬚，距口（較距吻端）較近，但與口完全隔絕，眼大或中型，近於正圓，無瞬膜。噴水孔小，在眼之直後，有時缺如。鰓裂普通大，第三至第五個在胸鰭基底上方。鰓弧無鰓耙，亦無篩狀構造聯絡其間。齒小，平扁，箭頭狀，齒根分叉；僅一尖頭，中央齒之尖頭直立，側齒尖頭漸向口角傾斜。背鰭兩枚，第一背鰭中型，在軀幹（不包括頭部）中部上方，第二背鰭微小，臀鰭亦同樣微小，但在第二背鰭以後。尾鰭特長，約為體之全長之 1/2，

後端下方有缺刻，下葉前下角突出，尾基有缺刻。尾柄不平扁，兩側無稜脊。胸鰭特大，呈鐮刀狀；腹鰭則僅略大於臀鰭。吻軟骨三片，先端合一，胸鰭之鰭輻骨均附着於中、後鰭基軟骨。卵胎生。上層魚類，化石見於第三紀至現代。

臺灣產狐鮫科 1 屬 3 種檢索表：

1a. 第一背鰭後端遠在腹鰭起點以前。

  2a. 齒之中央尖頭斜向外方，外緣有 1、2 小尖頭；眼大，約等於吻長之 1/2；第一背鰭起點距胸鰭內角甚遠⋯⋯⋯⋯⋯⋯⋯⋯⋯⋯⋯⋯⋯⋯⋯⋯⋯⋯⋯⋯⋯⋯⋯⋯⋯⋯⋯⋯⋯**淺海狐鮫**

  2b. 齒之中央尖頭略向外斜，外緣無小尖頭；胸鰭外緣凸出；眼小，小於吻長之 1/2；第一背鰭起點與胸鰭內角相對⋯⋯⋯⋯⋯⋯⋯⋯⋯⋯⋯⋯⋯⋯⋯⋯⋯⋯⋯⋯⋯⋯⋯⋯⋯⋯⋯⋯⋯⋯**狐鮫**

1b. 第一背鰭後端達腹鰭起點之上方，或超越腹鰭起點；第二背鰭後端達臀鰭基底上方，尾基上下方各有一凹窪⋯⋯⋯⋯⋯⋯⋯⋯⋯⋯⋯⋯⋯⋯⋯⋯⋯⋯⋯⋯⋯⋯⋯⋯⋯⋯⋯⋯⋯⋯**深海狐鮫**

淺海狐鮫 *Alopias pelagicus* NAKAMURA

又名淺海長尾鯊；俗名大翅尾（蘇），三娘（東港），白翅仔。產蘇澳、基隆、高雄、臺東。（圖 4-50）

狐鮫 *Alopias vulpinus* (BONNATERRE)

英名 Thresher, Fox shark, Swingletail, Longtail shark, Thintail thresher, Fish shark, Sex fox；又名狐形長尾鯊；日名尾長鮫。長者可達六公尺。產高雄。

深海狐鮫 *Alopias profundus* NAKAMURA

又名深海長尾鯊；俗名黑翅婆；產蘇澳、高雄、臺東。

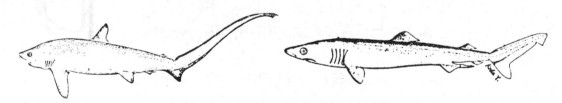

圖 4-50 左，淺海狐鮫（狐鮫科）；右，楊氏砂鮫（砂鮫科）。

砂鮫科 ODONTASPIDIDAE

=ODONTASPIDAE; Sand sharks; 錐齒鯊科；白眼鮫科（動典）

體比較的延長而側扁，頭部平扁，向前漸尖，吻短，尖銳或鈍圓；尾長，側扁，無縱走稜脊。口寬，強度弧曲，口角有唇溝，或無之。鼻孔小，橫裂，比較的近於口之前端，前緣無鼻鬚。眼小，圓形，下眼瞼無瞬膜或皮褶。噴水孔小。鰓裂相當大形，均在胸鰭基底以前。鰓弧無鰓杷，亦無篩狀構造聯絡其間。齒大形，數少，錐子狀，側尖頭或有或無。背鰭二枚，同形同大，或第二背鰭較小；第一背鰭在軀幹部偏後，其基底後端在腹鰭起點上方或以前。臀鰭與第二背鰭相似，但位置偏後。尾鰭短於全體體長之 1/3，後端下方有顯著的缺刻，下葉前下角突出，尾基有凹窪。胸鰭較腹鰭略大。吻軟骨合而為一。中鰭基骨與後鰭基骨同大，但附着其上之鰭輻軟骨僅為附着於後鰭基軟骨者之 1/2；二者之間無隔離之孔。卵胎生。化石見於上白堊紀至現代。

臺灣產砂鮫科 1 屬 2 種檢索表：

1a. 上頜齒 40～45 列（自此側至彼側計），下頜齒 36～40 列，各齒有一中央尖頭，兩側有小尖頭；吻長為眼徑之 4 倍；二背鰭、胸鰭，及臀鰭殆同大，第一背鰭基底後端在腹鰭起點之上方；二背鰭間距離約為尾鰭長之 2/7⋯⋯⋯⋯⋯⋯⋯⋯⋯⋯⋯⋯⋯⋯⋯⋯⋯⋯⋯⋯⋯⋯**戟齒砂鮫**

1b. 上頜齒 29 列，下頜齒 26 列；吻長約為眼徑之 2 倍；第二背鰭及臀鰭小於第一背鰭及腹鰭，第一背鰭位於胸鰭、腹鰭之中間上方；二背鰭間距離僅略短於尾鰭⋯⋯⋯⋯⋯⋯⋯⋯⋯⋯**楊氏砂鮫**

戟齒砂鮫 *Odontaspis taurus* (RAFINESQUE)

英名 Sand shark, Sand tiger, Ragged tooth shark；又名錐齒鯊；俗名白糊（基），麥芽（新竹、南寮、宜蘭、大溪），白沙（高）。產基隆、臺東。

楊氏砂鮫 *Carcharias yangi* TENG

47 年水產試驗所得此於蘇澳，鄧火土氏定名為楊氏砂鮫。（圖 4-50）

白眼鮫目 CARCHARINIFORMES

＝SCYLIORHINOIDEA；正鮫目；眞鯊目

本目包括一般習見之沙魚，其鼻孔普通，無鼻口間溝，亦無鼻外皮摺或鼻鬚。有唇摺而發育程度不一，限於上下頜之後部。眼側位或背側位，下眼瞼往往有瞬膜。噴水孔大小不一，或缺如，有時位於眼之正後方。齒根通常二裂片狀，無鼠鮫型齒，齒帶由不分化而至高度分化為齒列羣；前位齒有時具有，但較小，無中位齒，中央齒通常存在，如有後位齒通常不成臼齒狀（有例外）。背鰭無棘，其鰭基骨分節而不成板狀。吻軟骨三枚。嗅囊球圓或卵圓形（丫髻鮫科極度平扁而向兩側擴展）；聽囊由短小而至極大。腭方軟骨有短小之眶突，與眶下棚之側方以及嗅囊之後面成關節。上下頜長短不一；吻軟骨或有或無。胸鰭有小形之前鰭基骨與中鰭基骨，後鰭基軸短小。腸瓣螺旋狀，螺環狀，或渦卷狀；卵生，卵胎生或胎生，卵殼無螺旋狀外緣。

臺灣產白眼鮫目 5 科檢索表：

1a. 頭部形狀正常，並不向兩側突出為丫髻狀；尾鰭不特大，後緣不為彎月狀。

2a. 第一背鰭之鰭基至少有 1/2 在腹鰭起點以後；無鼻口間溝，故鼻孔不與口相通，鼻孔前緣無鼻鬚；

眼無瞬膜，但在下眼瞼下方可能有一皮摺·····················貓鮫科

2b. 第一背鰭鰭基之終點正在腹鰭起點之上方，或在腹鰭起點以前。眼有瞬膜或皮摺；第五鰓裂在胸鰭
起點之上方或以後。

   3a. 第一背鰭基底較尾鰭爲長·····················擬貓鮫科

   3b. 第一背鰭基底較尾鰭爲短。

     4a. 齒低矮，鈍圓、或具三（或更多）尖頭，往往排列爲砌石狀·····················平滑鮫科

     4b. 齒槍尖狀，僅具一尖頭，決不排列爲砌石狀·····················白眼鮫科

1b. 頭部在眼所在之位置向兩側突出，呈腎狀或丫鬠狀·····················丫鬠鮫科

貓鮫科 SCYLIORHINIDAE

Cat sharks; CATULIDAE + HALAELURIDAE + ATELOMYCTERIDAE;

貓鯊科，虎鮫科

本科爲比較短小之鮫類，頭部平扁，吻端鈍圓，體軀在尾鰭以後側扁。口寬廣，弧形彎曲，口角多少有唇溝。鼻孔接近於口，前緣有時具鼻鬚，但無鼻口間溝，如有溝時則概無鼻鬚。眼之水平徑較長，無瞬膜，但下眼瞼之一部分變爲一皮褶，能上閉。噴水孔小，接近於眼之後下方。鰓裂小，最後一個或二個在胸鰭基底之上方；鰓弧無鰓耙，亦無聯絡其間之篩狀構造。齒小形，每齒有一中央尖頭，兩側有一個或數個小尖頭。背鰭兩枚（*Pentanchus* 僅一枚），小形，無棘。第一背鰭在全體中部上方（或腹鰭上方），或略前，或略後。有臀鰭，通常在第二背鰭之前下方。尾鰭中型，尾基一般無凹窪。尾柄兩側無縱走之稜脊，尾椎軸低平或稍翹。吻軟骨三片，先端連合。胸鰭之鰭輻骨多數與後鰭基骨相連，中鰭基軟骨甚小，僅連有少數鰭輻軟骨，中鰭基軟骨與後鰭基軟骨中間有一孔爲之隔離，亦有無孔者。卵生，卵爲長方形角質囊，其四角或兩角繫以細長之絲。

臺灣產貓鮫科 5 屬 7 種檢索表:

1a. 尾柄及尾鰭背緣有二縱列大形鱗片，故外形呈鋸齒狀；第一背鰭在腹鰭上方或以後，臀鰭在第二背鰭下方略前；尾鰭下葉比較的大；前鼻瓣無鬚，後鼻瓣短，不向後伸展（蝲鮫屬 *Galeus*）。

  2a. 臀鰭後角未伸達第二背鰭後端下方，二者之距離約等於由眼至噴水孔之距離。體褐色，背面有 8～9 條暗色橫帶·····················伊氏蝲鮫

  2b. 臀鰭後角伸達或近於第二背鰭後端下方；體爲一致之褐色，各鰭先端灰色或黑色，體側無橫帶

·····················梭氏蝲鮫

1b. 尾柄及尾鰭背緣不呈鋸齒狀（因無大形之鱗片）。

  3a. 腹部能吸氣鼓起如河豚狀；口角無唇溝或僅留痕跡，但有垂直之唇褶；有後鼻瓣；臀鰭與第二背鰭對在，但起點在第二背鰭起點以前（頭鮫屬 *Cephaloscyllium*）。

    4a. 胸鰭後端不達胸腹鰭起點間距離之中點。

　　　　背面有 6、7 個暗褐色橫斑；體側有 4、5 個不規則之暗色圓斑，幼時較明顯⋯⋯⋯⋯⋯⋯**頭鮫**

　　4b.　體灰赤褐色，背側面有約 10 個暗色橫斑，到處有白色小斑點散在，側面及尾部有少數小黑點
　　　　⋯⋯⋯⋯⋯⋯⋯⋯⋯⋯⋯⋯⋯⋯⋯⋯⋯⋯⋯⋯⋯⋯⋯⋯⋯⋯⋯⋯⋯⋯⋯⋯⋯⋯⋯⋯⋯**星頭鮫**

　3b.　腹部不能鼓起如河豚狀；口角有唇溝。

　　　5a.　有前鼻瓣，向後伸展達口裂前緣，後鼻瓣缺如；吻短而狹；第一背鰭起點在腹鰭基底之後端
　　　　　以前，臀鰭及尾鰭下葉均短，臀鰭基底之後端在第二背鰭基底中點之下方（貓鮫屬 *Atelomyc-*
　　　　　terus）。

　　　　　口角有發達之唇褶，其在下頜者向內伸展近於下頜中央線；體淡褐色，有不規則的黑褐色斑
　　　　　駁，並雜有白色眼斑⋯⋯⋯⋯⋯⋯⋯⋯⋯⋯⋯⋯⋯⋯⋯⋯⋯⋯⋯⋯⋯⋯⋯⋯⋯⋯⋯**斑貓鮫**

　　　5b.　有前鼻瓣，但較短，遠離口裂前緣，後鼻瓣存在或僅留痕跡；第一背鰭起點顯然在腹鰭起點
　　　　　以後。

　　　　6a.　後鼻瓣存在；臀鰭及尾鰭下葉均甚短，前者在第二背鰭以前，並遠離尾鰭下葉（豹鮫屬
　　　　　　Halaelurus）。

　　　　　　全體包括頭與各鰭到處有顯著之小黑斑散在⋯⋯⋯⋯⋯⋯⋯⋯⋯⋯⋯⋯⋯⋯⋯⋯⋯⋯**豹鮫**

　　　　6b.　後鼻瓣僅留痕跡；臀鰭及尾鰭下葉均較長，前者後緣接近尾鰭下葉；吻部平扁如篦片（篦
　　　　　　鮫屬 *Apristurus*）。

　　　　　7a.　臀鰭前緣接近腹鰭，後緣接近尾鰭，第一背鰭較第二背鰭略大，其基底跨於腹鰭、臀鰭
　　　　　　　之中間上方；體暗灰色，各鰭前緣、口內、鰓腔、及鼻孔均黑色⋯⋯⋯⋯⋯**廣吻篦鮫**

依氏蜥鮫 *Galeus eastmani* (JORDAN & SNYDER)

　　英名 Gecko shark；又名伊氏鋸尾鯊。據沈世傑教授 (1984) 產臺灣北部及東北部沿
岸。

梭氏蜥鮫 *Galeus sauteri* JORDAN and RICHARDSON

　　又名梭氏鋸尾鯊；俗名水頸仔；日名臺灣守宮鮫。產基隆、高雄、東港。

頭鮫 *Cephaloscyllium umbratile* JORDAN and FOWLER

　　又名陰影絨毛鯊，日名七日鮫；深海性鮫類。產高雄、東港。(圖 4-51)

星頭鮫 *Cephaloseyllium formosanum* TENG

　　鄧火土氏於 1962 年發表之新種，標本採自東港。

斑貓鮫 *Atelomycterus marmoratus* (BENNETT)

　　英名 Marbled Cat-shark。又名斑鯊；水產試驗所 45 年初次發現，鄧火土氏名爲斑虎
鮫。產彭佳嶼、臺東。

豹鮫 *Halaelurus bürgeri* (MÜLLER and HENLE)

　　又名梅花鯊；日名長崎虎鮫。產基隆、高雄。(圖 4-51)

廣吻篦鮫 *Apristurus macrorhynchus* (TANAKA)

東海大學魚類研究室於 51 年首次自東港採得標本。日名長筦鮫。（圖 4-51）

<table>
<tr><td>（一）</td><td>（三）</td></tr>
<tr><td>（二）</td><td>（四）</td></tr>
</table>

圖 4-51　（一）頭鮫；（二）豹鮫；（三）廣吻筦鮫（以上貓鮫科）；（四）啞吧鮫（擬貓鮫科）。

擬貓鮫科 PSEUDOTRIAKIDAE

False cat sharks；啞吧鮫科（鄧），擬皺唇鯊科

極少見之北部海洋中之深海魚類。軀幹部較尾部為長，吻平扁，鈍圓。口寬廣，強度弧形彎曲，口角有唇溝。鼻孔與口隔離，前緣無鼻鬚。眼中型，水平徑大於垂直徑，無瞬膜，但下眼瞼內有皮褶。噴水孔寬度與眼之水平徑相當。鰓裂狹，第五鰓裂在胸鰭基底上方。鰓弧無鰓耙，亦無篩狀構造聯絡其間。齒微小，數繁多，中央尖頭較大，側尖頭一個或數個，甚小。背鰭兩枚，第一背鰭低而寬，其基底長殆與尾鰭長相等，基底後端在腹鰭起點上方或略前；第二背鰭較狹，但可能高於第一背鰭。臀鰭與第二背鰭對在，但較小。尾鰭短於全體體長之 1/4，上葉後緣為刷狀，後端下方有缺刻，尾鰭下葉前下方不為葉狀突出，尾基無凹窪。尾柄短，無縱走稜脊。吻軟骨三片，先端合一。胸鰭之後鰭基軟骨較大，鰭輻軟骨多數附着於此，前鰭基軟骨與中鰭基軟骨甚小，附着其上之鰭輻軟骨彼此癒合。卵胎生。

啞吧鮫 *Pseudotriakis acrages* JORDAN and SNYDER

英名 False cat-shark，日名啞鮫。民國 44 年水產試驗所初次發現本種，採自花蓮，原定名為 *Pseudotriakis microdon* BRITO CAPELLO。但其所記特徵接近於 *acrages*，而 *microdon* 為大西洋鮫類，故改正如上。（圖 4-51）

平滑鮫科 TRIAKIDAE

GALEORHININAE（部分）；Smooth dogfishes；皺唇鯊科；星鮫科

體細長，向後側扁，吻平扁，先端圓或鈍圓；尾部兩側無縱走稜脊。口寬，強度弧形彎曲，唇溝或有或無。鼻孔斜裂，前緣無鼻鬚，與口完全隔絕，或有鼻口間溝與口相通（後者

之例不見於臺灣種類）。眼一般卵圓，水平徑大於垂直徑，下眼瞼無瞬膜，但外被皮褶，噴水孔或有或無。鰓裂中型，第五或第四、五鰓裂在胸鰭基底上方。鰓弧無鰓耙，亦無篩狀構造。齒鈍圓，排列爲砌石狀，或有三、四個尖頭。背鰭兩枚，第一背鰭較大，其基底在腹鰭起點以前。臀鰭小於第二背鰭，在第二背鰭後下方。尾鰭短於全體體長之 1/4，後端下方有缺刻，尾基上方有凹窪或無之，下方概無凹窪；尾鰭下葉前下角不突出或略突出；尾椎軸稍上翹。吻軟骨三片，先端合一。胸鰭之鰭輻軟骨多數附着於後鰭基軟骨，中、前鰭基軟骨甚小，中、後鰭基軟骨至少有部分種類有孔分隔之。卵胎生或胎生，後者之例有卵黃囊性胎盤。淺海小形鮫類。

臺灣產平滑鮫科 4 屬 7 種檢索表:

1a. 齒短而鈍圓，有時齒面略陷入，前後若干列排成砌石狀；無鼻口間溝；有噴水孔；有長唇褶；尾鰭下葉前下角不突出或略突出（貂鮫屬 *Mustelus*）。

  2a. 體在側線以上有較大而密之白點散在⋯⋯⋯⋯⋯⋯⋯⋯⋯⋯⋯⋯⋯⋯⋯⋯**星貂鮫**

  2b. 體側無白點。

    3a. 第一背鰭起點正對或稍後於胸鰭內角上方；第一背鰭顯著靠近腹鰭；上唇褶短於或等於下唇褶⋯⋯⋯⋯⋯⋯⋯⋯⋯⋯⋯⋯⋯⋯⋯⋯⋯⋯⋯⋯⋯⋯⋯⋯⋯⋯⋯⋯⋯⋯⋯**灰貂鮫**

    3b. 第一背鰭起點在胸鰭內角之前，約與胸鰭內緣中部相對；第一背鰭顯著靠近胸鰭；上唇褶長於下唇褶⋯⋯⋯⋯⋯⋯⋯⋯⋯⋯⋯⋯⋯⋯⋯⋯⋯⋯⋯⋯⋯⋯⋯⋯⋯⋯⋯**白沙貂鮫**

1b. 齒側扁，有 3～5 個尖頭；口角有唇溝。

  4a. 第二背鰭之起點遠在臀鰭起點以前；尾鰭上方無凹窪（*Triakis*）。

    第一背鰭之起點在胸鰭內角上方，其後端在腹鰭起點上方；噴水孔小，長橢圓形，位於眼後。體褐色，體側有十餘條深褐色橫帶，更有大小不一之小黑點散佈其間⋯⋯⋯⋯⋯⋯**三峯齒鮫**

  4b. 第二背鰭與臀鰭對在，同形同大；尾基上方有凹窪（*Triaenodon*）。

    第一背鰭之起點遠在胸鰭內角上方之後，其後端在腹鰭起點之上方，但二者之距離遠較去腹鰭起點爲近。噴水孔不顯。體銹褐色，腹面淡色，第一背鰭頂端及尾鰭末端白色⋯⋯⋯⋯⋯**鱟鮫**

  4c. 背鰭較小，二背鰭約同形同大；第二背鰭之起點稍後於臀鰭起點。第一背鰭起點約在胸鰭腋部與腹鰭起點之間上方，第一背鰭之後端在腹鰭起點之上方或超過之。噴水孔中大，卵形，恰位於瞬膜後方。尾基上方無凹窪（*Proscyllium*）。

    5a. 身體及各鰭灰褐色，背面約有十條褐色鞍狀斑，斑間並有較狹之灰色鞍狀斑；到處散佈大如虹彩之黑褐色斑點；眶間區約有十個同大之斑點。各鰭有黑點（臀鰭除外）；腹面及臀鰭白色⋯⋯⋯⋯⋯⋯⋯⋯⋯⋯⋯⋯⋯⋯⋯⋯⋯⋯⋯⋯⋯⋯⋯⋯⋯⋯⋯⋯⋯**臺灣原鮫**

    5b. 身體及各鰭灰色，背面有暗色鞍狀斑，到處密佈黑褐色斑點，眶間區有斑點 20～30 個。腹面、偶鰭及臀鰭白色⋯⋯⋯⋯⋯⋯⋯⋯⋯⋯⋯⋯⋯⋯⋯⋯⋯⋯⋯⋯⋯⋯**日本原鮫**

星貂鮫 *Mustelus manazo* (BLEEKER)

英名 Smooth dogfish, Dog shark; 亦名白斑星鯊，鹿沙（動典），花蘆鯊（伍），春鯊（湯），白點沙（顧），月貂鮫（袁）；俗名花點母；日名星鮫。產基隆。（圖 4-52）

灰貂鮫 *Mustelus griseus* PIETSCHMANN

在本書舊版列爲上種之異名。今改正之。又名灰星鯊。產臺灣、澎湖。

白沙貂鮫 *Mustelus kanekonis* (TANAKA)

英名 Smooth dogfish, Dog shark, Gray shark; 又名前鰭星鯊；俗名白鯊條；日名僧帽白鮫。產基隆、澎湖。

三峯齒鮫 *Triakis scyllia* MÜLLER and HENLE

亦名皺脣鮫（動典），獺鯊（湯），九道挳（顧）；日名奴智鮫。產臺灣。（圖 4-52）

鱟鮫 *Triaenodon obesus* (RÜPPELL)

英名 Blunthead shark，俗名鱟仔魚（高）。水產試驗所於 47 年首先發現本種。近年陳哲聰博士等亦曾在臺東採得。（圖 4-52）

臺灣原鮫 *Proscyllium habereri* (HILGENDORF)

又名臺灣鯊；日名臺灣鮫。產臺灣西部沿岸。原鮫屬本來列於貓鮫科中，現據 BIGELOW & SCHROEDER (1948) 移隸本科。

日本原鮫 *Proscyllium venustum* (TANAKA)

日名貂鮫；俗名狗鮫。據 NAKAMURA (1936) 產基隆。原屬於 *Calliscyllium*, FOWLER (1941) 移隸本科，COMPAGNO (1970) 認爲可能爲上種之異名，NAKAYA (1983) 則以上種之全模式標本與 TANAKA 對本種之原始描述相對照，亦認爲二者在形態上非常相似，只體色稍異。惟 NAKAYA (1984) 仍認爲二者均爲獨立之種。

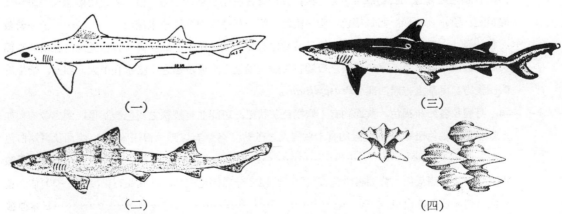

（一）

（三）

（二）

（四）

圖 4-52　（一）星貂鮫；（二）三峯齒鮫；（三）鱟鮫；（四）某種平滑鮫之鱗片。

白眼鮫科 CARCHARHINIDAE

GALEORHINIDAE（部分）；Requiem sharks；眞鯊科

　　本科包含極大多數溫帶或熱帶海洋性鮫類，體多瘦長，頭部平扁，向尾部逐漸側扁；尾鰭特別發達者（往往爲全體體長之 1/3），尾柄兩側有縱走稜脊。口寬廣，強度弧曲；口角多少有唇溝。鼻孔斜小，斜裂，往往比較的近於吻端，與口完全隔絕；前緣無鼻鬚。眼有發育完善之瞬膜，在下眼瞼內。噴水孔或有或無。鰓裂中型，第五枚或第四、五枚在胸鰭基底上方。鰓弧無鰓杷，亦無篩狀構造。齒箭頭狀，僅有一尖頭，中央齒多直立，側齒多向口角傾斜，邊緣光滑或有鋸齒，外側基底有時具若干小尖頭。背鰭兩枚，第一背鰭大形，概在腹鰭以前，第二背鰭與臀鰭較小或甚小，通常對在。尾鰭概短於全體體長之 1/3，後端下方有缺刻，尾基上下有凹窪，少數缺如；尾鰭下葉突出，尾椎軸上翹。胸鰭有時甚大，呈鐮刀狀。吻軟骨三枚，先端合一。胸鰭之鰭輻軟骨多數附着於後鰭基軟骨，中、前鰭基軟骨甚小，中、後鰭基軟骨至少有部分種類有孔分隔之。卵胎生，或胎生而具卵黃囊性胎盤。

臺灣產白眼鮫科 9 屬 24 種檢索表:

1a. 噴水孔缺如。

　2a. 由第一背鰭基底之中點至胸鰭基底後端，與至腹鰭起點之距離殆相等，或者比較的近於胸鰭基底後端。

　3a. 上下頜齒側斜，尖頭之邊緣光滑，基底無小鋸齒。

　　4a. 第一背鰭之後端到達或超越腹鰭基底中點之上方；胸鰭起點在第五鰓裂之正下方或略前，胸鰭摺伏時其後端恰好在其內角之上方或略前；由吻端至第一背鰭起點之距離，約佔身體全長之 34.7～40.8%；臀鰭基底長約佔身體全長之 6.9～8.4%。上頜唇溝不顯，下頜唇溝甚短。齒式 $\dfrac{12\sim16-1-12\sim16}{12\sim17-1-12\sim17}$ ⋯⋯⋯⋯⋯⋯⋯⋯⋯⋯⋯⋯⋯⋯⋯⋯⋯⋯**寬尾曲齒鮫**

　　4b. 第一背鰭之後端不超越腹鰭起點之上方；胸鰭起點在第四至第三鰓裂之下方，胸鰭摺伏時其後端在其內角之後方。由吻端至第一背鰭起點之距離，約佔身體全長之27～34%；臀鰭基底長約佔身體全長之 3.3～5.4%。

　　5a. 眼眶之後緣中央有一小凹口。第一背鰭之起點在摺伏之胸鰭內角之後，其間之距離，大於第四鰓裂之長度。口小，其寬度約爲身體全長之4.9～5.9%，其長度約爲身體全長之3.1～4.2%。第一背鰭基底長約佔身體全長之6.2～7.6%。上唇溝不顯，較下唇溝爲短。齒式一般爲 $\dfrac{12\sim14-1-12\sim14}{12\sim14-1-12\sim14}$ ⋯⋯⋯⋯⋯⋯⋯⋯⋯⋯⋯⋯⋯⋯⋯⋯⋯⋯**廣鼻曲齒鮫**

　　5b. 眼眶後緣中央無凹口。第一背鰭起點不達摺伏之胸鰭內角之後，其間之距離不及第四鰓裂之長度，亦卽第一背鰭之起點通常在摺伏之胸鰭內角之正上方或其前方。口大，其寬度約佔身體全長之 6.2～7.8%，其長度約佔身體全長之 4.1～5.3%。第一背鰭基底長約佔身體全長之

7.8〜10.9% (*Rhizoprionodon*)。

　　上下頜均有明顯之唇溝，向前延伸，上唇溝約佔身體全長之1.1%以上，但較下頜唇溝略短。由吻端至外鼻孔之距離約佔身體全長之4.0〜5.4%。摺伏之胸鰭末端到達或超過第一背鰭基底中點之下方。齒式一般爲 $\dfrac{11\sim13-1-11\sim13}{11\sim13-1-11\sim13}$ ……………………………**尖頭曲齒鮫**

3b.　上下頜齒之尖頭邊緣平滑。上頜齒之基底有鋸齒緣，下頜齒基底平滑 (*Hypoprion*)。

　　第一背鰭大形，其起點在胸鰭基底後端上方；第二背鰭小形，與臀鰭對在。吻尖長，頭長約佔身體全長之 1/4。齒式爲 $\dfrac{13\sim15-1-13\sim15}{13\sim14-1-13\sim14}$。各鰭深褐色……………………………**槍頭鮫**

3c.　上頜齒之尖頭有整齊之細鋸齒緣，下頜齒之邊緣光滑或有細鋸齒 (*Carcharhinus*)。

　6a.　尾基上方凹窪卵圓形，長大於寬，外緣不顯著。

　　　吻甚短，鼻孔距吻端較距口端爲近。口大，弧形，口寬幾爲口長之二倍。唇溝短小，只見於口角。齒式通常爲 $\dfrac{13\sim15-1-13\sim15}{13\sim15-1-13\sim15}$。各鰭暗褐色，胸鰭、腹鰭，和臀鰭之邊緣淺褐色…
　　………………………………………………………………**恒河白眼鮫**

　6b.　尾基上方凹窪彎月形，寬大於長，前緣明顯。

　　7a.　第一背鰭頂端顯著的鈍圓；成魚各鰭有白色斑點，幼魚各鰭之外緣或爲黑色，尾柄之背方有黑色鞍狀斑。大形個體在二背鰭間有皮質稜脊。齒式通常爲 $\dfrac{14-2-14}{14-1-14}$…**污斑白眼鮫**

　　7b.　第一背鰭頂端尖銳或銳圓；各鰭無白斑，各鰭之外端如爲黑色，但尾柄之背方絕無黑色鞍狀斑。

　　　8a.　第二背鰭之外部黑色，其他各鰭無暗色斑點。

　　　　第一背鰭上角鈍尖，後緣平直或弱鐮刀形。齒式通常爲 $\dfrac{13-2-13}{13\sim14-1-13\sim14}$，上頜齒外側有深缺刻，除細鋸齒外，近基部外側之大形鋸齒上並且有小鋸齒。下頜齒傾斜，外側有細鋸齒，並有缺刻。第二背鰭與臀鰭同大，二者之起點相對或前者之起點略後。口寬約佔身體全長之6.4〜8.3%。二背鰭間有低皮質稜脊………………**杜氏白眼鮫**

　　　8b.　第二背鰭與體色相一致，或外端白色或黑色，如外端黑色，則其他鰭之外緣或外端必有暗色斑點。尾鰭後緣並非全部成明顯之黑色，如全部爲黑色，則第一背鰭亦有暗色或黑色斑點。

　　　　9a.　二背鰭之間有皮質稜脊（短尾白眼鮫有例外）。

　　　　　10a.　第一背鰭、胸鰭、腹鰭及尾鰭之外端及後緣白色。齒式通常爲 $\dfrac{13-1-13}{12-1-12}$，上頜齒外側有缺刻，基部有略粗之鋸齒；下頜齒直立，有細鋸齒…………**白邊鰭白眼鮫**

　　　　10b.　第一背鰭，胸鰭、腹鰭及尾鰭一色，或有各式暗色斑點。

　　　　　11a.　第二背鰭，胸鰭及尾鰭下葉之外端黑色，第一背鰭有狹黑邊，臀鰭無斑點。齒式通常爲 $\dfrac{12-1-12}{12-1-12}$，上頜齒外側有缺刻，基部有粗鋸齒，下頜齒傾斜，外側凹

入或有缺刻，有細鋸齒……………………………………………………………**沙拉白眼鮫**

11b. 各鰭一色，或外端色暗，但並不爲黑色，色型與上種顯然不同。上頜齒每側一般爲 14 枚或更多。

12a. 第一背鰭在胸鰭腋部正上方或略前，其去胸鰭腋部之距離至少較去胸鰭內角爲近。

齒式一般爲 $\dfrac{14-1-14}{13\sim14-1-13\sim14}$，上頜齒不特高，外緣凹入，基部有粗鋸齒，下頜齒直立，有細鋸齒……………………………………**沙條白眼鮫**

12b. 第一背鰭起點在胸鰭內角之正上方，或略前略後，如在胸鰭內角上方之前，其去胸鰭內角之距離仍較去胸鰭腋部爲近。

13a. 第一背鰭起點顯然在胸鰭內角上方之後。齒式一般爲 $\dfrac{15-2-15}{15-1-15}$，上頜齒較濶，外側有深缺刻，內側有淺缺刻，基部有較粗之鋸齒，下頜齒直立，邊緣平滑。除第一背鰭外，其他各鰭之外端色暗，但並非黑色……**絲光白眼鮫**

13b. 第一背鰭起點在胸鰭內角之正上方或略前。

14a. 齒式一般爲 $\dfrac{15\sim16-2-15\sim16}{15-1-15}$，上頜齒較狹，外側深凹入或爲缺刻，基部有略粗之鋸齒，下頜齒直立或略傾斜，有細鋸齒。胸鰭之外端，背鰭之前緣，以及尾鰭之上葉通常色暗以至黑色，幼魚尤爲顯著…**短尾白眼鮫**

14b. 齒式通常爲 $\dfrac{14-1\sim2-14}{14-1-14}$，上頜齒較濶，其外側凹入但不成缺刻，內側平直或凸出而不凹入，下頜齒稍傾斜，有細鋸齒。各鰭之外端通常色暗，但並不爲黑色。第二背鰭高約佔身體全長之1.5～2.3%…**污灰白眼鮫**

9b. 二背鰭之間無皮質稜脊（短尾白眼鮫有例外）。

15a. 尾鰭後緣有明顯之黑色狹邊，第一背鰭外端有一明顯之黑斑。齒式通常爲 $\dfrac{12-2-12}{11-3-13}$，上頜齒較狹，外側有缺刻，基部有粗鋸齒，下頜齒直立，有細鋸齒………………………………………………………**烏翅白眼鮫**

15b. 尾鰭後緣無暗色或黑色邊，或後緣僅一部分有暗色或黑色邊。

16a. 上頜齒寬，其外側略凹入或有淺缺刻，基部有略粗之鋸齒，下頜齒直立，有細鋸齒。吻甚短而鈍圓，兩鼻孔間距離通常大於或等於口前長度。

第一背鰭起點在胸鰭腋部正上方或略後，第二背鰭起點在臀鰭起點之前，第一背鰭高爲第二背鰭高之 3.1 倍以上。齒式通常爲 $\dfrac{13-1-13}{12-1-12}$。

各鰭之外端多少色暗……………………………………………………………**牛公白眼鮫**

16b. 上頜齒狹，如爲中度寬則其外側有顯著之缺刻。吻長普通，中度尖突，兩鼻孔間距離通常小於口前之長度。

17a. 多數鰭之外端爲顯著之黑色；第一背鰭起點在胸鰭腋部之正上方或略後，但顯然在胸鰭內角之前。胸鰭前緣佔身體全長之 16% 以上。口前長度爲二鼻孔間距離之1.3～1.7倍；第二背鰭高爲身體全長之2.5～2.6%。

齒式通常爲 $\dfrac{15-2-15}{14\sim15-2\sim3-14\sim15}$，上頜齒直立或略傾斜，兩側凹入或有淺缺刻，基部有略粗之鋸齒；下頜齒直立，有細鋸齒……
……………………………………………………………………………**黑印白眼鮫**

17b. 多數鰭與體色相一致，或僅部分鰭之外端色暗而非黑色。第一背鰭起點在胸鰭腋部上方或略前。口前長度爲二鼻孔間距離之 1.1～1.4 倍。

第二背鰭高爲身體全長之1.9～2.6%………………………**短尾白眼鮫**

2b. 由第一背鰭基底之中點至胸鰭基底後端之距離，顯然大於由彼至腹鰭起點之距離（鋸峰齒鮫屬 *Prionace*）。

體軀細長；胸鰭特長而尖銳，第二背鰭與臀鰭對在；齒細長銳利，有鋸齒緣………………**鋸峰齒鮫**

1b. 噴水孔存在，大形或微小。

18a. 下頜齒直立，邊緣光滑；尾基凹窪明晰；尾柄兩側無縱走之稜脊（沙條鮫屬 *Negogaleus*）。

19a. 鰓裂大，第四個最大，約爲眼之水平徑之二倍；尾鰭較二背鰭間距離爲短；吻（口前部）長大於口裂之寬度，背面視之成三角形，前緣鈍尖………………………………**偌氏沙條鮫**

19b. 鰓裂比較的小，第四個最大，但短於眼之水平徑之一倍半。

20a. 尾鰭長與二背鰭間距離相等。

21a. 吻（口前部）長略大於口裂之寬度；口長爲口寬之 1/2；吻廣，先端鈍圓……**小口沙條鮫**

21b. 吻（口前部）長與口裂之寬度殆相等；口長爲口寬之 1/2 以上；吻較爲狹長，前端鈍尖…
……………………………………………………………………………**大口沙條鮫**

20b. 尾鰭長較二背鰭間距離爲短；吻（口前部）長略大於口裂之寬度；吻廣，鈍圓…**鄧氏沙條鮫**

18b. 兩頜齒均傾斜。

22a. 尾基凹窪明晰；尾柄兩側有低稜脊；上頜唇溝與吻（口前部）長相等（鼬鮫屬 *Galeo-cerdo*）。

齒廣，尖頭向口角傾斜，外側基底隆凸，邊緣包括基底在內均有顯著的鋸齒；吻（口前部）特別短而寬；尾鰭後端尖銳；體色幼時在前方有龜甲狀斑紋，後方有斜走之橫帶，成體花紋漸模糊不淸………………………………………………………………**鼬鮫**

22b. 尾基無凹窪；尾柄兩側無稜脊；上頜唇溝僅及吻（口前部）長之 1/3（灰鮫屬 *Galeorhinus*）。

23a. 二背鰭大小殆相等；臀鰭遠小於第二背鰭；背部中央線從第一背鰭至尾鰭有一皮質稜脊；前鼻瓣寬而圓；各鰭有白色邊緣………………………………**日本灰鮫**

23b. 第一背鰭顯然大於第二背鰭；臀鰭與第二背鰭同大；背部中央線無皮質稜脊；前鼻瓣
　　短，三角形；二背鰭及尾鰭上葉均有黑色邊緣，尾鰭後端黑色⋯⋯⋯⋯⋯⋯⋯**黑緣灰鮫**

寬尾曲齒鮫 *Scoliodon laticaudus* MÜLLER & HENLE

　　英名 Yellow dog shark, Sharkling；亦名鯊仔；日名尖鮫鯟鮫。產基隆、臺中。本書
　　舊版名 *S. palasorrah* (CUVIER)，今據 SPRINGER (1964) 訂正。(圖4-53)

廣鼻曲齒鮫 *Loxodon macrorhinus* MÜLLER & HENLE

　　據 SPRINGER (1964) 產臺灣。

尖頭曲齒鮫 *Rhizoprionodon acutus* (RÜPPELL)

　　英名 Milk shark, Sharpnose shark；亦名尖頭鯊 (湯)，扁頭鯊 (動典)，俗名沙條，尖
　　頭；日名平頭鮫，鮫鯟鮫。產澎湖、臺中、基隆、高雄、南寮。本書舊版之 *Scoliodon*
　　walbeemii (BLEEKER)，*S. sorrakowah* (CUVIER) 均為其異名。(圖4-53)

槍頭鮫 *Hypoprion macloti* (MÜLLER & HENLE)

　　英名 Maclot's shark；亦名長吻基齒鯊 (朱)；俗名占媽；日名矛先。產梧棲。

恒河白眼鮫 *Carcharhinus gangeticus* (MÜLLER & HENLE)

　　又名恒河真鯊。鄧火土 (1962) 認為中村廣司 (1936) 發表之未定名種可能即屬本種 (分
　　佈蘇澳、基隆)。楊鴻嘉 (1963) 亦報告本種在臺灣各處主要漁港殆為常見。

汚斑白眼鮫 *Carcharhinus longimanus* (POEY)

　　英名 Oceanic whitetip shark；俗名大翅仔，白翅尾，黑翅尾 (南方澳)，厚殼仔 (基)，
　　鱟仔沙，鱟殼仔，老古沙 (高)。產蘇澳、基隆、高雄。(圖4-53)

杜氏白眼鮫 *Carcharhinus dussumieri* (MÜLLER & HENLE)

　　英名 White-cheeked shark。本種以前在臺灣並無報告，惟據 GARRICK (1982) 稱，CHEN
　　(1963) 之 *C. menisorrah* (MÜLLER & HENLE) 應為本種之誤 (產澎湖)。本種廣佈
　　於西太平洋及印度洋，包括我國大陸沿海及日本。

白邊鰭白眼鮫 *Carcharhinus albimarginatus* (RÜPPELL)

　　英名 Silvertip shark；亦名白邊真鯊 (朱)；俗名尖頭 (基)；日名褸白。產基隆、蘇
　　澳、高雄。(圖4-53)

沙拉白眼鮫 *Carcharhinus sorrah* (MÜLLER & HENLE)

　　英名 Sorrah shark；亦名白眼鯊 (張)；沙拉真鯊 (朱)；俗名沙條；日名蓬萊鮫。產臺
　　灣。*C. spallanzani* (Lesueur) 為其異名。

沙條白眼鮫 *Carcharhinus plumbeus* (NARDO)[①]

　　英名 Sandbar shark。*C. milbert* (MÜLLER & HENLE)，*C. japonicus* (T. & S.)，以

及 *C. latistomus* FANG & WANG 均爲其異名。產臺東。

絲光白眼鮫 *Carcharhinus falciformis* (MÜLLER & HENLE)[①]

英名 Silky shark，爲熱帶、亞熱帶之<u>太平洋</u>、<u>大西洋</u>及<u>印度洋</u>中分佈甚廣之大形鮫類。<u>臺灣</u>在以前尙無報告，近據<u>陳哲聰</u>博士告知產於<u>臺東</u>。 GARRICK (1982) 列 *Carcharias (Prionodon) menisorrah* MÜLLER & HENLE，及 *Carcharhinus floridanus* BIGELOW, SCHROEDER & SPRINGER 均爲本種之異名。惟 NAKAMURA (1936), CHU (1960)，<u>鄧</u>（1962）等所記產於<u>基隆</u>及我國海域之 *C. menisorrah* (MÜLLER & HENLE) 似乎多少與本種有別，是否卽爲本種，有待進一步調查研究也。

短尾白眼鮫 *Carcharhinus brachyurus* (GÜNTHER)

英名 Cub shark, Narrowtooth shark, Copper shark；又名短尾眞鯊（<u>朱</u>）；俗名尖頭。產<u>蘇澳</u>、<u>基隆</u>、<u>高雄</u>。

污灰白眼鮫 *Carcharhinus obscurus* (LESUEUR)[②]

英名 Dusky shark。本種爲分佈甚廣之大形鮫類，惟在<u>臺灣</u>以前並無報告，近據<u>陳哲聰</u>博士之非正式報告稱本種曾在<u>臺東</u>海面出現。CHU (1960) 報告 *C. pleurotaenia* (BLEEKER) 分佈<u>中國</u>南海，當爲本種之異名。

烏翅白眼鮫 *Carcharhinus melanopterus* (QUOY & GAIMARD)

英名 Black-finned shark, Blackfin reef shark；亦名黑綠鮫（<u>動典</u>），烏翼鯊（F.），烏翅眞鯊（<u>朱</u>）；俗名員頭；日名禠黑。產<u>蘇澳</u>、<u>高雄</u>。CHEN (1963) 所記產於<u>澎湖</u>之本種應爲 *C. limbatus* 之誤。

牛公白眼鮫 *Carcharhinus leucus* (MÜLLER & HENLE)[③]

英名 Bull shark, Zambezi shark。熱帶及亞熱帶分佈甚廣之近岸大形鮫類，<u>上海</u>曾有捕獲記錄。<u>臺灣</u>以前並無報告，據<u>陳哲聰</u>博士之非正式報告產於<u>臺東</u>。到底如何尙待調查證實。

黑印白眼鮫 *Carcharhinus limbatus* (MÜLLER & HENLE)

英名 Blacktip shark，爲分佈甚廣之中型鮫類。<u>臺灣</u>在以前尙無報告，但據 GARRICK (1982) 稱，CHEN (1963) 所記採自<u>澎湖</u>之 *C. melanopterus* 應爲本種之誤。（圖 4-53）

---

①②③④　<u>陳哲聰</u>博士在其未正式發表之"臺灣東部海域鮫類之資源生物學基礎研究"一文中，計列記白眼鮫科 *Galeorhinus japonicus* (MÜLLER & HENLE), *Prionce glauca* (LINNAEUS), *Scoliodon walbeehmi* (BLEEKER), *Carcharhinus leucas* (MÜLLER & HENLE), *C. menisorrah* (MÜLLER & HENLE), *C. melanopterus* (QUOY & GAIMARD), *C. floridanus* (BIGELOW, SCHROEDER & SPRINGER), *C. falciformis* (MÜLLER & HENLE), *C. longimanus* (POEY), *C. albimarginatus* (RÜPPELL), *C. milberti* (MÜLLER & HENLE), *C. sorrah* (MÜLLER & HENLE), *C. obscurus* (LESUEUR), *C. brachyurus* (GÜNTHER) 等十四種。

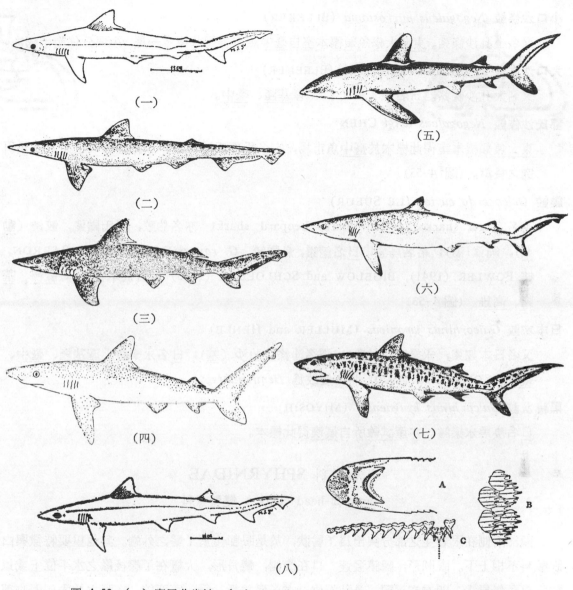

圖 4-53 （一）寬尾曲齒鮫；（二）尖頭曲齒鮫；（三）黑印白眼鮫；（四）白邊鰭白眼鮫；（五）汚斑白眼鮫；（六）鋸峯齒鮫；（七）鼬鮫；（八）鄧氏沙條鮫。

鋸峯齒鮫 *Prionace glauca* （LINNAEUS）

英名 Great blue shark, Blue dog；亦名蒼海鮫（動典），大靑鯊；俗名藝旦鯊、荳蔻鯊；日名葦切鮫，水鱶。產蘇澳、臺東。（圖 4-53）

倍氏沙條鮫 *Negogaleus balfouri* （DAY）

又名鮑氏沙條鯊；俗名鯊條、小鯊、細鮫；日名茨鮫（？）。產基隆、臺中。

小口沙條鮫 *Negogaleus microstoma* (BLEEKER)

又名小孔沙條鯊。東海大學魚類標本室自臺中魚市場得此標本一尾。主要分佈南中國海。

大口沙條鮫 *Negogaleus macrostoma* (BLEEKER)

又名大孔沙條鯊。日名細茨鮫（？）。產基隆、臺中。

鄧氏沙條鮫 *Negogaleus tengi* CHEN

東大魚類標本室得此標本於臺中魚市場，定名爲鄧氏沙條鮫，以紀念鄧火土氏對鮫類研究之貢獻。（圖 4-53）

鼬鮫 *Galeocerdo cuvier* (LE SUEUR)

英名 Tiger shark, Spotted shark, Leopard shark；亦名豹鮫，居氏鼬鯊，鮫僕（動典），貓鯊（湯）；俗名烏鯊；日名鯖鱶，烏鼬鮫。*G. rayneri* McDONALD & BARRON，據 FOWLER (1941), BIGELOW and SCHLOEDER (1948) 倂合於本種。產蘇澳、基隆、高雄。（圖 4-53）

日本灰鮫 *Galeorhinus japonicus* (MÜLLER and HENLE)

又名日本翅鯊，永樂鮫（動典）；俗名沙條，胎沙（基）；日名永樂鱶。產基隆、臺中、臺東。COMPAGNO (1970) 將本屬改爲 *Hemitriakis*。

黑緣灰鮫 *Galeorhinus hyugaensis* (MIYOSHI)

日名褪黑永樂鱶。水產試驗所自蘇澳得此標本。

丫髻鮫科 SPHYRNIDAE

Hammer-head sharks；雙髻鯊科

頭部兩側在眼着生之部分突出爲丫髻狀，於是眼卽生於丫髻之外端。其他重要特徵與白眼鮫科不相上下。眼圓形，瞬膜發達。口在腹側，彎月形，大概在丫髻後緣之水平位上或以前；口角無唇溝，卽有亦不顯。鼻孔端位，在丫髻前緣，爲一寬裂紋，在眼之前內側與吻部中央線之間。前鼻瓣作小三角形突出。口寬大，弧形；唇摺不發達，或只見於口角。鰓裂在頸側下端向腹面擴展，最後一或二個在胸鰭基底上方。齒箭頭狀，均僅一尖頭，邊緣光滑，或有鋸齒，下頜齒尖頭較狹，大部分直立，上頜齒較寬，向口角傾斜，外緣基底多少隆凸。第一背鰭與胸鰭大形，第一背鰭之起點在胸鰭基底後端之上方或以後。第二背鰭、腹鰭，及臀鰭均小形，臀鰭較第二背鰭略大，其起點在第二背鰭起點以前。尾鰭後端下方有缺刻，尾基上下有凹窪，尾鰭下葉發育完善。吻軟骨三片，前端合一，配合於吻端之特殊形狀，向兩側擴展甚寬。胎生或卵胎生。化石見於上白堊紀至始新世。

臺灣產丫髻鮫科1屬3種檢索表:

1a. 頭部爲廣濶之丫髻狀；鼻孔距眼較近，而距吻部中央線較遠 (*Sphyrna*)。

  2a. 吻部前緣（包括丫髻狀突出部）之中央區顯然凹入。

    3a. 第二背鰭後端游離部 (Free tip) 與彼之垂直高度殆相等，但較彼之前緣爲短；齒之尖頭及基底有鋸齒；吻部前緣與體軀主軸直角相交；無鼻溝 (Narial groove)‥‥‥‥‥‥八鰭丫髻鮫

    3b. 第二背鰭後端游離部遠較彼之垂直高度爲長，但與彼之前緣殆相等；齒之尖頭平滑，基底有鋸齒緣；眼之中心與口之前緣相對，或在口之前緣以後；口角在丫髻部之後外角以前；臀鰭後緣深凹陷；吻部前緣斜走，與體軀主軸銳角相交；內鼻溝向吻端中央線伸展，不達吻部前緣長之 1/2‥‥‥‥‥‥‥‥‥‥‥‥‥‥‥‥‥‥‥‥‥‥‥‥‥‥‥‥‥‥‥‥‥‥‥紅肉丫髻鮫

  2b. 吻部前緣斜走，其中央區略形弧突或近於平直，中部不凹入。

    4a. 吻部前緣相當於鼻孔所在部分深凹入；內鼻溝向吻端中央線伸展，超過吻部前緣長（由丫髻前外角至吻端中央線）之 1/2；第二背鰭後端游離部遠較彼之前緣爲長；臀鰭後緣深凹入；近於口角之各齒與前方者同樣有尖頭‥‥‥‥‥‥‥丫髻鮫

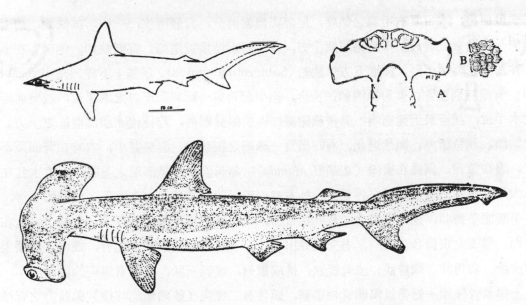

圖 4-54　上左，紅肉丫髻鮫之側面觀；上右，紅肉丫髻鮫之頭部(A)及鱗片(B)；
下，丫髻鮫。

八鰭丫髻鮫 *Sphyrna mokarran* (RÜPPELL)

英名 Hammer-head, Great hammerhead；亦名無溝雙髻鯊；俗名八塊鰭雙髻；亦名八鰭雙髻鮫（鄧）。<u>水產試驗所</u> 47 年得自<u>基隆</u>。

紅肉丫髻鮫 *Sphyrna lewini* (GRIFFITH)

英名 Hammer-head, Scalloped hammer head；亦名路氏雙髻鯊，紅肉雙髻鮫（鄧）；

俗名紅肉雙髻；日名赤撞木。產基隆、梧棲、澎湖、臺東。

丫髻鮫 *Sphyrna zygaena* (LINNAEUS)

英名 Hammer-head, Shovelnose shark, Smooth hammerhead；亦名槌頭雙髻鯊，雙髻鮫（動典），雙髻鯊、丁字鯊、公子模鯊、公仔鯊；日名撞木鮫。產蘇澳、基隆、臺中、高雄、臺東。

鱝首目 BATOIDEA

=HYPOTREMATA；RAJIDA；鱝類

髓顱無眶下棚，通常亦無基角（部分鋸鱝或具有）；多數具有水槽形之吻部，但有些種類顯然已後起性的退化或喪失。腭方骨與髓顱之間無關節；通常不具眶突；如有眶前突及眶後突，並不形成完整之眶前壁與眶後壁。側連合如存在，並不連於眶後突上。通常有發達之眶上脊；大形之嗅囊。

一般而言，本目具有平扁之體盤，尾部與體盤清分。背鰭兩枚，一枚，或缺如，前者之例其第一背鰭之位置最前不超過腹鰭上方，移後時可能接近尾端。臀鰭缺如。尾鰭存在或缺如，存在時亦顯然小形，後端下方無缺刻 (Subterminal notch)，尾基上下無凹窪 (Precaudal pits)。胸鰭特別發達，其前緣與頭側癒合，至少超過第一鰓裂而至口之水平位，或更前至鼻孔之水平位，甚至於到達吻端；其後緣除鋸鱝與腹鰭分離外，均掩覆在腹鰭前緣之上方。尾部除鋸鱝、琵琶鱝外，顯然退化，有時僅為一纖細之鞭狀物。腹鰭甚小，有時在背面幾不能見之。眼在頭背，偶或在頭側（如蝠魟 *Mobula*）；無瞬膜，亦無游離之上眼瞼。噴水孔在眼後，大形，其內有痕跡鰓可自外見之；外有瓣皮可封閉噴水孔。口在頭下，比較的小形，橫裂，平直而不彎曲，或略形彎曲。鼻孔在口前，與口隔絕或相通。鰓裂 5～6 對，完全在頭部腹面。體表之皮齒多少不一，有完全裸出者，亦有具硬棘或瘤狀突起者，雄者之胸鰭上有大形皮齒。齒角狀、顆粒狀、或骨板狀，排成數列，或砌石狀，或為有規則的齒帶。

上頜軟骨僅賴一靭帶以與頭骨相聯繫，頭骨有二髁突（鮫類無此特徵）與前方之脊椎相固接。前方少數（其數目視種類而異）脊椎往往癒合為軟骨質之管狀構造，此後則各個分離；椎體為被椎型，或後起性的星椎型。脊索經過椎體往往消失不見，或近於消失。胸鰭之前鰭基軟骨與後鰭基軟骨均附有同數之鰭輻軟骨，中鰭基軟骨甚小，僅少數鰭輻軟骨附着之。鱝類既有如此發達之胸鰭，因此其鰭輻軟骨之外端往往更附有多數之角條，以為支持之用。

一般鱝類均為底棲性魚類，不能由口吸水以供呼吸，故噴水孔特大，其內有瓣膜，成為水流之主要入口。在鮫類僅琵琶鮫以噴水孔吸水，餘則均由口吸水，故噴水孔甚小，或竟缺如。唯蝠魟除外，彼等強大之胸鰭，游泳迅速，呼吸完全由口吸水，故噴水孔甚小。

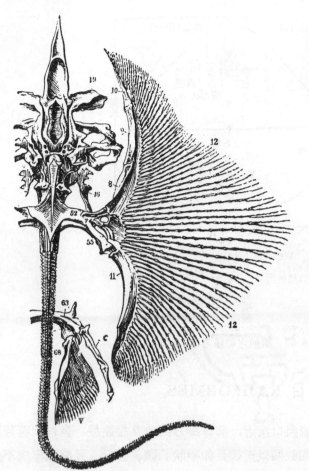

圖 4-55　鯆魮 (*Raja*) 之骨骼。7. 胸鰭
之髆骨區；8，9，10. 胸鰭之前軸；
11. 胸鰭之後軸；12. 胸鰭之鰭輻骨；
19. 眶後突；52. 連接髆骨與脊柱之軟
骨板；55. 胸帶向後突出部分；63. 腰
帶；68. 腹鰭之鰭基骨；c. 膨大之鰭
輻骨；v. 腹鰭之鰭輻骨。
(據 OWEN)。

　　本首目分爲鯆魮、電鰩、鋸鰩、魟四目，由地質記錄言，最早出現的鰩類（上侏羅紀）遠在"鮫類"出現的時代（上泥盆紀）以後。以是推斷底棲性的鰩類乃廻游性的鮫類之後裔，當無大訛。四目之中，鯆魮目中的琵琶鰩的歷史最早（上侏羅紀），鋸鰩（例如 *Sclerorhynchus*）次之（白堊紀）。但就體形言，鋸鰩實更近於鮫類。與鋸鰩同時出現者尙有鯆魮 (Skates)、土魟 (Sting rays)、燕魟 (Eagle rays) 等。電鰩 (Electric rays) 則初見於始新世，蝠魟 (Devil rays) 更晚，初見於鮮新世。

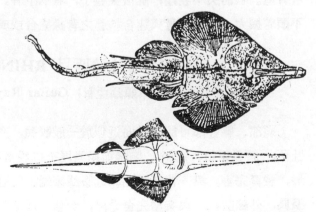

圖 4-56　侏羅紀的琵琶鰩 *Aellopos*(*Spathobatis*)（上），
與白堊紀的鋸鰩 *Sclerorhynchus*（下）。
(均據 SMITH WOODWARD)

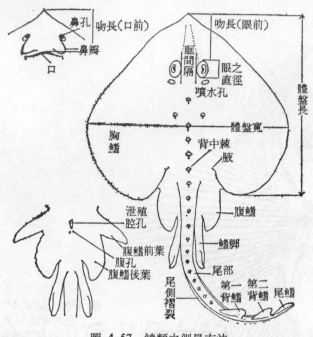

圖 4-57 鱝類之側量方法。

鱝鱝目 RAJIFORMES

吻不延長爲鋸狀；鼻孔與口遠離或與口接近，前鼻瓣分開或互相連接；鼻口間溝發達程度不一。胸鰭大小不一；尾部由粗壯如鮫類以至細長如鞭狀。頭、軀幹、及胸鰭形成不完整以至完整而甚大之體盤。背鰭二枚、一枚或缺如；尾部背面無強棘。體面裸出或被皮齒。胸部無發電器，但有的在尾柄兩側有發電器。通常有吻部（部分鱝鱝無），腦前腔背面開放或有背蓋。眶前突不發達，眶後突甚小，有眶上脊。枕髁小形，在腹面。眶前軟骨小形，外端不顯著擴大。上髆軟骨與連合椎弧之背緣癒合或成關節。

琵琶鱝亞目 RHINOBATOIDEI

犂頭鰩亞目；Guitar Rays, Guitar fishes

頭部、軀幹部可能延長而近似於一般鮫類，亦可能短縮爲盤狀而近似於一般鱝類。尾部壯碩，頗似鋸鱝、電鱝。胸鰭前緣擴展至口裂水平位以前，以至吻部中點。背鰭兩枚，大形，發育完善。第一背鰭起點靠近腹鰭後端，而遠離尾鰭後端，尾鰭發育完善。腹鰭向兩側擴展，外緣圓凸，與胸鰭完全分離，背鰭、尾鰭基部有短鰭輻軟骨支持之，遠軸端有兩列角條。胸鰭、腹鰭均無角條，前者之鰭輻軟骨伸展至鰭緣，後者則近於鰭緣。雄者之胸鰭背面無特化之翼棘。吻軟骨簡單，不分枝；先端伸展至吻端，但亦有（如黃點鱝）以軟靱帶延續之者。鰓條先端圓柱狀或略擴大，但不如電鱝之顯著。眼下方有不明之皮褶。鼻孔與口多半完全隔離，但在某些種類（如中國黃點鱝）有較寬之淺溝彼此相連。前鼻瓣分開或互相連接，其基部遠在口前。口角無唇溝，如有亦極短小。大都爲卵胎生，少數可能爲卵生。

全體包括各鰭密佈各式微小之皮齒（鱗片），通常隱於皮下，唯鰓間區裸出。背部沿中央縱帶、肩部、眼與噴水孔周圍，及吻軟骨上方，往往有瘤狀或尖錐狀突起或棘。尾部無鋸齒緣硬棘。化石由上侏儸紀至現代。

臺灣產琵琶鱝亞目2科檢索表:

1a. 尾鰭顯然分爲上下兩葉，後緣彎月狀，兩葉後端均尖銳；尾部主軸向上翹；胸鰭後角顯然在腹鰭起點以前；第一背鰭起點在腹鰭基部上方或略前⋯⋯⋯⋯⋯⋯⋯⋯⋯⋯⋯⋯⋯⋯⋯⋯⋯⋯**龍文鱝科**

1b. 尾鰭不分上下葉，主軸不向上翹或略向上翹；胸鰭後緣伸展至腹鰭起點或略超越之；第一背鰭遠在腹鰭後端以後⋯⋯⋯⋯⋯⋯⋯⋯⋯⋯⋯⋯⋯⋯⋯⋯⋯⋯⋯⋯⋯⋯⋯⋯**琵琶鱝科**

龍文鱝科 RHYNCHOBATIDAE

＝RHINIDAE；尖犁頭鰩科

體盤 "長" 顯然大於 "寬"，尾部與軀幹部不能顯然清分，外形在鮫類與鱝類之間。吻寬廣鈍圓，或狹長突出，但決不爲劍狀，兩側亦無齒狀構造。胸鰭後角顯然在腹鰭起點以前。第一背鰭起點在腹鰭基底中點之上方，或略在腹鰭起點以前。尾鰭後緣凹入，顯然分爲上下二葉，後端尖銳，主軸向上翹，終點接近後緣。眼之瞳孔上方有一低半環皮膜。眼眶前下方有一深溝。噴水孔大形，緊靠眼眶後方，橫列或略向後內方斜，其後緣具有橫皮褶，亦有缺如者。吻軟骨由顱骨伸至吻端。

臺灣產龍文鱝科2屬2種檢索表:

1a. 吻狹而尖，由吻端至眼眶前緣之距離，與眼眶前緣水平位之頭部寬度大體相等；噴水孔後緣有兩個低下而豎立之稜脊；口裂略呈波狀彎曲，下頜中部凸出，上頜中部凹入，互相配合 (龍文鱝屬 *Rhynchobatus*)。鼻孔寬度大於鼻孔間隔；肩部兩側及眼眶上緣各有一列小棘；眼眶外側各有一黑色圓斑，肩部一對，胸鰭基底中部亦有一個，但更有一圈白點圍繞之⋯⋯⋯⋯⋯⋯⋯⋯⋯⋯⋯⋯⋯⋯⋯⋯**吉打龍文鱝**

1b. 吻寬而圓，由吻端至眼眶前緣之距離，遠較眼眶前緣水平位之頭部寬度爲短；噴水孔後緣無稜脊；口裂呈強度波狀彎曲，上頜有兩處向後凸出，下頜有三處向前凸出，互相配合 (鱟頭鱝屬 *Rhina*)。鼻孔寬度短於鼻孔間隔；眼眶上緣有一列小鈍棘，眼眶後三列，中列較長⋯⋯⋯⋯⋯⋯⋯**波口鱟頭鱝**

吉打龍文鱝 *Rhynchobatus djiddensis* (FORSSKÅL)

英名 Spotted guitar-fish; Giant guitarfish; White spotted shovel nose ray; 亦名團潛 (**動典**)，吉打尖犁頭鰩，龍蒙鯊 (**鄭**)，犁頭鱝 (**袁**)；俗名龍紋鯊，犁沙。產基隆、

澎湖。

波口鱟頭鱝 *Rhina ancylostoma* BLOCH and SCHNEIDER

英名 Bowmouth guitar-fish；亦名琵琶鲨（RICHARDSON），圓犂頭鰩，鱟頭鲨（湯），
晨魶（動典）；日名篠目坡田鲛。產<u>基隆</u>、<u>蘇澳</u>、<u>澎湖</u>。

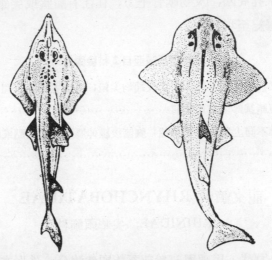

圖 4-58　左，吉打龍文鱝；右，波口鱟頭鱝（據松原氏）。

琵琶鱝科 RHINOBATIDAE

Guitar-fishes；犂頭鰩科

體形有近似龍文鱝者，亦有近似鯖鮋者，前者之例，軀幹部中型平扁，吻銳三角形，尾
部與軀幹部不易清分；後者之例，軀幹部與鈍圓之吻及擴大之胸鰭構成爲顯然平扁之體盤，
而與尾部極易清分。吻不爲劍狀，兩側無齒狀構造。胸鰭前方鰭條通常擴展至鼻孔水平位略
前，但亦有遠及吻端者；其後角至少達腹鰭起點。第一背鰭遠在腹鰭後角以後。尾鰭無明顯
之下葉，其前緣截平或圓凸，其後角鈍圓；主軸略向上翹。眼眶前下方有淺溝，有時較深。
噴水孔緊接眼後，橫位或略傾斜（向後內方斜走），其後緣或有橫褶或無之。吻軟骨分歧爲
二枝，向前伸展至吻端，亦有不達吻端者。鰓弧內側（有鰓絲部分爲外側）前後方有少數顆
粒狀突起排成一列。多數卵胎生，但亦偶有卵生者。

臺灣產琵琶鱝科 2 屬 6 種檢索表:

1a. 吻爲Λ字形，先端鈍或尖銳；胸鰭基底向前伸展不達吻端；鼻孔略形傾斜，前鼻瓣舌狀；僅掩蓋鼻孔
　　中部（琵琶鱝屬 *Rhinobatos*）。

2a. 前鼻瓣向鼻孔間隔區（Internarial space）伸展，超過鼻孔內緣，但與對側前鼻瓣不相接。頭上和
　　背面無粗大之顆粒狀突起或僅有痕跡。

3a. 吻比較的延長，爲口裂寬之 $3\frac{1}{5}$～$3\frac{4}{5}$ 倍，噴水孔間隔寬之 $2\frac{5}{9}$～$3\frac{1}{4}$ 倍；鼻孔間隔爲鼻孔寬之 $1\frac{1}{3}$～$1\frac{1}{2}$ 倍；吻軟骨二分枝在前端靠近或略形分隔；背部中央線之顆粒狀突起甚小或僅有痕跡。

4a. 吻軟骨二分枝除吻端靠近外，餘均分隔；由鼻孔外角至吻部側緣之水平位距離較鼻孔之寬度略短⋯⋯⋯⋯⋯⋯⋯⋯⋯⋯⋯⋯⋯⋯⋯⋯⋯⋯⋯⋯⋯⋯⋯⋯⋯⋯⋯⋯⋯⋯**臺灣琵琶鱝**

4b. 吻軟骨二分枝約有 $\frac{2}{3}$ 長度（由吻端向後計）彼此靠近；由鼻孔外角至吻部側緣之水平位距離較鼻孔之寬度略長⋯⋯⋯⋯⋯⋯⋯⋯⋯⋯⋯⋯⋯⋯⋯⋯⋯⋯⋯⋯⋯⋯⋯⋯⋯⋯**薛氏琵琶鱝**

3b. 吻比較的短，爲口裂寬之 $2\frac{4}{7}$～3 倍，噴水孔間隔寬之 $2\frac{1}{3}$～3 倍；鼻孔間隔爲鼻孔寬之 $1\frac{1}{4}$ 倍；吻軟骨較寬，前端略形分隔，噴水孔內褶小或痕跡；背部中央線之顆粒狀突起僅有痕跡⋯⋯⋯⋯⋯⋯⋯⋯⋯⋯⋯⋯⋯⋯⋯⋯⋯⋯⋯⋯⋯⋯⋯⋯⋯⋯⋯⋯⋯⋯⋯**犁頭琵琶鱝**

2b. 前鼻瓣向內伸展僅達鼻孔間隔區；吻特狹長，爲口裂寬之 $2\frac{2}{3}$～$3\frac{1}{4}$ 倍；口裂寬爲鼻孔寬之 2～3 倍，後者與鼻孔間隔殆相等；吻軟骨大部分相靠近。噴水孔有痕跡性外摺而無內摺；背面中央線上有顆粒狀突起⋯⋯⋯⋯⋯⋯⋯⋯⋯⋯⋯⋯⋯⋯⋯⋯⋯⋯⋯⋯**顆粒琵琶鱝**

1b. 吻鈍圓；胸鰭基底向前伸展，接近或到達吻端；吻軟骨向前伸展不達 "由頭骨前方至吻端" 之距離之 $\frac{1}{2}$ （黃點鯆屬 *Platyrhina*）。

體盤近於菱形，吻端及左右角鈍圓；腹鰭後緣無缺刻；尾部比較的細長，兩側有皮褶；背鰭兩枚，小形，遠在腹鰭以後；尾鰭發育完善，上下葉同形；體面粗雜，背面密佈小棘。

5a. 背面中央結刺狀突起僅一列；第一背鰭起點距腹鰭起點較距尾基爲近⋯⋯⋯⋯⋯**中國黃點鯆**
5b. 背面中央結刺狀突起 2～3 列；第一背鰭起點距尾基較距腹鰭基底稍近⋯⋯⋯⋯**林氏黃點鯆**

臺灣琵琶鱝 *Rhinobatos formosensis* NORMAN

亦名臺灣犁頭鰌。日名臺灣坂田鮫；產基隆、高雄、東港。

薛氏琵琶鱝 *Rhinobatos schlegelii* MÜLLER and HENLE

英名 Brown guitarfish；亦名魶，許氏犁頭鰌，犁頭鮫（動典）；犁頭鱓（張）；俗名飯匙鯊；日名坂田鮫。產基隆、宜蘭、東港。

犁頭琵琶鱝 *Rhinobatos hennicephalus* RICHARDSON

英名 Ringstreak guitarfish；亦名斑紋犁頭鰌，斑魶（動典），犁頭鯊（F.），香司鯊（湯）；俗名龍紋鯊；日名小紋坂田鮫。產基隆。（圖 4-59）

顆粒琵琶鱝 *Rhinobatos granulatus* CUVIER

英名 Granulated shovelnose ray；又名顆粒犁頭鰌。鄧火土氏於基隆採得本種，名爲 *R. microphthalmus*，當列爲本種之異名。

中國黃點鯆 *Platyrhina sinensis* (BLOCH and SCHNEIDER)

英名 Thornback ray；亦名中國團扇鰌，黃點鯆（F.）錦魴（湯）；俗名魴、魟（高），魴（基）。飯匙（南部）；日名團扇鮫。產基隆、澎湖、宜蘭。（圖 4-59）

林氏黃點鯆 *Platyrhina limboonkengi* TANG

亦名林氏團扇鱝。據朱（1960）分佈臺灣海峽。

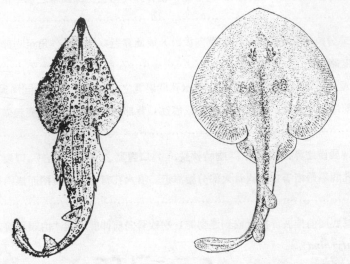

圖 4-59　左，犁頭琵琶鱝（據松原氏）；右，中國黃點鯆（據張等）。

鯆魮亞目 RAJOIDEI
鱝亞目

體盤自前至後一致平扁，近於圓形或橫菱形。尾細長，與體盤顯然清分，兩側皮褶或有或無。胸鰭特大，達吻側，但吻端露出；無如魟類所有之吻下鰭（Subrostral fins）或頭鰭（Cephalic fins）。腹鰭小形，向兩側擴展，前緣被掩於胸鰭後下方，後緣凹入、或有深缺刻、甚或分成前後兩葉，內緣前方概與對側之腹鰭內緣癒合，肛門開於此癒合部之中央，後方可能完全與尾部相連。背鰭小形，兩枚，均偏於尾端，亦有僅具一枚或全無者。尾鰭僅為一小形膜狀皮褶，亦有在成體時缺少尾鰭者。前鼻瓣互相分開，其基部接近口緣。鼻口間溝發達。齒多數，豆粒狀，或有圓錐狀尖頭。體盤背面皮膚粗雜，往往有棘或瘤狀突起，有時裸出；雄者胸鰭背面有特化之翼棘；尾背有短棘一列、數列、或裸出。卵生，卵殼方形，四角有纏絡用之絲狀突出物。化石由白堊紀至現代。

臺灣產鯆魮亞目 2 科 2 屬 9 種檢索表:

1a. 背鰭兩枚；體盤及尾部背面往往有棘或瘤狀突起⋯⋯⋯⋯⋯⋯⋯⋯⋯⋯⋯⋯⋯⋯**鯆魮科**

　2a. 體盤大部分光滑，無棘；齒少於 50 列。

　　3a. 吻纖長，為眶間隔之 5.5～6.5 倍，前端尖銳；尾部背面有棘 1（♂）至 3（♀）列；體背面為一致灰褐色，胸鰭無輪狀紋⋯⋯⋯⋯⋯⋯⋯⋯⋯⋯⋯⋯⋯⋯⋯⋯⋯⋯⋯**天狗老板鯆**

　　3a. 吻不特別纖長。

4a. 成體之吻長小於眶間隔之 $2\frac{1}{2}$ 倍；吻軟骨較頭顱爲短。

　　體盤腹面深褐色或黑色，背面密佈小黑點，每側胸鰭基部中央有一較大之黑色輪狀紋。體盤背面除後頭中央有 1 棘（成長後 3～5 枚）外均光滑，有時在眼前、眼後上角各有 2 小棘；尾側有明顯之皮褶；上頜齒約 45 列 ……………………………………………………………………………………**黑老板䱁**

4b. 成體之吻長大於眶間隔之 $2\frac{1}{2}$ 倍。吻軟骨等於或長於頭顱之長度。

　　5a. 成體雄性之尾部背面中央有一列大形短棘，雌性有三列，幼體有一列。

　　　　背面灰褐色，有若干大小不一之淡色圓斑，在胸鰭基底正中者最大，成爲輪狀紋，但無黑點；腹面淡褐色，其前半有無數黑褐色小點散在。

　　　　眼上緣各有一列（約 4～5 枚）小棘，後頭正中有一棘，尾側皮褶不發達；上頜齒 30～45 列 ……………………………………………………………………………………**平背老板䱁**

　　5b. 成體兩性之尾部背面有三列或多列之大形短棘，幼體有一列。腹面白色或灰色。

　　　　6a. 尾之第一背鰭以前部分較長，約等於或大於尾之全長之 1/3。

　　　　　　7a. 體盤腹面白色。

　　　　　　　　8a. 眶間隔大於或等於眼徑。體背面褐色，除吻及尾部外，密佈細黑點，胸鰭後角有一輪狀紋。

　　　　　　　　　　吻長爲眶間隔之 $3\frac{1}{2}$～4 倍；吻下面密佈小棘，眼上緣各有 1 列（約 8～9 枚）小棘，後頭正中有 1～3 棘，尾背有棘 3（♂）～5（♀）列；上頜齒 45 列…………**何氏老板䱁**

　　　　　　　　8b. 眶間隔小於眼徑。體背面褐色。雄性尾背有棘 3 列，雌性有 5 列，眼上緣有棘一列，雄者爲 6 枚，雌者 5 枚，後頭正中棘 2～3 枚。體背及腹鰭有多數暗色斑紋，但無斑點 ………………………………………………………………………………**大眼老板䱁**

　　　　　　7b. 體盤腹面漆黑色。

　　　　　　　　第一第二背鰭之間有明顯之間隔。體背面淡褐色。尾背有棘三列。背面光滑，腹面外緣有小棘一帶……………………………………………………………………**奧遜老板䱁**

　　　　6b. 尾之第一背鰭以前部分較短，短於尾之全長之 1/3。

　　　　　　9a. 胸鰭之輪狀紋顯著；背面有多數暗褐色小點，腹面黃白色而無暗色斑紋。後頭正中有棘 1～3 枚。尾背有棘 3（♂）～5（♀）縱列………………………………**銳棘老板䱁**

　　　　　　9b. 胸鰭如有輪狀紋，由一褐色環包圍，內有少數斑點。

　　　　　　　　體背面爲一致之暗褐色，有時有淡色斑，腹面白色而帶褐味，鰓區有污褐色斑駁；眼上緣各有一列（約 6 枚）小棘，後頭正中有棘 2～4 枚，成一縱列；尾部有棘 3（♂）～5（♀）縱列，雄者體盤外緣及外角密佈小棘………………………………**多棘老板䱁**

1b. 無背鰭；體盤及尾部平滑無棘；腹鰭內緣部分或全部與尾部相連…………………………**裸䱁科**

　　　　10a. 腹鰭後葉外緣有部分（約爲外緣之 $\frac{1}{2}$～$\frac{2}{3}$）與胸鰭內緣相連；吻端擴展爲葉狀或單純的延長爲絲狀（*Springeria*）。

　　　　　　上下頜平直而彼此平行，上唇兩側有鼻瓣下垂，瓣緣平直；吻端擴展爲葉狀而終於一短絲；眶間隔寬度約爲其身體全長之 1/20……………………………**黑身司氏裸䱁**

鯆魮科 RAJIDAE

Skates; 鰩科

本科具有背鰭二枚；尾部並不特別纖長，其長度不超過體盤之二倍，上圓而下平，兩側有皮褶，上方有或大或小之棘，如有強棘，概無鋸齒緣。吻軟骨前端尖銳，左右胸鰭前方軟條被其分離；少數之例，吻軟骨短或缺少，左右胸鰭前方軟條在吻端連合。口橫裂，中部多少弧凸。其他特徵見亞目。化石從白堊紀起。本科僅老板鯆屬（*Raja*）見於臺灣沿海，其胸鰭中部軟條不特別延長，前方被阻於尖突之吻軟骨；腹鰭後緣凹入，但不致分爲顯著之前後二葉。

天狗老板鯆 *Raja tengu* JORDAN and FOWLER

又名長鼻鰩。產澎湖、東港。（圖 4-60）

黑老板鯆 *Raja fusca* GARMAN

亦名烏鱝（動典）；俗名黑鱝仔（基），鱝仔（高）；日名黑糟倍。產臺灣。

平背老板鯆 *Raja kenojei* MÜLLER and HENLE

亦名耙魟，斑鰩雁木鱝（動典），蝴蝶鯆（RICH.），蝶魟，虎紋魟（鄭）；日名雁木鱝。產基隆、澎湖。

何氏老板鯆 *Raja hollandi* JORDAN and RICHARDSON

又名何氏鰩。日名小砂雁木鯆。產高雄。

大眼老板鯆 *Raja macrophthalma* ISHIYAMA

東海大學生物系曾在東港採得標本。

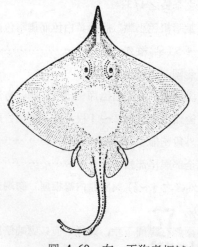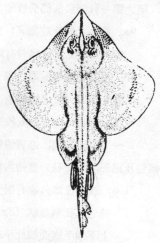

圖 4-60　左，天狗老板鯆；右，多棘老板鯆（據松原氏）。

奧遜老板鯆 *Raja olseni* BIGELOW & SCHROEDER

東海大學生物系曾在東港探得標本。本種之分佈原僅限於墨西哥灣，臺灣產者是否爲同種，值得再加研究。

銳棘老板鯆 *Raja acutispina* ISHIYAMA

東海大學生物系曾在金山探得標本。

多棘老板鯆 *Raja porosa porosa* GÜNTHER

亦名老板魚（顧），耙鱝（張），孔鰩。產基隆。（圖 4-60）

裸鯆科 ANACANTHOBATIDAE
Smooth skin skates

鯆魮亞目中吻端延展如絲，全體包括體盤與尾部光滑者。尾部側襞（Lateral folds）或有或無。背鰭缺如，但尾端上下有膜，可認爲尾鰭之痕跡。腹鰭外側有深缺刻，分爲前後二葉，前葉爲步腳狀，分二節，與鯆魮科之 *Cruriraja* 及電鱝科中之 *Typhlonarke* 相近似。後葉內緣部分與胸鰭內緣相連或不連。

本科僅二屬，即 *Anacanthobatis* （裸鯆屬）與 *Springeria* （司氏裸鯆），前者腹鰭後葉外緣與胸鰭內緣不相連，吻端延展爲絲狀，後者腹鰭後葉外緣有部分（$\frac{1}{2}\sim\frac{2}{3}$）與胸鰭內緣相連，吻端延展爲絲狀或後方爲葉狀。

黑身司氏裸鯆 *Springeria melanosoma* CHAN

香港水產試驗場 W. L. CHAN 於 1965 年發表之新種。東海大學魚類標本室在東港亦採得本種標本七尾。

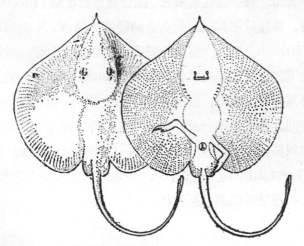

圖 4-61　黑身司氏裸鯆，W. L. CHAN 新種。左：背面；
右：腹面。（據 W. L. CHAN，稍加變更）。

電鰩目 TORPEDINIFORMES

=NARCATIONTES; Electric rays, 電鱝目

　　吻不延伸爲鋸狀；鼻孔相接，並且與口接近；左右前鼻瓣相接而形成"鼻簾"，掩覆口之前緣；有鼻口間溝。頭部、軀幹部、及胸鰭混成一體，爲肥厚而光滑之體盤，與尾部顯然清分。尾部可能與體盤同長，但多數較短，兩側通常各有一縱走之皮褶，基部較寬，在鰩類中除鋸鰩、琵琶鰩而外，均較電鰩爲纖細。胸鰭前緣擴展至眼之水平位，或超越之。腹鰭小形，部分或掩覆在胸鰭後部之下方，左右腹鰭內後緣在泄殖腔後分離，或癒合爲一，而向泄殖腔孔後伸展。較大形之背鰭一枚、兩枚、或缺如。尾鰭發育完善，主軸略向後上翹。

　　眼小，深海種類往往退化或消失。噴水孔在眼後，邊緣光滑或有小突起。口小或中型，平直或略作弧形彎曲，有厚唇。齒小、鈍圓，或有三數尖頭，多數緊密排列成齒帶。體不被鱗，但胸鰭邊緣可能有棘或瘤狀突起。發生爲卵胎生。

　　髓顱無基角；枕髁小形，腹位。吻軟骨一枚或二枚，時或分枝，其先端到達體盤前緣；眶前軟骨特大，向前擴展支持體盤前部，並向側面伸入胸鰭前方諸鰭輻軟骨。鰓條先端伸展爲平盤狀。奇鰭基部以鰭輻軟骨支持，遠軸端則有兩列細角條。偶鰭之鰭輻軟骨直達鰭之邊緣，而無角條。吻部之大小及寬度中等，有的極度退化或無吻部；腦前腔無頂蓋。

　　發電器在頭側（鰓裂外側）與胸鰭（近於邊緣）之間，向前達眼之水平位，向後超越第五鰓裂，近於胸鰭後緣（尾部無發電器）。此器官可能重達全體重量之 1/6，在體盤腹面極易見之，在背面則因皮膚色澤之關係，往往隱而不顯。內部構造一如蜂巢，有若干柱狀構造（其數目少時約 140～150，如 *Temera*，多時達 1,025～1,083，如 *Torpedo nobiliana*），而由疏鬆性結締組織聯絡其間。每一圓柱含有三、四百個膠質電盤（Electric discs），電盤之間爲結締組織層，有血管、神經分佈其上。此處之神經屬於第 V，X 對腦神經之分枝，均由腦髓中之電葉（Lobus electricus）派出。據實驗證明，圓柱中之電盤，其腹側爲陰極，背側爲陽極，故整個發電器之下方生陰電。電鰩每次電擊（Shock）的力量，嚴重時可以使一個成人癱瘓，故彼利用發電器以捕食、禦敵，必奏奇效。造化之妙，嘆爲觀止矣。

　　本目之分類，學者間之意見頗不一致，舊說只含一科，但亦有根據其背鰭之性質及尾部之大小，而分爲三科或四科者，例如有二背鰭者爲 TORPEDINIDAE，有一背鰭者爲 NAR-KIDAE，無背鰭者爲 TEMERIDAE，尾部甚小，背鰭及尾鰭亦極小者爲 HYPNIDAE。本書仍依舊說，分爲一科。化石見於始新世至現代。

電鱝科 TORPEDINIDAE

電鱝科

臺灣產電鱝科2亞科5屬7種檢索表:

1a. **電鱝亞科** (TORPEDININAE) 背鰭二枚。

2a. 尾部長，由泄殖腔孔至尾端之距離，略小於或等於由彼至口裂之距離。

3a. 體盤近於圓形；尾部兩側有縱走之皮摺，鼻瓣之寬度顯然大於長度 (*Narcine*)。

4a. 第一背鰭起點與腹鰭基底後端相對；腹鰭內緣後方與尾部分離。體背面銹褐色，密佈黑色小斑 (小於噴水孔)，部分黑點略粗，聚爲八簇，在噴水孔後分列二排，每列四簇………**印度木鏟電鱝**

4b. 第一背鰭起點在腹鰭基底後端以後；腹鰭內緣後方與尾側連合。體背面褐色，有多數暗色斑點，大於噴水孔………………………………………………………**丁氏木鏟電鱝**

3b. 體盤延長，尾部兩側無縱走之皮摺。眼退化 (*Benthobatis*)。

體背面黑褐色，散佈若干比眼稍小之白點；第二背鰭及尾鰭之外端或呈白色…………**深海電鱝**

2b. 尾部短，由泄殖腔中央至尾端之距離，大於由彼至吻端距離之半。體盤寬大於長。皮膚光滑；噴水孔完整而無鬚邊 (*Torpedo*)。

5a. 第一背鰭基底在腹鰭基底中點正上方。背面黃褐色……………………………**地中海電鱝**

5b. 第一背鰭基底在腹鰭基底中點之前上方。背面褐色…………………………………**東京電鱝**

1b. **單鰭電鱝亞科** (NARKINAE) 背鰭一枚；體盤圓形；尾長中等，無縱走之皮摺。噴水孔完整，與眼相接。

6a. 眼突出；噴水孔周圍隆起；前鼻瓣掩蔽口裂；胸鰭後緣掩覆腹鰭前部；皮膚柔軟 (*Narke*)。

體盤之前後徑短於左右徑；腹鰭外角近於直角，背鰭在腹鰭以後，尾鰭大，後角小於直角；體背面有大小不一之黑斑，幼魚無色………………………………………………**日本電鱝**

6b. 眼陷入；噴水孔周圍不隆起；前鼻瓣小，僅掩蔽唇前部；腹鰭起點與胸鰭後方相連；皮膚深厚而硬 (*Crassinarke*)。

體盤卵圓形，前部略寬，前後徑較左右徑略長；腹鰭外角鈍圓，背鰭在腹鰭以後，尾鰭大，後角鈍圓；體背面褐色，有長短不一之黑色線條………………………………**睡電鱝**

印度木鏟電鱝 *Narcine maculata* (SHAW)

Narcine indica 爲其異名，故舊譯名如上。亦名星斑雙鰭電鱝，電魟 (鄭)，日本炙痺鱝。產基隆。

丁氏木鏟電鱝 *Narcine timlei* (BLOCH and SCHNEIDER)

又名丁氏雙鰭電鱝。日名臺灣痺鱝。產基隆、澎湖。(圖 4-62)

深海電鱝 *Benthobatis moresbyi* ALCOCK

東海大學魚類標本室曾在東港採得標本十五尾。又名盲電鱝 (楊)。

地中海電鱝 *Torpedo nobiliana* BONAPARTE

　　東海大學魚類標本室曾在東港採得標本七尾。

東京電鱝 *Torpedo tokionis* （TANAKA）

　　水產試驗所曾在東港採得標本。

日本電鱝 *Narke japonica* （TEMMINCK & SCHLEGEL）

　　亦名雷魚、日本單鰭電鰩、電鱝、木勺鯆，日名痺鱝。產基隆。（圖4-62）

睡電鱝 *Crassinarke dormitor* TAKAGI

　　東海大學魚類標本室及水產試驗所均發現本種標本於基隆魚市場。又名堅皮單鰭電鰩。

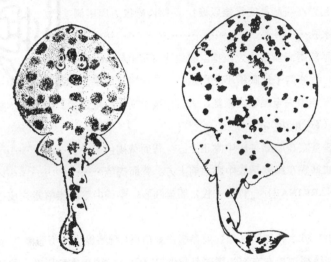

圖 4-62　左，丁氏木鏟電鱝；右，日本電鱝（據松原氏）。

鋸鱝目 PRISTIFORMES

Sawfishes；鋸鰩目

　　體延長壯碩，外形酷似鮫類（特別如鋸鮫），但頭與軀幹顯然平扁，腹面平坦，尾與軀幹不能清分。尾部兩側有縱走之皮質褶襞。吻部延長爲劍狀，兩側有向外突出之齒各一列，但不見於吻基，故名之爲鋸（Saw）。支持此吻部者爲吻軟骨，表面因石灰質化而非常堅硬，着齒處有深槽（古代鋸鱝如 *Sclerorhynchus* 吻軟骨上無齒槽），但吻下無觸鬚，故可與鋸鮫相區別。眼在頭頂，眼眶下緣（外緣）有半月形深溝，溝邊皮膚疏鬆，可代瞬膜。噴水孔在眼後，由前內方向後外方傾斜（其他鱝類往往由前外方向後內方傾斜，正與此相反）。口小，水平橫裂，口角皮膚皺縮而無唇溝。鼻孔遠離口裂，並互相遠離，前鼻緣有圓形鼻瓣，無鼻口間溝。鰓裂小，完全在頭部下面，相當於胸鰭基部之位置。齒小形，圓頂如蕈狀，多數緊密排爲齒帶。鱗片微小，扁平卵圓狀，密佈全體，即在鋸狀之吻部亦不例外。

　　背鰭兩枚，大形，尾鰭比較的發達，主軸略向上翹，下葉突出或不顯。胸鰭較大，與腹鰭分離，其前緣與頭側癒合，超越鰓裂，但不達口裂之水平位。各鰭之鰭輻軟骨遠軸端均附有許多角條。胸鰭之前鰭基軟骨與後鰭基軟骨同等發達。枕髁大形，將枕部完全掩蓋。眶前軟骨小形，不分枝，向後方或側後方伸出，不與前鰭基骨成關節。卵胎生，一卵囊（Egg capsule）內可能有數胎兒（如 *Pristis cuspidatus* 一子宮內僅有一卵囊，但內分四室，可育四胎兒）。

　　本目僅含鋸鱝一科。化石見於白堊紀至現代。

鋸鱝科 PRISTIDAE

鋸鱝科

　　本科僅含一屬（鋸鱝屬 *Pristis*），臺灣已知者一種，即鋸鱝（*Pristis cuspidatus*）。本種之第一背鰭之起點在腹鰭起點以後，對着腹鰭基底後端上方，尾鰭下葉顯然突出，劍狀之吻部兩側各有齒 25～34 枚。亦有認為本種因頭骨及外表特徵之特異而應改列入 *Anoxypristis* 屬中者。在我國東南沿海及南海中另產一種小齒鋸鱝 *P. microdon* LATHAM，吻齒數較少。

鋸鱝 *Pristis cuspidatus* LATHAM

　　英名 Sawfish，通稱鋸鱝（動典），尖齒鋸鱝，劍魚（坤輿圖說），俗名劍鯊（臺），產基隆。（圖 4-63）

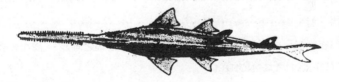

圖 4-63　鋸鱝（據松原氏）。

魟目 MYLIOBATIFORMES

　　吻不延長為鋸狀。體盤平扁寬大，一如鯆魮類，但左右徑除少數例外，概較前後徑為短，有時顯然寬廣，竟如張翼之鳥。尾部與體盤顯然清分，多纖細如鞭，長時超過體盤前後徑之 2 倍，短時可能不及體盤前後徑之 1/2。胸鰭前方達吻端，與對側之胸鰭相會合；或在前方形成一個或一對之吻下鰭，或一對之耳狀頭鰭。通常無背鰭，如有時，僅一枚，小形，位於尾部前方。尾鰭缺如，或有一小形而有軟條支持之尾鰭。眼與噴水孔在頭背或頭側，噴水孔內無鰓褶之痕跡。左右前鼻瓣連合成一簾幕狀，其後緣平滑或為流蘇狀。齒小而數多，或數少形大，排列成磨石狀之齒板。皮膚裸出，或被棘或瘤狀突起。尾背有強棘一或二枚，棘有毒，兩側有向下之鋸齒；但亦有後起性喪失者。無發電器。無吻軟骨；眶前軟骨小形，不分枝，向後或側後方伸出，與前鰭基骨成關節。枕髁小形，在腹面。胸鰭之前鰭基骨特長，分節並向前伸至吻端。上髆骨與連合椎弧之側面癒合。

本目爲最高等之鰩類，土魟類爲其一般體形，蝠魟類特化最深，燕魟之類居中。化石由上白堊至現代。

臺灣產魟目共二亞目 7 科檢索表:

1a. 鰓孔鰓弧均五對（MYLIOBATOIDEI）。

　2a. 尾鰭發育完善，且有鰭輻軟骨支持之⋯⋯⋯⋯⋯⋯⋯⋯⋯⋯⋯⋯⋯⋯⋯⋯⋯⋯**平魟科**

　2b. 尾鰭缺如。

　　3a. 左右胸鰭向前方伸展在吻端連合，無吻下鰭或頭鰭分隔之；眼與噴水孔均在頭部背面。

　　　4a. 體盤左右徑與前後徑相等或略長，如左右徑較長時不超過前後徑之1.3倍；尾部長於體盤之左右徑；背鰭缺如；口腔上方向下懸垂之膜瓣邊緣流蘇狀，口腔底有數枚肉質乳突⋯⋯⋯⋯**土魟科**

　　　4b. 體盤左右徑較前後徑爲長，超過1.5倍以上；尾部顯然較體盤之左右徑爲短；尾部背面中央有一小形背鰭，或無之；口腔上方垂膜邊緣平滑，口腔底無肉質乳突⋯⋯⋯⋯⋯⋯**薦魟科**

　　3b. 胸鰭前緣在眼之直後有一深缺刻或間斷，因此頭部與體盤顯然清分，而胸鰭前方被分隔之部分變成爲吻下葉或頭鰭；眼與噴水孔在頭部兩側。

　　　5a. 胸鰭前部向頭之前下方延展，成爲一個或一對之肉質的吻下葉；齒大，六角形而寬，僅數列。

　　　　6a. 吻下鰭一個⋯⋯⋯⋯⋯⋯⋯⋯⋯⋯⋯⋯⋯⋯⋯⋯⋯⋯⋯⋯⋯⋯⋯⋯⋯**燕魟科**

　　　　6b. 吻下鰭一對⋯⋯⋯⋯⋯⋯⋯⋯⋯⋯⋯⋯⋯⋯⋯⋯⋯⋯⋯⋯⋯⋯⋯⋯**叉頭燕魟科**

　　　5b. 胸鰭前部在吻側形成兩個角狀突起（頭鰭），酷似蝙蝠之耳殼；齒小，多列⋯⋯⋯⋯**蝠魟科**

1b. 鰓孔鰓弧均六對（HEXATRYGONOIDEI）。

　吻部平扁而突出，透明，充滿膠狀物。鼻孔遠離，無口鼻間溝⋯⋯⋯⋯⋯⋯⋯⋯⋯⋯⋯⋯**六鰓魟科**

魟亞目 MYLIOBATOIDEI

鰓孔鰓弧均五對。腦大形，小腦分爲三葉。鼻孔互相接近，前鼻瓣相互連接，形成一寬"鼻簾"，將上頜掩蓋。鼻口間溝存在。

平魟科 UROLOPHIDAE

Short-tailed Stingray；扁魟科

魟類中唯一具有尾鰭者。尾部較體盤前後徑略長，但亦有少數種類則略短。尾部上方有一枚（或二枚）強棘，棘之兩側有鋸齒緣，齒下向；棘前有一小形之背鰭，成長後往往消

失，腹鰭小形，外角鈍圓；鰓弧內側（鰓絲着生之一側為外側）平滑。小形（大者不過30
吋）之底棲性魟類，以蠕蟲、甲殼類為食，除<u>大西洋</u>東岸及<u>印度洋</u>西岸（靠近<u>非洲</u>及<u>印度</u>
處）外，廣佈於各處海洋。

臺灣產平魟科 2 屬 2 種檢索表:

1a. 無背鰭。

　2a. 尾部不較體盤之前後徑為長；尾鰭潤為長之 1/4 以上 (*Urolophus*)。
　　　胸帶附近無棘突。尾短，體盤前後徑約為尾長之 $1\frac{1}{3}$～$1\frac{1}{2}$ 倍，上下頜齒 28～30 列，每齒有一個三角形
　　　尖頭。噴水孔大，為眼徑之 $1\frac{2}{3}$ 倍；肩部無瘤狀突起。背面為一
　　　致之褐色，腹面白色。

　2b. 尾部較體盤之前後徑稍長；尾鰭潤不達長之 1/6 (*Urotrygon*)。
　　　體盤圓形。體面有微小棘突，基部星芒狀。背面銹褐色，鼻孔
　　　附近，吻端及腹面白色。齒 $\frac{29}{28}$ 列；噴水孔大於眼徑。

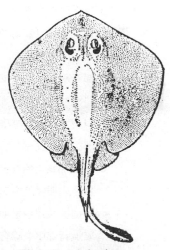

金色平魟 *Urolophus aurantiacus* MÜLLER and HENLE
　　英名 Round stingray；又名褐黃扁魟。據<u>鄧火土</u>氏報告
　　產<u>臺灣</u> (1962)，其標本採自<u>基隆</u>。

孟達平魟 *Urotrygon mundus* GILL
　　<u>東海大學</u>魚類研究室曾自<u>東港</u>採獲一標本。本種原產<u>美</u>
　　<u>洲</u>西岸，由<u>美國加州</u>至<u>巴拿馬</u>。<u>臺灣</u>產者是否為同種，
　　值得再加研究。

圖 4-64　金色平魟
（據<u>松原</u>氏）。

土魟科 DASYATIDAE

=TRYGONIDAE; Sting or Whip rays, Whiptail rays; 魟科

　　魟類中兩側胸鰭在吻端會合，體盤左右徑不超過前後徑之 1.3 倍，無前（頭部）後部之
分，無吻下鰭或頭鰭者。尾纖細，較體盤之左右徑為長，有時在尾之上方、下方，或前下方
有皮褶。尾部上方具有毒之強棘一枚（如有數枚，則彼此靠近），棘平扁，偏後斜插在尾背
皮膚內，兩側有下向之鋸齒。腹鰭小形，外角鈍圓。鰓弧內側平滑。概無尾鰭及背鰭。左右
前鼻瓣連合成方形 "鼻簾"，伸達口前，後緣平滑或流蘇狀。噴水孔中大。齒小形，多數，
排列為砌石狀，齒冠平滑，或有一個或數個尖頭；口底乳突長短不一，末端略形膨大。體盤
及尾（尾棘除外）平滑，或有大小不一之瘤狀或棘狀突起。各地暖海中之底棲魚類，有時在
夏季北移，入冬又回暖海。化石見於上白堊紀至現代。

臺灣產平魟科 3 屬 15 種檢索表:

1a. 尾背無強棘；體背面及尾部全面密佈棘狀突起，形狀不一，其基部圓濶或多角形（刺土魟屬 *Urogymnus*）。

　　體盤卵圓形，前後徑較左右徑略長；口波狀，口腔底乳突五枚，中間三枚較大，排成山字狀；體盤中央黃褐色（自吻端至尾基），邊緣暗褐色 ……………………………………………………**非洲刺土魟**

1b. 尾背有強棘；體盤背面大部分平滑，棘狀或瘤狀突起限於某局部。

　2a. 體盤卵圓形，前後徑較左右徑爲短；尾部側扁；尾部腹面之皮褶，向後達尾端（帶尾土魟屬 *Taeniura*）。

　　3a. 體盤背面爲一致之灰褐色；皮膚光滑；口裂成一橫線，口腔底乳突五枚…………**梅英帶尾土魟**

　　3b. 體盤背面有大小不一之黑褐色斑點散在；皮膚粗雜；口裂彎曲，口腔底乳突九枚**黑點帶尾土魟**

　2b. 體盤多數爲菱形（左右徑較長）；尾部腹面無皮褶，如有皮褶，亦較短（稜脊）而不達尾端（土魟屬 *Dasyatis*）。

　　4a. 尾部背腹兩面均無皮褶或稜脊；尾部長達體盤前後徑之 3 倍以上。

　　　5a. 口波狀；口腔底乳突 4～7 枚；體盤背面有黑斑，尾部白色與黑色環紋相間………**豹紋土魟**

　　　5b. 口稍波曲；口腔底乳突 4 枚；體盤背面有黃斑，尾部黃色與黑色環紋相間…………**齊氏土魟**

　　4b. 尾部腹面有皮褶，背面無皮褶或稜脊；體盤左右徑較前後徑略長；吻尖突，口波狀。

　　　6a. 尾部長達體盤前後徑之 3 倍；前鼻瓣連成之簾幕後緣平滑；口腔底乳突 5 枚；吻尖突；成魚由兩眼間隔中部偏後至尾背強棘間有一縱列之小棘，此外一致平滑；體褐色………**黃土魟**

　　　6b. 尾部長達體盤前後徑之 2 倍；前鼻瓣連成之簾幕後緣流蘇狀；口腔底乳突 5 枚；吻尖突；成魚背部中央線有稀少之瘤狀突起，尾部在強棘後方密生小棘…………………………**鬼土魟**

　　　6c. 尾部長度約爲體盤前後徑之 1.7 倍；前鼻瓣連合成長方形簾幕，後緣細裂淺凹；口腔底無乳突。尾部腹皮摺弱而短，僅存於自尾刺下方至尾刺後方處。背面尾刺後方散佈着小刺。體背面淡褐色，腹面白色，邊緣略帶灰色…………………………………………**小眼土魟**

　　4c. 尾部腹面有皮褶，背面有稜脊；體盤左右徑較前後徑爲長。

　　　尾部長達體盤前後徑之 2 倍以上；口腔底乳突 7 枚，分三組，中央 3 枚，左右各 2 枚；尾部腹面皮褶甚低；背面稜脊起於尾棘後，甚短；尾棘 1 枚；成魚背部中央有一縱列之瘤狀突起，其他部分一概平滑；尾棘後有小棘散在………………………………………………………………**牛土魟**

　　4d. 尾部背腹面均有皮褶；體盤左右徑較前後徑爲長或略短。

　　　　7a. 吻長而突出。

　　　　　8a. 口腔底無乳突。

　　　　　　9a. 尾部長約爲體盤前後徑之 1.5～2 倍；尾有小棘；眼極小；體大形；一致之赤褐色…………………………………………………………………………………**尖嘴土魟**

　　　　　　9b. 尾部長約爲體盤前後徑之 1.2 倍；尾無小棘；眼普通；體小形……………**陳氏土魟**

　　　　　8b. 口腔底有乳突。

　　　　　　尾部長約爲體盤前後徑之 1.4～1.8 倍。口波狀；口腔底有乳突 3 枚。眼大，突出，眼

　　　　徑比噴水孔稍大或相等。體面光滑。背面灰褐帶黃色（液浸後暗褐色），隱具不規則之
　　　　暗色斑紋，腹面灰褐帶黃色‥‥‥‥‥‥‥‥‥‥‥‥‥‥‥‥‥‥‥‥‥‥‥‥‥‥**光土魟**
　　7b. 吻短，突出不顯；口腔底有乳突。
　　　　10a. 口腔底有乳突 2 枚；尾部長爲體盤前後徑之 1～2 倍；吻前緣肥厚；體盤背中線
　　　　　　由眼後至尾棘有一縱列之小棘；背面有青色斑點‥‥‥‥‥‥‥‥‥‥‥**古氏土魟**
　　　　10b. 口腔底有乳突 3 枚；體盤背中線至尾部有一列小棘。
　　　　　　11a. 尾部長不達體盤前後徑之 2 倍；體面除眶間隔，眼後方，及背中線有小棘外，
　　　　　　　　一概平滑，幼魚則全體平滑；體腹面生活時淡黃色，邊緣較濃‥‥‥‥**赤土魟**
　　　　　　11b. 尾部長達體盤前後徑之 2 倍；尾背有小瘤狀突起，呈粗雜貌；體腹面淡色，背
　　　　　　　　面黑褐色以至黑色‥‥‥‥‥‥‥‥‥‥‥‥‥‥‥‥‥‥‥‥‥‥‥**黑土魟**

非洲刺土魟 *Urogymnus africanus* (BLOCH and SCHNEIDER)
　　又名非洲沙粒魟；日名茨鱝。產新竹。

梅英帶尾土魟 *Taeniura meyeni* MÜLLER and HENLE
　　日名印度鱝。產基隆。

黑點帶尾土魟 *Taeniura melanospilos* BLEEKER
　　又名黑斑條尾魟。日名斑鱝。產基隆。

豹紋土魟 *Dasyatis uarnak* (FORSSKÅL)
　　英名 Honeycomb stingray, Coachwhip ray, Longtailed ray。又名花點魟。日名虎紋
　　鱝。產基隆。

齊氏土魟 *Dasyatis gerrardi* (GRAY)
　　亦名黃貂魚，黃點魟，齊氏魟，黃鯃（伍），魟魚（湯）；日名乙女鱝。產基隆。

黃土魟 *Dasyatis bennetti* (MÜLLER and HENLE)
　　又名黃魟，俗名白肉鯆、白玉鯆（RICH）。日名尾長鱝。產基隆。（圖 4-65）

鬼土魟 *Dasyatis lata* (GARMAN)
　　日名鬼鱝。產基隆。

小眼土魟 *Dasyatis microphthalmus* CHEN
　　亦名小眼魟。分佈臺灣海峽及東海南部。

牛土魟 *Dasyatis ushiei* JORDAN and HUBBS
　　日名牛鱝。產基隆。

尖嘴土魟 *Dasyatis zugei* (MÜLLER and HENLE)
　　亦名鐵魟、尖嘴魟、尖嘴刺魟（鄭）；日名數具鱝，鄧火土氏曾將小眼土魟改爲本種。
　　產基隆。（圖 4-65）

陳氏土魟 *Dasyatis cheni* TENG

近似於尖嘴土魟而較小，日名姬數具鱝。鄧火土氏定名之新種。產基隆。

光土魟 *Dasyatis laevigatus* CHU

亦名光魟。分佈我國東海及黃海，水產試驗所有一標本採自基隆。

古氏土魟 *Dasyatis kuhlii* (MÜLLER and HENLE)

英名 Kuhl's stingray, Blue-spotted stingray；亦名古氏魟，黃鯆；日名奴鱝。產基隆、高雄。

赤土魟 *Dasyatis akajei* (MÜLLER and HENLE)

英名 Whip-tailed ray；亦名土魚（顧），黃魴（湯），黃貂魚、赤魟、黃魟、刺魟（鄭），刺鱝（張）；俗名紅魴（中部），鱝仔魚、魴魚、牛犀魴（南部）；日名赤鱝。產高雄。（圖 4-65）

黑土魟 *Dasyatis navarrae* (STEINDACHNER)

又名奈氏魟。日名黑鱝。產高雄。

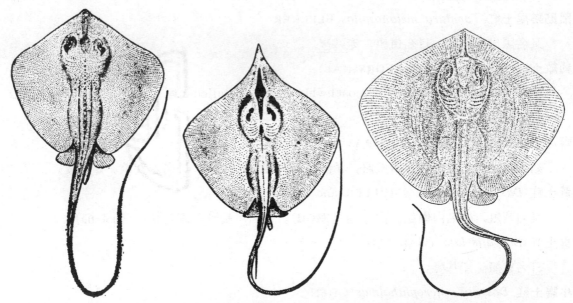

圖 4-65　左，黃土魟；中，尖嘴土魟（據松原氏）；右，赤土魟（據張等）。

鳶魟科 GYMNURIDAE

Butterfly rays；燕魟科

近似土魟而體盤特寬（左右徑超過前後徑之 1.5 倍），尾特纖短（尾長不及體盤左右徑之 1/4）者。頭骨前緣平直或略圓凸。背鰭一枚在尾棘前，或無背鰭。尾棘一枚或數枚，棘緣光滑或有鋸齒。噴水孔中大，內後緣有一觸角狀突起，或無之。由口腔頂下垂之膜瓣邊緣光滑；口腔底無乳突。除尾棘外全體皮面平滑，唯某種類之老成標本可能較爲粗雜。尾鰭消失，上下方無皮摺。卵胎生。化石見於中新世至現代。

鳶魟與平魟、土魟，有若干學者（如 GARMAN, 1913 及 FOWLER, 1941）合併爲一科，本書據 BIGELOW and SCHROEDER (1948) 分列爲三科。

臺灣產鳶魟科 2 屬 3 種檢索表:

1a. 在尾棘以前卽尾背近基部處有一小形之背鰭（菱鳶魟屬 *Aetoplatea*）。

尾背前方 1/4 處有一小形之尾棘，棘前有一小形之背鰭；尾部背腹面正中線各有一低稜脊；體背面暗褐色，密佈淡黃色斑點，腹面白色‥‥‥‥‥‥‥‥‥‥‥‥‥‥‥‥‥‥‥‥‥**菱鳶魟**

1b. 無背鰭；尾部背面正中線有稜脊（鳶魟屬 *Gymnura*）。

2a. 體背面爲一致之黑褐色，腹面白色，尾部有八個黑色環狀紋；尾部長約爲體長之半；尾棘弱小，在尾背前方 1/3 處‥‥‥‥‥‥‥‥‥‥‥‥‥‥‥‥‥‥‥‥‥‥**日本鳶魟**

2b. 體背面灰褐色，密佈細黑點，眼後偏外各有一個乳白色斑；尾部長約爲體長之半；尾部有六、七個黑色環狀紋；尾棘較人，有鋸齒緣，在尾背前方 1/3 處‥‥‥‥‥‥‥**戴星鳶魟**

菱鳶魟 *Aetoplatea zonura* BLEEKER

亦名條尾鳶魟。日名菱燕鱝；1962 年鄧火土氏初次記載，東海大學魚類研究室亦採得標本。產高雄。

日本鳶魟 *Gymnura japonica* (TEMMINCK and SCHLEGEL)

英名 Butterfly ray, Oriental butterfly ray；亦名日本燕魟、燕鱝（動典）；俗名角魴（基），臭尿破魴（南部）；日名燕鱝。產基隆、高雄。（圖 4-66）

戴星鳶魟 *Gymnura bimaculata* (NORMAN)

英名 Butterfly ray；亦名雙斑燕魟，飛臂鱝（F.），白眉毛（王），花尾魴（湯），戴星魚（臨海水土記）；日名眼鏡燕鱝。產基隆。（圖 4-66）

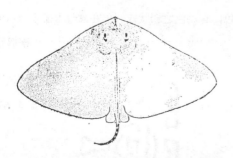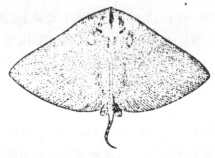

圖 4-66　左，日本鳶魟；右，戴星鳶魟（據松原氏）。

燕魟科 MYLIOBATIDAE

Eagle rays, Bat stingray, Bullray; 鱝科

胸鰭向前伸展至眼所在之位置終止，或爲狹窄之皮膜經吻部下方而成爲一枚吻下鰭 (Subrostral lobe)，因此頭部與體軀可以劃然清分。頭頂窿起，頭骨前緣中部平直而外角圓凸。尾部纖長，往往超過體盤前後徑 2 倍以上。尾背近基部處有棘（兩側緣有鋸齒，齒下向）一枚，或數枚，或無棘；棘前有小形背鰭一枚；但無尾鰭。眼與噴水孔在頭側；口在頭部腹面，橫裂。口腔頂垂膜邊緣粗流蘇狀，垂膜前（上頜齒板後）及口腔底（下頜齒板後）有若干乳突。前鼻瓣連合而成之簾幕，後緣流蘇狀，中部凹入或平直。齒 1～7 列，中列特寬，排成砌石狀。除尾棘外，皮膚概裸出，但雄者眼眶周圍及背部中央線上可能有瘤狀突起。

臺灣產燕魟科 3 屬 6 種檢索表：

1a. 上下頜通常有齒 7 列。

  2a. 有尾棘；胸鰭向前與吻下鰭相連續（燕魟屬 *Myliobatis*）。

    尾棘二枚；由背鰭起點至腹鰭後端之距離，大約與背鰭基底長相等；全體光滑；背面爲一致之暗褐色，腹面白色 ·······················燕魟

  2b. 無尾棘；胸鰭與吻下鰭隔離（圓吻燕魟屬 *Aetomylaeus*）。

    3a. 背鰭起點在腹鰭基底後端略後；體盤背面褐色，有白色黑邊之圓點，在後方者較爲顯著·········· ·······················星點圓吻燕魟

    3b. 背鰭起點在腹鰭基底後端之上方。

      4a. 體盤背面黑褐色，有與胸鰭後緣平行之青色橫帶 5～6 條，腹面白色，或散佈藍色雲狀塊斑，尾具不明顯暗褐色橫紋·················青帶圓吻燕魟

      4b. 體盤背面暗褐色，腹面白色，外緣污褐色；尾上隱具暗褐色橫紋多條··········鷹形圓吻燕魟

1b. 上下頜僅具有齒一列；尾棘或有或無（鴨嘴燕魟屬 *Aetobatus*）。

    5a. 吻比較的狹長；尾棘一枚；體盤背面褐色，有白色斑點散在如雪花狀；噴水孔可自頭頂見之 ·······················雪花鴨嘴燕魟

    5b. 吻比較的短廣；無尾棘；體盤背面綠褐色，有黑色之網狀紋（但在體盤中部成爲不規則之橫紋）；噴水孔在頭側，不能自頭頂見之 ·······················網紋鴨嘴燕魟

燕魟 *Myliobatis tobijei* BLEEKER

亦名鳶鱝、鳶魟（動典），鷹魴（湯），頭魚（顧）；日名鳶鱝。產基隆。（圖 4-67）

星點圓吻燕魟 *Aetomylaeus maculatus* (GRAY)

又名花點無棘鱝；日名星鳶鱝。產基隆。

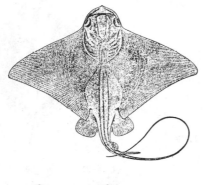
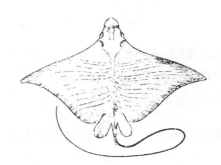
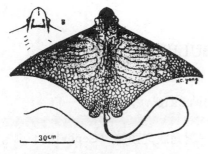

圖 4-67　左上，燕魟；右上，雪花鴨嘴燕魟；左下，網紋鴨嘴燕魟。

青帶圓吻燕魟 *Aetomylaeus nichofii* (BLOCH and SCHNEIDER)

又名尼氏無棘鱝。日名青紋鳶鱝。產基隆。

鷹形圓吻燕魟 *Aetomylaeus milvus* (MÜLLER & HENLE)

又名鷹形無棘鱝。分佈南海及印度洋。水產試驗所有一標本採自基隆。

雪花鴨嘴燕魟 *Aetobatus narinari* (EUPHRASEN)

英名 Spotted Duck-billed ray, Spotted Eagle ray；又名無斑鵰鱝；日名斑鳶鱝。產基隆。*A. guttata* SHAW 爲本種之異名。另一種 *A. flagellum* (BLOCH & SCHNEIDER) 背面無斑點，分佈紅海、印度洋、西太平洋、及我國海域，臺灣至今尙無報告。(圖 4-67)

網紋鴨嘴燕魟 *Aetobatus reticulatus* TENG

鄧火土氏 1962 年發表之新種；日名網目鳶鱝。產基隆。(圖 4-67)

叉頭燕魟科 RHINOPTERIDAE

Cow-nosed rays；牛鼻鱝科

吻下鰭中部有一深缺刻，因此由一葉分爲二葉。頭骨前緣凹入，頭部外貌上兩側突起如牛鼻，故有 Cow-nosed rays 之稱。吻下鰭與胸鰭在頭側分離。尾細長如鞭，有尾棘。齒寬扁，上下頜有齒 5～10 縱列。噴水孔大形，位於眼後。口寬大、橫裂。口腔頂及底均無肉質乳突。舌弧與第一至第四鰓弧後面，以及第五鰓弧前面，均有密接之鰓褶，其內側亦有鰓褶，但較短而寬，每一鰓弧之內緣均有 5 ～ 6 枚較大之肉質突起。卵胎生。化石見於上白堊紀至中新世。

　　臺灣產叉頭燕魟僅一種；頭側無鰭膜；上下頜齒七列，中列齒特寬，爲側齒之二倍；吻比較的長而鈍；前鼻瓣前緣平滑；體盤背面帶綠色，腹面白色。

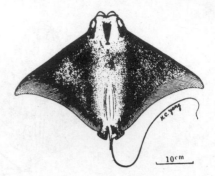

圖 4-68　叉頭燕魟（據鄧火土）。

叉頭燕魟 *Rhinoptera javanica* MÜLLER & HENLE

　　英名 Javan Cow-nosed ray；又名爪哇牛齒鱝。產基隆。

蝠魟科 MOBULIDAE

Devilrays; Devilfishes, Manta-ray, Mantas;
MANTIDAE, CEPHALOPTERIDAE；蝠鱝科

　　體盤爲橫菱形，極似燕魟，但頭端兩側有一對角狀之頭鰭 (Cephalic fins)，宛如蝙蝠之耳殼，故名之爲蝠魟。口腔頂垂膜邊緣平滑，或爲細流蘇狀，頂或底均無乳突。頭部寬廣，前緣成楔狀，頭頂平扁，或略隆起。口寬大，在頭部下面或前端。上下頜，或僅上頜或下頜有齒，齒細小，多列成一帶。眼在頭側，亦卽頭鰭基部之外側。鼻孔在頭鰭基部之內側，口角之前方。前鼻瓣合成之簾幕覆於口裂上方。噴水孔較小，三角形，位於眼後。尾纖長，長於體盤之前後徑，先端如鞭，無尾鰭；小形背鰭一枚，在尾基上方；尾棘有鋸齒緣，或光滑，一枚或數枚，或缺如。鰓裂較寬，寬於燕魟及叉頭燕魟二科中任何一種。皮膚除尾棘外一致光滑，亦有被微小之瘤狀或棘狀突起，因而顯現粗雜者。

臺灣產蝠魟科 2 屬 4 種檢索表：

1a. 口開於頭部下面；上下頜均有齒（蝠魟屬 *Mobula*）。

　2a. 尾棘一枚，有鋸齒緣；尾比較的長……………………………………………………………**日本蝠魟**

　2b. 無尾棘；尾比較的短。

　　3a. 噴水孔在胸鰭基底前端之下方；兩頭鰭間隔較狹；背鰭基底後端達胸鰭後角……………**臺灣蝠魟**

　　3b. 噴水孔在胸鰭基底前端之上方；兩頭鰭間隔較寬；背鰭基底後端在胸鰭後角以前…………**姬蝠魟**

1b. 口開於頭部前緣；僅下頜有齒（鬼蝠魟屬 *Manta*）。

　　兩頭鰭間隔及鰓裂均較其他蝠魟爲寬；噴水孔近於橫裂，在眼後；尾短於體盤之前後徑…………**鬼蝠魟**

日本蝠魟 *Mobula japanica* (MÜLLER & HENLE)

　　亦名華臍鱬，線板魟（動典），日本蝠鱝，線柏魚（袞）；俗名角魴（基），鱝，臭尿破魴（南部）；旦名絲卷鱝。產基隆、蘇澳。（圖 4-69）

臺灣蝠魟 *Mobula formosana* TENG

鄧火土氏之新種。產基隆、蘇澳。可能爲姬蝠魟之異名。

姬蝠魟 *Mobula diabolus* (SHAW)

英名 Devilray，又名無刺蝠鱝。日名姬絲卷鱝。產基隆。

鬼蝠魟 *Manta birostris* (DONNDORFF)

英名 Manta，又名雙吻前口蝠鱝。日名鬼絲卷鱝。產基隆、蘇澳。(圖 4-69)

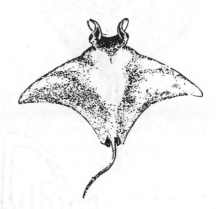

圖 4-69　左，日本蝠魟；右，鬼蝠魟 (據 TINKER)。

六鰓魟亞目 HEXATRYGONOIDEI

鰓孔鰓弧均六對。腦小形，小腦分爲二葉，表面無皺摺。鼻孔互相遠離，前鼻瓣短而厚，在中央不連接，不形成掩蓋上頜之 "鼻簾"。無鼻口間溝。

六鰓魟科 HEXATRYGONIDAE

吻延長，扁薄而近於透明，內充滿透明膠狀物質，其中有多數勞氏壺 (Ampullae of Lorenzini) 散在。無眶上脊。噴水孔大形，遠在眼之後方，由孔之前內緣伸出一薄皮瓣將鼻孔掩蓋，只在後側緣留一斜裂隙。尾部有二棘，均具強鋸齒；背鰭、腹鰭均有鰭輻骨支持之。

楊氏六鰓魟 *Hexatrygon yangi* SHEN & LIU

沈世傑教授與劉振鄉先生 (1985) 發表之新種。標本採自臺灣西南部外海。

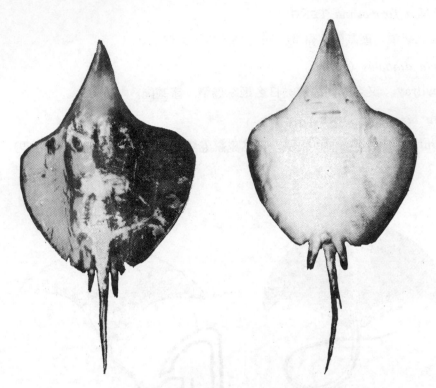

圖 4-70　楊氏六鰓魟。左，背面；右，腹面（楊鴻嘉先生提供）。

第五章　刺　鮫　綱
Class　ACANTHODII

一、刺鮫類的特徵與分類地位

　　如第三章所述，刺鮫類是最早的眞正領口魚類，首見於下志留紀，至下二叠紀消失，存在達一億五千萬年。它們具有所有原始領口魚類的共同特徵，包括偶鰭的存在，內耳中有三半規管，髓顱與鰓骨的淸分，鰓位於鰓弧的外側，由領弧形成而適於攫咬食餌的上下領。不過它們在領口魚類中的地位却令人困惑。其若干特徵不但使軟骨魚類與硬骨魚類的分野含混不淸，也使板鰓類與眞口類 (TELEOSTOMI) 的範疇難以明確界定。吾人只能說現生之板鰓類均無泳鰾，而眞口類則大都具有泳鰾，除非後起性的退化而消失。而刺鮫類的情形到底如何則尚未肯定。

　　刺鮫類是一羣中小形的領口魚類，有的長達 250 cm.；背鰭二枚或一枚，具臀鰭，尾鰭歪形。除尾鰭外，各鰭之前方均有一碩壯之硬棘。在胸鰭與腹鰭之間尚有二列較小之硬棘，多者達六對。演化論者認爲這些額外的硬棘或可代表連續的體壁側摺的遺跡。換言之，最初的偶鰭可能就是由體壁側摺退化而形成的，這就是持鰭摺說 (Fin fold theory) 者的主要依據。不過從現代形態發生的研究結果看來，把這些額外硬棘解釋爲體側稜脊的過度發育似乎更爲恰當。

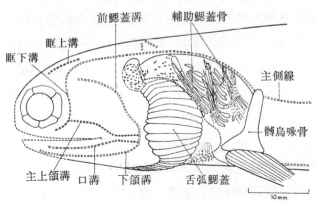

圖 5-1　*Euthacanthus* 之頭部側面觀 (據 WATSON)。

　　刺鮫類的骨骼兼含眞正之硬骨與膜性骨片。軟顱僅在其表面形成硬骨化的薄層，或形成多數硬骨片而以軟骨爲界。頭部被覆與軀幹部鱗片相似之小形膜骨。高等種類形成大形骨板或退化。內顱爲高顱型，枕區短而以一側枕溝與耳區分隔，眼窩大形，中間有一薄眶間隔，篩區短小。 二腭方骨之前端並不相接 ， 低等種類之鰓裂各自外開， 各有由多數小骨條支持之輔助鰓蓋掩蓋之， 最前方之頜鰓蓋則由上下頜骨向後伸出之頜骨條 (Mandibular rays) 支持之， 惟仍以舌頜鰓蓋爲最大。高等種類之舌弧鰓蓋掩覆整個鰓腔， 猶如一般硬骨魚類的鰓蓋。舌弧已有舌頜骨與角舌骨的分化。低等種類之腭方骨無聽區關節， 可能爲舌接型， 高等種類之腭方骨接於舌頜骨下端之溝髓中， 故爲兩接型。鰓弧三至五對。脊索不按體節凹縊， 但是有硬骨化之髓弧與脈弧。無翟膜骨， 但眼窩周圍有 4～6 片或多片圍眼骨。眼在頭側， 大形而接近頭端。鼻孔小而前開， 兩鼻孔互相接近， 內耳中有大形之聽石。

　　體表被緊密相接之粗糙小硬鱗， 由同心層叠之骨質與齒質構成， 無髓腔， 故與腔鱗類之盾鱗狀皮齒以及鮫類之皮齒均有別。牙齒有兩種， 一爲多尖頭或單尖頭之側扁型， 直接固接於頜骨上， 另一爲渦卷狀排列之多尖頭齒， 以結締組織連於頜骨上。側線通過骨片與鱗片之間， 其分佈與一般魚類相似， 只是眼上溝並不與主溝相連接。

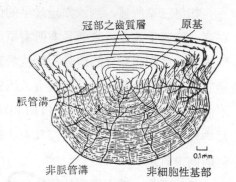

圖 5-2 *Acanthodes* 之鱗片切面
（據 MILES）。

（圖中標示：冠部之齒質層、原基、脈管溝、非脈管溝、非細胞性基部、0.1mm）

　　胸帶有一大形髆烏喙骨， 其腹面附有若干膜骨。高等種類之髆烏喙骨已分化爲上髆、髆骨， 以及前烏喙骨。鰭內骨已有鰭基骨與鰭輻骨之分。刺鮫 (*Acanthodes*) 之少輻骨型 (Aplesodic) 胸鰭有三片鰭基骨， 其外是不分節與不分枝之骨質鰭條， 與軟骨魚類的角條 (Ceratotrichia) 相似。背鰭、腹鰭、臀鰭， 以及尾鰭之脊索下鰭葉， 均有排列密集的鱗片分佈其上， 似於硬骨魚類的鱗條 (Lepidotrichia) 之原始狀態。尾鰭無脊索下鰭葉。

　　刺鮫類的分類地位久是學者們爭議難決的問題。有的學者認爲其鱗片旣非皮齒型, 鱗片之基部有骨細胞, 聽石一大一小, 足見與早期硬骨魚類中的古鱈類關係很近。WATSON (1937) 的意見, 因其具有與節頸類相似的舌弧鰓裂, 髓顱的硬骨化情形亦復相似, 所以把刺鮫類與現今所稱盾皮綱中的各目共同列爲始舌弧類 (APHETOHYOIDEA), 以與所謂魚類 (PISCES) 相對立 。 在三十年代至五十年代之間, 學者們大都把刺鮫類列爲盾皮綱中的一員。 BERG (1940) 則把刺鮫類列爲獨立的一綱, 置於板鰓類之前。ROMER (1966) 則以刺鮫類的一部分特徵似於條鰭魚類, 而把它們列爲硬骨魚類中最原始的一個亞綱。NELSON (1968) 認爲刺鮫類與板鰓類的關係較近。但是刺鮫類有硬鱗, 有多少硬骨化的骨骼及發育不全的鰓蓋, 並且髓顱表面有很多眞皮性膜骨, 這是顯然與板鰓類不同的。不過其上下頜前方並沒有見於一般硬骨魚類的膜骨, 有舌弧鰓裂及特殊的頜鰓蓋, 與眞正的硬骨魚類並不盡同。所以賈維克 (JARVIK, 1968) 乃根據其他理由而主張把刺鮫類列爲軟骨魚類與硬骨魚類之間獨立的一類。 MOY-THOMAS & MILES (1971) 以及 MILES (1973) 則詳細比較髓顱及臟顱的構造之後而認為刺鮫類與硬骨魚類的關係較近。但是買維克（1980）的新的觀點則以不但刺鮫（*Acanthodes*）的下咽鰓節（Infrapharyngobranchials）指向後方，與鮫類相同，其腭方骨與髓顱之間為雙接型，此亦與化石及現代低等鮫類相同，並且其眶關節的關節面在腭基突（Palatobasal process）的前方，無基翼突，此亦與六鰓鮫類及棘鮫類相同。其口為端下位，有上齒弓，此亦與鮫類相同。其他如鼻孔的位置，髓顱的構造，鰭的構造等亦莫不與鮫類相近。所以他堅認刺鮫類應屬於橫口類（PLAGIOSTOMI，即板鰓形類 "ELASMOBRANCHIO-MORPHI"）。不過 DENISON（1979）並不同意買維克的觀點，而寧與 MILES 以及 GAR-DINER 等持同樣的主張，而認為刺鮫類應屬於真口魚類中的一羣，與硬骨魚類的地位平行。

　　總結而言，到目前為止，刺鮫類的分類地位仍是一個言人人殊的混淆問題。在學者們的看法未達成一致之前，本書暫依 NELSON, J. S.（1976）而把刺鮫類與硬骨魚類列為真口亞羣下平行的二綱。

二、刺鮫綱的分類

　　一般而言，刺鮫綱可以分為以下三目，後二目之間的關係較為密切。

*柵魚目 CLIMATIIFORMES

　　本綱中最原始者，小形至中形，具二枚背鰭棘，胸鰭與腹鰭之間有棘 1～6 對。頭頂被大形骨板或鱗片，領鰓蓋不掩覆整個鰓腔，各鰓裂之上部游離，各有自本身之鰓蓋。上下領兩側各由單一骨片形成，全無膜骨附於其上，有齒或無齒。胸帶中有膜性骨片，包括成對之翼板，前胸棘及中胸棘。本目可分為柵魚（Climatioidei）與二棘魚（Diplacanthoidei）二亞目，

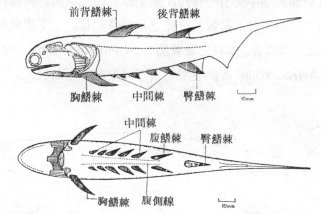

圖 5-3　上，*Climatius* 之側面觀；下，*Euthacanthus* 之腹面觀（據 WATSON）。

前者無前烏喙骨，胸鰭腹面無棘，包括柵魚 (*Climatius*)，*Nostolepis*, *Parexus*, *Erriwacant-
hus*, *Euthacanthus*, *Gyracanthus*, *Gyracanthides* 等屬。後者有前烏喙骨，胸鰭腹面有一對小
棘，上下頜短，包括 *Diplacanthus*, *Rhadinacanthus* 等屬，主要見於上志留紀至下二疊紀。

*稀棘目 ISCHNACANTHIFORMES

背鰭棘二枚，胸鰭與腹鰭之間無棘，鰓摺（蓋）較發達，上下頜堅強，各有二個硬骨化
中心。上下頜骨均有固定之齒，頜髓處並且有渦卷狀排列之錐狀齒。頭部被小形鱗片及骨
板。胸帶由單一之髆烏喙骨構成，無膜性骨片。本目之重要屬有 *Ischnacanthus*, *Protodus*,
Uraniacanthus, *Atopacanthus*, *Xylacanthus* 等，主要見於上志留紀至上石炭紀。

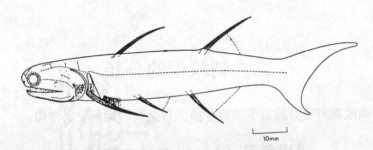

10mm

圖 5-4　*Ischnacanthus* 之側面觀（據 MILES）。

*刺鮫目 ACANTHODIFORMES

背鰭單一，胸鰭與腹鰭之間無棘，鰓摺（蓋）掩蓋整個鰓腔。上頜骨有三個硬骨化中
心，下頜骨有兩個。髓顱除有腭基關節外，在聽區亦有一關節，故上頜爲兩接型。髓顱已硬
骨化爲多數骨片，其腹面前端中央有一骨片，腦垂腺孔由此通過，後端爲基枕骨。舌弧上有
一系列鰓耙。胸鰭有三片鰭基骨，與短而分節之鰭輻骨相接。上下頜無齒。胸帶由髆烏喙骨
構成，有時有一單獨之小烏喙骨。本目之重要屬有 *Acanthodes*, *Mesacanthus*, *Homalcanthus*,
Triazeugacanthus, *Cheiracanthus* 等，主要見於下泥盆紀至下二疊紀。

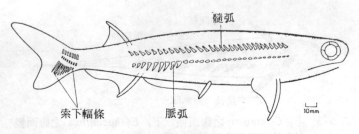

髓弧

索下輻條　　脈弧

10mm

圖 5-5　*Acanthodes* 之側面觀（據 WATSON）。

三、刺鮫類的演化趨向與生活方式

　　柵魚目出現於上志留紀至下二叠紀，是最原始的刺鮫類。其體軀較短，體表被高冠型厚鱗，有發達的輔助鰓蓋；鰭棘粗短而有深刻紋，淺植皮內。胸鰭與腹鰭之間有多對額外之硬棘。此外，其烏喙骨的腹面至胸部有真皮性之骨板。下頜有渦卷齒，有的種類無齒。較高等之二棘亞目均無齒，亦無輔助鰓蓋，各硬棘深植皮下，胸鰭與腹鰭間只有一對額外硬棘，但是在胸帶的腹板上另有一對短棘。稀棘目見於上志留紀至石炭紀，其體軀較長，骨板較輕。各鰭有長棘，深植皮下，但胸鰭、腹鰭之間無棘，無輔助鰓蓋，胸區亦無真皮性骨板。上下頜有多尖頭之頜齒、頜髓及口頰有渦卷齒。高等種類之上下頜外緣為較大而側扁之錐形齒。刺鮫目出現最遲，亦為最後消失者（自下泥盆紀至下二叠紀），只具一背鰭，胸帶無真皮性骨板，上下頜無齒。低等種類的胸鰭與腹鰭之間有一對小棘，高等種類完全消失，各鰭深埋皮下，胸鰭棘增大，腹鰭棘退化，鰓腔完全被大形之舌弧鰓蓋所掩覆，鰓區延長。

　　由以上所述綜合看來，刺鮫類的演化大致有以下幾項趨向，即：真皮性的膜骨逐漸退化，額外的硬棘逐漸喪失，殘存之硬棘逐漸深植皮下。這種種改變，可能與其游泳、呼吸、以及禦敵等機制的改進有關。隨着外骨骼的退化，內骨骼的硬骨化逐漸加深，以增強支持力量。

　　刺鮫類的嗅囊小而眼大，推想全部為在中、上層活潑覓食的中、小形魚類，雖然部分早期種類體被厚鱗，時常在水底停息，但並未演化為身體平扁的絕對底棲性種類。它們可能具有調節水壓的泳鰾，以配合浮沉升降的需要。其生活方式必然與早期的板鰓類以及底棲性的盾皮類顯然有別，當然亦不可能與當時仍佔相當優勢的底棲性無頜類發生多大直接的衝突。

　　刺鮫類的脊柱中仍保持其不按體節凹縊的脊索，推想其游泳姿態或如鰻類，體軀由前向後作小幅度的波屈。其胸鰭基部狹細而鰭身廣大，有多列鱗片敷於其上，能屈曲活動，功能如水翼。高等種類的腹鰭長度增加，猶似由腹側的稜脊所形成。鰭棘的功能或謂作為“破浪器”，或在急流中作為“固着器”之用。但是其基本功能似乎作為防禦器官，因為其長度逐漸增加，並深植皮下，可防止被掠食性的鯨類及硬骨魚類所吞食。

　　刺鮫類的食性及攝食機制亦是顯著的趨異性特化。志留紀的柵魚目與稀棘目具有相似的由多尖頭小齒所組成的齒列，可能為以微小生物為食的尚未特化的魚類。以後，稀棘目演化為較大形的掠食性魚類，其上下頜外緣具有短壯之錐形齒。刺鮫目的牙齒消失，恢復為以微小生物為食。不過其腭方骨與髓顱之間新增一個活動關節，上頜因而能作側向旋動，口裂大張，攝食機制自與以前不同。相伴發生的其他改變包括整個鰓區以及鰓弧的延長，與鰓耙的發展。有些種類具有齒狀之鰓耙，推想其能攝取相當大形之食餌。但尚不能稱之為活躍的掠食者。有的種類鰓弧細長，消化管內含有大量小形無脊椎動物（可能爲介形類）。高等刺鮫目可能爲在水面緩緩游動，使連續之水流通過口鰓腔而自其中濾取小生物爲食的魚類。由以上足見刺鮫類自泥盆紀以後即作輻射演化，以適應不同的環境。但是却在二叠紀中倏然消聲匿跡，造物之無常，變生須臾，眞是不可捉摸。

第六章 硬骨魚綱
Class OSTEICHTHYES

　　硬骨魚類是脊椎動物中種類最多的一綱，現生者約為 20,000 種，幾近其他各綱的總和。牠們廣佈於全球各地域，不論小溪小潭，大江大湖，各地海洋，從高山（海拔 4,572 公尺）、水面，到 10,912 公尺深海，從赤道到南北極。牠們的個體大小不一，大者如鱘魚、旗魚，體長逾10公尺，重達一噸，小者如菲律賓產的一種鰕虎 (Goby, 學名 *Pandaka pygmaea*)，成體長不過 12 mm.；形態更是千變萬化，各適於棲處之環境與生活方式。　在水棲動物中，從原生動物以至哺乳類，幾乎各門各綱都有牠們的代表，可是沒有一類比得上硬骨魚類那樣滋榮繁盛。硬骨魚類真不愧為水中盟主，就令人類也從未侵入過他們的領域。

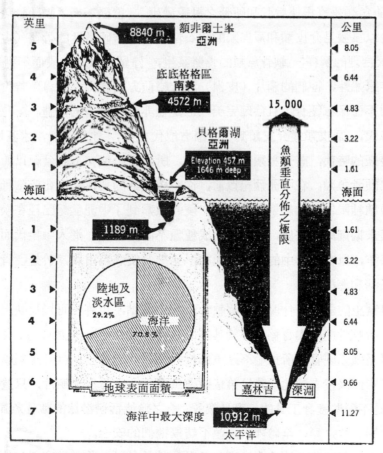

圖 6-1　魚類在地球上之垂直分佈 (據 LAGLER, BARDACH, MILLER, & PASSINO)。

一、硬骨魚類的演化

硬骨魚類憑藉何種構造上的特點，而獲得如此成就？按脊椎動物亞門的各綱，由介皮類而至硬骨魚類，均爲水棲，習慣上總名之爲"魚類"（Pisces），其他各類則曰"四足類"（Tetrapods），爲陸棲性的脊椎動物。所謂領袖水域的魚類，能任意掠食，活潑游泳，亦即具有上下領與偶鰭者，事實上只是軟骨魚與硬骨魚兩綱而已。圓口類現生者不過數十種，介皮類和盾皮類在泥盆紀以後倏然絕跡，牠們可說是無足輕重的。

從化石記錄講，軟骨魚和硬骨魚兩綱，屬於前者之枝鮫最先發現於泥盆紀中期（分散之牙齒及硬棘已見於下泥盆紀），屬於後者之古鱈（*Palaeoniscus*）却發現於下泥盆紀（不完整之證據已見於上志留紀或更早），所以硬骨魚的時代顯然稍早於軟骨魚，但這並不意味著硬骨魚（原始型）是軟骨魚（原始型）的祖先。牠們可能都是盾皮類的後裔，但像兄弟般，而非親子輩。以前魚類學家根據軟骨和硬骨之組織發生，曾經一度主張硬骨魚是軟骨魚的後輩。這觀念由於以後發見介皮類和盾皮類的化石都顯然具有硬骨性的骨骼（主要爲外骨骼）而被糾正。比較合理的解釋：軟骨魚類的骨骼發生，停留在軟骨階段而不再進行，可以說是退化性而並非原始性，牠們的鱗片（皮齒）和背鰭前方的硬棘，是祖先時代膜性骨骼的遺跡；硬骨魚類則不僅保有硬骨，且益臻完美，但是並非從新獲得的構造。

常志留紀時代，盾皮類從介皮類演化而漸有取代之勢，原僅限於淡水區域，到了泥盆紀，正是牠們鼎盛的時代，若干種類已侵入海洋，所以很可能在下泥盆紀以前，從淡水生活的盾皮類演化成硬骨魚類，在中泥盆紀以前，從海洋生活的盾皮類演化成軟骨魚類。軟骨魚類由於體質上的種種限制，始終侷處於海洋；硬骨魚類到了中泥盆紀已經在淡水區域中佔有優勢，到古生代末期則更爲繁盛，而且演化成種種不同的體制。進入中生代而後，硬骨魚類又從淡水進襲海洋，原在海洋中的軟骨魚類相形見絀，便成爲附庸，於是硬骨魚類乃掩有全部水域，包括江湖和海洋。

軟骨魚類體制上的弱點是什麼？瞭解軟骨魚類的弱點，也許正可以反映出硬骨魚類的優點。軟骨魚類具有軟骨性的內骨骼（不論其爲原始性或後起性），但如頭骨、脊椎骨等部分，仍因石灰質化而堅強如硬骨，所以並不嚴重影響牠們靈便的運動。軟骨魚類體面失去其祖先盾皮類所有的甲胄，又沒有演化成其兄弟輩硬骨魚類所有的真皮性鱗片，只遺留一些微小的盾鱗（皮齒），是不配做護身工具的。可是像鮫、鱝之類能活潑游泳的軟骨魚類，無須甲胄護身；好像現生的鰻、鯰之類，全體裸出，並不妨礙牠們的安全。

當盾皮類在泥盆紀時代分別演化成硬骨魚類和軟骨魚類，除骨骼和體表的鱗片性質迥異之外，在內臟方面前者有一氣鰾（Air bladder）而後者缺如。於是前者演化爲硬骨魚類，由氣鰾變爲調節水壓器的泳鰾(Swim bladder)，登陸爲兩生類，由氣鰾變爲呼吸空氣用的肺(Lung)。而後者沒有氣鰾，只能在海洋中謀生活。軟骨魚類缺少這個器官，在小溪小潭中應付不了乾涸的季節，在大江大河中由於淡水的密度較小，全憑偶鰭的力量，無法控制浮沉，所以只能困守海洋，因爲那裏的鹽水有較大的密度（魚類肌肉之比重爲 1.076，海水爲 1.026），游泳時費力較少也。

再從兩方體制來比較，一般硬骨魚類體軀的橫斷面呈 O 形，像現代的輪船，軟骨魚類體軀的橫斷面呈⌒形，像舊時的帆船。前者有鰾，靜止時可以浮在水中，不問其爲海水或淡水，淺水或深水。後者無鰾（雖然牠們也可以憑藉其腹孔而控制其體腔內的水壓，但效率不高），不能靜止而浮在水中；當牠們游泳疲憊的時候，只能沉入水底休息，所以必須有一個平坦的腹面。這一點可能就是硬骨魚類所以能佔優勢的主因。

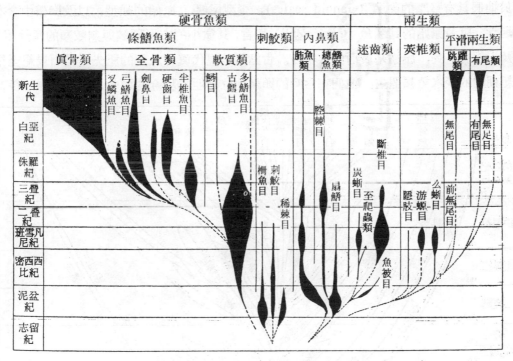

圖 6-2　硬骨魚類及兩生類在地質時代之興衰圖（據 ROMER）。

硬骨魚類除骨骼中有眞正的硬骨之外（部分祖先種類之硬骨化程度更深），其上頜的前緣乃由前上頜骨 (Premaxillary) 與上頜骨 (Maxillary) 等眞皮性膜骨形成，而非腭方骨本身。牙齒與上下頜骨癒合。其側線管在基本上通常在一定的膜骨上作相當一致的分佈。另外值得注意的是形成口蓋的副蝶骨 (Parasphenoid)，形成鰓蓋的一系列骨片，以及附於頭骨後面與鰓腔後緣而屬於胸帶的多片膜骨。原始種類的髓顱是由髗膜硬骨化而成，分爲前後兩部分，以顱溝爲界，分別由胚胎時期的顱桁軟骨 (Trabeculae) 與索側軟骨 (Parachordals) 變成。

成體之顱溝因種類而異。在總鰭魚類，顱溝與其頭顱之活動性有關；在高等硬骨魚類則顱溝已完全消失。脊柱有壁肋 (Pleural ribs)，各鰭之鰭身由分節之眞皮性鱗條 (Lepidotrichia) 支持之。鼻孔一般爲二對，位於頭前背方。

　　硬骨魚綱可分爲三個亞綱，卽**總鰭亞綱** (Crossopterygii)，由彼演化爲四足類，**肺魚亞綱** (Dipnoi)，與**條鰭亞綱** (Actinopterygii)。總鰭魚類初見於下泥盆紀，已知之化石約爲 55 屬，現生者僅一種（卽腔棘魚 *Latimeria chalumnae*）。肺魚類亦初見於下泥盆紀，已知之化石約爲 35 屬，現生者僅 6 種，分佈南半球。條鰭魚類自出現以來，卽成爲硬骨魚類的主體，除大量化石外，現生者約 20,000 種。

　　最早的條鰭魚類是古生代早期的**古鱈類** (Palaeonicoids)，已如上述。他們的體型適中，外觀與其現代後裔中之雀鱔 (Gars)、鯡類 (Herrings)、鱂魚 (Minnows) 等很相似。基本區別在於他們具有堅厚的硬鱗 (Ganoid scales)，歪型尾鰭，原始的顱型，以及胸帶中含有鎖骨及匙骨。就最原始的鱈鱗魚 (*Cheirolepis*) 而言，其微小的方形硬鱗與刺鮫類的鱗片相似，口裂及上頜骨甚長，腹鰭基廣而鰭條數多。古鱈類是現代眞骨魚類的祖先，是石炭紀至早期三叠紀期間的淡水魚類盟主。他們在當時的顯赫地位不亞於現今的硬骨魚類。不過以後却漸

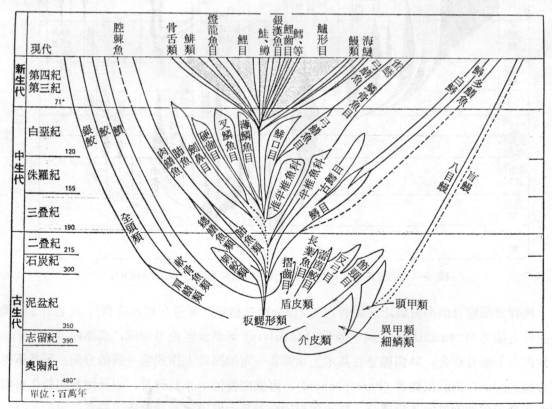

圖 6-3　硬骨魚類演化之三個主要階段，分別以軟質類、全骨類，以及眞骨類爲代表而越過系統發生線（據 LAGLER, BARDACH, MILLER, & PASSINO）。

趨式微，現生者只有鱘 (Sturgeons)、白鱘 (Paddlefishes) 等二十餘種聊以代表。牠們的內骨骼大部分保持軟骨性，鰭爲與鮫類相似的古鰭型，鱗片退化（在鱘魚形成骨板）。中生代的條鰭魚類以雀鱔 (Gars) 與弓鰭魚 (Bowfins) 之類最爲興盛，前者在中生代前期，後者在中生代中期均曾稱霸於一時，但現今生存者僅各有一屬爲其代表。

自古鱘類迄今，硬骨魚類的演化過程似可分爲三個階段（圖 6-3），魚類學家曾以不同的術語稱之。就現生之代表種類而言，由原始而高等，分別稱爲 (1) **軟質類** (Chondrostei)，由泥盆紀至三叠紀，現生者僅鱘、白鱘等；(2) **全骨類** (Holostei)，由三叠紀至白堊紀，現生者僅雀鱔、弓鰭魚等；(3) **眞骨類** (Teleostei)，由白堊紀至現代，包括大多數現生而習見

表 6-1　條鰭魚類在演化過程中的改變

構造	軟質類	全骨類	真骨類
尾鰭	一般爲歪型尾，脊索延伸入鰭之上葉中	短縮之歪型尾，脊索終於尾鰭基部	各種不同之正型尾，鰭條附於脊柱末端大形之尾下骨（原爲 6 片）上。
噴水孔	存在	無（少數具有）	無
上頜	固接頰骨上	只在吻部固接；上下頜短縮	只在吻部固接；能伸出
骨骼	硬骨較少，尤以現生之種類爲著	硬骨較多；部分內骨骼仍爲軟骨性	完全硬骨化
鱗片	原始種類被菱形厚鱗，表面爲硬鱗質	鱗片之硬鱗質消失而變薄，大都成菱形	薄鱗，圓形，硬鱗層消失
脊索	未退化凹縊	存在；有的被硬骨質之脊椎包圍或代替	完全爲硬骨質脊椎代替
顱頂	近於平滑	近於平滑	有稜脊與凹窩
棘狀鱗[a]	發達（現生種類退化）	發達（雀鱔）或消失（弓鰭魚）[b]	無
頰部	覆蓋骨片	覆蓋骨片[c]	敞開
偶鰭	基部廣；腹鰭位置偏後	基部狹細；腹鰭位置偏後	基部狹細；腹鰭漸前移，胸鰭上移
肺	多數種類具肺，少數爲泳鰾	無肺而有泳鰾	無肺而有泳鰾
分佈	淡水	初爲淡水，中生代在海洋中輻射發展	很多淡水種類；但在海洋中輻射擴展更廣
化石	由泥盆紀至二叠紀，只少數種類如鱘、白鱘、多鰭魚延續至今	三叠紀至白堊紀，只少數類如雀鱔、弓鰭魚延續至今	白堊紀至現代，爲現魚生類之主體

a. 棘狀鱗 (Fulcra) 爲在鰭之前方排列之棘狀鱗片
b. 化石之弓鰭魚仍具有棘狀鱗
c. 高等之硬齒類 (Pycnodonts) 例外。

之魚類。至於其演化趨向，簡言之，大致如表 6-1 所示。不過其間還有轉變的階段，並且由證據顯示，此一歷程並非定向直進，而是迂廻曲折，若干高等特徵乃是由多條不同途徑個別演化而成的。換言之，全骨類與眞骨都是多系起源的複雜類羣。不過在演化過程中的一致傾向則是骨骼的退化，尤其以內顱、膜骨、鱗片的退化最爲顯著。

眞骨魚類亦於演化中發生顯著的趣異分化。較早的鯡型及鮭型種類（稱等椎類 Isospondyli，或可逕稱鯡目 Clupeiformes，化石首見於三叠紀中期），包括種類繁多的軟鰭魚，以前學者們稱之爲 "軟鰭魚類"（Malacopterygii），有的爲淡水生，有的爲海生。牠們雖爲硬骨魚，但體質較柔軟，各鰭只有軟條而無硬棘，體表被圓鱗，上頜骨形成口裂之一部分（口之上緣），具有與食道相通之泳鰾（通鰾型 Physostomous condition）。至白堊紀後期，由金眼鯛目（Beryciformes）開始，有的轉變爲 "棘鰭魚類"（Acanthopterygii），後者演化的主幹就是所謂鱸形目（Perciformes），包括種類龐雜而繁多的海水及淡水魚類，在海洋中以海鱸（Sea basses）爲主體，在淡水中則以北半球之淡水鱸魚（Perches）爲主體。現生棘鰭魚類之主要特徵爲各鰭中除軟條外並含有硬棘，鱗片主要爲櫛鱗，口裂由前上頜骨延伸而形成，上頜骨並非形成口裂之骨片之一；如有腹鰭，胸位或喉位（通常具一棘五軟條）；泳鰾不與食道相通（鎖鰾型 Physoclistous condition）。

表 6-2　現生真骨魚類（真骨類）在演化過程中之改變

特　　徵	軟　鰭　魚　類[a]	棘　鰭　魚　類
鰭條	柔軟，由左右兩條分節之軟條構成，往往有分枝(偶有後起性硬化爲尖銳之棘狀者)	由在中央線之不分節之尖銳硬棘（有的爲軟棘）及軟條構成
鱗片	圓鱗（偶而有櫛鱗）	櫛鱗（櫛齒往往喪失）
上頜骨	爲口裂骨片之一	並非形成口裂骨片之一
腹鰭鰭條	通常 5 條以上，無棘	一般爲 5 條，其前方接一硬棘
胸鰭基	多少近腹面，橫位	多少在兩側面，垂直位
主要尾鰭鰭條	19條（極少減少）	17條（往往減少）
泳鰾	通鰾型	鎖鰾型
胰臟	發達，爲一單獨器官	往往與肝臟合一而形成肝胰臟
鰓被架	數目不一，通常不在鰓蓋下摺疊如扇狀	4 條接於舌弧之上部外側，1～3 條（少數爲 0～7 條）接於舌弧下部內側；在鰓蓋下摺疊如扇
眶蝶骨	通常具有	無（金眼鯛目除外）
中烏喙骨	通常具有	無

a. 軟鰭魚類通常是指由海鰱目（Elopiformes）至背棘目（Notacanthiformes）之各目；背棘目以上卽爲棘鰭魚類。

二、硬骨魚類的特徵

硬骨魚類的特徵最引入注意的，無過於 (1) **鱗片**，(2) **骨骼**，(3) **附肢**，(4) **泳鰾**四項，玆進一步分別加以討論，藉以瞭解彼等所以能領袖水域的道理。

（一）**鱗片**是脊椎動物所共同具有的構造，其功能在於保護柔軟的體軀，調節水分的內侵與外滲，同時不妨礙其局部或全身的運動。魚類與四足類都有鱗片，但來源不同，前者為中胚層性間葉組織的衍生物，也可以說是由介皮類等的骨板所演化而成；後者則為外胚層性，亦即表皮生長層角質化而成——所以前者統稱之為骨質鱗 (Bony scales)，後者則曰角質鱗(Horny scales)。角質鱗是已死的構造，當成長達某種程度時，必須將舊的棄去而更換新的，是即所謂蛻皮 (Ecdysis)。蛇類在蛻皮時期，可以說是生死關頭。魚類的骨質鱗通常可以隨着身體的成長而增大，並無蛻換現象，單就避免蛻皮時期的危險一點，已經是極大的成功。

關於角質鱗的種種，將在四足類各綱中分別介紹，現在先把硬骨魚類的骨質鱗，就其演化、構造與功能作一概略的敍述。

硬骨魚類的**骨質鱗**是由牠們的遠祖介皮類的堅厚甲冑所演化而成的構造。如第二章所述，介皮類是棲息於淡水中以咽頭濾食的動物，牠們行動遲緩，缺乏攻擊和防禦的利器，當受到貪婪的廣翼類進襲的時候，就潛伏水底，堅厚的甲冑是唯一的護身利器。

另有一種解釋，在淡水中生活的介皮類，還沒有有效的控制體液的腎臟，全賴甲冑以阻止淡水的侵入。後來腎臟的構造進步，可以排除體內多餘的水分，同時又有比較有效的不透水的表皮，堅厚的甲冑沒有存在的價值而終歸消失。

這些說法孰是孰非，暫置勿論。我們應該先研究一下脊椎動物的體被 (Integument) 何以比之無脊椎動物多了一層真皮 (Dermis)？護身的整片甲冑何以演化成為骨質鱗？介皮類的情形也許可以說明一部分。按現生的尾蟲、文昌魚之類，其體被只有一單層細胞的表皮層，下面是一層疏鬆性結締組織層的基膜 (Basement membrane) 或皮層 (Cutis)，並沒有真皮層，也沒有表皮層的衍生物。介皮類的堅厚甲冑是表皮層下方和肌肉層之間的間葉組織所演變而成。有的學者稱之為真皮性甲冑 (Dermal armour)，因為牠佔有真皮層的位置。這些甲冑有時被覆整個頭部，有時更伸展到軀幹前部，只留着身體後半或尾部可以做有限度的活動。從已發現的介皮類化石看來，牠們的身體後半或尾部有肌節或鱗片的痕跡，從此可以瞭解，原始的脊椎動物為了配合其體側肌節的運動，整片的骨板必須演化成碎小而排列齊整的鱗片。介皮類如此，盾皮類亦不例外。

盾皮類顯然具有鱗片，這種鱗片類似於層鱗，而表面有棘（類似於皮齒），故有齒質層鱗（Denticulate cosmoid scales）或齒質鱗片（Denticulate scales）之稱。齒質層鱗可以演變爲眞皮層、膜性骨片、牙齒、骨質皮層（Osteoderms）、腹肋（Gastralia）以及魚類的各種鱗片。其關係如下表：

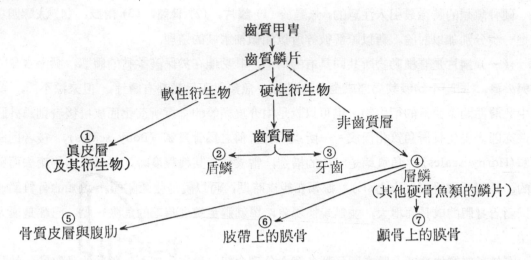

魚類的鱗片有四種：（1）**盾鱗**（Placoid scales）見於軟骨魚類，已略述於第四章中。這是盾皮類齒質鱗片的遺跡，槪有基板（Basal plates）埋存於眞皮層中，中有髓腔（Pulp cavity），其露出皮面的部分外被琺瑯質（Enamel），內爲齒質（Dentine）。盾鱗分佈至口腔則爲牙齒。（2）**層鱗**（Cosmoid scales）見於硬骨魚類中之總鰭魚類與肺魚類（圖6-4），表面是一薄層堅硬而稍異於琺瑯質的透明齒質（Vitrodentine），上層爲層鱗質層（Cosmine layer），多少近似於齒質，內有脈管腔及輻射狀小管；中層爲硬骨性脈管層（Vascular layer），有許多細管開口於此；下層爲平準層（Isopedine layer），由若干骨質層重疊而成，有血管通過本層而進入脈管層，現生腔棘魚（*Latimeria*）之鱗片有齒狀表面，全形像櫛鱗；現生肺魚的鱗片像圓鱗，因其基本構造已大大改變也。（3）**硬鱗**（Ganoid scales）見於比較原始的條鰭魚類，如雀鱔（Garpikes）與弓鰭魚（Bowfins），以及多鰭魚（Bichirs）的菱形鱗片（圖6-6），以及鱘魚（Sturgeous）尾部的鱗片，以鱗片表面具有無機之硬鱗質（Ganoine）而得名。硬鱗質層以下則爲層鱗質層，脈管層與平準層，其中層鱗質層與脈管層可能退化或消失，如弓鰭魚之硬鱗，層鱗質層退化而脈管層消失；雀鱔則二者全缺，故硬鱗質層直接在平準層上方。（4）**薄鱗**（Leptoid scales），薄而透明，無琺瑯質層及齒質層，表面有骨質稜，故又稱骨質稜鱗（Bony ridge scales），見於一般眞骨魚類，又因其後緣之形狀而分爲櫛鱗（Ctenoid scales）與圓鱗（Cycloid scales），前者後緣圓滑，後者後緣有鋸齒狀棘（圖6-7）；介乎二者之間的是弱櫛鱗，或稱鯛鱗（Sparoid scales）。一般魚類僅具一種薄鱗，但亦有如鰈魚（Flounder）之類，眼側被櫛鱗，盲側被圓鱗者。一般解釋櫛鱗乃圓鱗演化而成，而弱櫛鱗則

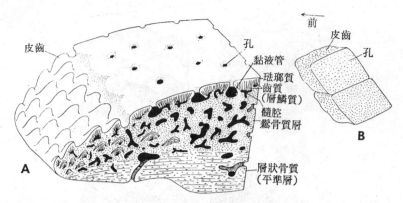

圖 6-4　內鼻魚類之層鱗。A．孔鱗魚 (*Porolepis*) 鱗片之前緣切面；
B．鱗片之表面及連接方式 (據 BYSTROW)。

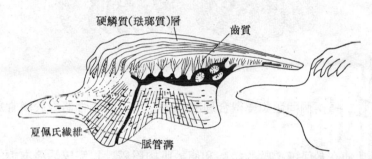

圖 6-5　古鱈類 (*Cheirolepis*) 之鱗片 (介於層鱗與硬鱗之間)。

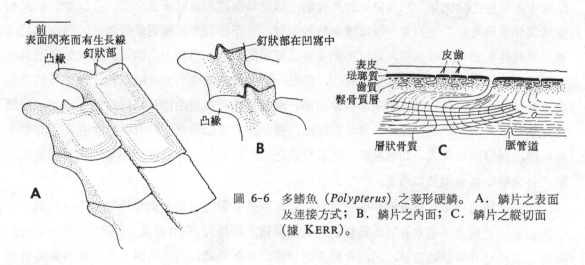

圖 6-6　多鰭魚 (*Polypterus*) 之菱形硬鱗。A．鱗片之表面
及連接方式；B．鱗片之內面；C．鱗片之縱切面
(據 KERR)。

為其過渡型。

　　（二）**骨骼**　具有硬骨性的骨骼（包括內骨骼、外骨骼與鱗片），也是硬骨魚類所以能
稱霸水域的重要條件。如上文所述，介皮類、盾皮類早就有了硬骨，何以招致滅亡的結局？
軟骨魚類是從具有硬骨的祖先演化而成的一支，何以只維持在初期的軟骨階段，而不再發生

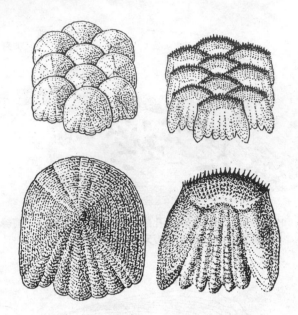

圖 6-7　薄鱗二種。左，圓鱗；右，櫛鱗。

為較為有效的硬骨？這兩個問題如獲得合理的答案，則硬骨性骨骼對於硬骨魚類的重要性就可以瞭然心目。

　　骨骼的主要功能在於保護柔軟的體軀和便於肌肉附着，以完成活潑有力的運動。無脊椎動物中如節肢動物之類，只有堅硬的外骨骼，却兼具保護和運動兩種功能，介皮類、盾皮類雖然演化成硬骨，似乎只是一層保護身體的甲冑，並不能發揮何種運動的功效。介皮類是底棲的濾食性動物，身披堅甲，可以防止當時廣翼類的侵襲，已於上文論及。盾皮類雖已具有上下頜與偶鰭，從濾食性演化為掠食性，但是一切特徵尚未達到完美的階段，他們多數仍有護身的堅甲，但往往只護住頭部和軀幹前部，而讓尾部可以自由游泳；同時頭部中間，或頭部和軀幹以及頭部和胸鰭之間，常見有關節，使能作有限度的活動。脊索終生存在，脊椎多無椎體，僅以髓弧代表，如有椎體亦為最原始之環狀。以是可以推斷盾皮類的內骨骼極為幼稚，外骨骼則以保護體軀為主。

　　從盾皮類演化為軟骨魚類和硬骨魚類，前者在外骨骼方面顯然退化或完全消失（其 5～7 對鰓裂以及前方之噴水孔可能為鰓蓋消失而暴露之結果），只有皮齒（盾鱗）和背鰭前方的硬棘可以說是外骨骼的遺跡，而內骨骼方面則停留在軟骨階段而未再硬骨化；後者則外骨骼和內骨骼同樣發達，並保持相當硬骨化程度。頭部的膜性骨片和體面的鱗片，有許多是可以和盾皮類相比較的，內骨骼的硬骨化則遠非盾皮類所能比擬矣。

　　按硬骨的形成和運動有密切的關係，這在骨骼的演化和組織發生上都可以找到有力的證據。就現生的軟骨魚類與硬骨魚類相比較，例如大形的鮫類和鮪類，彼此游泳的活潑有力，並無軒輊之分，何以一方保持其軟骨性內骨骼，一方却具有硬骨性的內骨骼？這問題驟視之非常令人迷惑，如能細心思索，可以知道這是兩方走了不同演化路線的結果，並無太多的奧妙存乎其間。在海水中游泳，根本比在淡水中省力，比在陸上馳驅則相差更大。而且軟骨魚類的內骨骼也有一部分（例如顱骨及脊椎）相當堅實，所不同者牠們是鈣化 (Calcification) 而並非硬骨化 (Ossification) 而已。

在硬骨魚類的骨骼系統中，**頭骨** (Skull) 是比較有趣的一部分，因爲它具有複雜的演化歷史。

從前學者研究各類脊椎動物的骨骼，儘可能採用人類或哺乳類同一位置的骨片名稱。可是大家都知道，人類的頭骨連耳小骨在內只有 28 片，而某種硬骨魚類可以多達 180 片。任何器官系統，其演化史總是由簡趨繁，例如神經系統和血管系統，人類和哺乳類都站在演化的巔峯；以此爲準而比較研究人類以下各類的構造，不難迎刃而解。骨骼系統中的頭骨的演化適與此背道而馳，反而由繁趨簡，不僅演化的過程難於追溯，甚至於每一骨片的名稱，也不能和高等類別相比照。所幸古生物學和比較解剖學上已有許多重要的發見，有待解決的問題，不無線索可尋也。

比較解剖學者都認爲脊椎動物的頭骨是從三部分來源不同的骨片所組成的：(1) 最原始的骨片是頭骨的基底，卽盛托腦髓和容納鼻、耳、眼的軟骨囊，是爲腦顱 (Neurocranium)。(2) 鰓區的骨片，由神經脊 (Neural crest) 分化而成，原係咽頭側壁的 部分，故名臟顱 (Splanchnocranium)，又稱鰓顱 (Branchiocranium)。(3) 由膜性骨片所形成者爲膜顱 (Dermatocranium)，在比較高等的種類往往掩護 (1)(2) 兩類骨片，或竟全部替換之。

硬骨魚類的腦顱在原始種類和早期的鮫類不相上下，唯大部分已硬骨化耳。顱腔背面的骨片密接掩覆在上的膜骨，側面則有基突 (Basal process) 與腭區骨片成可動的關節。從現生種類之發生史研究之結果，顯示硬骨魚類之顱腔有許多硬骨化中心，可是原始硬骨魚類的成體却只有幾個較大的單位，每個單位並不能夠再加以區分。較後期的硬骨魚類，由於骨片數目較多，骨片間遺留若干間隙，就是一個證明。不過屬於腦顱性的骨片雖然變化很多，但下列各部分大體上是共同具有的：

(1) 頭骨後端圍繞枕孔的基枕骨 (Basioccipital) 與外枕骨 (Exoccipitals)，在高等條鰭魚類尚有一片上枕骨 (Supraoccipital)。

(2) 由耳軟骨硬骨化而成之前耳骨 (Prootic)、後耳骨 (Opisthotic)、上耳骨 (Epiotic)、蝶耳骨 (Sphenotic)、翼耳骨 (Pterotic)，以及加插其間的骨片。

(3) 在顱腔基部的關節上有一基蝶骨 (Basisphenoid)。

(4) 在最前端則有管狀之構造，可與早期陸生脊椎動物之蝶篩骨 (Sphenethmoid) 相比較，但哺乳類的成對的翼蝶骨 (Alisphenoid)、眶蝶骨 (Orbitosphenoid) 及篩骨 (Ethmoid)，與此並無關聯。

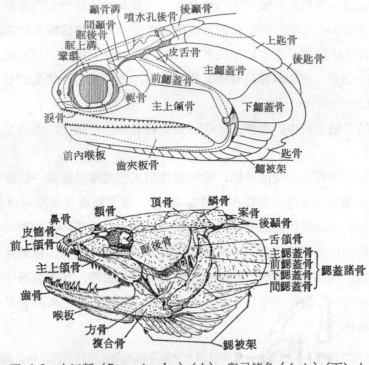

圖 6-8　古鱈類 (*Pteronisculus*)（上），與弓鰭魚 (*Amia*)（下）之
　　　　頭骨之比較（上據 JOLLIE 轉載 NEILSON，下據 SMITH
　　　　轉載 GOODRICH）。

　　臟顱性的上頜，部分由腭區的膜性骨片所替代，部分則由原來的腭方軟骨硬骨化，如後
端之方骨 (Quadrate)，與下頜成關節，還有數目不一之上翼骨 (Suprapterygoids)，其中有
的可能與顱腔基突成關節，所以和四足類的上翼骨 (Epipteygoid) 是可以比照的。下頜軟骨
幾乎完全被膜骨所替代，只留下後端的關節骨 (Articular)。支持頜關節的舌頜骨 (Hyoman-
dibular) 一般大形而完全硬骨化；其他鰓弧則硬骨化程度深淺不一。

　　鰓區的臟顱骨片在第二至第五章已經講過，到軟骨魚綱，頜弧、舌弧均已形成，頜弧、
舌弧間的鰓裂則演變成噴水孔。硬骨魚綱與此同一型式，唯有若干膜骨掩覆在鰓區上方，是
為鰓蓋 (Opercular)。因此，見於軟骨魚類的噴水孔和鰓裂都隱在鰓蓋下面，只留後緣一個
裂隙，讓通過各鰓的水經此外流。

　　頭部的膜骨　頭骨除軟顱、臟顱而外，更在表面被覆若干膜骨，這是硬骨魚類（匙吻鱘
Spoonbill 等除外）的特徵，特別是總鰭類頭骨[1]上的膜骨，有許多可以和四足類相比較。
按介皮類與盾皮類的頭部與軀幹前部均被有真皮性骨板，或為一片大形之頭盔，或為若干小

---

[1]　按硬骨魚中條鰭魚類的頭骨前部較長，而後部（頰部）較短，總鰭魚類與此相反，前部較短而後部
　　　比較的延長。再者總鰭魚類與四足類頭骨所具有之鱗骨，條鰭魚類一般缺少與此相同之骨片。

骨板，作各種不同型式的排列，這原係膜骨與內骨骼（軟顱性）連合而成，與硬骨魚類的頭骨同一來源，惟排列方式與名稱根本異趣耳。板鰓魚類根本沒有膜骨（盾鱗可能爲膜骨之遺跡），可能爲退化的結果。硬骨魚類的頭骨，不僅骨片數或多或少，變化多端。而其骨化的性質，或全部軟骨性，或近於完全硬骨性，其改變的程度也複雜萬分。不過硬骨魚類頭骨上的膜性骨片，大體上還是可以尋出一些線索，具有共同性的下述若干組：

a. 腦顱是沒有上蓋的，硬骨魚類在這部分的骨質鱗片就演化成骨板，沉入皮下而成爲保護腦髓上方的骨片，其中自前至後，爲 (a) 吻部在原始種類有若干小骨片，在後期種類常減少或變形；(b) 頭骨背中線兩側各有膜骨一縱列，自前至後計有鼻骨 (Nasals)、額骨 (Frontals)、頂骨 (Parietals)（如有松菓孔則在頂骨與後頂骨 Postparietals 之間）；(c) 在眼眶周圍有一圈圍眶骨 (Circumorbital bones)，有時可能與四足類同部位之淚骨 (Lacrimal—眶前)，眶後骨 (Postorbital)、軛骨 (Jugal—眶外)、前額骨 (Prefrontal—眶前)、及後額骨 (Postfrontal—眶上後) 相當；(d) 在顱頂後緣的幾片外髀骨 (Extrascapulars—見於總鰭魚類) 可能爲緊接在頭骨後的鱗片擴大而成，在四足類中找不到相同的骨片。

b. (a) 在頭骨側面後方有幾片小骨，最後的案骨 (Tabular) 是在噴水孔附近，向前則爲上顳骨 (Supratemporal) 與間顳骨 (Intertemporal)，這些都可以和陸生脊椎動物相比較。(b) 頰區的骨片有時與四足類的鱗骨 (Squamosal) 與方軛骨 (Quadratojugal) 相當。

c. (a) 鰓區的膜性骨片計有鰓蓋骨 (Operculum)、下鰓蓋骨 (Suboperculum)、間鰓蓋骨 (Interoperculum) 與前鰓蓋骨 (Preoperculum)，因此見於軟骨魚類的噴水孔和鰓裂都隱在鰓蓋下面，只留後緣一個裂隙，讓通過各鰓的水經此外流。其中僅前鰓蓋骨見於多數原始的兩生類（化石），其他四足類一概不見有此等骨片。(b) 肩帶上的鎖骨 (Clavicle) 和匙骨 (Cleithrum)，肩帶在鮫類只有一片 U 字狀髀喙軟骨 (Scapulocoracoid cartilage)，前者往往不見於高等條鰭魚類。肩帶與頭骨相連處的膜骨爲上匙骨 (Supracleithrum) 與後顳骨 (Posttemporal)。

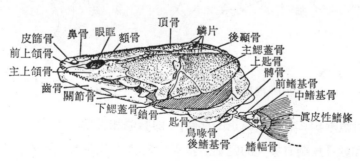

圖 6-9　硬骨魚類之頭骨與胸帶之連接關係圖解（據 SMITH 轉載 GREGORY）。

d. (a)在軟顱底面亦卽口腔頂壁的皮膜內也有膜骨，其中在腦腔前端中央者有副蝶骨(Parasphenoid)，在腭區則有一對大形之翼骨 (Pterygoids)，其外側自前至後爲鋤骨 (Vomer)、腭骨 (Palatine) 與外翼骨 (Ectopterygoids)。鋤骨形成鼻囊底部，腭骨和外翼骨取代了胚胎時期上頜軟骨的位置。所有這些骨片都着生牙齒，可以說是鮫類上頜齒的代表。上頜外側的膜骨爲前上頜骨 (Premaxilla) 與主上頜骨 (Maxilla)，均生有牙齒，最後之方骨則與下頜成關節。外翼骨後方有一孔，一片有力的肌肉通過此孔而向下，收縮時可使頜骨緊閉。(b) 下頜大部分爲膜骨，其中之齒骨 (Dentary) 位於外側而較大，齒骨下後方則有夾板骨 (Splenial)、隅骨 (Angular)、及上隅骨 (Surangular)。齒骨內側有長形之前關節骨 (Prearticular)，上方則有一系列的喙狀骨 (Coronoids)，均生有牙齒。在口腔底的咽骨 (Pharyngeals) 本身並非膜骨（應爲臟顱性骨片），當上下頜或口腔中其餘部分沒有牙齒的時候（例如鯉科和鸚哥魚科 Scaridae），咽骨上的皮膜就生成有力的咽齒。

（三）**附肢** 根據鰭褶說 (Fin-fold theory) 的解釋，魚類（廣義的）的附肢不論其爲奇鰭或偶鰭，其起源於鰭褶則一也。見於文昌魚之奇鰭與腹皮褶，是鰭褶，也是奇鰭和偶鰭的雛型。介皮類的奇鰭已有背鰭、尾鰭、臀鰭之分，某些種類且有象徵性的胸鰭。現生之圓口類沒有任何偶鰭的跡象，是否爲寄生生活的結果，不得而知。盾皮類已有胸鰭和腹鰭，但刺鮫類在這兩種鰭之間還有若干對額外的偶鰭，這顯示牠們還在嘗試階段。

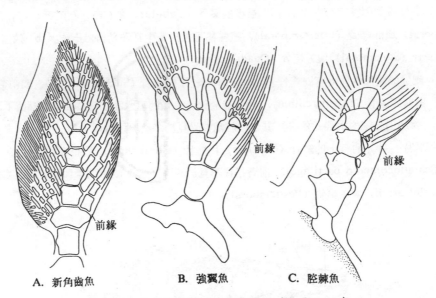

A. 新角齒魚　　　B. 強翼魚　　　C. 腔棘魚

圖 6-10　內鼻魚類之胸鰭之背面觀（據 JOLLIE）。

軟骨魚和硬骨魚兩綱具有兩對眞正的偶鰭，卽胸鰭和腹鰭。但是硬骨魚綱的偶鰭，從基本構造上來說和軟骨魚綱有極大的區別。按支持魚鰭（不論其爲奇鰭或偶鰭）的基本構造爲鰭基骨 (Basalia)，在近軸端，與鰭輻骨 (Radialia)，在遠軸端，鰭輻骨之外端接於眞皮性之鰭條 (Fin rays)。鰭基骨與鰭輻骨可合稱爲支鰭骨 (Pterygiophores)。鰭基骨之內端在偶鰭則與胸帶或腰帶相接（硬骨魚類的胸帶尙有膜骨附加其上）。軟骨魚綱中，除側棘鮫之偶鰭多少近似於肺魚類之肉質鰭而外，其鰭身均由鰭基骨、鰭輻骨駢列爲瓣狀（鰭基廣濶）或扇狀（鰭基較狹），而鰭條則爲角質不分節亦不分枝之角條 (Ceratotrichia)。

　　硬骨魚綱中之條鰭魚類，有扇形之偶鰭，鰭基骨、鰭輻骨減少，鰭條發達，爲骨質分節分枝之鱗條 (Lepidotrichia)。總鰭魚類有肉質偶鰭，彼等可能在水底爬行，因此學者認爲四足類之偶腳乃由此演化而成（參閱第三章第二節）。肺魚類的鰭條在構造上與其他魚類均有別，特稱爲槳條 (Camptotrichia)。關於總鰭類之偶鰭與四足類之偶腳之關係，有鰭軸說 (Axial theory) 與鰭基說 (Basal theory) 兩種不同之主張。前說可以蜥鰭魚 (*Sauripterus*) 爲例，

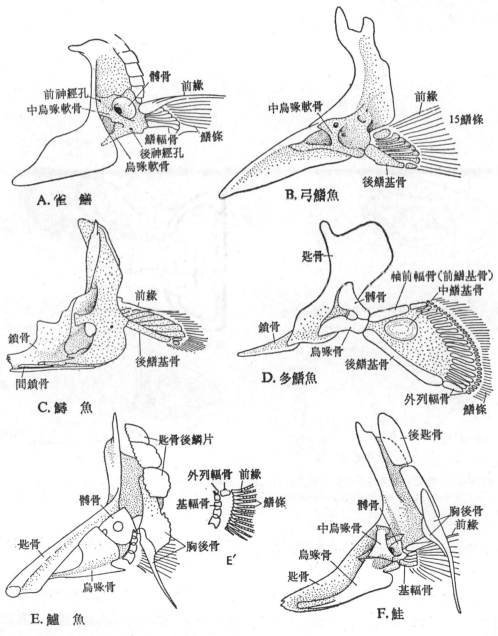

圖 6-11　硬骨魚類之胸帶內側與胸鰭基部之比較。

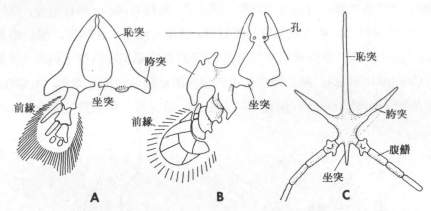

圖 6-12 內鼻魚類腹鰭及腰帶之腹面觀。A. 新角齒魚；B. 強翼魚；
C. 腔棘魚（據 JOLLIE）。

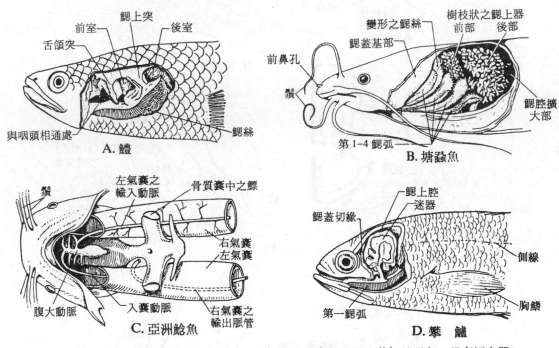

圖 6-13 各種適應於呼吸空氣之構造。(a) 鱧，具有鰓上器；(b) 塘蝨魚，具有鰓上器；
(c) 亞洲鯰魚（*Saccobranchus*），具有氣囊；(d) 攀鱸，具有迷器（據 LAGLER
等）。

後說可以強翼魚（*Eusthenopteron*）為例，吾人將於第七章（兩生綱）中詳加研析，此際暫不
討論。

（四）鰾　在前文中曾經一再提到原始的魚類，如盾皮類、總鰭魚類、軟質類，以及全骨
類，可能都有一個從腸管前端背面突出來的囊狀物，即所謂鰾，用以調節水壓，也用以呼吸
空氣。原始魚類多數是在清淺易乾的淡水中生活，牠們隨時需要用口吸入空氣，儲存鰾中，

或用鰓行氣體交換，以補救乾旱季節的氧氣補給問題。現今在泥濘中生活的硬骨魚類亦復如是，不過牠們不是用鰓（肺魚除外），而是用身體某一部分，例如泥鰍的腸管，某種鰻魚的皮膚，鰓的鰓上器（Suprabranchial organ），攀鱸（*Anabas*——印度產）的迷器（Labyrinth organ），都有呼吸的作用（圖 6-13）。

　　原始魚類隨着地球的歷史而演進，因適應海洋和大江大湖的不同環境，牠們體質上顯然分歧為二支，卽軟骨魚和硬骨魚。海水比重大，鮫、鱝之類易於飄浮，牠們就沒有鰾，也可以說是失去了鰾，只靠腹孔調節體腔內的水壓。硬骨魚類以江河湖泊為老家，必須有一個專化的鰾（所謂泳鰾 Swim bladder），可以隨時調節牠們身體的比重，在淡水中飄浮游泳。侵入海洋的若干硬骨魚，只在同一水層生活而極少做垂直性遷移者，鰾多退化。絕對的底棲性魚類（Bottom-dwelling types），如比目魚之類，已失去這個對它們無用的鰾。

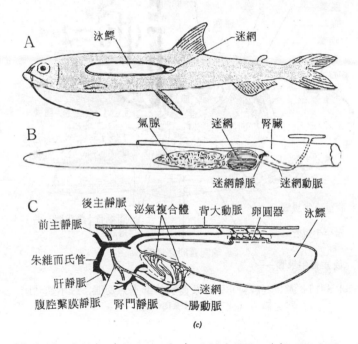

　　圖 6-14　食星魚（*Astronesthes*）泳鰾之構造。(a) 泳鰾在體
　　　　　　　內之位置；(b) 泳鰾之構造；(c) 鎖鰾類之泳鰾之一
　　　　　　　般形態，示血液供應情形 (a, b, 據 MARSHALL；
　　　　　　　c. 據 GOODRICH)。

　　有鰾的硬骨魚類，鰾與消化管（胃或腸管前部）之間有具氣道（Pneumatic duct）連絡者，亦有無氣道者。前者之例曰通鰾類（Physostomi），如鯡、鮭、鯉、鰻等是；後者之例曰鎖鰾類（Physoclisti），如鱸、鯛、鱈、河魨等是。

　　泳鰾是把鰾專化為水壓器（Hydrostatic organ）之用，其原始型是一個簡單的盲囊，鰾壁構造近似於消化管壁，前端有一小管與腸管（一般是食道）相通。這條管子就是氣道，在比較進步的硬骨魚往往變成為鰾後的另一室。於是鰾就分為前後二室，如係通鰾類則氣道必與後室相連。

　　前室內壁之一部分或全部往往因密佈微血管網（所謂迷網 Rete mirabile）而成為紅體（Red body 或紅腺 Red gland）。這是一種向鰾內放送氣體的器官，但所放氣體中 O_2, CO_2, N 的比例和空氣不同（O_2 特多）。後室往往只是一個小形的卵圓囊（是曰卵圓體 Oval gland），是專供吸收氣體的器官（圖 6-14）。按一般魚類的體重，只比牠周圍的水的比重略大，如把鰾中氣體補充或減少一部分，極易使魚體比重有所增減，以配合於其生活的水層。此種放送或吸收氣體，使魚體比重能隨意增減的機制，係受迷走神經所控制，而交感神經與副交感神經也有協助的作用。

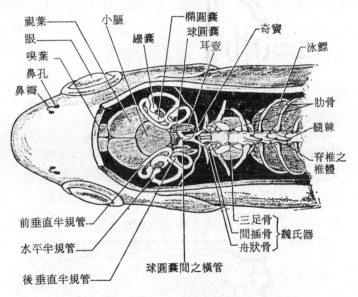

圖 6-15　鰍魚（鯉科）頭部及體軀前部上方切開，顯示魏勃氏
　　　　　器之構造（據 VON FRISCH）。

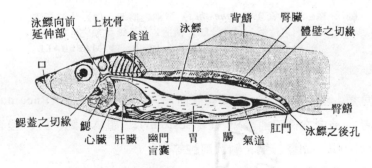

圖 6-16　鯡類（*Clupea*）之泳鰾，向前延伸至內耳區，向後至肛門
　　　　　附近（據 LAGLER 等）。

硬骨魚類具有泳鰾，除了調節比重，使能浮沉自如而外，也擔任部分的聽覺機能。如鯉、鯰等所謂骨鰾類，其前方脊椎變形為魏勃氏器 (Weberian apparatus)，把鰾和內耳聯結起來，牠可以傳播每秒鐘 60～6,000 次的音波。鯡魚之類並無魏勃氏器，內耳直接與鰾之前端相連，也有傳聲作用，但不如骨鰾類之靈敏（圖 6-16）。除協助聽覺而外，如石首魚 (Sciaenidae)、角魚 (Triglidae)、蟾魚 (Batrachoididae) 之類，其鰾又有發聲的作用。按石首魚之鰾附有一特別發達之放音肌 (Musculus sonificus)，因其收縮能使鰾之腹壁震動而發出洪聲（圖 6-17）。

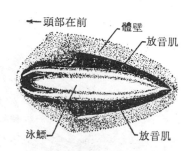

圖 6-17　石首魚科之一種 (*Cynoscion nebulosus*) 能發聲之泳鰾（據 LAGLER 等）。

至於鰾的呼吸作用，因為它和肺是同源器官，將於本章最後之肺魚類與下章中之兩生綱中分別敘述，本節暫且從略。

茲再綜括硬骨魚綱之特徵如下：

　　1. 皮膚上有許多粘液腺 (Mucous glands)，並埋存各種骨鱗（層鱗，硬鱗，及櫛鱗，圓鱗，弱櫛鱗）；除少數例外，均有奇鰭與偶鰭，以膜骨性之鰭條支持之。

　　2. 口開於頭部先端，具齒，除上下頜外，鋤、腭、翼、咽等骨片上亦可能有齒；上下頜發育完善，一般以舌接型與頭骨成關節。

　　3. 骨骼以硬骨為主（鱘等少數種類以軟骨為主）；脊椎多數，各個清分；尾一般為正型 (Homocercal)；脊索遺跡通常保存。

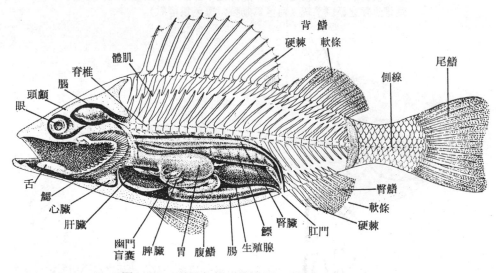

圖 6-18　硬骨魚類（棘鰭類）體軀構造之一般。

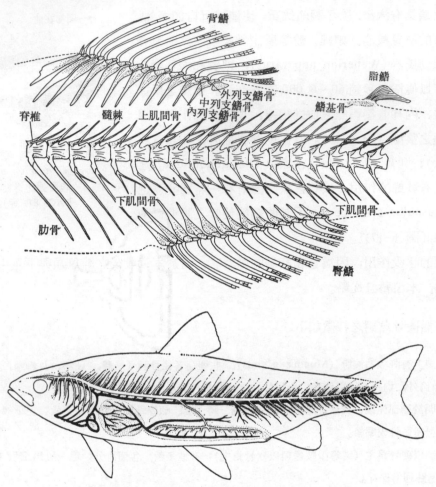

圖 6-19　上，硬骨魚類（某種燈籠魚）之脊柱中部以及背鰭臀鰭之內骨骼；下，
　　　　硬骨魚類之循環系統（白色爲動脈，黑色爲靜脈）。

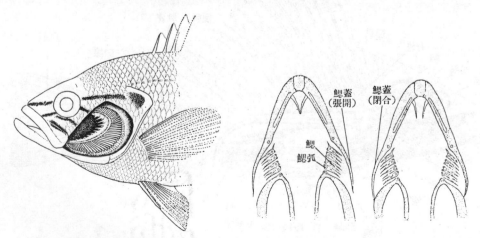

圖 6-20　左，硬骨魚類之頭部，鰓蓋切除示第一鰓弧；右，頭部之水平切面，
　　　　示呼吸時鰓絲及鰓蓋之張合。

　　4. 心臟二室（一心房，一心室）， 另有發達之靜脈寶和動脈錐， 經過心臟之血液完全爲靜脈血；大動脈弧四對；紅血球卵圓，有核。

　　5. 呼吸以鰓，每一鰓弧有一對鰓瓣， 鰓瓣間膜退化， 無噴水孔（往往保存舌弧擬鰓），有共同之鰓腔， 開於咽頭兩側，上覆鰓蓋；一般有鰾，有時具一管通於咽頭；肺魚（以及少數其他種類）之鰾爲肺，可以呼吸空氣。

　　6. 腦神經十對。

　　7. 體溫隨環境而改變（所謂 Poikilothermous 或 Ectothermous）。

　　8. 生殖腺成對；卵生（少數胎生或卵胎生）； 體外受精； 卵微小（亦可大至 12 mm），卵黃多少不一；卵割爲局部分割 (Meroblastic)；無胚外膜；幼魚有時與成魚迥異。

三、硬骨魚綱的分類

　　硬骨魚綱的分類系統，學者間意見不一， 各有主張。有的主張分爲二亞綱，即條鰭亞綱 (ACTINOPTERYGII) 與肉鰭亞綱 (SARCOPTERYGII)， 後者又稱內鼻亞綱 (CHOANICH-THYES) 或兩棲亞綱 (AMPHIBIOIDEI, HUBBS, 1919)。有的主張分爲三亞綱，即古鰭亞綱 (PALAEOPTERYGII)， 今鰭亞綱 (NEOPTERYGII)，與內鼻亞綱。古鰭亞綱是指條鰭亞綱中之軟質、全骨二下綱 (CHONDROSTEI, HOLOSTEI)，今鰭亞綱是指條鰭亞綱中的眞骨下綱 (TELEOSTEI)。或分爲條鰭、總鰭、肺魚三亞綱。有的主張把通常列爲條鰭亞綱中的多鰭魚目 (POLYPTERIFORMES) 獨立爲腕鰭亞綱 (BRACHIOPTERYGII)，亦即共分四亞綱。本書採用條鰭、總鰭、肺魚三亞綱的分類系統， 在條鰭亞綱下包含軟質、腕鰭、新鰭三下綱，多鰭魚目列於腕鰭下綱中。

硬骨魚類三亞綱之主要特徵比較表:

	肺魚亞綱	總鰭亞綱	條鰭亞綱
尾　鰭	異型 （原正型）	異型 （原正型）	異型 （正型）
背　鰭	二枚 （單一）	二枚 （二枚）	一枚 （一枚或二枚）
鱗　片	層鱗 （圓鱗）	層鱗 （圓鱗）	硬鱗 （圓鱗或櫛鱗）
松菓孔	普遍存在 （稀少）	普遍存在 （喪失）	稀少 （喪失）

條鰭亞綱 ACTINOPTERYGII

就水中生活的適應，種類的繁多而言，條鰭亞綱可以說是現今魚類中的盟主；就魚類與高等脊椎動物的關係，換言之，由魚類演化而爲四足類，則總鰭亞綱佔極重要的位置，牠們並且在泥盆紀時期頗佔優勢。肺魚亞綱自泥盆紀出現之後，卽趨專化，難以與其他魚類爭衡，其能苟延至今，令人費解。條鰭亞綱包含海洋、江河、湖泊、溪流等一切水域中最常見的魚類，其中也有少數原始型的硬鱗魚類，如鱘 (Sturgeons)、雀鱔 (Garpikes)、弓鰭魚 (Bowfins) 以及古代魚類殘存至今的多鰭魚 (*Polypterus*) 與蘆鱗魚 (*Calamoichthys = Erpetoichthys*)。

最古的條鰭魚類出現於下泥盆紀之淡水區，但其實際起源時期，當在泥盆紀以前，下泥盆紀之條鰭魚類已有許多遺跡，而上志留紀則僅有少數離散之鱗片，殊令人費解。究竟條鰭魚類是否與總鰭魚類以及肺魚類起源於同一近似之祖先，亦無從證明；但在上志留紀或更早之淡水地層中存有其共同的遠祖當無疑義。條鰭亞綱在泥盆紀中雖遠不如總鰭亞綱之繁盛，但各主要部類均已有代表，到了現代，則成爲水域中最強大的一類。而總鰭亞綱則僅存一種苟延至今，而肺魚亞綱亦僅存三屬六種而已。

條鰭魚類的種類繁多，形態異殊，並且其演化過程複雜，有些重要特徵到了後期種類已經喪失，所以要給牠們定一個界說亦非容易。概括言之，原始條鰭魚類與多數總鰭魚類的基本區別是沒有內鼻孔，兩對鼻孔都在口外前面，位置較高。其與總鰭魚類以及肺魚類均不同者是膜骨的排列以及頭部側線管的分佈，膜骨與鱗片的構造，奇鰭及偶鰭中之內骨骼之性質，單一之背鰭，以及尾部背面（脊索上葉）有稜鱗。現摘要析述於下。

原始條鰭魚類具硬鱗，與早期總鰭魚類之層鱗不同。硬鱗埋於皮下，自內外兩面成同心圓增長，表面之硬鱗質甚厚。以後隨着演化而逐漸失去其若干部分而成爲非薄之骨質構造（所謂薄鱗），或竟無鱗而皮膚裸出。支持奇鰭之內骨骼不癒合爲骨板，偶鰭之鰭身爲露出於體面而成扇形之薄片狀，完全由鱗條支持，鰭基較長而無密集之鰭輻骨（旣不如軟骨魚類之具有三片鰭基骨構成之柄狀基部，亦不如肺魚類之具有中軸，而鰭輻骨列生於中軸之兩側）。

條鰭魚類的側線系統由骨片上形成的感覺溝與表面的窩線溝組成。在頭部的側線溝有耳溝，後耳溝，枕連合，眶上溝，眶下溝，篩骨連合，前鰓蓋溝，下頜溝等分枝，窩線 (Pit-lines) 則有頰部的上頜上線，上頜後線，顱頂的前、中、後窩線，以及喉板上的中央窩線與側窩線。感覺溝與膜骨的分佈與排列，有其密切的相互因果關係。膜骨的發達情形，與總鰭魚類以及肺魚類相較，則數目較少而形狀亦諸多不同。鰓蓋部除鰓蓋骨，下鰓蓋骨外，並且有一系列支持鰓膜之鰓被架；有一對側喉板與一中喉板；鞏板數少，一般爲四片。尾鰭初爲歪型，逐漸演變爲正型 (Homocercal)，少數爲圓型 (Diphycercal)。少數現生之原始型條鰭

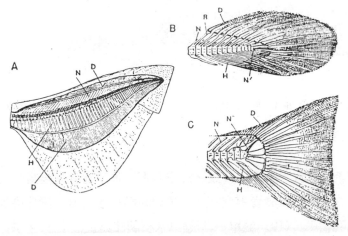

圖 6-21　尾鰭三型。A. 鮫類，鱘，白鱘等之歪型尾；B. 多鰭魚
之圓型尾；C. 一般眞骨魚類之正型尾。D. 眞皮性鰭
條；H. 脈棘；N. 髓弧；N′. 脊索之末端；R. 鰭輻骨。
C圖中H以後之大形骨片爲尾下骨。
(據 ROMER 轉載 DEAN)

魚類，如鱘、多鰭魚、弓鰭魚、雀鱔等，具有噴水孔、腹孔 (Abdominal pores)，以及腸螺旋
瓣，但是比較進步之種類，此等構造均已消失。鰓瓣爲絲狀；動脈幹之起點有動脈球 (Bulbus
arteriosus)，其內僅一列，至多二列瓣膜。

　　條鰭魚類之主要演化趨向現已大致明瞭，由後期種類可追溯至最原始的基本型，卽泥盆
紀以鱈鱗魚 (*Cheirolepis*) 爲著例的古鱈類，歷古生代而逐漸改變，至二叠紀出現顯背魚
(*Semionotus*) 之類，進而在白堊紀出現最早的眞骨魚類。學者們向來把此演化過程分爲三個
階段，分別以三個下綱，卽軟質下綱、全骨下綱、眞骨下綱爲代表，已如上述。不過這種傳
統的分類方法，並不能眞正顯示其彼此的類緣關係。須知所謂全骨類其實是泛指軟質類與眞
骨類之間的一些中間型魚類，其形態固彼此相去甚遠，並非一個特徵一致的天然類羣，其
範疇以及分類系統，學者間的主張亦不一致。新的觀點由其各鰭的構造，頭部骨片的形態，
探索其彼此間的可能類緣關係，所以派特森 (PATTERSON, C., 1973)，以及派特森與羅申
(ROSEN, D. E.) (1977) 等把全骨下綱和眞骨下綱合稱爲新鰭下綱 (NEOPTERYGII)，其共
同特徵是：(1) 尾鰭爲短縮之歪型，後部脊椎稍向上翹，在表面上多少近似於正型，亦卽尾
鰭主葉退化，上葉外側之主要鰭條約與下葉等長；(2) 背鰭、臀鰭之鰭條數與其內骨骼性支
鰭骨數相等；(3) 前上頜骨有一內鼻突，敷於鼻窪 (Nasal pit) 的前部；鋤骨在篩區腹面，
關節骨有喙狀突，接續骨爲舌頜骨之突出部。(4) 口部因舌頜骨自頭顱下方作橫向擴展，口
角位置前移，且上頜骨後端與頰部分離，所以其攫食機制更爲靈活，效果增強，食性便多有
變異，不過仍以掠食爲主。(5) 咽骨齒堅強。(6) 舌頜骨 (懸骨) 近於垂直，前鰓蓋骨有一

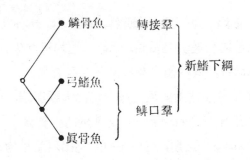

圖 6-22　所謂條鰭魚類演化的三個階段，（A)二叠紀的古鱈魚（*Palaeoniscus*)；（B)侏羅紀的叉鱗魚（*Pholidophorus*)；（C)新生代的鯡（*Clupea*)。試與上表所列之改變情形相對照（據 COLBERT)。

狹背枝。(7) 鎖骨消失，或退化爲一片或多片小骨板，敷於匙骨之後鰓片上。(8) 鱗片無中間之層鱗質，表面之硬鱗質層發育程度不一，早期種類爲厚菱形，部分高等種類已變爲圓形之薄鱗。(9) 噴水孔消失。(10) 鰾單一，　雖以水壓調節爲主，　但仍多少保持呼吸空氣之功用。

　　新鰭下綱分爲轉接與鯡口二羣，前者包括鱗骨魚目，後者分爲鯡形與眞骨二亞羣。在鯡形亞羣中包括弓鰭魚目，其系統關係如下：

條鰭亞綱 ACTINOPTERYGII
軟質下綱 CHONDROSTEI
腕鰭下綱 BRACHIOPTERYGII
新鰭下綱 NEOPTERYGII
　轉接羣 GINGLYMODI
　鯡口羣 HALECOSTOMI
　　鯡形亞羣 HALECOMORPHI
　　真骨亞羣 TELEOSTEI

鱗骨魚　轉接羣
弓鰭魚
眞骨魚　鯡口羣
新鰭下綱

　　此一新的分類系統有其優點，　自不待言，　不過若干以前建立之目或科，　尚未經詳細研究，未被列入此系統內，有的則經初步研究後，成爲 "地位未定" 之類別，實爲目前一大困擾。這些目或科的眞正地位如何，有待進一步研究也。

軟質下綱 CHONDROSTEI

　　本下綱包括條鰭亞綱中早期演化的中小形魚類，彼此形態不同，不易列擧其共同一致之特徵。差堪提出者是具有噴水孔而無間鰓蓋骨。體被厚菱形層鱗；尾歪型，背、腹面中央有大形稜鱗。頭部鱗片骨板狀，不易曲屈。上頜骨與頰部固接，舌頜骨傾斜，口角位置偏後，下頜骨之喙狀突不發達，頜肌簡單，故僅靠呑咬方式攝食，口鰓腔之活動性有限。上下頜有簡單之錐狀齒。

　　本下綱可分爲以下十一目，各目之基本構造，均與最原始之基本型，即古鱈目，相差不多。

*古鱈目 PALAEONISCIFORMES

=AEDUELLIFORMES; GYMNONISCIFORMES

　　古鱈目爲最早出現之條鰭魚類，見於下泥盆紀至白堊紀，在中泥盆紀最爲興盛，不久就超過同時出現的早期總鰭魚類與肺魚類，在古生代後期以及三叠紀，在淡水及海洋中大量蕃衍，至侏羅紀有的衍生爲鱘魚的祖先。後者延續至今，其部分特徵已高度特化或退化。古鱈類在長時期的演化中，有的相當保守，在髓顱的硬骨化程度，鱗片的形狀，體形，以及各鰭的相對位置諸方面，均無多大改變，有的則向着新鰭魚類的體制構造演化，至二叠紀成爲新鰭魚類的祖先。

　　典型的古鱈類爲肉食性，口裂大而兩頷具尖銳之錐形齒。體紡錘形或長紡錘形，長度一般在一公尺以下。背鰭、臀鰭單一，尖三角形；尾鰭歪型，後緣深凹，脊索上葉甚小或缺如。背鰭有鰭輻骨二列，臀鰭有一列，數目等於或多於髓棘或脈棘，但並不癒合。脊索並不凹縊，無硬骨性之肋骨。胸鰭甚長，有一列鰭輻骨與髆烏喙骨相連，多少成扇狀，有一中烏喙骨。胸帶中之膜骨包括匙骨、上匙骨與鎖骨。腹鰭亦有長鰭基骨及一列鰭輻骨，左右鰭基骨分離。各鰭之骨條多數，外端分枝而蓬散，背鰭、臀鰭前緣與尾部背面各有一列小形有鬚邊之棘狀鱗 (Fulcral scales)。

　　典型古鱈類的硬鱗共分三層，即表面的琺瑯狀層，中央的齒質層，以及內部的平準層。在生長時，表面的琺瑯狀層轉變爲透明的硬鱗質。鱗片厚菱形或圓形。最奇特的是尾部硬鱗的排列方向與軀幹部恰好相反，足見其尾部在發育之初並非上歪。

　　頭骨之髓顱爲高顱型之單一整體，背腹面無摺曲而外觀似於刺鮫者。顱頂之膜骨有硬鱗層，不沉於眞皮下方。眼窩大形，鞏板四片。腭方骨與舌頷骨相接，後者與髓顱之基翼突成關節，腭方骨則與髓顱前部之間有篩關節，故爲舌接型。有鰓被架（4～23條）及一對側喉板。

　　本目分爲古鱈 (Palaeoniscoidei) 與扁體 (Platysomoidei) 二亞目，前者包括很多形態殊異之原始種類，體軀爲長短不一之紡錘形，習性正常，主要之屬有 *Cheirolepis, Moythomasia, Cryphiolepis, Canobius, Aeduella, Holurus, Styracopterus, Birgeria* 等。後者體軀側扁而高，頭較短，形狀如現生的鯛類，背鰭、臀鰭均較長，鱗片垂直延長，重要之屬有 *Chirodus, Platysomus, Adroichthys, Chirodopsis, Eurynotus, Bobasatrania* 等。

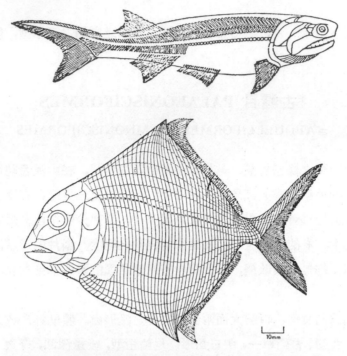

圖 6-23　原始古鱈類之 *Cheirolepis*（上）與 *Chirodus*（下）
（上據 WOODWARD，下據 TRAQUAIR）。

*單鱗目 HAPLOLEPIDIFORMES

本目爲上石炭紀體呈紡錘形之魚類，爲最早呈現與典型古鱈類之基本構造稍異者。其頭部短濶，無明顯之吻部，鰓器較小，鰓被架較少（1～3），側喉板及中喉板大形。懸器（Suspensorium）近於垂直，前鰓蓋骨有分裂爲數片小骨之趨向。各奇鰭之前緣有大形棘狀鱗。匙骨在腹面極度擴大。鱗片薄而稍垂直延長。有的在顱頂有大形凹窩。

本目已知之屬，有 *Haplolepis, Pyritocephalus, Sphaerolepis* 等。

顱頂窩

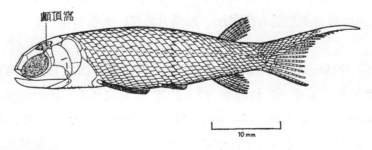

圖 6-24　單鱗目之 *Pyritocephalus*（據 MOY-THOMAS 轉載 WESTOLL）。

*原鰻目 TARRASIIFORMES

本目就僅知之原鰻屬（*Tarrasius*）而言，爲下石炭紀外形似現生之多鰭魚之小形魚類。體軀延長，頭部之構造與古鱈目相似，惟背鰭與臀鰭顯著延長，而與尾鰭連續。尾鰭圓型，無腹鰭，故又似現生之鰻鱘之類。各鰭前方無棘狀鱗，鰭條之末端亦不分叉。胸鰭有肌肉質之圓柄，但內部構造與一般條鰭魚類無異。體表大部分裸出，只尾部被微小之方形硬鱗，如古鱈目之鱈鱗魚（*Cheirolepis*）。背鰭基底內部有鰭輻骨二列，臀鰭有鰭輻骨一列，數目均較髓棘及脈棘爲多。髓弧與脈弧已硬骨化。鰭條分節但無分枝，鰓被架多數（15），喉板不明。

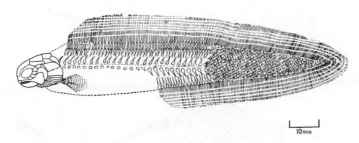

圖 6-25　原鰻目之 *Tarrasius*（據 MOY-THOMAS）。

*顯吻目 PHANERORHYNCHIFORMES

本目已知者僅顯吻魚（*Phanerorhynchus*）一屬，見於上石炭紀，頭部之構造似單鱗目，但其眼窩較小，吻部極度延長，與鱘魚頭部的外形很像。懸器近於垂直，有一卵圓形之小鰓蓋骨。鱗片大而數少，背腹面有發達之稜鱗，各鰭之前緣有強壯之棘狀鱗。最顯著的特徵是背、臀鰭短，鰭條數少，不分節，排列稀疏，其數目大致與體內之鰭輻骨數相當（臀鰭 8 軟條）。腹鰭基甚短。上頜骨後部擴大，與前鰓蓋骨相接。下鰓蓋骨、鎖骨、頂骨、額骨、案骨、上顳骨均存在。鰓被架多數，喉板不明。

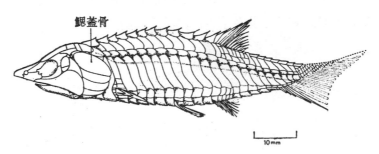

圖 6-26　顯吻目之 *Phanerorhynchus*（據 MOY-THOMAS 轉載 GARDINER）。

*槍鰭目 DORYPTERIFORMES

就僅知之上二叠紀槍鰭魚（*Dorypterus*）而言，本目為外形似扁體類，但基本構造已極度特化而接近新鰭魚之鯧形魚類。體表近於裸出，只尾部有少數硬鱗。頭部之膜骨大部分已退化，上下頜巨大，但無齒。背鰭與臀鰭之基底均甚長，各鰭之支鰭骨與古鱈目相似。無前上頜骨，上頜骨之後端短縮，舌頜骨已硬骨化，近於垂直，前鰓蓋骨不明。無肋骨及鎖骨，但有一後腹骨（Postabdominal bone）。背鰭前方之鰭條延長而排列緊密，後部以及臀鰭之全部鰭條較疏。腹鰭近於喉位，在胸鰭以前。尾鰭之主葉狹細，只有兩列鱗片，中央鰭條稀疏，亦似於新鰭魚類。脊椎數 35，無椎體，髓弧，脈弧均已硬骨化。腹面有七對大形稜鱗。無鰓被架及喉板。

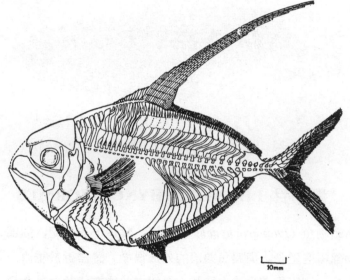

圖 6-27　槍鰭目之 *Dorypterus*（據 MOY-THOMAS 轉載 WESTOLL）。

*摺鱗目 PTYCHOLEPIFORMES

現知僅摺鱗魚（*Ptycholepis*）一屬，見於下三叠紀至下侏羅紀。有鰓蓋骨及下鰓蓋骨，亦有中喉板，鰓被架 10～11。有角舌骨及下舌骨，其他不明。

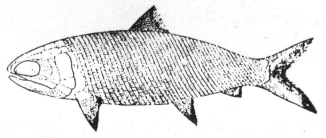

圖 6-28　摺鱗目之 *Ptycholepis*（據 WENZ）。

*側鱗目 PHOLIDOPLEURIFORMES

頭部及髓顱之構造如古鱈目。背鰭、臀鰭之鰭條數多於其鰭輻骨數（至少前部如此）。有椎體，環狀，尾椎為雙椎體。尾鰭對稱型或近於對稱。無鎖骨。鰓被架存在。頭部之膜骨薄，有的無硬鱗層。棘狀鱗退化或缺如。主要之屬有 *Pholidopleurus, Australosomus, Arctosomus, Macroaethes* 等，見於三疊紀。

*雷氏目 REDFIELDIIFORMES
=CATOPTERIFORMES

特徵近似古鱈目，但尾鰭為短縮之歪型或近於正型；無鰓被架，或由下鰓蓋骨下方之一、二大形骨板代表之。鼻孔與眼窩接近，無間顳骨，頂骨小形，但通常具後頂骨。背鰭軟條 22 枚以下，均不分節。背鰭與臀鰭之軟條數均超過其鰭輻骨數，後部較疏。鱗片為骨鱗型 (Lepidosteoid type)，無層鱗質層。牙齒小而尖銳。

本目主要之屬有 *Brookvalia, Dictyopyge, Redfieldia, Sinkiangichthys* 等，見於三疊紀。

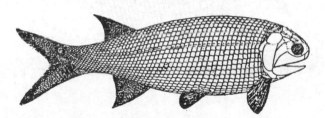

圖 6-29 雷氏目之 *Redfieldia*。

*殘齒目 PERLEIDIFORMES

頜部如古鱈目，但口較小。前鰓蓋骨垂直，或近於垂直，覆蓋頰部之大部分。尾鰭為短縮之歪型，上葉短而有鱗，但不達鰭端。脊椎無椎體。背鰭、臀鰭之每一鰭輻骨有一鰭條（至少後部三分之一如此），鰭輻骨只一列，已硬骨化。鰓被架存在 (7～12)，有一對側喉板，頂骨方形而大，似弓鰭魚。無後頂骨。眶下骨退化或缺如。二鼻骨不在中央線相接，而以後吻骨隔開，鼻骨與皮蝶骨之間有眶上骨隔開。鎖骨小形，髓顱硬骨化為單一或不成對之二片大形頭骨，無大形之聽石。鱗片為骨鱗型，但仍有少許層鱗質。

本目重要之屬有 *Colobodus, Crenolepis, Perleidus, Cleithrolepis, Peltopleurus, Platysiagum, Cephaloxenus, Aethodontus* 等，見於三疊紀至下侏羅紀。McALLISTER (1968) 把 *Peltopleurus, Platysiagum, Cephaloxenus, Aethodontus* 諸屬分別列為獨立之目，稱為盾肋目

(PELTOPLEURIFORMES)、扁頜目 (PLATYSIAGIFORMES)、奇頭目 (CEPHALOXENFOR-MES)，與奇齒目 (AETHODONTIFORMES)。

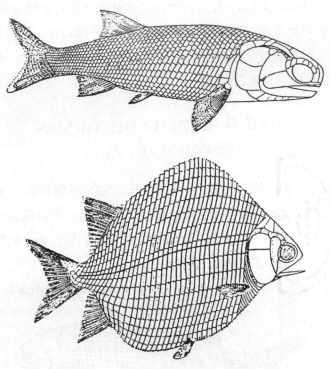

圖 6-30　殘齒目之 *Perleidus*（上）與 *Cleithrolepis*（下）
（據 BROUGH）。

*蜥魚目 SAURICHTHYIFORMES

下三叠紀至下侏羅紀之大形魚類，長者達一公尺以上。體延長，頭長而吻突出。體被四列骨板，計背、腹面及兩側各一列，其他部分近於裸出。內顱在三叠紀種類已硬骨化爲一箱狀整體，無骨縫可尋，在侏羅紀種類則大部分爲軟骨性。眼肌溝存在。無基翼突。鼻孔兩對。方骨與後翼骨硬骨化爲單一骨片。鋤骨成對。上頜骨之後端與前鰓蓋骨固接，下頜骨無喙狀突，而由隅骨，上隅骨，齒夾板骨等組成。鰓被架單一（?），鰓蓋骨巨大，半圓形，無下鰓蓋骨。脊索發育完善，但其上下方已有硬骨化之構造。尾鰭對稱（原正型）。背鰭與臀鰭相對，後位，二者之鰭條數均超過鰭輻骨數。背鰭之鰭輻骨二列或一列，均已硬骨化。腹鰭基廣。奇鰭無棘狀鱗。無單獨之鎖骨。偶鰭之支鰭骨及腰帶骨亦硬骨化。兩頜有強齒，鋤骨、腭骨亦有齒。爲海洋中分佈甚廣之掠食魚類。

本目包括 *Saurichthys, Acidorhynchus, Gymnosaurichthys* 等屬，其骨骼及感覺溝之若干特徵與下述之鱘目一致，故認爲其地位或介於古鱈目與鱘目之間。但因其沒有下鰓蓋骨，眶上感覺溝在額骨上終止（鱘魚者與眶下溝相接），　所以不可能是鱘目的直接祖先。　其延長的吻部可能只是平行演化的結果。本目之尾鰭上側鰭條延長，又似於新鰭魚頭，所以其分類地位到底如何，尚待進一步研究。

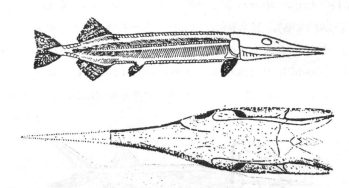

圖 6-31　蛣魚目之 *Saurichthys* 之全形（上）與頭部背面（下）
（據 WOODWARD, STENSIÖ）。

鱘　目 ACIPENSERIFORMES

吻延長，體側被五列大形骨板，或除尾鰭上葉外完全裸出。尾鰭歪型，內骨骼軟骨性，髓顱中或有少數硬骨化中心，但絕不成完整之箱狀內顱。二腭方骨不在中央線相接，亦不與內顱之篩骨區及蝶骨區成關節。前上頜骨與上頜骨癒合，上頜骨與腭方骨相接。有軟骨性之接續骨。舌頜骨無鰓蓋突（Processus opercularis）；鎖骨存在。無眼肌溝，亦無眶間隔。脊索終生存在，脊椎之弧片（Arcualia）彼此分離，惟前部者或與枕區相癒合，無椎體。無前鰓蓋骨，方軛骨存在（白鱘科除外）。內顱後方有一對顱脊突（Cranio-spinal processes）。聽石不規則，質軟。背鰭、臀鰭之鰭輻骨未硬骨化，各鰭有較廣之鰭基。尾鰭上葉有棘狀鱗一列。有外開之噴水孔，孔內有擬鰓（Pseudobranch）。腸管內有螺旋瓣。鰾大形，有氣道與食管之背面相通。

本目之化石有 Chondrosteidae 與 Errolichthyidae 二科，前者見於下侏羅至白堊紀，後者可能早見於三叠紀。因其與現生種類稍異，有列為獨立之軟骨硬鱗魚目（CHONDROSTEIFORMES）者。侏羅紀的

圖 6-32　侏羅紀之 *Chondrosteus*，介於古鱈類與現生鱘魚
之間，長約 3 呎（據 WOODWARD）。

Chondrosteus acipenseroides 長約 3 呎， 可能係最先出現的鱘類， 其骨骼之硬骨化程度較深，若干骨片已經喪失，鱗片亦大部喪失，吻部延長，可能爲古鱈目中 *Coccocephalus* 或 *Tegealepis* 屬的後裔。白鱘 (*Polyodon*) 之近緣種類出現於白堊紀。

本目現生者僅鱘科（Acipenseridae）與白鱘科（Polyodontidae）， 後者只二種， 一種是楊子江白鱘 *Psephurus gladius* (MARTENS)， 又名象魚，象鼻魚， 分佈長江上下游，東海，黃海，偶亦進入甬江，錢塘江， 黃河下游。 體長二公尺以上， 體重達 35 公斤以上。另一種是美洲白鱘 *Polyodon spathula* (WALBAUM)，俗名 Spoonbill, Paddlefish, Freshwater swordbill， 分佈美國密西西比河流域， 體長約 2.5 公尺， 體重達 90 公斤。這兩種都是原始條鰭魚類的遺留種 (Relict)， 一在東半球，一在西半球，彌足珍貴。

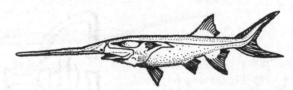

圖 6-33 現生之美洲白鱘 (*Polyodon spathula*)，體長約 2.5 公尺。

鱘 科 ACIPENSERIDAE

鱣科；Sturgeons.

本科魚類仍有若干特徵近似鮫類，例如口開於頭之下方，尾爲歪型，尖長而向上翹。但彼等不被盾鱗而有骨板， 表面無硬鱗質。骨板五列，每側二列，背上中央線一列。吻延長，圓錐狀或鏟狀。眼小，側位，噴水孔或有或無。鼻孔大，二個，位於眼前。口下位，橫裂或成弧形。上下頜能伸縮。鰓蓋骨消失，下鰓蓋骨發達。鰓 4 枚，有擬鰓，左右鰓膜與喉峽部相連，或互相連接而跨越喉峽部。 鰓耙短小， 無鰓被架。吻下有鬚 4 枚。 長成後兩頜均無齒。尾鰭末端有時延長爲絲狀，尾端兩側密切小硬鱗多列。背鰭、臀鰭位置偏後，腹鰭在背鰭前下方，胸鰭低位。現生者約 23 種，只見於北半球之高緯度水域中。

臺灣有捕獲記錄者僅中華鱘一種，由前基隆漁管處捕獲一尾送贈臺灣省立博物館。臺灣大學海洋研究所保存另一尾。中華鱘之吻部圓錐形，口中等大，橫裂，具噴水孔，左右鰓膜分別連於喉峽部，尾端不延長爲絲狀。背板 13〜14+1〜2，背側板 33〜35/34〜34；腹側板 10〜12/10〜12；臀前板 2，臀後板 2；鰓耙 14〜28。D. 54〜66；A. 32〜41；P. 48〜54；V. 32〜42。本種主要在長江上游產卵，幼魚降河並至沿海岸育肥，故以上二標本可能係在大陸近海捕獲者。56年 1 月10日，漁人曾在枋寮附近捕獲一尾，全長達 295 cm。

中華鱘 *Acipenser sinensis* Gray

亦名鱘鰉魚，臘子魚。

圖 6-34　中華鱘。

腕鰭下綱 BRACHIOPTERYGII

=CLADISTIA

　　本下綱爲體被典型菱形硬鱗之小形魚類，　鱗面有發光之硬鱗質及小齒，　但不見層鱗質層。尾鰭對稱，但並非典型之圓形。背鰭由 5～18 枚分離之小鰭組成，每一小鰭之前方有一棘狀鰭條，各由單一鰭輻骨支持之，故有多鰭魚之名。臀鰭之軟條數超過鰭輻骨。胸鰭有明顯之圓形肉質基部，外覆鱗片，鰭條由多數硬骨化之鰭輻骨支持之（中間以一列軟骨性結節狀輻骨爲媒介）；鰭基骨三片，中鰭基骨大形板狀，軟骨性，前、後鰭基骨棒狀，已硬骨化，三鰭基骨與髀骨及烏喙骨所形成的短關節面相接。因爲此種胸鰭內骨骼以及胸帶，在構造上顯然異於其他條鰭魚類，所以成爲獨立之腕鰭下綱。以前因其胸鰭外形相似，而列於總鰭魚類中，其實跟總鰭魚類的原鰭型（Archipterygial type）的構造根本不同。或因其鱗片及頭骨之相似而列入古鱈目中，但是其各鰭之形態構造却相去甚遠。腕鰭類可能自白堊紀卽自古鱈類分出而孤立演化，現今僅有少數種類苟延於<u>非洲</u>。

　　本下綱的其他特徵是內骨骼已完全硬骨化，頭顱如古鱈類，無眶篩區與枕耳區之分；上頜骨與頭顱固接。無眼肌溝，頰部有大形之前鰓蓋骨，前端與上頜骨相接。鼻孔一對，位於前端；無內鼻孔。顱頂無松菓孔。後耳骨特大；內耳之球狀囊中有大形之聽石。上顳骨及間顳骨均與頂骨癒合。　無間鰓蓋骨，　鰓被架以一對側喉板代替之。　無接續骨，　但下頜有關節骨。鎖骨存在，　無中烏喙骨。有背肋及壁肋，　無肌間骨。鰓弧 4 對，眼後有裂隙狀之噴水孔。無鰓被架。腹鰭如存在，各有 4 條鰭輻骨與硬骨化之腰帶骨成關節。牙齒構造簡單，而無摺曲。消化管具幽門盲囊，腸中有螺旋瓣。鰾分二葉，在腹面，有小管通於咽頭腹面，能行肺的功能，故能在乾涸季節生存。有動脈錐。幼體有羽狀外鰓。無泄殖腔。

多鰭魚目 POLYPTERIFORMES

　　本目之特徵如上，其化石初見於始新世，而現生者僅多鰭魚（Polypteridae）一科二屬。多鰭魚屬（*Polypterus*）10 種，體延長，有腹鰭，英名 Bichir。　蘆鱗魚屬（*Calamoichthys*，=*Erpetoichthys*）僅 1 種，　體鰻形，英名 Reedfishes。均只見於赤道<u>非洲</u>的湖邊及沼澤中。

圖 6-35　多鰭魚之一種 *Polypterus bichir*，產非洲尼羅河
（據 VILLEE, WALKER & SMITH）。

新鰭下綱 NEOPTERYGII

本下綱之特徵已如上述，自二疊紀開始出現，逐漸演化爲現今最興盛的眞骨魚類。現今大都認爲新鰭魚類是單系起源，鱗骨類（轉接羣）是其中最原始者，弓鰭魚（鯡形類）和眞骨魚類共同形成一個衍生的單系類羣（鯡口類）。較早期的新鰭魚類尙在轉變階段，有的特徵介於軟質類與眞骨類之間。後期的演化途徑漸趨複雜，在分類系統上造成若干困擾，以及學者間的爭論。有些種類的分類地位尙未確定，如硬齒目、魯干目和嵌鱗目。

*硬齒目 PYCNODONTIFORMES

本目爲體軀側扁而高，高度特化之小形魚類，外形似古鱈目中之古鯧（*Bobasatrania*），首見於歐洲上三疊紀，在侏羅紀及白堊紀最爲昌盛，持續至始新世早期。這是一些關係密切的海生魚類，保存在與珊瑚岩相件的石灰岩層中。體近於圓盤形，背鰭、臀鰭均較長，每一鰭條有其本身之支鰭骨。尾鰭外表對稱；中軸骨骼有極度延伸之髓棘與脈棘，髓弧與脈弧已硬骨化，但並無椎體。如被硬鱗，通常垂直排列，彼此似以關節連接。無喉板，亦無間鰓蓋骨及下鰓蓋骨，但是有發達的後腹骨。吻短口小，但下頜骨強壯，上頜骨退化或缺如，兩頜有少數伸出之鑿狀齒，下頜兩側有 2～5 列半球形鈍齒，口蓋有同形之鋤骨齒。

本目以前置於全骨類或軟質類中，因其兼具若干原始及進步之特徵也。例如其頭顱具有上枕骨（有的且具脊突），脊索不凹縊，鱗片近似於古鱈目。但是由其尾鰭之形狀，背鰭、臀鰭之構造，前上頜骨有長鼻突，有大形的中央鋤骨，下頜骨有喙狀突（但副蝶骨較短而後端擴大），垂直或向前傾斜的懸器，以及無鎖骨等方面看來，無疑地應屬於新鰭魚類。不過牠們一方面有發達的髓棘與脈棘，活動的主上頜骨（前鰓蓋骨仍爲掩蓋頰區之主要骨片），但是沒有上主上頜骨（supramaxilla）及間鰓蓋骨，眼肌溝、顳後窩、間插骨、上鰓骨、方軛骨等不明，所以其在新鰭類中的地位尙難以確定。

本目包括硬齒（Pycnodontidae）、圓齒（Gyrodontidae）以及粒齒（Coccodontidae）三科，

其體型適於在珊瑚礁及藻類繁茂的平靜水域中生活，牙齒適於磨碎介殼，與現生之珊瑚礁魚類相似。牠們為單系起源的一個小類羣，其祖先可能溯自古鱈目中的扁體亞目。

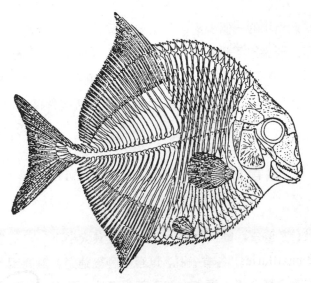

圖 6-36 硬齒目之 *Proscinetes* (*Microdon*)，侏羅紀，長約 5 吋 (據 WOODWARD)。

*魯干目 LUGANOIIFORMES

本目包括 *Lugania, Besania* 等少數上三叠紀魚類，其已知特徵大致與一般新鰭魚類相符，只是前鰓蓋骨稍異。其鰓蓋骨與下鰓骨等大，雖無間鰓蓋骨與鰓被架，可能為後起性喪失。不過牠們除了具有活動的上領骨之外，其在新鰭魚類中是否具有鯡口羣的其他特徵則不得而知，所以其分類地位目前亦難以確定。

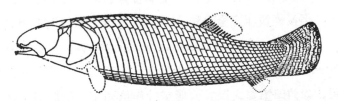

圖 6-37 三叠紀之 *Lugania* (據 LEHMAN)。

*嵌鱗目 ASAROTEIFORMES

白堊紀之化石魚類，其構造不詳，分類地位未定。

轉接羣 GINGLYMODI
＝全骨目（HOLOSTEI）之一部分

本羣包括自上白堊紀出現的一個小支，其主要特徵爲：（1）脊椎爲全椎型（Holospond-ylous）之後凹椎體，（2）牙齒有摺齒質（Plicidentine），（3）眶上感覺溝通過前上頜骨，（4）有一列有鋸齒之眶下骨，（5）無間鰓蓋骨，（6）每側有二或多片上顋骨，（7）主上頜骨小形，不能活動，（8）無上主上頜骨，（9）無眼肌溝。本羣只包括鱗骨目（LEPISOSTEIFORMES）一目。

鱗骨目 LEPISOSTEIFORMES
＝RHOMBOGANOIDEI

吻顯著延長，鼻孔位於吻端，眶前骨成一列，多數具大小不一之鋸齒，吻部背面前方之鼻前上頜骨（Naso-premaxillaries）各有一孔，以容嗅神經通過。無間鰓蓋骨，但有方軛骨。吻部有連接二眶下感覺溝之接合線。頰部有多數不規則的小骨板。前上頜骨形成上頜邊緣的大部分，主上頜骨橫分爲數片；下頜複雜，有關節骨、隅骨及喙狀突。亦有接續骨。上下頜外緣有一列小齒，內方有一或二列大形錐狀齒，鋤骨與腭骨上亦密生小齒。鋤骨成對，無眼肌溝，亦無上枕骨及喉板。頭部表面骨片均被硬鱗質，各鱗基部有兩列稜形鱗。尾鰭爲短縮之歪型。脊椎已完全硬骨化，椎體後凹型。鰾單一，內分許多間隔，有氣道通於食管的背面。鰓蓋內有副鰓，擬鰓存在。鰓被架 3，鰓膜多少相連，但與喉峽部游離。鰓耙甚短。背鰭與臀鰭相對，接近尾鰭，腹鰭約在腹面中央。有軟骨性之中烏喙骨。幽門盲囊多數，腸螺旋瓣只存痕跡。

本目因前鰓蓋骨不爲板狀，鎖骨微小，主上頜骨與前鰓蓋骨並非固接，背鰭、臀鰭之鰭條數與支鰭骨數相等，但鰭條並非完全分節，其他若干特徵亦因上下頜之特殊而有變異，故單獨列入轉接羣中。本目所知者僅雀鱔（Lepisosteidae）一科，化石初見於後期白堊紀，現生者僅一屬（*Lepisosteus*），七種，分佈中、北美洲，及西印度羣島，通常見於雜草叢生之淺水中，大者達 3 公尺，以前印第安人以其大形鱗片作槍頭用，早期拓荒者以其皮革包於犂頭上，以助犂田。因其掠食經濟魚類，故爲漁民厭惡。肉味不佳，卵巢有劇毒。

圖 6-38　雀鱔（*Lepidosteus*）之一種，分佈北美五大
　　　　湖以南河川中（據 YOUNG）。

緋口羣 HALECOSTOMI

本羣原由 ARAMBOURG and BERTIN (1958) 及若干其他學者建議成立，以包括所謂全骨與眞骨類之間的轉變階段的魚類。派特森與羅申等則指自後期二叠紀出現的多數魚類，有的相當保守，到現在沒有多大改變。有的則演化爲現今形態歧異種類繁多的眞骨魚類。也有一些地位未定的化石種類。它們的共同特徵是：（1）具有中央髓棘，至少尾區具有；（2）主上頜骨自頰區游離，所以能活動，有上主上頜骨 (Supramaxilla)；（3）有間鰓蓋骨；（4）眼肌溝大形；（5）有大形之顳後窩；（6）間插骨 (Intercalar) 之膜狀部擴展至耳區表面；（7）方軛骨消失，或與方骨瘉合；（8）上鰓骨有鈎突。

本羣中最重要者是顯背魚科（SEMIONOTIDAE，以前稱半椎魚科），就最早的 *Acentrophorus* 而言，本科乃是一些體被覆瓦狀骨鱗型硬鱗（多少成圓鱗狀）的小魚，其鰭條數與內部之鰭輻骨數相等；尾仍爲歪型，但軸葉退化爲單列鱗片，懸骨垂直；上頜骨之後端游離，不復爲頰部重要骨片之一，而由一系列眶下骨代替之。喉峽部有間鰓蓋骨，乃由最上方之鰓被架所形成，前上頜骨有齒。

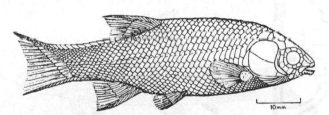

圖 6-39　上二叠紀之 *Acentrophorus*（據 MOY-THOMAS 轉載 GILL）。

本科種類龐雜，初見於後期二叠紀，在三叠紀及侏羅紀最爲興盛，至白堊紀已漸衰微，重要之屬尙有 *Lepidotes, Semionotus, Dapidium* 等。因各屬除均具小口外，彼此的特徵並不一致，所以其分類地位，學者間主張不一。有的把它與雀鱔科共同列於顯背魚首科 (SEMIONOTOIDEA) 或顯背魚目 (SEMIONO-TIFORMES)，有的則列入弓鰭魚目 (AMIIFORMES) 中。本科可能爲多系起源或側系起源(Paraphyletic) 的一個級羣，雖可確定其屬於緋口羣，其是否屬於以下之緋形亞羣則尙難以決定。

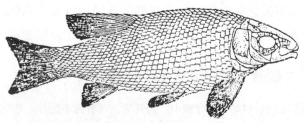

圖 6-40a　侏羅紀之 *Lepidotus*，原長約 1 呎。

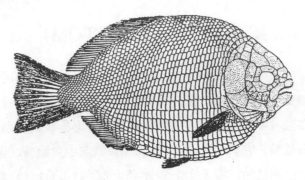

圖 6-40b 侏羅紀之 *Dapedius*，原長約 14 吋（據 WOODWARD）。

其次是巨背魚科（MACROSEMIIDAE），見於三疊紀中期至白堊紀上期，通常列於弓鰭魚目中，但其真正之地位尚待研究。少肋科（OLIGOPLEURIDAE）見於上侏羅紀至白堊紀，通常列於以下之叉鱗魚目中。其鱗薄，硬鱗質已退化，鱗片作覆瓦狀排列，多少成圓形。椎體環狀或兩凹型，一般均已硬骨化，無雙椎體，下頜無上隅骨，前關節骨及喙狀突。因為由其頭顱及尾骨之構造看來，尚難找出其與其他鯡口類或真骨類的密切關係，所以其分類地位亦未確定。

圖 6-41 巨背魚科之 *Ophiopsis*，長約 10 吋（據 WOODWARD）。

鯡形亞羣 HALECOMORPHI

本亞羣是鯡口羣中的一個小支，其共同特徵是：（1）每一尾下支骨（Hypural）與一個尾椎椎體相癒合（第一尾下骨除外），並且各與一條鰭條相接；（2）只有一枚或二枚尾椎髓弧硬骨化而具有長髓棘；（3）皮蝶耳骨以其前腹緣與蝶耳骨相連接；（4）接續骨以膜骨性突出部與前鰓蓋骨相接，並且與下頜之喙狀突後面形成輔助關節，方軛骨消失；（5）無翼骨及翼耳骨；（6）最上方之鰓被架大形，後端截平；（7）有骺膜硬骨化之堅實椎體，尾部為雙椎體。

*准顯背魚科 PARASEMIONOTIDAE

下三疊紀之魚類，通常置於軟質類或全骨類中。因其除上咽骨齒不悉外，具有新鰭魚類的一切特徵，並且具有活動的主上頜骨與上主上頜骨，間鰓蓋骨，而無單獨的方軛骨，亦有小形的眼肌溝及顳後窩，所以應列於鯡口羣中。

　　學者們向來認為本科魚類是所謂全骨類的祖先，或為向着全骨類演化的轉變階段，由彼演化為衰尾魚 (Caturids)，進而為弓鰭魚 (Amiids)，有的甚至認為由彼經由叉鱗魚 (Pholidophorids) 而演化為眞骨魚類。由此看來，它們似乎與鯡形，及眞骨二亞羣都有密切關係。事實上本科魚類與叉鱗魚的頭顱構造固然不同，亦不具眞骨類的任何特徵（見下文）。在另一方面，它們沒有椎體而具有翼耳骨，其皮蝶耳骨不與顱頂固接，與鯡形類亦有異。只有其接續骨的後端形成圓形骨髁，接於方骨骨髁的側面，並且與關節骨的關節面的後側方相連，形成一種簡單的雙重領關節，堪與弓鰭魚相埒，所以其分類地位仍在未定之中。

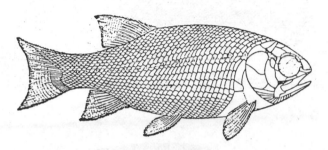

圖 6-42 顯背魚科之 *Parasemionotus*，長約 4 吋
（據 LEHMAN）。

弓鰭魚目 AMIIFORMES
=PROTOSPONDYLI

　　本目是模式的鯡形魚類，在中生代中期最為興盛，一直延續到現在。牠們具有短縮的歪形尾，但外表近於正型。體軀紡錘形，奇鰭之每一鰭條各有一支鰭骨。鱗片表面有硬鱗質層，但中央之層鱗質早已喪失而鱗片逐漸變薄。無噴水孔。主上領骨退化，後端與前鰓蓋骨分離；眼窩下緣及後緣有一系列大形骨片。

　　本目之重要化石種類除了三叠紀的 *Ospia*，三叠紀至白堊紀的 *Caturus*，上侏儸紀的 *Liodesmus* 等屬之外，尚有我國山東下白堊紀的中國弓鰭魚科 (Sinamiidae)。現生者只有弓鰭魚科 (Amiidae) 一種，卽殘存於北美之弓鰭魚 (*Amia calva*)。其鰾（肺）在體腔背側，二室，有管通於咽頭，鰾壁泡狀，足證其尚有呼吸空氣之功能。腸中留有螺旋瓣之遺跡。小形動脈錐而外，另有一大形動脈球。二下領枝中間有大形之中央喉板。有鰓蓋骨、下鰓蓋骨及間鰓蓋骨，鰓被架 10～13 條，發育完善，惟無幽門囊，下領仍由多數骨片構成。鱗片薄而圓，表面之硬鱗層已消失。各鰭無棘狀鱗（化石種類之背鰭、臀鰭之前緣及尾鰭之背側有棘狀鱗），髓顱之硬骨化中心減少，脊椎為雙凹型，無肌間骨。上下領有大形圓錐狀齒，鋤骨，夾板骨，外翼骨上有細齒。弓鰭魚分佈美國東部、中南部之淡水沼澤中，長達 90 公分，肉多水而味劣，但却具研究價值，有活化石之稱。

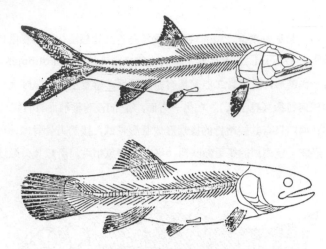

圖 6-43　化石弓鰭魚類二例。上，*Caturus*；下，*Amiopsis*；
　　　　　長約 5 呎（據 WOODWARD）。

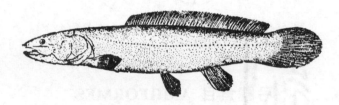

圖 6-44　弓鰭魚（*Amia calva*），北美淡水魚類（據
　　　　　ROMER）。

眞骨亞羣 TELEOSTEI

　　眞骨魚類是現今魚類中演化最成功的一羣，所以種類之多，佔有全部魚類（包括無頜類、軟骨魚類及硬骨魚類）的絕大部分。據估計至少在 20,000 種以上（梅耶在 1970 年對現生魚類的估計是無頜類約 50 種，軟骨魚類約 515～555 種，硬骨魚類 19,135～20,980 種）。加上化石種類當不下 40,000 種。牠們的大小、形態雖差別極著，却有以下之共同特徵，卽：(1) 尾椎髓弧變形爲尾椎髓棘（Uroneurals）；(2) 前上頜骨二片，能活動；(3) 主上頜骨分爲側方着生牙齒之活動部分，與中央之皮篩骨，後者併入篩骨區，篩骨由中央之上篩骨與前眼肌溝骨（Myodome bone）構成；(4) 間插骨與前耳骨形成一橫過顬下窩之支柱；(5) 眼肌溝延伸至基枕骨；(6) 鋤骨不成對；(7) 方軛骨與方骨癒合爲一後背突，接續骨釘子狀，末端在方骨內面之骨溝中；(8) 有不成對之基鰓骨齒板；(9) 椎體爲半索椎體（Hemichord-acentra）；(10) 軀幹部之髓弧延伸爲髓弧突出構造（Epineurals）。

　　本亞羣中除了如 *Caterveriolus, Ceramurus, Galkiria, Ligulella, Majokia, Paleolabrus,*

Pachythrissops, Ascalobos, Pleuropholidae, Paracentrophoridae, Promecosominidae, Cros-sognathidae 等化石科屬之分類地位尚未確定外，已建立者有以下各類。

（一）化石眞骨魚類

*厚莖目 PACHYCORMIFORMES

本目爲一羣單系起源之中生代眞骨魚類，吻部多少延長，由中篩骨構成，有大形之前篩骨以及上枕骨。此外，亦有眶蝶骨及間插骨，頂骨不成對。胸鰭巨大，鐮刀形；腹鰭退化或消失；尾鰭高度特化，下葉由單一之扁平脈弧支持之。椎體半環狀。本目因其前上頜骨分爲活動的兩側部分，以及與吻部癒合的中央部分，其接續骨之後端接於方骨之內側，有尾椎髓棘，故屬於眞骨魚類而與下述之叉鱗魚目相近。除厚莖魚（*Pachycormus*）之外，尚有原斧魚（*Protosphyraena*）、高莖魚（*Hypsocormus*）等。

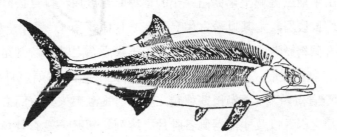

圖 6-45　高莖魚（*Hypsocormus*），長約 5 呎（據 WOODWARD）。

*劍鼻目 ASPIDORHYNCHIFORMES
＝盾吻目

本目只包括 *Aspidorhynchus, Belonostomus* 等少數特化之化石魚類，首見於歐洲中期侏羅紀，不過由後期的記錄看來，牠們可能是白堊紀時期全球到處可見的暖海魚類。其體軀紡錘形，長約一公尺，有劍狀之長吻以及外表對稱之尾鰭。體被硬鱗，沿兩側之鱗片垂直徑較長。各鰭小形，棘狀鱗退化或缺如，背鰭、臀鰭相對，後位、腹鰭接近臀鰭，而去胸鰭較遠。下頜先端有單一之前齒骨（Predentary）；鼻孔接近眼之前緣。鰓蓋諸骨完全，下頜構造複雜，在眼之後緣下方稍後處與頭顱相接。鰓被架多數。椎體索椎型，作環狀硬骨化，或爲半椎體；但無尾椎椎體，尾椎髓弧延長爲小形之尾椎髓棘，向前不達尾前椎體。特別者是頭顱有小形之上枕骨，大形之前鰓蓋骨，在眼後有單列骨板掩蓋頰區，下頜骨上有密集之尖銳牙齒。

本目之類緣關係尚未完全明瞭， 以前認爲係由較早之蜥魚科（Saurichthyidae）演化而來，其實二者頰部之構造差別甚大。現今部分學者認爲牠們可能與後述之叉鱗魚目關係較近。依本目魚類之體形、吻長，各鰭之位置看來，與現生眞骨魚類中之文鰩魚亞目（EXOCOET-OIDEI） 很相似，牠們都是在開濶水域中， 快速游泳， 以長吻在水面掠捕食餌的肉食魚類。

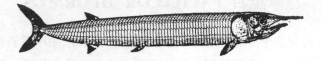

圖 6-46　劍鼻目之 *Aspidorhynchus*（據 ROMER 轉載 ASSMANN）。

*叉鱗魚目 PHOLIDOPHORIFORMES

本目包括一些由中期三叠紀至早期白堊紀的低等眞骨魚類，首見於歐洲，以後在各地之淡水及海水沉積中均曾發現，尤其以沿古代泰澤海（Tethys sea）沿岸一帶最常發現。 牠們雖然是側系起源的一個轉變階段的類羣，仍保有若干較原始之特徵，却是與現生眞骨魚類最爲接近的化石魚類。 體紡錘形， 其鱗片、頭骨、鰭條之形態， 各鰭之棘狀鱗， 尾鰭之構造等， 均似於所謂 “全骨魚類”。 不過後期種類之膜骨已逐漸喪失其表面之硬鱗質，鱗片變薄而成爲圓鱗，而髓顱之構造以及頭部兩側各骨片之排列，却與一般眞骨魚類無大差異，尤其是前鰓蓋骨的形狀，以及其與眶後諸骨的關係，與舌領骨以及其他鰓蓋骨片的關係，並且具有上枕骨。其頭顱的形態很像同一時期的薄鱗魚（*Leptolepis*）。 椎體環狀或兩凹型； 肋骨小形， 有的具有上肌間骨； 前上領骨在吻端，能活動，主上領骨附有二塊上主上領骨；下領無前關節骨及喙狀突。尾骨有尾椎髓棘（或不甚發達）。由其體形、口形、口之構造，以及纖弱的牙齒看來，叉鱗魚可能是在開濶水域中活潑游泳，而以浮游生物爲食，不過也有口大而齒強的掠食性種類。

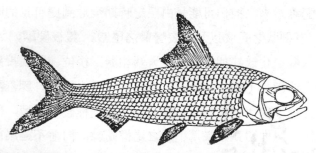

圖 6-47　叉鱗魚目之 *Pholidophorus*（據 ROMER 轉載 WOODWARD）。

本目包含 *Pholidophorus, Eurycormus* 等屬。有的將 ICHTHYOKENTEMIDAE 科列入本目。不過據派特森 (1973) 以及派特森與羅申 (1977) 的意見，後者較爲原始，與本目之差別頗著，應列爲獨立之類羣。

*薄鱗魚目 LEPTOLEPIFORMES

本目亦爲首見於歐洲之小形低等眞骨魚類，其大小、體形、鱗之位置、頭部及頜部之構造等，均與上述之叉鱗魚相似，故可能由彼演化而來，或二者源自一共同祖先而作平行演化。不同者只是薄鱗魚的中軸骨骼硬骨化較深，上翹的尾鰭有一列成對的尾椎髓棘支持之，前方二尾下骨與單一椎體相連接，因此其運動能力可能較強。其次是體被圓鱗，不具硬鱗質層；前鰓蓋骨之上部細長，與下方之舌頜骨密切接合，以供頜肌附着。總之，由其頰部諸骨，懸骨、腭部的相互關係看來，本目魚類已開始作顯著改變，向着高等眞骨魚類的更爲有效的攝食及呼吸機能演進。

本目魚類包括 *Pholidolepis, Proleptolepis, Leptolepis* 等屬，因彼此特徵並不一致，派特森與羅申 (1977) 將它們列於不同之目中。

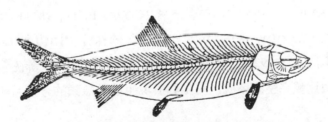

圖 6-48　侏羅紀之 *Leptolepis*，原長約 9 吋（據 ROMER 轉載 WOODWARD）。

*魚啖目 ICHTHYODECTIFORMES

本目包括自中生代後期至新生代早期的種類繁多的小形低等眞骨魚類，以前置於鯡目 (CLUPEIFORMES) 中，近經派特森與羅申 (1977) 的詳細研究，認爲係單系起源，宜另立爲獨立之一目。其主要特徵是嗅囊基底有一對篩腭骨，與腭骨相連接；尾椎髓棘 6 或 7 枚，前 3 枚或 4 枚向前下方伸展，把第一、第二、或第三尾前椎體的側面完全掩蓋；上下頜齒單列；烏喙骨在腹面擴大，在腹面中央線上與對側之烏喙骨相縫合；臀鰭長，鐮刀形；背鰭短而與臀鰭不相對。本目分爲異刺 (Allothrissopidae)，魚啖 (Ichthyodectidae)，蜥齒 (Saurodontidae) 等科，其地位或介於薄鱗魚與現生鯡類之間。另有 TSELFATOIDEI 亞目，其分類地位未定（包括白堊紀之 *Tselfatia, Protobrama, Plethodus* 等屬）。

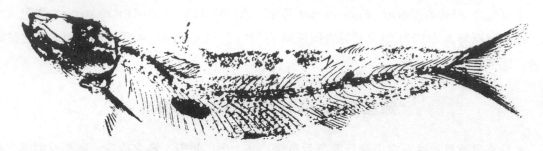

圖 6-49 *Allothrisops* 之放射線照相正片（據 PATTERSON & ROSEN）。

（二）現生眞骨魚類的演化與分類系統

由於現生眞骨魚類種類繁多，形態複雜，其分類系統乃成爲一世紀來聚訟不已而迄無定論的最大爭議。在 1960 年以前，卽從密拉 (J. MÜLLER, 1844) 到裵格 (L. S. BERG, 1941) 的分類方法上的變遷，大家不妨去參考松原喜代松的魚類の形態と檢索（第一卷，1971，第二版，1～59 頁），以節省篇幅。裵格在現生及化石魚類之分類 (Classification of Fishes, both Recent and Fossils, 1941) 一書中所發表的分類系統，有承先啓後的作用，因爲在他以前諸如貢塞 (GÜNTHER, A. 1859-1870)，考普 (COPE, E. D., 1871)，齊爾 (GILL, T. N., 1872-1893)，吳德華 (WOODWARD, A. S., 1901)，鮑林吉 (BOULENGER, G. A., 1904)，萊根 (REGAN, C. T., 1903-1929)，喬丹 (JORDAN, D. S., 1923) 等先輩學者的意見，他都加以整理而成爲一個比較完整的系統，可是對於現生眞骨魚類的分類系統，仍襲舊說，絕少創見。

因爲在 1940 年以前，學者們總以爲眞骨魚類是單系演化的一羣(Monophyletic group)。換言之，牠們是從中生代中唯一的 "全骨魚" 祖先所綿延下來的。這種見解最先由吳德華 (1942) 提出異議，他說眞骨魚類並非單系演化，牠們可以分爲幾個不同的族類，分別從中生代時期不同的全骨魚祖先演化而成。有的古魚類學家則如上文所述，認爲 "全骨魚類" 代表一個過渡時期，在演化中，由古生代後期或中生代早期的古鱈類後裔的不同分支，分別演化爲眞骨魚類的各主要類別。以後裴汀 (BERTIN, L.) 和亞倫堡 (ARAMBOURG, C., 1958) 就正式提出眞骨魚類的多系演化學說 (Teleostean polyphyletism)。所惜者亞倫堡對於化石種類雖有豐富的知識，對於現生種類的瞭解仍嫌不夠，所以現代學者並不同意他的多系演化說。可是合理的眞骨魚類的分類系統也沒有建立起來。

要建立某一動物族類的分類系統，完全符合於該部類的種族演化史，對化石種類和現生種類都必須有豐富的資料，特別是前者。在脊椎動物中，爬蟲綱和哺乳綱的分類較爲合理而安定，就是因爲這兩綱的化石發現較多。眞骨魚類的情形，恰好與此相反，雖然由於採集方法的改進，現生種類的發現年有增加，但是化石種類却極不完整。儘管如此，眞骨魚類分類的舊觀念已發生極大的動搖。

　　例如等椎魚目 (ISOSPONDYLII or CLUPEIFORMES) 從來認爲是眞骨魚類中最原始的一目，但是梅耶 (MYERS, G. S.) 早就認爲牠們是多系演化的一羣。鱸形目 (PERCIFORMES) 由羅申 (ROSEN, D. E., 1964) 等的研究重新劃分，並且提出牠和鮭類 (Salmonoids) 的親緣關係。骨鰾類 (Ostariophysan fishes) 在近代學者們認爲是歷史較久的一羣，在中生代已經出現。

　　基於眞骨魚類的分類系統上許多舊觀念的修正，盧默 (A. S. ROMER) 於 1966 年在其當代巨著脊椎動物古生物學 (Vertebrate paleontology) 第三版中， 把現生魚類分爲九個首目， 其系統關係如圖 6-50 所示。同年中格陵伍 (P. H. GREENWOOD)，羅申，韋玆曼 (S. H. WEITZMAN) 和梅耶四位魚類分類學家發表了一篇重要的論文 (Phyletic studies of Teleostean fishes, with a provisional Classification of Living forms, Bull. Amer. Mus. N. H. Vol. 131, Art. 4)， 引起學者們熱烈反應。隨後奈爾遜 (NELSON, G. J.) 又有好幾篇論文闡釋眞骨魚類的起源，申論眞骨魚類中各目的演化與分類的論文更是如雨後春筍，難以一一列舉。最重要的就是爲了崇敬兩位非常傑出的當代瑞典脊椎動物學家而於1972年6月

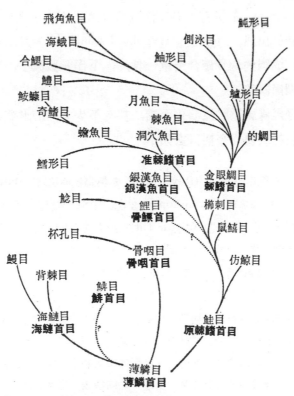

圖 6-50　眞骨魚類的演化 “系統樹”（據 ROMER）。

在英國舉行的魚類相互關係研討會，與會者提出的論文於次年由林奈學會（Linnean Society of London）彙集出版，題名 "Interrelationships of Fishes"。該書包括討論頜口魚類各主要類別間的相互關係的論文計十五篇，其中關於眞骨魚類者有六篇。這些魚類專家所採用的分析及比較方法，因爲受到海尼格（HENNIG, W.）的枝歧分類方法的影響，與傳統的個別描述的方法顯然不同。其後，派特森與羅申（1977）的一篇專論中生代眞骨魚類分類的論文，亦兼及現生主要類別的分類系統的析述。總之，眞骨魚類的分類，現今已完全脫離以往的窠臼，依系統分類的方式表現其類緣關係。本書將儘可能根據已發表的新的主張，把現生的眞骨魚類重新分類，並把所有我們已經知道的臺灣眞骨魚類，納入新的分類系統中。

如云現生眞骨魚類係由歐洲三叠紀中期的叉鱗魚類衍生而來，與薄鱗魚類相較，二者並無極端的差異（尾鰭之內骨骼有別），後者可能經由好幾個叉鱗魚類的祖系演化而成。在侏羅紀時期眞骨魚類已相當普遍，現生的海鰱、鯡、骨舌等目已經出現；至白堊紀時期，眞骨魚類成爆發性輻射演化，至少有十五個目已演化成功。從上白堊紀開始，眞骨魚類卽成爲各種水域中的脊椎動物霸主，無論在種數，個體數，或對生態環境的適應力方面，均佔優勢。現生魚類中有96%屬於眞骨魚類，分爲 31 目，415 科，3,869 屬。

由叉鱗魚類轉變爲薄鱗魚類，主要包括尾鰭的內骨骼中出現成對的尾椎髓棘（Uroneurals），同型尾（Homocercal）的發育，有二條或多條最下方的尾下骨（Hypural bone）與單一椎體相連接，肌間骨的出現，下舌骨（Hypohyal bone）由一片增爲二對，鱗片變薄，表面的硬鱗質逐漸喪失，成對的鋤骨癒合爲單一骨片，下頜骨數減少，脊椎的硬骨化加深，泳鰾由呼吸器變爲水壓調節器等。

眞骨魚類雖然由好幾條祖系路徑演化而成，却有不少共同的形態特徵。並且隨着演化，這些特徵呈現相當一致的改變。概括言之如下:

　　1. 最低等的種類，各鰭完全由軟條（Rays）構成，常稱爲軟鰭魚類（Malacopterygii）；高等種類的鰭兼具軟條與硬棘，故常稱棘鰭魚類（Acanthopterygii）。前者通常只有一個背鰭，在背面中央或中點之後，有的或在尾柄處另有一肉質 "脂鰭"（Adipose fin）；後者之背鰭一枚或多枚，通常其位置偏前。

　　2. 低等種類之胸鰭位置較低，基部向後下方傾斜，有的近於水平，活動性受到限制；胸帶中有中烏喙骨（Mesocoracoid）；高等種類的胸鰭高位，基部近於垂直，運動較靈活，胸帶中無中烏喙骨。

　　3. 低等種類之腹鰭在腹部中央或偏後，稱爲腹位，腰帶不與其他骨片固接，而埋於體壁肌肉中。高等種類之腹鰭在胸部，胸鰭下方或更前，稱爲胸位或喉位，腰帶接於胸帶之下部。少數種類之腹鰭爲次腹位或次胸位，爲中間階段。喉位通常被認爲是進步的特徵。低等種類之腹鰭鰭條數多，高等種類鰭條數減少，一般鱸形魚類之腹鰭爲一棘五軟條。部分特化種類的腹鰭鰭條數或更少，甚至完全喪失。

　　4. 低等種類的上頜外緣是由前上頜骨與主上頜骨共同構成，二者或均具牙齒，前上頜骨不能伸出。高等種類的上頜外緣完全由前上頜骨形成，主上頜骨在前上頜骨的背方，不具牙齒，不爲口裂骨片之一，其前上頜骨沿着頭顱的前部有長升突，故上頜能伸出。

　　5. 低等種類之泳鰾有氣道與食管相通，爲通鰾型 (Physostomous)。高等種類之氣道已消失或閉塞，稱鎖鰾型 (Physoclistous)。前者通常有具體之胰臟，而後者的胰臟往往與肝臟合而爲一，不能淸分。

　　6. 多數低等種類有眶蝶骨 (Orbitosphenoid)，形成眶間隔的主要部分。而多數中間性及高等種類沒有眶蝶骨。前者通常具圓鱗；後者一般爲櫛鱗。

　　以上所舉形態特徵的演化趨向，在分類上殊有助於基本類別的鑑定。但各類別之間的演化關係却無以窺見，這也是目前尙無法由現有之證據來探索眞骨魚類的眞正系統演化關係的困難所在，有待發掘更多的證據以及更廣泛的硏究，來完成此項魚類分類學上的艱鉅工作。

　　至於到目前爲止，吾人對於眞骨魚類的系統演化的瞭解到底如何，因學者們主張不一，看法歧異，尙難一言論斷。不過採用格陵伍等四位的基本主張者似乎佔多數。他們重視眞骨魚類彼此間的 "垂直" 關係，把現生的眞骨魚類分爲三支，每一支包括若干原始或低等種類（以後修正爲四羣，還有其他若干修正）。另外如奈爾遜 (NELSON, G. J., 1969) 則分爲九個主要類羣（目），成單系演化，如圖 6-51 所示。高斯林 (GOSLINE, W. Λ., 1971) 的觀點是把眞骨魚類的演化分爲三個階層（"水平" 分類法），他以 "低等眞骨魚類" 來包括格陵伍等所謂骨咽類 (OSTEOGLOSSOMORPHA, ＝古闊部 ARCHAEOPHYLACES)，海鰱類 (ELOPOMORPHA, ＝狹首部 TAENIOPAEDIA)，以及准棘鰭類 (PARACANTHOPTERYGII)，以 "中等眞骨魚類" 來包括較進步而尙未到達鱸形類水平之魚類，大致從准棘鰭目到棘魚目

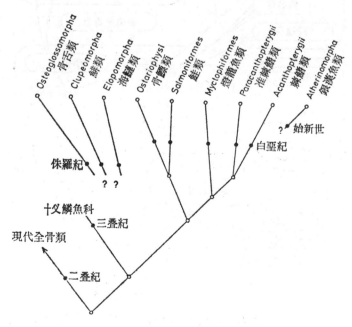

圖 6-51　NELSON (1969) 的現生眞骨魚類主要類羣之演化關係圖解。

(GASTEROSTEIFORMES)，以 "高等眞骨魚類" 來包括合鰓目 (SYNBRANCHIFORMES) 以上各目，其腹鰭鰭條不超過 5 枚。另外還有其他主張，不克一一列舉。

（三）格陵伍等的現生眞骨魚類分類系統

眞骨魚類從叉鱗魚類衍生而演進，據格陵伍等四位原來的主張可分爲三部（圖 6-52）：第一部包括海鰱 (Tenpounder)，鰻 (Ells)，鯡 (Herrings) 之類，這可能是侏羅紀時代最原始的眞骨魚類（鯡類現已分出爲獨立之一部）。第二部包括骨咽魚 (*Osteoglossum*)，駝背魚 (*Notopterus*) 之類，牠們出現的時期較遲，化石初見於始新世的淡水地層。第三部包括所有上述兩部以外的一切眞骨魚類，從最原始的鮭魚 (Salmons) 到一般所謂骨鰾類 (OSTARIO-PHYSI) 和棘鰭類 (ACANTHOPTERYGII)。現在把這三支的重要特徵略述於後：

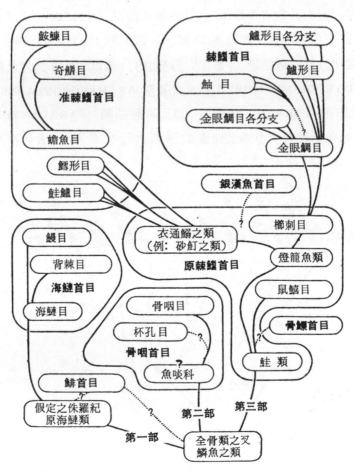

圖 6-52　格陵伍等 (1966) 之眞骨魚類主要類羣之演化關係圖解。
試與圖 6-50 ROMER 的 "系統樹" 相比較。

第一支（以下改稱**狹首部**）：（第一，二支均近似於全骨類，保持比較原始的若干特徵）。

1. 其短、寬、而呈弧狀的上頜骨附有大形而能動的上主上頜骨 (Supramaxillae)，齒骨及關節骨上有高出的喙狀突 (Coronoid process)，尤以身體側扁之海生種類最顯著。

2. 上頜齒極少露出於口裂外。

3. 副蝶骨 (Parasphenoid) 及翼骨 (Pterygoid) 均有齒。

4. 顱基骨 (Basicranium) 之骨質內部有若干腦神經 (V, Ⅶ) 與主要血管之通道。

5. 肌間骨 (Intermuscular bones) 發育完善。

6. 如有尾鰭，在 1～4 個尾椎體下方有尾下支骨 (Hypural supports)。

7. 鰾有氣道。

8. 具耳鰾間聯絡 (Otophysic connection)，但並無骨片間插其間。

9. 頭部側線系統有一篩區聯絡線 (Ethmoid commissure)。

10. 前鰓蓋及眶下頭部側線溝 (Preopercular and infraorbital cephalic lateral line canals) 彼此相連，因而形成一側隱窩 (Recessus lateralis)。

11. 有狹首型幼魚 (Leptocephalous larva)。

本部只包含**海鰱首目** (ELOPOMORPHA)，其他重要特徵為:

1. 主要為形態不一之海生魚類，現生種類大都成鰻魚形。

2. 非鰻魚形種類具喉板。

3. 鰓被架多數。

4. 中烏喙骨只見於非鰻魚形種類。

5. 尾下支骨如有，存在於 3 個或 3 個以上之尾椎體下方。

6. 側線系統之篩區連絡線，或改變為其他狀態。

鯡頭部 CLUPEOCEPHALA：（格陵伍等原來列為地位未定之一支，以後修正為獨立之一部）。

1. 體側扁而體色銀白之魚類，大都為海生，鱗片易脫落。

2. 鰓被架多者達 15 條，通常少於此數。

3. 泳鰾之顱間小室在聽囊內形成泡狀小囊。

4. 中烏喙弧存在。

5. 在 1～3 個尾椎體下方有尾下支骨。

6. 頭部側線溝延伸至鰓蓋上；軀幹部一般無側線孔。

7. 有側隱窩。

本部只含**鯡形首目** (CLUPEOMORPHA)，其中只含鯡目 (CLUPEIFORMES) 一目。

第二支（以下改稱**古鬣部**）：（除保持懸器及胸帶之若干原始特徵外，並已具有複雜的裝飾鱗片）。

1. 前上頜骨 (Premaxillae) 癒合為單一骨片。

2. 主上頜骨簡單有齒（盃孔目之上頜骨無齒），為構成口裂上緣之主要骨片（偶有例外）。

3. 副蝶骨、舌三叉骨 (Glossohyal)、以及翼骨 (Pterygoid) 上均有齒。

4. 腭翼弧 (Palatopterygoid arch) 之各骨片彼此癒合（盃孔目之腭骨與鋤骨癒合）。

5. 在第二下鰓節 (Hypobranchial) 或第二下鰓節與基鰓節 (Basibranchial) 上有成對之腱骨（在 *Hiodon* 非鈣質化）。

6. 許多種類之前耳骨 (Prootic) 內已喪失其第 V、VII 對腦神經以及部分主要血管之複雜通道。

7. 在本部中有兩個族系的尾鰭萎縮，因之不與其背鰭、臀鰭相連接。

8. 若丁屬具有顯著的尾鰭，但支持尾鰭之骨片與其他各部不同，其尾下支骨的數目減少，除 *Hiodon*（有三個尾椎椎體具有全副之尾下支骨）外，均僅二個半尾椎椎體具有之。

9. 下鰓蓋骨退化或消失。

10. 僅有上肌間骨 (Upper intermuscular bones)。

11. 有發育完善之氣道。

12. 除骨咽類 (OSTEOGLOSSOIDEI) 無耳鰾間聯絡外，所有各類不論幼體或成體，其耳鰾間聯絡均無骨片間插其間。

13. 有明顯之前鰓蓋與眶下感覺溝 (Preopercular and infraorbital canals)，*Pantodon* 則另有一上前鰓蓋骨 (Suprapreopercular bone)。

14. 其中有一目具有體壁發電器 (Somatic electric organs)。

第三支（以下改稱正真骨部）：

本支除一小部分與全骨類有親緣關係外，餘均為顯著的真骨類，大多數真骨魚類屬於本支。

1. 本支魚類的體軀重心降低，並與浮力中心 (Center of buoyancy) 接近。

2. 有一大形活動之前上頜骨，往往部分或全部替代了構成口裂前緣之主上頜骨。

3. 上頜齒及有功用之上主上頜骨均已消失。

4. 副蝶骨齒及翼骨齒缺如。

5. 有下咽骨 (Os pharyngeus inferior)，與上咽骨 (Os pharyngeus superior)，以及連於第三至第六脊椎之鰓弧縮肌 (mm. retractores arcua branchialia)。

6. 在顱基骨 (Basicranium) 中有一名為三叉顏面神經腔 (Trigeminofacialis chamber) 之總通道，以容第 V、VII 腦神經以及眶動脈 (Orbital artery) 與頭靜脈 (Head vein) 通過。

7. 眶上骨 (Supraorbital bone) 缺如，眶下骨 (Suborbital bone) 亦比較的縮小。

8. 頭骨背面（所謂背顱 Dorsicranium）由鱗片變成之骨片數減少。

9. 部分顳窩雖已消失或縮小，但後顳窩 (Posttemporal fossae) 却擴大且失去其頂壁。

10. 軸上肌系 (Epaxial muscles) 覆於背顱後部。

11. 胸鰭基底上移至身體兩側。

12. 腰帶向前移而與胸帶連接。

13. 胸鰭鰭輻骨之數目減少。

14. 脊椎數，腹鰭及尾鰭鰭條數均減少。

15. 肌間骨減少。

16. 僅在最後半個尾椎有一片尾下支骨。

17. 尾鰭形狀有種種不同的特化。

18. 少數原始種類具有脂鰭。

19. 多數種類各鰭有硬棘，並具櫛鱗。

20. 耳鰾間聯絡有骨片介於其間。

21. 氣道消失。

22. 有明顯之前鰓蓋溝及眶下溝，因此常具有上前鰓蓋骨。

23. 沿體側有由Ⅶ對腦神經派生之副側線枝 (Ramus lateralis accessorius)。

　　至於眞骨魚類各支或部之間的類緣關係與分類系統到底如何，據派特森與羅申 (1977) 的進一步研究，認爲應排列如下：

新鰭下綱 NEOPTERYGII

　轉接羣 GINGLYMODI

　鯡口羣 HALECOSTOMI

　　鯡形亞羣 HALECOMORPHI

　　眞骨亞羣 TELEOSTEI　尾椎髓弧延長爲尾椎髓棘；有不成對之基鰓節齒板；有活動之前上頜骨。

　　　骨咽首組 OSTEOGLOSSOMORPHA　尾鰭主要鰭條 18 枚；第一尾前椎體有一完全之髓棘；有一大形後下方之眶下骨，代表其他眞骨魚類的第三與第四眶下骨；消化管盤曲，因此腸通過胃之左側。

　　　鱭頭首組 ELOPOCEPHALA　基本上只有二枚尾椎髓棘向前延伸而超越第二尾椎體；上肋肌間骨 (Epipleural intermuscular bones) 發達。

　　　海鱭組 ELOPOMORPHA　有狹首型幼魚期；隅骨與後關節骨癒合；有吻骨及前鼻骨；在第一尾前椎體與第一尾椎體的上方有一複合之軟骨性髓弧。

　　　鯡頭組 CLUPEOCEPHALA　隅骨與關節骨癒合，後關節骨不成爲與方骨之間的關節面的一部分；齒板與前方三咽鰓節及第五角鰓節相癒合；第一尾椎體上的髓弧退化或缺如；在第一尾椎髓棘前背緣，有一前向之膜質突出部；尾下支骨 6 枚。

　　　鯡亞組 CLUPEOMORPHA　第二尾下支骨發育之任何時期均與第一尾椎體相癒合；第一尾下支骨之內端游離；原始種類有上顳骨感覺溝聯絡枝，通過頂骨及上枕骨；耳鰾間聯絡靠泳鰾之一部分，穿過外枕骨而伸達腦室側壁之前耳骨內。

　　　正眞骨亞組 EUTELEOSTEI　原始種類具脂鰭；通常具生殖疣突及觸器 (Contact organs)；尾部之髓弧與髓棘具有覆尾骨 (Stegural)，或有發育爲薄骨突起之傾向 (此三項特徵均非絕對)。

　　由上表可知，派特森與羅申 (1977) 認爲鯡類與正眞骨類爲單系起源的兄弟輩，二者的共

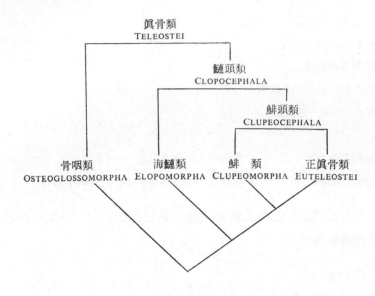

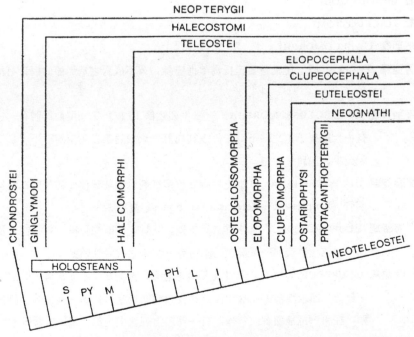

圖 6-53　上，<u>派特森和羅申</u>所提出的眞骨魚類分歧關係圖。下，
<u>奈爾遜</u>所提最新的高等條鰭魚類分歧關係圖，圖中的化
石種類 S—顯背魚目 Semionotiformes；PY—硬齒目
Pycnodontiformes；M—巨背魚目 Macrosemiiformes；
A—劍鼻目 Aspidorhynchiformes；　PM—叉鱗魚目
Pholidophoriformes；　L—薄鱗魚目 Leptolepidifor-
mes；I—魚唻目 Ichthyodectiformes（多數化石種類
之分類地位未定）。

同祖先是鯡頭類，骨咽類與海鰱類亦各為單系起源的魚類，骨咽類很可能是海鰱類，鯡類，以及正骨類的共同故親，海鰱類又為鯡類與正真骨類的共同故親，其相互關係如以以下之分歧圖 (Cladogram) 所示（圖 6-53 上）。

　　不過據羅申等 (1981) 和派特森 (1982) 的最新研究，認為多鰭魚類 (Polypteriforms) 應為以後其他條鰭魚類的原始兄弟輩，他們以條鰭魚類 (Actinopterygii) 來包括多鰭魚類和其他高等分類階段，以 Actinopteri 來包括軟質類和新鰭類。奈爾遜 (NELSON, J. S., 1984) 對高等條鰭魚類的分歧關係如圖 6-53 下所示。

　　至於各部或組中所含各首目及目的分類，為方便計，現仍依格陵伍等之四部，以檢索表表示如下（以下之分類系統亦大致依格陵伍等）：

古鬮部 ARCHAEOPHALACES: 本部只含一首目，即骨咽首目，其所含各目及亞目之檢索表如下：

1a. 前上頜骨合，僅最後兩個半尾椎椎體（*Hiodon* 有三個）有少數之尾下支骨，具側線，有發育完善之氣道（**骨咽首目 OSTEOGLOSSOMORPHA**）

　　2a. 小腦發育正常；無發電器；鋤骨有齒或無齒⋯⋯⋯⋯⋯⋯⋯⋯⋯⋯⋯⋯**骨咽目 OSTEOGLOSSIFORMES**

　　　　3a. 被小圓鱗，頭部被鱗；體軀腹緣有兩列稜鱗（呈兩對鋸齒狀）；下頜無鬚⋯⋯⋯⋯⋯⋯⋯⋯⋯⋯⋯⋯⋯⋯⋯⋯⋯⋯⋯⋯⋯⋯⋯⋯⋯⋯⋯⋯⋯**駝背魚亞目 NOTOPTEROIDEI**

　　　　3b. 被大圓鱗，但頭部裸出；體軀腹緣無稜鱗；下頜白鬚對⋯⋯**骨咽亞目 OSTEOGLOSSOIDEI**

　　2b. 小腦異常發達（往往誤認為大腦）；有由尾肌變成之發電器；主上頜骨、腭骨及鋤骨均無齒；被小圓鱗，但頭部裸出⋯⋯⋯⋯⋯⋯⋯⋯⋯⋯⋯⋯⋯⋯⋯⋯⋯**盃孔目 MORMYRIFORMES**

狹首部 TAEIOPAEDIA: 本部只含一首目，即海鰱首目，其所含各目之檢索表如下：

1a. 如具鰾，有終生存在之氣道與腸相通；如具腹鰭，腹位或次腹位；體裸出，或具圓鱗。

　　2a. 有狹首型幼蟲，前方脊椎不變形為魏勃氏器 (Weberian apparatus)。

　　　　3a. 體不為鰻魚狀，被圓鱗；腹側無稜鱗，頭部無鱗片，側線存在；背鰭在體之中部，不偏後，喉板或有或無⋯⋯⋯⋯⋯⋯⋯⋯⋯⋯⋯⋯⋯⋯⋯⋯⋯⋯⋯**海鰱目 ELOPIFORMES**

　　　　3b. 體鰻魚狀，裸出，或有細鱗埋在皮下；概無腹鰭⋯⋯⋯⋯⋯⋯⋯**鰻目 ANGUILLIFORMES**

1b. 如具鰾，成長後概無氣道與腸相通；如具腹鰭，腹位或次腹位，鰭條 5 枚以上；無狹首型幼蟲，無魏勃氏器；深海產，鰻魚狀，被圓鱗，或具發光器⋯⋯⋯⋯⋯⋯**背棘目 NOTACANTHIFORMES**

鯡頭部 CLUPEOCEPHALA: 本部只含**鯡目** (CLUPEIFORMES) 一目，其所含二亞目之檢索表如下：

1a. 顱頂諸骨密生小皮齒；前鰓蓋骨有強棘；無上主上頜骨；尾鰭主要鰭條 16 枚⋯⋯⋯⋯⋯⋯⋯⋯⋯⋯⋯⋯⋯⋯⋯⋯⋯⋯**齒鯡亞目 DENTICIPITOIDEI**（僅見於非洲）

1b. 顱頂諸骨無齒；鰓蓋諸骨無強棘；尾鰭主要鰭條通常少於 15 枚⋯⋯⋯⋯⋯⋯**鯡亞目 CLUPEOIDEI**

正真骨部 EUTELEOSTEI: 本部據格陵伍等 (1966) 共分為五首目，因各首目之特徵不易作明確之劃分，茲先將其主要特徵列表如下：

原棘鰭首目 PROTACANTHOPTERYGII	骨鰾首目 OSTARIOPHYSI	燈籠魚首目 SCOPELOMORPHA	准棘鰭首目 PARACANTHOPTERYGII	棘鰭首目 ACANTHOPTERYGII
1. 大部爲身體細長之掠食性魚類，很多爲淡水產，海產種類有具發光器者。	1. 多數淡水產，無具發光器者。	1. 全部爲海產，近岸或深海中形小形魚類，海中多具發光器者。	1. 深海產，亦有在淺海而夜出覓食者，但通常無發光器。	1. 主要爲沿岸或深海遠洋性魚類，發光器極少見。
2. 腹鰭腹位，偶有前移之傾向（鰭條6條以上）。	2. 腹鰭腹位。	2. 腹鰭腹位，或胸位，鰭條6～13，多數8或9。	2. 腹鰭胸位，喉位，或頤位（鰭條可能多至17）。	2. 腹鰭如存在，概爲胸位或喉位（通常爲1棘5軟條）。
3. 多數有脂鰭。	3. 多數種類有脂鰭。	3. 一般具脂鰭。	3. 少數具脂鰭。	3. 不具脂鰭。
4. 體被圓鱗或櫛鱗。	4. 鱗片如有時，多數爲圓鱗，偶或櫛鱗或被骨板（頭部無鱗）。	4. 具圓鱗或櫛鱗。	4. 有的具圓鱗或櫛鱗。	4. 通常具櫛鱗。
5. 鰓被架多數（偶或僅具2～3枚）。	5. 鰓被架3～5條（亦有多至15條者）。	5. 鰓被架6～26條。	5. 鰓被架一般有6枚以下，偶有7枚者。	5. 鰓被架1～26枚。
6. 胸鰭有時向體側上移。	6. 胸鰭有時向上移。	6. 胸鰭位置稍高。	6. 胸鰭位置稍高。	6. 胸鰭高位。
7. 上頜往往僅以前上頜骨構成，有時並有前上頜前緣。	7. 上頜往往僅以前上頜骨構成。	7. 現生種類之成體，上頜完全由前上頜骨構成，有的前上頜骨具升突及關節突。	7. 前上頜骨概有關節突（多數上頜側突）；上伸之前上頜突通常有軟骨與上頜骨成關節，或無之。	7. 有上升之前上頜突及關節突與側突。
8. 僅少數種類上頜能伸縮自如。	8. 若干種類上頜能伸縮自如。	8. 上頜能伸縮。	8. 上頜不能伸縮。	8. 若干種類上頜伸縮自如。
9. 部分代表種類有中烏喙骨。	9. 多數代表種類有中烏喙骨。	9. 無中烏喙骨。	9. 無中烏喙骨。	9. 無中烏喙骨。
10. 1～3尾椎椎體有尾下支骨。	10. 僅最後半個椎椎體有尾下支骨。	10. 僅最後半個椎椎體有尾下支骨。	10. 有二尾椎椎體各有一大形之尾之尾下支骨，有時二椎體合而爲一。	10. 通常僅一個尾椎椎體有尾下支骨，如二椎體有尾下支骨時，至少6枚。
11. 尾鰭通常有15枚以上之分枝鰭條。	11. 尾鰭主要鰭條19(18)枚，少者僅10枚。	11. 尾鰭之主要鰭條17枚。	11. 尾鰭分枝鰭條16枚。	11. 尾鰭之分節鰭條多爲17或15枚，原始種類則爲17或19枚。

（分類檢索表，直行右至左）

第一欄（最右）

12. 脊椎骨通常24枚，尾椎與尾前椎同數，但體軀特長者及淡水種類往往例外。
13. Baudelot's 靭帶通常連至顱底。
14. 鰓蓋各骨片通常有棘或其他附屬，頭骨上往往有很多硬棘。
15. 鰓蓋諸骨後緣一般有鋸齒或棘。
16. 具此二靭帶，但若干種類多變形。
17. 上下咽骨發達有齒。
18. 鰾爲鎖鰾型，無耳鰾間聯絡。
19. 鰭有眞正之硬棘。
20. 角舌骨與上舌骨固定，角舌骨之末端凹陷部分有大孔。
21. 無上頜上擧肌。
22. 有鰓弧縮肌。

第二欄

12. 脊椎骨通常24枚，尾椎與尾前椎同數，但體軀特長者及淡水種類往往例外。
13. Baudelot's 靭帶連至第一脊椎，但有時因第一脊椎與基枕骨癒合，故此靭帶與基枕骨可能至顱底。
14. 鰓蓋諸骨光滑或有鋸齒。
15. ……
16. 此二靭帶發育完善。
17. 上下咽骨發達有齒。
18. 鰾分二室，以小室與脊椎側突相接；有的具耳鰾。
19. 鰭有棘或無棘。
20. 角舌骨與上舌骨固定，角舌骨上有孔。
21. 有上頜上擧肌。
22. 有鰓弧縮肌。

第三欄

12. 原始種類脊骨 30～42 枚。
13. ……
14. 鰓蓋諸骨完全，後緣光滑。
15. ……
16. 具此二靭骨。
17. 第二咽鰓骨特別延長，第四上咽骨之齒板大形。
18. 鰾如有爲鎖鰾型。
19. 鰭無眞正之硬棘（少數例外）。
20. 角舌骨與上舌骨固定，角舌骨無孔。
21. 有上頜上擧肌。
22. 有鰓弧縮肌。

第四欄

12. 脊椎 30～42 枚。
12. 脊椎數 19。
13. 胸帶有 Baudelot's 靭帶連至第一脊椎。
14. 鰓蓋諸骨完全，少數種類鰓蓋骨有棘或鋸齒。
15. 一般代表種類具上前鰓蓋骨。
16. 若干代表種類有腭前上頜骨（Palatopremaxillary）及篩上頜骨（Ethmomaxillary）靭帶。
17. 通常具有顯著之舌三叉咽齒（Glossohyal teeth）。
18. 鰾爲通鰾型，但無耳鰾間聯絡。
19. 鰭無硬棘。
20. ……
21. 無上頜上擧肌（有例外）。
22. 鰓弧縮肌（RAB）有或無。

第五欄（最左）

12. 脊椎通常超過24枚，其中尾前椎15枚以上。

說明：格陵伍等（1966）原列之五目五亞目包括銀漢魚首目在，而燈籠魚首目原列爲原棘鰭首目中之亞目之一，今依羅申與派特森（1967），羅申（1973）以及奈爾遜（1976），把銀漢魚首目改列入棘鰭首目中，而燈籠魚亞目則自原棘鰭首目中分出而成爲獨立之首目。

....

關於正真骨部中各首目之間的類緣關係與分類系統，據羅申（1973）的分析研究，應排列如下，惟目前尚未被普遍採納：

正真骨部 EUTELEOSTEI
　骨鰾類 OSTARIOPHYSI
　新頜類 NEOGNATHI
　　原棘鰭類 PROTACANTHOPTERYGII
　　新真骨類 NEOTELEOSTEI
　　狹鰭類 STENOPTERYGII
　　　廣口魚目 STOMIATIFORMES
　　寬鰭類 EURYPTERYGII
　　　圓鱗類 CYCLOSQUAMATA
　　　仙女魚目 AULOPIFORMES
　　　　仙女魚亞目 AULOPOIDEI
　　　　槍蜥魚亞目 ALEPISAUROIDEI
　　　櫛鱗魚類 CTENOSQUAMATA
　　　燈籠魚類 SCOPELOMORPHA
　　　　燈籠魚目 MYCTOPHIFORMES
　　　棘鰭魚類 ACANTHOMORPHA
　　　　准棘鰭首目 PARACANTHOPTERYGII
　　　　棘鰭首目 ACANTHOPTERYGII
　　　　　銀漢魚系 ATHERINOMORPHA
　　　　　鱸形系 PERCOMORPHA
　　　　　金眼鯛目 BERYCIFORMES

....

　　茲依據羅申（1973）和奈爾遜（NELSON, J. S., 1984）把正真骨部分為五首目，並且把各首目的分類沿革和所含各目的檢索表引述如下：

骨鰾首目 OSTARIOPHYSI

　　本首目包含鯉、鯰等淡水魚類，以及半鹹水之鯷目魚與深海性之鼠鱚，尤其以鯉鯰之類為其主體，總數約 5,000～6,000 種，除南極與格陵蘭外，遍佈於各處陸地。本首目之分類，自萊根 (1911)，喬丹 (1923)，以至格陵伍等 (1966)，只包括鯉、鯰、裸鰻等淡水魚類，分別屬於鯉目與鯰目。而虱目魚與鼠鱚則通常列為鯡首目中之目或亞目之一。但後來經羅申與格陵伍 (1970) 之研究，鼠鱚與虱目魚之頸椎之特化，壁肋之增大，尾骨之構造等方面，與骨鰾類有密切關係，二者可能為兄弟輩，故列於同一首目中。如果此說屬實，其共同祖先必然相當古老，因為鼠鱚類的化石早在上白堊紀即已出現，而骨鰾類則遲至下古新世才出現。本首目所含各目及亞目的檢索表如下：

1a. **非耳鰾系** (ANOTOPHYSI)　　無眞正而直接之耳鰾間聯絡，不具脂鰭。

2a. 具鰓上器，上下肌間骨，上下頜無齒，前上頜骨薄夾板狀或鱗片狀，尾骨中有由尾椎髓棘與最下方之尾下支骨所形成之 V 字形骨，4 至 6 片較小之尾下支骨被包於其中，有一至多對頭肋，與特化之前方三個頸椎相接 ···**鼠鱚目** GONORHYNCHIFORMES

3a. 體被櫛鱗（並見於頭部）；鰓被架 4～5；左右鰓膜分別與喉峽部相連。不具泳鰾·················
···**鼠鱚亞目** GONORHYNCHOIDEI

3b. 體被圓鱗，鰓被架 1～4，左右鰓膜相連，但與喉峽部游離。具泳鰾·······························
···**虱目魚亞目** CHANOIDEI

1b. **耳鰾系** (OTOPHYSI)　　具眞正而直接之耳鰾間聯絡，亦卽在內耳與泳鰾之間，有由若干小骨片構成之魏勃氏器相聯繫。脂鰭或有或無。

4a. 上頜骨完全，並不成為長頜鬚 (Maxillary barbel) 之基部，有下鰓蓋骨，接續骨，肌間骨；上枕骨與頂骨雖連合而硬骨化，但仍可淸分；無鋤骨齒；多數被鱗片，但決不被骨板；鰓被架 3～5。

5a. 體側扁，紡錘形，有腹鰭，臀鰭基底短，肛門位置正常；上下頜無齒，口能伸縮；不具脂鰭（少數鰍科種類例外）；體被圓鱗（少數例外），但頭部無鱗 ················**鯉目** CYPRINIFORMES

5b. 體側扁，紡錘形成短紡錘形；有腹鰭；臀鰭較短，肛門距頭遠甚；上下頜齒發達（多數為肉食）；通常具脂鰭；具鱗片；側線低平·············**脂鯉目** CHARACIFORMES（中南美洲，非洲）

5c. 體鰻形，稍側扁或圓柱形，無腹鰭，臀鰭基底甚長，肛門在頭下或胸鰭下方，尾鰭退化或消失；無下鰓蓋骨及腭骨，上頜骨只存痕跡。有發電器···
···**裸鰻目** GYMNOTIFORMES（中南美洲）

4b. 上頜骨萎縮，成為長頜鬚之基部，無下鰓蓋骨及接續骨，亦無肌間骨，上枕骨與頂骨癒合，因而狀若無頂骨；鋤骨通常有齒，上下頜有齒，口不能伸縮；通常具脂鰭；背鰭及胸鰭前方往往有強棘；體裸出（無鱗），或具骨板··**鯰目** SILURIFORMES

原棘鰭首目 PROTACANTHOPTERYGII

本首目只包括鮭目 (SALMONIFORMES) 與廣口魚目 (STOMIATIFORMES)。在本書舊版原列入本首目之鼠鱚目移入骨鰾首目中，仿鯨目與櫛刺目則移入棘鰭首目中（仿鯨目改爲一亞目，列入金眼鯛目中）。鮭目與廣口魚目之檢索表如下：

1a. 不具鰓弧縮肌 (Retractor arcuum branchialium muscle, RAB)，無發光器；無下肌間骨；脂鰭存在（有例外）。無輸卵管而有輸卵溝 (Oviducal channel) ⋯⋯⋯⋯⋯⋯⋯⋯⋯**鮭目 SALMONIFORMES**

 2a. 背鰭後位，與臀鰭對在，無脂鰭；上頜骨無齒；上主上頜骨或有或無。內翼骨無齒，無中烏喙骨及幽門盲囊。

  3a. 膜骨性篩骨一對，前接前上頜骨，後接額骨。額骨分離，頭部側線溝發達。鰭條二分叉，鱗片正常，覆瓦狀排列 ⋯⋯⋯⋯⋯⋯⋯⋯⋯**＊狗魚亞目 ESOCOIDEI**（北半球寒帶魚）

  3b. 篩骨由單一之中篩骨代表之，額骨癒合。頭部側線溝退化簡單，鰭條不分枝，鱗片小，不成覆瓦狀排列 ⋯⋯⋯⋯⋯⋯⋯⋯⋯**＊鱗南乳魚亞目 LEPIDOGALAXIOIDEI**（澳洲西南部）

 2b. 背鰭在體軀中央或偏後，脂鰭或有或無；上頜骨無齒或有齒；有單一之上主上頜骨或無。中烏喙骨或有或無，有幽門盲囊。

  4a. 具後咽鰓器 ⋯⋯⋯⋯⋯⋯⋯⋯⋯**水珍魚亞目 ARGENTINOIDEI**

  4b. 不具後咽鰓器 ⋯⋯⋯⋯⋯⋯⋯⋯⋯**鮭亞目 SALMONOIDEI**

1b. 具鰓弧縮肌 (RAB)，體側下部有規則的發光器二列，臀鰭上方一列。脂鰭如存在，概在臀鰭上方或上後方。概具輸卵管 ⋯⋯⋯⋯⋯⋯⋯⋯⋯**廣口魚目 STOMIATIFORMES**

燈籠魚首目 SCOPELOMORPHA

本首目中之燈籠魚目 (MYCTOPHIFORMES)，以前曾被列爲軟鰭魚類，近年研究發現其具有鰓弧縮肌 (Retractors arcum branchialium)，鰓被架均爲軍刀或彎刀形，故現已確認其爲棘鰭魚類（所謂軟鰭魚類如鯡、盃孔、鯉、背棘、多鰭魚等目，均不具鰓弧縮肌，鰓被架一般爲葉狀、棒狀或絲狀，腹鰭腹位或次腹位，具圓鱗，通鰾，上頜由前上頜骨與上頜骨共同構成，鰓蓋諸骨無鋸齒緣，各鰭無棘等）。格陵伍等 (1966) 將其列於原棘鰭首目中之鮭目中，爲其中亞目之一。近經羅申與派特森 (1969)，以及羅申 (1973) 之研究，因其除具有鰓弧縮肌之外，其腹鰭內側鰭條與一鰭輻骨相癒合，泳鰾爲鎖鰾型而具有卵圓體，腹鰭胸位或次胸位（但腰帶不與後匙骨相接），有的具有櫛鱗，上頜完全由前上頜骨構成，無中烏喙弧，因而把燈籠魚類自原棘鰭首中分出。但是其各鰭無棘（少數化石種類之背鰭有棘），上頜不能伸縮。另外如其角舌骨上有孔，有上頜上掣肌 (Levator maxillae superioris)，前上主上頜骨趨於喪失，有大形之外枕髁，有弱鰓蓋棘，有前向之尾鰭棘，以及眶下骨架等，則爲較進步之特徵，見於較高等之准棘鰭首目。總之，由燈籠魚類的特徵綜合看來，牠們應屬於低等棘鰭魚類，其地位介於原棘鰭首目與准棘鰭首目之間，而與骨鰾首目顯然有別。本首目所含二目之檢索表如下：

1a. 第二咽鰓節極度向後側方延長而遠離第三咽鰓節；第二上鰓節之鈎狀突與第三咽鰓節接觸……………………………………………………………………………………**仙女魚目** AULOPIFORMES

1b. 不具如 1a 之特徵；上咽鰓節及鰓弧縮肌同於一般准棘鰭魚類 ………**燈籠魚目** MYCTOPHIFORMES

准棘鰭首目 PARACANTHOPTERYGII

本首目的分類系統，經羅申與派特森（1969）的分析研究，與格陵伍等（1966）的分類系統相較，已有很大的改變。最重要的是把原來列於金眼鯛目（BERYCIFORMES）的銀眼鯛（*Polymixia*）移入本首目中而成為獨立之一目。據羅申與派特森的意見，本首目是始自白堊紀的單系起源的魚類，就其中鮭鱸目（PERCOPSIFORMES）中最原始的化石種類而言，除了具有上表所列准棘鰭首目的一般特徵之外，其他特徵為尾鰭中有一活動之第二尾椎體，6 枚尾下支骨，2 枚尾椎髓棘，有腹鰭夾板及脂鰭；角舌骨有孔，其上緣有齒板等等。銀眼鯛的特徵大致與此相同，只是沒有脂鰭及腹鰭夾板，並且沒有真正的上頜上犁肌而已。不過羅申自己以後（1973）又提出相反的主張，而認為准棘鰭魚類，銀眼鯛類，燧鯛類（Trachichthyoids），以及奇鯛類（Stephanoberycoids），同屬單系起源的一羣，或銀眼鯛類與燧鯛類及奇鯛類互為兄弟輩，或准棘鰭魚類與其他三者互為兄弟輩。本書現仍將銀眼鯛類置於棘鰭首目之金眼鯛目中。

另一項重大改變是把奇鰭目（GOBIESOCIFORMES）自本首目移出，這是根據高斯林（1970, 1971）的意見，認為姥姥魚科（Gobiesocidae），鼠䲁科（Callionymidae），以及龍䲁科（Draconettidae），可能都是由鱸目中之䲁亞目（Blennioidei）之南極鰯（Notothenioids）演化而來的，都是底棲性，因而把這三科共列入奇鰭目中，並且把該目改列入棘鰭首目。其次是據羅申（1984）的最新研究，認為以前列於的鯛目（ZEIFORMES）的菱鯛類（Caproids），的鯛類（Zeoids）並非單系起源，而是與魨目（TETRAODONTIFORMES）相近，應列於魨目中部類之一。

本首目共包括五目如下：

1a. 腹鰭次腹位，次胸位，或胸位。

  2a. 背鰭，臀鰭有棘，腹鰭無棘，脂鰭或有或無。鰓被架 6。無眶蝶骨及基蝶骨………………………………………………………………………………………………**鮭鱸目** PERCOPSIFORMES（北美洲）

    3a. 有脂鰭；肛門在臀鰭之前；側線完全；鋤骨無齒 ………………………**鮭鱸亞目** PERCOPSOIDEI

    3b. 無脂鰭；肛門在喉部鰓膜之間；側線不完全或缺如；鋤骨有齒………**奇肛亞目** APHREDODEROIDEI

1b. 腹鰭喉位或頤位；無脂鰭而肛門正常。

    4a. 胸鰭足形，基部骨片數減少而延長（鰭輻骨 2～4）；腹鰭鰭條 I, 5；鰓孔開於腋下（胸鰭下

軸）；副蝶骨與額骨縫合；無鱗……………………………………………………**鮟鱇目** LOPHIIFORMES

4b. 胸鰭不爲足形，鰓孔開於胸鰭以前。

5a. 腹鰭鰭條 I, 2～3；鰓被架 6；體裸出或被細小圓鱗；副蝶骨與額骨縫合 ………………
………………………………………………………………**¹蟾魚目** BATRACHOIDIFORMES

5b. 腹鰭鰭條 5～17，或極小乃至缺如；鰓被架 6，體被圓鱗或櫛鱗……………………**鱈形目**

6a. 尾鰭與背鰭及臀鰭相連；腹鰭無棘；體被小圓鱗，埋於皮下，或無鱗。背鰭 2 枚，第一背
鰭以單一細長軟條代表之；胸鰭鰭輻骨 10～13；體形似鼬魚科…………………………
………………………………………**¹南極鱈亞目** MURAENOLEPOIDEI（南極附近）

6b. 尾鰭與背鰭及臀鰭分離，或僅小部分連接。背鰭與臀鰭 1～3 枚；腹鰭無棘；胸鰭鰭輻骨
4～6 ……………………………………………………………… **鱈亞目** GADOIDEI

6c. 尾鰭缺如，尾部細長而尖銳；背鰭二枚，第二背鰭與臀鰭在尾端連合；各鰭無眞正之棘，
腹鰭發育完善……………………………………………**鼠尾鱈亞目** MACRUUROIDEI

5c. 腹鰭互相接近，具 1～2 軟條，或無腹鰭。背鰭、臀鰭基底長，往往與尾鰭連接，其支鰭骨
數較相對應之脊椎數爲多………………………………………………………**鼬魚目**

棘鰭首目 ACANTHOPTERYGII

　　本首目包含極大多數海產（少數淡水產）魚類，包括十六目，尤其是所謂鱸目（PERCI-
FORMES），其種類之衆多，實遠過於非鱸目魚類中之任何一目。就演化系統言，彼等實儕身
於眞骨魚類之最高位。金眼鯛目（BERYCIFORMES）可能爲最原始者，其他則各依其生活情
形而有種種變化。茲舉本首目所含各目之檢索表如下（印度管口魚目之特徵未明，未包括在
表內）：

1a. **銀漢魚系**（ATHERIMORPHA）前鰓蓋骨及鰓蓋骨後緣光滑；最後半個尾椎椎體上下各有一大形之尾
下骨板，有時可能多達 4 片，其中二片潤扁扇形。有很多種類爲胎生。

2a. 背鰭單一；鰭棘甚少存在。無第二圍眶骨……………………**鯉齒目** CYPRINODONTIFORMES

2b. 背鰭一般爲二枚，第一背鰭有易屈之硬棘；臀鰭前方有一棘 ………**銀漢魚目** ATHERINIFORMES

1b. **鱸形系**（PERCOMORPHA） 前鰓蓋骨及鰓蓋骨之後緣有棘或成鋸齒狀；通常僅一個尾椎椎體有尾下
支骨，如二個尾椎體有尾下支骨時，至少六枚，絕不形成二枚尾下骨板。胎生者極爲稀少。

3a. 兩眼正常，分列於頭之兩側。

4a. 體鰻魚狀；胸鰭缺如，腹鰭如有時爲喉位，尾鰭如有時（小形）鰭條 8～10，背鰭、臀鰭無鰭
條，而僅以低皮褶爲代表，後端與尾鰭連合；兩側之鰓裂在喉部連合爲單一之橫裂孔……………
…………………………………………………………………**合鰓目** SYNBRANCHIFORMES

4b. 體不爲鰻魚狀（或爲鰻魚狀而鰓裂分開於體之兩側）。

5a. 兩側主上頜骨往往與前上頜骨固接爲一；腹鰭通常退化，如有時，胸位或次胸位；鰓裂狹

小，不向喉峽部伸展；鱗片粗雜，或爲棘狀（粗細不一），或爲骨板狀 ·················
·· 魨目 TETRAODONTIFORMES

5b. 主上頜骨正常，不癒合爲一。

6a. 體被骨板；鼻骨癒合，向前突出，成爲平扁而兩側有鋸齒之吻部；體平扁，胸鰭有 10～18 枚不分枝之軟條，向體軀兩側伸出如翼；腹鰭腹位，小形，I, 1～3 ··········
·· 海蛾目 PEGASIFORMES

6b. 體被鱗，或骨板，或裸出；偶鰭形狀與上述者顯然不同，腹鰭次腹位，次胸位，胸位（或喉位，頤位）。

7a. 各鰭無棘；背鰭一枚。

8a. 有眶蝶骨；腹鰭如具有時，胸位，鰭條 15～17；體側扁而高，故側面觀呈圓形，或延長如帶狀；具小圓鱗 ···················· 月魚目 LAMPRIDIFORMES

8b. 無眶蝶骨；體側扁（一般魚形）；腹鰭腹位或次腹位；無鰾，如有鰾時則爲通鰾；V. 5～6(1, 4～5)；C. 17～19；體被圓鱗（部分櫛鱗） ·············
················· 金眼鯛目 BERYCIFORMES (STEPHANOBERYCOIDEI)

7b. 背鰭，臀鰭前方各有棘一枚；背鰭單一，腹鰭特大，胸位或次胸位；尾鰭主要鰭條 19 枚；胸鰭高位而甚底廣；有眶蝶骨；體被櫛鱗或圓鱗 ·················
·· *櫛刺目 CTENOTHRISSIFORMES

7c. 各鰭有棘（偶或無棘）；背鰭兩枚，或硬棘部（硬棘有時分離存在）與軟條部相連如一枚狀。

9a. 體特延長；背鰭一枚，但前方有 II 枚以上之游離硬棘；腹鰭胸位或次胸位，鰭條 I, 0～2(3)；無眶蝶骨；第二眶下骨與前鰓蓋骨直接連合 ·················
·· 棘魚目 GASTEROSTEIFORMES

9b. 體側扁，鱸魚狀（偶有延長者），一般有明顯之二背鰭；腹鰭胸位（偶或喉位，頤位）。

10a. 腹鰭 7～8 或 I, 7～13（松毬魚因退化之結果而僅有 3 軟條）；具眶蝶骨；近岸種類多具櫛鱗，深海種類具弱櫛鱗、圓鱗，或無鱗；臀鰭有 I～IV 棘 ···········
·· 金眼鯛目 (STEPHANOBERYCOIDEI 除外)

10b. 腹鰭 I, 5（偶或少於此數）。

11a. 眶下部有骨質支柱（眶下支骨 Suborbital stay）；第二眶下骨與前鰓蓋骨直接相連。

12a. 腹鰭分離（有時其間連合爲吸盤狀，如圓鰭魚科 CYCLOPTERIDAE）；左右鼻骨不癒合；有中篩骨；頭骨背面無案骨 (Tabularia)；有後耳骨 ··············
·· 鮋目 SCORPAENIFORMES

12b. 腹鰭決不連合；左右鼻骨癒合成爲一吻上之中央板；頭骨背面有兩對案骨；無後耳骨 ·················· 飛角魚目 DACTYLOPTERIFORMES

11b. 眶下部無骨質支柱；第二眶下骨與前鰓蓋骨通常不直接相連；無眶蝶骨………
　　　………………………………………………………………………………**鱸目 PERCIFORMES**

6c. 體裸出；腹鰭胸位或喉位；背鰭一枚或二枚；前上頜骨關節突與外突癒合或缺如；無後翼
　　窗；圍眶骨以一片淚骨代表之 ……………………………………**奇鰭目 GOBIESOCIFORMES**

3b. 兩眼並生於頭之一側，其無眼之體側不論在游泳或靜止時概在下方，故往往無色；頭部亦向左或
　　右捩轉；腹鰭喉位或胸位，具 6 或少於 6 之鰭條………………**側泳目 PLEURONECTIFORMES**

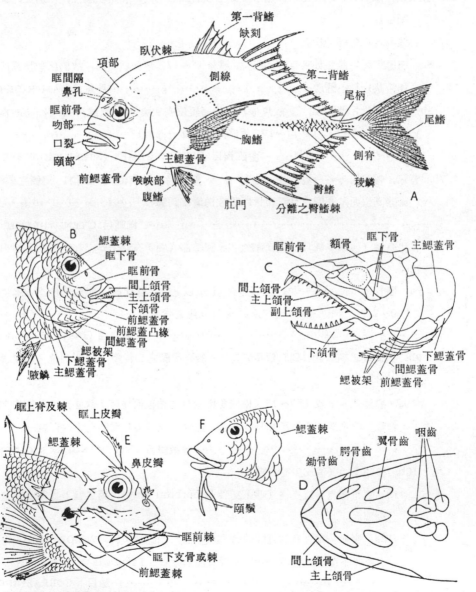

圖 6-54　硬骨魚類外表各部分名稱。A. 一般外形；B. 頭部諸骨；C. 頭顱，上下頜
　　　　　以及鰓蓋之主要骨片；D. 口蓋，示着生牙齒諸骨片；E. 鮋科魚類之頭部；
　　　　　F. 鬚鯛之頭部（據 MUNRO）。

古闇部 ARCHAEOPHYLACES

骨咽首目 OSTEOGLOSSOMORPHA

本首目包含骨咽與盃孔二目。

骨咽目 OSTEOGLOSSIFORMES

本目包含以前屬於等椎目 (ISOSPONDYLI, 卽鯡目) 中之骨咽、駝背魚，及悉齒等三亞目 (OSTEOGLOSSOIDEI, NOTOPTEROIDEI, PANTODONTOIDEI)。 新的分類系統分爲骨咽、 駝背魚二亞目， 悉齒亞目併入骨咽亞目中， 原列入鶴鱵目 (BELONIFORMES) 中之 TSELFATOIDEI 亞目，爲白堊紀之化石，現經若干學者重新研究後，改列入本目中。其副蝶骨 (Parasphenoid) 不達基枕骨 (Basioccipital) 後端， 有時並有側突起以與中翼骨 (Mesoptery-goid) 成關節。副蝶及舌骨通常均有齒，前部肋骨或直接與椎體成關節， 或與椎體之強壯側突起成關節。概無上主上頜骨。聽囊堅固；冰鰾與內耳相連或不相連。鼻骨相接或否，但概與額骨成縫合。尾鰭之分枝鰭條 16，或少於 16。第一尾椎體大形，無尾皮骨 (Urodermis)。無側肋肌間骨。幽門盲囊一或二枚。均淡水產。

本目之骨咽亞目包括骨咽 (OSTEOGLOSSIDAE) 與悉齒 (PANTODONTIDAE) 二科。前者包含數種殘存之古生淡水魚類，如長達 5 公尺的巨大紅魚 (*Arapaima gigas*，南美)，西非的 *Heterotis niloticus*，南美的 *Osteoglossum bicirrosum, O. ferreirai*， 以及東南亞與澳洲北部的 *Scleropages leichardti, S. formosus*；後者僅有熱帶西非的 *Pantodon buchholzi* 一種。駝背魚亞目包括狼鰭科 (LYCOPTERIDAE)，爲產於我國華北，內蒙古的下白堊紀化石魚類，月眼科 (HIODONTIDAE)，分佈北美，以及駝背魚科。

駝背魚科 NOTOPTERIDAE
Featherback; Knifefishes; 弓背魚科

體顯然側扁，背部隆起，故名。臀鰭特長，約佔體長之 3/4，起於胸鰭基部下方，向後沿逐漸尖細之尾部而與尾鰭相連合。背鰭甚短， 約在臀鰭基底中部之上方。腹鰭萎縮，左右基底連合爲一，位於肛門直前。全體連頭部密被小圓鱗；側線在前方略向上彎。口裂較大；上下頜、鋤骨、腭骨、翼骨、及舌上均有細齒。鰓膜連合，但在喉峽部游離；鰓被架 7 ～ 8。本科分佈東南亞及非洲。

D. 8～9; A. 100～110。頭部鱗片大於體側鱗片；前鰓蓋有鱗片 8 橫列。

駝背魚 *Notopterus notopterus* (PALLAS)

　　水產試驗所及博物館均有此標本，但產地實有疑問，可能為日人自東南亞帶回。俗名關刀鯰。

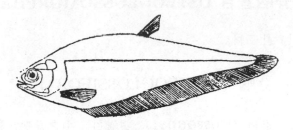

圖 6-55　駝背魚。

#杯孔目 MORMYRIFORMES
=SCYPHOPHORI; Elephantfishes

　　本目棲息於非洲河川中，約 100 種。體長卵形以至鰻形，除頭部外被小圓鱗，有的吻如象鼻下垂，口小，開於吻端。腹鰭如存在，概為腹位。

　　本目外形酷似鯡目，但有特別發達之小腦，向前伸展掩蓋整個大腦。就比例言，如此大形之小腦，與其他真骨魚類之差別，實較人類與其他哺乳類大腦之差別更為顯著。其所以有如此畸形發達之小腦，可能與尾部肌肉變形而成之發電器 (Electric organs) 有關，分佈在發電器之神經為第 II，III 對脊髓神經間一條特殊的運動根。

　　左右前上頜骨癒合。主上頜骨，鋤骨，及腭骨無齒。腭骨與鋤骨相癒合。接續骨缺如，無內翼骨 (Entopterygoid)。有一大形側孔 (Lateral foramen) 開於顱穴 (Cavum cranii) 內，翼耳骨、上耳骨、側枕骨等構成顱穴之邊緣，並有一大形之上顳骨（即案骨 Tabular）覆於其上。側孔內有一球狀之囊，幼時此囊與鰾相通。眶蝶骨具有。後耳骨、隅骨、上主上頜骨一概缺如。有一對大形腱骨 (Tendon bones)，從第二基鰓節 (Basi-branchial) 向下突出。鰓蓋骨隱於皮下。中烏喙骨具有。球圓囊之聽石甚小，在耳壺及橢圓囊內者則甚大。側突起與椎體癒合而硬骨化。網膜特異，發育不良，極似海鰱。

圖 6-56　杯孔目三例　A. *Mormyrops;* B. *Gnathonemus*; C. *Gymnarchus*.
（據 BERTIN & ARAMBOURG）。

本目包含象鼻魚（MORMYRIDAE）與裸鰻（GYMNARCHIDAE）二科，前者之吻部往往延長下垂如象鼻，口小，尾柄細長，尾鰭明顯，有腹鰭。後者體鰻形，無臀鰭，尾鰭及腹鰭，背鰭基底特別延長，又稱電鰻。

狹首部 TAENIOPAEDIA

海鰱首目 ELOPOMORPHA

具狹首幼魚期（帶狀）；泳鰾不與內耳相接（大眼海鰱之泳鰾接於頭顱後端），無側隱窩（Recessus lateralis）；尾下支骨如存在，附於三個或多個椎體上；鰓被架通常 15 片以上；副蝶骨有鋸齒（部分背棘目有例外）。

海鰱目 ELOPIFORMES

體延長，側扁；腹緣無稜鱗。口開於吻端或吻下，上頜以前上頜骨（上頜骨僅見於後部，無齒）或主上頜骨（前上頜骨甚短）爲主。上主上頜骨（Supramaxillaries）一片或二片。二下頜骨前下方有喉板（Gular plate），或退化，或缺如之。上下頜、鋤骨、腭骨均有絨毛狀齒帶，翼骨及舌面有細齒或較粗之齒。鰓耙較長或短。鰓膜在喉峽部分離。擬鰓（Pseudobranchiae）存在（大眼海鰱無擬鰓）。鰓被架多數，14～35。泳鰾大形，與內耳不相連。體被圓鱗，頭部裸出；側線存在。胸鰭低位，腹鰭在背鰭直下方。背鰭在體之中部上方，臀鰭在背鰭以後，近於尾鰭，尾鰭深分叉。偶鰭基部上方（或上下方）有腋鱗（Axillary scales）。化石見於下白堊紀。幼生期爲狹首型。

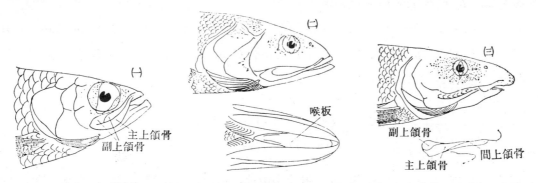

圖 6-57 海鰱目三科頭部之比較：（一）大眼海鰱科；（二）海鰱科；（三）狐鰮科（據 MUNRO）。

臺灣產本目 2 亞目 3 科 3 種檢索表:

1a. 下頜前下方有喉板；上主上頜骨二枚；鰓被架23～35；偶鰭基部上方有腋鱗(海鰱亞目 ELOPOIDEI)。

2a. 背鰭、臀鰭基部有鱗鞘（Scaly sheath），鰭條壓下時可隱於鞘內；背鰭基底較臀鰭爲長，其最後鰭條不延長爲絲狀；無動脈錐······**海鰱科**

    D. 20～24; A. 14～16; V. 14～16; L. 1. 96～98; 鰓被架 27～31······**夏威夷海鰱**

2b. 背鰭、臀鰭基部無鱗鞘；背鰭基底較臀鰭爲短，其最後鰭條特別延長爲絲狀；動脈錐有膜瓣兩列······**大眼海鰱科**

    D. 16～20; A. 23～28; L. 1. ±40; 鰓被架 23～27······**大眼海鰱**

1b. 喉板退化或缺如；上主上頜骨一片；鰓被架 6～16；偶鰭基部上下方均有腋鱗；齒小，絨毛狀（**狐鰮亞目** ALBULOIDEI）。

3a. 背鰭基底較臀鰭爲短，在腹鰭前方，其最後鰭條不延長；動脈錐有膜瓣兩列······**狐鰮科**

    D. 18～19; A. 9; V. 10～14; L. 1. 70～80; 鰓被架 14～16······**狐鰮**

海鰱科 ELOPIDAE

Ten-pounder; Giant herring; Lady fishes

　　最原始之硬骨魚，近似全骨類中之弓鰭魚。體延長而側扁。被圓鱗，發銀色光澤。頭部無鱗，但枕區有一帶較大之鱗。口大，位於吻端，下頜突出。上頜邊緣主要由主上頜骨及前上頜骨構成，但主上頜骨有齒，且較長；上主上頜骨兩片。下頜前下方有一長形不成對之喉板。上下頜、鋤骨、腭骨、翼骨及舌面有絨毛狀齒帶。側線直走。胸鰭、腹鰭上方有腋鱗。背鰭、臀鱗基底有鱗鞘。背鰭稍大於臀鰭，在腹鰭起點略後，最後鰭條不延長。臀鰭遠在背鰭以後，鰓耙 13～30。擬鰓大形，鰓被架多數，動脈錐缺如。泳鰾與耳不相連。亞熱帶海產魚類，有時進入河流下游。以浮游生物爲食之淺海上層魚，亦食甲殼類及小魚。長大可達一公尺。

夏威夷海鰱 *Elops saurus* LINNAEUS

　　英名 Hawaiian Ten-pounder，故譯如上。*E. hawaiensis* REGAN, *E. machata* (FORSSKÅL) 均其異名。亦名海鰱, Chuh keaon, Chuh kin (R.)；俗名瀾糟、四破；旦名唐鰮。產臺灣近海。（圖 6-58）

大眼海鰱科 MEGALOPIDAE

Tarpons; 大海鰱科

　　近似海鰱，但動脈錐有兩列膜瓣，體較爲短壯，略形側扁。被大圓鱗，側線直走。偶鰭基部上方有腋鱗，奇鰭基底無鱗鞘，背鰭最後鰭條延長爲絲狀。背鰭稍小於臀鰭。鰓膜分離，並且與喉峽部游離。眼大，有脂性眼瞼，口斜裂。上頜邊緣由顯著之前上頜骨與擴大圓形之主上頜骨構成，上主上頜骨兩片，下頜突出。上下頜、鋤骨、腭骨、翼骨有絨毛狀齒。

鰓耙約 30，鰓被架 23～27，無擬鰓。發生有變態。淺海上層魚，以小魚爲食，有時進入河川下游。

大眼海鰱 *Megalops cyprinoides* (BROUSSONET)

英名 Small Tarpon, Ox-eye tarpon, Ox-eye herring；亦名大海鰱，Hang Tso Park, Koyu, Ki U (F.)。臺俗名海菴。產臺灣近海。(圖 6-58)

狐鰮科 ALBULIDAE

Lady Fishes; Bone fishes; Banana fishes；北梭魚科

體延長，略形側扁，腹緣鈍圓。被圓鱗，有銀色光澤，側線直走。頭裸出，但枕區有少數大鱗。偶鰭基部上下方有腋鱗（在下方者較小），奇鰭基底無鱗鞘。鰓膜分離，與喉峽部游離。眼大，有一圈脂質眼瞼。口小，下位，平裂。上頜邊緣主要由前上頜骨構成，主上頜骨在後方，且無齒；上主上頜骨一片。前上頜骨、下頜骨、鋤骨、腭骨有絨毛狀齒，翼骨及舌面上之齒較粗。臀鰭甚小，遠在背鰭以後。鰓耙短。鰓被架 14—16。有擬鰓。

狐鰮 *Albula vulpes* (LINNAEUS)

英名 Lady Fish, Bone Fish；又名北梭魚；日名外鰮。產澎湖。(圖 6-58)

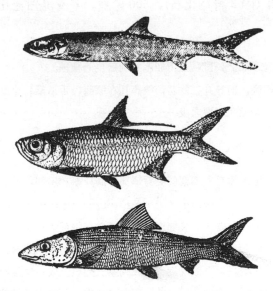

圖 6-58　上，夏威夷海鰱；中，大眼海鰱；下，狐鰮
（上據 JORDAN & RICHARDSON；中據 WEBER & DE BEAUFORT；下據岡田、松原）。

鰻　目 ANGUILLIFORMES

APODES; Eels and Morays; 無肢目

體鰻形，亦有側扁如帶者。鱗片小，或退化，或缺如。側線或有或無。鰓裂小或大，鰓蓋不顯。除化石種類外，概無腹鰭。胸鰭或有或無。背鰭、臀鰭一般具有，但均係一枚而不分離，前方均無硬棘。尾鰭概與臀鰭相連合（上白堊紀之 URENCHELYIDAE 除有明顯之尾鰭外，並且有腹鰭之痕跡），但亦有缺尾鰭者。鰾如有，概有氣道。無中烏喙骨，亦無後顧骨。上匙骨如有時，概與脊柱相連。前上頜骨、鋤骨及篩骨癒合爲單一扁濶之骨片。前上頜骨及主上頜骨均有齒。鋤骨亦往往有齒。但腭翼骨小，或缺如，概無齒。無基蝶骨，眶蝶骨如有，概成對。脊椎甚多，有達 260 枚者。

本目據格陵伍等（1966）之主張，包含鰻與囊咽二亞目（ANGUILLOIDEI and SACCO-PHARYNGOIDEI，後者亦名緩體目 LYOMERI），前者上下頜不特大，體裸出或具埋於皮下之微小圓鱗，通常無接續骨，舌頜骨與方骨相連接，有泳鰾及氣道，但無輸卵管，鰓被架6～22 枚；後者上下頜特大，咽頭巨大且可擴張，體裸出。

鰻亞目 ANGUILLOIDEI

本亞目已知者約 25 科（內 3 科爲化石），600 餘種。臺灣現知者凡 10 科。玆舉其檢索表如下：

1a. 由肛門至鰓裂之距離超過頭部之長度；上下頜不特別延長而纖細。

　2a. 體被有掩埋於皮下之細鱗，前鼻孔在吻背，後鼻孔在眼前；舌游離；胸鰭存在，背鰭、尾鰭發育完善，在尾端連合；背鰭起點遠在鰓裂之後……………………………………………………**鰻鱺科**

　2b. 體裸出，無鱗。

　　3a. 鼻孔側位或上位。

　　　4a. 胸鰭小形或缺如。尾部短於頭與軀幹。背鰭與臀鰭只限於尾部，並退化爲皮摺狀。眼小，或隱於皮下……………………………………………………………………………………………**蚓鰻科**

　　　4b. 胸鰭缺如。尾部長於頭與軀幹。各鰭埋於厚皮膚中。眼發育正常……………………**鯙科**

　　　4c. 胸鰭存在。尾部長於頭與軀幹。舌寬廣，其前部與兩側游離。背鰭、臀鰭和尾鰭連續；背鰭起點在鰓裂上方或略前略後。上下頜及鋤骨齒二列或二列以上成一狹齒帶，無犬齒…………**糯鰻科**

　　　4d. 胸鰭發育完善。鰓裂爲寬橫裂。舌狹窄，固定口腔底，可能先端游離。上下頜前方及鋤骨上有犬齒。尾部長於頭與軀幹；背鰭起於胸鰭上方。尾部後端不纖細如絲狀…………………**海鰻科**

　　　4e. 胸鰭缺如；鰓裂小或中等，位置較低。舌固定。背鰭，臀鰭和尾鰭連續；背鰭起點約在鰓裂之上方；尾特長，後端纖細如絲狀。齒成低細齒帶………………………………………………**鴨嘴鰻科**

3b. 後鼻孔在上唇邊緣而與眼接近；前鼻孔在上唇邊緣或腹面，成短管狀或乳突狀。舌固定。胸鰭或大，或小，或缺如。

　　　5a. 尾鰭與背鰭及臀鰭相連，尾鰭顯著。鰓被架數較少，一般不在腹面中央線重叠⋯⋯⋯**異糯鰻科**

　　　5b. 無尾鰭，或有而不顯著，鰓被架數一般較多，往往在腹面中央線上重叠；在正常鰓被架之後，往往有若干 "副鰓被架"，形成所謂 "軛蓋"（jugostegalia）⋯⋯⋯⋯⋯⋯⋯⋯⋯⋯**蛇鰻科**

1b. 由肛門至鰓裂之距離短於頭長。

　　　6a. 上下頜不延長而纖細。眼退化，隱於皮下。舌固定。胸鰭存在。尾鰭正常⋯⋯⋯**盲糯鰻科**

　　　6b. 上下頜特別延長而纖細。眼發育正常。舌固定。胸鰭存在。尾部延長而纖細⋯⋯⋯**線鰻科**

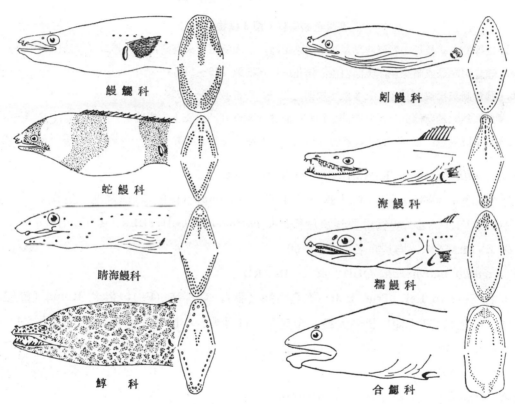

圖 6-59　鰻亞目各科之主要屬與鱧科（合鰓目）頭部及齒型之比較（據 MUNRO）。

鰻鱺科 ANGUILLIDAE

Eels; Freshwater Eels

　　體近於圓柱狀，後方側扁。頭圓錐狀，中型。鱗小，若干枚為一組，相鄰各組彼此直角相交，呈織蓆紋狀排列。側線完全。眼中等大，有皮膚掩覆之，無游離之眼瞼。口開於吻端，向後伸展達眼眶下方。齒小，在上下頜、鋤骨成絨毛狀齒帶。舌端及兩側游離。前鼻孔管狀，位於吻端；後鼻孔在眼之前方。鰓裂垂直，開於胸鰭基部下方。背鰭、臀鰭發育完善，與尾鰭連合。肛門距鰓裂甚遠，但仍在體之前半。背鰭起點在肛門上方、以前、或以後。僅一屬，約16種，一般爲溯河性（Catadromous），廣佈於溫、熱帶地區，但不見於非洲西海岸，美洲太平洋沿岸，南美大西洋沿岸。

鰻鱺之生活史，據舒密特（SCHMIDT, J., 1905～30）二十五年間之研究，謂概在遠洋400～700公尺之深海中產卵孵育（其他各科之生活史或可能相若）。幼時爲側扁帶狀，是爲狹首幼魚，變態之前長約20公分，浮游海面。約二年後，變態爲幼鰻，上溯至河川上游，擇地棲居長大。數年後至繁殖期中又重返深海，產卵後即相繼死亡。

臺灣產鰻鱺科1屬3種檢索表①:

1a. 頭長等於或略長於由背鰭起點至肛門間之距離，上頷齒帶中央有溝，縱裂爲二（少數白鰻例外）。

　2a. 體背側翠綠或暗綠色，腹面白色，無花斑；脊椎數113～117 ……………………白鰻

　2b. 體背側灰褐或灰黃色，具多數不規則之花斑，脊椎數99～105…………………鱸鰻

1b. 頭長顯然大於背鰭起點至肛門間之距離；背鰭起點在肛門之正上方或略前。上頷齒帶中央無溝。

　體背面深欖褐色，腹面灰黃色，前鼻孔橙黃色，幼鰻之尾部有黑點………………南洋鰻

白鰻 *Anguilla japonica* TEMMINCK & SCHLEGEL

亦名白鱔，鰻鱺（鄭），日本鰻（梁）；俗名 Pehmoa（白鰻）。產臺北、宜蘭、苗栗、臺中、臺南、高雄。現爲重要養殖魚種。*A. bostonensis* GÜNTHER, *A. remifera* JORDAN & EVERMANN 均其異名。（圖6-60）

鱸鰻 *Anguilla marmorata* QUOY & GAIMARD

英名 Swamp Eel, True Eel；亦名白鱔（張），烏耳鱔（F.）；俗名 Roma（鱸鰻，老鰻，鱺鰻），紅土龍；日名大鰻。產宜蘭、日月潭、小硫球、蘭嶼。種名原爲 *A. mauritiana* BENN.，茲依 HERRE（1953, 1）訂正如上。*A. manilensis* JORDAN & EVERMANN 爲其異名。

南洋鰻 *Anguilla bicolor pacifica* SCHMIDT

英名 Indian short-finned eel. 據 TZENG & TABETA（1983）報告，漁人曾於1980～81年間，在基隆、東港附近之河口一帶捕獲近二千尾幼鰻，經鑑定爲本種。東港水產試驗所早在1970年時即曾捕獲本種。臺大動物系有二標本，一採自羅東，一採自臺北縣，原鑑定爲 *Anguilla australis* RICH.，可能亦係本種之誤。

---

① JORDAN & EVERMANN（1902），JORDAN & RICHARDSON（1909）記臺灣尙產一種中國鰻 *Anguilla sinensis* MACCLELLAND。按該種產中國東南各省，其背鰭起點與臀鰭起點之距離大於頭長，吾人至今尙未在臺灣發見。又 *Anguilla australia*，梁潤生之水試標本目錄列入，但係移來之養殖魚。此二種本書爲審愼起見，均不予列入。

蚓鰻科 MORINGUIDAE

Spaghetti eels; Thrush eels; Worm eels

體長，圓柱狀，無鱗。肛門遠在體軀後部 1/3 或 1/4 處，背鰭、臀鰭各爲一低皮褶，僅見於尾部，後端與尾鰭連合，胸鰭退化或缺如。吻短，下頜向前突出，口裂後端在眼之後緣下方或更後。前鼻孔爲管狀，近於吻端。後鼻孔接近眼之前緣。舌不游離；齒尖銳圓錐形，向後彎，在上下頜及鋤骨均僅一列。眼小，並掩於皮下。鰓裂爲狹小之斜裂孔，下位或次下位。鹹水或鹹淡水，蟄伏泥沙底，分佈於近岸，河口，或珊瑚礁，北至硫球，南至澳洲。

臺灣產蚓鰻科 1 屬 2 種檢索表:

1a. 體細長；胸鰭甚小或無胸鰭。

　　2a. 體長爲體高之 36～57 倍，頭長之 9.5～10.5 倍……………………………………………**大頭蚓鰻**

　　2b. 體長爲體高之 50～60 倍，頭長之 11～12.5 倍……………………………………………**線蚓鰻**

大頭蚓鰻 *Moringua macrocephala* (BLEEKER)

　　由閩粵沿海以至本島之臺南、蘭嶼。（圖 6-60）

線蚓鰻 *Moringua abbreviata* (BLEEKER)

　　日名針金海蛇。產恒春。

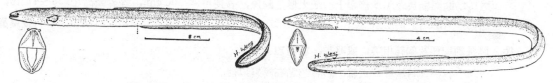

圖 6-60　上，白鰻（鰻鱺科）；下，大頭蚓鰻（蚓鰻科）。

鯙　科 MURAENIDAE

=ECHIDNIDAE; Morays; Reef-eels;

海鱔科；鱓科（日），皸魚科（動典）。

體裸出，延長或特別延長，圓柱狀，向後多少側扁。肛門遠在鰓裂以後，正位於體之中點，或略前，或略後。胸鰭缺如。背鰭、臀鰭槪與尾鰭連合，被有厚皮，有時退化，僅見於尾端。吻短而鈍圓，偶或比較尖銳而突出。口裂常達眼眶以後，往往不能完全閉合。前鼻孔爲管狀，在吻端；後鼻孔在眼前方或上方，爲一小圓孔，有時具突起之邊緣，有時爲管狀。舌不游離。齒顆粒狀，臼齒狀，圓錐狀，或犬齒狀而可以摺伏。鰓裂小，爲一縱裂紋或小圓孔。本科爲熱帶海產鰻魚，種類繁多，大都棲息珊瑚礁中，色彩多美麗。

臺灣產鱔科 8 屬 38 種檢索表:

1a. 齒至少有一部分爲顆粒狀或臼齒狀 (*Echidna*)。

　　2a. 尾短，等於或短於頭與軀幹長之 1/2。背鰭起點在鰓裂之後。沿尾部有皮下骨板。前上頜骨齒圓形
　　　　成爲一簇，鋤骨齒豆狀成爲一簇，二者相連。體黑褐色，體側有 30～100 個白色狹環…………**斑蝮鱔**

　　2b. 尾部與頭及軀幹同長，或略長（約長 1/3），或略短。背鰭起點在鰓裂之前。沿尾部無皮下骨板。

　　　　3a. 體有 24～29 個白色狹環（但尾部無環）。幼時在前上頜骨有一弧形齒帶，帶之中部有三枚大形之
　　　　　　齒，鋤骨上有齒二列，老成標本不論在前上頜骨與鋤骨之齒均成簇……………………**多環蝮鱔**

　　　　3b. 體有斑駁，上側連背鰭，下側連臀鰭處，自前至後有不規則的星狀斑各成一縱列。前上頜骨有半
　　　　　　圓形齒帶，帶中央有 1～2 枚大形之齒……………………………………………………**星帶蝮鱔**

　　　　3c. 體淡褐色至白色，全身密佈不規則之暗色斑駁，連續成條紋狀。頭部自鰓孔以後暗褐色…………
　　　　　　…………………………………………………………………………………………………**喜樂蝮鱔**

1b. 無顆粒狀或臼齒狀之齒。

　　4a. 尾長約爲頭與軀幹長之 1.5～2 倍以上。

　　　　5a. 前鼻管有一葉狀之突出部；吻端及下頜有鬚狀突起 (*Rhinomuraena*)。

　　　　　　6a. 尾長爲頭與軀幹長之 2 倍以上。一生中有性轉變現象。幼魚期頭部背面，軀幹，尾部均黑
　　　　　　　　色；雄魚期天藍色，至雌魚期變爲黃色；背鰭之上半黃色而有白邊；臀鰭外緣白色，下唇白
　　　　　　　　色，鰓裂有白邊；幼魚之下頜有一黃色條紋；成魚之上下頜及鰓裂黃色…………**黑身管鼻鱔**

　　　　5b. 前鼻孔爲一簡單之管狀；下頜無鬚狀突起 (*Thyrsoidea*)。

　　　　　　尾長爲頭與軀長之 1.5 倍以上。最大形之鰻魚，體長可達 300 cm.，等於體高之 38～47 倍，
　　　　　　頭長之 10～14 倍…………………………………………………………………………**長尾鱔**

　　4b. 尾長約與頭及軀幹相等，或略長，或略短。

　　　　7a. 背鰭與臀鰭發育正常，前者起點在鰓裂以前。

　　　　　　8a. 側線不明，或僅留陷入之痕跡。

　　　　　　　　9a. 後鼻孔管狀，且較管狀之前鼻孔爲長 (*Muraena*)。

　　　　　　　　　　體暗褐色，有多數白心黑斑。口大，不能完全閉合…………………………………**豹紋鱔**

　　　　　　　　9b. 後鼻孔不爲管狀，如爲管狀時則較管狀之前鼻孔爲短。

　　　　　　　　　　10a. 倒伏之犬齒狀齒較少，約 1～10 枚 (*Gymnothorax*)。

　　　　　　　　　　　　11a. 頜間板上之中央齒錐狀，1 或 2 枚，不較周圍之齒列爲長。

　　　　　　　　　　　　　　12a. 上頜齒 1 列（幼小標本有 2 列）。體色隨年齡而變，幼時有不規則的 4～6
　　　　　　　　　　　　　　　　縱列黑點，以後變爲環狀斑；鰓裂周圍無黑斑………………………**花裸胸鱔**

　　　　　　　　　　　　　　12b. 上頜齒 2 列，體褐色，全身密佈暗褐色及白色小點…………………**密點裸胸鱔**

　　　　　　　　　　　　11b. 頜間板上之中央齒能倒伏，多少成犬齒狀。

　　　　　　　　　　　　　　13a. 後鼻孔有聳起之管狀外緣；吻部狹長，口裂廣，約爲頭長之半。下頜每側
　　　　　　　　　　　　　　　　有齒 35～40 枚。體爲一致之灰褐色……………………………**裂吻裸胸鱔**

13b.　後鼻孔無聳起之外緣。

14a.　上頜齒 2～3 列，內列齒至少 5 枚；鰓裂周圍無黑斑。

15a.　頭長爲口裂寬之 2～3 倍，體長爲頭長之 6～8.75 倍。體黑褐色，有
許多小白點，有較大之黑色圓點夾雜其間……………………**黃黑斑裸胸鯙**

15b.　頭長爲口裂寬之 3.5 倍，體長爲頭長之 9～11 倍。體黃褐色，有不甚
顯明之各式黑斑…………………………………………………**豹紋裸胸鯙**

14b.　上頜齒僅一列，如在內側前部有第二列，僅 1～4 枚，犬齒狀，成長後
往往消失。

16a.　鰓裂周圍有深褐色或黑色斑。體黑色而有形狀不一之帶黃味之緋色
點；生活時奇鰭邊緣綠色……………………………………**黃邊鰭裸胸鯙**

16b.　鰓裂周圍無斑。

17a.　身體有黑色或褐色橫帶。

18a.　體長爲頭長之 8～10 倍；體褐色，體側有 17～24 條暗色橫
帶，在腹面間斷，帶寬大於帶間，第一條橫過吻部…**闊帶裸胸鯙**

18b.　體長爲頭長之 8～9 倍；體褐色，體側有 15～20 條黑褐色環
帶，在腹面不間斷，帶寬較帶間爲狹，第一條環帶恰好在眼部…
………………………………………………………………**環帶裸胸鯙**

18c.　體長大於頭部之 9 倍。體白色或黃褐色，有 15～20 條黑色橫
帶，其在腹面與尾部者較爲明顯，頭部有深褐色斑…………………
………………………………………………………………**疎條紋裸胸鯙**

18d.　體長大於頭部之 12 倍。體淡褐色，有 28～30 條不規則之深褐
色狹橫帶（較帶間爲狹），至背鰭則成爲斑點……**密條紋裸胸鯙**

18e.　體長大於頭部之 12 倍。體淡褐色，有 36～42 條不規則且不顯
著之褐色橫帶………………………………………………**蠕紋裸胸鯙**

17b.　身體斑紋成網狀。

19a.　網紋白色或黃色。

20a.　網紋較粗。尾部與頭與軀幹相等或略長………**疎斑裸胸鯙**

20b.　網紋纖細。尾部較頭與軀幹略短或相等。

21a.　體褐色，有不甚明顯之白色或黃色之線紋，形成網狀，
有的爲一致之暗褐色…………………………………**淡網紋裸胸鯙**

21b.　體淡褐色，有暗褐色之大理石紋及網紋，有的聚合爲不
規則之狹橫帶………………………………………**暗網紋裸胸鯙**

19b.　體緋色而帶淡褐味。

22a.　吻鈍圓。體淡褐色，有大小不一而形狀不規則之暗色
斑點，並有網狀闊條紋擴展至背鰭………**班第氏裸胸鯙**

22b.　吻尖銳，　體暗褐色，　有多數不甚明顯而不規則之黑點，大小約如眼徑，多少成行列，在尾部者成不規則之橫條紋……………………………………**伯恩斯裸胸鱔**

17c.　身體有不明顯之斑塊。

　　23a.　體白色或淡褐色，而有黑色大斑點。

　　　24a.　斑點有淡色邊緣。

　　　　25a.　斑點形狀不一，有時彼此癒合……**黑斑裸胸鱔**

　　　　25b.　斑點圓形黑色，小於間隔…………**澎湖裸胸鱔**

　　　24b.　斑點無淡色邊緣，形狀不一，有時彼此癒合。

　　　　26a.　斑點小於間隔………………………**花鰭裸胸鱔**

　　　　26b.　斑點大於間隔………………………**大斑裸胸鱔**

　　23b.　體淡褐色，而有白色斑點。

　　　　27a.　褐色帶紅味，尾部白斑甚少…**白斑裸胸鱔**

　　　　27b.　褐色帶灰味，白斑較小，尾部無斑………
　　　　　………………………………………**花斑裸胸鱔**

　　23c.　體褐色或黑褐色，而有較深色之斑駁。上下頜有多少明顯之白點，口角後方有一深褐條紋…**雲紋裸胸鱔**

17d.　頭、軀幹及尾爲一致之褐色。背鰭、臀鰭有寬白邊。背鰭在肛門以前之部分約爲體高之半，肛門以上部分約與體高相等，在尾部則超過體高………………………………………**暗色裸胸鱔**

17e.　身體爲一致之褐色，腹方略淡，脊鰭、臀鰭之後部有潤白邊；有一方形深黑色斑，位於眼之後方。下頜兩側有 4 黏液孔，上頜兩側有 3 黏液孔，後鼻孔在一白斑之內………………**眼斑裸胸鱔**

10b.　倒伏之犬齒狀齒約 30 枚。口較大，不能完全閉合 (*Aemasia*)。

　　體暗褐色，全身有不規則之淡褐色苔狀斑紋，在體側排成三縱列…………**苔斑鱔**

9c.　前鼻孔之外緣肥厚，並向後延長爲二葉狀之皮瓣；後鼻孔卵圓形，約與眼徑相等，外緣有寬薄膜 (*Enchelynassa*)。

　　體爲一致之暗褐色。上頜齒兩列，外列齒大形，內列在兩側爲大形之倒伏犬齒，數較少。鋤骨有二枚錐狀小齒。下頜之外列齒大形，內列在前方爲少數大形倒伏之犬齒…
　　………………………………………………**銳齒鰻鱔**

8b.　側線存在，由線形小孔連綴而成。體延長。後鼻孔爲孔紋狀或爲短管狀(*Strophidon*)。

28a.　體褐色，或黃褐色，頭部有多數暗色小點；鰭有白邊。體長爲體高之40～51倍，頭長之 12～17 倍………………………………**布氏竹鱔**

28b.　體爲一致之淡褐色，腹鰭較淡，奇鰭後部外緣黑色。體長爲體高之 30 倍，頭長之9.8 倍……………………………………………………………………**竹鱔**

7b. 背鰭與臀鰭在近尾端處特低，且與尾鰭連合 (*Gymnomuraena*)。

29a. 體爲一致之褐色，各鰭黑色。體長爲體高之 33～36 倍，頭長之 7～11 倍。尾部約與頭及軀幹相等或稍長……………………………………………**一色裸鯙**

29b. 體黃、褐，或灰褐色，下側較淡，有大小不一之大理石斑紋。體長爲體高之 19～26 倍，頭長之 9～11 倍。尾部短於頭及軀幹…………………………**斑紋裸鯙**

斑蝮鯙 *Echidna zebra* (SHAW)

英名 Zebra moray。 又名條紋蛇鱔。產恒春。(圖 6-61)

多環蝮鯙 *Echidna polyzona* (RICHARDSON)

英名 Barred moray, Girdled moray; 又名多帶蛇鱔。日名島嵐鱓。產高雄。

星帶蝮鯙 *Echidna nebulosa* (AHL)

英名 Starry moray, Clouded moray, Floral moray, Mottled or Spotted moray。 又名雲紋蛇鱔。俗名節仔鰻。產基隆、恒春，在珊瑚礁中，極少見。(圖 6-61)

喜樂蝮鯙 *Echidna delicatula* (KAUP)

據楊鴻嘉先生函告本種產臺灣。

黑身管鼻鯙 *Rhinomuraena quaesita* GARMAN

英名 Ribbon Eel。 俗名海龍，五彩鰻。幼期雌雄同體，雄性先熟。 *R. ambonensis* BARBOUR 爲其異名 (雄)。沈世傑教授於 63 年在中國雜誌刊出之 *R. melanosoma*, 和 *R. caerulosoma* 二新種應亦爲其異名。

長尾鯙 *Thyrsoidea macrurus* (BLEEKER)

英名 Long-tailed Eel; 又名長尾鱔; 日名尾長鱓。產蘇澳、高雄、蘭嶼。

豹紋鯙 *Muraena pardalis* TEMMINCK & SCHLEGEL

又名豹海鱔。俗名薯鰻、鷄角仔鰻。產基隆。

花裸胸鯙 *Gymnothorax pictus* (AHL)

英名 Painted or Bar-cheeked moray, Painspotted moray; 又名花斑裸胸鱔，俗名薯鰻。產恒春。

密點裸胸鯙 *Gymnothorax thyrsoidea* (RICHARDSON)

英名 Spotted-lip moray。 產臺灣南端沿岸及臺北萬里。

裂吻裸胸鯙 *Gymnothorax schismatorhynchus* (SHAW)

產臺灣。

黃黑斑裸胸鯙 *Gymnothorax meleagris* (SHAW)

英名 Guineafowl moray, speckled moray。又名斑點裸胸鱔。日名花瓣鯙，白紋毒鯙。

肉有劇毒。水產試驗所新得標本。產基隆、恒春。楊與鍾（1978）記琉球嶼採得 *G. eurostus*（ABBOTT）二尾，沈世傑教授（1984）亦記載該種產臺灣北部，惟與本種差別甚微，是否應成爲獨立之種，尚待研究。

豹紋裸胸鯙 *Gymnothorax polyuranodon*（BLEEKER）

英名 Freshwater moray。屏東縣政府水產科得此標本於屏東河水中，經鑑定爲本種，爲溯河性鯙類，在東亞可能爲初次報告。

黃邊鰭裸胸鯙 *Gymnothorax flavimarginatus*（RÜPPELL）

英名 Yellow-edged moray, Leopard moray。日名背麻鯙，毒鯙。俗名糙鯙。產高雄、恒春。

濶帶裸胸鯙 *Gymnothorax petelli* BLEEKER

英名 Tiger moray。產臺灣。

環帶裸胸鯙 *Gymnothorax ruppelli*（McCLELLAND）

產綠島。

疎條紋裸胸鯙 *Gymnothorax reticularis* BLOCH

又名網紋裸胸鱔；網鯙（動典）；俗名海蛇，海肚蛇；日名網鱓。產新竹、高雄。

密條紋裸胸鯙 *Gymnothorax punctatofasciatus*（BLEEKER）

又名斑條裸胸鱔。產基隆。稀有種。

蠕紋裸胸鯙 *Gymnothorax kidako*（TEMMINCK & SCHLEGEL）

亦名靱魚，鯙（動典）；日名鱓。水產試驗所曾採得標本（1953）。產基隆，恒春。

疎斑裸胸鯙 *Gymnothorax undulatus*（LACÉPÈDE）

英名 Leopard moray, Mottled moray。亦名波紋裸胸鱔，波浪鯙（梁）；日名波鯙。俗名糙鰻。產高雄、頂茄萣。

淡網紋裸胸鯙 *Gymnothorax pseudothyrsoideus*（BLEEKER）

產高雄、澎湖。稀有種。

暗網紋裸胸鯙 *Gymnothorax richardsoni*（BLEEKER）

英名 Spotted-lip moray, Richardson's moray。又名李氏裸胸鱔。產臺灣。

班第氏裸胸鯙 *Gymnothorax berndti* SNYDER

產基隆。

伯恩斯裸胸鯙 *Gymnothorax buroensis*（BLEEKER）

英名 Lattice-tail moray。產恒春。

黑斑裸胸鯙 *Gymnothorax melanospilus*（BLEEKER）

英名 Black-spotted moray。又名黑點裸胸鱔。產高雄、澎湖。本書"初版"曾將澎湖

裸胸鯙列爲本種之異名，茲據松原氏 (1955, P. 354) 仍將其分列爲二種。(圖 6-61)

澎湖裸胸鯙 *Gymnothorax pescadoris* JORDAN & EVERMANN

日名棋石鱓，與上種之主要區別爲尾部較 "頭與軀幹" 略短（黑斑裸胸鯙之尾部與頭及軀幹等長或略長）。產臺灣。

花鰭裸胸鯙 *Gymnothorax fimbriatus* (BENNETT)

亦名細斑裸胸鱔。日名緣棋石鱓。產恒春。*G. stellatus* SNYDER 當爲本種之異名。

大斑裸胸鯙 *Gymnothorax favagineus* BLOCH & SCHNEIDER

英名 Honey-comb moray。又名豆點裸胸鱔。水產試驗所自高雄得此標本，經梁潤生敎授鑑定 (1951) 爲本種，並定名爲灰斑裸胸鯙。按本種斑大而顯，但並非灰色，故改訂如上。基隆亦有報告。

白斑裸胸鯙 *Gymnothorax leucostigma* JORDAN & RICHARDSON

產高雄、東港。

花斑裸胸鯙 *Gymnothorax neglectus* TANAKA

日名霙鱓，霙漢譯爲雪花。產高雄、東港、基隆。

雲紋裸胸鯙 *Gymnothorax chilospilus* BLEEKER

產基隆、恒春。

暗色裸胸鯙 *Gymnothorax hepatica* RÜPPELL

產恒春。

眼斑裸胸鯙 *Gymnothorax monostigmus* (REGAN)

本種分佈南太平洋及印度洋，沈世傑敎授 (1984) 報告曾見於臺灣南端岩礁區域。

苔斑鯙 *Aemasia lichenosa* JORDAN & SNYDER

產東港。

銳齒鰻鯙 *Enchelynassa canina* QUOY & GAIMARD

產蘭嶼。

布氏竹鯙 *Strophidon brummeri* BLEEKER

產恒春。

竹鯙 *Strophidon ui* TANAKA

依日名（竹鱓）定爲竹鯙。產東港。(圖 6-61)

一色裸鯙 *Gymnomuraena concolor* (RÜPPELL)

英名 Uniform reef-eel, Brown moray。又名無斑裸海鱔。俗名薯鰻。產基隆、東港、蘭嶼。*Anarchias allardicei* JORDAN & SEALE 當爲其異名。

斑紋裸鯙 *Gymnomuraena marmorata* LACÉPÈDE

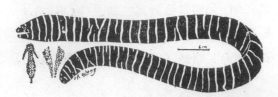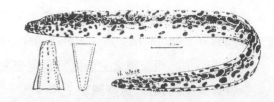

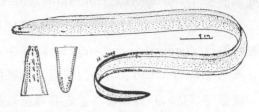

圖 6-61　左上，斑蝮鯙；左下，星帶蝮鯙；右上，黑斑裸胸鯙；右下，竹鯙。

英名 Marbled reef-eel。又名花斑裸海鱔。產恒春。*G. micropterus* BLEEKER, *Uropte-rygius micropterus* BLEEKER 均其異名。

糯鰻科 CONGRIDAE

LEPTOCEPHALIDAE + HETEROCONGRIDAE; Conger Eel; 康吉鰻科

本科酷似鰻鱺，但概在海洋中生活，不上溯至河川中（少數發現於河川入海口或上游）。體中度延長而粗壯，前部圓柱狀而後部側扁，不被鱗，有側線。背鰭起點在鰓裂上方，或略前，或略後。肛門顯然在體之前半。鰓裂大，下側位，在胸鰭直前。舌寬，前部與兩側游離。吻突出，篩骨（間頜板）與前上頜骨發達，超越上頜骨。口裂伸展至眼後。後鼻孔在眼前，前鼻孔管狀或非管狀，在吻端或吻側。上下頜齒及鋤骨齒二列，二列以上，或成為一帶，圓錐形或側扁，無犬齒。唇厚而具皮摺。胸鰭發育完善；背鰭、臀鰭發達，被厚皮膚，與尾鰭連合，但尾部向後逐漸纖細，與鰻鱺科側扁而不纖細之尾部顯然有別也。

臺灣產糯鰻科 9 屬 13 種檢索表[2][3]:

1a. 後鼻孔有膜瓣。

  2a. 前上頜骨齒在閉口時不顯露於口外，上下頜齒成為狹齒帶（*Parabathymyrus*）。

    體長為體高之 14.5～15 倍，頭長之 5～6 倍；尾長為頭與軀幹長之 1.5 倍；頭長為眼徑之 5.5～7 倍，口裂之 3.5～4 倍……………………………………………………**大眼擬海糯鰻**

[2]　KUNTZ (1970) 另記 *Ariosoma meeki* (JORDAN & SNYDER)，採自臺灣本島，因無資料可考，暫未列入。

[3]　又梁 (1951) 增 *Muraenichthys owstoni* JORDAN & SNYDER（應改名為 *Muraenichthys macropterus* BLEEKER）一種，本種有短尾鰭，無胸鰭，隸蛇鰻科，但種名前加有? 號，原標本未見，故未列入。

2b. 前上頜骨齒在閉口時顯露於外；上下頜齒除前部外均僅一列 (*Bathymyrus*)。

體長爲體高之 16 倍，頭長之 6.2 倍；尾長爲頭與軀幹長之 1.5 倍；頭長爲眼徑之 5.8 倍，口裂之 3.6

倍 ....**銼吻海糯鰻**

1b. 後鼻孔無膜瓣。

3a. 尾部等於或略長於頭與軀幹，尾端強而硬，尾鰭甚短。各鰭無分節之軟條。上唇有外翻之褶襞。

腹椎數等於或多於尾椎數。肌骨桿 (**Myorhabdoi**) 或有或無。

4a. 口裂伸展至眼之中部以後。頭部感覺孔：眶上區 3，眶下區 5，下頜區 8，前鰓蓋區 3，顳上

區 0 (3＋5＋8＋3＋0＝19)。腹椎數遠多於尾椎數，肌骨桿具有 (*Anago*)。

前鼻孔管狀。齒圓錐狀，同大，閉口時前上頜齒不顯露於外。體長爲體高之 13.6～15 倍，頭長

之 5～5.8 倍，尾較頭與軀幹略長；頭長爲眼徑之 4.8～5.4 倍，口裂之 3.5～4 倍 ....**白糯鰻**

4b. 口裂伸展至眼之中部以前，頭部感覺孔：6＋8＋7＋3＋3＝27。腹椎數與尾椎數殆相等。肌骨

桿缺如 (*Alloconger*)。

5a. 吻比較的尖銳。體深褐色。奇鰭具寬而顯著之黑邊 ....**異糯鰻**

5b. 吻比較的鈍圓，體淡色。奇鰭黑邊不顯著 ....**大異糯鰻**

3b. 尾部中庸大，或顯然長於頭與軀幹，尾端易於彎曲。幼體之肌隔無色素，但沿腹面有二列黑素

胞。各鰭具分節之軟條。上唇具有外翻之褶襞或缺如之。腹椎數少於尾椎數。肌骨桿缺如。

6a. 上唇有外翻之褶襞，尾後方稍窄而側扁。

7a. 前上頜骨齒在閉口時收入口內，上下頜齒爲一律之門齒狀，齒冠形成切緣。背鰭起點在

胸鰭中央或後半之上。吻長大於眼徑。體腔膜色淡。頭部感覺孔 4＋5＋6＋3＋1＝19

(*Conger*)。

8a. 側線感覺孔白色，背鰭基部兩側有同樣之白色感覺孔，但孔間隔較寬，在頭部（包括

吻部）背面者則甚密 ....**繁星糯鰻**

8b. 感覺孔不爲白色。

9a. 背鰭起點在胸鰭後端上方，或略後。尾長略短於頭與軀幹之 2 倍 ....**魏氏糯鰻**

9b. 背鰭起點在胸鰭中部上方，尾長等於頭與軀幹之 2 倍 ....**灰糯鰻**

7b. 前上頜骨齒在閉口時露出口外，上下頜齒圓錐狀，排列成齒帶，齒冠不形成切緣。頭部

感覺孔 6＋7＋7＋3＋1＝24 (*Rhynchocymba*)。

體長爲體高之 16.2 倍，頭長之 6 倍，尾長略短於頭與軀幹之 2 倍；頭長爲眼徑之 4.8 倍，

口裂（下頜計）之 3.4 倍 ....**緋糯鰻**

6b. 上唇無外翻之褶襞。尾後方纖細。上頜齒在閉口時顯露於外。

10a. 鋤骨齒帶並不向後伸展至鋤骨軸 (**Vomerine shaft**) 後端。

11a. 鋤骨齒成爲圓形之一簇。吻不膨大。口裂達眼之中部下方。頭部感覺孔 3＋5＋

6＋3＋1＝18。尾纖長，超過頭與軀幹之 2 倍 (*Rhynchoconger*)。

12a. 吻比較的長 (3.8～4.8 倍等於頭長)。背鰭起點在鰓裂上方。眼大 (5.5～6.5

倍等於頭長) ....**突吻糯鰻**

12b. 吻比較的短而鈍圓（5.2～5.4 倍等於頭長）。背鰭起點在胸鰭後端上方。眼
比較的小（9.5～10 倍等於頭長）……………………………………**短吻糯鰻**

11b. 鋤骨齒二枚。吻膨大。口裂達眼之後緣下方。頭部感覺孔 3＋5＋7＋3＋1＝19
（*Congrina*）。

體長爲體高之 17～19.5 倍，頭長之 6.8～7 倍，尾部短於頭與軀幹之 2 倍，頭長
爲眼徑之 6.4～6.8 倍，口裂（下頜）之 2.5～3 倍……………………**黑邊鰭糯鰻**

10b. 鋤骨齒一列，向後伸展至鋤骨軸，齒爲犬齒狀（*Uroconer*）。

體長爲體高之 20～25 倍，頭長之 7～8.5 倍，尾部較頭與軀幹之 2 倍爲長；頭長爲
眼徑之 9.5～10 倍，口裂（下頜）之 3.7～4 倍……………………**狹尾糯鰻**

大眼擬海糯鰻 *Parabathymyrus macrophthalmus* KAMOHARA

又名大眼糯鰻，大眼油鰻。產恒春、高雄、東港。

銼吻海糯鰻 *Bathymyrus simus* SMITH

產澎湖。（圖 6-62）

白糯鰻 *Anago anago* (TEMMINCK & SCHLEGEL)

亦名齊頭鰻、白鰻、穴鰻、糯鰻。產臺中、臺南、高雄、東港、澎湖。

異糯鰻 *Alloconger anagoides* (BLEEKER)

又名擬糯鰻、奇鰻。產臺南、高雄、東港。*C. flavirostris* (SNYDER) 當爲本種之異
名。

大異糯鰻 *Alloconger major* ASANO

又名大白糯鰻。產臺南、高雄、基隆。李信徹、楊鴻嘉（1966）報告一亞種 *A. shiroanago
major* ASANO 產高雄。楊鴻嘉（1975）又報告另一亞種 *A. shiroanago shiroanago*
ASANO 亦產高雄。

繁星糯鰻 *Conger myriaster* (BREVOORT)

又名花點糯鰻。產基隆。

魏氏糯鰻 *Conger wilsoni* (BLOCH & SCHNEIDER)

英名 Capeconger；又名黑糯鰻。產基隆、澎湖。*C. japonicus* BLEEKER, *C. vulgaris*
T. & S., 以及 *C. jordoni* KANAZAWA 均爲本種之異名。

灰糯鰻 *Conger cinereus* RÜPPELL

英名 Blackedged conger。產恒春、小硫球。

緋糯鰻 *Rhynchocymba nystromi* (JORDAN & SNYDER)

又名銀糯鰻，尼氏突吻鰻。產基隆、澎湖。松原、落合（1951）根據脊椎骨數和側線孔
數之差異，而把本種分爲 *R. nystromi nystromi* (JORDAN & SNYDER) 和 *R. n.*

xenica (MATSUBARA & OCHIAI) 二亞種；淺野 (1962) 把後者列爲獨立之種，並發表另一亞種 *R. n. ginanago* (ASANO)。（圖 6-62）

突吻糯鰻 *Rhynchoconger ectenurus* (JORDAN & RICHARDSON)

亦名黑尾突吻鰻。產臺南、高雄、基隆。*R. brachuata* CHU & CHEN 當爲其異名。

短吻糯鰻 *Rhynchoconger brevirostris* CHEN & WENG

產東港。

黑邊鰭糯鰻 *Congrina retrotincta* JORDAN & SNYDER

產臺南、東港。

狹尾糯鰻 *Uroconger lepturus* (RICHARDSON)

英名 Longtail conger；亦名尖尾鰻，長尾鰻；俗名金絲鰻。產臺南、高雄、東港。

圖 6-62　左，鉇吻海糯鰻；右，緋糯鰻。

海鰻科 MURAENESOCIDAE

Conger Pikes; Pike conger eels; Marine Eels; 鱧科（日）

較大形之海產鰻魚，體延長，前部次圓柱狀，後部側扁。背鰭起點在鰓裂上方或前方。背鰭、臀鰭與尾鰭連合，鰭條顯著，胸鰭發育完善。肛門位於體之後半。吻突出，吻端圓突，有一缺刻與吻部後方隔離。眼大，卵圓形，無游離邊緣。前鼻孔短管狀，在吻端缺刻後方；後鼻孔在眼與前鼻孔之間，不具緣瓣。舌窄小，固定於口腔底，先端可能游離，口裂寬，伸展至眼後。上下頜側方有數列錐形齒，上頜前方及前上頜骨與鋤骨上有犬齒；鰓裂寬，由胸鰭基底向喉部伸展，左右鰓裂相距甚近。

臺灣產海鰻科 3 屬 5 種檢索表:

1a. 上下頜齒前方爲犬齒狀。鋤骨齒數列，中列爲大形犬齒狀。背鰭起點在鰓裂上方。

2a. 下頜齒外列直立或略向內斜，而絕不向外斜出，主要鋤骨齒大形，側扁，中等尖銳，其前後緣尖利，基部前後均有尖頭，各齒相接或分離 (*Muraenesox*)。

3a. 側線在肛門以前有 39～47 孔。肛門上方以前背鰭鰭條 66～78 枚。頭長爲眶間區之 8.2 倍。脊椎數 145～159。鰓蓋薄，上緣深陷入 ··**灰海鰻**

3b. 側線在肛門以前有 35～38 孔。肛門上方以前背鰭鰭條 47～59 枚。頭長爲眶間區之 10.7 倍。

脊椎數 128～141。鰓蓋厚，上緣略陷入 ···**百吉海鰻**

2b. 下頜齒外列向外斜出。主要鋤骨齒大形，橫切面圓形，極尖銳，只外端有小尖頭；各齒互相遠離 (*Congresox*)。

    4a. 頭長約為胸鰭長之 3 倍；肛門上方以前之背鰭鰭條 70～75 枚；肛門以前有側線孔 41～42；脊椎數 143～149；頭部及體軀黃色 ·································**鶴海鰻**

    4b. 頭長約為胸鰭長之 4 倍；肛門上方以前背鰭鰭條 57～68 枚；肛門以前有側線孔 35～40；脊椎數 132～145；頭部及體軀黃色 ·······································**擬鶴海鰻**

1b. 上下頜齒各三列，中列為長形離生之犬齒，鋤骨齒細小，僅一列。背鰭起點在鰓裂以前 (*Oxyconger*)。體長為體高之 20～21 倍，頭長之 5 倍；頭長為眼徑之 8.5～9 倍，口裂之 1.6 倍··················**狹頜海鰻**

灰海鰻 *Muraenesox cinereus* (FORSSKÅL)

    英名 Pike-eel, Silver Pike-eel；Arabian pike-eel；食用海鰻，所謂門鱔，鶴鱔 (F.)，毛魚均指此。本島各地均有，俗名虎鰻、鱧魚。（圖 6-63）

百吉海鰻 *Muraenesox bagio* (HAMILTON)

    亦名青門鱔。大形海鰻，常見於蘇澳漁市場。*M. yamaguchiensis* KATAYAMA & TAKAI 當為本種之異名。

鶴海鰻 *Congresox talabon* (CANTOR)

    李盧琨 (1960) 初次報告。產臺北、基隆、蘇澳。

擬鶴海鰻 *Congresox talabonoides* (BLEEKER)

    英名 Indian Pike-conger。據 FAO 手冊分佈臺灣海峽南部。

狹頜海鰻 *Oxyconger leptognathus* (BLEEKER)

    李盧琨 (1960) 初次報告。亦名細頜鰻，東海大學有標本得自東港、澎湖。（圖 6-63）

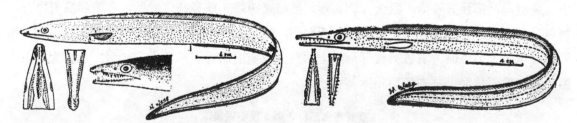

圖 6-63 左，灰海鰻；右，狹頜海鰻。

鴨嘴鰻科 NETTASTOMIDAE

Duck-bill Eels；蛇糯鰻科（梁）；絲鰻科

體延長，向後側扁，尾端纖細如絲。體不被鱗，但有明顯之側線。肛門在體之前半，距鰓裂甚遠。奇鰭均發育完善，在尾端連合。無胸鰭。吻尖銳，延長如鴨嘴，上頜較長。前鼻孔管狀（或不爲管狀），近於吻端；後鼻孔爲裂紋狀，在眼之上方或前方。舌不游離。齒尖銳略彎，在上下領、鋤骨各成爲一帶，前上領骨齒與鋤骨齒相連。鰓裂小或中型，近於下方，但彼此遠離。

臺灣產鴨嘴鰻科 1 屬 2 種檢索表：

1a. 吻端下方無缺刻。體堅硬。鰭條短。體長約爲體高之 48 倍 ⋯⋯⋯⋯⋯⋯⋯⋯⋯⋯⋯⋯線尾鴨嘴鰻

1b. 吻端下方有缺刻。體軟黏滑。鰭條長。體長約爲體高之 34～38 倍⋯⋯⋯⋯⋯⋯⋯⋯⋯臺灣鴨嘴鰻

線尾鴨嘴鰻 *Chlopsis fierasfer* JORDAN & SNYDER

又名絲尾草鰻。日名絲穴子。深海魚。產高雄、澎湖。

臺灣鴨嘴鰻 *Chlopsis taiwanensis* CHEN & WENG

極稀有之深海魚。產東港。（圖 6-64）

異糯鰻科 XENOCONGRIDAE

ECHELIDAE 之一部分；False Morays

體延長，向後側扁；尾鰭存在，與背鰭、臀鰭相連。尾部長於頭與軀幹。鰓孔小，圓形。側線孔只見於頭部而不見於軀幹部；胸鰭或有或無。後鼻孔在上唇內（有例外），位於眼之前下方，有瓣膜。前鼻孔在上唇邊緣，成短管狀。

本書舊版列睛海鰻科(ECHELIDAE)，包括 *Myrophis* 等屬。近據奈爾遜 (J. S. NELSON) 及麥考斯克爾 (J. E. McCOSKER, 1977) 的意見，*Myophis, Muraenichthys* 等屬改列蛇鰻科中，而 *Kaupichthys* 等屬，改列異糯鰻科中。今暫依之。

本省現發現者僅二齒異糯鰻一種，其鋤骨齒二列，中部互相遠離；下領齒在前部成 2 或 3 列，後部或成單列。唇無摺襞，後鼻孔在上唇內。背鰭起點在鰓裂之正上方，或略前略後。吻及下領先端鈍圓。胸鰭發育完善，長於眼徑。前鼻管白色。體長爲吻端至肛門長之 3.4～3.8 倍；頭長爲眼徑之 9.5～12 倍，眼間隔之 5.8～7.2 倍。體褐色，各鰭基部亦褐色，外緣灰色⋯⋯⋯⋯⋯⋯⋯⋯⋯⋯⋯⋯⋯⋯⋯⋯二齒異糯鰻

二齒異糯鰻 *Kaupichthys diodontus* SCHULTZ

產恒春。（圖 6-64）

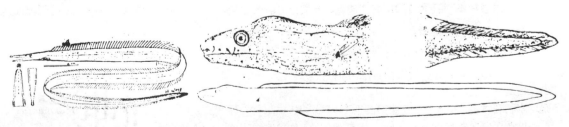

圖 6-64 左，臺灣鴨嘴鰻；右，二齒異糯鰻。

蛇鰻科 OPHICHTHIDAE

Snake Eels; Serpent Eels

本科極似海蛇，小形種類則類似蠕蟲。無尾鰭，背鰭、臀鰭至尾端處終止（故尾端尖銳而突出），亦有具甚短之鰭條而與背鰭及臀鰭相連者。胸鰭或有或無，或僅留痕跡。吻多少尖銳而突出。口裂向後仲展至眼下，或超越眼之後緣。眼小。前鼻孔管狀、乳突狀或瓣狀，在上唇先端上方，或突出之吻端之下面；後鼻孔爲一裂紋，往往在眼下或眼後之上唇下方（極少在上方者）。齒尖銳，圓錐狀，或顆粒狀，成爲一列、二列、或一帶，各齒大小相等，或略有差別。鰓裂大或小，橫裂，縱裂，或斜開，在頸側，或近於腹面。鰓被架一般較多，並且在中央線上相互重叠，而形成籃狀構造，稱之爲 "軛蓋" （jugostegalia）。髓棘不發達，或無髓棘。多產熱帶海中，喜棲息沙質海底而接近岩礁處，亦有棲息港灣之泥底中者。

臺灣產蛇鰻科 2 亞科 10 屬 19 種檢索表[4]:

1a. 尾鰭有短鰭條，與背鰭及臀鰭相連，尾鰭末端能彎曲。鰓裂在側下方，緊縮 (MYROPHINAE)。

　2a. 有胸鰭，有時或僅以鰓孔上緣之小皮瓣代表之。鋤骨齒成單列。上下頜齒在前部爲 2 或 3 列，有時後部或全部成單列。背鰭起點在身體中點以前 (*Myrophis*)。

　　體上部色暗，下部稍淡，背鰭與臀鰭之後部有黑邊。眼小，隱於皮下……………………**陳氏油鰻**

　2b. 無胸鰭，吻之腹面有中央溝；上唇向前連續而無缺刻。前上頜骨，主上頜骨，齒骨，鋤骨均有齒 (*Muraenichthys*)。

　　背鰭起點大致在肛門上方；眼之後緣在口裂稍前。體長爲頭長之 10 倍，體高之 30～50 倍。體灰黃色

　　………………………………………………………………………………………………**裸蟲鰻**

1b. 尾鰭末端爲堅硬，或肉質之無鰭條尖銳突起。鰓裂在側下方或完全在腹面，不緊縮 (OPHICHTHINAE)。

　3a. 上唇邊緣有短鬚成流蘇狀。吻尖銳。

　　4a. 上下唇均有鬚，但比較的細小，齒大小不等，鋤骨齒及下頜齒爲犬齒狀；上頜齒較小，一或二列 (*Brachysomophis*)。

　　　胸鰭發育完善，約爲頭長之 1/5。口裂寬，約爲口長之 2/5。體褐色，各鰭黃色而有褐邊；體側有大形而不規則之橫斑或橫帶……………………………………………………**大口蛇鰻**

　　4b. 上唇有顯著之鬚；齒圓錐狀，上下頜齒數列或成齒帶 (*Cirrhimuraena*)。

　　　口裂約爲頭長之 1/3；背鰭起點在鰓裂上方。體褐色，背部較深而腹部較淡…………**中國鬚蛇鰻**

　3b. 上唇邊緣無短鬚。

　　5a. 背鰭起點（如存在時）在鰓裂以前。

　　　6a. 胸鰭短而寬 (*Myrichthys*)。

④ 本科在本書 "初版" 中根據梁潤生 (1951) 報告尚記有一種間斑蛇鰻 (*Microdonophis intermedius*)，但在水試所所見則爲裾蛇鰻，是否標籤有誤抑或鑑定不確，當求證於來日，今暫爲刪除。

7a. 背鰭與臀鰭之終點較接近尾端；體長爲體高之 52～66 倍。體側有 27～30 個黑色環帶，向上至背鰭，向下至臀鰭，帶之寬度大於或約等於帶間隔……………………………**竹節蛇鰻**

7b. 背鰭和臀鰭之終點較接近尾端，體側有五縱列暗斑，第二，三列最大，各斑上下交錯，上方二縱列沿背鰭基底，第五縱列擴展至臀鰭內………………………………**安歧蛇鰻**

7c. 臀鰭之終點在背鰭終點之前，背鰭之終點遠在尾端之前；體長爲體高之 38～47 倍。體側有三列褐色圓斑，中列最大，與上下列相間排列，上下列斑點擴展至背鰭和臀鰭………
……………………………………………………………………………**巨斑蛇鰻**

6b. 胸鰭缺如 (*Bascanichthys*)。

體特纖長，爲體高之61.8 倍，頭長之23.8 倍；眼甚小，隱於皮下。體爲一致之灰褐色，背鰭、臀鰭及腹部淡色…………………………………………………………**盲蛇鰻**

5b. 背鰭起點（如存在時）在鰓裂上方或後方。

　8a. 鋤骨無齒 (*Leiuranus*)。

背鰭、臀鰭終點不達尾端。體側（由背鰭起點計算）有24 個黑色橫帶，但至腹側稍狹，因此左右兩側之帶往往在腹緣間斷，帶之寬度大於間隔。體纖長，爲體高之 46～54 倍，頭長之 13～15 6 倍……………………………………………………**半環平蓋蛇鰻**

　8b. 鋤骨有齒。

　　9a. 齒顆粒狀，成齒帶，前上頜骨齒多少與後方齒帶相連 (*Pisoodonophis*)。

　　　10a. 背鰭起點在胸鰭基部上方；背鰭、臀鰭鰭條在近尾端處較高；上唇腹面每側有二突起…………………………………………………………**食蟹荳齒蛇鰻**

　　　10b. 背鰭起點在胸鰭後端以後；背鰭、臀鰭鰭條後部不高；上唇腹面每側僅有一突起
……………………………………………………………………**波路荳齒蛇鰻**

　　9b. 齒尖銳或圓錐狀，一列或二列；前上頜齒與後方齒列分離。

　　　11a. 背鰭起點在鰓裂上方，或略前，或略後 (*Microdonophis*)。

　　　　12a. 體側有三列黑褐色斑，其中上二列各斑有白心…………………**眼斑蛇鰻**

　　　　12b. 體側有二列暗褐色圓斑，並無白心…………………………………**紋蛇鰻**

　　　11b. 背鰭起點遠在鰓裂後方（通常在胸鰭中部以後）(*Ophichthys*)。

　　　　13a. 上頜齒一列，有時成不規則之二列，下頜齒一列。

　　　　　14a. 體有明顯之褐色斑。

　　　　　　15a. 在後頭部（鰓裂以前）及吻部（包括眼眶）各有一黑色寬橫斑，背鰭、臀鰭黑色而有白邊…………………………………………………**頸帶蛇鰻**

　　　　　　15b. 除頭部兩個橫斑外，沿體側更有 20 個上下之不規則橫斑…………
………………………………………………………………………**艾氏蛇鰻**

　　　　　14b. 體爲一致之淡褐色。

　　　　　　16a. 吻短壯。背鰭起點在胸鰭後端以後（偶或在後端略前）；背鰭及臀鰭後端鰭條較高…………………………………………………………**裾蛇鰻**

16b. 吻尖銳。背鰭起點在胸鰭上方；背鰭、臀鰭後端鰭條不高。

    17a. 體長爲體高之 40～41 倍，頭長之 12 倍⋯⋯⋯⋯⋯⋯⋯⋯⋯頂蛇鰻

    17b. 體長爲體高之 51～60 倍，頭長之 17 倍⋯⋯⋯⋯⋯⋯⋯⋯長身蛇鰻

13b. 上頜齒二列，下頜齒一列。背鰭起點在胸鰭末端之上方。身體及各鰭爲一
致之淡褐色。體粗短，頭長爲體高之 $2\frac{1}{3}$ 倍⋯⋯⋯⋯⋯⋯⋯⋯⋯⋯⋯⋯錦蛇鰻

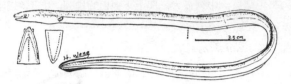

圖 6-65 陳氏油鰻。

陳氏油鰻 *Myrophis cheni* CHEN & WENG

    CHEN & WENG (1967) 發表之新種，種名紀念前農復會漁業組長陳同白博士。屬名
日名睛穴子。產東港。（圖 6-65）

裸蟲鰻 *Muraenichthys gymnotus* BLEEKER

    英名 Slender Worm-eel。產恒春。

大口蛇鰻 *Brachysomophis cirrhochilus* (BLEEKER)

    屬名曰短體鰻，又名龍鰻（動典）。產臺灣。

中國鬚蛇鰻 *Cirrimuraena chinensis* KAUP

    又名中華鬚鰻。產東港。

竹節蛇鰻 *Myrichthys colubrinus* BODDAERT

    英名 Ringed Snake-eel, Harlequin Snake-eel；日名濱海蛇。產恒春。

安歧蛇鰻 *Myrichthys aki* TANAKA

    據 CHANG 等 (1983) 產綠島。

巨斑蛇鰻 *Myrichthys maculosus* (CUVIER)

    產蘭嶼。

盲蛇鰻 *Bascanichthys kirkii* (GÜNTHER)

    英名 Longtail sand-eel，眼小而隱於皮下，故名。產臺南。

半環平蓋蛇鰻 *Leiuranus semicinctus* (LAY & BENNETT)

    英名 Half-banded Snake-eel；Culverin。鋤骨無齒，故又名平蓋蛇鰻（陳）。產恒春。

食蟹荳齒蛇鰻 *Pisoodonophis cancrivorus* (RICHARDSON)

    英名 Longfin Snake-eel；亦名長尾荳齒蛇鰻（梁），帆鰭鰻（動典）；日名南方帆立海
蛇。產臺中、臺南、高雄、東港、澎湖。*P. zophistius* JORDAN & SNYDER 爲本種

之異名。

波路荳齒蛇鰻 *Pisoodonophis boro* (HAMILTON-BUCHANAN)

　　英名 Giant Snake-eel；又名雜食荳齒鰻，低鰭荳齒鰻。今就種名音譯；日名破衣帆立海
蛇。產臺南、高雄。

眼斑蛇鰻 *Microdonophis polyophthalmus* (BLEEKER)

　　又名多睛細齒鰻。英名 Many-eyed Snake-eel。產基隆。(圖 6-66)

紋蛇鰻 *Microdonophis erabo* JORDAN & SNYDER

　　日名紋殼通。產鹿港。

頸帶蛇鰻 *Ophichthys cephalozona* BLEEKER

　　產臺灣。

艾氏蛇鰻 *Ophichthys evermanni* JORDAN & RICHARDSON

　　亦名漂蛇鰻（動典）；日名寶來海蛇，臺灣海蛇。產高雄、東港、澎湖。

裾蛇鰻 *Ophichthys urolophus* (TEMMINCK & SCHLEGEL)

　　本種產東港、鹿港。梁潤生氏所記之間斑蛇鰻可能為本種鑑定之誤。

頂蛇鰻 *Ophichthys apicalis* (BENNETT)

　　英名 Bluntnose Snake-eel；又名尖吻蛇鰻。東海大學生物系曾在高雄探得本種標本。
(圖 6-66)

長身蛇鰻 *Ophichthys macrochir* (BLEEKER)

　　英名 Longtail Snake-eel。體特細長，故名。產嘉義。

錦蛇鰻 *Ophichthys tsuchidai* JORDAN & SNYDER

　　產東港。

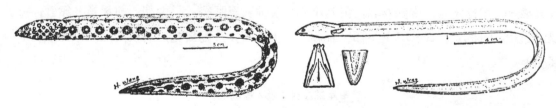

圖 6-66　左，眼斑蛇鰻；右，頂蛇鰻。

盲糯鰻科 DYSOMMIDAE

Arrowtoothed eel; Mustard eels.; 前肛鰻科

　　本科為深海產鰻類，體形特殊，肛門在胸鰭基底下方或在基底後不遠之部位，故舊時曾
列入線鰻科（NEMICHTHYIDAE）中。但本科體形近似糯鰻，不如線鰻之纖細而延長；上下

領雖比較纖弱，亦不如線鰻之特別細長如絲，且分向上下彎曲也。額骨連合爲一塊骨片。腭翼骨缺如。眼細小，隱於皮下，殆近於盲。

臺灣產盲糯鰻科 1 屬 2 種檢索表：

1a. 上頜長於下頜；吻鈍圓……………………………………………………………………………**盲糯鰻**

1b. 上頜短於下頜；吻尖銳……………………………………………………………………………**尖嘴盲糯鰻**

盲糯鰻 *Dysomma angullaris* BARNARD

又名前肛鰻，水試所標本原鑑定爲 *D. japonicus* MATSUBARA，故本書初版譯爲日本盲糯鰻。*Sinomyrus angustus* KAMOHARA 當係本種異名。東海大學曾自基隆、臺南、高雄採得本種標本多尾。

尖嘴盲糯鰻 *Dysomma melanurum* CHEN & WENG

產東港。（圖 6-67）

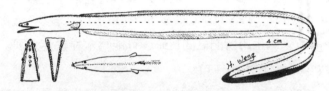

圖 6-67 尖嘴盲糯鰻。

線鰻科 NEMICHTHYIDAE

Snipe eels; 線口鰻科

體特別延長而纖細，至尾端呈絲狀，吻亦纖長，上頜向上翹，下頜向下彎（此可能保存標本之形態）。肛門近於鰓裂，或遠在鰓裂以後。無鱗，側線上有孔或無孔。背鰭、臀鰭向後與纖細之尾鰭連合。胸鰭存在，但甚小。口裂伸展至眼後，眼中型。前後鼻孔靠近，近於眼之前緣。舌固定。鋤骨與上下頜密佈細齒，尖端向後。鰓裂寬，有狹間隔，但鰓膜在喉峽部相連。

臺灣產線鰻科 2 屬 2 種檢索表：

1a. 有絲狀尾鰭，側線上有小孔三列，每節五孔。頭部無感覺稜脊 (*Nemichthys*)。

　　由側線孔所排成之四角形之長大於高，鰓裂前孔 2～18 枚，眶後孔 3～20 枚。背鰭起點在胸鰭基底以前；上下頜同長。體長爲體高之 60～70 倍，頭長之 10 倍。尾長約爲頭與軀幹長之 10 倍。體多少有色素點散在………………………………………………………………………………………**線鰻**

1b. 無絲狀尾鰭，每節有側線孔一枚；頭部有感覺稜脊，在眼之後方。肛門遠在胸鰭之後 (*Avocettina*)。

　　側線孔 181～201，背鰭前 5～8，肛門前 16～26。D. 279～432, A. 240～372。背鰭前長佔肛門前長之 21～39%。眼徑佔眶後長之 24～47%。體並非一致之淡褐色…………………………**反嘴線鰻**

線鰻 *Nemichthys scolopaceus* RICHARDSON

　　又名線口鰻。產東港。（圖 6-68）

反嘴線鰻 *Avocettina infans* (GÜNTHER)

　　據 NIELSEN & SMITH (1978) 產臺灣。

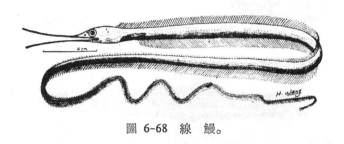

圖 6-68　線　鰻。

⊧囊咽亞目 SACCOPHARYNGOIDEI

=LYOMERI; MONOGNATHIFORMES

　　高度特化之深海魚類，無接續骨，鰓蓋諸骨，鰓被架，鱗片，亦無腹鰭，幽門盲囊，及泳鰾，尾鰭缺如或只存痕跡。鰓孔在腹面。背鰭、臀鰭甚底長。上下頜骨、舌頜骨、以及方骨極度延長，咽部能極度擴大，故能吞入大形食餌。眼小，接近吻端。沿背鰭甚底有發光器。

　　本亞目包含囊咽(SACCOPHARYNGIDAE)、廣咽(EURYPHARYNGIDAE)、單頜(MONOGNATHIDAE)三科，分佈大西洋、印度洋、及太平洋之深海中，種類稀少，臺灣尚無報告。

⊧背棘目 NOTACANTHIFORMES

=HETEROMI（異肩目）+LYOPOMI（緩鰓蓋目）；日名底鱚目

　　本目包含從前所稱異肩、緩鰓蓋二類，前者背鰭及臀鰭前方均有硬棘，髆骨與烏喙骨癒合，無發光器，側線在體側中部，椎體雙凹型；後者各鰭無棘，部分有發光器，側線近腹緣，椎體圓筒狀，終生具脊索，無中烏喙骨及眶蝶骨。但二者均為鰻魚狀之深海魚類，尾部細長，尾鰭小或缺如。胸鰭高位；腹鰭腹位，鰭條 7-11 枚；臀鰭甚低，基底長，與尾鰭相連，尾鰭內之骨骼退化。鰭有棘或無棘。口小，下位。上頜由前上頜骨與主上頜骨構成，但前者只見於上頜邊緣。上頜骨之背緣後方有向後倒伏之棘。有肋骨。球狀囊內有大形聽石。頭上有黏液腺，橫突起不與椎體癒合。肛門後位，鱗為圓鱗，被覆於頭部及體側，側線存在。鰾發育完善，雖有長氣道，但不與食道接近。

本目分海蜥魚(HALOSAUROIDEI, =LYOPOMI) 與背棘 (NOTACANTHOIDEI, =HETEROMI) 二亞目，前者只包括海蜥魚(HALOSAURIDAE) 一科，後者包括脂頰(LIPOGENYIDAE) 與背棘(NOTACANTHIDAE) 二科，臺灣均無報告。

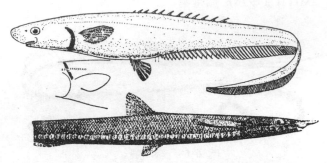

圖 6-69 背棘目二例：上，*Notocanthus macrorhynchus* MATSUBARA；下，*Halosaurus affinis* GÜNTHER（上圖據松原，下圖據 GÜNTHER）。

鯡頭部 CLUPEOCEPHALA

鯡形首目 CLUPEOMORPHA

第一尾下支骨與第一尾椎體游離，第二尾下支骨與第一尾椎體癒合。泳鰾有一長突出部通過外枕骨而伸入顱骨側壁之前耳骨。鰓被架一般少於 15 片。 體大都側扁。 泳鰾有導氣管與胃相通（鯷科例外）。

本首目包括化石之艾麗密目與現生之鯡目。

*艾麗密目 ELLIMMICHTHYIFORMES

下白堊紀至始新世中期的化石魚類。無側隱窩（眶下溝不與前鰓蓋溝合併，而延伸至皮蝶骨上）；副蝶骨上有齒一簇；前角舌骨上有一大孔；二頂骨均與上枕骨及額骨相接。本目包括 *Diplomystus*, *Ellimmichthys* 等屬，其背腹面均有稜鱗，腹鰭在背鰭前方，側線完全。

鯡 目 CLUPEIFORMES

鯡形魚類，以前認爲等椎目之一亞目，無狹首幼魚期，體側扁，被圓鱗，但頭部裸出；軀幹部無側線，但却見於鰓蓋上；無脂鰭，亦無發光器，腹緣因有稜鱗而形成鋸齒緣，亦有圓滑而無稜鱗者。髓顱之側隱窩內有數條側線溝通入，異於任何其他魚類。顳孔存在。鰓膜在喉峽部分離。口裂小或大。上頜前方中部由前上頜骨，兩側由主上頜骨構成，前上頜骨通常小形，主上頜骨向後伸展超過下頜後方，通常並有一或二片之上主上頜骨。前角舌骨無大孔；二頂骨被上枕骨分開。齒細弱或缺如，偶或具犬齒狀齒，散見於上下頜骨、鋤骨、翼骨及舌面。副蝶骨無齒。背鰭在體之中部或後部，偶或缺如。現生種類之第一尾下支骨完全與第一尾椎體分離；第一尾椎體退化縮小而與第二尾下支骨癒合。胸鰭通常存在。腹鰭腹位，具 6～11 鰭條，有時小形或缺如。無喉板。鰓裂寬。鰓被架 6～20。大都以浮游生物爲食，鰓耙多而細長，做濾器用。一般具擬鰓。通鰾性之泳鰾與聽覺器相接（在前耳骨及翼耳骨所形成之聽泡內，形成二大形泡囊）。輸卵管存在。

　　本目分爲齒鯡 (DENTICIPITOIDEI) 與鯡 (CLUPEOIDEI) 二亞目，前者包括齒鯡 (DENTICIPIDAE) 一科，爲非洲奈及利亞西南部特有之淡水魚類，僅一種，其特徵爲頭部表面各骨片有小齒 (Odontodes)，無上主上頜骨，尾鰭主要鰭條 16 枚；鰓被架 5，內方一對之前緣有小齒。頭部腹面有毛狀之小齒，側線完全。後者分佈甚廣，大部分爲海生，部分進入淡水，總數近 300 種。

鯡亞目 CLUPEOIDEI

　　化石首見於白堊紀。其頭部諸骨無小齒，鰓蓋諸骨無棘。鰓被架 6～20。尾鰭主要鰭條通常少於 15 枚。內耳之球狀囊內有大形聽石；頭上有黏液管。眶上管通過翼耳骨。脊椎之橫突起不與椎體癒合。

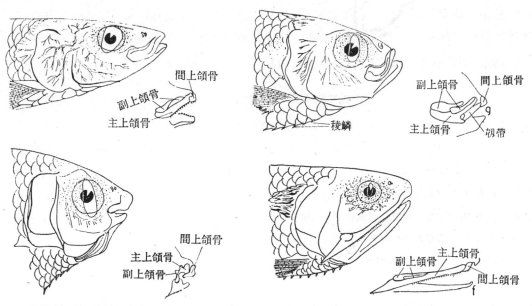

圖 6-70　鯡亞目各科頭部之比較，左上，鰮科；左下，水滑科；右上，鯡科；右下，鰶科。（據 MUNRO）。

臺灣產鯡亞目 5 科檢索表：

1a. 背鰭起點近於體之中點。上下頜齒小或缺如。

　2a. 口在頭部先端或近於先端，上下頜短；吻不逐漸尖削，亦不為猪嘴狀。

　　3a. 腹緣鈍圓，無稜鱗；鱗片中等，易落⋯⋯⋯⋯⋯⋯⋯⋯⋯⋯⋯⋯⋯⋯⋯**鰮科**

　　3b. 腹緣側扁，有稜鱗。

　　　4a. 口小，橫裂，位於吻端下方；有一片上主上頜骨（卽副上頜骨）；無齒。鰓膜分離；擬鰓大形；
　　　　　鰓被架 5〜6。胃砂囊狀⋯⋯⋯⋯⋯⋯⋯⋯⋯⋯⋯⋯⋯⋯⋯⋯⋯⋯⋯⋯⋯**水滑科**

　　　4b. 口比較的大，在吻端或吻端上方；有兩片上主上頜骨（卽副上頜骨）；齒細小，或缺如。鰓膜
　　　　　分離；擬鰓存在；鰓被架 6〜15。胃不為砂囊狀，但某種類之胃壁略厚⋯⋯⋯⋯⋯**鯡科**

　2b. 口大形，在吻部下方，上下頜延長；吻逐漸尖削，或為猪嘴狀。腹緣鈍圓或銳削，稜鱗或有或無
⋯⋯⋯⋯⋯⋯⋯⋯⋯⋯⋯⋯⋯⋯⋯⋯⋯⋯⋯⋯⋯⋯⋯⋯⋯⋯⋯⋯⋯⋯⋯⋯⋯⋯**鰶科**

1b. 背鰭遠在體之中部以後，與臀鰭對在；腹緣銳削，但無稜鱗；上下頜齒犬齒狀；鰓耙短壯；擬鰓缺如
⋯⋯⋯⋯⋯⋯⋯⋯⋯⋯⋯⋯⋯⋯⋯⋯⋯⋯⋯⋯⋯⋯⋯⋯⋯⋯⋯⋯⋯⋯⋯⋯⋯**寶刀魚科**

鰮　科 DUSSUMIERIIDAE

=STOLEPHORIDAE; Round Herring; Sprats; 圓腹鯡科; 鰯科（日）

　　體臘腸形，切面卵圓，亦有延長如寶刀魚，但腹緣鈍圓，無稜鱗。鱗片大或中型，薄而易落。口比較的小，開於吻端。上下頜骨始相等。前上頜骨小，主上頜骨長，有一或有二片上主上頜骨，後端廣而圓。口裂達於眼之前方或下方。上下頜、鋤骨、腭骨、翼骨及舌上均有細齒，但易落，落盡時若無齒。背鰭在吻端至尾基之中點前後，腹鰭小，在背鰭下方或略後。背鰭基底長於臀鰭基底；臀鰭低而偏後。鰓 4；鰓膜分離，不與喉峽部相連。鰓被架 6〜19。具擬鰓。鰓耙數少，纖細。小形羣游性魚類。

臺灣產鰮科 3 屬 5 種檢索表：

1a. 背鰭鰭條 11〜16；鰓被架 6〜7；上主上頜骨 2 片 (*Spratelloides*)。

　2a. 鱗片：l. l. 41〜49；l. tr. 8〜9。鰭條：D. 11〜14；A. 11〜14；V. 8。鰓耙 11〜18+23〜36。體
　　　側往往有銀白色縱帶⋯⋯⋯⋯⋯⋯⋯⋯⋯⋯⋯⋯⋯⋯⋯⋯⋯⋯⋯⋯⋯⋯⋯⋯**灰海荷鰮**

　2b. 鱗片：l. l. 32〜46；l. tr. 7〜9。鰭條：D. 10〜12；A. 9〜11；V. 8。鰓耙 9〜13+26〜33。背
　　　面暗藍色，腹面銀白色，無銀白色縱帶⋯⋯⋯⋯⋯⋯⋯⋯⋯⋯⋯⋯⋯⋯⋯⋯⋯**喜樂鰮**

1b. 背鰭鰭條 16〜21；鰓被架 14〜19。

　3a. 腹鰭在背鰭基部下方；臀鰭鰭條 14〜19；上主上頜骨二片。眼不為脂性眼瞼所覆蓋 (*Dussumieria*)。

　　4a. 腹鰭起點在背鰭基部前半下方。D. 18〜20；A. 15〜18。鱗片：l. l. 40〜46；l. tr. 11〜12；
　　　　背鰭前方鱗片 20〜26。鰓耙 11+12⋯⋯⋯⋯⋯⋯⋯⋯⋯⋯⋯⋯⋯⋯⋯⋯⋯**尖杜氏鰮**

4b. 腹鰭在背鰭基部中點下方。D. 18〜19；A. 16。鱗片: l. l. 52〜58；l. tr. 12〜13；背鰭前方
鱗片 24〜25。鰓耙 13〜14+24〜26⋯⋯⋯⋯⋯⋯⋯⋯⋯⋯⋯⋯⋯⋯⋯⋯⋯⋯⋯⋯⋯⋯哈氏鰮

3b. 腹鰭在背鰭基部後方；臀鰭鰭條 9〜13；上主上頜骨一片。眼完全爲脂性眼瞼所覆蓋(*Etrumeus*)。
D. 19〜20；A. 11。鱗片: l. l. 53〜56+4〜5；l. tr. 14〜15；背鰭前 15〜17。鰓耙 13+32〜34
⋯⋯⋯⋯⋯⋯⋯⋯⋯⋯⋯⋯⋯⋯⋯⋯⋯⋯⋯⋯⋯⋯⋯⋯⋯⋯⋯⋯⋯⋯⋯⋯⋯⋯⋯⋯⋯臭肉鰮

灰海荷鰮 *Spratelloides gracilis* (TEMMINCK & SCHLEGEL)

英名 Banded Blue Sprat, Silver Anchovy, Dwarf Round Herring；亦名海荷 (F.)，
黍魚子 (動典)；俗名苦蚵仔 (臺北)，針嘴鰮，丁香魚，鱙鰮 (袞)，鱙仔 (高)；日名
鱛條魚。*S. japonicus* (HOUTT.) 爲其異名。產臺灣、澎湖。

喜樂鰮 *Spratelloides delicatulus* (BENNETT)

英名 Blue-backed Sprat, Delicate round-herring。據李信徹博士 (1980) 報告產臺灣
東部。

尖杜氏鰮 *Dussumieria acuta* CUVIER & VALENCIENNES

英名 Sharp-nosed Sprat, Round Herring，又名圓腹鯡。臺南、澎湖、高雄、東港。

哈氏鰮 *Dussumieria hasselti* BLEEKER

英名 Van Hasselt's Sprat。又名哈氏圓腹鯡。產臺灣。*D. elopsoides* (not BLEEKER)
爲其異名。(圖 6-71)

臭肉鰮 *Etrumeus terres* (DE KAY)

英名 Round Herring, Mudcarp；亦名脂眼鯡，潤目鰮 (動典)；俗名鰮仔魚 (高)；臭肉
(通稱)；日名潤眼鰯。幼魚俗稱圓仔魚。*E. microps* (T. & S.) 爲其異名。產基隆、
宜蘭、澎湖。(圖 6-71)

水滑科 DOROSOMATIDAE

=DOROSOMIDAE; Bony-bream; Hairback herring; Gizzard Shads; 鰶科

體高而短，強度側扁。腹緣銳利，具稜鱗。短小；眼有脂性眼瞼。口小，下位而斜；吻
鈍圓錐形，上頜邊緣完全爲前上頜骨，其上方爲狹小之主上頜骨，上主上頜骨一片。無齒。
胃短，爲砂囊狀。鰓膜在喉峽部游離。鰓被架 5〜6；擬鰓大形。鰓耙短，纖小，多數。鱗
爲圓鱗，薄而小，易落。無側線。背鰭、臀鰭基底有鱗鞘，前者位於體之正中，與腹鰭對
在，最後軟條往往延長爲絲狀，後者基底甚長而低。胸鰭、腹鰭有腋鱗。尾鰭深分叉。主要
分佈半鹹水區，有的永遠在淡水中。

臺灣產水滑科3屬5種檢索表:

1a. 背鰭最後鰭條不延長爲絲狀；上頜直走而薄，向後較寬。背鰭前鱗片在中央線上（*Anodontostoma*）。鱗片：l. l. 35～38, l. tr. 13～14，背鰭前 13～14；腹緣稜鱗：腹鰭前 16～17，腹鰭後10～12……**海鰶**

1b. 背鰭最後鰭條延長爲絲狀。

2a. 主上頜骨纖細，後端略擴大而向下彎；其嚙緣僅前方向外翻折；口裂成 ∧ 狀，開於下方或近於下方；無齒（*Nematolosa*）。

3a. 第三眶下骨覆於頰部，骨之前緣垂直，下緣水平位，與下前鰓蓋骨相接。無眶上溝。腹緣稜鱗 17～20＋7～13(26～32)。l. l. 45～49……**高鼻水滑**

3b. 第三眶下骨中等擴大，其前緣傾斜。胸鰭腋鱗發達，達鰭長之 1/3。腹緣稜鱗 17～19＋13～14 (32～33)。l. l. 49～50……**日本水滑**

2b. 主上頜骨正常，後端不向下彎，其嚙緣前方不向外翻折；口裂開於吻端或近於吻端；無齒（*Clupanodon*）。

4a. 鱗片：l. l. 48；l. tr. 20；體長爲體高之 $2\frac{2}{3}$～$3\frac{1}{4}$ 倍；腹緣稜鱗 16～19＋9～12。體側由上鰓蓋骨至尾鰭基部有 6～12 個黑斑連成之縱列……**銀鱗水滑**

4b. 鱗片：l. l. 53～58；l. tr. 20～23；體長爲體高之 3～$3\frac{1}{2}$ 倍；腹緣稜鱗 18～21＋12～17。背側鱗片每個有一小形深色斑點，形成若干依鱗列之縱走條紋……**斑點水滑**

海鰶 *Anodontostoma chacunda* (BUCHANAN-HAMILTON)

英名 Chacunda gizzard shad, Short-finned gizzard shad, Bony-bream。亦名南洋鰶，無齒鰶。產臺灣。

高鼻水滑 *Nematolosa nasus* (BLOCH)

英名 Hairback herring; Thread-finned gizzard-shad; Long-finned gizzard-shad。亦名黃魚，圓吻海鰶，黃腸魚；俗名油魚（臺北、澎），土鰮（高），Beng Pian（高山語？本邦？扁壁）；日名泥喰。產臺南、高雄、東港、澎湖。

日本水滑 *Nematolosa japonica* REGAN

產臺灣。

銀鱗水滑 *Clupanodon thrissa* (LINNAEUS)

英名 Shad; Tassart; Sprat; Thread herring。亦名 Shwuy-hwa（水滑—R.），花鰶，黃魚，銀耀鱗（F.）。*C. maculatus* (RICHARDSON) 爲其異名。產臺灣。

斑點水滑 *Clupanodon punctatus* (TEMMINCK & SCHLEGEL)

亦名斑鰶（張）。產臺中。（圖 6-72）

鯡　科 CLUPEIDAE

Herrings; Sardines; Pilchards; 鰊科

體長橢圓，側扁；腹緣銳利或鈍圓，通常有稜鱗，有時且具銳棘。口比較的大，口裂開於先端或上方，吻不突出，齒纖細或缺如。鱗片圓薄，有時具櫛鱗，極易脫落。無側線。鰓蓋下緣通常成彎角形。鰓膜在喉峽部分離。鰓被架 6～15。鰓耙纖細，多數。擬鰓存在。臀鰭基底長或特長。背鰭在體軀中部或偏後，偶或無背鰭。腹鰭小，或缺如。無動脈錐。頭部黏液管發達。現知約 160 種，主要在熱帶海洋。

臺灣產鯡科 2 亞科 6 屬 26 種檢索表:

1a. **鯡亞科 CLUPEINAE**　臀鰭中型，鰭條 15～25；腹鰭發育正常；背鰭起點在腹鰭前，背鰭前方中央線無盾板列。上下頜相等。

2a. 上頜前方中央無缺刻。

3a. 鰓蓋骨光滑。鰓裂有 2 肉質突起；腹鰭鰭條 8～9。

4a. 額頂骨紋線 (Fronto-parietal striae) 稀少 (3～6)；槳狀第二上主上頜骨之下部較上部為長，最後二臀鰭鰭條不特粗，末端未格外分枝，且與最後第二鰭條同長。體側中軸鱗片上之淺橫溝連續而不間斷 (*Herklotsichthys*)。

5a. 第一鰓弧下枝鰓耙 30～41。尾鰭後端，背鰭先端無色或淺污色。

6a. 體高 4.2～4.5，等於或稍短於頭長。D. 18～19; A. 16～20; P. 15～17。l. l. 39～41; l. tr. 11。腹緣稜鱗 16～17＋12～14 ·····················瘦青鱗魚

6b. 體高 3.3～4，等於或大於頭長。D. 18～19; A. 17～18; P. 17。l. l. 41～45; l. tr. 10～12。腹緣稜鱗 16＋11～13 ··················斑青鱗魚

5b. 第一鰓弧下枝鰓耙 46～64。尾鰭後端帶黑色。D. 17～19; A. 19～20; P. 16。l. l. 40～42; l. tr. 11～12。腹緣稜鱗 18～19＋12 ·····················花蓮青鱗魚

4b. 額頂骨紋線多數 (7～14)；槳狀第二上主上頜骨之下部與上部同長。最後二臀鰭鰭條格外分枝，且顯然較最後第三鰭條為粗。體側中軸鱗片上之淺橫溝有的中間斷開 (*Sardinella*)。

7a. 背鰭前方中央稜脊只有一縱列鱗片。腹緣稜脊不甚顯著，稜鱗不甚銳利而無伸出之棘狀部。胸鰭上緣 3～4 鰭條有黑條紋。上頜短，其後端僅達眼之前緣。

8a. 背部兩側各有一列 10～20 個深藍色圓點。第一鰓弧下枝鰓耙 36～42。頭長為主上頜骨之 2.65～2.72 倍，後者向後到達或稍超過眼之前緣。腹緣稜鱗 15～18＋12～16·········· ··塞姆砂釘

8b. 背部兩側無成列之圓斑。頭長為主上頜骨長之 3.27 倍 (2.98～3.34)，後者向後不到達眼之前緣下方。標準體長為背鰭前長度之 2 倍，為背鰭起點處高度之 4.17 倍 (3.71 ～4.55)。鰓弧下枝鰓耙 32 (26～36)。

9a. 體較短鈍，標準體長為背鰭起點處高之 4 倍(3.71～4.20)。鰓弧下枝鰓耙29(26～30)。
由背鰭起點至吻端之長，小於由背鰭起點至尾鰭基部最上方之距離。腹膜白色…………
…………………………………………………………………………………………**白腹小砂魟**

9b. 體較瘦長，標準體長為背鰭起點處高之 4.37 倍 (4.18～4.55)。第一鰓弧下枝鰓耙
33(31～34)。由背鰭起點至吻端之長，約為由吻端至尾鰭基部最上方距離之半…………
…………………………………………………………………………………………**平腹小砂魟**

7b. 背鰭前之中央稜線兩側各有二縱列鱗片；腹緣側扁，稜鱗尖銳；主上頜骨向後伸展超越眼
眶前緣。胸鰭上緣無暗色條紋。

10a. 腹鰭有 9 鰭條。

11a. 標準體長為頭長之 3.77 倍 (3.66～3.84)，頭長為眼徑之 3.93 倍 (3.54～4.33)；
頭長為眶後區長之 2.52 倍 (2.36～2.58)。第一鰓弧下枝鰓耙 140 (68～166)。間
鰓蓋骨之露出部分新月狀…………………………………………………………**黃砂魟**

11b. 標準體長為頭長之 3.20 倍(2.95～3.44)，頭長為眼徑之 4.75 倍(4.12～5.22)，
頭長為眶後區長之 2.21 倍 (2.20～2.35)，第一鰓弧下枝鰓耙 210 (145～258)。間
鰓蓋骨之露出部分近於半圓形…………………………………………………**長頭砂魟**

10b. 腹鰭有 8 軟條。

12a. 尾鰭後端帶黑色。第一鰓弧下枝鰓耙37～43。腹鰭起點在背鰭基底中部下方…
…………………………………………………………………………………………**黑尾砂魟**

12b. 尾鰭後端污色。

13a. 鱗片上條紋概有一橫走而連續之橫溝，溝前有 2～7 條中斷之溝，中斷部
分甚寬。

14a. 腹鰭後稜鱗 14～17 （一般為 15，少數為 14 或 17）；吻長為眼徑之 1.1
倍；體長為體高之 3.8 倍 (3.2～4.5 倍)。

15a. 體長為體高之 3.8～4.4 倍。第一鰓弧下枝鰓耙 47～61……**金帶砂魟**

15b. 體長為體高之 3.3～3.8 倍。第一鰓弧下枝鰓耙 58～72……**星德砂魟**

14b. 腹鰭後稜鱗 11～15 （一般為 13，少數為 11 或 15）；吻長為眼徑之 0.8
倍；體長為體高之 3.1 倍 (2.78～3.53)。第一鰓弧下枝鰓耙 67(49～81)。

16a. 第一鰓弧下枝鰓耙 72(69～81)，體側鱗片之游離端顯著延長，而
有緣邊，並且有顯著之緣線………………………………………………**綫鱗砂魟**

16b. 第一鰓弧下枝鰓耙59(49～62)。體側鱗片之游離端無顯著之緣邊，
緣線亦不明顯，而有顯著之小孔………………………………………**孔鱗砂魟**

13b. 鱗片上條紋在同一個體中往往視所在部位而有異：其在第一區域者（在背
鰭起點以前），與 13a 相同；其在第二、三區域者（背鰭下及背鰭後）往往
前後不同，在前部諸橫溝 （1～6） 或間斷，或雖間斷而彼此（中間）重叠，
在後部諸橫溝 （1～7） 則彼此間斷而留有間隔。

17a. 體長爲體高之 2.6～3.3 倍。第一鰓弧下枝鰓耙 47～65。

18a. 體長爲體高之 2.6～3.3 倍。第一鰓弧下枝鰓耙 54～65，腹鰭後稜鱗 12～14。身體後部鱗片有明顯的經邊，鱗片上連續並重疊之橫條紋多數………………………………………**短身砂魠**

18b. 體長爲體高之 2.8～3.0 倍，第一鰓弧下枝鰓耙 47～62。腹鰭前稜鱗 12～14。前部鱗片後緣有小孔及經邊，鱗片上橫條紋僅 4～5 條…………………………………………………**白砂魠**

17b. 體長爲體高之 3.25 倍 (3.06～3.44)。

19a. 第一鰓弧下枝鰓耙 28(25～31)＋52(48～57)。標準體長爲背鰭起點處高度之 3.36 倍 (3.07～3.44)……………**靑花魚**

19b. 第一鰓弧下枝鰓耙 41＋69，標準體長爲背鰭起點處高度之 3.14 倍………………………………………**神仙靑花魚**

3b. 鰓蓋骨有放射狀之骨質紋線 (*Sardinops*)。

20a. 體側無明顯之黑點，鱗片較不易剝落；主鰓蓋骨之放射狀線紋較少………………**無斑砂魠**

20b. 體側有一列小黑點，有時上下另有一列。鱗片較易剝落。主鰓蓋骨之放射狀線紋較多……………………………………………………………………………**黑點砂魠**

2b. 上頜前方中央有顯著之缺刻。鱗片: l. l. 40～50; l. tr. 13～20 (*Macrura*)。

21a. 頂骨緣寬，有多數細紋。

D. 17～18; A. 21～23; 腹緣稜鱗 16～18＋11～13; 鰓耙 100～150（下枝）; 體側有 4～7 個暗斑………………………………………………………**花點鰶**

21b. 頂骨緣狹，略有細紋或光滑無紋; 體側無暗斑。

22a. 尾鰭與頭部同長。鰓蓋之深度爲寬度之 0.65～0.75。D. 17～18; A. 18～20。腹緣稜鱗 16～17＋14。鰓耙: 123＋196。鱗片: l. l. 42～46; l. tr. 16～17……………**黎氏鰶**

22b. 尾鰭較頭部爲長。鰓蓋之深度爲寬度之 0.5～0.65。D. 18～20; A. 18～20; 腹緣稜鱗 17～18＋12～13。鰓耙 70～95（下枝）。鱗片: l. l. 40; l. tr. 14～15…………**中國鰶**

1b. **鰳亞科** ODONTOGNATHINAE 臀鰭甚長，鰭條 30 以上; 下頜向前突出。腹鰭小或缺如。

23a. 具下主上頜骨 (Hypomaxillary, 卽介於前上頜骨與主上頜骨之間，生有牙齒之骨片) (*Pellona*)。

體長爲頭長之 3.6 倍，體高之 2.9 倍; 第一鰓弧鰓耙 23＋11; 鰓被架 6…………**庇隆鰳**

23b. 下主上頜骨缺如，但在前上頜骨先端與主上頜骨中部之間有一靭帶。

24a. 腹鰭存在 (*Ilisha*)。

25a. 腹緣稜鱗 19～21＋8～9; 鱗片: l. l. 41～44; l. tr. 13。D. 17～18; A. 38～42。鰓耙 11～12＋23～24 …………………………………**印度鰳**

25b. 腹緣稜鱗 23～26＋13～14; 鱗片: l. l. 48～53; l. tr. 15。D. 15～17; A. 45～50。鰓耙 12＋22～24 …………………………………………**長鰳**

24b. 腹鰭缺如，背鰭存在。主上領骨後端廣而圓，向後伸展不超過眼之中部下方 (*Opisth-opterus*)。

腹緣稜鱗 27～34；第一鰓弧鰓耙 9～10＋22～25；鱗片：l. l. 52～55；l. tr. 13。鰭條：D. 16～17；A. 53～66 ··後鰭魚

瘦青鱗魚 *Herklotsichthys schrammi* (BLEEKER)

據 CHU & TSAI (1958) 產東港。

斑青鱗魚 *Herklotsichthys punctatus* (RÜPPELL)

英名 One-spot herring, Golden-spot herring, scaled sardine 。 卽本書 "初版" 之 *Harengula ovalis* (BENNETT)，又名大眼青鱗魚。*H. quadrimaculata* (RÜPPELL) 可能爲本種之異名。產基隆、花蓮、高雄、東港、澎湖。

花蓮青鱗魚 *Herklotsichthys hualiensis* (CHU & TSAI)

產花蓮、臺東。原標本可能已遺失。

塞姆砂魛 *Sardinella sirm* (WALBAUM)

英名 Spotted Sardinella, Northern pilchard。產新港、臺東。

白腹小砂魛 *Sardinella clupeoides* (BLEEKER)

英名 Sharp-nosed pilchard。據 CHAN (1965) 產臺灣。

平腹小砂魛 *Sardinella leiogaster* CUVIER & VALENCIENNES

英名 Smoothbelly Sardinella。據 FAO 手冊本種分佈南中國海，包括臺灣在內。

黃砂魛 *Sardinella aurita* CUVIER & VALENCIENNES

卽本書 "初版" 之 *Sardinella allecia* (RAFINESQUE)，*S. lemura* BLEEKER 亦爲其異名。英名 Smooth Sardine, Gilt Sardine, Golden Sardine；(亦名黃澤，F.)，鰛；又名金色小砂魛；俗名青鱗仔；日名星無鰯。*Sardinella* 屬或譯䲙（動典）。產基隆、臺中、高雄、東港、澎湖及東沙。

長頭砂魛 *Sardinella longiceps* CUVIER & VALENCIENNES

英名 Indian Oil-sardinella。據 FAO 手冊 (1974) 其分佈由菲島至臺灣東南部海域。

黑尾砂魛 *Sardinella melanura* (CUVIER)

英名 Black-tipped Sardine。俗名青鱗仔。產臺東、臺南、新港、恒春。

金帶砂魛 *Sardinella gibbosa* (BLEEKER)

英名 Tembang；產淡水、花蓮、高雄、東港。*S. jussieui* (LAC.) 是否爲本種之異名，或爲一獨立之種，或無資格名稱，目前尚多爭議。WONGRATANA (1983) 認爲後者之鰓耙較少，應爲一獨立之種。*S. tembang* (BLEEKER) 爲其異名。

星德砂魟 *Sardinella sindensis*（DAY）

英名 Sind's Sardine。俗名青鱗，青鱗鰛仔。產淡水、蘇澳、臺南、澎湖。WHITEHEAD（1965）認爲本種爲 *S. jussieui*（LAC.）之異名，或爲後者之東方亞種。（圖 6-71）

綴鱗砂魟 *Sardinella fimbriata*（CUVIER & VALENCIENNES）

據 CHAN（1965）產臺灣。

孔鱗砂魟 *Sardinella perforata*（CANTOR）

英名 Perforated-scale sardine。據 CHAN（1965）產臺灣。WHITEHEAD（1965）認爲本種應爲 *S. bulan*（BLEEKER）之異名。

短身砂魟 *Sardinella brachysoma* BLEEKER

英名 Deepbody Sardinella。產臺灣海峽。

白砂魟 *Sardinella albella*（CUVIER & VALENCIENNES）

英名 White Sardine。產臺灣海峽。FAO 手冊（1974）列 *S. bulan*（Bl.），*S. perforata*（CANTOR）均爲本種之異名。

青花魚 *Sardinella zunasi*（BLEEKER）

本書 "初版" 隸 *Harengula* 屬，茲依 W. L. CHAN（1965）改隸 *Sardinella*。英名 Scaled Sardine；亦名青鱗（F.），鱭（動典），柳葉魚（顧），柴鰽（湯）；俗名青花魚（中），土魚（東港），青瀾（南部）；日名拶雙魚。產蘇澳。（圖 6-71）

神仙青花魚 *Sardinella nymphea*（RICHARDSON）

產高雄。亦名神仙青鱗魚。（圖 6-71）

無斑砂魟 *Sardinops immaculata*（KISHINOUYE）

JORDAN & RICHARDSON（1909）報告 SAUTER（1906）在高雄採得本種標本七尾。惟以後並無其他報告。FOWLER（1941）認爲本種爲 *Arengus sagax*（JENYNS）之異名。

黑點砂魟 *Sardinops melanosticta*（TEMMINCK & SCHLEGEL）

又名遠東沙瑙魚；俗名鰛仔。產基隆。

花點鰳 *Macrura kelee*（CUVIER）

據沈世傑教授（1984）偶而出現於澎湖。

黎氏鰳 *Macrura reevesii*（RICHARDSON）

亦名三鯠，生鱐，鰳魚。據梁潤生氏（1951）產臺灣。楊鴻嘉（1971）亦報告曾在澎湖西海面捕獲。按本種卽我國名貴之 "鰣魚"，本係海產，繁殖季節逆流而上，遠至四川亦有捕獲。（圖 6-71）

中國鰳 *Macrura sinensis*（LINNAEUS）

JORDAN & EVERMANN（1902）初次記載本種產高雄，名爲 *Alausa toli* CUVIER &

VALENCIENNES。英名 Hilsa Herring；亦名青鱗（鄭），長尾鰣（HERRE & LIN）。產高雄、蘭嶼。

庇隆鰳 *Pellona ditchela* CUVIER & VELENCIENNES

英名 Indian pellona, Ditchelee。據朱、蔡報告（1958）產花蓮，亦見於基隆。

印度鰳 *Ilisha indica* (SWAINSON)

英名 Indian Shad。產臺南。（圖 6-71）

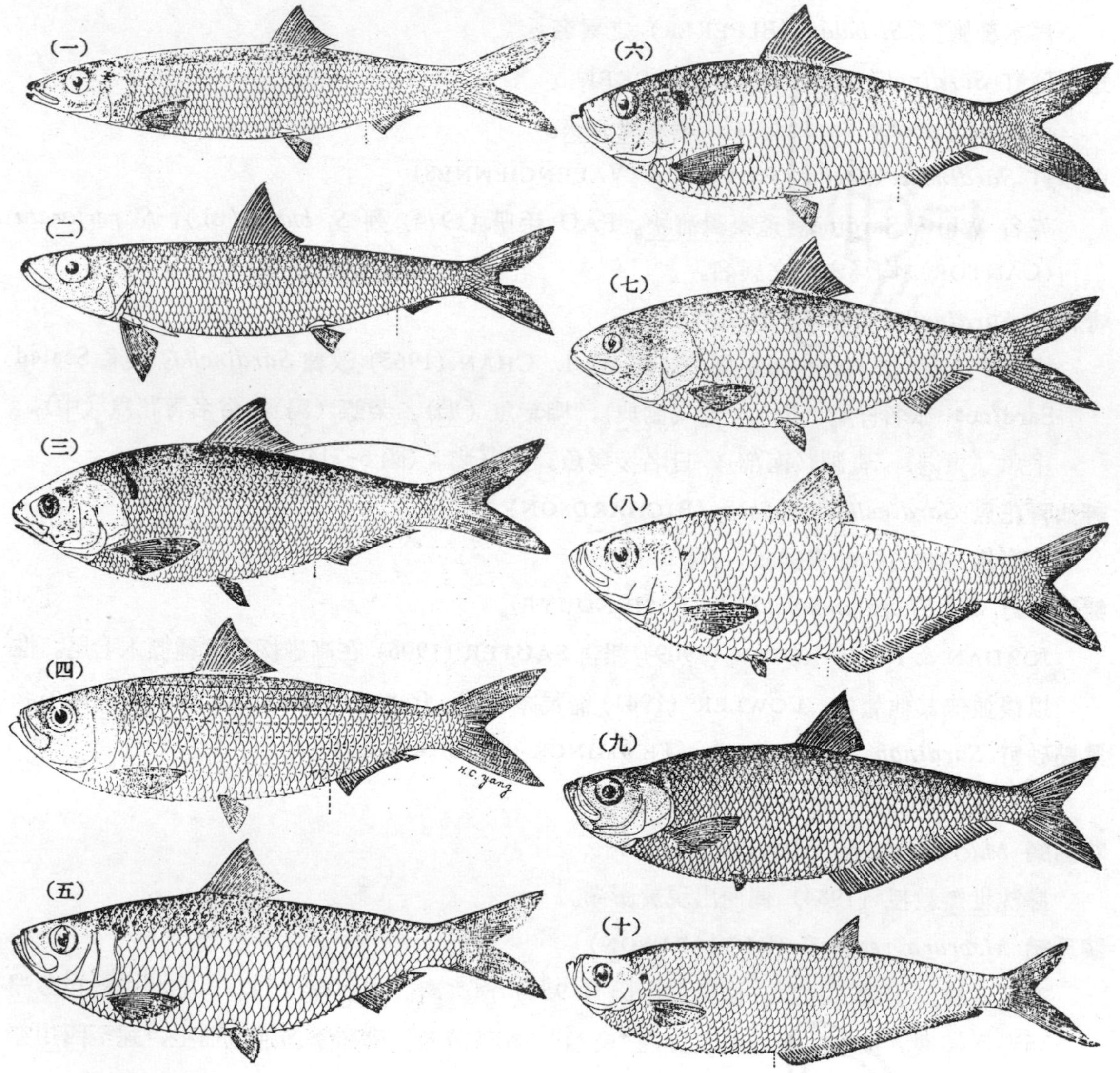

圖 6-71 （一）哈氏鰮；（二）臭肉鰮（以上鰮科）；（三）斑點水滑（水滑科）；（四）星德砂魟；（五）青花魚；（六）神仙青花魚；（七）黎氏鰣；（八）印度鰳；（九）長鰳；（十）後鰭魚（以上鯡科）。

長鰳 *Ilisha elongata* (BENNETT)

即我國食用之鰳魚，亦名鱠白、白力、力魚、刀魚、鯊魚，*動典*誤爲鮊；英名 White Herring, Long-finned Herring。產基隆、高雄、臺東。（圖 6-71）

後鰭魚 *Opisthopterus tardoore* (CUVIER & VALENCIENNES)

產基隆、臺南、澎湖。（圖 6-71）

鯷　科 ENGRAULIDAE

Anchovies；鱫科；黑背鰮科

體延長，或較短；側扁如刀，或略側扁。鱗大，或普通，薄而易落。無側線。腹緣銳利或鈍圓，稜鱗多少不等。吻突出，豬嘴狀，通常超越口裂前。口裂甚廣，下位，由小形之前上領骨與狹長之主上領骨構成，上主上領骨二片。上領向後伸，有時超過胸鰭基底。上下領齒一列，鋤骨、腭骨、翼骨，及舌上有細齒，有時成犬齒狀。臀鰭延長，有時與分叉之尾鰭下葉相連。背鰭短，在臀鰭上方或前方。腹鰭起點在背鰭起點之前。鰓膜多少相連，但概在喉峽部分離。鰓被架 7～19。鰓耙細長多數。擬鰓存在。眼完全被透明之皮膚掩蓋。

臺灣產鯷科 2 亞科 6 屬 17 種檢索表:

1a. **鱭亞科** COILIINAE　體特別延長，終於纖細之尾部；腹緣銳利如刃鋒。尾鰭小，爲不等之二分叉，下葉與特長之臀鰭相連；胸鰭上部有 4～7 枚游離之鰭條延長爲絲狀 (*Coilia*)。

2a. 上領向後達鰓裂。鱗片: 1. 1. 67～75, 1. tr. 10。鰭條: D. 11～13; A. 74～123; 胸鰭具 6 枚游離鰭條。腹緣稜鱗 16～17＋22～26; 鰓耙 18～21＋24～30⋯⋯⋯⋯⋯⋯⋯⋯**鱭**

2b. 上領向後超過胸鰭基部。鱗片: 1. 1. 60～65, 1. tr. 13～15。鰭條: D. 13; A. 82～85; 胸鰭上部具 7 枚游離鰭條。腹緣稜鱗 15～17＋22～26; 鰓耙 19～21＋22～26⋯⋯⋯⋯**七絲鱭**

1b. **鯷亞科** ENGRAULINAE　體中型延長。尾鰭深分叉，下葉與臀鰭可以清分。

3a. 腹緣鈍圓或側扁，無稜鱗。齒纖細，無犬齒。臀鰭短 (A. 17～23)，其起點在背鰭起點以後；胸鰭無游離並延長之鰭條；尾鰭基部有大形翼鱗 (Alar scales) (*Engraulis*)。

D. 14～17; A. 17～20; 1. 1. 39～42, 1. tr. 8; 鰓耙 34＋36 ⋯⋯⋯⋯⋯⋯⋯⋯**日本鯷**

3b. 腹緣僅喉峽部（或胸鰭基部）與腹鰭之間有稜鱗。體長卵形。臀鰭短，鰭條少於 25 (*Stolephorus*)。

4a. 臀鰭起點在背鰭基底後端下方。喉峽部之肌肉部分不前伸至鰓被架膜 (Branchiostegal membrane) 之邊緣。尾舌板 (Urohyal plate) 之下緣兩側有翼狀突出物。

5a. 上領後端尖銳。D. 13～14; A. 15～18; P. 13～14; 稜鱗 5～6; 鰓耙 17～20＋20～25⋯⋯⋯⋯⋯⋯⋯⋯⋯⋯⋯⋯⋯⋯⋯⋯⋯⋯⋯⋯⋯⋯⋯⋯⋯⋯**異葉銀帶鯷**

5b. 上領後端截平。D. 13～15; A. 15～16; P. 14～16; 稜鱗 4～5; 鰓耙 19～24＋22～34⋯⋯⋯⋯⋯⋯⋯⋯⋯⋯⋯⋯⋯⋯⋯⋯⋯⋯⋯⋯⋯⋯⋯⋯⋯**布氏銀帶鯷**

4b. 臀鰭起點在背鰭基底後端以後。喉峽部之肌肉部分不前伸至鰓被架膜之邊緣。尾舌骨簡單，下緣兩側無翼狀突出物······**擬異葉銀帶鯴**

4c. 臀鰭起點在背鰭基底下方。喉峽部之肌肉部分向前伸超越鰓被架膜之邊緣。

　6a. 背鰭前方有一小棘， 體側中央鱗片 32～35， 腹緣稜鱗 4～5 ······**屈里銀帶鯴**

　6b. 背鰭前方無小棘。體側中央鱗片 36～42。

　　7a. 上頜後端達前鰓蓋骨前緣；背鰭前中央線鱗片 20～22。D. 14～16；A. 19～21；鰓耙 16～18＋23～26；腹緣稜鱗 4～5 ······**印度銀帶鯴**

　　7b. 上頜後端達鰓裂。

　　　8a. 腹緣稜鱗 6～7。D. 16；A. 21；V. 6～7；l. l. 42；l. tr. 9；鰓耙 17～19＋21～25。背鰭前中央線鱗片 18～21 ······**孔氏銀帶鯴**

　　　8b. 腹緣稜鱗 4～5. D. 16～17；A. 20～23；l. l. 37～38. l. tr. 9～10。鰓耙 23。背鰭前中央線鱗片 18～19 ······**巴達維銀帶鯴**

3c. 腹緣從喉峽部（或胸鰭基部）至肛門之間均有稜鱗。體卵圓形。臀鰭長，鰭條多於 30。

　　9a. 胸鰭最上方一鰭條延長爲絲狀；A. 50～75，鰭長爲體長之 1/4～1/5 (*Setipinna*)。 D. 14～15 （前方尚有一游離硬棘），A. 56～61；鱗片：l. l. 44～46, l. tr. 13；腹緣稜鱗18＋8；鰓耙 12～13＋15～16 ······**絲翅鯴**

　　9b. 胸鰭上方無延長之鰭條；A. 30～50，鰭長爲體長之 1/2～1/3。上頜特長，有時向後伸展超越胸鰭基底，甚至到達臀鰭。

　　　10a. 胸鰭前有稜鱗 (*Thrissocles*)。

　　　　11a. 上頜特長，向後伸展超越胸鰭基底。尾鰭基部翼鱗近於退化。第一鰓弧下枝鰓耙 10～20。

　　　　　12a. 上頜後端超越胸鰭， 可能近於腹鰭。第一鰓弧下枝鰓耙 15～20。腹緣稜鱗 21～24. D. 13；A. 34；l. l. 38, l. tr. 10 ······**杜氏劍鯴**

　　　　　12b. 上頜後端超越腹鰭。第一鰓弧下枝鰓耙 10～12。腹緣稜鱗 24～31. D. 13；A. 35；l. l. 44；l. tr. 11 ······**髭吻劍鯴**

　　　　11b. 上頜比較的短，後端達鰓裂，或略超過，決不超越胸鰭基底。腹緣稜鱗強大，由鰓裂直至肛門。

　　　　　13a. 臀鰭起點顯然在背鰭基底後端以後。 第一鰓弧下枝鰓耙 25～32。腹緣稜鱗 23～25。D. 12～13；A. 28～34；V. 9；l. l. 36～40；l. tr. 9～10······**干麥爾劍鯴**

　　　　　13b. 臀鰭起點在背鰭基底後端下方或略後。第一鰓弧下枝鰓耙 12～13。

　　　　　　14a. 上頜後端不超過鰓蓋後緣。鱗片：l. l. 43～45；l. tr. 12～13。D. 13～14；A. 39～43； 腹緣稜鱗 10～11＋16～17······**哈氏劍鯴**

　　　　　　14b. 上頜後端達胸鰭基部。鱗片：l. l. 40～42；l. tr. 12～14。D. 12～13；A. 37～40(111. 33. 1. ～111. 36. 1.)；V. 6；腹緣稜鱗27～29······**鬚劍鯴**

10b. 胸鰭前無稜鱗 (*Thrissina*)。

腹緣稜鱗纖弱，胸鰭基部以前無之。上頜後端略逾下頜關節。臀鰭起點顯然在背鰭基底後端……………………………………………………………………………………**平胸劍鰶**

鱭 *Coilia mystus* (LINNAEUS)

英名 Long-tailed Anchovy: 亦名鯊，鳳鱭，鳳尾魚，刀魚 (伍)，沙刀魚 (張)，烤子魚 (READ)，梅翅 (湯)。產臺灣。(圖 6-72)

七絲鱭 *Coilia grayii* RICHARDSON

臺灣大學有此標本，產地僅記臺灣。

日本鯷 *Engraulis japonicus* (HOUTTUYN)

英名 Japanese Anchovy, Long-jawed Herring; 亦名黑背鰛 (顧)，鯷 (張)，白弓鮰，白鮰，干魚 (湯)；俗名鰯仔 (淡)，片口 (臺中)，鱙仔 (南部)，苦蚵魚，苦蚵仔 (臺北)，姑仔 (客)，日名片口鰯。產蘇澳、東港。(圖 6-72)

異葉銀帶鰶 *Stolephorus heterolobus* (RÜPPELL)

屬名原為 *Anchoviella*，據 WHITEHEAD (1965) 改正。產東港、澎湖。

布氏銀帶鰶 *Stolephorus buccaneeri* STRASBURG

英名 Buccaneer anchovy。又名青帶小公魚。本書"初版"之 *Anchoviella zollingeri* (BLEEKER) 為本種異名。產基隆、蘇澳、淡水、高雄、東港、澎湖。

擬異葉銀帶鰶 *Stolephorus pseudoheterolobus* HARDENBERG

產淡水、澎湖。

屈里銀帶鰶 *Stolephorus tri* (BLEEKER)

英名 Deep anchovy。又名印尼小公魚。產淡水、東港。

印度銀帶鰶 *Stolephorus indicus* (VAN HASSELT)

英名 Indian Anchovy; 又名印度小公魚；俗名 Gang-a-hü, Jau-a; 產淡水、高雄、東港、澎湖。

孔氏銀帶鰶 *Stolephorus commersonii* (LACÉPÈDE)

英名 Tropical anchovy。又名康氏稜鯷，康氏小公魚。岸上氏之高麗銀帶鰶 *Engraulis koreanus* 為本種異名； 俗名 Un-na。產高雄、東港。(圖 6-72)

巴達維銀帶鰶 *Stolephorus bataviensis* HARDENBERG

英名 Batavian anchovy。產澎湖。*S. insularis* HARDENBERG 為其異名。

絲翅鰶 *Setipinna taty* (CUVIER & VALENCIENNES)

亦名黃鯽。產基隆、高雄，*S. gilberti* JORDAN & STARKS 為其異名。(圖 6-72)

杜氏劍鯷 *Thrissocles dussumieri* (CUVIER & VALENCIENNES)

亦名杜氏稜鯷（朱）。產淡水、梧棲、臺南、澎湖。（圖 6-72）

髭吻劍鯷 *Thrissocles setirostris* (BROUSSONET)

英名 Longjaw glassnose, Long-horned anchovy。又名長頜稜鯷，長頜稜鯷（朱）。產花蓮、淡水、安平、東港。（圖 6-72）

干麥爾劍鯷 *Thrissocles kammalensis* (BLEEKER)

英名 Madura anchovy。又名赤鼻稜鯷。產淡水、梧棲、臺南、東港。（圖 6-72）

哈氏劍鯷 *Thrissocles hamiltonii* (GRAY)

英名 Deep-bodied Anchovy; Hamilton's anchovy; 亦名 Tsing Kwa; 俗名 Poe Koe,

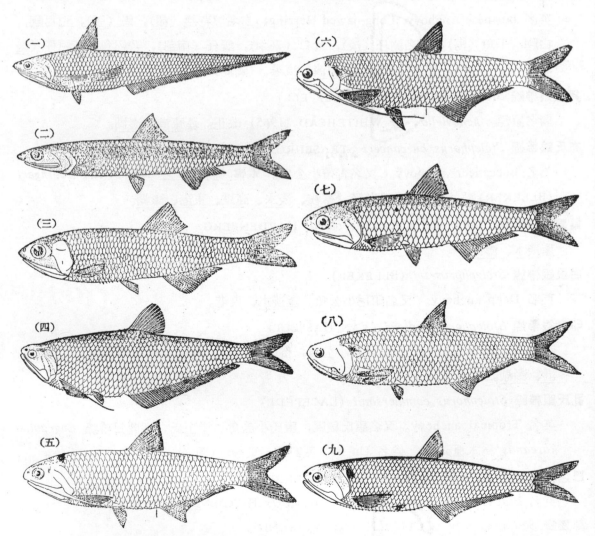

圖 6-72　（一）鱙；（二）日本鱴；（三）孔氏銀帶鯷；（四）絲翅鯷；（五）杜氏劍鯷；
（六）髭吻劍鯷；（七）干麥爾劍鯷；（八）哈氏劍鯷；（九）鬚劍鯷（以上鱴科）。

突鼻仔。產淡水、臺南、高雄、東港。(圖 6-72)

鬚劍鯷 *Thrissocles mystax* (BLOCH & SCHNEIDER)

又名長頜稜鯷。產臺南。(圖 6-72)

平胸劍鯷 *Thrissina baelama* (FORSSKÅL)

英名 Little Priest。臺灣大學有此標本，產地不明。

寶刀魚科 CHIROCENTRIDAE
Wolf herrings

體特別延長而側扁。眼小，有脂性眼瞼。口大，斜裂；上頜由大形之前上頜骨及狹長之主上頜骨構成，上主上頜骨二片，下頜突出。前上頜骨及下頜骨前方有犬齒，其他各齒尖細，腭骨及舌上有少數之齒。鰓膜分隔而游離。鰓被架 8。鰓耙短壯。擬鰓缺如。被小圓鱗，甚薄，極易脫落。背鰭、臀鰭偏於體之後半，基部均具鱗鞘。臀鰭基底長，背鰭基底較短，在臀鰭前半之上方。偶鰭基底上下有長腋鱗，尾鰭深分叉，基部有二翼鱗。胸鰭低位，腹鰭小形。胃盲囊狀，無幽門盲囊。肉食性。腸內有環摺，似螺旋瓣。鰾大形。側線不完全。

臺灣產寶刀魚科1屬2種檢索表；

1a. 體高 7；頭長 6；上頜骨不達前鰓蓋骨；D. III, 13；1；A. IV, 31, 1；V. 1, 5～6；l. l. 221～250；
鰓耙 3+14 ⋯⋯⋯⋯⋯⋯⋯⋯⋯⋯⋯⋯⋯⋯⋯⋯⋯⋯⋯⋯⋯⋯⋯⋯⋯⋯⋯**寶刀魚**

1b. 體高 5½；頭長 5⅔；上頜骨到達或超過前鰓蓋骨；D. III, 14～16；A. III, 26～36；V. 6～7；鰓耙
7～18 ⋯⋯⋯⋯⋯⋯⋯⋯⋯⋯⋯⋯⋯⋯⋯⋯⋯⋯⋯⋯⋯⋯⋯⋯⋯⋯⋯⋯**高身寶刀魚**

寶刀魚 *Chirocentrus dorab* (FORSSKÅL)

英名 Long-tailed Anchovy, Wolf-herring, Silver-bar Fish, Dorab-herring；亦名西刀，布刀；日名冲鰯。產梧棲、高雄、澎湖。(圖 6-73)

高身寶刀魚 *Chirocentrus hypselosoma* BLEEKER

產臺灣北部及西南部近海。

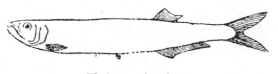

圖.6-73 寶刀魚。

正眞骨部 EUTELEOSTEI

骨鰾首目 OSTARIOPHYSI

很多種類之上頜能伸出；腹鰭如存在，腹位；無基蝶骨；眶蝶骨存在（鼠鱚目例外），中烏喙骨一般存在；泳鰾存在（鼠鱚例外），通常分爲一小形前室和一大形後室，前室之一部或全部被覆一層銀白色腹膜性靫膜（tunic）。身體各處分佈一種微小的單細胞性角質突起，稱爲微棘（unculi），例如口區和偶鰭腹面。一般具有發達的角質疣結（稱爲婚結 nuptial tubercles 或珠狀器 pearl organs），結之表面有角質化蓋帽。

本首目魚類於受傷時會釋出驚恐物質（alarm substance），引起驚懼反應（fright reaction）。此物質乃由表皮中之棒狀細胞所產生，化學上似於費洛蒙（pheromone），在同種之間反應最爲明顯。

非耳鰾系 ANOTOPHYSI

不具與內耳相接之耳鰾間聯絡構造。亦不具脂鰭。

鼠鱚目 GONORHYNCHIFORMES

上頜邊緣主要或完全由前上頜骨構成。兩頜無齒。無眶蝶骨，基蝶骨，尾舌骨和後匙骨，亦無顳孔。有鰓上器（Suprabranchial organ）。口小，上下頜無齒。前方三個脊椎特化，與一或多對頭肋相接。側突起發達，與椎體癒合或不癒合。尾下支骨 5 ～ 7 枚。鰓被架 4 枚（或 3 枚）。體被圓鱗或櫛鱗；有側線。無脂鰭。無發光器。

本目所含二亞目以前均列於等椎目中，後由格陵伍等（1966）因其尾部骨骼，頸枕區，以及泳鰾之特化彼此相似而合併爲一目而移隸於原棘鰭首目。繼而羅申與格陵伍（1970）發現本目之 (1) 特化之頸椎，膨大而能活動之第一壁肋，(2) 體腔壁前方受到前方二對壁肋的支持，泳鰾會撞擊該處，以及 (3) 頸部與枕部的其他特化現象，足見它們有向着骨鰾類演化的傾向。因而把它們改隸於骨鰾首目。此二亞目產臺灣者各僅 1 科 1 種。

鼠鱚亞目 GONORHYNCHOIDEI

無鰾，前上頜骨小，上頜邊緣主要由彼構成。無眶下骨、眶蝶骨、基蝶骨、尾舌骨及後匙骨，胸鰭部分鰭條達髆區。有中烏喙骨，副蝶骨的昇突與蝶耳骨及翼蝶骨相接。無後顳窩、顳孔、及上耳骨。肋骨連於基枕骨之腹面。體被櫛鱗。無脂鰭。

鼠鱚科 GONORHYNCHIDAE

體延長，頭小，圓錐形。吻尖長，腹面有一短鬚。口小，下位，口裂在頭部腹面，唇發達，唇緣有許多縫鬚。上下頜無齒。舌不能活動。鰓蓋發達，鰓裂窄。鰓膜與喉峽部相連，鰓耙短而少。鰓被架 4。有擬鰓。第 4 鰓弧以後有副鰓，一部分與第 4 鰓弧相連，一部分與肩帶相連。背鰭位於體之後方，與腹鰭對在。偶鰭基部有腋鱗。尾鰭基部有細鱗。尾鰭分叉。側線顯著。脊椎骨 65。頭與軀幹被小櫛鱗。

本科僅包括鼠鱚一種。

D. I-II, 9; A. I-II, 7; P. I, 7; V. I, 7; l. l. 163～176; l. tr. 19/24。鰓耙 13＋15。

鼠鱚 *Gonorhynchus abbreviatus* TEMMINCK & SCHLEGEL

產臺中、高雄、東港、澎湖。(圖 6-74)

鼠目魚亞目 CHANOIDEI

有鰾，但與內耳不相連。上頜邊緣完全由前上頜骨構成；無上主上頜骨。上下頜及腭部無齒。無眶蝶骨、基蝶骨、顳孔、及耳窗 (Auditory fenestra)。鰓被架 4。有鰓上器。方骨與接續骨、後翼骨等分離。側線感覺溝有一分枝經上顳骨至前鰓蓋骨。眶上骨二枚。

鼠目魚科 CHANIDAE

Milk Fishes

本省最普通之養殖魚。體紡錘形，稍側扁，腹面圓平而無稜鱗。鰓膜完全連合，但與喉峽部游離。鰓被架 4。鰓腔中有副鰓。鰾大形。食道粘膜有螺旋摺。脊椎 45。體被銀白色小圓鱗，不易脫落，側線完整。頭部無鱗。眼有發達之脂性眼瞼。口小，下頜先端有一瘤狀突起，正與上頜先端之缺刻相嵌合。無齒。背鰭與臀鰭對在，基底有鱗鞘，胸鰭、腹鰭基底有腋鱗，尾鰭深分叉，基部有翼鱗。

僅鼠目魚 1 種: D. 14～16; A. 10～11; V. 10～12; L.l. 75～80; 背鰭前方鱗片 27～46。鰓耙 147～160＋107～165。

鼠目魚 *Chanos chanos* (FORSSKÅL)

英名 Milk-fish, White mullet; 俗名安平魚，麻鼠魚 (臺北)，海草魚 (東港)。臺南一帶養殖，運銷全省各地。(圖 6-74)

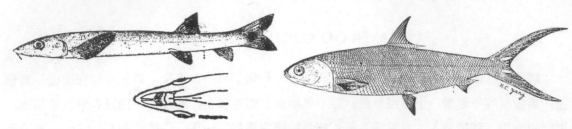

圖 6-74　左，鼠鱚；右，亂目魚。

耳鰾系 OTOPHYSI

　　本系魚類分爲鯉與鯰二目，佔淡水魚類的大部分，已知者達 5,000～6,000 種，除格陵蘭及南極一帶外，遍及全球各地，並且有少數鯰類亦見於海洋中 (ARIIDAE, ASPREDINIDAE, PLOTOSIDAE)。其習性，體形，棲所，食性亦極多歧異，例如會放電的裸鰻和電鯰，有脂鰭的掠食性脂鯉，在激流中棲息的平鰭鰍是。但是它們均具有特殊的耳鰾間聯絡構造，卽魏勃氏器 (Weberian apparatus)。

　　本系魚類的起源與演化過程吾人迄未確悉。其最早的化石見於第三紀，與現生種類已非常相似，足見其在更早以前卽已出現。本系魚類的分佈亦爲動物地理學家所重視的課題。脂鯉類 (Characoids) 限於非洲與南美洲，其演化亦限於該二地區。鯰類的分佈雖不限於此二地區，却以該處種類最爲龐雜。最原始的現生鯰類見於南美洲南部與西部，均爲隔離之遺留種。在另一方面，鯉類則以東南亞種類最爲龐雜。裸鰻類僅見於南美。此種特異分佈型式，爲持大陸漂移學說 (Continental drift) 者的有力證據之一。

　　所有耳鰾系魚類除具有魏勃氏器之外，並且均具有眶蝶骨，但並無硬骨化之基蝶骨。聽石以球狀囊中之矢狀石 (Sagitta) 最小，橢圓囊中之星砂 (Asteriscus) 或瓶狀囊中之小石 (Lapillus) 最大。腹鰭腹位，背鰭前方往往有一或二枚棘狀鰭條，少數種類無腹鰭或背鰭。脂鰭或有或無，有的在脂鰭前緣有棘，有的則含有硬骨化之鰭條。頭顱已充分硬骨化，背面通常有顱窗 (Cranial fontanelle)，由額骨，頂骨或二者共同圍成。胸帶中有中烏喙骨。上下頜一般能伸縮，有的具退化之齒，或完全無齒，有的具有高度特化之咽齒。鰓被架一般在 5 枚以下，但少數鯰類可達 15 枚。鱗片如具有爲圓鱗，少數爲櫛鱗，或由骨板所代替，頭部完全裸出。泳鰾爲通鰾型，分爲前後二室。很多種類具有上前鰓蓋骨。尾骨多少退化，通常一椎體具有全副之尾下支骨。在額骨之間通常具有腦上體骨條 (Epiphyseal bar)。

鯉　目 CYPRINIFORMES

=CYPRINIDA；內頜目 EVENTOGNATHI；Carps；內頜目

　　鯉目爲淡水魚類中種類最多的一目。其化石初見於第三紀（或可能至上白堊紀）。其與鯰目不同者是具有頂骨，接續骨，下鰓蓋骨，以及肌間骨。部分種類（例如 *Zacco*）具有方骨-後翼骨窩。通常只第二、三脊椎相癒合，從第五脊椎開始有肋骨附着。橫突起通常不與椎體癒合。除頭部外，體表通常被圓鱗，側線完全，少數種類裸出，絕不形成堅厚之骨板。鰓被架 3～5。

　　本目之下咽齒數減少，上咽骨無齒。魏勃氏器之三脚骨 (Tripus) 不以骨質瓣片與第三脊椎之椎體相接，而是形成活動關節。下顱窩發達（少數或退化），後顱窩發達程度不一，但上耳骨並不橫過其間。上下頜，腭骨，翼骨、鋤骨均無齒，口裂前緣由前上頜骨構成。眶骨退化爲簡單之管狀骨或數目增加。魏勃氏器往往變形，底棲種類之泳鰾通常包在骨質囊中。尾鰭之分枝鰭條數不一。除部分鰍科種類外概不具脂鰭。口緣觸鬚或有或無，部分種類具有額頂骨窗 (Frontoparietal fontanelle)。

　　本目之分佈，以歐、亞兩洲爲主，亦有少數見於北美、中美及非洲。現知約 2,500 種（產於我國者卽達 400 種以上），東南亞可能爲其發源地。

臺灣產鯉目 3 科檢索表:

1a. 偶鰭向水平位擴展，胸鰭外側（偶或內側）數軟條往往不分枝；頭部與軀幹部多平扁；鬚多數；鰾退化，分爲左右兩部分，而有一骨質囊包被之；咽齒一列，齒數較多而密⋯⋯⋯⋯⋯⋯⋯⋯⋯⋯**平鰭鰍科**

1b. 偶鰭並不向水平位擴展，胸鰭僅最外側 1 軟條不分枝。

2a. 鬚 1～2 對，亦有缺如者；鰾大形，並不被包於骨質囊中；咽齒一、二、或三列，齒大而數少；眼眶有游離之邊緣；眼下、眼前無棘⋯⋯⋯⋯⋯⋯⋯⋯⋯⋯⋯⋯⋯⋯⋯⋯⋯⋯⋯⋯⋯**鯉科**

2b. 鬚 3～6 對；鰾被包於骨質囊中，前部分左右二室，後部與前部清分，亦有無後部者；咽齒一列，齒數較多；眼下、眼前有簡單或分叉而能動之棘⋯⋯⋯⋯⋯⋯⋯⋯⋯⋯⋯⋯⋯⋯⋯⋯**鰍科**

平鰭鰍科 HOMALOPTERIDAE

= HOMALOPTERIDAE＋LEPIDOGLANIDAE; Hillstream fishes;

扁鰍科

　　本科爲在山澗小溪中生活之小魚，並無經濟價值。因適應於激流中游行，故胸鰭腹鰭概向水平位擴展，頭及軀幹部腹面亦均平坦，有時具吸盤狀之口，以便貼伏於岩石面上。背鰭、臀鰭均甚短，背鰭正在腹鰭上方。口橫開於頭下面，上頜完全由前上頜骨構成。鬚有鼻鬚、吻鬚、及上頜鬚之分。鱗爲小圓鱗，側線存在。鰓裂小。鰓膜完全與喉峽部癒合。無擬鰓。咽齒一列，至少 8 枚。鰾退化，分左右兩部分，均被包於骨質囊中。

臺灣產平鰭鰍科 3 屬 4 種檢索表:

1a. 偶鰭前方僅有一枚不分枝之軟條；腹鰭基骨有側角而無側孔；無與主上頜骨相連之前腭骨 (Prepala-tine)；基枕骨有咽突 (GASTROMYZONINAE)。

2a. 口前具吻溝及唇褶；下唇無發達之唇片以及相連之唇後溝；鰓裂較寬，下端延伸至頭部腹面；唇褶特化爲次級吻鬚 7～13 條；下唇後側乳突特化爲疣突狀；胸鰭距腹鰭較遠 (*Crossostoma*)。

吻鬚較短，排成 2～3 排，後排不達唇褶；口寬小於頭寬之 1/3。體被雲狀斑紋，尾柄基部有明顯之黑斑，頭部有 3～7 個不被鱗片之側線孔。D. 3, 8; A. 2, 5; P. 1, 13～14; V. 1, 7～8. L. l. 82～99; l. tr. 27～28/17～18-A ⋯⋯⋯⋯⋯⋯⋯⋯⋯⋯⋯⋯⋯⋯⋯⋯⋯⋯⋯⋯⋯⋯⋯**臺灣纓口鰍**

1b. 偶鰭前方具不分枝軟條多條；腹鰭基骨有側孔。下顬窩明顯。有與主上頜骨相接之前腭骨。基枕骨無咽突 (HOMALOPTERINAE)。

3a. 口角有鬚 2～3 對；腹鰭前方有不分枝軟條 3 條以上；胸鰭後緣顯然覆蓋腹鰭之前端；腹鰭後緣內側互相癒合，成吸盤狀 (*Sinogastromyzon*)。

臀鰭第一鰭條硬化，扁平並分節。D. 3, 8; A. 2, 5; P. 10～12, 12～14; V. 6～7, 14～17/17～14, 6～7. L. l. 50～65; l. tr. 10～13/10～11-A。鱗片微小，排列規則。體呈墨綠色，頭頂有大小不一之塊狀斑紋，背鰭前方有 2～4 對深褐色塊斑，尾柄背面有 4～5 個橫斑，體側斑紋不規則⋯⋯⋯⋯⋯⋯⋯⋯⋯⋯⋯⋯⋯⋯⋯⋯⋯⋯⋯⋯⋯⋯⋯⋯⋯⋯⋯⋯⋯⋯⋯⋯⋯⋯⋯⋯⋯⋯⋯**埔里吸腹鰍**

3b. 口角有鬚 1～2 對；胸鰭後緣不達腹鰭，或稍覆蓋腹鰭前端；腹鰭後緣相互分離 (*Hemimyzon*)。

4a. D. 2, 7; P. 10～12, 9～12; V. 4～5, 9～11; A. 3, 5。L. l. 68～80; l. tr. 15～17/10～11-A。體淡欖綠色至墨綠色，有不規之小斑點，尤以背面最富變化。背鰭有三條斜走之橫紋；尾鰭有 3～4 條深色垂直橫帶 ⋯⋯⋯⋯⋯⋯⋯⋯⋯⋯⋯⋯⋯⋯⋯⋯⋯**臺灣爬岩鰍**

4b. D. 2, 8; P. 12～14, 12～14; V. 6～7, 11～12; A. 3, 5。L. l. 79～87; l. tr. 10～11/9～10-A。體表有皮質稜突，並有厚黏膜包被全身鱗片。頭部及各鰭附近裸出。體灰黑色，偶鰭末端、腹面淡灰色。體側有不規則之縱走蟲蝕狀波浪條紋，偶鰭有半環狀條紋，背鰭有三條黑白相間之斜走條紋。尾鰭基部有弧形白色橫帶，鰭條部有三條黑白點狀相間之垂直橫帶⋯⋯⋯⋯**臺東爬岩鰍**

臺灣纓口鰍 *Crossostoma lacustre* STEINDACHNER

本書舊版名臺灣平鰭鰍。俗名鰍鯕蚋。產南投、淡水河、羅東、宜蘭、苗栗、東勢等地。*Formosania gilberti* OSHIMA 爲其異名。（圖 6-75）

埔里吸腹鰍 *Sinogastromyzon puliensis* LIANG

產谷關、埔里、東勢、玉井、甲仙等地。梁潤生教授於 1974 年發表之新種。在此以前東海大學已採得標本多尾。

臺灣爬岩鰍 *Hemimyzon formosanum* (BOULENGER)

本書舊版名臺灣石爬子。產南勢溪、大甲溪、新竹、南投、高雄、屏東、宜蘭、苗栗等地。（圖 6-75）

臺東爬岩鰍 *Hemimyzon taitungensis* TSENG & SHEN

曾晴賢君於 1981 年在其碩士論文中記載之新種，標本採自臺東縣海端鄉利稻村新武呂溪、秀姑巒溪、木瓜溪。

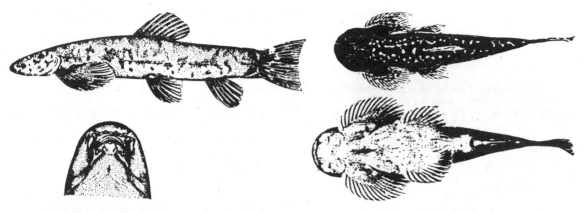

圖 6-75　左，臺灣纓口鰍；右，臺灣爬岩鰍（左據大島氏，右據曾晴賢）。

鯉　科 CYPRINIDAE

Carps; Minnows

　　本科含約275屬1,600餘種（我國約產370種），爲魚類中種類最多之一科，盛產於亞、歐兩洲，中美、北美，非洲亦有報告，澳洲、馬達加斯卡、南美則完全絕跡。本科之咽齒1～3列，每列不超過8枚。唇薄，不具皺摺或乳突。上頜前緣完全由前上頜骨構成。背鰭前方有棘狀軟條。口鬚如有，不超過2對（只 Gobiobotia 屬有4對）。泳鰾游離，不包在骨質囊中。一般均具擬鰓。

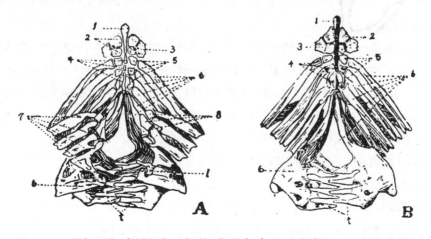

圖 6-76　草魚咽齒（連鰓弧、舌弧）背面（A）腹面（B）圖: l. 靱帶痕跡；t. 咽齒；1. 舌弧舌骨；2. 同基骨；3. 同角骨；4. 鰓弧基節；5. 同舌節；6. 同角節；7. 同上節；8. 同咽節（據 Y. T. CHU）。

臺灣產鯉科 9 亞科 33 屬 47 種檢索表[①]:

1a. 有螺旋狀之鰓上器。眼在頭縱軸之下方。鰓膜在喉峽部游離。鱗片特小 (HYPOPHTHALMICHTHYINAE)。

　2a. 鰓耙細密，但互不相連。腹緣銳稜由腹鰭基部至肛門前，口裂較大 (*Aristichthys*)。

　　D. 3, 7; A. 3, 12～13; V. 1, 8. L. l. $96\frac{20\sim23}{13\sim16\text{-}V}110$; 背鰭前鱗片數 64; 圍尾柄鱗片 44～46……

　　………**黑鰱**

　2b. 鰓耙細密，互相交錯成多孔之膜質片。腹緣銳稜由胸鰭基部前方向後至肛門。口裂較小 (*Hypophthalmichthys*)。

　　D. 3, 7; A. 3, 12～13; V. 1, 8. L. l. $108\frac{28\sim32}{16\sim20\text{-}V}120$; 背鰭前鱗片數 70; 圍尾柄鱗片 40～43……

　　………**白鰱**

1b. 無螺旋狀之鰓上器。眼正在頭縱軸上或在其上方。鰓膜與喉峽部相連。

　3a. 觸鬚 4 對，一對在口角，3 對在頤部 (GOBIOBOTINAE)。

　　4a. 鰾後室甚小，無鰾管; 鰾前室橢圓形，包在韌質膜囊內。鱗片較大，側線上鱗片 5～6 枚 (*Gobiobotia*)。

　　　5a. 側線以上所有鱗片均具有微弱之稜脊; 頭長為眼徑之 5.3～6 倍…………………**臺灣鰍鮀**

　　　5b. 僅背鰭以前之背部鱗片具微弱稜脊; 頭長為眼徑之 3.6～4.5 倍…………………**間鰍鮀**

　3b. 觸鬚最多 2 對，或完全沒有觸鬚。

　　6a. 臀鰭有棘狀鰭條，其後緣有鋸齒 (CYPRININAE)。

　　　7a. 鬚 2 對; 下咽齒 3 列，臼齒形，齒式 1, 1, 3-3, 1, 1 (少數為 4 列，卽 1, 1, 1, 3-3, 1, 1, 1)。

　　　　齒冠具 2～5 道溝紋; 鰾前室大於或等於後室; 鰓耙 18～24; 尾鰭下葉紅色。D. III, 16～21 (第 III 棘特強); A. III, 5. L. l. 33～37 …………………………………………**鯉魚**

　　　7b. 鬚缺如; 下咽齒 1 列，鏟形，齒式 4～4; 鰾之後室較大; 腹膜黑色; 鰓耙 37～54; D. III, 15～19 (第 III 棘特強); A. III, 5; L. l. 27～30 …………………………………**鯽魚**

　　6b. 臀鰭棘狀鰭條或有或無，如有，其後緣不具鋸齒。

　　　8a. 臀鰭較長，鰭條 14 枚以上; 腹面通常有發達之稜脊 (ABRAMIDINAE)。

　　　　9a. 腹稜完全 (由肛門至胸鰭)。背鰭具硬棘。

　　　　　10a. 臀鰭分枝鰭條在 20 枚以下; 側線在胸鰭下方急遽下彎; 口端位; 下咽齒 3 列; 背鰭最後一枚硬棘後緣光滑而無鋸齒 (*Hemiculter*)。

　　　　　　11a. L. l. 49～52; D. III, 7; A. III, 11～13; 下咽齒 5, 4, 2～2, 4, 5; 鰓耙 15～18…………………………………………………………………………………**白鱎**

[①] 本科除檢索表所列之外，尚包括團頭魴 *Megalobrama amblycephala* YIH 〔? = *M. bramula* (VALENCIENNES)〕，乃 1980 年自香港引進，現已推廣養殖。

11b.　L. l. 45; D. III, 7; A. III, 12; 下咽齒 5, 4, 2～2, 4, 5; 鰓耙 20…**屏東鱎**

10b.　臀鰭分枝軟條在 20 枚以上; 側線橫貫體側中軸, 無顯著彎曲; 下咽齒 3 列; 口
　　　上位 (*Culter*)。

　　　D. III, 7; A. III, 24～30; L. l. 64～69; 下咽齒 4, 4, 2～2, 4, 5; 鰓耙 25～29。
　　　體側上半每個鱗片有一黑點; 臀鰭橘黃色……………………………………**紅鰭鮊魚**

9b.　腹稜不完全。

　　12a.　背鰭具硬棘。

　　　　13a.　口近於端位; 體長爲體高之 3 ～ 5 倍; 臀鰭分枝鰭條 13～15; 側線顯著下
　　　　　　彎; 下咽齒 3 列 l. l. ab. 70 (*Ischikauia*)。

　　　　D. II, 7; A. III. 13～14; l. l. 38～40; 下咽齒 5, 4, 2～2, 4, 5…**大鱗鱎**

　　　　13b.　口端位; 體長爲體高之 2.9～3.7 倍; 臀鰭分枝鰭條 18～24; 鰾分 2 室;
　　　　　　鰓耙 9～12; 下咽齒 3 列 (*Sinibrama*)。

　　　　D. III, 7; A. III, 19～23; L. l. 55～61; 下咽齒 5, 4, 2～2, 4, 5; 鰓耙
　　　　10～12………………………………………………………………**大目孔**

　　　　13c.　口上位或半上位; 鰾 3 室; 鰓耙細長, 15～28 枚; 眶前骨大於眼徑之 1/2;
　　　　　　臀鰭分枝鰭條 18～30 枚; 下咽齒 3 列 (*Erythroculter*)。

　　　　　14a.　L. l. 70 以下; 口半上位; 眼較小, 頭長爲眼徑之 4～4.6 倍; 鰓耙
　　　　　　20～23; D. III, 7～8; A. III, 26～29; L. l. 65～69; 鰓耙 22～23……
　　　　　　…………………………………………………………………**尖頭鮊魚**

　　　　　14b.　L. l. 70 以上 (78～93); 口上位, 口裂近於垂直; 體長爲體高之 4～
　　　　　　5.1 倍; 鰓耙 24～28. D. III, 7; A. III, 21～25; L. l. 78～93。體上部
　　　　　　棕色或灰黑色, 尾鰭灰黑色………………………………………**翹嘴鮊魚**

　　12b.　背鰭不具硬棘, 或具末端分節之軟棘, 體長爲體高之 3.2～4 倍; 臀鰭分枝
　　　　鰭條 14～16; 側線在身體前部緩緩下彎 (*Rasborinus*)。

　　　　15a.　L. l. 45～47; 體長爲體高之 3.2～4 倍, D. 2, 8; A. 2, 14 ………
　　　　　　…………………………………………………………………**臺灣黃鯝魚**

　　　　15b.　L. l. 36～38; 體長爲體高之 3.2～3.6 倍。D. 2, 7; A. 3, 14～16
　　　　　　(15)………………………………………………………………**線紋黃鯝魚**

8b.　臀鰭中等, 鰭條在 14 枚以下; 腹面一般無稜脊, 或有而極不顯著。

　　16a.　下頜有薄如鋒刃之角質邊緣; 無鬚 (XENOCYPRINAE)。
　　　　下咽齒 2 列; 肛門至腹鰭間無稜脊; 側線鱗片 70 以上 (*Disto-chodon*)。

　　　　D. 3, 7; A. 3, 9; L. l. 75～82; 下咽齒 7, 3～3, 7 …………**鯝魚**

　　16b.　下頜無薄如鋒刃之角質邊緣; 有鬚或無鬚。

　　　　17a.　體較細長; 臀鰭鰭條 7～14, 無硬棘, 臀鰭起點在背鰭基底之

後；雌魚不具產卵管 (LEUCISCINAE)。

18a. 下咽齒 1 列，齒呈臼齒狀 (*Mylopharyngodon*)。

　　無鬚；口比較的大，開於吻端。體色一致，無縱帶。D. 3, 7～8；
　　A. 3, 8～9；L. l. 39～45；下咽齒 4～5；鰓耙 15～21…**青魚**

18b. 下咽齒 2 列，無鬚。

　　19a. 齒側扁，側面有斜溝，齒面櫛狀 (*Ctenopharyngodon*)。

　　　　無鬚；口端位，成弧形。體色一致。D. 3, 7；A. 3. 8；L. l.
　　　　39～46；下咽齒 5, 2～2, 4；鰓耙 15～19 ……………**草魚**

　　19b. 齒面不為櫛狀，末端微曲，稍呈鈎狀。

　　　　20a. 側線不完全；腹面有不完全之腹稜 (*Aphyocypris*)。

　　　　　　側線至腹鰭基部上方為止，在胸鰭所在處下彎；背鰭起點至
　　　　　　尾基和至眼前緣之距離相等。D. 2, 7；　A. 2, 7；l. l. 30
　　　　　　(L. l. ab. 11)；下咽齒 5, 3～4, 4, 鰓耙 7……**菊池氏細鯽**

　　　　20b. 側線完全。側線鱗片 76 枚以下；鱗片較大，排列整齊。
　　　　　　腹部圓，無銳稜。頭較鈍，側扁 (*Leuciscus*)。

　　　　　　21a. D. III, 7；A. III, 7；L. l. 76；下咽齒 4, 2～2, 5；鰓
　　　　　　　　耙 2+7。背鰭起點至側線間鱗片 19 枚…………**中臺鮻**

　　　　　　21b. D. III, 7；A. III, 8；L. l. 74；　下咽齒 4, 2～2, 5；
　　　　　　　　鰓耙 4+8。背鰭起點至側線間鱗片 16 枚…………**叉尾鮻**

18c. 下咽齒 3 列。無鬚。

　　　　22a. 下頜前端無缺口，上頜亦無突起。側線鱗片在 60 以
　　　　　　下；臀鰭鰭條 3, 7～9；背鰭與腹鰭對在；　體側往往有
　　　　　　10 條以上之垂直條紋；臀鰭有特別延長之鰭條(*Zacco*)。

　　　　　　23a. D. 3, 8～9；A. 3, 8～9；L. l. 44～46；L. tr.
　　　　　　　　$\frac{8～8\frac{1}{2}}{2～3}$。口較小，口裂向後僅達眼之前緣下方，上下
　　　　　　　　頜近於平直………………………………**平頜鱲**

　　　　　　23b. D. 3, 7；A. 3, 9～10；L. l. 49～58。口較小，吻
　　　　　　　　鈍圓，口裂向後不達眼之前緣下方……………**丹氏鱲**

　　　　　　23c. D. 3, 7；A. 3, 9；L. l. 48～52；L. tr. $\frac{9～11}{2\frac{1}{2}～4}$；
　　　　　　　　口較大，口裂向後達眼之 1/3，上下頜稍曲屈………
　　　　　　　　……………………………………**粗首鱲**

18d. 下咽齒 2 列；有短鬚；下頜先端有一缺口，正與上頜突起相吻
　　合。臀鰭鰭條 3, 7～10 (*Candidia*)。

　　D. 3, 8～9；A. 3, 9～10；L. l. 54～56；L. tr. $\frac{11}{2\frac{1}{2}}$。口裂向後

達眼之前緣。體色暗，由前鰓蓋後緣至尾基有一黑色寬橫帶，背
鰭鰭膜黑色……………………………………………………………臺灣馬口魚

17b. 體通常短而高，呈卵圓形；背鰭和臀鰭之硬棘或有或無；臀鰭起
點在背鰭基底下方。雌魚通常具細長之產卵管 (ACHEILOGNAT-
HINAE)。

24a. 側線不完全；背鰭、臀鰭均不具硬棘；下咽齒 1 列，齒面平
滑而無鋸齒 (Rhodeus)。

25a. 臀鰭分枝鰭條不超過 12 枚；體長爲體高之 2～2.4 倍。
D. 2, 10～12； A. 2, 10～11； l. l. 32～34； 鰓耙 10～14
…………………………………………………………………點鱊

25b. 臀鰭分枝鰭條 14～15；背鰭、臀鰭之不分枝鰭條硬骨化，
但末端柔軟分節；體長爲體高之 2 倍。D. 2, 10～12；A. 2,
14～15； l. l. 32～34；下咽齒 5～5； 鰓耙 3+8………鱊

24b. 側線完全；背鰭、臀鰭均不具硬棘。

26a. 下咽齒 1 列，齒面有鋸紋，尖端鈎狀 (Paracheilognathus)
D. 2, 8～9； A. 2, 11～13； L. l. 34～35；下咽齒 5～5；
鰓耙 10。口下位，馬蹄形；口角有鬚 1 對，與眼徑相等，
體長爲體高之 2.6～2.7 倍…………………………臺灣石鮒

26b. 下咽齒 3 列，齒尖銳 (Metzia)。
D. 2, 7； A. 3, 14； L. l. 36； L. tr. 8/3；下咽齒 4, 4,
2～2, 4, 4；側線略向下彎， 無鬚， 體長爲體高之 3 倍…
………………………………………………………………蘭嶼石鮒

8c. 臀鰭短，其分枝鰭條 5～6 枚（少數爲 7～8 枚或更多）。

27a. 背鰭起點在腹鰭以後；側線完全，向下彎，沿體軸之下半達尾基 (Pararasbora)
（亞科名未定）。
D. 3, 7； A. 2, 7； P. 14； V. 7； L. l. 36； L. tr. 6/2；下咽齒 4, 4～4, 4；鰓耙
2+6；無鬚。由枕部至尾基上半有一暗色條紋，體側並有一暗色帶，後部尤爲明顯
…………………………………………………………………………………臺灣白魚

27b. 背鰭起點在腹鰭上方。

28a. 下咽齒通常 3 列(少數爲 2 列)；臀鰭分枝鰭條通常爲 5 枚(少數爲 6 枚或更多)
(BARINAE)。

29a. 吻皮一般止於上頜或上唇之基部，有的部分掩蓋上頜或上唇，但並不形成口
前室。

30a. 上唇緊包在上頜的外表，上頜和上唇不分離。

31a. 上唇之唇後溝向後至頤部中斷。

32a. 下唇緊包在下頜之外表，如有唇瓣，包在下頜之腹側面。臀鰭分枝鰭
　　　條為 5，極少數為 6。眼窩無脂膜；眼徑一般比吻短小或相等。鱗片大
　　　形或中等，側線鱗 30 以下。

　33a. 鬚 2 對；吻鬚和頜鬚同樣發達。背鰭起點之前有一伏臥之倒棘
　　　　(*Spinibarbus*)。

　　34a. D. III, 8；A. II, 5；L. l. 28∼29；L. tr. 4/2；下咽齒 5, 3, 2
　　　　∼2, 3, 5；鰓耙 3＋11；體長為體高之 5.27 倍……………**長棘魞**

　　34b. D. III, 8；A. II, 5；L. l. 26∼27；L. tr. 4/3；下咽齒 5, 3, 2
　　　　∼2, 3, 5；鰓耙 4＋9；體長為體高之 4 倍 ………………**何氏棘魞**

　33b. 鬚 1 對；吻鬚已消失，只存短小之頜鬚。背鰭起點之前無伏臥之倒
　　　　棘 (*Capoeta*)。

　　　口小，次下位，體側有 7 個深色橫斑；D. III, 8；A. 2, 6；L. l. 25；
　　　　L. tr. 4/2；下咽齒 5, 3, 2∼2, 3, 5；鰓耙 5∼6 ……………**紅目鮘**

　33c. 無鬚；背鰭起點之前無伏臥之倒棘 (*Puntius*)。

　　　口端位；體側有 4 個深色橫斑，D. IV, 9；A. 2, 5∼6；L. l. 24；
　　　　L. tr. 4/3；下咽齒 5, 3, 2∼2, 3, 5；鰓耙 5 ……………**史氏紅目鮘**

32b. 下唇和下頜不完全分離為獨立之下唇片，下唇瓣後退，使下頜前部外
　　　露。側線鱗片 40 上下。

　　35a. 口端位或次下位，呈弧形或馬蹄形；下唇瓣顯著 (*Acrossoch-
　　　　eilus*)。

　　　36a. 下唇瓣之前端向中央集合而近於互相接觸；下頜較狹，稍向
　　　　　前突出。背鰭最後不分枝鰭條不變粗，且後緣光滑 (*Lissochi-
　　　　　lichthys* 亞屬)。

　　　　　鬚 2 對，體側有 6 條暗色橫帶。D. 3, 8∼9；A. 3, 5；L. l.
　　　　　39∼42；L. tr. 6/3；下咽齒 5(4), 3, 2∼2, 3, 5(4)；鰓耙
　　　　　9∼15 ………………………………………………………**軟魞**

　　　36b. 下唇瓣之前端雖向中央集合，仍有一定距離，約為口寬之
　　　　　1/3∼1/2。下頜較寬，中央部分似於裸露 (*Acrossocheilus* 亞
　　　　　屬)。

　　　37a. 背鰭最後不分枝鰭條不變粗，其後緣無鋸齒。背鰭外緣淺
　　　　　凹或截平。唇後溝間距離約為口寬之 1/3。

　　　　　D. 3, 8；A. 3, 5；L. l. 40∼42；L. tr. $5\frac{1}{2}/3\frac{1}{2}$；下咽齒 5,
　　　　　3, 2∼2, 3, 5；鰓耙 5＋9………………………………**石鰬**

　　　37b. 背鰭最後不分枝鰭條變粗，其後緣有鋸齒。側線鱗片 40 以
　　　　　下。唇後溝間距離大於口寬之 1/3。下頜之前緣近於截平。

　　　　　D. 3, 8;　A, 3, 5;　L. l. 37～38;　L. tr. 5½ / 3½;　下咽齒

　　　　　5, 3, 2～2, 3, 5;　鰓耙 14～16, 體側有 6 條黑色垂直條紋,

　　　　　背鰭鰭膜有黑色直條···**條紋石鱭**

35b.　吻向前突出, 口下位或次下位, 成一橫裂; 下頜前緣平直, 一

　　　　般有角質鞘; 下唇瓣只限於口角處 (*Varicorhinus*)。

　　　　38a.　鬚 2 對; L. l. 40～45; D. 3, 8; A. 3, 5; 下咽齒 5,

　　　　　　3, 2～2, 3, 5; 鰓耙 32～34····························**鯝魚**

　　　　38b.　無鬚; L. l. 43; D. 3, 8; A. 3, 5; 下咽齒 5, 3, 2～

　　　　　　2, 3, 5; 鰓耙 38 ···································**高身鯝魚**

31b.　上唇內面距邊緣稍後有一橫脊, 或上唇和上頜完全分離, 下唇較薄, 在

　　　唇後溝外側直接連於上唇。下頜會合處內面有骨質突起。上唇邊緣有一列

　　　乳突, 但內面光滑 (*Cirrhinus*)。

　　　　D. 3, 12～13; A. 3, 5; L. l. 35～37; L. tr. 8/5½～6½; 下咽齒 5, 4, 2

　　　　～2, 4, 5; 鰓耙 76～82。鬚 2 對, 吻鬚粗狀, 接近吻端, 頜鬚短小或退

　　　　化。體側上部有一鱗片後方有一黑斑, 自胸鰭上方至側線上下有大形塊斑,

　　　　約佔 8～12 個鱗片, 各鰭均灰黑色·····························**鯪魚**

30b.　吻皮向頭之腹面後方擴展, 在下頜外面形成口前室, 上唇完全消失, 吻皮

　　　邊緣部分分裂爲 10 條細瓣狀摺襞。口下位 (*Ptychidio*)。

　　　　D. 2, 8; A. 2, 5; L. l. 42～45; L. tr. $\frac{6～7}{4½～5}$; 下咽齒5, 2～2. 5; 鰓耙

　　　　16。體棕黑色, 腹面白色, 每一鱗片中央有一黑灰色斑··············**嘉魚**

28b.　下咽齒爲 1 或 2 列; 臀鰭分枝鰭條多數爲 6 (少數爲 5) (GOBONINAE)。

39a.　背鰭最後不分枝鰭條爲硬棘。眼眶下有一列黏液腔。下咽齒 3 列 (*Hem-ibarbus*)。

　　　　D. III, 6～7; A. III, 6; L. l. 48～50; L. tr. $\frac{6½～7½}{4½}$; 下咽齒 5, 3, 1～

　　　　1, 3, 5; 鰓耙 15～20。口下位, 有厚唇, 下唇特別發達。口角有鬚 1 對···

　　　　···**鯺**

39b.　背鰭最後不分枝鰭條柔軟分節。眼眶下緣無黏液腔; 下咽齒 2 列或 1 列。

40a.　唇薄, 簡單, 無乳突。

41a.　口小, 上位, 口角無鬚 (*Pseudorasbora*)。

　　　　D. 3, 7; A. 3, 6; L. l. 35～39; L. tr. $\frac{5～5½}{4}$; 下咽齒 1 列, 5～5;

　　　　鰓耙 7～9。體側中央有一條深灰色縱帶·······················**羅漢魚**

41b.　口狹窄, 下位, 胸部有鱗 (*Sarcocheilichthys*)。

42a.　口呈馬蹄形, 下唇限於兩側口角處; 下頜角質邊緣發達, 具小鬚一

　　　　對。背鰭最後一不分枝鰭條弱棘狀。體長爲體高之 4 倍以下。

D. 3, 7; A. 3, 6; P. 1, 13～15。L. l. 35～36; L. tr. $4\frac{1}{2}/3\frac{1}{2}$-V。下咽齒一列，5～5。鰓耙6，體灰黑色，由吻端至尾鰭基部有一黑色條紋……………………………………………………………………**小鰁**

42b. 口呈弧形；下唇兩側葉前伸幾達下頜前端。下頜角質邊緣較薄。無鬚。體長爲體高之 5.5 倍以上。

D. 3, 7; A. 3, 6; L. l. 38～40; L. tr. $4\frac{1}{2}/3\frac{1}{2}$。下咽齒 2 列; 5, 2(1)～2(1), 5; 鰓耙 5～7 ……………………………………………………………**斑鰁**

41c. 口次下位；有短鬚；下頜無角質邊緣；胸腹部有鱗 (*Gnathopogon*)。

D. 3, 7; A. 2, 6; L. l. 33; L. tr. 4/4; 下咽齒 2 列，5, 3～3, 5; 鰓耙退化。短鬚 1 對，約爲眼徑之 1/2。體長爲體高之 4.85 倍，肛門在腹鰭與臀鰭間之後 1/3 處…………………………………………………**飯島氏麻魚**

40b. 唇厚，發達，上下唇均具乳突，下唇分爲 3 葉。吻短；下咽齒 1 列；胸部無鱗 (*Abbottina*)。

D. 3, 7; A. 2, 6; L. l. 38～39; L. tr. $4\frac{1}{2}/4\frac{1}{2}$; 下咽齒 5～5; 鰓耙27。沿側線有一黑色縱帶……………………………………………………**短吻鎌柄魚**

黑鰱 *Aristichthys nobilis* (RICHARDSON)

英名 Bighead, Black Silver carp, Spotted Silver carp; 亦名鱅，花鰱，紅鰱，黑鱅，胖頭鰱，大頭魚; 俗名竹葉鰱。本種咽齒與白鰱相同（一列，4-4，但齒面花紋不同），其腹緣銳稜分佈之情形亦不同。淡水養殖，以前魚苗來自閩、廣，現用人工大量繁殖。（圖 6-77）

白鰱 *Hypophthalmichthys molitrix* (CUVIER & VALENCIENNES)

英名 Chub, Silver carp; 亦名鰱，白魚 (READ); 俗名大頭鰱，竹葉鰱。淡水養殖，以前魚苗來自閩、廣，現用人工大量繁殖。（圖 6-77）

臺灣鰍鮀 *Gobiobotia cheni* BANAERSCU & NALBANT

BANAERSCU & NALBANT 於 1966 年發表之新種。標本採自臺中。（圖 6-77）

間鰍鮀 *Gobiobotia intermedia intermedia* BANAERSCU & NALBANT

BANAERSCU & NALBANT 於 1968 年發表之新亞種，產屏東，其與另一產於福建省之亞種 *G. intermedia fukiensis* 不同者爲第一對頤鬚在頜鬚稍後。（圖 6-77）

鯉魚 *Cyprinus* (*Cyprinus*) *carpio haematopterus* TEMMINCK & SCHLEGEL

英名 Common Carp; 亦名琴高，稜高，財神魚 (READ); 俗名鮘魚，鮘仔。產全島各地。（圖 6-77）

鯽魚 *Carassius auratus auratus* (LINNAEUS)

英名 Golden Carp, Crucian Carp；亦名鮒魚；俗名月鯽仔，鯽仔。產羅東、宜蘭、澎湖。除本種外，尚有自日本引進之 "高身鯽" *C. cuvieri* T. & S. 以及 "河內鯽" *C. gibelio langsdorfi* (VAL.)，分佈各地池沼河川中。(圖 6-77)

白鯈 *Hemiculter leucisculus* (BASILEWSKY)

亦名緊條，白條；俗名 Kirara (奇力仔)，Unahii (鰛魚)。產日月潭。本書舊版名 *H. kneri* KREYENBERG，今據伍等 (1964) 改正。(圖 6-77)

屏東鯈 *Hemiculter akoensis* OSHIMA

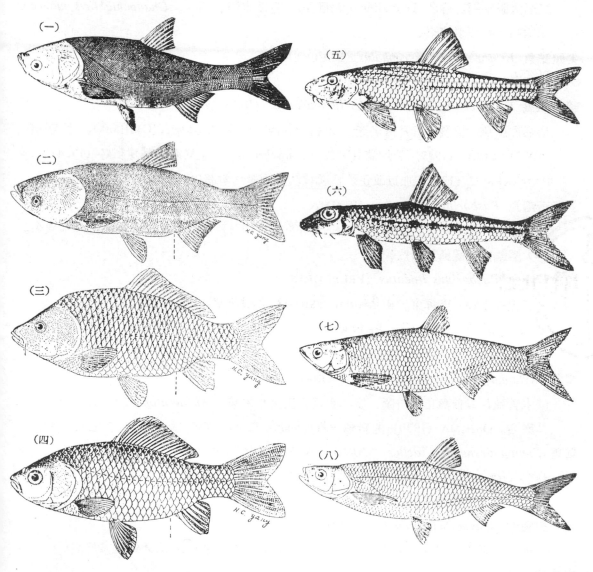

圖 6-77　(一) 黑鰱；(二) 白鰱；(三) 鯉；(四) 鯽；(五) 臺灣鰍鮀；(六) 中間鰍鮀；(七) 白鯈；(八) 紅鰭鮊魚。

產屏東。OSHIMA（1920）說本種與上種之別，僅側線鱗片較少。BANARESCU（1971）則將本種列爲上種之異名。

紅鰭鮊魚 *Culter erythropterus* BASILEWSKY

亦名白條魚（梁）；產嘉義。*C. brevicauda* GÜNTHER 爲其異名。（圖 6-77）

大鱗鱎 *Ischikauia macrolepis macrolepis* REGAN

產臺北、嘉義。

大目孔 *Sinibrama macrops* (GÜNTHER)

又名大眼華鯿。俗名 Toabakon（大目孔）；產淡水河、基隆。*Chanochichthys macrops* GÜNTHER 爲其異名。

尖頭鮊魚 *Erythroculter oxycephalus* (BLEEKER)

產臺灣。

翹嘴鮊魚 *Erythroculter illishaformis illishaformis* (BLEEKER)

俗名屈腰魚，橈腰。日月潭名產。本書"初版"名爲 *E. aokii* (OSHIMA)，張春霖氏（1933），BERG（1949）等均將其列爲 *E. erythroculter* 之異名，茲據伍等（1964）以及 BANARESCU（1971）加以改正。自鴨綠江至福建均有報告。（圖 6-78）

臺灣黃鯝魚 *Rasborinus formosae* OSHIMA

又各細鯿。俗名苦花。產臺北。BANARESCU（1971）認爲本種係大鱗鱎之同種異名。但大鱗鱎之側線鱗片顯然較少。

線紋黃鯝魚 *Rasborinus lineatus* (PELLEGRIN)

又名線紋細鯿。產屏東。*R. takakii* OSHIMA 爲其異名。（圖 6-78）

鯝魚 *Distoechodon tumirostris* PETERS

又名圓吻鯝；俗名戀魚；產宜蘭。

青魚 *Mylopharyngodon piceus* (RICHARDSON)

淡水養殖，以前魚苗來自閩、廣，現用人工大量繁殖。*M. aethiops* (BASILWSKY) 爲其異名。OSHIMA（1920）的新種 *Leucisculus fuscus* 可能爲本種之歧形或變異體。

草魚 *Ctenopharyngodon idellus* (CUVIER & VALENCIENNES)

英名 Grass Carp；亦名鯶魚、鯇魚、白鯇、池魚。淡水養殖，以前魚苗來自閩、廣，現用人工大量繁殖。（圖 6-78）

菊池氏細鯽 *Aphyocypris kikuchii* (OSHIMA)

產玉里、宜蘭、羅東、花蓮、大肚溪。*Phoxiscus kikuchii* OSHIMA 爲其異名。

中臺鯪 *Xenocypris medius* (OSHIMA)

產中部臺灣。

叉尾鯪 *Xenocypris schisturus* (OSHIMA)

亦名麻叉魚，扁鯉（張），鯪（張）。產中部臺灣。

平頜鱲 *Zacco platypus* (TEMMINCK & SCHLEGEL)

又名寬頜鱲；俗名: 石鱗，小溪哥，溪桿仔；亦名鱲（動典）；且名追河。產臺北、南投、羅東、土城、蘇澳、宜蘭、新竹、淡水河。*Z. evolans* JORDAN & EVERMANN 爲其異名。（圖 6-78）

丹氏鱲 *Zacco temmincki* (TEMMINCK & SCHLEGEL)

俗名石鱗，石兵；亦名河鯪（動典）。產嘉義。

粗首鱲 *Zacco pachycephalus* GÜNTHER

產南投、淡水河、羅東、宜蘭、大埤、蘇澳、土城。有的學者將本種列爲丹氏鱲之同種異名。但是 BANARESCU（1968）則認爲前人所列臺灣所產之平頜鱲與丹氏鱲，實際均屬本種。換言之，本省除近緣之臺灣馬口魚之外，只產粗首鱲一種。此項論斷是否屬實，有待進一步研究。

臺灣馬口魚 *Candidia barbata* (REGAN)

俗名溪篸，戀仔魚。產日月潭、宜蘭、南投。*Opsarichthys barbatus* REGAN 爲其異名。

點鰟 *Rhodeus ocellatus* (KNER)

產臺灣。亦名膨皮，點鰟（梁），高體鰟鮍；點紋鰟鮍（梁）；俗名奇力仔 (Kirara)、麒力，鰡仔魚。產臺北、南投、羅東、宜蘭，大埤（鄧、鄭，1960）。

鰟 *Rhodeus spinalis* OSHIMA

英名 Bitterling。本種原產海南島。OSHIMA（1919）記載上一種產臺北附近，本書在舊版中改列爲本種之異名，今改正之。惟本種是否亦見於臺灣則有待調查也。

臺灣石鮒 *Paracheilognathus himategus* GÜNTHER

又名副彩鰟；亦名臺灣鰇（梁）。產臺北、臺中、下淡水河、屏東、桃園。

蘭嶼石鮒 *Metzia mesembrina* (JORDAN & EVERMANN)

產蘭嶼。*Acheilognathus mesebrinum* JORDAN & EVERMANN 爲其異名。

臺灣白魚 *Pararasbora moltrechtii* REGAN

俗名白魚 (Baahii)，肉魚；產日月潭。

長棘魞 *Spinibarbus elongatus* OSHIMA

又名長身刺魞，產屏東。

何氏棘魞 *Spinibarbus hollandi* OSHIMA

產曾文溪、屏東、花蓮。

紅目鮘 *Capoeta semifasciolata* (GÜNTHER)

又名條紋二鬚魾；俗名 Anbakutai（紅目鮘）；產屏東。

史尼氏紅目鮘 *Puntius snyderi* OSHIMA

俗名 Anbakutai（紅目鮘）；產南投、臺北、大肚溪。

軟魽 *Acrossocheilus* (*Lissochilichthys*) *labiatus* (REGAN)

又名厚唇魚。產屏東、新店、南投、木柵、大甲溪。據伍等 (1964)，*Gymnostomus labiatus* REGAN, *Lissochilichthys paradoxus* GÜNTHER, 以及 *L. matsudai* OSHIMA 均爲本種之異名。（圖 6-78）

石鱝 *Acrossocheilus* (*Acrossocheilus*) *formosanus* (REGAN)

亦名臺灣光唇魚；臺灣橫唇魽（梁）；俗名石斑、石鱝、秋班。產日月潭、淡水河、新竹、桃園、埔里、宜蘭、南投。本書舊版根據 OSHIMA (1920) 另記 *A. invirgatus* 一種，其與本種之主要區別爲體較低矮，體側無橫斑。惟多位學者認爲此可能爲個體差異，故今改列爲本種之異名。*Gymnostomus formosanus* REGAN 亦爲其異名。

條紋石鱝 *Acrossocheilus* (*Acrossocheilus*) *fasciatus* (STEINDACHNER)

又名光唇魚。據 HERRE & MYERS (1931) 產臺灣。本書舊版漏列。（圖 6-78）

鯝魚 *Varicorhinus barbatulus* (PELLEGRIN)

亦名臺灣鏟頜魚；淡水魚，鮎魚（梁）；俗名 Kooye。產宜蘭、屏東、南投、淡水河。*V. tamusuiensis* (OSHIMA) 爲其異名。

高身鯝魚 *Varicorhinus alticorpus* (OSHIMA)

產屏東、花蓮。又名高身鏟頜魚。花蓮名此爲鮀仔。（水試標本：L. l. 43; D. III. 8; A. II. 5; V. 1. 8.）。

鯪魚 *Cirrhina molitorella* (CUVIER & VALENCIENNES)

又名鰜魚，花鰜；廣東所謂土鰜魚卽本種。產南投、屏東、臺北。*Rohita decora* JORDAN & EVERMANN, *C. melanostigma* FOWLER & BEAN, *Labeo jordani* OSHIMA 均爲本種之異名。（圖 6-78）

嘉魚 *Ptychidio jordani* MYERS

亦名卷口魚、老鼠魚，產中部臺灣。此魚原產廣西，MYERS 所定新種，雖根據臺灣標本，疑係雜入其他養殖魚苗，偶然移入臺灣者。

鮠 *Hemibarbus labeo* (PALLAS)

亦名唇鱛，眞口魚、羅漢魚（木村）；俗名 Tekotau（竹篙頭）。產南投、新店、宜蘭、臺北。*H. barbus* (SCHLEGEL), *Barbus schlegel* GÜNTHER 均爲其異名。

羅漢魚 *Pseudorasbora parva* (TEMMINCK & SCHLEGEL)

亦名老漢魚，麥穗魚，渾箍郎（木村），石諸子（動典）；俗名Chasui, Bohoe；日名持子。產淡水河、臺北、羅東、宜蘭、桃園、南投、新竹、屏東、玉里。鄧、鄭（1960）二氏報告在羅東大埤發見一亞種 *P. parva pumila* MIYAZI，其與 *parva* 本種之差別僅爲側線前方有數鱗消失，體較細長，體色較淡。有的日本學者將此亞種列爲獨立之種。（圖 6-78）

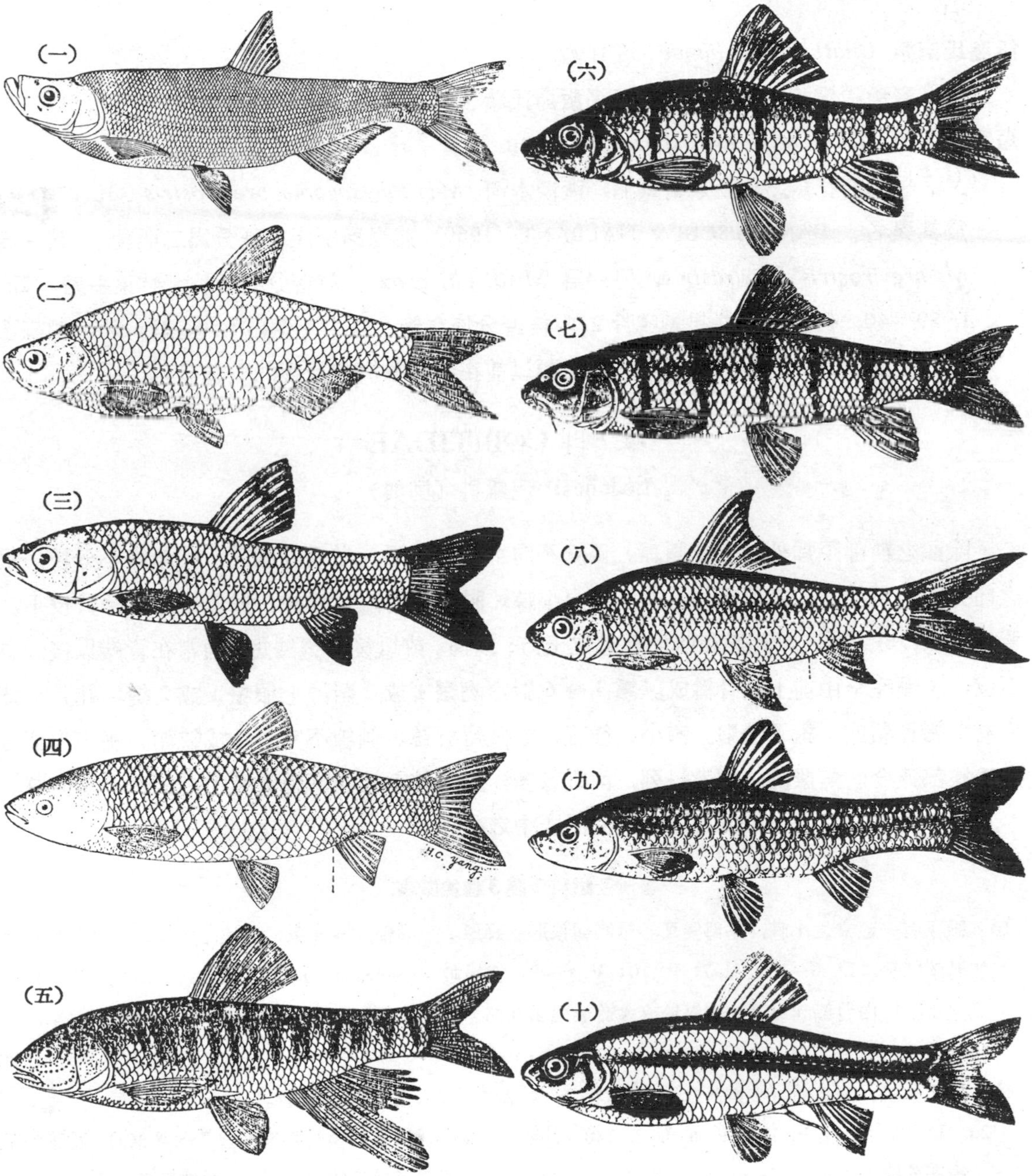

圖 6-78　（一）翹嘴鮊魚；（二）線紋黃鯝魚；（三）青魚；（四）草魚；（五）平額鱲；（六）軟鲃（七）條紋石鱝；（八）鯁魚；（九）羅漢魚；（十）小鰁。

小鰁 *Sarcocheilichtys parvus* NICHOLS

據曾晴賢君告知產臺灣。（圖 6-78）

斑鰁 *Sarcocheilichthys nigripinnis* (GÜNTHER)

亦名黑翅鰁；黑鰭鰁；俗名留仔。產臺灣。*Chilogobio nigripinnis* (GÜNTHER) 爲其異名。

飯島氏麻魚 *Gnathopogon ijimae* OSHIMA

又名臺灣頜鬚鉤；俗名溪簀；日名飯島氏諸子。產桃園、南投。

短吻鎌柄魚 *Abbottina brevirostris* GÜNTHER

又名短吻棒花魚；日名臺灣鎌柄；產淡水河。*Microphysogobio brevirostris* (GÜNTHER) 爲其異名。BANARESCU & NALBANT (1969) 將臺灣所產本種分爲二亞種，其一爲 *M. brevirostris brevirostris*，另一爲 *M. b. alticorpus*。前者分佈新竹、竹東一帶，L. l. 39～40；側線至腹鰭起點鱗片 2½；後者分佈嘉義、臺中一帶；L. l. 35～38；側線至腹鰭起點鱗片 3。他們並認爲本種魚類以前在臺灣曾發生積極的亞種分化。

鰍　科 COBITIDAE

Loaches; 泥鰍科 (動典)

除頭之前部平扁外，全體側扁。偶鰭不向水平位擴展，僅最外側之 1 枚鰭條不分枝。眼之前方下方可能有一簡單或分叉而能動之小棘。眼眶有游離之邊緣，或無邊緣而隱於皮下。背鰭一枚，短或長，其起點在腹鰭起點之上方、以前、或以後；臀鰭短，通常在背鰭以後。口下位，上頜完全由前上頜骨構成。鬚 3～6 對；吻鬚 1 或 2 對，上頜鬚 1 或 2 對；此外可能尚有 1 對鼻鬚或 1 對下頜鬚。鱗小、微細，或僅留痕跡。側線不完全，或缺如。鰓膜大部分與喉峽部連合。無擬鰓。咽齒一列，齒數較多。鰾之前部被包於骨質囊中，後部小或痕跡。

本科爲歐、亞兩洲棲息於河水池沼泥底中之小魚。

臺灣產鰍科 2 屬 3 種檢索表:

1a. 眼下有一直立之小棘，基部雙叉。尾鰭切截形或圓形。上頜鬚 3～4 對；側線不完全；泳鰾在腹腔內無游離部分，D. 8～10; A. 7; P. 10; V. 6～8; 脊椎數 42～43; L. l. 150 (約數)。尾柄長小於尾柄高之 2 倍；由背鰭起點至吻端等於或大於至尾鰭基部之距離。體側有二縱列褐色斑，下列較爲明顯，尾鰭基部上方有一黑斑‥‥‥‥‥‥‥‥‥‥‥‥‥‥‥‥‥‥‥‥‥‥‥‥‥‥‥**沙鰍**

1b. 眼下無棘；鬚 5 對 (少數 6 對)，4 對在下頜；側線完全，在體側中央線。

2a. D. 9; A. 7; P. 10; V. 6. L. l. 140 (約數)；體較爲細長 (體長爲體高之 7～8 倍)；背鰭起點約在前鰓蓋骨後緣至尾鰭基部之中點。鬚比較的短 (長者短於頭長之 1/2)。體暗灰色，有較大之斑點，尾鰭基部上方有一黑斑‥‥‥‥‥‥‥‥‥‥‥‥‥‥‥‥‥‥‥‥‥**土鰍**

2b. D. 7; A. 6; P. 10; V. 6; L. l. 106～115; 體較爲短壯（體長爲體高之 5.86～6.5 倍）; 鬚比較

的長（長者長於頭長之 1/2）。體色較淡，斑點細小，尾鰭基部上方無黑斑 ………………**粗鱗土鰌**

沙鰍 *Cobitis taenia* LINNAEUS

亦名花鰍，千漣魚，千鰍魚（木村）; 俗名鰗鰍，土鰌。產羅東、宜蘭、新竹、日月潭。

土鰌 *Misgurnus anguillicaudatus* (CANTOR)

英名 Pond Loach, Weatherfish; 亦名泥鰍，泥鰌（鄭）。產全島各地水田及河流中（臺

北、宜蘭、羅東、日月潭）。

粗鱗土鰌 *Misgurnus decemcirrosus* BASILEWSKY

產臺北、臺中、屏東、花蓮。

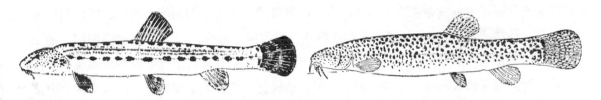

圖 6-79　左，沙鰍; 右，土鰌。

[#]脂鯉目 CHARACOIDEI

本目之分佈只限於非洲及中南美洲，已知者近 1,000 種。其特徵爲具有發達之後顳窩，下顱窩通常不發育，有鼻蝶骨; 鋤骨之前緣在篩骨之後。多數具有方骨-後翼骨窗。上下頜一般有齒，形狀不一。前篩骨及吻骨缺如。上下頜有齒，多數爲肉食性。咽骨及咽齒較簡單，腭骨及翼骨或有齒。通常具脂鰭。眶骨一般爲八片，包括一片眶前骨與一片眶上骨。尾骨有八片尾下支骨，連於最後之椎體及其尾桿上。尾鰭主要鰭條 19 枚。魏勃氏器較簡單。一般被鱗片，側線下彎。多數爲小形艷麗之魚類，可供觀賞。

[#]裸鰻目 GYMNOTOIDEI

高度特化之鰻形新熱帶區魚類，無具鰭條之背鰭與腹鰭，尾鰭退化或缺如。臀鰭基底特長，其支鰭骨可使鰭條之基部作環狀轉動。支鰭骨（輻骨）只一節，外端爲軟骨性半球形，與鰭條直接相接。肛門偏前，位於胸鰭下方。眼小。鰓裂狹窄。具發電器。無下鰓蓋骨及腭骨，主上頜骨退化。吻部延長。眶骨大形。本目包括裸背魚（Gymnotidae）、電鰻（Electrophoridae）、絲背魚（Apteronitidae）、鈎吻魚（Rhamphichthyidae）等科，中大型淡水魚類，分佈中南美洲。

鯰　目 SILURIFORMES

＝NEMATOGNATHI; Catfishes; 絲頜目

本目魚類之特徵極其明顯，不至與其他各目混淆。現知者 30 餘科 2,000 餘種，主要分佈南美洲與非洲，多數爲淡水產。只有海鯰科 (ARIIDAE) 爲熱帶與亞熱帶近海魚類，鰻鯰科 (PLOTOSIDAE) 爲太平洋與印度洋魚類，少數科別見於歐亞大陸溫帶地區，美鯰科 (ICTA-LURIDAE) 之分佈以北美洲爲主。齒鯰科 (DIPLOMYSTIDAE) 爲最原始而只見於南美洲之遺留動物，不但上頜骨發達而具齒，並且具有較原始的魏勃氏器。

鯰目魚類體短鈍或延長，有的爲鰻魚狀。頭稍平扁而大，但亦有極小者。無頂骨、接續骨、下鰓蓋骨、肌間骨，第一、二咽鰓節，側肋骨、及髓弧突出構造。決無眞正之鱗片，體裸出或被骨板。有些種類在皮下有棘，有的則有管狀之小骨包圍側線。第二、三、四脊椎相互癒合，稱爲 "複合脊椎"，其後並往往有其他椎體與之癒合，或以堅固關節相接。有小形板狀之後顳骨掩蓋翼耳骨與上耳骨之間，並向內側到達上枕骨。上匙骨複雜，與後顳骨，上耳骨，乃至翼耳骨成關節，並有一垂直突起與基枕骨相接，其下部深分叉，以承接匙骨之上臂。一般均具中烏喙骨。口不能伸縮自如；上頜以前上頜骨構成邊緣，主上頜骨則萎縮以爲觸鬚之支架。口部有觸鬚 1 ～ 4 對；唇肥厚，有的成爲吸盤狀。前上頜骨、齒骨、腭骨、翼骨有齒，咽骨有小形圓錐狀或絨毛狀齒。胸鰭及背鰭前方之鰭條往往硬骨化爲堅強而複雜之硬棘，棘上有小刺，小鈎或鋸齒。棘之基部與烏喙骨之間有 "鎖墊" (Friction lock)。背鰭棘之基部亦有類似之鎖固構造。側線有時分枝。鰓被架 3～20。無擬鰓。無幽門盲囊。背鰭一枚，基底長短不一。脂鰭通常具有，有的前方有棘或含有鰭條。泳鰾往往以隔膜分爲前後二室。我國淡水魚類中除鯉目外，以本目爲最多，共 10 科 100 種左右。尾鰭主要鰭條 18 或 17。眼小，有的具有呼吸空氣的副呼吸器（例如塘蝨科與囊鰓科）。

本目分爲齒鯰 (DIPLOMYSTOIDEI)、鯰 (SILUROIDEI)、軟鰭鯰 (MALAPTERUROIDEI)、鮠 (BA-GROIDEI)、鯨形鯰 (CETOPSOIDEI)、低眼鯰 (HYPOPHTHALMOIDEI) 以及鎧鯰 (LORICARIOIDEI) 等七亞目。臺灣產者僅 6 科 16 種。

臺灣產鯰目 6 科 16 種檢索表[1]:

1a. 背鰭無硬棘；臀鰭基底延長；無脂鰭。

 2a. 背鰭甚長，向後伸展達尾鰭或與之相接；鬚 4 對⋯⋯⋯⋯⋯⋯⋯⋯⋯⋯⋯⋯⋯⋯塘蝨科

---

[1] 除檢索表中所列者外，尙有泰國鯰 *Pangasius sutchi* FOWLER，屬於 PANGASIIDAE，乃 1970 年自泰國引進養殖；美國河鯰 *Ictalurus punctatus* (RAFINESQUE)，屬於 ICTALURIDAE，乃 1963 年自美國引進養殖；非洲塘蝨魚 *Clarias mossambicus* PETERS，屬於塘蝨魚科 (CLARIIDAE)，乃 1975 年自中非洲引進養殖，用以捕食小形吳郭魚及雜魚，以利增產。

體長爲體高之 5～6.5 倍，爲頭長之 4.5～5.3 倍。無脂鰭；背鰭、尾鰭、臀鰭可以淸分；胸鰭棘光滑，或雖粗糙而無鋸齒。D. 56～63；A. 38～43；V. 6. P. I. 9；鰓耙外側 18～20。脊椎骨 55‥‥‥**塘鯴魚**

2b. 背鰭甚短，或退化；鬚 2 對或 3 對‥‥‥‥‥‥‥‥‥‥‥‥‥‥‥‥‥‥‥‥‥‥‥‥‥‥‥‥‥‥‥‥‥**鯰科**

鬚 2 對；上頜鬚不及頭長之 2 倍；眼隱皮下；臀鰭甚長，後端多少與尾鰭相連；尾鰭後緣近於截平，上下葉圓形。胸鰭棘前緣鋸齒明顯。上頜末端在眼中部下方。D. 4～6；A. 69～86. P. 1, 12～13；V. 11～12；鰓耙外側 9～11；脊椎骨 54～59‥‥‥‥‥‥‥‥‥‥‥‥‥‥‥‥‥‥‥‥‥‥‥‥‥‥**鯰魚**

1b. 背鰭具 1 硬棘。

3a. 尾鰭後端尖銳，在上前方與所謂 "第二背鰭"（此可能爲尾鰭上方鰭條延展而成，故亦名尾背鰭 Caudodorsal），在下前方與臀鰭相連合；腹鰭鰭條多數（10～12）‥‥‥‥‥‥‥‥‥‥‥‥**鰻鯰科**

鰓膜彼此分離，不與喉峽部相連；"第二背鰭" 之起點在腹鰭起點之後；鼻鬚不超過眼眶後緣。下頜齒 2～3 列。D^1. I, 4～5；D^2. 80～100；A. 70～80。體側有二條白色縱帶‥‥‥‥‥‥‥‥‥**鰻鯰**

3b. 尾鰭分叉，或凹入，或截半，或鈍圓，但絕非尖銳，亦不與背鰭、臀鰭相連合。臀鰭短；脂鰭發育完善。

4a. 前後鼻孔接近，後鼻孔有一鼻瓣而無鼻鬚。

5a. 鰓膜在喉峽部相連，成爲橫過喉峽之摺襞；尾鰭分叉；脂鰭短小‥‥‥‥‥‥‥‥‥‥**海鯰科**

6a. 鬚 3 對；腭骨有絨毛狀，顆粒狀或犬齒狀齒，成帶狀或簇狀。

7a. 腭骨齒顆粒狀，成平行之二簇。頭頂骨板顆粒狀。D. I, 6；A. 19；P. I, 10。鰓耙 5～7＋10～12。各鰭黃色，脂鰭有一大形黑斑 ‥‥‥‥‥‥‥‥‥‥‥‥‥‥‥‥‥**斑海鯰**

7b. 腭骨齒每側二簇成一橫列，外側齒圓或卵圓，大於內側齒。D. I, 7；A. III, 14～15；P. I, 10，鰓耙 9。頭頂骨板極粗糙，成顆粒狀。背面靑褐色，腹面乳白色 ‥‥‥‥‥**沙加海鯰**

7c. 腭骨齒每側三簇，排成尖三角形，前二簇合爲一簇，與後簇分離。D. I, 7；A. 15；P. I, 11。鰓耙 4～5＋9～10。體背方靑褐色，腹部淡黃色，各鰭邊緣黑色 ‥‥‥**泰來海鯰**

5b. 鰓膜不在喉峽部相連，亦不連於喉峽部。尾鰭後緣截平或圓形。脂鰭低而長，全部與背面連合。鬚 4 對‥‥‥‥‥‥‥‥‥‥‥‥‥‥‥‥‥‥‥‥‥‥‥‥‥‥‥‥‥‥‥‥‥‥‥**鮰科**

8a. D. I, 6；A. 12；P. I, 7；下頜略短於上頜；體上部灰褐色，各鰭較淡‥‥‥‥**南投鮰**

8b. D. I, 6；A. 15；P. I, 7。下頜顯然短於上頜；生活時背面暗紅色，腹面較淡，液浸標本上部暗灰色，下部灰色‥‥‥‥‥‥‥‥‥‥‥‥‥‥‥‥‥‥‥‥‥‥‥‥‥‥‥‥‥**紅鮰**

8c. D. I, 5；A. 15。上下頜同長。體灰色，各鰭較深，尾鰭、臀鰭有狹白邊‥‥‥‥**臺灣鮰**

4b. 前後鼻孔遠離，後鼻孔有一鼻鬚。鰓膜在喉峽部游離；腭骨有齒‥‥‥‥‥‥‥‥‥‥**鮠科**

9a. 眼隱皮下；鬚四對；頭頂被皮膚，骨板不露出；背鰭短，有一堅壯之硬棘；臀鰭鰭條 10～25；尾鰭後緣圓以至深分叉；胸鰭有一硬棘；脂鰭低而長，後端游離。

10a. 臀鰭中等長，鰭條 19～25；尾鰭後緣截平或分叉。

11a. 體長不達體高之 6 倍；D. I, 7；A. 20；P. I, 7。臀鰭長於脂鰭；尾鰭後緣截平，稍凹入，上下葉圓形‥‥‥‥‥‥‥‥‥‥‥‥‥‥‥‥‥‥‥‥‥‥‥**橙色黃穎魚**

11b. 體長為體高之 6 倍以上；D. I, 7；A. 20；P. I, 7。臀鰭短於脂鰭；尾鰭後緣
圓形 ･･･**長黃顙魚**

10b. 臀鰭較短，鰭條少於 20；脂鰭較長。

12a. 體長為體高之 4.5～5.5 倍；D. I, 7；A. 15；P. I, 7；體上部灰色，下部
白色；尾鰭後緣稍凹入，上下葉圓形 ････････････････････････**日月潭鮡**

12b. 體長為體高之 6.3～6.9 倍；D. I, 7；A. 15；P. I, 7；體上部褐色，下部
白色，尾鰭後緣微凹入，上下葉圓形 ･･･････････････････････**臺灣鮡**

12c. 體長為體高之 6.2～7.1 倍；D. I, 7；A. 19；P. I, 8～9；體上部暗灰色，
下部淡灰色；尾鰭後緣略凹入 ････････････････････････････････**淡水河鮡**

12d. 體長為體高之 3.7～4.5 倍；D. I, 7；A. 17；P. I, 7；體上部暗灰褐色，下
部灰色。尾鰭後緣分叉，上下葉圓形。背鰭棘後緣有細鋸齒；吻鈍圓･･･**粗唇鮡**

12e. 體長為體高之 4.5～5.7 倍；D. I, 7；A. 18；P. I, 7；體褐色，有不明顯
之縱走淡色條紋；各鰭外緣暗色。尾鰭後緣微凹。背鰭棘後緣無鋸齒；背鰭棘
短於胸鰭棘 ･･･**截尾鮡**

塘蝨魚科 CLARIIDAE

Airbreathing Catfishes; Labyrinthic Catfishes; 胡子鯰科

體延長。頭部平扁而寬。眼小。口裂橫開於吻端。鬚四對：即鼻鬚 (Nasal barbel)，上
頜鬚 (Maxillary b.) 各一對，下頜鬚 (Mandibulary b.) 二對。前鼻孔在唇以後，為短管
狀；後鼻孔在鼻鬚以後，為圓裂孔。眼小，邊緣顯露。上下頜各有一簇絨毛狀齒，鋤骨上有
一新月狀齒帶。顱頂有枕窗 (Occipital fontanel)，額窗 (Frontal f.) 二孔，枕骨區延長。
鰓腔中在第二、四鰓弧上有樹枝狀之副呼吸器 (Dendritic accessory respiratory organ)。背
鰭、臀鰭均較長，完全由軟條構成，後方與尾鰭相連；但亦有背鰭較短，而後方有一脂鰭
者。腹鰭鰭條 6。胸鰭外側之鰭條為硬棘。鰓膜部分連合，中間有深缺刻，但在喉峽部游
離。鰓耙 13～19。鰓被架 7～9。鰾小形，分兩葉，部分被包於骨質囊中。

塘蝨魚 *Clarias fuscus* (LACÉPÈDE)

英名 White-spotted fresh-water catfish，亦名鬍子鯰；俗名土殺，疑即塘蝨之音變。
自臺北以至高雄各地均有報告。按本屬最常見者有二種，一為 *C. batrachus* (L.)，D.
60～78；A. 45～63；一即本種。二種最重要之區別為背鰭、臀鰭鰭條數之多少，倘能
獲得較多之標本以資比較，本種可能為 *C. batrachus* 之異名也。梁潤生教授 (1978) 建
議把 *C. fuscus* 併作 *C. batrachus* 之同種異名。惟所依據之標本不夠多，且採集地不
詳，目前尚難成定論也。(圖 6-80)

鮎　科 SILURIDAE

Sheatfishes; Eurasian Catfishes; Wels; 鮎科（動典）

體延長，多少側扁；頭部被皮膚，呈圓錐形，或有平扁之吻，眼隱皮下，但在 *Wallago* 屬有游離之眼眶邊緣。鬚在上下頜各一對，有時在下頜多一對（共三對）。背鰭短小，萎縮，或缺如；無硬棘、無脂鰭、臀鰭基底甚長，有多數鰭條，其後端接近尾鰭，有時與之連合。尾鰭後緣圓形、截平、以至分叉。腹鰭小，萎縮，或缺如。中國種類均有腹鰭，鰭條 6～14，位於背鰭正下方或後下方。 胸鰭有 I 硬棘。上下頜有絨毛狀齒帶， 鋤骨上則成為一簇或二簇，腭骨無齒（在 *Belodontichthys* 則各齒散在而不聚生）。鰓被架 9～20。鰓膜多少互相掩覆，但彼此分離，且在喉峽部游離。歐、亞兩洲及其附近島嶼之淡水產鮎魚，臺灣僅 1 種。

鮎魚 *Parasilurus asotus* (LINNAEUS)

英名 Chinese Catfish; Mudfish; 亦名鮎魚、鯷魚、鯤魚、怪頭魚（森為三），黃骨魚（R.）；俗名鯰仔。產臺北、羅東、宜蘭、屏東、日月潭等各地。(圖 6-80)

鰻鮎科 PLOTOSIDAE

Cabblers; Tandans; Eel-catfishes; Plotosid Sea Catfishes。

體延長；尾特長， 向後漸細而尖。頭小，口在吻端。上下頜齒為圓錐形， 有時上頜無齒，有時在下頜雜有臼齒狀之齒。鋤骨齒臼齒狀，或圓錐狀，成一簇，或一帶。鬚三對，上頜一對， 下頜二對， 有時在口角上另有第四對短鬚。鼻孔遠離， 前鼻孔管狀， 後鼻孔裂孔狀。有鰓蓋。鰓裂廣；鰓膜不與喉峽部相連，或僅有一小部分相連。鰓被架 9～12。第一背鰭短， 在胸鰭基底上方， 或略後， 具一硬棘。脂鰭缺如，但有一極長之第二背鰭，往往與尾鰭相連， 即所謂尾背鰭。臀鰭亦甚長，在後端與尖銳之尾鰭連成一體。胸鰭有強或弱棘，概具鋸齒緣。腹鰭鰭條 10～16。 泳鰾不包於軟骨內。 在肛門與臀鰭之間，有時具一樹枝狀器 (Dendritic organ)，作用未明。印度洋及西太平洋海產小魚，偶或溯游入河口。臺灣僅產 1 種， 其前鼻孔在上唇前緣，向上或向前開孔；第二背鰭起於胸鰭起點以後。奇鰭有黑邊，體側有兩條黃色縱帶。

鰻鮎 *Plotosus anguillaris* (BLOCH)

英名 Stinging Catfish, Striped eel-catfish; Eel-pont Catfish; 亦名海黃顙（動典），俗名沙毛, Yen Ting, Gan Ting, Om Ting (R.)；日名權瑞。產宜蘭至高雄各地。*P. lineatus* C. & V. 為其異名。(圖 6-80)

海鯰科 ARIIDAE

=TACHYSURIDAE; Sea Catfishes; 海鮎科

體中等延長；頭圓錐形或平扁，上覆骨板，骨板上往往有薄層皮膚。鰓膜連合成爲橫過喉峽部之一個褶襞；鰓被架 5～9 條。背鰭有 I 銳利硬棘及 6～7 軟條，在胸鰭、腹鰭之中間上方。胸鰭硬棘發達；腹鰭有 6 軟條。臀鰭短或中等長，有 14～26 軟條。脂鰭具有，在臀鰭上方。尾鰭深分叉。口在吻端下方，横裂，或爲新月狀。上下頜有齒，成爲絨毛狀齒帶；腭骨通常有圓錐狀或顆粒狀之齒，間或缺如。前後鼻孔接近，後鼻孔有瓣而無鼻鬚。上頜鬚一對，或缺如；下頜鬚一對或兩對（連頤鬚）。眼有時部分隱於皮下，通常具有邊緣。鰓被架 5～9。脊椎 27～33+21～25。熱帶或亞熱帶之海產鯰魚，亦有上溯至江河中者。臺灣僅產 3 種。

斑海鯰 *Arius maculatus* (THUNBERG)

英名 Giant Salmon-Catfish; Spotted Catfish。亦名錫魚、生毛、秙仔 (R.)，灰鯰（張)，成魚，黃松魚（湯)；俗名鯹仔魚（高)，成仔魚（基)；日名支那濱義蜂。*Arius sinensis, A. falcarius* 均爲本種異名。產臺灣、仙頭（汕頭？)。(圖 6-80)

沙加海鯰 *Arius sagor* (HAMILTON-BUCHANAN)

英名 Sagor Catfish。據 FAO 手册分佈臺灣東南方海域。

泰來海鯰 *Arius thalassinus* (RÜPPELL)

英名 Giant Catfish; Green Sea Catfish; 產臺灣東南方海域。

鮰　科 AMBLYCEPIDAE

=AMBLYCIPITIDAE

本科中一部分種類有主張 (JORDAN, 1923) 列入鮠科 (BAGRIDAE) 者。吾人根據萊根氏(REGAN, 1911, 6) 之研究，將 *Amblyceps, Liobagrus* 等歸併爲鮰科。其表面特徵可舉者約有四點：(1) 眼特小而隱於皮膚下；(2) 鬚四對；(3) 脂鰭低而長，全部與背面連合；(4) 尾鰭後緣近於截平。萊根氏定本科之特徵曰“外形近似鮠科但無翼骨，後翼骨縮小，中翼骨延長，由腭骨以至舌頜骨……脊椎 36～45 (15～16+21～29)。”

南投鮰 *Liobagrus nantoënsis* OSHIMA

產南投。(圖 6-80)

紅鮰 *Liobagrus reini* HILGENDORF

本種廣佈日本各地。基隆水試所有二標本，謂採自基隆，東大亦有標本採自埔里。

臺灣鮰 *Liobagrus formosanus* REGAN

產日月潭。

鮠　科 BAGRIDAE

=PORCIDAE；MYSTIDAE；Bagrid Catfishes；黃顙魚科；

黃鱨；鮠鮰；Sankakuko（高山語）

背鰭短，有Ⅰ硬棘及6～7軟條，在胸鰭先端之上方或偏前。有脂鰭，通常較背鰭長，或較臀鰭長，但亦有短於背鰭者。胸鰭有Ⅰ硬棘及6軟條（*Rita* 屬7～8）。尾鰭後緣圓形、截平、微凹、以至深分叉。前後鼻孔相距較遠，後鼻孔通常具鼻鬚。上頜鬚一對，比較的長；下頜鬚兩對。頭不扁，被厚或薄皮膚，亦有一部分骨板裸出者。眼有邊緣，或無邊緣而隱於皮下。口在吻端下方，橫裂或新月狀，上頜概向前突出。上下頜齒為絨毛狀齒帶，腭骨齒一簇或半環狀。鰓膜分離或中部凹入，在喉峽部游離。脊椎 34～55。鰓被架 7～13。

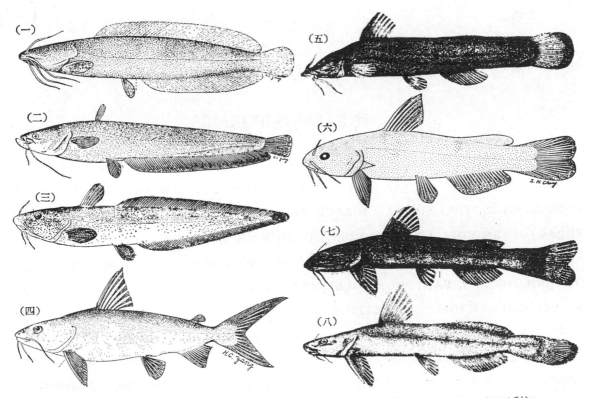

圖 6-80　鯰目八例。（一）塘蝨魚（塘蝨科）；（二）鯰（鯰科）；（三）鰻鯰（鰻鯰科）；（四）斑海鯰（海鯰科）；（五）南投鮰（鮰科）；（六）橙色黃顙魚；（七）臺灣鮠；（八）淡水河鮠（以上鮠科）

橙色黃顙魚 *Pseudobagrus aurantiacus* (TEMMINCK & SCHLEGEL)

產臺北木柵。（圖 6-80）

長黃顙魚 *Pseudobagrus tenuis* GÜNTHER

產中壢。

日月潭鮠 *Leiocassis brevianalis* (REGAN)

產日月潭、臺中、南投，俗名三角鮕。

臺灣鮠 *Leiocassis taiwanensis* (OSHIMA)

產南投、臺中、新竹。（圖 6-80）

淡水河鮠 *Leiocassis adiposalis* (OSHIMA)

產淡水河、宜蘭等地。亦名長鰭鮠，大鰭黃鰭魚，脂鬍子魚（梁）；日名鰭長義蜂。（圖 6-80）

粗唇鮠 *Leiocassis crassilabris crassilabris* GÜNTHER

產臺中、南投。

截尾鮠 *Leiocassis truncatus* REGAN

產中壢。

原棘鰭首目 PROTACANTHOPTERYGII

鮭　目 SALMONIFORMES

　　本目之分類地位與分類系統，向來紛紜爭議最多，學者們迄無一致之看法。例如 BERG (1940) 把本目列爲鯡目中之亞目之一（共分 LYCOPTEROIDEI, LEPTOLEPIDOIDEI, CLUPEOIDEI, CTENOTHRISSOIDEI, CHIROCENTROIDEI, SAURODONTOIDEI, CHANOIDEI, PHRACTOLAEMOIDEI, CROMERIOIDEI, SALMONOIDEI, ESOCOIDEI, STOMIATOIDEI, ENCHODONTOIDEI, OPISTHOPROCTOIDEI, GONORHYNCHOIDEI, NOTOPTEROIDEI, OSTEOGLOSSOIDEI, PANTODONTOIDEI, ANOTOPTEROIDEI 等 19 亞目），把 ARGENTINOIDEI, GALAXIOIDEI, ALEPOCEPHALOIDEI 等亞目分別列爲科，首科及獨立之目。格陵伍等(1966)在鮭目中包括 SALMONOIDEI, ARGENTINOIDEI, GALAXIOIDEI, ESOCOIDEI, STOMIATOIDEI, ALEPOCEPHALOIDEI, MYCTOPHOIDEI 等七亞目。但是 McALLISTER (1968) 的分類系統仍將本目列爲鯡目中亞目之一（包括 LYCOPTEROIDEI, ELOPOIDEI, ALBULOIDEI, CLUPEOIDEI, BATHYLACONOIDEI, TSELFATOIDEI, SAURODONTOIDEI, HIODONTOIDEI, GONORHYNCHOIDEI, CHANOIDEI, STOMIATOIDEI, ENCHODONTO-

IDEI, SALMONOIDEI, ESOCOIDEI 等 14 亞目)。不過在新的分類系統中，羅申與派特森等已把 MYCTOPHOIDEI 列為獨立之目，移入新設立之燈籠魚首目中。STOMIATOIDEI 亦因具有若干殊異之特徵，而改列為原棘鰭首目中獨立之廣口魚目 (STOMIATIFORMES)。而鮭目本身之分類系統亦頗多改變，除 ICHTHYOTRINGOIDEI, CIMOLICHTHYOIDEI, ENCHODONTOIDEI, 以及 HALECOIDEI 諸亞目為化石種類外，羅申 (1973, 1974) 把現生之鮭目魚類分為 4 亞目，即狗魚亞目 (ESOCOIDEI, 北半球寒帶魚)，鱗南乳魚亞目 (LEPIDOGALAXIOIDEI, 僅見於澳洲西南部)，水珍魚亞目 (ARGENTINOIDEI)，和鮭亞目 (SALMONOIDEI)。而最新的分類則是另設狹鰭首目 (STENOPTERYGII)，其下只轄廣口魚一目，ENCHODONTOIDEI 等亞目則改隸燈籠魚首目中之仙女魚目 (AULOPIFORMES) 中。本書以廣口魚目之祖先型既與鮭魚目相近，所以暫時共同置於原鰭棘首目中。

臺灣產鮭目 2 亞目 5 科檢索表:

1a. 具有複雜之後咽鰓器，即囊器 (Crumenal organ)，第 5 角鰓節之後端有一副軟骨，第 5 上鰓節不癒合。鰓被架 2～10 (水珍魚亞目 ARGENTINOIDEI)。

2a. 第 4 上鰓節之後部二分叉；鰓耙簡單而尖銳。體長圓筒狀，通常具脂鰭。背鰭在體之中部，臀鰭之前方。胸鰭低位。鰓被架 3～10 ‥‥‥‥‥‥‥‥‥‥‥‥‥‥‥‥‥‥‥‥‥‥**水珍魚科**

2b. 第 4 上鰓節有單一而扁濶之後關節面；鰓耙之基部膨大，有多數小齒。體長橢圓形，脂鰭缺如。背鰭長，在體之後半，與臀鰭對在。胸鰭短，高位。鰓被架 5～9 ‥‥‥‥‥‥‥‥‥‥**黑頭魚科**

1b. 不具後咽鰓器或副軟骨，第 5 上鰓節與第 4 上鰓節之軟骨癒合或不癒合 (鮭亞目 SALMONOIDEI)。

3a. 體被圓鱗。頭部側扁。背鰭在體之中部，通常在臀鰭前方，腹鰭上方。幽門盲囊多數。鰓被架 4 枚以上。

4a. 上下頜、鋤骨、腭骨及舌上有大形錐狀齒，(長成後或消失)，而無濶扁之齒，背鰭鰭條數不超過 16。鰓被架 12～20 ‥‥‥‥‥‥‥‥‥‥‥‥‥‥‥‥‥‥‥‥‥‥‥‥‥‥**鮭科**

4b. 前上頜骨上有少數錐狀齒，舌面有細齒，上下頜齒濶扁，有鋸齒緣，排成一列，能活動‥‥**鱗科**

3b. 體裸出或被薄而易落之不規則鱗片，雄者在臀鰭基底上方往往有一列鱗片。頭部平扁。背鰭在體之後部，在臀鰭上方或略前。無幽門盲囊。鰓被架 4 ‥‥‥‥‥‥‥‥‥‥‥‥‥‥**銀魚科**

＃狗魚亞目 ESOCOIDEI

＝HAPLOMI

　　無脂鰭；主上頜骨無齒，但卻為口裂骨片之一；背鰭、臀鰭均後位；無幽門盲囊；無中烏喙骨。本亞目包括狗魚 (ESOCIDAE) 和蔭魚 (UMBRIDAE) 二科，分佈限於北半球，但均不見於臺灣。

#鱗南乳魚亞目 LEPIDOGALAXIOIDEI

背鰭在腹鰭後方，與臀鰭相對，無脂鰭。尾鰭主要鰭條 9 枚，不分枝。鱗片薄。雄魚之臀鰭有鱗鞘，並且有變形之鰭條。本亞目只含一科 (LEPIDOGALAXIIDAE) 一種，只見於澳洲西南部小溪中。

水珍魚亞目 ARGENTINOIDEI

水珍魚科 ARGENTINIDAE

Argentines, Herring smelts; 擬鱚科（楊）

體長形，腹緣圓。口小或大，位於前端。上頜由前上頜骨與主上頜骨構成，前者不伸長，後者上方有上主上頜骨。上下頜無齒，鋤骨、腭骨有細齒，舌上有齒或無齒。擬鰓發育完善；鰓膜在喉峽部游離。鰓被架 5～10。幽門盲囊有或甚少。體被小形或中型圓鱗，易落；頭部無鱗；有側線。無發光器。背鰭基底短，位於體之中部。一般有脂鰭。臀鰭基底中等長。胸鰭低位，腹鰭中等長。眼大，位於頭側（*Xenophthalmichthys* 例外）。有中烏喙骨及眶蝶骨，無後匙骨；最後脊椎不向上翹。臺灣產 1 屬 2 種：

1a. 上頜能伸縮，口小。鰓耙 6～11，短。擬鰓有鰓絲 15～17。胸鰭鰭條 15～18⋯⋯⋯⋯⋯⋯**水珍魚**
1b. 下頜能伸縮，口大。鰓耙 33～39，纖細。擬鰓有鰓絲 22～25。胸鰭鰭條 19～22⋯⋯⋯⋯⋯**半帶水珍魚**

水珍魚 *Argentina kagoshimae* JORDAN & SNYDER

產東港。又名小口擬鱚（楊），體背有 9 枚橫斑，吻端上方黑色。（圖 6-81）

半帶水珍魚 *Argentina semifasciata* KISHINOUYE

產東港。

黑頭魚科 ALEPOCEPHALIDAE

Black Heads; Deepsea Slickheads; 禿鰯; 平頭魚科

體長橢圓形，側扁；頭部中型。口中型或大型；無鬚。上頜由前上頜骨與主上頜骨構成；前上頜骨有細齒，主上頜骨、腭骨及下頜有時亦具細齒。鰓蓋完整，骨片薄；鰓裂寬。鰓膜彼此相覆，但與喉峽部分離。鰓耙長，多數。無鰾。幽門盲囊數中等。發光器缺如，或僅留痕跡。體被薄圓鱗，有時缺如，頭部概裸出；側線存在。背鰭後位，長而低，與臀鰭對在。胸鰭短，高位，有時具絲狀之延長鰭條；腹鰭腹位；脂鰭缺如。深海產。

臺灣僅知有一種: 鱗片 L. l. 56～58＋8; L. tr. 8/1/9; 背鰭前 50。鰭條: D. 23～24; A. 32～35; P. 11; V. 8.

黑頭魚 *Alepocephalus bicolor* ALCOCK

頭部及偶鰭黑色，體軀爲一致之褐色。產東港。（圖 6-81）

鮭亞目 SALMONOIDEI

鮭科 SALMONIDAE

Salmons, Trouts

口裂廣，下頜骨通常達眼之後方，與方骨成關節。齒強，上下頜、鋤骨、腭骨上有圓錐狀齒，舌上有齒二列，或不規則的存在，或竟無齒。鱗片爲圓鱗而細小，頭部裸出，體側鱗片一縱列約 100 枚以上。背鰭一枚，在體（尾除外）之中部上方；脂鰭甚小。幽門盲囊多數。本科魚類爲北半球特產，無論東西洋，在北緯 40° 以北地區均盛產之。多數在產卵期中好溯河而上，亦有固定的生長於河流湖沼之中者。

臺灣產鮭科 2 屬 2 種檢索表:

1a. 臀鰭最長鰭條一般較臀鰭基底爲短，臀鰭軟條一般在 13 枚以上 (*Oncorhynchus*)。

　　D. 14～16; A. 14; P. 12～17; L. l. 130～145; 鰓被架 12～16; 鰓耙 ±17; 齒纖弱。幽門盲囊 40～

　　55。產卵前之雌魚背部蒼黑色，腹部色淡；雌雄魚體側均有緋色與嫩黃色錯綜而成之雲紋，腹面帶紅色

　　••櫻花鉤吻鮭

1b. 臀鰭最長鰭條一般較臀鰭基底爲長或相等，臀鰭軟條一般在 12 枚以下 (*Salmo*)。

　　D. 10～12; A. 8～12; P. 11～17; L. l. 125～150。鰓被架 9～13; 鰓耙 16～22; 幽門盲囊 27～80;

　　體側密佈黑色小點，中央有一赤色縱帶，尾鰭亦密佈黑點••虹鱒

櫻花鉤吻鮭 *Oncorhynchus masou* (BREVOORT)

英名 Freshwater trout; 俗名本邦（高山），Ku-lu-bang；日名鱒 (Masu)，日本產者有降海型、陸封型 (Land locked) 之分。臺灣所產者爲陸封型，僅見於大甲溪上游，現極爲稀少，有滅絕之虞。（圖 6-81）

虹鱒 *Salmo gairdneri irideus* GIBBONS

英名 Rainbow trout。本省於民國五十年一月自日本引進，已在冷水性地域普遍繁殖成功。

鰷　科 PLECOGLOSSIDAE

Sweet Fishes; 香魚科（朱・張）

體中等延長，被極小之鱗片。口裂廣；前上領骨有少數小形之圓錐狀齒，上下領齒形狀特殊，爲片狀而寬，前端截平，有鋸齒緣，能活動，存在於皮膚褶襞中。舌極小，除舌端外，被細齒；腭骨有齒，鋤骨無齒。下領兩枝不相連合，終於一小結。無眶蝶骨，眶下骨狹窄，後端不達於前鰓蓋骨。口內在下領底中部有一帆狀皮褶，褶前有二枚囊狀物，褶後一枚。背鰭一枚，在體（尾除外）之中部上方，近尾鰭處有一小形脂鰭。幽門盲囊多數（約400）。卵小。小型魚類，廣佈東亞各地淡水中。

僅 1 屬 1 種；D. 10～11；A. 14～15；P. 14；V. 7～8；L. l. 150；鰓耙 14～16＋19～25。

鰷 *Plecoglossus altivelis* Temminck & Schlegel

英名 Sweetfish, ayu-fish, Japanese Smelt；亦名山溪魛，香魚（伍）；俗名國姓魚（高），Kyarihii (Oshima)；日名鮎。產新店溪，以美味著名。多年前已絕跡，現有由日本購入魚苗養殖者。（圖 6-81）

銀魚科 SALANGIDAE

Ice-fishes; Silver-fishes; 膾殘魚

本科爲小形之白色透明魚類，僅產於東亞，由中國北部，經朝鮮，日本以至廣東均有報告。體細長，前方爲圓柱狀，後方側扁，頭部平扁。背鰭遠在腹鰭以後。臀鰭比較的長，在背鰭以後。脂鰭小。腹鰭軟條 7 枚。體裸出，或局部有不規則而易於脫落之薄鱗片。雄者體側在臀鰭基底之上方，往往有一列較大的鱗片，向後漸小。口裂大，上下領及腭骨有尖銳或圓錐形之齒，前方者略大；鋤骨與舌上有時生齒。鰓被架 4。擬鰓發達。無中烏喙骨；肋骨不硬骨化。消化管直走，無幽門盲囊。無鰾。卵小形而多。

臺灣產銀魚 2 種，均爲銀魚屬。前上領骨向前有一三角形之延展部分，下領不突出；腭骨兩側各有齒一列；舌面無齒。其中銳頭銀魚，其背鰭起點至吻端之距離約爲由彼至尾鰭基底之距離之 3 倍；體長爲體高之 11 倍；D. 11～15；A. 26～32；P. 10～11；V. 7。有明銀魚之背鰭起點至吻端之距離約爲由彼至尾鰭基底之距離之 $2\frac{1}{2}$ 倍；體長爲體高之 15 倍；鰭條數同上種。

銳頭銀魚 *Salanx acuticeps* Regan

亦名尖頭銀魚（朱）。產日月潭。（圖 6-81）

有明銀魚 *Salanx ariakensis* Kishinouye

產臺灣。

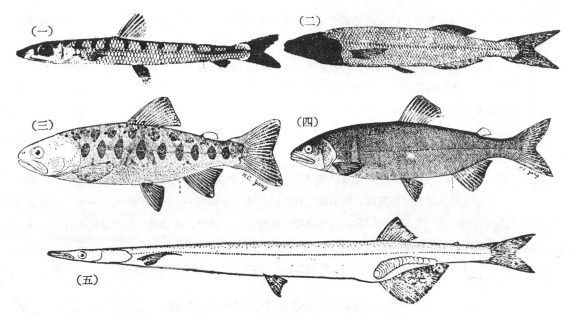

圖 6-81　鮭目五例。（一）水珍魚（水珍魚科）；（二）黑頭魚（黑頭魚科）；（三）櫻花鈎
吻鮭（鮭科）；（四）鱖（鱖科）；（五）銳頭銀魚（銀魚科）。

廣口魚目 STOMIATIFORMES

＝珠光魚目

本目向來列爲鯡目或鮭目中亞目之一，　今因其具有鰓弧縮肌（Retractor arcuum bran-
chialium muscle），　而海鰱類、鯡類、鮭類、骨鰾類，均不具有（亦見於燈籠魚類，准棘鰭
類及棘鰭類），故羅申（1973）將其改爲獨立之一目。

又因本目之祖先型可能與鮭目相近，　而與仙女魚目（Aulopiforms）之祖先型亦相去不
遠，且本目有很多與鮭目共有之原始特徵，所以 NELSON（1984）將本目單獨置於狹鰭首目
（STENOPTERYGII）中，與原棘鰭首目相平行。

本目均深海魚類，具發光器，通常在身體兩側下部各二縱列，臀鰭上方一縱列，亦見於
鰓膜上及眼之下方。上頜外緣由主上頜骨與前上頜骨共同構成。背鰭後方有脂鰭或無，有的
在臀鰭前方亦有脂鰭。鰓被架 5～24。椎體橫突起不與椎體癒合。鱗片爲易落之圓鱗，有的
無鱗。

臺灣產廣口魚目 6 科檢索表：

1a.　鱗片大而易脫落，或不被鱗片。

　2a.　下頜無觸鬚；發光器大形，有導管。上頜骨有 2 副骨。齒細小。鰓耙中等。

　　3a.　體延長，口裂斜位；發光器排成縱列而不成簇·······················**櫛口魚科**

3b. 體特高，強度側扁；口裂近於垂直。發光器垂直延長，多少聚合成簇⋯⋯⋯⋯⋯⋯**胸狗母科**

2b. 下頜有觸鬚。發光器小形，無導管。上頜骨有一副骨，鰓耙不發達。齒中等或大型。

    4a. 背鰭顯然後位，與臀鰭對在。無脂鰭。下頜觸鬚發達。體裸出或被薄鱗，或在體側有鱗片狀縱
       走條紋。頭部固定而不能上下活動，但上頜能伸縮自如⋯⋯⋯⋯⋯⋯⋯⋯⋯⋯⋯**廣口魚科**

    4b. 背鰭、腹鰭顯著前位，背鰭第一鰭條延長為絲狀。背部後面及肛門前方各有一脂鰭。下頜鬚甚
       短。上下頜細長而彎曲⋯⋯⋯⋯⋯⋯⋯⋯⋯⋯⋯⋯⋯⋯⋯⋯⋯⋯⋯⋯⋯⋯**蝰魚科**

1b. 皮膚黑而裸出無鱗。

    5a. 背鰭較短（鰭條 9～20），終點顯然在臀鰭基底後端以前，在腹鰭基底上方、前方、或略後；
       背鰭、臀鰭鰭條基部無棘。無胸鰭。有脂鰭。體不為蛇形⋯⋯⋯⋯⋯⋯⋯⋯**食星魚科**

    5b. 背鰭較長（鰭條 54～75），終點在臀鰭終點以前，背鰭、臀鰭鰭條基部兩側各有一小棘。無
       脂鰭。體長，蛇形⋯⋯⋯⋯⋯⋯⋯⋯⋯⋯⋯⋯⋯⋯⋯⋯⋯⋯⋯⋯⋯⋯**三叉槍魚科**

    5c. 背鰭特別偏後，接近尾部，與臀鰭對在；背鰭、臀鰭鰭條基部無棘。無脂鰭⋯⋯**黑廣口魚科**

櫛口魚科 GONOSTOMATIDAE

＝GONOSTOMIDAE, Bristlemouths; Lightfishes; 角口魚科（曾）; 鑽光魚科

    體中度延長，不特別側扁。鱗片大形，薄而易脫落。有的不被鱗片。鰓蓋骨完整。鰓耙中等長。頤部無觸鬚。發光器沿腹面兩側，一列由喉峽部至尾基，另一列由鰓裂至臀鰭起點。無眶後發光器。背鰭基底短，在背部中央或稍偏後，鰭條 6～20，脂鰭或有或無。臀鰭基底長，起於背鰭下方或後方，鰭條 12～68。胸鰭低位。有的在肛門之前有另一脂鰭。口裂廣，水平或稍向後下方傾斜。上頜有二副骨。上下頜有小而尖銳之犬齒狀齒列。小形深海魚類，常於夜間升至水面。

臺灣產櫛口魚科 2 屬 2 種檢索表:

1a. 喉峽部有發光器；背鰭起點在臀鰭起點之前；前上頜骨齒單列，下頜齒單列；成魚之下頜後半有發光
    器一列；沿側線有一列發光器擴展至尾鰭；第一鰓弧下枝鰓耙 7～9 (*Diplophos*)。

    D. 12; A. 53; P. 8～9; V. 8. 腹面兩側各有發光器一列，不中斷，其上方有一列較小之發光器，沿
    體側中央有另一列發光器。無脂鰭。臀鰭起點在背鰭起點之後。體棕褐色，頭部黑褐色。各鰭色淡⋯⋯
    ⋯⋯⋯⋯⋯⋯⋯⋯⋯⋯⋯⋯⋯⋯⋯⋯⋯⋯⋯⋯⋯⋯⋯⋯⋯⋯⋯⋯⋯⋯⋯⋯⋯**太平洋櫛口魚**

1b. 喉峽部無發光器；背鰭起點在臀鰭起點正上方或之後；無擬鰓；體側至少有二列發光器；主上頜骨有
    一列排列稀疏之大形齒，其間有若干小齒 (*Gonostoma*)。

    肛門接近臀鰭起點；發光器明顯，頭部有多數小形發光器；在下頜縫合部以及圍眼發光器附近有大塊腺
    性組織。D. 12～14; A. 29～32; V. 8; P. 10～12 ⋯⋯⋯⋯⋯⋯⋯⋯⋯⋯⋯⋯⋯⋯**長身櫛口魚**

太平洋櫛口魚 *Diplophos pacificus* GÜNTHER

    英名 Pacific portholefish。又名太平洋舷砲魚（曾）。產綠島附近。（圖 6-82）

長身櫛口魚 *Gonostoma elongatum* GÜNTHER

又名長鉆光魚。英名 Elongate portholefish。東大魚類研究室最近自東港探得一標本。

胸狗母科 STERNOPTYCHIDAE
Hatchet Fishes; 豐年魚科 (楊)；星光魚科

體短而高，僅尾部較爲瘦小。眼大，有的能伸縮。口裂近於垂直。上下頜有細齒，鋤骨有齒或無齒。無鬚。鰓膜在喉峽部游離，或略形連合。鰓耙發育完善；鰓被架 5～11；擬鰓存在，有時缺如。無鱗片，或易落。在眶前、眶後及眼部有單一之發光器；在下頜縫合部、鰓被架膜及體側成簇；在喉峽部與腹鰭間及腹鰭與尾鰭間成系列。背鰭前方往往有硬棘，其起點在體軀之中部或略前。脂鰭低，全部或部分在臀鰭上方；腹鰭小，在背鰭起點下方或下前方，深海產。

臺灣產胸狗母科 2 屬 2 種檢索表:

1a. 背鰭前方有分叉之棘。鋤骨有齒。體軀腹側在軀幹部與尾部之間無突然緊縮 (Ventral constriction) 之部分。眼正常。臀鰭不分爲前後兩部分 (*Polyipnus*)。

　　D. 12～13; A. 15～17。發光器：腹緣 10，腹鰭、臀鰭間 5，臀鰭上 (至略後) 12～16⋯⋯⋯**豐年狗母**

1b. 背鰭前方有一大三角形之透明骨板。體軀腹側在軀幹部與尾部之間有突然緊縮之部分。眼爲望遠鏡狀。臀鰭分爲前後兩部分 (*Argyropelecus*)。

　　D. 9; A. 7+5。發光器：腹緣 12，腹鰭、臀鰭間 4，臀鰭上 6⋯⋯⋯⋯⋯⋯⋯⋯⋯⋯⋯**銀斧狗母**

豐年狗母 *Polyipnus spinosus* GÜNTHER

又名燭光魚。產東港。(圖 6-82)

銀斧狗母 *Argyropelecus aculeatus* CUVIER & VALENCIENNES

又名銀斧魚。*A. acanthurus* COCCO 可能爲其異名。產東港。

廣口魚科 STOMIATIDAE
Boafish; Deepsea Scaly Dragonfishes; Wildmouths; Mouthfishes;
鼉蜥鱚科；巨嘴魚科

體延長，向後漸細。頭小，長橢圓形，吻圓而短；眼大，在頭部前方。口橫裂，特別寬大。頤部有一長觸鬚，末端分裂爲絲狀。鰓蓋不完全。上下頜有堅強而大小不一之齒。鰓膜在喉峽部游離。無擬鰓。鰓被架 12～17。骨骼弱硬骨化。無幽門盲囊。卵在輸卵管外。鱗片六角形而易脫落，或裸出，或在體側有鱗片狀縱走條紋。腹面兩側各有一列發光器，由喉峽部至尾基。由鰓裂至尾基有另一列。眼下方或後方亦有一發光器。背鰭無棘，遠在腹鰭後方。臀鰭小，與背鰭相對。無脂鰭。尾鰭顯著。胸鰭狹，低位，在膊弧上。腹鰭亦遠在身體之後半。深海產。

1a. 多數下頜骨齒長於最長之前上頜骨齒；下頜骨齒 (9～16) 少於前上頜骨齒(16～25)……**阿羅氏廣口魚**

1b. 最長之下頜骨齒短於最長之前上頜骨齒；下頜骨齒(7～18)多於前上頜骨齒(4～12)………**貢氏廣口魚**

阿羅氏廣口魚 *Stomias nebulosus* ALCOCK

據 GIBBS（1969）產臺灣北方深海中。

貢氏廣口魚 *Stomias affinis* GÜNTHER

英名 Günther's Boafish。又名巨口魚。產東港。（圖 6-82）

蝰魚科 CHAULIODONTIDAE

Viperfishes

體延長，側扁。鱗片薄，六角形，易脫落。頤鬚退化。鰓蓋短。眼下有一發光器，其他在鰓被架之間。腹面兩側由喉峽部至尾基各有一列發光器，其上方另一列由鰓裂至肛門。背鰭基底短，在腹鰭之前上方，其第一鰭條延長爲絲狀。臀鰭基底短，接近尾鰭基部，其正上方有大形脂鰭。胸鰭大形。頭部高而側扁。口極大，上下頜前方有巨大之犬齒狀齒，口閉合時向外暴出。

臺灣產蝰魚科 1 屬 1 種 2 亞種檢索表:

1a. 由前端（不包括頭部）至臀鰭起點之長佔全長（不包括尾鰭）之 67.3～72.8%。最後之前上頜骨齒大於後起第二枚。第四列之被鱗區域有二卵圓形含色素之發光器，一大一小。在大形發光器縱列之間的主要小發光器縱列，每段有發光器 4～5 枚。

2a. 背鰭前長度（不包括頭部）爲全長（不包括尾鰭）之 4.4～14.3%。下頜之大形齒 5～7 枚。最前方之前上頜齒爲最大前上頜齒長之 61.1～82% ……………………**蝰魚** (*C. sloanei* SCHNEIDER)

3a. 在第五列被鱗區中成對發光器之較大者，其長度爲標準體長（第二列之平均水平切面長）8.9～11.7%，上列發光器之直徑爲標準體長之 4.0～4.8%，全部下列發光器62～69。D. 5～7; A. 11～13; P. 12～15, R. br. 16～20 ……………………………………………………………………………**正蝰魚**

3b. 在第五列被鱗區中成對發光器之較大者，其長度爲標準體長之 12.5%，上列發光器之直徑爲標準體長之 6.8%。D. (5) 6; A. 11～13; P. 12～15; V. (6) 7 (8); R. br. 15～20。上列發光器: 全部 65～72; P-V 18～23; V-A 25～30, A-C 9～11。下列發光器: 18～23+24～29……**次蝰魚**

正蝰魚 *Chauliodus sloanei sloanei* SCHNEIDER

英名 Viperfish。據 EGE（1948）分佈臺灣東部海域。（圖 6-82）

次蝰魚 *Chauliodus sloanei secundus* EGE

據 EGE (1948) 分佈臺灣東岸外海。

食星魚科 ASTRONESTHIDAE

Star-eaters; Snaggletooths; 蜥形裸鰯科

體比較的延長；頭部側扁，下頜通常有鬚，鬚之先端有時游離。上下頜齒尖銳，大小不一。後顳骨插入枕區。脊椎與髓棘正常，並不在背鰭前突出。體裸出。發光器存在。背鰭基底短，其後端在臀鰭起點之前或正上方。背鰭後方有脂鰭；在肛門之前亦有一小形脂鰭。胸鰭存在。

臺灣僅產一種：D. 11；A. 18；P. 6～7；V. 7。發光器：在腹緣 66 枚成一腹列 (Ventral series: 胸鰭前 12，腹鰭前 18，肛門前 20，尾鰭前 16)，其上方另有 36～40 枚成一側列 (Lateral series)。

食星魚 *Astronesthes lucifer* GILBERT

產東港、小硫球。(圖 6-82)

三叉槍魚科 IDIACANTHIDAE

Sawtail fishes; Dragonfishes; Sea-dragons; Stalkeyed Fishes; 奇棘魚科

體特織長，頭小而側扁。吻短，口裂甚大。齒長而尖銳。下頜有一長觸鬚。眼後有轉動之發光器。腹面兩側各有一列發光器，由喉峽部至尾基。其上方另有一列自鰓裂至臀鰭中部。鰓蓋狹，但鰓裂廣寬。無鰓耙及擬鰓。體裸出，體側沿背鰭、臀鰭基底，由每一鰭條基部之前方有尖銳之小突起，背鰭起點遠在臀鰭以前，但其終點則在臀鰭上方。無脂鰭。成長後無胸鰭，雄者無腹鰭，雌者腹鰭在體軀（除尾鰭）中部以前，具 5 軟條。鰻魚狀之深海魚。

臺灣僅產 1 種：D. 64；A. 40；V. 6。發光器：在鰓被架之間 15～16；側列 50 (肛門前 22～24，臀鰭前 16，臀鰭後 12)；腹列 80～84 (腹鰭前 33～35，臀鰭前 16～18，尾鰭前 32)。

三叉槍魚 *Idiacanthus fasciola* PETERS

英名 Gleaming-tailed Seadragon。又名奇棘魚。產東港。(圖 6-82)

黑廣口魚科 MELANOSTOMIATIDAE

Scaleless dragonfishes; Black dragonfishes; 黑巨嘴魚科; 黑裸鰯科

體纖長，略形側扁 (*Bathophilus* 體短，強度側扁，但不見於臺灣)。頭短，上下頜狹而長 (殆與頭長相等)；頤部有鬚。上頜有齒，前直後斜，鋤骨有齒或無齒，腭骨有齒。無鰓耙而有鰓齒。體不被鱗，而有發光器，往往依肌節而成垂直列。眶後列雌者可能缺如。由鰓蓋後方至胸鰭上方，可能伸展至臀鰭前上方亦有一列；其下方另有一列從喉峽部至臀鰭；尾柄上之一列與上二列常有間隔。背鰭與臀鰭遠在體之後方（限於尾柄部）。一般無脂鰭。胸鰭存在或缺如。腹鰭存在。脊椎 35～82（平均 60），椎體為薄圓筒狀，可以包圍脊索。

臺灣產黑廣口魚科 4 屬 4 種檢索表:

1a. 臀鰭起點顯然在背鰭起點以前，胸鰭第一鰭條並不游離。吻部可以伸縮自如（*Eustomias*）。
　　 D. 23; A. 36; P. 3; V. 7. 發光器: 側列 66～72（腹鰭前 32～34；臀鰭前 16～18；尾鰭前 18～20）
　　 腹列 56～60（胸鰭前 7；腹鰭前 32～34，臀鰭前 17～18）。頤鬚特長……………………**長鬚黑廣口魚**
1b. 臀鰭起點多少在背鰭起點下方。

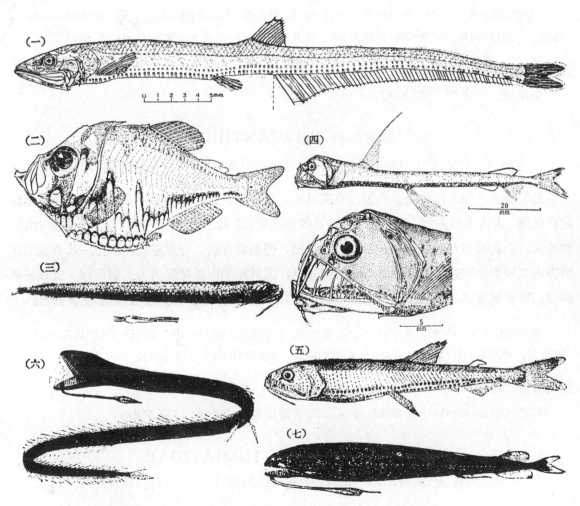

圖 6-82　廣口魚目六例　(一) 太平洋櫛口魚（櫛口魚科）；(二) 豐年狗母（胸狗母科）；
　　　(三) 貢氏廣口魚（廣口魚科）；(四) 蝰魚（蝰魚科）；(五) 食星魚（食星魚科）；(六) 三叉槍魚（三叉槍魚科）；(七) 長鬚黑廣口魚（黑廣口魚科）。

2a.　下頜較上頜爲長，且向上彎曲。P. 0～3，無一鰭條延長或游離。鋤骨有齒 (*Photonectes*)。

　　D. 13～15；A. 16～18；V. 7。發光器：側列 52～55（腹鰭前 26～28，臀鰭前 14，尾鰭前 10～12），

　　腹列 40～42（腹鰭前 30～32，臀鰭前 10～12），此外在眼下有一大三角形之發光器……**明鰭布袋狗母**

2b.　下頜並不長於上頜，亦不向上彎曲。P. 5～11，無一鰭條延長或游離。鋤骨有齒。

　　3a.　P. 5～6。僅上下頜前部有細小而固定之齒 (*Melanostomias*)。

　　　　D. 13；A. 17～18，P. 5；V. 7。發光器（小而不顯）：側列 52（腹鰭前 30，臀鰭前 12，尾鰭前

　　　　10），腹列 48～53（胸鰭前 8，腹鰭前 28～30，臀鰭前 12～15），此外在眼下有一大三角形之發光

　　　　器……………………………………………………………………………………………**黑廣口魚**

　　3b.　P. 7～11。上下頜側部有固定之齒 (*Leptostomias*)。

　　　　D. 18；A. 24～25；P. 9；V. 7。發光器小形，側列 83（腹鰭前 48，臀鰭前 20，尾鰭前 15），腹

　　　　列約 68～74，不顯，此外在鰓被架間約有 13～14……………………'………**纖黑廣口魚**

長鬚黑廣口魚 *Eustomias longibarba* PARR

　　產東港。（圖 6-82）

明鰭布袋狗母 *Photonectes albipennis* (DÖDERLEIN)

　　布袋狗母依日名譯。產東港。

黑廣口魚 *Melanostomias melanopogon* REGAN & TREWAVAS

　　產東港。

纖黑廣口魚 *Leptostomias robustus* IMAI

　　產東港。

燈籠魚首目 SCOPELOMORPHA

　　本目之上頜不能伸縮，其邊緣完全由前上頜骨構成（或無前上頜骨，上頜邊緣由主上頜骨構成），脂鰭一般存在。深海種類具發光器。尾鰭分叉，主要鰭條一般爲 19 條。腹鰭胸位或次胸位，鰭條 8～12（多數爲 8 或 9）；鰓被架 6～26。鰾如有爲鎖鰾型。脊椎數 39 或更多。少數種類爲雌雄同體而行自體受精。

　　本首目原僅包含燈籠魚目(Myctophiformes) 一目，近年來經羅申 (1973) 研究之結果，認爲仙女魚之類 (Aulopiformes) 的鰓弧已顯著特化，而顯然與燈籠魚之類有別，故分別列爲獨立之目。今暫依之。

仙女魚目 AULOPIFORMES

＝INIOMI 之一部分

　　本目之主要特徵爲第二咽鰓節極度向後側方延伸，而與第三咽鰓節遠離，第二上鰓節之

鈎狀突與第三咽鰓節接觸。此種特徵不見於任何其他魚類。

本目之分類，經多位學者之研究而認爲應分爲二系，卽仙女魚亞目和槍蜥魚亞目，體形特異的長尾魚科 (Giganturidae) 列於槍蜥魚亞目中。本書以長尾魚之特化極爲顯著，故另列爲一獨立之亞目。

臺灣產仙女魚目 7 科檢索表:

1a. 有腹鰭；有脂鰭；體被鱗片；上頜邊緣由前上頜骨構成。

　2a. 有一明顯之大形齒板與第三上鰓節癒合；第四、五上咽齒板向外成一銳角，後者沿着第四上鰓骨之主軸，但不與之癒合（**仙女魚亞目** AULOPOIDEI）。

　　3a. 上下頜齒多列；上頜縫合部一般有齒而不能彎曲。

　　　4a. 主上頜骨（上頜副骨）兩片；頭骨後方有後顳窩 (Post-temporal fossa)；上頜後端不達眼之後緣。鋤骨齒排成弧形。不具發光器⋯⋯⋯⋯⋯⋯⋯⋯⋯⋯⋯⋯⋯⋯⋯**仙女魚科**

　　　4b. 主上頜骨（上頜副骨）一片；無後顳窩。上頜後端不達眼之後緣。鋤骨若有齒，排成二縱列。不具發光器。無鰾⋯⋯⋯⋯⋯⋯⋯⋯⋯⋯⋯⋯⋯⋯⋯⋯⋯⋯⋯⋯⋯⋯⋯**青眼魚科**

　　3b. 下頜齒 2～3 列，外列齒固定，內列齒倒伏；前上頜骨邊緣有一列固定齒，內面前方有一列可倒伏之齒。上頜縫合部一般無彎曲之齒。體中度延長；全身被大形易脫落之鱗片。眼球往往向前方突出。背鰭位於背面中央；脂鰭與臀鰭對在⋯⋯⋯⋯⋯⋯⋯⋯⋯⋯⋯⋯⋯**大鱗狗母科**

　2b. 鰓弧各骨片顯然較細小，但咽鰓節較長；無第二、第五上咽齒板，及第三上鰓節齒板，第三上咽齒板亦退化或消化，第四上咽齒板大形（**槍蜥魚亞目** ALEPISAUROIDEI）。

　　5a. 上下頜齒多列，或爲寬狹不一之齒帶，齒爲針狀或矢頭狀；上頜後端伸達眼之後方；不具發光器。

　　　6a. 頭部及軀幹部被鱗片，側線上鱗片不特大；有主上頜骨。
　　　　D. 10～14；A. 14～16；V. 8。有脂鰭⋯⋯⋯⋯⋯⋯⋯⋯⋯⋯⋯⋯**合齒科**

　　　6b. 除沿側線至尾部有鱗片外，頭部及軀幹部均裸出而無鱗片；主上頜骨正常或缺如，後端寬而扁。
　　　　D. 9～14；V. 9。脂鰭小⋯⋯⋯⋯⋯⋯⋯⋯⋯⋯⋯⋯⋯⋯⋯⋯⋯**鐮齒科**

　　5b. 下頜齒 2～3 列；外列齒固定，內列齒倒伏，齒銳利。體顯著延長，全身被大形易脫落之鱗片。眼球不突出。無鰾。無發光器。

　　　7a. 口裂不達眼之前緣下方。腭骨齒短小。背鰭小形，位於體之中央以後⋯⋯⋯⋯**裸狗母科**

　　　7b. 口裂超越眼之前緣下方。腭骨齒大形，口張開時由側方可見。背鰭成船帆狀，其起點在後頭部⋯⋯⋯⋯⋯⋯⋯⋯⋯⋯⋯⋯⋯⋯⋯⋯⋯⋯⋯⋯⋯⋯⋯⋯⋯⋯**槍蜥魚科**

1b. 無腹鰭，亦無脂鰭。體裸出無鱗。上頜邊緣由主上頜骨構成。口裂大，橫裂，向後幾乎達鰓裂之前緣。眼大，管狀。上下頜及腭骨均有可倒伏之銳齒。無鰾。尾鰭下葉特長（**長尾魚亞目** GIGANTUROIDEI；臺灣尚無報告）。

*槍齒亞目 ENCHODONTOIDEI

白堊紀之化石魚類，具主上頜骨，該骨細棒狀，不見於本目之其他種類。

仙女魚亞目 AULOPOIDEI

仙女魚科 AULOPODIDAE
Aulops；姬魚科（日名）

體延長，稍形側扁。眼側位。口略能伸縮，中等大。上頜向後伸展至眼眶下方以後，或超越之，由前上頜骨構成，並有二附屬之主上頜骨。齒小，圓錐狀，在上下頜及腭骨上均成爲一狹帶。鰓被架 10～16。鰾無氣道。脊椎 41～53。鱗片中型，圓鱗或櫛鱗，被覆頭部及軀幹部。尾柄部有棘狀鱗。背鰭較長，其起點較接近於頭部，鰭條 14～21。臀鰭鰭條 9～13。胸鰭在體側中央線以下，鰭條 11～14。V. 9，彼此遠離，位於胸鰭下方或略後，無發光器。

臺灣產仙女魚一種。D. 15～16；A. 10；L. l. 43。鰓耙 4+15。眼徑約與吻長相等或略短。

仙女魚 *Hime japonica* (GÜNTHER)
又名比女，仙魚。產臺南。（圖 6-83）

靑眼魚科 CHLOROPHTHALMIDAE
Greeneyes

吻鈍圓。口前位。下頜突出。主上頜骨後端漸寬廣。通常有一片主上頜骨。上下頜及腭骨齒尖細，排列爲狹帶狀。鋤骨如有齒，分爲二縱簇。體被圓鱗、櫛鱗或梳狀鱗。背鰭基短，起點在背面中間以前。臀鰭短，與脂鰭相對，遠位於肛門之後。胸鰭側位；腹鰭彼此接近，位於背鰭正下方。骨片輕微骨化，篩骨無中央稜脊。無鰾。

臺灣產靑眼魚科 1 屬 7 種檢索表:

1a. 吻部不顯著平扁。吻部與眼徑同長或較眼徑爲短。主上頜骨後端不超過眼之中點以後。腹鰭起點在背鰭下方 (*Chlorophthalmus*)。

2a. 主上頜骨後端接近眼之前緣下方或超越之。

　3a. 眼徑大於吻長。

　　4a. 下頜先端有一強齒狀突起 ………………………………………………… **雙角靑眼魚**

　　4b. 下頜先端無齒狀突起。

　　　5a. 頭大，體長爲頭長之 3～3.5 倍。上頜主骨之後端超過眼之前緣。

6a. 身體側扁。L. l. 50～56，背鰭起點至側線間鱗片 5～6 枚。體灰白色至黃褐色，有多數暗色斑點⋯⋯⋯⋯⋯⋯⋯⋯⋯⋯⋯⋯⋯⋯⋯⋯⋯⋯⋯⋯⋯⋯⋯⋯**短吻青眼魚**

6b. 身體平扁，背鰭直後之橫切面成方形；兩腹鰭相互分離。L. l. 46，背鰭起點至側線間鱗片 2 枚。體黃褐色，有黃色斑點散在⋯⋯⋯⋯⋯⋯⋯⋯⋯⋯⋯⋯⋯⋯**日本青眼魚**

5b. 頭較小，體長爲頭長之 3.5 倍以上。兩腹鰭互相接近。

7a. 頭較寬，頭長爲眼後寬之 1.7 倍，吻長爲眼徑之 1.5 倍⋯⋯⋯⋯⋯⋯**青眼魚**

7b. 眼較狹，頭長爲眼後寬之 1.9 倍，吻長爲眼徑之 1.2 倍⋯⋯⋯⋯⋯**北方青眼魚**

3b. 眼較小，頭部及體軀側扁或強度側扁。體軀中部背面隆起。

8a. 頭部及軀體強度側扁；吻長大於眼徑，L. l. 50～57，背鰭起點至側線間鱗片 6～7 枚。體灰色，近背側有數枚雲狀暗色斑⋯⋯⋯⋯⋯⋯⋯⋯⋯⋯⋯**尖吻青眼魚**

8b. 頭部及體軀側扁；吻長約與眼徑相等。L. l. 53，背鰭起點至側線間鱗片 5～6 枚。體灰色，有數枚暗色雲狀斑。背鰭、尾鰭之外緣黑色，腹鰭中部有一黑色橫帶⋯⋯⋯⋯⋯⋯⋯⋯⋯⋯⋯⋯⋯⋯⋯⋯⋯⋯⋯⋯⋯⋯⋯⋯⋯⋯⋯⋯⋯⋯⋯⋯⋯⋯⋯⋯⋯**黑緣青眼魚**

雙角青眼魚 *Chlorophthalmus bicornis* NORMAN

其下頜先端有強齒狀突起，極易鑑定。產高雄。

短吻青眼魚 *Chlorophthalmus agassizi* BONAPARTE

產東港。英名 Shortnose Greeneye，故譯如上。

日本青眼魚 *Chlorophthalmus japonicus* KAMOHARA

沈世傑教授（1984）認爲本種係雙角青眼魚之異名。但二者可能有別。產東港近海。

青眼魚 *Chlorophthalmus albatrossis* JORDAN & STARKS

產東港近海。（圖 6-83）

北方青眼魚 *Chlorophthalmus borealis* (KURONUMA & YAMAGUCHI)

產東港近海。

尖吻青眼魚 *Chlorophthalmus acutifrons* HIYAMA

產東港近海。

黑緣青眼魚 *Chlorophthalmus nigromarginatus* (KAMOHARA)

產東港近海。

大鱗狗母科 SCOPELOSAURIDAE
=NOTOSUDIDAE Waryfishes

身體較延長之燈籠魚類，身體大致成圓柱形，腹部略平扁，肛門以後漸側扁。頭部較長，頰部以前漸尖，吻端略成短匙狀。身體及尾部均被大形圓鱗，易脫落，頰部亦被鱗。背鰭位於背面中央，有 9～14 軟條；腹鰭通常具 9 軟條；胸鰭側位，具 10～15 軟條。尾鰭分叉，具 19 主要軟條（分枝者 17 條）。眼大，側位。無發光器。側線發育完善。

臺灣產大鱗狗母科 1 屬 2 種檢索表:

1a. 吻較短，約佔標準體長之 6.5～10％。主上頜骨之後端在眼窩後半下方或超過之。第一鰓弧下枝鰓耙 20 枚以下。腹鰭顯然在背鰭起點之前。脊椎數 53～67 (*Scopelosaurus*)。

2a. 下頜孔有黑色輪廓；腹面鱗片銀白色。幽門盲囊 6～13 枚。脊椎數 54～57，鰓耙 14～16。D. 10～11; A. 16～18; P. 12～13. L. l. 53～56⋯⋯⋯⋯⋯⋯⋯⋯⋯⋯⋯⋯⋯**何氏大鱗蜥魚**

2b. 下頜孔無黑色輪廓，或有而不明顯；腹面鱗片非銀白色。幽門盲囊 16～21；脊椎數 58～61；鰓耙 17～19, D. 10～12; A. 17～19; P. 10～13; L. l. 59 (+4)。胸鰭較短，短於標準體長之 16.5％，鰭上無黑斑⋯⋯⋯⋯⋯⋯⋯⋯⋯⋯⋯⋯⋯⋯⋯**哈氏大鱗蜥魚**

何氏大鱗狗母 *Scopelosaurus hoedti* BLEEKER

　　據 BERTELSEN 等 (1976) 分佈臺灣。

哈氏大鱗狗母 *Sopcelosaurus harryi* (MEAD)

　　據 BERTELSEN 等 (1976) 分佈臺灣。(圖 6-83)

槍蜥魚亞目 ALEPISAUROIDEI

合齒科 SYNODONTIDAE

SYNODIDAE; Lizard Fishes; Saurys; Grinners;

沙梭科; 惠曾科; 狗母魚科

體橢圓或延長，略側扁，頭與軀幹具被圓鱗（偶或裸出）。口極寬，上頜之全部邊緣由纖長之前上頜骨構成；主上頜骨顯形退化，先端決不擴大，且與前上頜骨相密接。齒在上下頜、腭骨、及舌面多呈毛刷狀，極少犬齒，較大之齒通常能壓伏。無鬚。鰓蓋諸骨發育完善，但比較的薄；鰓膜分離，在喉峽部游離。鰓被架 12～16。擬鰓具有。鰓耙爲小顆粒狀，不發達，或變形而爲齒狀。有眶蝶骨。側線具有。背鰭中等，無硬棘，位於體之中部，鰭條 9～14。臀鰭鰭條 8～16。腹鰭比較的大，在背鰭起點略前。胸鰭比較的小，高位。脂鰭具有。尾鰭分叉。無發光器，脊椎數多，前後一致。多棲息於熱帶海中之砂底。

臺灣產合齒科 3 屬 14 種檢索表:

1a. 腭骨兩側各有齒兩帶。V. 9，其內側第二鰭條僅略長於最外側之鰭條。腹鰭肢帶骨相接處形成一凹陷 (*Saurida*)。

2a. 胸鰭中型，其後端僅伸展至腹鰭起點。

3a. 側線鱗 59～71；胸鰭鰭條 15；脊椎數 56～65；背面及體側之體色一致，無斑駁或橫斑…**長蜥魚**

3b. 側線鱗 45～52。胸鰭鰭條 12～13。背面及體側有不規則之暗色斑駁………………………**小蜥魚**

2b. 胸鰭中型，其後端伸展至腹鰭基底上方或後方。

  4a. 背鰭第二軟條特別延長如絲狀。

    5a. 體側無黑斑。背面棕色，兩側較淡。背鰭、胸鰭、尾鰭之後緣黑色。L. l. 54～55；P. 14。
胸鰭和腹鰭基部有細長之腋鱗…………………………………………………**絲鰭蜥魚**

    5b. 體側中央有 9～10 個不規則斑塊，背面有 3～4 個橫斑，L. l. 54～58；P. 13～15；脊椎
數 50～53。胸鰭和腹鰭基部無特大之腋鱗(?)………………………………**鱷蜥魚**

  4b. 背鰭前方軟條不特別延長。

    6a. 體側無黑斑，背鰭前緣與腹鰭上緣無竹節狀黑斑。L. l. 50～55；P. 14～15……**錦鱗蜥魚**

    6b. 沿側線有一列黑斑（約 10 枚），背鰭前緣與腹鰭上緣有竹節狀黑斑。L. l. 47～52；P.
14～15………………………………………………………………………**正蜥魚**

1b. 腭骨兩側各有齒一帶。V. 8，其兩側第二鰭條顯然長於最外側之鰭條（2 倍以上）。腹鰭肢帶骨每側
有一凹陷。

  7a. 吻長與眼徑殆相等，或吻部較長。A. 8～15，中型或短 (*Synodus*)。

    8a. 腭骨最前方之牙齒長於後方者，並且為分立的一羣。

      9a. 側線上方鱗列 3½（少數 4½）。鰓蓋區無明顯之斑點。

        10a. 胸鰭末端不達背鰭起點與腹鰭起點間之連線。
D. 10～12；A. 8～10；P. 12；L. l. 53～55（有孔鱗片）；L. tr. 3½/5；頰鱗 4～
6 列。腹膜斑點 9～10。舌之游離端有齒約 30 枚；前鼻瓣細長，中部較寬；尾柄
高度略大於眼徑。液浸標本體色一致，無明顯之斑紋……………………**褐狗母**

        10b. 胸鰭末端超過背鰭起點與腹鰭起點間之連線。
D. 12～14；A. 8～10；P. 12；L. l. 52～56；L. tr. 3½/5。頰鱗 5～6 列。腹膜
斑點 0～3。舌之游離端有齒約 40 枚。前鼻瓣薄片狀；體淡褐色，體側有四個深
色鞍狀斑，其間有三條淡色帶……………………………………………**雙斑狗母**

      9b. 側線上方鱗列 5½（少數 6½）。

        11a. 頰部在口後有鱗。
D. 11～13；A. 8～10；P. 13；L. l. 59～62；L. tr. 5½/7。頰鱗 10～11 列。腹
膜斑點 7～10。舌之游離端有大齒約 40 枚。前鼻孔有短皮瓣。體色同花狗母…
…………………………………………………………………………**恩氏狗母**

        11b. 頰部在口後無鱗。

          12a. 尾柄部有明顯之黑色橫斑；前鼻孔有短鼻瓣。
D. 11～13（通常為 12）；A. 8～10（通常為 9）；P. 12～13。L. l. 59～62
（有孔鱗片，通常為 60）。L. tr. 5½～6½/9；腹膜斑點 11～13。頰鱗 4～7。
舌之游離端有齒約 50 枚………………………………………………**裸頰狗母**

12b. 尾柄部無明顯之黑斑；前鼻瓣薄片狀或極短，且有短皮鬚。

D. 10～13; A. 8～10; P. 11～13. L. l. 56～61 (有孔鱗片); L. tr. $5\frac{1}{2}/7$; 頰鱗 5 ～ 7 列。腹膜斑點 10～12。舌之游離端有大形齒約 55 枚。尾柄高度顯然大於眼徑。體側有 8 ～ 9 個暗褐色鞍狀斑‥‥‥‥‥‥‥‥‥‥‥‥‥‥**花狗母**

8b. 腭骨最前方之牙齒不長於其他部分，亦不爲分立之一羣。

13a. 腰帶後突狹。胸鰭後端達於或超過背鰭起點與腹鰭起點間之連線。腹膜全部或上半暗色，斑點 5 ～ 6。

D. 11-12; A. 10～11; P. 12; L. l. 51～55; L. tr. $3\frac{1}{2}/5$。頰鱗 4 列，舌之游離端有齒約 30 枚。體側有 3 個X形斑塊，其間更有較小之不明顯斑塊‥‥‥‥‥‥‥‥‥‥‥‥‥‥‥‥‥‥‥‥‥‥‥‥‥‥‥‥**叉斑狗母**

13b. 腰帶後突寬。胸鰭末端不達或達於背鰭起點與腹鰭間之連線。腹膜灰色，斑點 7 ～ 8。

D. 10～12; A. 9; P. 11～12; L. l. 54～55; L. tr. $3\frac{1}{2}/5$～6。頰鱗 5 列。舌之游離端有齒約 25 枚。體側有 8 個褐色鞍狀斑‥‥‥‥‥‥‥‥‥‥‥**紅斑狗母**

7b. 吻長顯然短於眼徑。A. 15～17，鰭條較長 (*Trachinocephalus*)。

D. 11～14; A. 15～17; P. 12; V. 8; L. l. 52～56。體灰褐色，體側有二條褐邊之藍條紋；肩部有一黑色斜斑‥‥‥‥‥‥‥‥‥‥‥‥‥‥**短吻花狗桿魚**

長蜥魚 *Saurida elongatus* (TEMMINCK & SCHLEGEL)

產高雄、金門。亦名長蛇鯔。(圖 6-83)

小蜥魚 *Saurida gracilis* (QUOY & GAIMARD)

英名 Brush-toothed lizard; Slender Saury; Graceful Lizardfish。俗名 Soa Tugah。產高雄、蘭嶼、綠島。

絲鰭蜥魚 *Saurida filamentosa* OGILBY

亦名長條蛇鯔，據 KUNTZ (1970) 產臺灣，朱等亦記本種產我國南海和東海。但 SHINDO & YAMADA (1972) 則記本種只限於澳洲之昆士蘭海域。(圖 6-83)

鱷蜥魚 *Saurida wanieso* SHINDO & YAMADA

產臺灣附近，亦見於東海及南中國海。

錦鱗蜥魚 *Saurida tumbil* (BLOCH)

英名 Brush-toothed lizard, Dog-head fish; Eastern Lizardfish; Common saury; 亦名 Kin Lin Chuy (R.)，多齒蛇鯔; 俗名九母，九棍。產基隆、高雄、澎湖。據 MATSUBARA & IWAI (1951) 以及 SHINDO & YAMADA (1972)，本地區之錦鱗蜥魚可能卽鱷蜥魚，而 *S. tumbil* 應取代 *S. filamentosa*，後者成爲一同物異名。

正蜥魚 *Saurida undosquamis* (RICHARDSON)

英名 Brush-toothed Lizard; Large-scale lizardfish, Large-scaled saury；亦名惠曾、箭魚（動典），花斑蛇鯔、脫鱗蜥魚（梁）；俗名狗母。產基隆、高雄。

褐狗母 *Synodus fuscus* TANAKA

產高雄、臺灣海峽。

雙斑狗母 *Synodus binotatus* SCHULTZ

產臺灣。

恩氏狗母 *Synodus englemani* SCHULTZ

產本省西南部海域。

裸頰狗母 *Synodus jaculum* RUSSELL & CRESSEY

產臺灣、南中國海。

花狗母 *Synodus variegatus* (LACÉPÈDE)

英名 Variegated lizardfish。產基隆、高雄。*S. dermatogenys* FOWLER, *S. japonica* JORDAN & HERRE 當為其異名。

叉斑狗母 *Synodus macrops* TANAKA

體側斑點成X形，故名。又名蝴蝶紅蜥魚（楊）。產臺灣。（圖 6-83）

紅斑狗母 *Synodus rubromarmoratus* RUSSELL & CRESSEY

產臺灣。

短吻花狗桿魚 *Trachinocephalus myops* (BLOCH & SCHNEIDER)

英名 Ground Spearing, Painted Saury, Painted Lizardfish，亦名花棍魚（袁），大頭狗母魚（朱），洞惠曾（動典），潘狗母（湯）；俗名狗母 (Gau Bu)，九母；日名沖狗母魚。產基隆、高雄、澎湖。

鐮齒科 HARPODONTIDAE

Bombay ducks; 龍頭魚科

體延長而比較的側扁。頭短而粗，吻圓短。口裂大，上領由細長之前上領骨構成，主上領骨消失，下領顯然突出。上下領齒大小不等，各成為一齒帶，部分之齒彎曲如鐮刀狀；鋤骨有同樣之齒一列或二列；腭骨、翼骨、舌面、鰓弧均有齒。尾鰭分三叉，中間者極小；鱗薄，易落，身體前部無鱗，或僅見於側線上。側線向後伸展達中叉之先端。腹鰭在背鰭先端之下方，特長；胸鰭在體側中央線以上。脂鰭小。鰓裂寬廣；鰓膜不與喉峽部相連。鰓被架 17～26。無鰾。腸短。幽門囊 16。不具發光器。

臺灣產鐮齒科1屬2種檢索表:

1a. 胸鰭長顯然大於頭長，而約等於腹鰭長，D. 11～13；A. 14～15；P. 10～12；V. 9. L. l. 40～44……
……鐮齒魚

1b. 胸鰭長顯然小於頭長 (約爲頭長之 1/2)。D. 14；A. 14；P. 11；V. 9. L. l. 58～60……小鰭鐮齒魚

鐮齒魚 *Harpodon nehereus* (HAMILTON-BUCHANAN)

英名 Bombay duck；亦名龍頭魚。俗名粉黏、豆腐魚。據水試所陳春暉先生告知在基隆常見。

小鰭鐮齒魚 *Harpodon microchir* GÜNTHER

亦名龍頭魚，俗名那嵩；日名水天狗。產東港。(圖 6-83)

裸狗母科 PARALEPIDAE

=SUDIDAE; PARALEPIDIDAE; Barracudinas

體延長，略形側扁。眼大，不向前突出爲管狀。口裂寬，下頜能向前突出。前上頜骨纖長，但不能前伸。上下頜齒各一列，齒比較尖銳而強。鰓蓋骨薄。鰓膜不連合，並在喉峽部游離。鰓耙短針狀；擬鰓存在；鰓被架 7，鰓耙退化爲成簇之小棘。幽門盲囊缺如。發光器少或缺如。無鰾。體被圓鱗，中型或大型，極易脫落，或無鱗；頭側亦往往有鱗。側線存在，其鱗片較大，且特化並且往往有形狀不一之小孔。背鰭短小，在體之中部以後，在腹鰭上方或後方。脂鰭存在。臀鰭低而長。尾鰭短而分叉。胸鰭小，低位。

臺灣產裸狗母科3屬8種檢索表:

1a. 軀幹以及頭部被易脫落之鱗片，鱗片表面之皮膚薄而脆弱，銀灰色，輕觸卽剝落。側線鱗片 (在皮下) 有明顯之背板 (稱 Tympan)，前緣圓形；下頜齒細小，至成體往往消失。鰓弧上有明顯成絲狀之鰓耙或鰓齒，長短不一；上下頜有齒 (成體或例外)，臀鰭軟條 20～34；胸鰭軟條 14～17。脊椎60～77 (*Paralepis*)。

　　側線鱗片無孔；前部側線之每一段爲 5～6 枚鱗片所掩覆，D. 9～11；A. 21～22；P. 15～17；V. 9…
……大西洋裸狗母

1b. 除側線之各段有鱗外，軀幹及頭部裸出。皮膚脆弱、透明，但觸之不易剝落。側線鱗片有明顯之背板，其前緣分叉，前端有齒。下頜齒發達，細長。

2a. 側線前部各段短而高，高至少等於長，包圍側線之鱗片有明顯之垂直骨質化稜。頭頂及體面有微小之黑素胞，並且有較大之星芒狀黑素胞散在。背鰭起點遠在身體中點之後 (*Macroparalepis*)。

2b. 側線前部各段較長，顯然大於高；包圍側線之鱗片無骨質化稜脊。體面之色素點分佈不一，有的色淡，有的在體軀後部形成鞍狀斑塊。體極度延長，背鰭起點在身體之中點以至遠在中點之後，背鰭起點至臀鰭起點間之長，約爲標準體長之 1/3，鼻孔在上頜後端上方之前或略後。背鰭基部後端至臀鰭

起點間之距離大於頭部之眶後長度。脊椎 85～106。A. 34～38；D. 7～10 (*Stemonosudis*)。

　3a. 吻端至肛門之長度爲標準體長之 52.5～53.7%，脊椎 85～95；脈棘前脊椎 29～33。

　　　D. 8～9；A. 38；P. 10；V. 9 ⋯⋯⋯⋯⋯⋯⋯⋯⋯⋯⋯⋯⋯⋯⋯⋯⋯⋯⋯⋯⋯⋯**巨尾裸狗母**

　3b. 吻端至肛門之長度爲標準體長之 57.5～63.1%，脊椎 98～107；脈棘前脊椎 42～47。背鰭起點
　　　去頭端之距離顯然大於去尾端之距離，背鰭前之長度爲標準體長之 66.1%。臀鰭起點前之長度爲
　　　標準體長之 79.8%，D. 11；A. 38；P. 13；V. 9⋯⋯⋯⋯⋯⋯⋯⋯⋯⋯⋯⋯⋯⋯⋯⋯⋯**混裸狗母**

　2c. 側線前部各段之高約與長相等，包圍側線之鱗片無骨質化稜脊；背面色素平均分佈，體面無特殊斑
　　　點。腹鰭短，向後不達臀鰭。

　　4a. 在眼前方之指狀突起（可能爲發光器）一帶，有一明顯之黑色圓點。身體腹面在頭部至腹鰭之
　　　　間有二條平行之縱發光管。臀鰭軟條 36～44；脈棘前脊椎 28～31 (*Lestrolepis*)。

　　　5a. 臀鰭軟條 40～44；脊椎 91～98；背鰭、腹鰭間距離爲標準體長之 12～13%⋯⋯**中間裸狗母**

　　　5b. 臀鰭軟條 36～41；脊椎 84～89；背鰭、腹鰭間距離爲標準體長之 7.9～10.9%⋯⋯⋯⋯⋯
　　　⋯⋯⋯⋯⋯⋯⋯⋯⋯⋯⋯⋯⋯⋯⋯⋯⋯⋯⋯⋯⋯⋯⋯⋯⋯⋯⋯⋯⋯⋯⋯⋯⋯⋯⋯⋯**日本裸狗母**

　　4b. 眼前方無明顯之斑點；腹面中央在頭部與腹鰭之間有一條縱發光管 (*Lestidium*)。

　　　6a. 肛門位於背鰭起點下方之前，由背鰭起點至肛門之距離約爲標準體長之 3.4～8.9%。肛門
　　　　前之體長約爲標準體長之 54.3～57.5%。臀鰭軟條 32～36；脊椎 82～89⋯⋯⋯⋯**正裸狗母**

　　　6b. 肛門位於背鰭起點正下方或之後。腹鰭位於背鰭起點之後。

　　　　7a. 背鰭前之體長約佔標準體長之 53.9% ⋯⋯⋯⋯⋯⋯⋯⋯⋯⋯⋯⋯⋯⋯⋯⋯**印太裸狗母**

　　　　7b. 背鰭前之體長約佔標準體長之 57% ⋯⋯⋯⋯⋯⋯⋯⋯⋯⋯⋯⋯⋯⋯**正大西洋裸狗母**

大西洋裸狗母 *Paraplepis atlantica* KRØYER

　　據 EGE (1953) 產臺灣、菲律賓及東海。EGE 原定名爲 *P. brevis* ZUMAYER, ROFEN
　　(1966) 認爲係本種之誤。

巨尾裸狗母 *Stemonosudis macrura* (EGE)

　　據 EGE (1957) 分佈臺灣東南方水域。

混裸狗母 *Stemonosudis miscella* (EGE)

　　據 EGE (1957) 分佈臺灣東部及南部海域。

中間裸狗母 *Lestrolepis intermedia* (POEY)

　　據 EGE (1953) 分佈臺灣北端海域。

日本裸狗母 *Lestrolepis japonica* (TANAKA)

　　本種之分佈由日本至東印度羣島，EGE (1953) 發表 *Lestidium philippinum* (FOWLER)
　　分佈臺灣北部海域，當係本種之誤。

正裸狗母 *Lestidium nudum* GILBERT

　　據 EGE (1953) 本種分佈臺灣與呂宋之間以及南中國海。

印太裸狗母 *Lestidium indopacificum* EGE

　　EGE（1953）發表之新種，分佈印度洋及太平洋，臺灣可能爲其最北之極限。（圖6-83）

正大西洋裸狗母 *Lestidium atlanticum* BORODIN

　　據 EGE（1953）本種之分佈與上種同，但在臺灣附近本種較少。

槍蜥魚科 ALEPISAURIDAE

Lancet fishes

　　體延長而側扁；體表無鱗，無發光器，而有小孔。吻長且尖，口大，上頜後端達眼之後緣下方。上下頜有銳齒，腭骨齒強大，口張開時可見之。背鰭基底長，起於後頭部而止於臀鰭中部上方，有 36～48 軟條，張開時如帆狀。胸鰭長，低位。腹鰭在身體中央略前。臀鰭小形，具 13～18 軟條。有脂鰭。尾鰭深分叉。脊椎 50。無鰾。

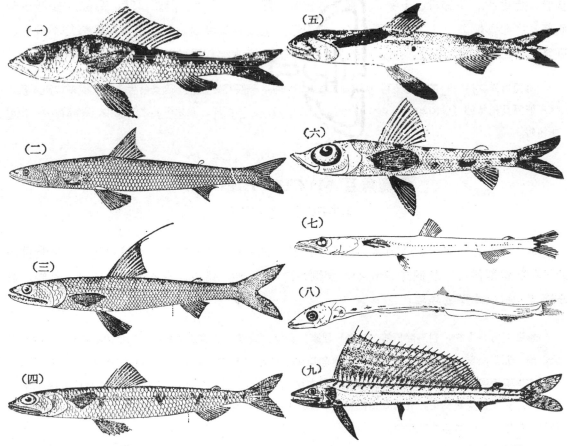

　　圖 6-83　燈籠魚目（一）仙女魚（仙女魚科）；（二）長蜥魚；（三）絲鰭蜥魚；（四）叉斑狗母（以上合齒科）；（五）小鰭鐮齒魚（鐮齒魚科）；（六）青眼魚（青眼魚科）；（七）哈氏大鱗狗母（大鱗狗母科）；（八）印太裸狗母（裸狗母科）；（九）北方槍蜥魚（槍蜥魚科）。

臺灣產北方槍蜥魚一種：D. 39～42；A. 15～17；V. 10；P. 14，鰓耙 22＋4。吻比較長，由吻端至背鰭起點之距離約爲體長之 16～22%。背部暗青色，有十餘條暗色斜走條紋。腹面銀白色，有時可見有虹色斑點散在。由腹鰭上方沿體軸中央至尾柄末端有一黑色肉質隆起稜。背鰭藍黑色，胸鰭、脂鰭、尾鰭均黑色，腹鰭、臀鰭銀白色或淡黃色。

北方槍蜥魚 *Alepisaurus borealis* GILL

產臺灣南部海域。（圖 6-83）

⁺長尾魚亞目 GIGANTUROIDEI

小形深海魚類。體圓筒狀延長，裸出無鱗。口大，遠超過眼之後緣。上頜前緣由主上頜骨構成，前上頜骨退化或已與主上頜骨癒合。兩頜及腭骨有銳齒，能向後倒伏。無眶蝶骨、頂骨、接續骨、後顳骨、上顳骨，亦無鰓被架、鰓耙，及匙骨。胸鰭扇狀，高位，有29～43軟條，在小形鰓裂之上方。擬鰓存在。無腹鰭。尾鰭下葉特長。各鰭無棘，軟條均不分枝。眼突出如望遠鏡狀。鰾已消失。脊椎骨約 30 個，無側突起及肋骨。

本亞目僅包括一科即長尾魚科 (GIGANTURIDAE)，一般爲銀白色，因其發生後期之很多特徵未現，故可能爲長稚狀態 (Neotenous condition)。分佈大西洋、印度洋，及太平洋之深海中，種類稀少，臺灣無報告。

燈籠魚目 MYCTOPHIFORMES
＝INIOMI 之一部分

本目與仙女魚之主要區別爲上咽鰓骨和縮肌的形態似於一般之准棘鰭魚類。其他特徵爲頭部和軀幹部側扁；眼側位 (*Hierops* 屬例外)；口大形，端位。有脂鰭；腹鰭具 8 軟條；鰓被架 7～11，均深海魚類。

本目之分類系統，自格陵伍等 (1966) 以來，有很大改變。原來之仿鯨目 (CETOMIMIFORMES) 現已取消，原來所含之禿鰭鯛 (MIRAPINNATOIDEI)、軟腕 (ATELEOPODOIDEI) 等亞目已改列於月魚目 (LAMPRIDIFORMES) 中。仙女魚之類亦已與本目分開，而長尾魚亞目 (GIGANTUROIDEI) 的地位則主張不一，有的置於鮭目中，有的列爲獨立之一目中或本目中。本書依羅申 (1973) 及 NELSON (1984) 而列入仙女魚目，但爲獨立之亞目。

本目在臺灣有報告者僅燈籠魚一科。

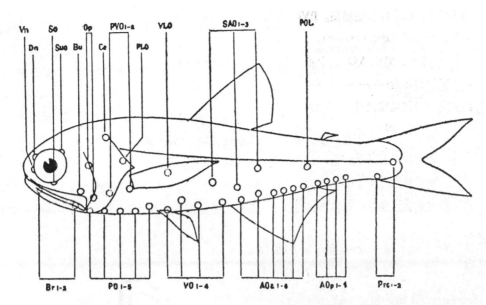

圖 6-84a 燈籠魚發光器分佈圖解： Dn. 鼻背發光器； Vn. 鼻腹發光器； So. 眼下發光器； Suo. 眼上發光器； Br. 鰓被架發光器； Bu. 口腔發光器； Op. 鰓蓋發光器； Ce. 肩部發光器； PLO. 胸鰭上發光器； PVO. 胸鰭下發光器； Po. 胸部發光器； VLO. 腹鰭上發光器； Vo. 腹鰭發光器； SAO. 臀鰭上發光器 AOa. 臀鰭前發光器； Aor. 臀鰭後發光器； POL. 體側後部發光器； Prc. 尾鰭前發光器； Infracaudal organ 尾下線； Supracaudal gland 尾上線 (據 BOLIN)。

燈籠魚科 MYCTOPHIDAE

=SCOPELIDAE; Lantern Fishes; 裸鰈科 (楊)；七星魚科

體稍延長，側扁，頭及軀幹被薄而易落之大形櫛鱗或圓鱗。側線完全。口裂大，無鬚。上頜邊緣由前上頜骨構成。上下頜齒細小，鋤骨、腭骨具絨毛狀齒。眼大。鰓蓋骨完全；鰓膜分離，不與喉峽部相連。鰓被架 8～10。有擬鰓。背鰭一枚，通常在體軀(尾鰭除外)中部上方；背鰭後有小脂鰭。臀鰭基底一般較背鰭基底爲長。胸鰭長，低位。腹鰭較小，腹位。在頭部、體側、及腹部具若干組發光器，其數目與排列位置爲本科分類上之主要特徵 (圖 6-84a)。

臺灣產燈籠魚科 3 屬 4 種檢索表:

1a. 具主上頜骨。臀鰭起點在背鰭基底後端以後之下方。發光器在腹面正中線成一縱列，在腹側各成二縱列。眼大。擬鰓發育完善。鋤骨齒成一橫簇，有內翼骨齒 (*Neoscopelus*)。

　　P. 15～16； LO. 20～26；胸鰭與頭長相等或略短，後端不達肛門 ······························**短鰭燈籠魚**

1b. 缺主上頜骨。臀鰭起點在背鰭基底後端之直下。發光器分爲若干組，不在腹面成縱列。尾鰭基部背腹緣前方均有痕跡性的軟條，不帶發光器。

2a. 臀鰭基底顯然較背鰭基底爲長。PVO 與第一 PO 不成一直線；Prc 2 個。齒顆粒狀，成狹齒帶，鋤骨兩側有小齒簇（*Benthosema*）。

第二 VO 在第一、第三 VO 之中間上方；缺 So；PLO 在側線與胸鰭基底之中間；最後 PO 高位；第二 Prc 與側線接近⋯⋯⋯⋯⋯⋯⋯⋯⋯⋯⋯⋯⋯⋯⋯⋯⋯⋯⋯⋯⋯⋯⋯**七星魚**

2b. 臀鰭基底與背鰭基底同長，或略長，或略短。第四 PO 高位。PVO 與第一 PO 多少成一直線；Prc 4 個；通常在 PLO 下有一發光腺，尾柄上無發光腺（*Diaphus*）。

有 Dn 與 Vn 而無 Suo 與 So；第三 SAO 與 Pol 接近側線。

3a. 頭小，體長爲頭長之 4 倍；眼小，頭長爲眼徑之 $4^1/_2$ 倍；體長爲體高之 $4^2/_5$ 倍⋯⋯⋯**寬燈籠魚**

3b. 體長約爲頭長之 3 倍；頭長約爲眼徑之 3.3 倍；體長約爲體高之 4.1 倍⋯⋯⋯⋯⋯⋯**細燈籠魚**

短鰭燈籠魚 *Neoscopelus microchir* MATSUBARA

產東港。

七星魚 *Benthosema pterota* (ALCOCK)

產臺灣。（圖 6-84b）

寬燈籠魚 *Diaphus latus* GILBERT

產高雄。

細燈籠魚 *Diaphus diadematus* TANING

沈世傑教授（1984）報告，產本省東北部泥沙底海域。可能爲他種之誤。

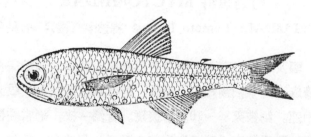

圖 6-84b 七星魚（燈籠魚科）。

准棘鰭首目 PARACANTHOPTERYGII

本首目之分類系統，自格陵伍等（1966）的創新改革以來，又有若干新的變更，已如前述。另須一提者是印度管口魚科（INDOSTOMIDAE）。一般置於棘魚目中，近來有的學者（如 BANISTER, 1970；NELSON, 1976）認爲其與蟾魚、鮟鱇等關係較近，而應改列入本首目中。惟並無確切證據，故未予採納。

#鮭鱸目 PERCOPSIFORMES

=PERCOPSIDA, SALMOPERCAE; Trout-perch.; 擬鱸目 (梁)

本目在 BERG 魚的分類一書 (1941) 中僅包含鮭鱸 (PERCOPSIDAE) 與奇肛 (APHRE-DODERIDAE) 二科。邇來由於 ROSEN 之研究 (Amer. Mus. Novitates, no. 2109, 1962)，認爲鯉齒目中之洞穴魚科 (AMBLYOPSIDAE) 應移隸於鮭鱸目，彼因穴居而形性變更，以前學者乃誤列於鯉齒目中。

本目爲北美淡水魚類之軟鰭魚類與棘鰭魚類之中間型代表。列入鮭鱸亞目 (PERCOPSOI-DEI) 之鮭鱸科有脂鰭，肛門位置正常，側線完全，鋤骨無齒。列入奇肛亞目 (APHREDO-DEROIDEI) 之奇肛科與洞穴魚科，無脂鰭，肛門在胸前 (隨魚體之成長而前移)，側線不完全，鋤骨有齒。但鮭鱸科與奇肛科的外形近似鱸目，腹鰭爲次腹位或次胸位，鰭條 7～8；背鰭、臀鰭均具硬棘；尾鰭 I·16～17·I。洞穴魚科腹鰭甚小，或無腹鰭，眼亦退化。鰾有氣道或無氣道。體被櫛鱗或小圓鱗。上頜完全由前上頜骨構成，口不能伸縮。鰓被架 6，外翼骨及腭骨有齒。無眶蝶骨及基蝶骨。脊椎數 28～35。另有見於上白堊紀之楔頭亞目 (SPHE-NOCEPHALOIDEI)，具脂鰭，可能爲以上二亞目之祖先型。

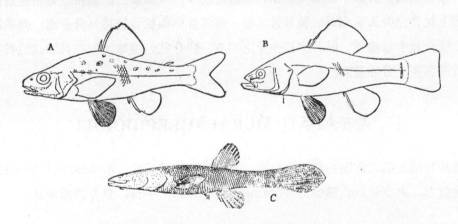

圖 6-85 鮭鱸目三例：A. *Columbia transmontana* (鮭鱸科)；B. *Aphredoderus sayanus* (奇肛科)；C. *Amblyopsis* (洞穴魚科) (A. B. 據 JORDAN, C. 據 NIKOLSKI)。

鱈形目 GADIFORMES

ANACANTHINI＋MACRURIFORMES＋PERCIFORMES (部分)

本目以前分別隸屬於喉位目 (JUGULARE)，BERG (1941) 則分列於鱈形目 (GADIF-ORMES)、鼠尾鱈目 (MACRURIFORMES)，以及鱸形目中之一部分 (如 OPHIDIOIDEI 及

BLENNIOIDEI 之 Zoarcidae, Lycodapodidae 與 Derepodichthyidae 等科）。格陵伍等(1966)
等將其分爲五亞目，其中之 MURAENOLEPOIDEI（南極鱈亞目）爲南冰洋特產，臺灣無報
告，由鱸形目移入之 ZOARCOIDEI（綿鱸亞目）多爲寒帶海洋性小魚，現因其特徵與鰧類最
爲接近，故仍移回鱸形目中，不過在臺灣沿海（我國渤海、黃海、及東海有一種）出現之可
能性極少。餘三亞目即 GADOIDEI（鱈亞目）、MACROUROIDEI（鼠尾鱈亞目）及由鱸形目
移入之 OPHIDIOIDEI（鼬魚亞目）在本書舊版均有記述。惟後者因其仍有若干本身之特點，
COHEN & NIELSON (1978) 及 SHAKLEE & WHITT (1981) 的新觀點，認爲應列爲獨立
之鼬魚目（OPHIDIIFORMES），茲依之。

　　體中等延長而稍側扁；背鰭、臀鰭一般甚長，鰭條多數。閉鰾。除第一背鰭外各鰭均無
棘。腹鰭如有，喉位或頤位，少數爲胸位或次胸位，鰭條少數（少至 1～2 枚），但亦有多
達 17 枚者。尾爲等型尾（Isocercal tail），圓形、截平或稍凹入。後部之脊椎退化或減少，
因而背鰭、臀鰭後部之支鰭骨數超過尾椎數。與第二背鰭、臀鰭分離；亦有因尾部纖細而不
見有尾鰭者。口大，端位，上頜邊緣完全由前上頜骨構成，有的能伸出，頤部往往有一皮
鬚。鰓被架 5～8。齒小而強，成一列或爲絨毛狀齒帶。有的在鋤骨、腭骨、翼骨上亦有
齒，但外翼骨無齒。體被小圓鱗或櫛鱗，或隱於皮下，少數裸出。腰帶以靭帶連於匙骨。左
右頂骨因上枕骨之介入而相離。後耳骨大形，前耳骨與側枕骨被後耳骨分離。無肌間骨、基
蝶骨、眶蝶骨及中烏喙骨。髆骨與烏喙骨之間有一髆骨孔。嗅球大形在前腦或近於鼻囊。多
數海產或深海產，分佈甚廣。

#南極鱈亞目 MURAENOLEPIDOIDEI

　　尾鰭和臀鰭及第二背鰭連接；鰓裂狹，向上只達胸鰭基底。胸鰭鰭輻骨 10～13 枚；腹
鰭在胸鰭前方。本亞目只含鰻鱗鱈（Muraenolepididae）一科，只見於南半球。

鼠尾鱈亞目 MACROUROIDEI

　　本亞目一般特徵與鱈形目同。嗅球接近前腦，嗅神經自眼間隔之膜狀部內通過，不伸入
眼窩內。鼻骨大形，形成顯著突出之吻。背鰭二枚（少數一枚）；尾鰭缺如，或僅存痕跡而
與第二背鰭及臀鰭相連；第一背鰭常具二棘，第二棘常延長如絲狀，前緣光滑或有鋸齒。有
些種類在背鰭後方不分枝之軟條內有棘狀鱗。胸鰭側位，鰭輻骨 3～6 枚。腹鰭具 5～17 軟
條，在胸鰭下方或略前，有的無腹鰭。尾部尖長，尾鰭對稱。第一脊椎不與頭骨相連。頭部
有黏液腔，尤其以眶下區最爲發達，伸達吻部。下頜縫合部之後有一小鬚，或無之。在肛門

前方腹中線上，有的具開孔型之發光器 (Luminous organs)。體被圓鱗或櫛鱗。

本亞目只含鼠尾鱈一科，大都分佈兩極區域，爲深海魚類，種類甚多。

鼠尾鱈科 MACROURIDAE

=CORYPHAENOIDIDAE; Grenadiers, Whiptails, Rat-tails;

突吻鱈科（朱），鬚魚科（日）

體延長，軀幹短，尾部長而側扁。頭部黏液腔發達。口開於吻端或吻下，能伸出；具一頤鬚。上下頜齒 1～2 列，或多列而排成齒帶；腭骨無齒。鰓裂寬大；鰓膜在喉峽部不連或稍連。無擬鰓。鰓被架 6～8。鰓耙短小或退化。第一鰓弧有一皮膜，或無皮膜，與鰓蓋內側相連。背鰭 2 枚。鰭腹胸位或次胸位。背鰭與臀鰭在尾端相連，無尾鰭。被小圓鱗或櫛鱗。具側線。一般有鰾。

臺灣產鼠尾鱈科 4 屬 14 種檢索表:

1a. 第一鰓弧有一皮褶附着其上，鰓耙瘤狀；無擬鰓；D^1 之第二鰭條棘狀，其前緣往往有鋸齒；臀鰭較 D^2 爲發達；齒僅見於上下頜，一列或一帶（**鼠尾鱈亞科**）。

2a. 鰓被架 6；腹鰭鰭條 7 枚以上；間鰓蓋骨細長，不形成鰓蓋之下緣。鱗大或中型，小棘生於次生性稜脊上；通常有鬚；吻顯然突出；頭部上方有突起稜，當係鱗片之變形；上下頜有齒帶；發光器或有或無，發光器不具晶體；肛門在臀鰭直前 (*Coelorhynchus*)。

3a. 發光器有一細長副管，由肛門向前到達或超越腹鰭基底，由表面所見之黑色條紋顯然長於眼徑之半。鱗片上之小棘較弱，大小一致，排列不一。

4a. 發光器長於頭長之 1/2，發光腺分二部分，一在肛門直前，另一在喉峽部之後。吻部極度延伸，先端成銳棘狀。

5a. 體鱗之小棘排列大致成五點型（:·:）。鼻窩完全裸出；上頜顯然長於眼窩。第二背鰭前部鰭條顯然較臀鰭爲低；第一鰓裂甚狹，但顯然大於眼徑之 1/2。

6a. 下頜枝及頭部腹面裸出；口前吻長小於眼徑之 1.5 之倍。鱗片上之小棘顯然爲五點型；前上頜骨齒由不規則之三列排成狹齒帶。

7a. 第二背鰭起點在臀鰭起點之前；頭部腹面有成對之皮突散在；鱗片上之小棘細長而密集；體側暗斑顯著⋯⋯⋯⋯⋯⋯⋯⋯⋯⋯⋯⋯⋯⋯⋯⋯⋯⋯**多棘鬚鱈**

7b. 第二背鰭起點在臀鰭起點之後；頭部腹面密佈不成對之黑色皮突；鱗片上之小棘短而稀疏；體側暗斑不顯⋯⋯⋯⋯⋯⋯⋯⋯⋯⋯⋯⋯⋯⋯⋯⋯⋯⋯**蒲原氏鬚鱈**

6b. 下頜枝及頭部腹面在眶下稜脊之後部被鱗片；口前吻長大於眼徑之 1.5 倍；第二背鰭起點在臀鰭起點之正上方。前上頜骨齒 7～8 斜列，成寬齒帶。第一背鰭前方以及胸部之鱗片上之小棘多少成散射狀排列⋯⋯⋯⋯⋯⋯⋯⋯⋯⋯⋯⋯⋯⋯⋯**臺灣鬚鱈**

5b. 體鱗上之小棘大致成平行之縱列或略成散射狀。

8a. 背鰭第二棘延長為絲狀，約與頭長相等。第二背鰭起點在臀鰭起點之後。

P. 17，約為頭長之 1/2……………………………………………………**絲鰭鬚鱈**

8b. 背鰭第二棘不延長為絲狀，顯然短於頭長。第二背鰭鰭條與臀鰭同樣發達。第二背鰭起點在臀鰭起點之前。

9a. 吻部較長，頭長約為吻長之 2.4 倍，眼窩之 4 倍。P. 20 (17～21)；體紫褐色，腹面白色，在胸鰭上方有一大如眼徑之圓斑，在第二背鰭下方有一鞍狀斑，體側中央有一暗色縱帶………………………………………………………**松原氏鬚鱈**

9b. 吻部略短，頭長約為吻長之 2.2 倍，眼窩之 3.7 倍。P. 17 (18)；體淡褐色，由眼向後有二暗色條紋，上方一條與鰓蓋上之暗斑相接；在枕脊後端之間有一方形斑；斑之中央色淡；體側有不規則之橫斑…………………………………………**橫帶鬚鱈**

4b. 發光器約與眼窩相等或略短，只有單一發光腺。吻部較鈍短，吻端成三尖疣突狀。頭部下面無鱗。鱗片上之小棘平行排列，大小相若。

眼窩特大，約與吻長相等而大於頭之眶後部。在胸鰭基底上後方有一圓形黑斑，約為眼徑之 2/3。發光器之前端止於腹鰭基底之間；胸鰭約與頭長（不包括吻部）相等………………………**岸上氏鬚鱈**

3b. 發光器甚短，無延長之副管，其前端遠在腹鰭基底之後，由表面所見之黑色條紋，等於或短於眼徑。鱗片上之小棘堅強，排成一定系列，中央一列較強。

10a. 鱗片上之小棘在散射狀之稜脊上，中央一列不特大；發光器不特長，外現之黑色區域長於瞳孔之半。吻端無銳棘，而為一短鈍之三尖疣突；鼻孔之中央突及側突不互相連接。眶下稜脊上有鱗片二列。第二背鰭起點在臀鰭起點之後。體淡褐色，體側有六枚暗色寬橫斑………………………………………………**東京鬚鱈**

10b. 鱗片上中央一條稜脊特大，其上之小棘特強；發光器甚小，為肛門前一彎月形之黑色區域，其縱徑小於瞳孔之 1/2。在枕感覺溝之後端有一具強棘之骨板，頭部腹面完全裸出…………………………………………………………**吉勒氏鬚鱈**

2b. 鰓被架 7；腹鰭鰭條 8 枚以上（少數為 7，6 或 5 枚）；間鰓蓋骨多角形或殼狀，形成鰓蓋之下緣。鱗片上之小棘不着生在次生性稜脊上。具發光器，有外在或內在之晶體。

11a. 鱗片大而薄，在第一背鰭基底與側線間鱗片 3 列或更少，肛門在臀鰭直前。發光器發達，長於頭長之半，有二晶體，一在肛門之前；一在腹鰭之前，二者以一長管相連。體鈍短而側扁，頭部橫斷面作方形；鰓膜在喉峽部游離 (*Hymenocephalus*)。

12a. 腹鰭 8 軟條，有鬚。發光器長於頭長之 2/3。體側無特殊黑斑。

13a. 下頜鬚遠較眼徑為長，頭骨堅硬；頭長為眼徑之 3.4 倍，後者小於眶後區之 2/3，腹鰭外側鰭條約與頭長相等………………………………………**長鬚條鱈**

13b. 下頜鬚較眼徑為短，頭骨薄而易碎。頭長為眼徑之 2.8 倍，後者大於眶後區之 2/3。腹鰭外側鰭條短於頭長……………………………………………**正條鱈**

11b. 鱗片小，在第一背鰭基底與側線間有鱗 4 列以上。肛門遠離臀鰭起點。有發光器，但遠短於眼徑，外晶體通常不顯，前端不超越腹鰭之基底。

14a. 齒犬齒狀，在前上頜骨上成二列，在下頜骨上成單列。間鰓蓋骨外露，全長均被覆鱗片。有二發光器，前者大形，彎月狀，在二腹鰭基底之間，後者圓形，與肛門間有一黑色之裸溝 (*Malacocephalus*)。

D. II, 10～14；P. 17～22；V. 8～10 ……………………**軟頭條鱈**

14b. 齒錐狀，成寬齒帶（有時下頜齒成不規則之系列）。間鰓蓋骨完全被前鰓蓋骨掩蓋，或後端略露出。發光器小，不爲彎月狀。

肛門周圍及臀鰭前方沒有無鱗區；背鰭第二棘尖銳，其前緣有細鋸齒。

上頜顯然長於頭長之 1/3。鰓裂向前達眼眶後緣下方；第一鰓弧下枝內側鰓耙 12 枚以上 (*Ventrifossa*)。

15a. 第一背鰭上有一顯著之黑點；腹鰭黑色。腹鰭內側之凹窩甚小，其前緣在腹鰭外側鰭條基部之後；鬚長約爲吻長之 2/3，第二背鰭起點與側線間有鱗片 7～9 列…………………**黑背鰭底鱈**

15b. 第一背鰭上無黑點；腹鰭色淡。腹鰭內側凹窩較上種爲大；鬚較吻部爲長。第二背鰭起點與側線間有鱗片 6 列……………**加曼氏底鱈**

多棘鬚鱈 *Coelorhynchus multispinulosus* KATAYAMA

又名多棘腔吻鱈。水產試驗所曾在基隆採獲標本。（圖 6-86）

蒲原氏鬚鱈 *Coelorhynchus kamoharai* MATSUBARA

產高雄。

臺灣鬚鱈 *Coelorhynchus formosanus* OKAMURA

日人 OKAMURA (1963) 發表之新種，標本採自臺灣西部近岸。東大亦曾自東港採得標本多尾。（圖 6-86）

絲鰭鬚鱈 *Coelorhynchus dorsalis* GILBERT & HUBBS

東大曾在東港採得標本多尾。

松原氏鬚鱈 *Coelorhynchus matsubarai* OKAMURA

OKAMURA (1982) 發表之新種。東大曾在東港採得標本。

橫帶鬚鱈 *Coelorhynchus cingulatus* GILBERT & HUBBS

產臺灣附近之中國海。

岸上氏鬚鱈 *Coelorhynchus kishinouyi* JORDAN & SNYDER

產東港。（圖 6-86）

東京鬚鱈 *Coelorhynchus tokiensis* (STEINDACHNER & DÖDERLEIN)

亦名東京鬚魚（梁），產基隆。

吉勃氏鬚鱈 *Coelorhynchus gilberta* JORDAN & HUBBS

    東大曾在東港採得標本。

長鬚條鱈 *Hymenocephalus longiceps* SMITH & RADCLIFFE

    產臺灣近海。

正條鱈 *Hymenocephalus striatissimus* JORDAN & GILBERT

    產臺灣近海。

軟頭條鱈 *Malacocephalus laevis* （LOWE）

    東大有標本採自東港。

黑背鰭底鱈 *Ventrifossa nigrodorsalis* GILBERT & HUBBS

    產臺灣近海。

加曼氏底鱈 *Ventrifossa garmani* （JORDAN & GILBERT）

    產東港。

鱈亞目 GADOIDEI

    本亞目之鰾不與食道相通。鰭無棘。體被圓鱗，有時消失。腹鰭喉位或胸位。尾鰭顯然對稱，不與臀鰭、背鰭連接，極少數僅部分連接。鰓裂廣，向上擴展至胸鰭基底上方。胸鰭鰭輻骨 4～6；腹鰭在胸鰭前方。嗅神經很短，嗅球與嗅囊接近，嗅神經束很長，接於嗅腦。後耳骨大形，將前耳骨與側枕骨隔開。無眶蝶骨及基蝶骨。第一脊椎接於頭骨上。有上肋骨，無肌間骨。腰帶以靭帶與匙骨相連。無發光器。內耳之球狀囊大形，無聽斑（Macula neclecta）。

臺灣產鱈亞目 2 科 3 屬 12 種檢索表：

1a. 後頭部有一枚細長鰭條為第一背鰭之代表；腹鰭喉位，發達異常 ·····························**海鯛鰍科**

  2a. 側線上鱗片超過 80。

    3a. 尾鰭尖銳；體長（除尾鰭）為頭長之 6.58～6.92 倍；頭長為眼徑之 3.03～3.79 倍；l. l. 85～90, l. tr. 14～16；D. I. 15～19＋XVII～XXI＋25～30；A. 20～21＋XIII～XV＋30～33；P. 19～21；脊椎 56 ························**矢狀海鯛鰍**

    3b. 尾鰭後緣凹入；體長（除尾鰭）為頭長之 5.67～6.35 倍；頭長為眼徑之 5.45～5.90 倍；l. l. 83～84；l. tr. 14 ～15；D. I. 14～16＋XI～XIX＋19～22；A. 14～16＋X＋22～23；P. 17 ······
···**澎湖海鯛鰍**

  2b. 體側一縱列鱗片 80 枚以下。

    4a. 體側一縱列鱗片 70 枚以上。

      5a. 橫列鱗片 15～18 枚；脊椎 56(47～52) 枚以下。體長為頭長之 5.2～5.9 倍，頭長為眼徑之 3.4～3.8 倍。l. l. 65～75; D. I, 12～18＋IX～XVI＋17～23; A. 15～19＋IX～XII＋ 17～24; P. 15～20 …………………………………………………………………**澳洲海魛鰍**

5b. 橫列鱗片 13～14; 脊椎 56(5～58) 枚以上。體長爲體高之 6.8～6.9 倍, 頭長爲眼徑之 3～3.5 倍。l. l. 72～75; D. I, 15～17＋XX＋20～23; A. 23～32 ＋II～VI＋23～24; P. 17～20……………………………………………………………………**日本海魛鰍**

4b. 體側一縱列鱗片 58～71; 橫列鱗片 13～16。體長爲體高之 5.5～7 倍, 頭長爲眼徑之 3.5～ 4.5 倍。D. I, 15～20＋X～XVII ＋13～22; A. 18～22＋X～XVI＋15～26; P. 19～21……… ………………………………………………………………………………………**斑點海魛鰍**

1b. 後頭部無細長之鰭條; 背鰭起點在頭部以後; 腹鰭胸位, 發育正常。

6a. 在後頭大孔 (Foramen magnum) 側方之外枕骨上有一囟門 (Fontanclle), 上覆以膜; 沿嗅神經溝之全長硬骨化。深海產………………………………………………………**稚鱈科**

7a. 第 、二背鰭同樣由若干軟條構成。腹鰭 6 軟條 (有時 5 或 7), 比較的寬廣; 臀鰭邊 緣無缺刻; 口開於先端。鋤骨無齒。

8a. 口不顯著斜開: 上下頜齒成絨毛狀齒帶, 外列齒不粗大 (*Physiculus*)。

9a. 下頜有鬚。

10a. 背鰭第一鰭條不特別延長。

11a. 肛門在胸鰭基底下方。D¹. 9～10; D². 60～66; A. 60～70; V. 7; 頭長爲眼 徑之 4¼～5 倍。側線完善…………………………………………………**日本鬚稚鱈**

11b. 肛門遠在胸鰭基底之後。D¹. 4～5; D². 43～49; A. 40～44; V. 9; 頭長爲 眼徑之 3.6～4 倍。側線在第二背鰭第 15～20 軟條下方消失………**土佐鬚稚鱈**

10b. 背鰭第一鰭條延長爲絲狀, 肛門位於胸鰭基底之後。D¹. 7～8; D². 64～65; A. 63; V. 7。頭長爲眼徑或吻長之4倍。體爲一致淡紅色…………………………**紅鬚稚鱈**

9b. 下頜無鬚。

12a. D². 71; A. 75。頭長佔體長之 24.7%; 吻長佔體長之 8.0%……………… ………………………………………………………………………………**喬丹氏稚鱈**

12b. D¹. 7; D². 67～68; A. 65～70; V. 6; 頭長佔體長之 21～23.6%, 吻長佔 體長之 5.7～7.8% ………………………………………………………………**無鬚稚鱈**

8b. 口顯著的斜開, 上下頜齒成絨毛狀齒帶, 外列齒粗大。下頜有鬚 (*Lotella*)。

13a. D¹. 9～10; D². 67～69; A. 70～76; 鰓被架 6; 由吻端至臀鰭起點之距 離略短於體長之 1/3; 臀鰭基底長大於體長之 1/2…………………**蝦夷磯鬚鱈**

13b. D¹. 6; D². 57～61; A. 52～55; 鰓被架 7; 由吻端至臀鰭起點之距離, 略長於體長之 1/3; 臀鰭基底長小於體長之 1/2……………………………**磯鬚鱈**

海鰗鰍科 BREGMACEROTIDAE

Codlets; Unicorn-Cods; 犀鱈科（朱）；濟魚科（梁）；犀魚科（日）

體延長側扁，但尾部並不纖細。頭短小，被海綿狀皮膚；多少側扁，無鬚、無棘、亦無突起稜。口中型，由吻端斜開；上下頜、鋤骨有細齒，腭骨無齒。鰓裂廣，左右鰓膜連合，但在喉峽部分離。體被中型圓鱗，易落；頭部無鱗，無側線，一橫列鱗片約 40～89 枚。背鰭兩枚，D^1 爲單一細長鰭條，位於頭頂；D^2 分三部，前部、後部鰭條較長，中部甚短，而各個分離。臀鰭在 D^2 下，外形近似，亦分三部。尾鰭正常，後緣尖銳、圓、或凹入，與背鰭、臀鰭分離。胸鰭小，中位。腹鰭喉位，具 5～6 鰭條，外側數鰭條延長爲絲狀。側枕骨無孔；鰾之前端無大形突起，不與聽囊相接。脊椎 43～59。藏嗅神經之管子很寬，不完整。幽門盲囊兩個，甚寬。

矢狀海鰗鰍 *Bregmaceros lanceolatus* SHEN

據沈世傑教授（1960）報告，產東港。

澎湖海鰗鰍 *Bregmaceros pescadorus* SHEN

據沈世傑教授（1960）報告，產澎湖。（圖 6-86）

澳洲海鰗鰍 *Bregmaceros nectabanus* WHITLEY

英名 Australian Unicorn-cod, Smallscale Codlets；據 D'ANCONA & GAVINATO（1965）產臺灣東北方海域。

日本海鰗鰍 *Bregmaceros japonicus* TANAKA

英名 Japanese Unicorn-cod。水試所曾在東港採獲標本。

斑點海鰗鰍 *Bregmaceros macclellandi* THOMPSON

英名 Spotted Codlet, Macclelland's Unicorn-cod，據 D'ANCONA & GAVINATO（1965）產臺灣東北方海域。

稚鱈科 MORIDAE

=ERETMOPHORIDAE; Morid cods; 深海鬚鱈科（楊）

本科以枕孔兩側之外枕骨上具有大形囟門，上覆以膜，鰾之前端每側有大形角狀分枝與膜相連（耳鰾連接），與鱈形目中其他各科極易區別。沿嗅神經管全部硬骨化，眶間隔則部分硬骨化。頭骨之眶後部略長於眶前部（包括吻與眼眶）。腦顱前方有一狹孔，此孔由於副蝶骨（Parasphenoid）與額骨之擴展與聯接近於閉合。背鰭一至三枚；臀鰭一至二枚。鋤骨前部無齒，或有細齒。深海魚類。

日本鬚稚鱈 *Physiculus japonicus* HILGENDORF

東大曾自東港採得標本。（圖 6-86）

土佐鬚稚鱈 *Physiculus tosaensis* KAMOHARA

東大有標本採自東港。

紅鬚稚鱈 *Physiculus roseus* ALCOCK

東大有標本採自東港。

喬丹氏稚鱈 *Physiculus jordani* BÖHLKE & MEAD

水試所有標本採自東港。

無鬚稚鱈 *Physiculus inbarbatum* KAMOHARA

東大有標本採自東港。

蝦夷磯鬚鱈 *Lotella maximowiczi* HERZENSTEIN

產東港。

磯鬚鱈 *Lotella physis* (TEMMINCK & SCHLEGEL)

庫基隆、澎湖。

鼬魚目 OPHIDIIFORMES

＝蛇鰯類；鼬鰯類

體延長，側扁，各鰭均無硬棘；背鰭和臀鰭與尾鰭相連或分離，其鰭條數均較相對應之脊椎數爲多。腹鰭喉位或頤位，互相接近，具 1～2 軟條，或無腹鰭。肛門腹位或喉位。副蝶骨與額骨相連。鰓蓋骨爲∧字形。最前方一至二對肋骨擴大，以支持鰾。嗅球接近前腦，嗅神經束不穿過眼窩。聽石大形；擬鰓或有或無。

本目分爲鼬亞目（OPHIDIOIDEI）和深海鼬魚（BYTHIOIDEI）二亞目，前者卵生，雄魚無外在之交接器。前鼻孔遠離上唇；腹鰭如存在，位於前鰓骨正下方或更前；尾鰭通常存在，並且與背鰭、臀鰭相連；中央基鰓齒簇有或無。後者胎生，雄魚有外在之交接器；前鼻孔接近上唇；腹鰭如存在，位於前鰓蓋骨之正下方。尾鰭與背鰭、臀鰭相連或游離。無中央基鰓齒簇。前者分佈甚廣，大都爲海生，後者在臺灣尚無報告。

臺灣產鼬魚亞目 2 科 11 屬 16 種檢索表：

1a. 肛門約在體軀中部。有上主上頜骨。背鰭鰭條通常等於或長於相對之臀鰭鰭條。口通常能伸縮；頂骨被上枕骨分隔。後耳骨不擴大。體被小圓鱗（有時無鱗），鱗片排列不相互成直角位置 …………**鼬魚科**

　　2a. 腹鰭如存在，喉位鰓膜通常分離，並且與喉峽部游離。吻部及頤部有鬚或無鬚（BROTULINAE）。

　　　　3a. 尾鰭如存在，不分化，與背鰭及臀鰭之後方相連，頭部通常全部被鱗片（部分種屬裸出）；眼如存在，大小不一。

4a. 左右鎖骨顯著的向前方延伸，而在眼下方連合。腹鰭起點在眼下方。

  5a. 前鰓蓋骨邊緣無棘；腹鰭一鰭條，不分叉。吻及下頜無鬚 (*Siremo*)。

    吻短而鈍圓；上頜後端略超過眼眶；體被圓鱗，頭部大部分被鱗。體長爲體高之 5～6.8 倍，頭長之 4.8～5 倍。體深褐色，下部較淡而有銀光，體側有淡色縱帶。 D. 90 （約數）；A. 67 （約數）；P. 22。淺海性⋯⋯⋯⋯⋯⋯⋯⋯⋯⋯⋯⋯⋯⋯⋯⋯⋯⋯⋯**無鬚鼬魚**

  5b. 前鰓蓋骨邊緣下方有 3 強棘；腹鰭 1 鰭條但二分叉。吻及下頜無鬚 (*Hoplobrotula*)。

    體長爲體高之 $5\frac{1}{4}$ 倍，頭長之 $4\frac{3}{5}$ 倍。D. 86 （約數）；A. 74 （約數）；P. 23。深海性 ⋯⋯⋯⋯⋯⋯⋯⋯⋯⋯⋯⋯⋯⋯⋯⋯⋯⋯⋯⋯⋯⋯⋯⋯⋯⋯⋯⋯**棘無鬚鼬魚**

4b. 左右鎖骨並不顯著向前方延長，而在眼後連合；腹鰭起點在眼後，鰭條分叉。

  6a. 吻及下頜有長鬚 6 條，(*Brotula*)。

    口大形；上頜後端超越眼眶；上下頜各有三對長鬚。體爲一致之茶褐色，稍帶赤味。

    D. 115；A. 83；C. 8；L. l. 158 ⋯⋯⋯⋯⋯⋯⋯⋯⋯⋯⋯⋯⋯**多鬚鼬魚**

  6b. 吻及下頜無鬚；前鰓蓋骨後緣有棘，主鰓蓋骨有一枚強棘；胸鰭普通，下部鰭條不延長爲絲狀。

    7a. 第一鰓弧下枝上之鰓耙通常至少有 6 枚特別發達。頭部完全被鱗。

      8a. 側線顯著，在體軀中部或後部消失。主鰓蓋骨上有單一強棘。口大，上下頜前端近於相等。胸鰭簡單，無特別延長之鰭條。

        9a. 腹鰭鰭條作鞭狀二分叉。具擬鰓。背鰭起點在鰓裂以後； 頭骨比較的堅固 (*Neobythites*)。

          10a. 背鰭中部略前有一白邊之暗色眼狀斑，體爲一致之灰褐色，上部自鰓裂上方至眼狀斑略後有七、八條暗赤褐色橫帶⋯⋯⋯⋯⋯⋯⋯⋯**黑斑新鼬魚**

          10b. 背鰭無眼狀斑；體鉛灰色，體側有不規則之小白斑散在。由吻至肛門之距離，爲體長之 43～44%；臀鰭鰭條 74～75⋯⋯⋯⋯⋯⋯⋯⋯**新鼬魚**

          10c. 背鰭無眼狀斑；體側有不規則之暗色斑散在，背鰭上亦有同樣的不規則斑紋。由吻至肛門之距離約爲體長（尾鰭除外）之 30%；臀鰭鰭條 88～90⋯⋯⋯**紋身新鼬魚**

        9b. 腹鰭鰭條簡單而不分叉。頭骨脆弱，多孔性。側線終止於體軀後部。

          11a. 齒成狹齒帶；腹鰭長於頭長；胸鰭較狹 (*Homostolus*)。

            D. 95；A. 70；P. 20 ⋯⋯⋯⋯⋯⋯⋯⋯⋯⋯⋯⋯⋯**尖鰭鼬魚**

          11b. 齒成寬齒帶；腹鰭短於頭長。胸鰭較寬 (*Monomitopus*)。

            前鰓蓋後角突出，有 2～3 弱棘⋯⋯⋯⋯⋯⋯⋯⋯⋯⋯**庫馬鼬魚**

      8b. 側線不顯， 退化或缺如， 有的以一至數列小孔代表之。眼一般較小。齒爲絨毛狀齒帶。鰓耙細長。吻不延長；口端位。頭部無大形黏液腔或黏液孔，而表面被厚皮膚。鰓蓋棘堅強。無腹鰭 (*Bassobythites*)。

全身漆黑而柔軟，胸鰭發達，後緣圓形。體被大小不一鱗片，密封鱗囊內，無側線。無擬鰓。鰓耙 4～5＋13～14 ……………………………………………………………布氏鼬魚

7b. 第一鰓弧上之鰓耙僅有 4 枚較爲發達；無擬鰓；背鰭起點在鰓裂上角之上方；頭骨柔軟 (*Itatius*)。

體及各鰭淡褐色。D. 98；A. 76；C. 10；P. 26；V. 2……………………………細鱗鼬魚

7c. 第一鰓弧僅隅角部有少數（2～5 枚）退化之鰓耙；背鰭起點在胸鰭基部以後之上方；頭部僅部分有鱗；L. l. 100 以上 (*Brotulina*)。

L. l. 115；D. 75；A. 58(?) (D. A. 均與尾鰭分離)；V. 1；頭長爲吻長之 4 倍；吻長爲眼徑之 $2\frac{1}{4}$ 倍；鰓耙 0＋3 ………………………………………………………………硫球鼬魚

3b. 尾鰭分化，多少與背鰭及臀鰭後部游離。頭部鱗片退化爲頰部之一小簇，鰓蓋上或有另一簇。眼通常較小，通常被皮膚掩蓋。鰓膜與喉峽部游離，喉峽部狹窄。頰部被鱗 (*Dinematichthys*)。

頭骨不顯著脆弱；側線到達尾基；前鰓蓋後角圓不。D. 75～78；A. 56～69；P. 21～29。生活時橙紅色或黑褐色……………………………………………………………………………小眼鼬魚

2b. 腹鰭頤位。鰓膜近於分離，在腹鰭後方與喉峽部相連部分甚狹 (OPHIDIINAE)。

鱗片延長，各鱗片之配列彼此相互成直角之位置 (*Otophidium*)。

腹鰭軟條 1 枚，鞭狀；各奇鰭在尾端連合，D. 154；A. 121；V. 1；P. 23；C. 12…………蓆鱗鼬魚

1b. 肛門開於喉部附近。無上主上頜骨。臀鰭鰭條長於相對之背鰭鰭條。口不能伸縮。頂骨在中線相觸。鰓膜多少連接，但與喉峽部游離。後耳骨不擴大……………………………………………隱魚科

11a. 主上頜骨從眼下部起大部分游離；下唇明顯 (*Carapus*)。

12a. 上頜前端有犬齒 3 枚，下頜前端有犬齒 2 枚；肛門在胸鰭基底略後…底隱魚

12b. 上下頜前端有一對犬齒；肛門在胸鰭基底以前…………………………荷姆隱魚

11b. 主上頜骨完全與眼下部癒合；下唇之存在不明顯 (*Jordanicus*)。

體側密佈小黑點……………………………………………………………………………密星隱魚

鼬魚科 OPHIDIIDAE

＝BROTULIDAE；Eel-pouts；Cusheels；Ass-fishes；

鬚鯯科（朱）；油身魚科（動典）

體形似海鯰，延長，側扁，向後逐漸尖細。背鰭、臀鰭均與尾鰭相連，背鰭鰭條與相對之臀鰭鰭條相等或略長；肛門及臀鰭通常起於胸鰭末端之後。胸鰭圓形。腹鰭喉位，僅 1～2 軟條，鞭狀。體被小圓鱗，常埋於皮下，有時裸出。側線或有或無，往往只見於前部。有的在鰓蓋上有一至多枚銳棘。頭大而側扁。口裂寬，上頜骨後端寬大，一般能伸縮；有上主上頜骨。上下頜、鋤骨、腭骨通常有寬齒帶。鬚或有或無。鰓裂寬，鰓膜一般在喉峽部游離。擬鰓小或缺如。幽門盲囊 1～2 個（但亦有多至 12 個者）。多數深海產。稚魚之背鰭前

方無絲狀突出。

無鬚鼬魚 *Sirembo imberbis* (TEMMINCK & SCHLEGEL)

日名海鰌，亦名仙鯯（朱），仙鼬鯯，產基隆。

棘無鬚鼬魚 *Hoplobrotula armata* (TEMMINCK & SCHLEGEL)

東大在東港採得標本多尾。

多鬚鼬魚 *Brotula multibarbata* TEMMINCK & SCHLEGEL

英名 Bearded brotula; Barbelled eel-pout; 日名鼬魚、海鯰。*B. formosae* JORDAN & EVERMANN 爲其異名。產高雄。

黑斑新鼬魚 *Neobythites nigromaculatus* KAMOHARA

又名黑斑新鼬鯯。水試所曾自東港採獲標本。

新鼬魚 *Neobythites sivicolus* (JORDAN & SNYDER)

亦名白斑雙頰鼬魚（梁）。產臺灣。（圖 6-86）

紋身新鼬魚 *Neobythites fasciatus* SMITH & RADCLIFFE

產東港。（圖 6-86）

尖鰭鼬魚 *Homostolus acer* SMITH & RADCLIFFE

產東港。

庫馬鼬魚 *Monomitopus kumai* JORDAN & HUBBS

產基隆。

布氏鼬魚 *Bassobythites brunswigi* BRAUER

高雄市魚船於 57 年 10 月 4 日，自澎湖附近捕獲一奇魚，經楊鴻嘉、中村泉（1973）鑑定爲本種。

細鱗鼬魚 *Itatius microlepis* MATSUBARA

產東港。

硫球鼬魚 *Brotulina fusca* FOWLER

據蒲原氏（1957）產臺灣附近之石垣島，日名 Riükiü-itachiuo，故譯如上。*B. riukiu-ensis* AUYAGI 爲其異名。

小眼鼬魚 *Dinematichthys iluocoeleoides* BLEEKER

據 BURGESS & AXELROD（1974）以及 CHANG, SHAO & LEE（1968）產臺灣。

蓆鱗鼬魚 *Otophidium asiro* JORDAN & FOWLER

據楊鴻嘉、李信徹（1966）產臺南、馬沙溝。楊、李二氏名此爲蓆鱗鱈鰻。東大亦曾在東港採得標本。（圖 6-86）

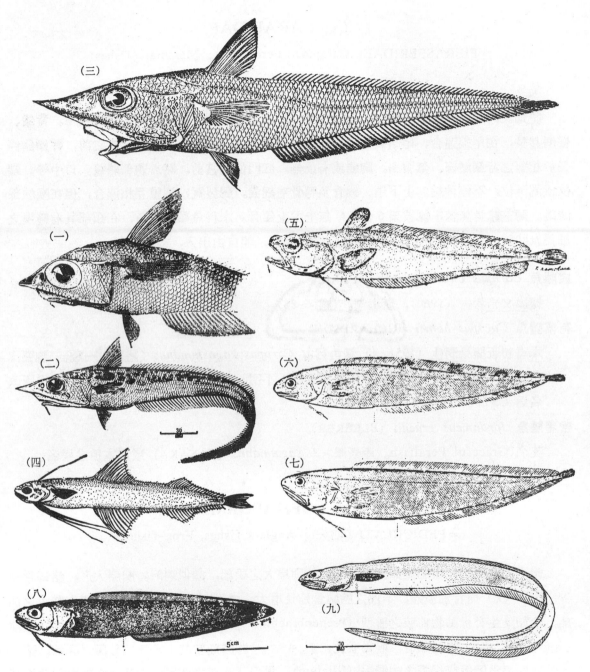

圖 6-86　（一）岸上氏鬚鱈；（二）多棘鬚鱈；（三）臺灣鬚鱈；（四）澎湖海�鰍；
（五）日本鬚稚鱈；（六）新鼬魚；（七）紋身新鼬魚；（八）蓆鱗鼬魚；
（九）底隱魚。（一、六、七、據岡田、松原；三、據 OKAMURA；四、據
沈世傑；五、據蒲田；八、據楊鴻嘉、李信徹）。

隱魚科 CARAPIDAE

=FIERASFERIDAE; Carapids; Peralfishes; Messmate-fishes;

潛魚科（梁）

體延長，或十分延長，側扁，或圓柱狀，向後逐漸尖細。體不被鱗，側線存在。背鰭、臀鰭甚長，在尾端連合，尾鰭缺如。臀鰭基底長於背鰭，其起點在背鰭起點之前，臀鰭鰭條長於相對之背鰭鰭條。無腹鰭，胸鰭或有或無。肛門位置甚前，開於頭部略後。口中等，端位或端下位，不能伸縮。上下頜、鋤骨及腭骨有細齒。鰓裂寬；鰓膜互相連合，但在喉峽部游離。鰓蓋諸骨無棘；鰓被架 6～7；無上主上頜骨。本科魚類之幼魚，在頸部具有綫邊之細長旗狀絲（Vexillum），成魚寄居在海㻌直腸內，能自由出入，故曰隱魚。

底隱魚 *Carapus owasianus* MATSUBARA

據廖文光報告（1960），產澎湖。（圖 6-86）

荷姆隱魚 *Carapus homei* (RICHARDSON)

本書初版據梁潤生（1951, 1）報告列有 *Carapus kagoshimanus*（隱魚）一種。該標本存水產試驗所（No. 885），採集日期及地址不明，經廖文光（1960）研究後，認為應改名為 *C. homei*，今依之。

密星隱魚 *Jordanicus gracilis* (BLEEKER)

英名 Graceful Peralfish。產臺灣。*J. sagamianas* (TANAKA) 或為本種之異名。

鮟鱇目 LOPHIIFORMES

=PEDICULATI（部分）。Anglers-fishes, Frog-fishes

體平扁或側扁，或肥短如河豚，或有特別扁大之頭部，頗似蝌蚪。胸鰭大形，鰭輻骨數少（2～4 枚）而特別發達，下部之鰭輻骨延長增大，末端膨大，故外觀上胸鰭有強大之柄部，恰如陸生脊椎動物前肢之雛型（Pseudobrachium）。鰓裂成為一圓孔，位於胸鰭之腋部（胸鰭基底以後）。腹鰭如有，概為喉位，I，4～5。背鰭通常具 1～3 個分離之硬棘，第一硬棘往往成為肥短或細長之吻觸手（Illicium），為引誘食餌之裝置；背鰭軟條部與臀鰭均甚短。體不被鱗，但到處有肉質或骨質小刺或皮瓣。無中烏喙骨。具鎖鰾。有時頂骨不存在。具中篩骨。無眶蝶骨、基蝶骨及後耳骨。上耳骨與上枕骨之後方癒合。無肋骨及尾上骨。有一尾下支骨與最後椎體相接。擬鰓或有或無。齒櫛狀或犬齒狀。鰓被架 5～6。泳鰾如存在為鎖鰾型。奇形魚類，多產於熱帶亞熱帶及溫帶之深海中。

臺灣產鮟鱇目 3 亞目 6 科 12 屬 18 種檢索表:

1a. 腹鰭存在。

　2a. **鮟鱇亞目 LOPHIOIDEI**　體平扁；皮膚光滑。胸鰭有二鰭輻骨。擬鰓存在。口裂寬。鰓裂比較的大形，在胸鰭腋部下方。頭大體瘦，形似蝌蚪⋯⋯⋯⋯⋯⋯⋯⋯⋯⋯⋯⋯⋯⋯⋯⋯⋯**鮟鱇科**

　　3a. 鰓孔完全在胸鰭後方下方。

　　　4a. 下頜齒二列 (或較少)。脊椎 30。A. 8 ～11；V. 5 (*Lophius*)。

　　　　D. VI. 9；A. 8～9；C. 7～8；P. 22～23；V. 5。 頭頂及背部到處有小棘， 口之周圍及兩頰有若干皮瓣下垂如鬚。體暗褐色，有暗色輪狀斑散佈其間，下面白色，背鰭、尾鰭帶褐色⋯**黃鮟鱇**

　　　4b. 下頜齒三～五列。脊椎 18～20。A. 6～7；V. 6～7 (*Lophiomus*)。

　　　　D. VI. 9；A. 7；C. 6；P. 22；V. 7。背鰭第 I 棘較第 II 棘爲高 (上種殆同高)；頭長短於體長之 1/2 (上種等於體長之 1/2)。頭頂小棘及口部皮瓣同上種。體灰褐色，有黑色環紋散佈其間，下面淡色，口內前部黑色而有白點，腹膜黑色⋯⋯⋯⋯⋯⋯⋯⋯⋯⋯⋯⋯⋯⋯⋯⋯**鮟鱇**

　　3b. 鰓孔之一部分在胸鰭下方，一部分在胸鰭前方，並向上方延長 (*Lophiodes*)。

　　　頭長爲眼徑之 3 倍，眼間隔之 13.2 倍，吻長之 5.6 倍。頭比較的小。上髆棘二分叉。頭部及體側有總狀皮瓣⋯⋯⋯⋯⋯⋯⋯⋯⋯⋯⋯⋯⋯⋯⋯⋯⋯⋯⋯⋯⋯⋯⋯⋯⋯⋯⋯⋯⋯**日本鮟鱇**

　2b. **躄魚亞目 ANTENNARIOIDEI**　體平扁或側扁；皮膚粗雜。胸鰭有三鰭輻骨。擬鰓退化或缺如。

　　5a. 頭部側扁；口大形，開於先端。背鰭有 III 硬棘。鰓裂在胸鰭腋部之下方⋯⋯⋯⋯⋯**躄魚科**

　　　6a. 第一鰓弧之上半無鰓絲，下部僅前半有鰓絲。頤部先端及背鰭第一棘前方，吻部均無皮鬚。在前上頜骨縫合部之着齒部分有瓣狀鬚。

　　　　7a. 背鰭第一棘能活動而非埋入皮下，其末端作 "誘餌" 狀。第二棘短鈍如第三棘。鰓孔接近胸鰭之 "肘" 部。

　　　　　8a. 背鰭軟條 15 或 16。皮膚近於光滑。無尾柄。背鰭、臀鰭軟條不分枝(*Histiophryre*)。胸鰭鰭條 8；第 2，3 棘不能活動，埋於厚皮膚下 ⋯⋯⋯⋯⋯⋯⋯⋯⋯⋯**蒲氏躄魚**

　　　　　8b. 背鰭軟條 11～14。

　　　　　　9a. 背鰭第一棘之頂端分爲二叉或三叉之吻觸手，並且往往有觸毛，但此等吻觸手之基部一般無觸毛。臀鰭軟條 6 或 7，均有分枝；背鰭最後 2 或 3 軟條分枝。胸鰭全部軟條不分枝；腹鰭遠較胸鰭爲小，皮膚粗糙，被有皮質突起。尾柄顯著 (*Phrynelox*)。

　　　　　　　10a. 背鰭第 I 硬棘有三分叉之吻觸手， 其不分叉之部分約略與第 II 硬棘相等； 軟條通常 12 枚。

　　　　　　　　11a. 胸鰭一般有 10 軟條 (少數 9 或 11)。體淡褐色，有深褐色不規則之斑馬狀條紋，腹部有圓斑⋯⋯⋯⋯⋯⋯⋯⋯⋯⋯⋯⋯⋯⋯⋯⋯⋯⋯⋯⋯**斑馬躄魚**

　　　　　　　　11b. 胸鰭一般有 11 軟條 (少數 10)。

　　　　　　　　　12a. 體淡褐色，有深褐色斑駁，各鰭及腹部有深色斑點，胸鰭先端不呈白色⋯⋯⋯⋯⋯⋯⋯⋯⋯⋯⋯⋯⋯⋯⋯⋯⋯⋯⋯⋯⋯⋯⋯⋯⋯⋯⋯**三齒躄魚**

12b. 體深褐色或黑色，體側及奇鰭有圓斑；胸鰭先端白色……………………………**黑蟾魚**

9b. 背鰭第一棘之頂端有一簇觸毛，或爲一有觸毛之帶狀觸手，或膨大爲絨球狀。該棘
之骨質部分與第二棘等長或稍短。背鰭軟條 11 或 12，全部不分枝或僅最後 2 或 3 軟
條分枝。臀鰭軟條 7 或 8。身體無斑馬狀條紋 (Antennarius)。

13a. 尾柄顯著。腹鰭最後軟條分枝。

14a. 胸鰭軟條 9，偶或 10；背鰭第一棘短於第二棘。體暗褐色，有深色不
一之斑駁。體表之皮鬚白色。奇鰭暗褐色而有白邊。尾鰭近基部有一灰色
橫帶……………………………………………………………………………**高棘蟾魚**

14b. 胸鰭軟條 10，偶或 11。背鰭第一棘短於或等於第二棘，在第二棘後方
有一凹點。體淡褐色至深褐色，有不規則之斑駁。在背鰭軟條部下方有一
淡色眼狀斑……………………………………………………………………**眼斑蟾魚**

13b. 尾柄不顯；背鰭、臀鰭後端終於尾鰭基部附近。

背鰭第二棘之末端向後彎成鈎狀，第三棘能活動。P. 9～10；背鰭第二棘後
方有一平滑凹窩。液浸標本淡紅色，胸鰭上方及背鰭軟條部基底有暗斑……
………………………………………………………………………………**粉紅蟾魚**

6b. 第一鰓弧上半只後半有鰓絲，下半之全長均有鰓絲。在背鰭第一棘基部前方中央線上有二
皮鬚。前上領骨縫合部無皮瓣。皮膚有細顆粒而無皮質突起。背鰭第 I 硬棘之分叉爲肉瘤
狀。腹鰭長，約略與胸鰭相等 (Histrio)。

體淡黃以至深褐色，有灰色以至深褐色斑駁，腹面有深色斑點。D. III. 12；A. 7；P. 10；
V. 5………………………………………………………………………………………………**花鰧**

5b. 頭部球狀；口大形，開於先端。背鰭硬棘僅以一棍棒狀吻觸手爲代表。鰓裂遠在胸鰭基部後
上方之體側……………………………………………………………………………………**單棘蟾魚科**

D. III, 11～12；A. 7；P. 12～13。體側有小孔三列，代表側線：上列由眼後至尾鰭基部，中
列由上領上方，沿眼下，至眼後折向上行；下列由上領下角，向後至胸鰭基部上方。

15a. 體紅色而有淡黃色斑點………………………………………………**單棘蟾魚**

15b. 體淡紅色而有綠色斑點……………………………………………**阿部氏單棘蟾魚**

5c. 頭部顯著平扁；口比較的小，開於頭部下方或近於先端。背鰭硬棘僅以一棍棒狀吻觸手爲代
表，且能縮入其基部小窪內。鰓裂小，在胸鰭腋部上方或略前………………………………**棘茄科**

16a. 腭部無齒。

17a. 鰓二枚，第一和第四鰓弧無鰓瓣。體盤卵圓形或近於三角形 (Dibranchus)。

D. I, 5～6；A. 4；P. 13～15；C. 9。體卵圓形。體灰紅色而有暗色雲狀斑駁…………
……………………………………………………………………………………**日本二鰓棘茄魚**

17b. 鰓二枚半，第一鰓弧無鰓瓣。體盤近於圓形，寬度與長度殆相等 (Halieutaea)。

18a. D. I, 4～5；A. 4～5；P. 12～13。體盤近於圓形，背面較平坦，下面有微細顆粒；
上下領有狹齒帶，舌上有一對三角形齒帶。體背面紅色，有對稱之暗色斑駁，腹面白

色……………………………………………………………………………………**棘茄魚**

18b. D. I, 4; A. 4; P. 12～13。體盤之寬略大於長，下面光滑。背面紅色，有不明顯
之雲狀斑駁……………………………………………………………………**雲紋棘茄魚**

18c. D. I, 5; A. 4; P. 14～15。體盤背面顯著凹入，寬略大於長，下面光滑。背面紅
色，有一對眼狀斑………………………………………………………………**費氏棘茄魚**

16b. 腭骨有齒。鰓二枚。

19a. 體盤前緣近於直線，寬度大於長度 (*Halicmetus*)。

上下頜、鋤骨、腭骨及舌上各有一齒帶。胸鰭能用以爬行。D. I, 3; A. 3; P. 11;
V. 4。體灰褐色，有淡色網紋，腹面淡灰色………………………………**網紋棘茄魚**

19b. 體軀平扁 (連頭部)，呈三角形，吻端尖突 (*Malthopsis*)。

20a. 鰓蓋下棘 (Subopercular spine) 有前向之小刺；前頭部有兩列骨質結節；腹
面由腹鰭基部至肛門有少數骨質結節散在。背鰭有 4～5 軟條。體背面有 8 枚黑
色環狀斑，另有若干深色星點散在………………………………………**環紋三角棘茄魚**

20b. 鰓蓋下棘無顯著前向之小刺。前頭部有三列或三列以上之骨質結節；腹面由腹
鰭基部至肛門密佈細小之骨質結節。背鰭有 5～6 軟條。體褐色，背面無環狀
斑，但有黑色星點散在…………………………………………………**密星三角棘茄魚**

1b. **刺鮟鱇亞目** CERATIOIDEI　　腹鰭缺如；體球狀，多少側扁；無擬鰓。

21a. 體背面無肉阜 (Caruncles)，但有若干大形骨板，各板中心有棘。背鰭軟條
5～6，臀鰭軟條 4～5………………………………………………………**疏刺鮟鱇科**

體被稀疏之柔軟尖棘。背鰭硬棘一枚，棍棒狀，位於眶間隔上方，其上前端有
5 枚觸手，3 枚較大，上端分叉，2 枚較小，簡單；後上端有一突起，稍下有
一小觸手。D. I, 5; A. 4; C. 9; P. 15。體黑色，各鰭淡色…………………**疏刺鮟鱇**

21b. 體背面有由背鰭軟條變成之肉阜 2～3 個。背鰭、臀鰭各具 3～5 軟條……
……………………………………………………………………………………**密刺鮟鱇科**

吻觸手甚短；肉阜 3 個………………………………………………………**密刺鮟鱇**

鮟鱇亞目 LOPHIOIDEI

頭大而寬扁，體軀肥短，柔軟，或呈圓錐狀。口裂廣，前位，下頜突出。兩頜及鋤骨、
腭骨均有大小不一而可倒伏之犬齒狀銳齒。鰓 3 對，完整，鰓絲發達 (第 4 鰓弧無鰓絲)，
無鰓耙，具擬鰓。皮膚裸出光滑，頭部各處具發達之皮質觸手狀突起。位於頭部背面，第一
棘位於吻上，形成吻觸手，背鰭前方 3～4 棘分離，後方 2～3 棘連續，軟條部及臀鰭均位
於尾部。胸鰭發達，位於頭後體側，具鰭輻骨 2 枚，"臂部" 顯著。篩骨呈軟骨狀態，額骨
寬大，左右大部分相接。副蝶骨與額骨癒合。具幽門盲囊。

鮟鱇科 LOPHIIDAE
Fishing Frogs, Angler Fishes; Monks; Goosefishes

頭部特別寬廣，體軀在肩帶以後急遽瘦小。口裂開於頭部前方，恰如一廣口之布袋。上頜能伸縮，下頜伸出。上下頜齒強壯，大小不等，有若干爲犬齒狀，且能摺伏；鋤骨、腭骨亦有強齒。體裸出，頭部有若干皮瓣。第一背鰭最前III棘爲觸手狀（第I棘爲吻觸手），位於額部，以後II棘則甚小。第二背鰭與臀鰭相對，位於軀幹之後部。胸鰭大形，每側有二鰭基骨。腹鰭喉位。鰓3對，第4鰓弧上無鰓絲。鰓裂廣，位於胸帶下方，有時移至胸鰭基部以前。深海底棲魚。

黃鮟鱇 *Lophius litulon* (JORDAN)

俗名上兌麻魚（中南部）、海水蛙（基隆）、印魚。產臺灣。

鮟鱇 *Lophiomus setigerus* (VAHL)

英名 Fishing Frog；亦名黑鮟鱇，華臍魚（動典）。產基隆、南方澳、東港。（圖6-87）

日本鮟鱇 *Lophiodes mutilus* (ALCOCK)

據 KUNTZ (1970) 產臺灣。*L. japonicus* (KAMOHARA) 當爲其異名。

躄魚亞目 ANTENNARIOIDEI

體多少側扁或稍平扁。頭部側扁。口上位，口裂垂直或陡斜，下頜突出。上下頜、鋤骨及腭骨有絨毛狀齒帶。鰓孔小，位於胸鰭下方或後方。擬鰓退化或缺如。皮膚平滑或稍粗雜，或具小棘。背鰭I～III棘，第一棘位於吻上成吻觸手，軟條細長。腹鰭存在，胸鰭具發達之"臂部"，隱於皮下。額骨之後部連合，前部不相連。完全鰓2對，第1與第2鰓弧上無鰓絲，或退化爲半鰓。多數爲底棲性，少數見於開濶之水面。

躄魚科 ANTENNARIDAE
Frog-fishes; Estuarine anglerfishes; Anglers; 燈籠魚科（本書初版）

體爲河豚魚狀，頭及軀幹多少側扁。皮膚鬆弛，皮面光滑或密生皮質小刺。口裂斜或垂直；下頜突出；齒多列成絨毛狀齒帶。鰓裂爲一小孔，在胸鰭腋部之下端或後方。第一背鰭有 I～IV 枚觸角狀硬棘（第4枚埋於皮下），第二背鰭較臀鰭爲長。胸鰭有由三鰭輻骨構成之"臂部"。腹鰭喉位，左右接近。棲息於熱帶沿海海草間，胃中如充滿空氣，可以浮出水面，隨海流遠播。

蒲氏蠅魚 *Histiophryne bougainvilli* (CUVIER & VALENCIENNES)

據李信徹博士 (1980) 產蘭嶼。

斑馬蠅魚 *Phrynelox zebrinus* SCHULTZ

體有斑馬狀斑紋，故名。又名 Striated anglerfish。產馬公。(圖 6-87)

三齒蠅魚 *Phrynelox tridens* (TEMMINCK & SCHLEGEL)

屬名原爲 *Antennarius*，依 SCHULTZ 改正。產將軍河。

黑蠅魚 *Phrynelox nox* (JORDAN)

產高雄。

高棘蠅魚 *Antennarius altipinnis* SMITH & RADCLIFFE

產小琉球。

眼斑蠅魚 *Antennarius nummifer* (CUVIER)

英名 Ocellated anglerfish。 又名錢斑蠅魚。據沈世傑教授報告產臺灣。

粉紅蠅魚 *Antennarius coccineus* (LESSON)

據 CHANG 等 (1983) 產綠島。

花臕 *Histrio histrio histrio* (LINNAEUS)

本書"初版"列 *Pterophryne histrio* (花紅) 及 *P. raninus* (黑花紅，又名黑蠅魚)
二種，據 SCHULTZ (1957) 以及 BEAUFORT & BRIGGS (1962) 合併如上。英名
Sargassum fish; Marbled anglerfish。產基隆、臺南。

單棘蠅魚科 CHAUNACIDAE

Coffinfishes; 櫻鮟鱇科

體軀及頭部平扁。口裂大，垂直，下頜突出。上下頜及鋤骨、腭骨有細絨毛狀齒，前上
頜骨可以突出。鰓裂較小，位於胸鰭基部後上方。擬鰓缺如。皮膚無鱗，密被絨毛狀細棘。
背鰭僅具 I 短棘，即吻觸手，可隱伏於二鼻孔間之凹溝中。胸鰭呈步脚狀，有肘狀關節，埋
在胸部皮下，基部連於頭之後端，有鰭輻骨三片。腹鰭喉位，較短。完全鰓 2 對，第 1 與第
4 鰓弧上無鰓絲或鰓絲退化。

單棘蠅魚 *Chaunax pictus* LOWE

產東港 。 英名 Coffinfish 。 據多方報告我國大陸沿海及日本各地均產 *C. fimbriatus*
HILGENDORF。楊鴻嘉及沈世傑二位亦報告該種見於臺灣。惟 NORMAN (1939) 早已
指出，*fimbriatus, umbrinus*，以及 *endeavouri* 等，均可能爲 *pictus* 之簡單變異。若干
其他學者亦認爲係同一種。(圖 6-87)

阿部氏單棘躄魚 *Chaunax abei* LE DANOIS

　　產臺灣東北部海域。

棘茄科 ONCOCEPHALIDAE

=OGCOCEPHALIDAE; Batfishes; Sea Bats;

Rattlefish; Handfish; 蝙蝠魚科

　　體顯著平扁，頭廣濶而體軀細短，近似鮟鱇，但在胸鰭以前爲圓盤狀，或爲三角形。口比較的小，上頜突出而下頜後縮。皮膚堅硬，背面被癒合之骨質棘板，或大小不等之骨質突起。背鰭軟條部及臀鰭甚短，後位。胸鰭"臂部"特長，有三鰭輻骨。第一背鰭僅以吻端之吻觸角爲代表，能隱於吻上之小窩中。腹鰭小形，在體盤腹面中央。鰓孔小，圓形，在體盤之後背方。牙齒爲絨毛狀或櫛狀。

日本二鰓棘茄魚 *Dibranchus japonicus* AMAOKA & TOYOSHIMA

　　產本省西南部海域。

棘茄魚 *Halieutaea stellata* (VAHL)

　　英名 Starry handfish；日名赤靴。骨堅肉少，無食用價值。產東港、南方澳、馬公。

雲紋棘茄魚 *Halieutaea fumosa* ALCOCK

　　產臺灣東北部沿海。

費氏棘茄魚 *Halieutaea fitzsmonsi* (GILCHRIST & THOMPSON)

　　產臺灣西南部海域。

網紋棘茄魚 *Halicmetes reticulatus* SMITH & RADCLIFFE

　　東海大學曾由東港採獲本種標本。又名牙棘茄魚。

環紋三角棘茄魚 *Malthopsis annulifera* TANAKA

　　又名黑環槍茄魚。產東港。（圖 6-87）

密星三角棘茄魚 *Malthopsis lutea* ALCOCK

　　英名 Spearnose seabat；又名海蝠魚，槍茄魚。產東港。

刺鮟鱇亞目 CERATIOIDEI

　　體鈍短，呈球形，或稍延長，多少側扁。體裸出，或有小棘或骨質突起。無腹鰭，亦無擬鰓。吻觸手只見於雌魚，末端有發光器。雄者無吻觸手。額骨不相連接。下咽骨退化而無齒。胸鰭軟條 13～30。尾鰭軟條 8 或 9。

　　本亞目魚類之雌雄體形大小懸殊，形態殊異，有的種類雌魚比雄魚大13倍以上。雄者有時寄生於雌體之外部，有矮雄 (Dwarf male) 之稱。寄生之部位，腹部、頭部或尾部 (有時在口內)，視種類而異，以其血液爲食 (彼此可能有血管相通)。此種現象最先發現者爲 SAEMUNDSSON (1922)，彼認此寄生於雌體者爲幼魚。後經 REGAN (1925) 解剖之結果，在此寄生小魚之體內，發見其成熟之睪丸，故曰矮雄。幼魚飄浮水面，以浮游生物爲食。成魚爲深海底棲性 (通常在 1,500～2,500 公尺深處)。

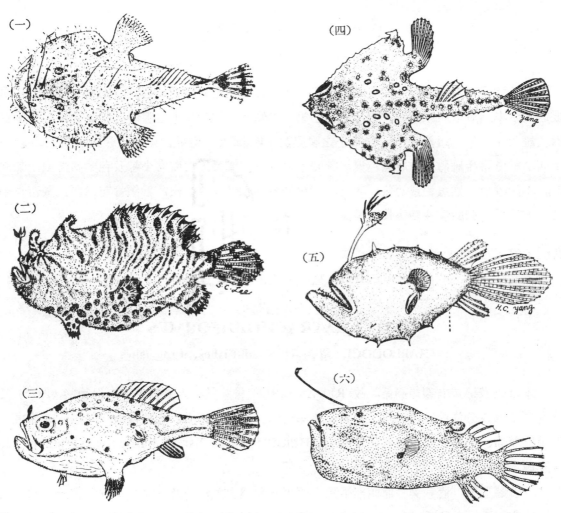

　　圖 6-87　　(一) 鮟鱇 (鮟鱇科)；(二) 斑馬躄魚 (躄魚科)；(三) 單棘躄魚 (單棘躄魚科)；(四) 環紋三角棘茄魚 (棘茄科)；(五) 疏刺鮟鱇 (疏刺鮟鱇科)；(六) 密刺鮟鱇 (密刺鮟鱇科) (以上鮟鱇目) (一八七據松原)。

疏刺鮟鱇科 HIMANTOLOPHIIDAE

Footballfishes

　　本科之雌魚，其皮面有若干大形骨質板，各板中心有棘；背面無肉阜。雄魚甚小，但吻較大，故體軀前部較雌魚尖細。具大形嗅覺器官；眼在頭側，不爲望遠鏡狀，背鰭軟條 5 ～ 6，臀鰭軟條 4 ～ 5，雌雄及幼魚均一律。幼魚脊柱正直；口裂近於水平。

疎刺鮟鱇 *Himantolophius groenlandicus* REINHARDT

英名 Football fish。水試所在東港採獲此標本。（圖 6-87）

密刺鮟鱇科 CERATIIDAE
Sea devils

雌魚背面有由背鰭軟條變成之肉阜 2 ～ 3 個。口中等大，近於垂直。吻觸手細長，在兩眼之間，末端絨球狀或梨狀。頭部退化之第 2 軟條有一埋於皮下之腺體。皮膚裸出。牙齒普通。雄魚如上科，顯然較小。具細小之嗅覺器官；眼大；球狀。幼魚口裂近於垂直，自由生活，成魚寄生雌體。皮膚無色素，身體不能脹大。成長後皮膚有小棘及色素。無齒。無肉阜。不問雌魚、雄魚、或幼魚，背鰭、臀鰭均各具軟條 3 ～ 5 枚；舌頜骨有二頭，腰帶骨細長，有頂骨。胸鰭有 4 鰭輻骨，等長。

密刺鮟鱇 *Cryptopsaras couesi* GILL

英名 Coues' Horned Anglefish。產臺灣近海。（圖 6-87）

‡蟾魚目 BATRACHOIDIFORMES
=HAPLODOCI，單軸目；Toad Fishes；Frogfishes

本目與鮟鱇類有親緣關係，故 REGAN (1912) 曾將其列入鮟鱇目中，但稍後 (1926) 又分列爲二目。分佈於熱帶海洋，美國大西洋沿岸、非洲東南岸、歐洲各地無報告，菲律賓、東印度羣島、澳洲、印度均有發現可能 (HERRE: Check-list of Philippine fishes, p. 820 曾記載二種)。

近似鱸形類，體較鈍短而頭部平扁，頭表有發達之黏液管及裾邊狀之皮質突起。體裸出無鱗（或在厚黏液層埋有細鱗）。側線一至數條，不明顯，有的具皮質叢突。頭大，眼接近背側。後顯骨簡單，與頭骨以縫合相連；上耳骨 (Epiotics) 與頂骨癒合。無中篩骨。副蝶骨及額骨以縫合線接合。口以前上頜骨及無齒之主上頜骨爲邊緣。背鰭 2，第 1 背鰭具Ⅲ短棘。背鰭軟條部與臀鰭均甚長。尾鰭圓形。腹鰭喉位，I. 2～3。肋骨缺如，但上肋骨 (Epipleural) 存在。胸鰭有鰭輻骨 4 ～ 5 枚，最下者較大，而遠軸端特寬。聽石同鼠尾鱈。尾下支骨同鮭鱸目。鰓裂在兩側，鰓膜與喉峽部相連。鰓 3 對，鰓被架 6，無擬鰓。口大，齒堅強。眶下骨無骨質支柱，鰓蓋有棘。有的在胸鰭腋部有一孔。

本目魚類爲底棲性，游泳緩慢。體黏滑而體色暗淡。分佈熱帶由海岸至陸棚之外緣，偶亦見於河口及淡水中。生殖期間或離水時會脹縮振動其泳鰾而發出響聲。激動時會豎起頭部及背鰭各棘，觸之引起劇痛。

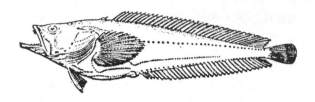

圖 6-88 蟾魚目之一種 *Porichthys porosissimus* (C. & V.) (Galveston 產，據松原轉載 JORDAN)。

棘鰭首目 ACANTHOPTERYGII

銀漢魚系 ATHERINOMORPHA

鰓蓋及前鰓蓋後緣完整，無棘，亦不爲鋸齒狀。體被圓鱗，少數爲櫛鱗。鰓被架 4～15。無眶蝶骨。胸鰭內之鮑氏靱帶 (Baudelot's ligament)，連接顱基骨，胸鰭基部有 4 片方形支鰭骨 (Actinosts)。尾鰭內通常有二片三角形巨大尾下骨板 (絕不超過 4 片)。泳鰾如具有，槪爲閉鰾型。上頜能伸出，但腭骨與主上頜骨之間無杵臼關節，故與其他棘鰭魚有別。

本系魚類所含各科，BERG (1940) 分別置於鶴鱵 (BELONIFORMES, ＝EXOCOETOIDEI) 鯉齒 (CYPRINODONTIFORMES)、鯔 (MUGILIFORMES)，以及顳陽 (PHALLOSTETHIFORMES) 等目中。格陵伍等 (1966) 將其歸併爲獨立之銀漢魚首目，與其他各首目並列。而羅申與派特森 (1969) 以及羅申 (1973)，將其改列於本首目中之銀漢魚系，與鱸形系並列。

根據羅申與 PARENTI (1981) 的新的枝歧分類系統，本系之下分爲鯉齒和銀漢魚二目。

鯉齒目 CYPRINODONTIFORMES

背鰭單一，各鰭一般不具硬棘。無第二圍眶骨。本目下分文鰩魚、蘇拉鱂和鯉齒三亞目。

臺灣產鯉齒目 3 亞目 7 科檢索表:

1a. 側線低位；下咽骨 (Hypopharyngeals) 完全癒合爲三角形骨板，頂骨缺如；鰓被架 9～15；每側鼻孔一枚 (EXOCOETOIDEI)。

2a. 口裂大，上下頜通常同等延長 (幼時上頜比較的短)，部分牙齒爲針狀；第三上咽骨分離，第四上咽骨存在；鱗片細小；背鰭、臀鰭後方無離鰭 (Finlets) ⋯⋯⋯⋯⋯⋯⋯⋯⋯⋯**鶴鱵科**

2b. 口裂小，上下頜正常，或上頜正常而下頜特別延長；全部牙齒細小，顆粒狀或櫛狀；鱗大或中型；
第三上咽骨連合，第四上咽骨消失。

3a. 成長後下頜特別延長，上頜（前上頜骨）則短縮爲三角形；胸鰭普通‥‥‥‥‥‥‥‥‥‥‥鱵科

3b. 上下頜正常；胸鰭特別發達，可用以在水面滑翔。

4a. 胸鰭較短，約爲體長之 30～40%，其末端不達腹鰭基底。幼魚下頜顯然突出，成魚則下頜略
長於上頜。鰓被架 14～15 ‥‥‥‥‥‥‥‥‥‥‥‥‥‥‥‥‥‥‥‥‥‥突頜文鰩魚科

4b. 胸鰭較短，約爲體長之 45～75%，其末端至少達背鰭基底之前端。幼魚下頜不突出（*Fodiator*
屬例外），成魚之上下頜大致等長。鰓被架 9～12 ‥‥‥‥‥‥‥‥‥‥‥‥‥文鰩魚科

1b. 身體無側線；鰓被架 4～7；每側鼻孔成對（ADRIANICHTHYOIDEI）。

上下頜不特增大；雄魚之背鰭和臀鰭較雌魚略大。身體側扁，但不透明。齒圓錐形或絨毛狀，可動性。
均爲卵生‥‥‥‥‥‥‥‥‥‥‥‥‥‥‥‥‥‥‥‥‥‥‥‥‥‥‥‥‥‥‥‥‥‥‥‥‥米鱂科

1c. 側線僅見於頭部；下咽骨通常分離，如合成爲三角形骨板，則癒合處之縫合線極顯明；頂骨存在或缺
如；鰓被架 3～7；每側鼻孔一對（CYPRINODONTOIDEI）。

卵胎生；雄者臀鰭前方數鰭條變形爲交尾器；無外枕髁；齒纖細，固着性‥‥‥‥‥‥‥‥花鱂魚科

文鰩魚亞目 EXOCOETOIDEI

=SYNENTOGNATHI; BELONIFORMES

身體中度或特別延長，橫斷面圓形或近於四角形。背鰭、臀鰭及腹鰭均偏後，各鰭無
棘，背鰭單一，腹鰭具 6 軟條，尾鰭有分枝軟條 13 枚。側線低位，鼻孔每側單一。鰓被架
9～15。鱗片薄而易脫落。鰓蓋正常；鰓裂廣，鰓膜不連於喉峽部。牙齒成顆粒狀或櫛狀齒
帶，有的延長爲針狀。上頜邊緣完全由前上頜骨形成。無頂骨。本亞目除鶴鱵、鱵、突頜文鰩
魚、文鰩魚四科外，尚有短吻鱵科（SCOMBERESOCIDAE），其中之秋刀魚 *Cololabis saira*
(BREVOORT) 分佈韓國、日本海域。

鶴鱵科 BELONIDAE

Needlefishes, Soundfishes, Gars; Alligator-gar;

Long-toms, Bill-fishes；顎針魚科。針良魚科（顧）

體特別延長而纖細，圓柱狀或側扁；被細小之圓鱗（側線鱗片 130～350 枚）。上下頜延
長如喙，上頜略短（幼時更短）。上頜以前上頜骨爲主，主上頜骨則隱於大形之眶前骨（Preor-
bital）之下。延長之上下頜每側各有細齒一帶，外側有稀疏之犬齒，鋤骨、舌上有齒或無
齒。下咽骨癒合成一狹長之平板，其上有尖銳之細齒。第三上咽骨稍延長，有少數大小不等
之細齒；第四上咽骨發達，被同型齒。鼻骨大形，附於軟顱上，中間有一合縫。有前篩骨。
脊椎 55～77。鰾存在。前鰓蓋有鱗，但鰓蓋上却無鱗。側線低位，靠近腹緣，至尾柄兩側往

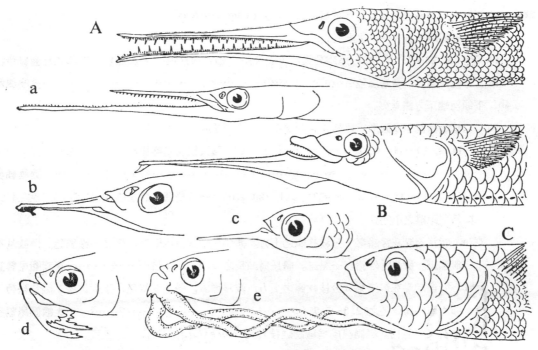

圖 6-89　文鰩魚亞目各科外形之主要區別。**A**．鶴鱵科 (**a**. 幼魚)；**B**．鱵科 (**b**. 幼魚)；**C**．文鰩魚科 (**c. d. e**. 幼魚) (據 MUNRO)。

往成爲突起之稜脊。背鰭、臀鰭對在，遠在體之中部以後而接近尾鰭；　背鰭軟條 10～26；臀鰭軟條 14～23；　胸鰭、腹鰭短小；尾鰭分叉、截平或鈍圓。熱帶海面肉食性魚類，有時溯游至河川中，大者味美。

臺灣產鶴鱵科 4 屬 10 種檢索表:

1a.　鰓耙存在 (Belone)

　　鋤骨齒存在；體平扁，橫斷面成五角形；尾部側扁；頭部之眶後區爲眼徑之 $1\frac{3}{5}$～2 倍，眼徑稍大於眶間區。

　　D. 2, 13; A. 2, 17; P. 1, 11; V. 1, 5; L. l. ab. 180。尾鰭分叉。體背面藍黑色，腹面銀白色，各鰭黃色‥‥‥‥‥‥‥‥‥‥‥‥‥‥‥‥‥‥‥‥‥‥‥‥‥‥‥‥‥‥‥‥‥‥‥‥‥‥**扁鶴鱵**

1b.　鰓耙缺如或僅留痕跡；兩頜齒彼此分離，具犬齒，鋤骨無齒；尾柄側扁或略平扁。

　　2a.　體強度側扁 (體寬僅爲體高之 1/2)；前上頜骨基部膨大 (*Ablennes*)。

　　　　3a.　D. 18～20；A. 23～24；P. 11～12；L. l. 229～286。體背面翠綠色，側下方銀白色，沿背側方有一深綠色縱帶，由頭後達尾基，帶之上下緣各有一深綠色細線，頭頂亦翠綠色，各鰭淡綠色‥‥‥‥‥‥‥‥‥‥‥‥‥‥‥‥‥‥‥‥‥‥‥‥‥‥‥‥‥‥‥‥‥‥‥‥‥‥**尖嘴扁頜鶴鱵**

　　　　3b.　D. 24～25；A. 25～27；P. 13～14；L. l. 322～395。體背面翠綠色，側下方銀白色，體後部有 4～8 條暗藍色橫帶，各鰭淡翠綠色‥‥‥‥‥‥‥‥‥‥‥‥‥‥‥‥‥‥‥‥‥‥‥‥‥**扁頜鶴鱵**

2b. 體略側扁或近於圓筒狀（體寬大於體高之 1/2）（*Thalassosteus*）。

4a. 在下頜前端下方有一斧狀垂突。

D. 26；A. 22～23；P. 12；尾鰭分叉，下葉較長。體背面綠色，腹面白色，吻部和牙齒綠色，眼上方有一黑點，各鰭黑色……………………………………………………………………………**垂吻鶴鱵**

4b. 下頜前端下方無垂突。

5a. 尾鰭後緣截平或圓形；尾柄兩側側線不成爲隆起稜線。

6a. D. 2, 10～13；A. 2, 13～15；L. l. ±170； 體圓柱狀或略側扁。尾鰭基部有一黑斑……
…………………………………………………………………………………………………**圓尾鶴鱵**

6b. D. 2. 14～18；A. 2, 20～23；L. l. 180～200。體近於圓柱狀或略側扁；腹鰭起點在眼眶與基間距離之中間。

7a. 背鰭起點在臀鰭第 7 分枝軟條之上方。體側有一銀白色縱帶，帶之上緣黑色。尾鰭基部無黑斑。胸鰭近外側有一黑斑。體長爲頭長之 2.8～3.2 倍…………………**臺灣圓尾鶴鱵**

7b. 背鰭起點在臀鰭第 2 分枝軟條之上方，液浸標本，體上側褐色，下側稍淡，銀色縱帶不顯。體長爲頭長之 2.5～2.7 倍…………………………………………………**大鱗圓尾鶴鱵**

5b. 尾鰭分叉；尾柄兩側側線成爲隆起之稜脊（*Strongylura*）。

8a. 上頜犬齒向前彎曲。

D. 2, 20～22；A. 2, 18～20。兩頜較粗短；背鰭後部鰭條較長………………………**大鶴鱵**

8b. 上頜犬齒垂直。

9a. D. 2, 23～24；A. 2, 20～21；P. 1, 11～12。兩頜較細長；背鰭後部鰭條較短…
…………………………………………………………………………………………………**叉尾鶴鱵**

9b. D. 2, 19～21；A. 2, 18～19；P. 1, 13。兩頜中等長；背鰭後部鰭條較短…………
…………………………………………………………………………………………………**鱷形鶴鱵**

扁鶴鱵 *Belone persimilis* Günther

據李信徹博士（1980）產臺灣東部，亦見於西南部海域。

尖嘴扁頜鶴鱵 *Ablennes anastomella* (Cuvier & Valenciennes)

產本省東北部及東部海域。

扁頜鶴鱵 *Ablennes hians* (Cuvier & Valenciennes)

英名 Needle Fish, Green Gar, Compressed-bodied Garfish, Long-tom；又名橫帶扁頜針魚；俗名鱟魚，O Lan；日名濱馱津。產高雄、基隆、澎湖。（圖 6-90）

垂吻鶴鱵 *Thalarsosteus appendiculatus* (Klunzinger)

英名 Keel-jawed Long-tom。分佈本省西南部海域。

圓尾鶴鱵 *Tylosurus strongylurus* (Van Hasselt)

英名 Light-colored Garfish；亦名雙針（鄭），圓頜針魚；Ho Tin (Stork's bill—F.)

產高雄、基隆。

臺灣圓尾鶴鱵 *Tylosurus leiurus* (BLEEKER)

英名 Hornpike Long-tom；又名無斑顎針魚。日名臺灣駄津；俗名臺魜（梁——當係日名音譯）。產東港。

大鱗圓尾鶴鱵 *Tylosurus incisus* (CUVIER & VALENCIENNES)

英名 Large-scaled Long-tom。據李信徹博士 (1980) 產臺灣東部。

大鶴鱵 *Tylosurus annulata* (CUVIER & VALENCIENNES)

據黑田長禮產臺灣，日名冲細魚。本種亦名 *Tylosurus giganteus* (T. & S.)，故譯為大鶴鱵。又名大圓顎針魚。

叉尾鶴鱵 *Tylosurus melanotus* (BLEEKER)

英名 Black-finned Long-tom, Black-finned Needlefish，又名黑背圓顎針魚；俗名 O Lan；青鋸；日名天竺駄津。產高雄、基隆。（圖 6-90）

鱷形鶴鱵 *Tylosurus crocodila* (LE SUEUR)

英名 Balaos Garfish, Choram Long-tom, Crocodile Needlefish。產臺灣。

鱵　科 HEMIRHAMPHIDAE

Halfbeaks；Garfish；細魚科（日）

體形似鶴鱵。但上頜短縮，而下頜延長，故一見卽易識別。三角形之上頜為前上頜骨所構成，主上頜骨亦與之固結。上下頜均有細齒，往往有三個尖頭，但下頜突出於上頜以外之部分無齒。腭骨、舌上均無齒。第三上咽骨擴大而形成一卵圓形板，密被三尖頭齒，第四上咽骨或與之癒合，下咽骨膨大呈三角形，亦被以三尖頭齒。鰓耙細長。無擬鰓。鰾大形，簡單，或為網目狀。脊椎 49～55。鱗大，薄而易落，側線低位。各鰭同鶴鱵科，但臀鰭基底長於背鰭基底。尾鰭自圓形、截平、以至分叉，後者之例，下葉概較長。胎生種類，雄者臀鰭有變形。熱帶沿海草食性魚類，較鶴鱵小形。

臺灣產鱵科 2 屬 9 種檢索表：

1a. 胸鰭顯然較尾鰭為長；背鰭、臀鰭鰭條均 20 枚以上；腹鰭短，後位。體纖長而側扁（體長為體高之 7.5 倍）(*Euleptorhamphus*)。

D. 2～3, 19～20; A. 3, 19～20; P. 1, 7～8; l. l. 126; l. tr. 4/3。鰓耙 7～8+19～22 ⋯⋯⋯⋯**長吻鱵**

1b. 胸鰭較頭部為短；背鰭、臀鰭鰭條 20 枚以下；腹鰭不特短小。體中等延長（體長為體高之 4～5 倍） (*Hemirhamphus*)。

2a. 體軀側面凸起；腹鰭遠在背鰭以前。

3a. D. 16; A. 16～17; L. l. 90～106⋯⋯⋯⋯⋯⋯⋯⋯⋯⋯⋯⋯⋯⋯⋯⋯⋯⋯⋯**塞氏鱵**

3b. D. 15～17; A. 18～20; L. l. 50～60 ··**長頭鱵**

2b. 體軀側面大部分平坦；腹鰭僅略在背鰭以前。

4a. 三角形之上領，其高大於底邊；D. 13(2, 11)～17(2, 15); A. 14(2, 12)～15(2, 13)···**喬氏鱵**

4b. 三角形之上領，其高小於底邊。

5a. 腹鰭在由眼眶至尾基間距離之中點；D. 2, 13～15; A. 2, 14～17 ···············**黑尾鱵**

5b. 腹鰭位置較後（在鰓裂至尾基間距離之中點，或更後）；眼前部分較眼徑為短。

6a. 臀鰭有 11～13 枚分枝鰭條；臀鰭基底較背鰭基底為短 (1:1.2)。

7a. 上領背面無鱗，腹鰭起點位於鰓蓋後緣至尾基之中點。體呈圓柱形或略側扁。上領長為寬之二倍。體背面翠綠色，側下方銀白色，由胸鰭基至尾基有一銀白色縱帶，背鰭前緣、胸鰭基部和尾鰭後緣暗綠色，喙端鮮紅色··**庫氏鱵**

7b. 上領背面有鱗，腹鰭起點距尾基較近，而距胸鰭基部稍遠。體呈方柱狀。上領之寬大於長。體背面翠綠色，側下方銀白色，由胸鰭至尾基有一銀白色帶，帶之上緣黑色，背鰭末端、胸鰭基部和尾鰭上緣暗綠色··**杜氏鱵**

6b. 臀鰭有 9～10 枚分枝鰭條。

8a. 背鰭基底長約為臀鰭基底長之 2 倍。體側有 4 ～ 9 枚黑斑················**星鱵**

8b. 背鰭基底長約為臀鰭基底長之 1.5～1.7 倍。成長後體側無黑斑··············**水針鱵**

長吻鱵 *Euleptorhamphus viridis* (VAN HASSELT)

　　英名 Long-finned garfish。日名唐細魚，亦名島鱵（動典）。產臺灣。本種種名原為 *E. longirostris* (CUV.)，故譯為長吻。

塞氏鱵 *Hemirhamphus sajori* TEMMINCK & SCHLEGEL

　　英名 Sajor's Halfbeak；亦名針魚、鱵魚（動典）；俗名水針，水鮎，補網魚，變魚；日名細魚。產臺灣。（圖 6-90）

長頭鱵 *Hemirhamphus intermedius* CANTOR

　　亦名針魚，間鱵；日名琉球細魚。產臺灣。

喬氏鱵 *Hemirhamphus georgi* CUVIER & VALENCIENNES

　　英名 Nonspotted Halfbeak，Long-billed Garfish；日名足長細魚。產臺灣。

黑尾鱵 *Hemirhamphus melanurus* CUVIER & VALENCIENNES

　　產高雄、澎湖。按本種原產 Celebes, JORDAN & RICHARDSON (1909) 之報告僅列一種名，而無說明。

杜氏鱵 *Hemirhamphus dussumieri* CUVIER & VALENCIENNES

　　英名 Dussumier's Garfish。日名丸細魚；產臺灣。

庫氏鱵 *Hemirhamphus quoyi* CUVIER & VALENCIENNES

產本省東北部海域。

星鱵 Hemirhamphus far (FORSSKÅL)

又名水針，斑鱵。按本種英名 Spotted Halfbeak；且名星細魚。產本省北部及東北部海域。（圖 6-90）

水針鱵 Hemirhamphus marginatus (FORSSKÅL)

亦名長頸鱵，南洋鱵（動典）；俗名水針，水尖；且名南洋細魚。產臺灣。*H. lutkei* C. & V. 爲其異名。

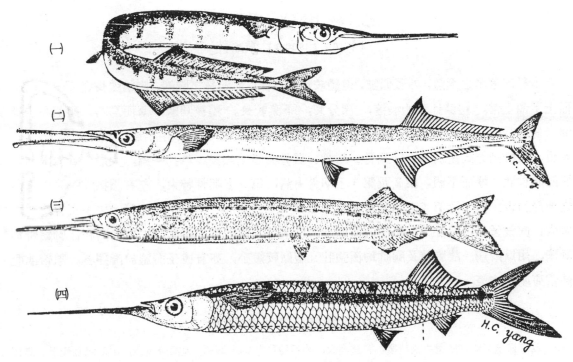

圖 6-90　（一）扁頜鶴鱵；（二）叉尾鶴鱵（以上鶴鱵科）；（三）塞氏鱵；（四）星鱵（以上鱵科）。

突頜文鰩魚科 OXYPORHAMPHIDAE
Flying Halfbeaks

體較細長，體側有暗色寬縱帶。胸鰭較小，約爲體長之 30～40%，向後不達腹鰭基底。尾鰭發達，深分叉，下葉較長。幼魚下頜突出，至成魚則下頜略長於上頜。側線低位，近腹緣。上下頜有齒，各齒有三尖頭，鰾大形，向後延長。腸簡單，無幽門盲囊。尾部之第 3 至第 5 尾下支骨不癒合。

本科由 FOWLER（1934）首先自文鰩魚科中分出而創立突頜文鰩魚亞科，由 BRUUN

(1935) 將其升格爲獨立之科，只含 *Oxyporhamphus* 一屬。

　　Oxyporhamphus 屬現知僅含突頜文鰩魚一種，D. 13～15；A. 13～15；P. 11～13；V. 6。L. l. 48 ～50；鰓耙 7～9+23～25，脊椎 50。體上部淡褐色，下部銀白色，胸鰭上部及尾鰭上下葉暗色，背鰭爲一致之暗色。

突頜文鰩魚 *Oxyporhamphus micropterus micropterus* (CUVIER & VALENCIENNES)

英名 Beaked Flyingfish。產澎湖、高雄、新港、蘭嶼、大溪。（圖 6-91）

文鰩魚科 EXOCOETIDAE
Flying Fishes;；飛魚科

　　本科卽著名之飛魚，外形似鱵，但體較粗短，有特別延長之胸鰭，約爲體長之 45～75%。而上下頜正常。尾鰭比較的發達，深分叉，下葉較長。體被圓鱗，薄而易落，頭部多少被鱗。側線甚低，近腹緣。吻短而鈍，口開於先端（幼魚之下頜或稍突出）。齒細小，形狀、數目、及排列方式差別甚大；鋤骨、腭骨、翼骨有齒或無齒。鼻孔一對，大形，近於眼前。擬鰓顆粒狀，隱而不顯。第 2 及第 3 上咽骨有齒，第 3 上咽骨特大，左右相接成一略爲上凸之卵形齒板；第 1 及第 4 上咽骨缺如；下咽骨成寬三角形。尾部第 3 至第 5 尾下支骨癒合。鰾大，向後延長。腸簡單，無幽門盲囊。背鰭無棘，位於體之後部，與臀鰭對在。胸鰭特別發達，用以滑翔，故肩帶及胸肌均極強壯。腹鰭較短小，亦有極長而適於滑翔者。熱帶或亞熱帶海產，味美。

臺灣產文鰩魚科 6 屬 28 種檢索表：

1a. 胸鰭僅達背鰭基底中央或稍後；背鰭高大，約爲體長之 24～29%，大部分黑色，中部鰭條較長。腹鰭較短，位於體之中央。吻鈍短，小於眼徑。舌面及基鰓骨均有齒。尾舌骨較寬大，爲舌弧之 1.5～1.7 倍 (*Parexocoetus*)。

　　2a. 胸鰭淡色；背鰭上部黑色，下部淡色，壓倒時末端到達尾鰭中央鰭條基底以後；臀鰭 13～14 軟條。背鰭前正中線鱗片 21～28 枚；脊椎數 39～40 ⋯⋯⋯⋯⋯⋯⋯⋯⋯⋯**白短翅擬文鰩魚**

　　2b. 胸鰭上半部黑色，下半部淡色；背鰭除後方 2，3 鰭條淡色外，大部分爲黑色，壓倒時末端到達尾鰭上葉起點。臀鰭軟條 10～12；背鰭前方正中線鱗片 16～21 枚；脊椎數 36～37 ⋯⋯⋯⋯**黑短翅擬文鰩魚**

1b. 胸鰭長，末端遠達背鰭末端以後；背鰭不特別高大，約爲體長之 8～14%，大都爲灰色，前部鰭條較長。腹鰭長短不一，位於體之中央或偏後；吻長等於或小於眼徑。舌面及基鰓骨均無齒 (*Hirundichthys* 屬例外)。尾舌骨較細長，爲舌弧長之 1～1.2 倍。

　　3a. 腹鰭短，僅爲體長之 12～14%，位於體之中央略前，第一鰭條最長，腹鰭至吻端之距離小於由彼至尾鰭基底之距離。背鰭爲一致之暗色。背鰭前正中線鱗片 18～22 枚 (*Exocoetus*)。

4a. 鰓耙 29 枚以上（一般爲 31～34）。背鰭起點與側線間鱗片 6～7 列（一般爲 6 列）；背鰭起點
　　　至吻端之距離，約爲腹鰭起點至吻端距離之 1.5 倍。背鰭高度大於臀鰭。尾鰭下葉長約爲體長之
　　　1/4。幼魚頭部無鬚 ……………………………………………………………………… **大頭文鰩魚**

4b. 鰓耙數少於 27（一般爲 24～26）。背鰭起點與側線間鱗片 7～8 列（一般爲 8 列）。背鰭起點
　　　至吻端之距離，約爲腹鰭起點至吻端距離之 1.6～1.7 倍。背鰭高度小於臀鰭。尾鰭下葉長約爲
　　　體長之 1/3。幼魚頭部有一小鬚 ………………………………………………………… **單鬚文鰩魚**

3b. 腹鰭較長，約爲體長之 25～45％，位於體中央略後方，第 3 鰭條最長。腹鰭至吻端之距離大於
　　其至尾鰭基底之距離。背鰭有一黑色斑，或無之。

5a. 臀鰭起點在背鰭第 1 至第 2 鰭條下方或更前方，臀鰭基底與背鰭基底等長，鰭條數相等或前者
　　　多 1～2 枚。背鰭爲一致之暗色。幼魚無鬚（*Hirundichthys*）。

6a. 胸鰭大部分爲暗色，僅後緣及中下部色淡。胸鰭軟條 15～16。背鰭前正中線鱗片 32～35；
　　　　鰓耙 29～35；腭骨無齒 ……………………………………………………………… **尖頭燕文鰩魚**

6b. 胸鰭藍黑色，其中央有一明顯之淡色縱帶，後緣色淡。胸鰭軟條 17～18。背鰭前正中線
　　　　鱗片 28～32；鰓耙 22～29；腭骨有齒 ……………………………………………… **細身燕文鰩魚**

5b. 臀鰭起點與背鰭起點相對或稍後；背鰭基底與臀鰭基底相等，鰭條數相等或後者多 1 枚。脊
　　　椎骨數 45～47。胸鰭第 1、2 鰭條不分枝。幼魚有鬚（*Danichthys*）。

D. 10～12；A. 12～13；L. l. 50；L. tr. 7/3。腹鰭顯然大於頭長。胸鰭黑色，後緣色淡；尾
　　　鰭暗色 ……………………………………………………………………………………… **陸德爾文鰩魚**

5c. 臀鰭起點一般在背鰭第 2 至第 4 鰭條下方或更後方。臀鰭基底小於背鰭基底，鰭條數前者多
　　　2～5 枚。背鰭黑斑或有或無。幼魚有鬚一、二枚，或無之。

7a. 胸鰭上方 2～4 鰭條不分枝，第 4 或第 5 鰭條最長。背鰭爲一致之暗色。幼魚無鬚
　　　（*Prognichthys*）。

8a. 胸鰭上方 3 軟條不分枝。

D. 10～12；A. 8～10；P. 16～17；L. tr. 7～8/3。背鰭中央線鱗片 24～29。鰓耙 8＋
12 …………………………………………………………………………………… **短翅真文鰩魚**

8b. 胸鰭上方 4 鰭條不分枝。

D. 11；A. 8～9；P. 18～19；L. l. 49；L. tr. 8/3。背鰭前中央線鱗片 28。鰓耙 7＋21
………………………………………………………………………………………… **塞氏真文鰩魚**

7b. 胸鰭上方 1 鰭條不分枝（*C. agoo* 有 2 鰭條不分枝），第 3 鰭條最長；背鰭爲一致之暗
　　　色，或有黑斑（*Cypselurus*）。

9a. 胸鰭上方 2 鰭條不分枝；幼魚有鬚。D. 10～11；A. 10～11，P. 16～18，L. tr.
　　　7/2～3。背鰭前中央線鱗片 33～35。鰓耙 5～7＋16～19 ………………… **阿戈文鰩魚**

9b. 胸鰭上方 1 鰭條不分枝；幼魚有鬚或無鬚。

10a. 胸鰭白色透明，無任何斑紋。D. 12～14；A. 8～11；P. 13～16. L. tr. $\frac{7～8}{2～3}$；

鰓耙 5~6＋16。背鰭前中央線鱗片 31~36⋯⋯⋯⋯⋯⋯⋯⋯一色文鰩魚

10b. 胸鰭不為白色，斑紋有無不一定。

11a. 胸鰭有斑點。

12a. 胸鰭黃綠色，有黃褐色斑點，其大小約等於瞳孔。背鰭前正中線鱗片25~27
枚。背鰭無斑點；幼魚無鬚。D. 11~13；A. 6~9；P. 15~17；L. l. 45；鰓
耙 6~8＋16~18 ⋯⋯⋯⋯⋯⋯⋯⋯⋯⋯⋯⋯⋯⋯花翅文鰩魚

12b. 胸鰭淡紫色，有紫褐色斑點，大小遠小於瞳孔。背鰭前正中線鱗片 31~41。
背鰭暗斑或有或無。幼魚有鬚。

13a. 胸鰭深紫色，有少數紫色斑點，其大小約為瞳孔之 1/3。背鰭無暗斑。腹
鰭有暗斑。D. 12~13；A. 10；P. 14~15；L. l. 50~55；L. tr. $7\frac{1}{2}/3$。背
鰭前正中線鱗片 33~35。鰓耙 5~6＋16⋯⋯⋯⋯⋯⋯斑翅文鰩魚

13b. 胸鰭淡紫色或紫紅色，有多少不一之紫色斑點，其大小約為瞳孔之 1/2~
1/6。背鰭有暗斑；腹鰭無暗斑。

14a. 胸鰭紫紅色，有較多之暗斑，其大小約為瞳孔之 1/2~1/3。在背鰭 8~
11 軟條間有一暗斑。背鰭前正中線鱗片 31~40。D. 13~16；A. 9~11；
P. 13~15；L. l. 56~62。鰓耙 7~8＋16~19 ⋯⋯⋯⋯紅翅文鰩魚

14b. 胸鰭淡紫色，有較少之暗斑，大小約為瞳孔之 1/6。在背鰭 4~10 軟條
間有一暗斑。背鰭前正中線鱗片 37~41。D. 13；A. 10~11。L. l. 68~
70；鰓耙 28~29 ⋯⋯⋯⋯⋯⋯⋯⋯⋯⋯蘇通氏文鰩魚

11b. 胸鰭無斑點。

15a. 胸鰭有透明區。

16a. 胸鰭藍黑色，透明區顯著。

17a. 胸鰭軟條 18；胸鰭下半及後緣無色。D. 12~13；A. 9~10. L.
l. 48~53；背鰭前正中線鱗片 29~33；鰓耙 4~5＋16~17⋯⋯⋯
⋯⋯⋯⋯⋯⋯⋯⋯⋯⋯⋯⋯⋯⋯⋯⋯⋯白翅文鰩魚

17b. 胸鰭軟條 13~15。胸鰭透明區為明亮之黃色，尾鰭上下葉為一
致之暗色。D. 12~14；A. 10~12；L. l. 45~52。背鰭前正中線
鱗片 22~27，鰓耙 6~7＋16~17⋯⋯⋯⋯⋯黃翅文鰩魚

17c. 胸鰭軟條 14~16，胸鰭透明區淡色。尾鰭上葉色淡，下葉色暗。
D. 14~16；A. 9~11. L. l. 45~50。背鰭前正中線鱗片 25~28。
鰓耙 4＋17⋯⋯⋯⋯⋯⋯⋯⋯⋯⋯⋯⋯⋯飛躍文鰩魚

16b. 胸鰭淡紫色，透明區不顯著。

18a. 胸鰭透明區在中央部。背鰭前正中線鱗片 28~32。D. 10~
12；A. 7~9；L. l. 45。下頜縫合部有一濶帶狀垂鬚，約為體長
之 1/3，帶之中央白色，兩側黑色⋯⋯⋯⋯⋯⋯垂鬚文鰩魚

18b.　胸鰭透明區在鰭之下部。背鰭前正中線鱗片 24~27. D. 11~
14; A. 7~10; P. 12~15; L. l. 45~48; 鰓耙 6~7＋16~18。
幼魚有扁平之垂鬚……………………………………**狹頭文鰩魚**

15b.　胸鰭無透明區。

19a.　背鰭顯然較高大，有大形暗斑。幼魚有鬚一對。

20a.　胸鰭深紫色。背鰭正中線鱗片 30 (27~32)。D. 12~14;
A. 10~11; P. 13~14; L. l. 48~50。鰓耙 8＋16~19。
背鰭大斑在第 2~10 軟條間……………………**紫鰭文鰩魚**

20b.　胸鰭黑色。背鰭正中線鱗片 38(35~40)。D. 12~15;
A. 9~12; P. 13~15; L. l. 53。鰓耙 6~7＋16＋18。背鰭
大斑在 2～4 至 10~11 軟條之間………………**黑鰭文鰩魚**

19b.　背鰭無大形暗斑。

21a.　胸鰭大部爲一致之暗色。

22a.　胸鰭深紫色，背鰭不顯著高大。幼魚有鬚。D. 12~
14; A. 8~9; P. 15~17; L. l. 56。背鰭前正中線鱗片
25~27。鰓耙 5＋15…………………………**有明文鰩魚**

22b.　胸鰭大部爲一致之灰色，晝間全部無色透明，腹鰭中
部軟條有灰色帶。D. 12; A. 10; L. l. 43~44。背鰭
前正中線鱗片44。幼魚有赤色之瓣狀鬚……**瓣鬚文鰩魚**

22c.　胸鰭大部爲一致之灰色，僅上側灰褐色。D. 12~13;
A. 8~10; P. 16; L. l. 46~47。背鰭前正中線鱗片
33~34。鰓耙 25~26 …………………………**灰鰭文鰩魚**

21b.　胸鰭之上半紫褐色或灰黑色，下半色淡。

23a.　胸鰭上半紫褐色，下半白色，或近於透明。D. 13;
A. 9; P. 15; L. l. 51。背鰭前正中線鱗片38。鰓耙
20~25………………………………………………**細文鰩魚**

23b.　胸鰭上部灰黑色，下部色淡。D. 12~13; A. 8~
9; P. 14~16. L. l. 42~48。背鰭前正中線鱗片23~
28。鰓耙 6~8＋17~23 ………………………**少鱗文鰩魚**

21c.　胸鰭大部分無色透明，僅外緣灰黑色。D. 12~14; A.
9~11; P. 17. L. l. 54。背鰭前正中線鱗片34。鰓耙 5~
8＋16~19。幼魚有短鬚 ……………………………**杜氏文鰩魚**

白短翅擬文鰩魚 *Parexocoetus brachypterus brachypterus* (RICHARDSON)

英名 Slender two-winged Flyingfish, Sailfin Flyingfish。日名虹飛魚。又名短鰭擬

飛魚。俗名白翅仔。產基隆、大溪、花蓮、蘭嶼、澎湖等地。（圖 6-91）

黑短翅擬文鰩魚 *Parexocoetus mento mento* CUVIER & VALENCIENNES

英名 Pacific two-winged Flyingfish。日名芭蕉飛魚。產基隆、澎湖、小琉球。

大頭文鰩魚 *Exocoetus volitans* LINNAEUS

英名 Cosmopolitan Flyingfish, Tropical two-wing Flyingfish。日名韋馱天飛魚。產高雄、蘭嶼、澎湖。（圖 6-91）

單鬚文鰩魚 *Exocoetus monocirrhus* RICHARDSON

英名 One-barbel Flyingfish。日名羽衣飛魚。本書舊版之 *E. obtusirostris* GÜNTHER 為其異名。產澎湖、蘭嶼、金山、高雄。

尖頭文鰩魚 *Hirundichthys oxycephalus* (BLEEKER)

英名 Mirror-finned Flyingfish。又名尖頭燕鰩魚。產臺灣近海。

細身文鰩魚 *Hirundichthys speculiger* (CUVIER & VALENCIENNES)

產高雄、蘭嶼。*Cypselurus nigripennes* (C. & V.) 為其異名。（圖 6-91）

隆德爾文鰩魚 *Danichthys rondelelii* (CUVIER & VALENCIENNES)

俗名烏翅仔。產基隆。（圖 6-91）

短翅眞文鰩魚 *Prognichthys brevipinnis* (CUVIER & VALENCIENNES)

產澎湖、高雄、宜蘭。本書舊版之 *P. sealei*，以及 HU (1973) 之 *P. zaca* 均為其異名。

塞氏眞文鰩魚 *Prognichthys sealei* ABE

英名 Seale's Flyingfish。日名達摩飛魚；俗名飛涎仔。產新港、紅毛港。

阿戈文鰩魚 *Cypselurus agoo* (TEMMINCK & SCHLEGEL)

又名燕鰩魚。俗名飛烏魚或飛魚。*Danichthys agoo* 為其異名。產臺灣近海。（圖 6-91）

一色文鰩魚 *Cypselurus unicolor* CUVIER & VALENCIENNES

產新港、蘭嶼、恒春、高雄。

花翅文鰩魚 *Cypselurus poecilopterus* CUVIER & VALENCIENNES

英名 Spotted Flyingfish。日名綾飛魚，又名斑鰭文鰩魚；俗名飛烏、小烏。產臺灣近海。（圖 6-91）

斑翅文鰩魚 *Cypselurus spilopterus* (CUVIER & VALENCIENNES)

又名點鰭燕鰩魚。產高雄。

紅翅文鰩魚 *Cypselurus atrisignis* JENKINS

英名 Greater Spotted Flyingfish。產澎湖、恒春、蘭嶼。

蘇通氏文鰩魚 *Cypselurus suttoni* (WHITLEY & COLEFAX)

產恒春。

白翅文鰩魚 *Cypselurus arcticeps* (GÜNTHER)

英名 White-finned Flyingfish。日名舞飛魚。又名弓頭燕鰩魚。產中國海。

黃翅文鰩魚 *Cypselurus katoptron* (BLEEKER)

產高雄、蘭嶼。(圖 6-91)

飛躍文鰩魚 *Cypselurus exsiliens* (LINNAEUS)

英名 Leaping Flyingfish; Bandwing Flyingfish。產澎湖。據 FOWLER (1932) 認爲 RICHARDSON (1846) 所稱產於中國海之 *Exocoetus fasciatus* 當係本種之異名。

垂鬚文鰩魚 *Cypselurus naresii* (GÜNTHER)

產紅毛港。

狹頭文鰩魚 *Cypselurus angusticeps* NICHOLS & BREDER

產花蓮、蘭嶼、澎湖、恒春、高雄。

紫鰭文鰩魚 *Cypselurus spilonotopterus* (BLEEKER)

產蘭嶼、恒春、高雄、澎湖。本書舊版 *C. bahiensis* (RANZANI) 爲其異名。

黑鰭文鰩魚 *Cypselurus cyanopterus* (CUVIER & VALENCIENNES)

產花蓮、蘭嶼、恒春、高雄。

有明文鰩魚 *Cypselurus starksi* ABE

日名有明飛魚；俗名飛烏。產石門、大溪。

瓣鬚文鰩魚 *Cypselurus pinnatibarbatus japonicus* (FRANZ)

據 BURGESS 等 (1974) 產臺灣。

灰鰭文鰩魚 *Cypselurus simus* (CUVIER & VALENCIENNES)

產我國海域，包括香港。

細文鰩魚 *Cypselurus opisthopus hiraii* ABE

英名 Black-finned Flyingfish。日名細飛；俗名飛烏。產基隆。

少鱗文鰩魚 *Cypselurus oligolepis* (BLEEKER)

英名 Short Flyingfish, Small-scaled Flyingfish。又名小鱗燕鰩魚。產我國海域。

杜氏文鰩魚 *Cypselurus heterurus döderleini* (STEINDACHNER)

產臺灣東部。

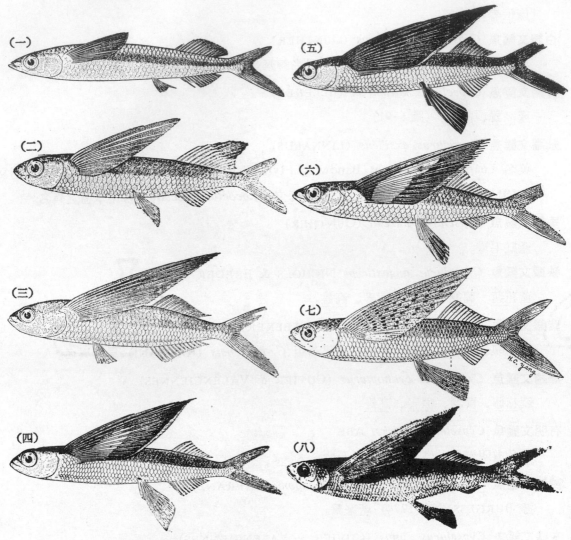

圖 6-91　（一）突頜文鰩魚（突頜文鰩魚科）；（二）白短翅擬文鰩魚；（三）大頭文鰩魚；
（四）細身文鰩魚；（五）隆德爾文鰩魚；（六）黃翅文鰩魚；（七）花翅文鰩魚；
（八）阿戈文鰩魚（一～六據阿部，七據楊鴻嘉）。

蘇拉鱂亞目 ADRIANCHTHYOIDEI

　　身體無側線；每側鼻孔一對；鰓被架 4～7；鋤骨、上匙骨、後翼骨，以及外翼骨均缺
如。前上頜骨不能伸出。

米鱂科 ORYZIATIDAE

Medakas；目高科（日）

　　體延長，側扁，頭部平扁。頭部及體側均被大圓鱗。眼大而高位。上下頜有尖銳或圓錐

形之齒；有時鋤骨上亦有齒（米鱂屬無鋤骨齒）。脊椎 28～41。背鰭短，位於臀鰭後半之上方。腹鰭有 6～7 軟條。臀鰭基底長，雄者不變形爲交尾器。鰓膜分離或略連合，但概在喉峽部游離。臺灣產米鱂一種。

D. 6；A. 16～19；l. l. 27～30。眼大；口小，上位，上頜稍長於下頜。無側線。成魚不超過 4 公分長。

米鱂 *Oryzias latipes* (TEMMINCK & SCHLEGEL)

亦名青鱂、小鱂魚（木村），濶尾鱵魚（朱）；俗名彈魚（Tamhii）；日名目高。產全島各地池沼水田中，惟近年甚少發現。無經濟價值。（圖 6-92）

鯉齒亞目 CYPRINODONTOIDEI
=MICROCYPRINI; Killifishes

腹鰭及腰帶或有或無；背鰭單一；各鰭無棘。側線通常只見於頭部。鼻孔成對。鰓被架 3～7。上頜外緣完全由前上頜骨構成，能伸縮。鋤骨一般具有，上匙骨存在，後翼骨通常缺如，無外翼骨，頂骨或有或無。

本亞目包括種類繁多而廣佈世界各地的鯉齒科 (CYPRINODONTIDAE)，APLOCHEILIDAE，及只見於中南美洲之四眼魚科 (ANABLEPIDAE)，GOODEIDAE, JENYNSIIDAE 等，臺灣只產花鱂魚一科。

花鱂魚科 POECILIIDAE
Topminnow; Livebearer

外形極似鱂魚，但臀鰭基底短，卵胎生，故易於區別。頭部及體側均被大圓鱗。眼大，位置較鱂魚略低。口小，開於吻端。上下頜、腭骨有細齒成齒帶，但鋤骨無齒。脊椎 30～36。背鰭小，偏後，其起點在臀鰭後端略前之上方。臀鰭短，殆位於體之中部；雄者第 3、4、5 鰭條特別變形爲交尾器。

臺灣產花鱂魚科 2 屬 2 種檢索表：

1a. 背鰭前中央線鰭鱗片 16～17 枚。

D. 7～9；A. 9～10(♀)；P. 12；11～13. l. l. 30～32。體青灰色，背中央線暗灰色。體側有網狀排列之小點，尤以雌魚較明顯⋯⋯⋯⋯⋯⋯⋯⋯⋯⋯⋯⋯⋯⋯⋯⋯⋯⋯⋯⋯⋯**大肚魚**

1b. 背鰭前中央線鱗片 11～13。

D. 7～8；A. 8～9；P. 13～14；l. l. 26～28。體黃褐色，而有金光色澤，但變化很大。各鰭色彩艷麗⋯⋯⋯⋯⋯⋯⋯⋯⋯⋯⋯⋯⋯⋯⋯⋯⋯⋯⋯⋯⋯⋯⋯⋯⋯⋯⋯⋯⋯⋯⋯⋯⋯**孔雀魚**

大肚魚 *Gambusia affinis* (BAIRD & GIRARD)

英名 Top-minnow, Mosquitofish, Guppy；亦名柳條魚（梁）。原產北美、中美、及西印度羣島，日人因其嗜食蚊之子了，移入臺灣，今已繁衍於全島各地溝渠中。（圖 6-92）

孔雀魚 *Poecilia reticulata* PETERS

原產中南美洲，以觀賞魚引進後現已在各地水渠中自然繁殖，並可能已有與大肚魚的雜交種。

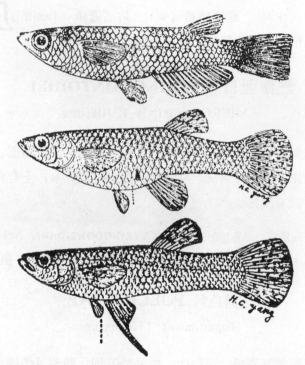

圖 6-92 上，米鱂（鱂魚科）；中，下，大肚魚（花鱂魚科）。

銀漢魚目 ATHERINIFORMES

無側線，或有而極不顯著，背鰭通常二枚，第一枚如存在，具易屈之弱棘。臀鰭通常具一棘。鼻孔成對。鰓被架 5～7。每側鼻孔一對。頂骨存在。

本目中除廣佈熱帶至溫帶海洋之銀漢魚科和浪花魚科之外，尙包括分佈新幾內亞一帶常供觀賞的彩虹魚科(MELANOTAENIDAE)，以及分佈東南亞各地之新胸科 (NEOSTETHIDAE)，顯陽科 (PHALLOSTE-THIDAE) 等。浪花魚 (*Iso*) 原列銀漢魚科中，茲據羅申 (1964) 以及格陵伍等 (1966) 改列爲獨立之一科。

臺灣產銀漢魚目 2 科 2 亞科 5 屬 7 種檢索表：

1a. 上頜齒限於前上頜骨之縫合部（**浪花魚科**）。

　　D^1. IV；D^2. I, 16；A. I, 13；l. l. 59。體側銀花縱帶在尾部中斷 ………………………………**浪花魚**

1b. 上頜齒不限於上頜骨，鋤骨、腭骨均有齒（**銀漢魚科**）。

　2a. ATHERIONINAE　肛門近於臀鰭起點；頭部有齒狀小棘列；前上頜骨之下緣凹入，口裂上方凹入；口小，主上頜骨不達眼下；鰾及體腔終於臀鰭起點前上方，後端鈍，不伸入脈弧內；下頜骨後部向口內突出（*Atherion*）。

　　　D^1. IV～V；D^2. I, 1, 7～9；A. I. 1, 12～15. l. l. 40～44. Tr. 6～7………………………**麥銀漢魚**

　2b. 肛門離臀鰭起點甚遠；頭部無小棘列；前上頜骨之下緣直走或略凸起，口裂上方不凹入；口大，主上頜骨達眼之前緣下方或達眼後。

　　3a. TAENIOMEMBRASINAE　鰾及體腔終於臀鰭起點前上方，後端鈍圓，不伸入脈弧內；脈棘及側突起不寬廣。

　　　4a. 下頜骨後部顯然凸起。

　　　　5a. 肛門在腹鰭後端以前，通常在第一背鰭起點之前方（*Allanetta*）。

　　　　　6a. 鱗片邊緣圓滑；D^1. V～VI；D^2. I, 1, 9～10；A. I, 1, 11～12；l. l. 42。體側銀色縱帶較狹………………………………………………………………………**吳氏銀漢魚**

　　　　　6b. 鱗片邊緣有鈍鋸齒；D^1. V～VII；D^2. I, 1, 7～9；A. I, 1, 10～12；l. l. 44～48, Tr. 7。體側銀色縱帶較寬…………………………………………………………**布氏銀漢魚**

　　　　5b. 肛門在腹鰭橫端以後，在背鰭硬棘部基底下方（*Hypoatherina*）。

　　　　　P. I, 1, 16～18；鰓耙 5～7＋20～23；l. l. 46～48；背鰭前中央線鱗片 18～20……**劍銀漢魚**

　　　4b. 下頜骨後部凸起甚低（*Pranesus*）。

　　　　7a. 肛門開於腹鰭基底與後端之中間下方。D^1. V～VI；D^2. I, 1, 9～11；A. I, 1, 14～16；l. l. 45～47 …………………………………………………………………………**南洋銀漢魚**

　　　　7b. 肛門開於腹鰭之末端。D^1. V～VI；D^2. I, 1, 9；A. I, 1, 12～13；l. l. 45 ………………………………………………………………………………………………**莫利斯銀漢魚**

浪花魚科 ISONIDAE
＝TROPIDOSTETHINAE

　　頭及軀幹前部無鱗。腹側正中線有肉質隆起稜，除肛門附近外，稜上無鱗。第一背鰭小。頭之前部有微棘。上頜齒限於前上頜骨之縫合區域。腹鰭有側突棘，向上延伸至肋骨之間，幾乎到達脊柱。尾上支骨缺如。主腭骨存在。臺灣僅產浪花魚一種。

浪花魚 *Iso flos-maris* JORDAN & STARKS

　　英名 Surf-sardine；日名浪花。俗名薄扁丁香。產基隆、萬里等地。（圖 6-93）

銀漢魚科 ATHERINIDAE

Whitebait; Silversides; Hardyheads Pescados del Rey;

南洋鰯科；藤五郎鰯科（日）

包括 TELMATHERINIDAE 以及 PSEUDOMUGILIDAE

本科為肉食性之小型魚類，產熱帶、溫帶海中，亦有在淡水中生活者。體細長，亞圓筒形，或稍側扁，被中、小型圓鱗或櫛鱗，無側線（一縱列約 31～50 枚），但後方鱗片可能有小孔、凹點或小管。體側有一銀色縱帶，有時襯以黑底。眼大，側位，無脂性眼瞼。口裂中等，傾斜，端位，達眼眶前緣下方，或超越之。上下頜殆相等，有細齒，鋤骨、腭骨亦有齒，翼骨有齒或無齒。前上頜骨有前突起及側突起，前突起有時可在鼻骨下方滑動。背鰭二枚，分離，D¹III～VIII, D² I, 9～10。臀鰭較大，與第二背鰭同形，對在。腹鰭小，腹位。胸鰭中型，高位。尾鰭分叉。鰓裂寬，鰓膜不相連，有擬鰓；鰓蓋骨後緣平滑。鰓耙通常細長，有的具疣突。鰓被架 5～6。第三、四上咽骨癒合，上有齒。

麥銀漢魚 *Atherion elymus* JORDAN & STARKS

　　英名 Bearded Hardyhead。日名麥鰯。產基隆。

吳氏銀漢魚 *Allanetta woodwardi* (JORDAN & STARKS)

　　日名沖繩藤五郎鰯。產澎湖。

布氏銀漢魚 *Allanetta bleekeri* (GÜNTHER)

　　亦名白氏銀漢魚，銀磯鱇（誤）；俗名鱇（中），鱇仔；日名藤五郎鰯。產高雄。（圖 6-93）

劍銀漢魚 *Hypoatherina tsurugae* (JORDAN & STARKS)

　　產本省東北部海域。

南洋銀漢魚 *Pranesus insularum* (JORDAN & EVERMANN)

　　日名南洋藤五郎鰯。產臺灣。

莫利斯銀漢魚 *Pranesus morrisi* (JORDAN & STARKS)

　　產澎湖、花蓮。

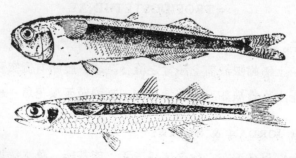

圖 6-93　上，浪花魚（浪花魚科）；下，布氏銀漢魚（銀漢魚科）。

鱸形系 PERCOMORPHA

除銀漢魚目之外的所有棘鰭魚類。腹鰭胸位或喉位。通常具櫛鱗。胸帶之鮑氏韌帶連至顱基骨。鰓蓋各骨片通常有棘或其他附屬構造。

月魚目 LAMPRIDIFORMES

＝異顎類；ALLOTRIOGNATHI；SELENICHTHYES

鰾無氣道。體軀極度側扁，卵圓形或延長呈帶狀。鱗片退化，或無鱗。側線存在。頭部無棘或鋸齒，通常具有一大形枕脊。鰓 4 對；鰓被架 4 ～ 6；擬鰓發達。齒不發達或無齒。上頜骨一般能伸出，上頜完全由前上頜骨構成而無主上頜骨，亦無眶下支骨、後耳骨及中烏喙骨。扁耳石 (Sagitta) 與星狀耳石 (Arteriscus) 特殊，後者甚大。各鰭無眞正硬棘。但背鰭前方少數鰭條往往鈣質化。腹鰭如存在時爲胸位，無棘，在胸鰭直下或後方，有 0～17 軟條。胸鰭近於垂直，基部水平或近於水平。有的具眶蝶骨。

本目包括少數體形殊異而類緣關係未明之魚類，共分七亞目如下：

1a. 體高而短，側扁；各鰭軟條有關節；脊椎骨 50 枚以下。左右上耳骨中間爲上枕骨所分隔而不相接觸。

2a. 腹鰭軟條 15～17；脊椎骨數 46，椎體無側突起，肋骨強。各鰭無眞正之棘。腰帶與大形烏喙骨固接 ……………… 月魚亞目 LAMPRIDOIDEI

2b. 腹鰭軟條 8 ～ 9；脊椎骨數 33～34，椎體有向下方伸出之側突起。腰帶附着烏喙骨之內側 ……………… 草鰺亞目 VELIFEROIDEI

1b. 體延長，側扁；各鰭鰭條無關節而能屈曲。

3a. 背鰭基底甚長，鰭條多數；臀鰭短小或缺如。

4a. 眼不突出；腹鰭 0～10 軟條；尾鰭不分爲上下二部。骨骼軟弱，頭骨中含大量軟骨，脊椎骨 62～200 ……………… 粗鰭魚亞目 TRACHIPTEROIDEI

4b. 眼突出如望遠鏡狀。腹鰭 1 軟條；尾鰭分上下二部，下部鰭條特別延長 ……………… #鞭尾魚亞目 STYLOPHOROIDEI

3b. 背鰭基底短，鰭條少數。臀鰭大小不一。

5a. 背鰭起點接近頭部；臀鰭特長而與尾鰭相連；口下位，兩頜無齒或有絨毛狀齒帶。無擬鰓；鰓膜在喉峽部癒合。體柔軟。無鱗或有細鱗 ……………… 軟腕亞目 ATELEOPODOIDEI

5b. 背鰭與臀鰭對在，位於體之後部。

6a. 嗅器不特別膨大；腹鰭軟條 4～10 ……………… #禿鰭鰯亞目 MIRAPINNATOIDEI

6b. 嗅器特別膨大；腹鰭軟條 0 ～ 3 ……………… #巨鼻魚亞目 MEGALOMYCTEROIDEI

月魚亞目 LAMPRIDOIDEI

＝SELENCHTHYS

體顯著高而側扁，側面近於圓形。體被小圓鱗。各鰭無眞正之棘。背鰭、臀鰭基底長，前者前部鰭條延伸如鐮刀狀。胸鰭下垂、口小、端位，近於垂直。成魚上下頜無齒。鰓被架6，鰓膜在喉峽部游離。幽門盲囊多數。鰾大形，後部二分叉。本亞目只含月魚一科。

月魚科 LAMPRIDAE

本科只含一科一種，特徵同亞目。廣佈太平洋、大西洋，及印度洋之熱帶、溫帶區域。

月魚體近長圓形，體長約爲體高之 2 倍。D. 52～55；A. 36～41；P. 25；V. 15～17。體色不一，往往有大形淡色斑點，鰭紅色，全長可達 2 公尺。

月魚 *Lampris regius* (BONNATERRE)

英名 Opah, Moonfish, Kingfish。據劉文御君告知曾在東港見漁民捕獲，陳春暉先生亦告知本種產臺灣。*L. guttatus* (BRUNNICH) 爲其異名。（圖 6-94）

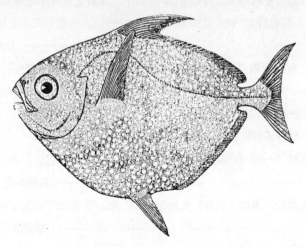

圖 6-94 月魚（據 HART）。

草鰺亞目 VELIFEROIDEI

＝HISTICHTHYS；旗月魚亞目

體高而側扁，側面近於卵圓形。體被較大形圓鱗。背鰭、臀鰭基底長，前部 2～22 鰭條延長，不分枝。腹鰭前方有 1～17 鰭條不分枝，17～24 分枝鰭條，腹鰭 8～9 軟條。口小，兩領及口蓋均無齒。脊椎骨 33～34，椎體下方有發達之側突起。左右上耳骨被上枕骨所分隔而不相連接。中篩骨位於前額骨的後方。本亞目只含草鰺一科。

草鰺科 VELIFERIDAE
旗月魚科

　　體側扁而高；被大形圓鱗，易脫落。背鰭及臀鰭之基底甚長，其前部鰭條可以收入鰭基之鱗鞘內。腹鰭鰭條 8～9 枚，最前一枚不分枝。尾鰭分叉。口小，能伸縮。口內各骨無齒。前後鼻孔接近，有鼻間皮瓣。鰓 4 枚，第 4 鰓直後有一裂孔；鰓被架 6 枚。鰓耙短小而數少。有擬鰓。泳鰾向後超越肛門。脊椎 16＋17～18（＝33～34），前部各脊椎有發育完善而向下之側突起，肋骨附着於此。臺灣僅產一種。

　　D. 2, 32～33；A. 1, 23；P. 15；V. 8 . L. l. 63；L. tr. 10/22。生活時黃綠色，背部較深。體側有 8 條深色橫帶。後頭部有一黑褐色斑，大如眼徑。

草鰺 *Velifer hypselopterus* BLEEKER
　　又名旗月魚。產臺灣堆。（圖 6-95）

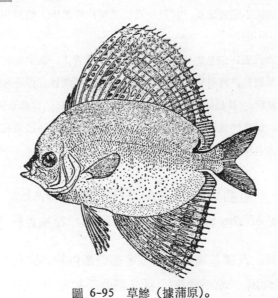

圖 6-95　草鰺（據蒲原）。

粗鰭魚亞目 TRACHIPTEROIDEI
＝TAENIOSOMI

　　體延長，呈帶狀，顯然側扁。鱗片微小。各鰭鰭條無關節。背鰭基底沿背緣全長，前方數鰭條往往特別延長，各鰭條之基部側方有一棘。臀鰭基底短或無臀鰭。腹鰭如存在，具

0～10 軟條。鰓被架 6～7。口小，斜位，兩頜有齒或無齒。骨骼軟弱，顱頂諸骨含大量軟骨。無眶下骨聚，只存淚骨與第二眶下骨（軛骨）。額骨在中央有一溝分隔。脊椎骨 62～200 枚，椎體之側突起甚弱或無。肋骨弱。左右上耳骨在後枕骨後方相合。後顳骨單一；中篩骨完全在前額骨後方。鰾如存在，向後不伸達肛門。

本亞目除粗鰭魚與皇帶魚二科外，尚有鷄冠魚科（LOPHOTIDAE）二種，分佈地中海，大西洋及太平洋中，臺灣無報告。

臺灣產粗鰭魚亞目 2 科 4 種檢索表:

1a. 腹鰭發育完善或全缺；有基蝶骨而無肋骨；腰帶骨小，不侵入鎖骨間⋯⋯⋯⋯⋯⋯⋯⋯⋯**粗鰭魚科**

  2a. 體前高後狹細，腹緣呈波狀；肛門以後漸細，頭部背面輪廓近於垂直形。D. 6, 137, 前 6 軟條如細絲，先端有時向後超過尾鰭後端；C. 10，最上方鰭條細絲狀；腹鰭延長，有時伸達尾鰭。體銀白色，有暗色橫帶，尾鰭後半黑色⋯⋯⋯⋯⋯⋯⋯⋯⋯⋯⋯⋯⋯⋯**飯島氏粗鰭魚**

  2b. 體側扁如帶，體長爲頭長之 7.8 倍。D. 190～202；P. 13；C. 7～8。側線鱗片 109～125。體銀白色，無特殊斑點⋯⋯⋯⋯⋯⋯⋯⋯⋯⋯⋯⋯⋯⋯⋯⋯⋯⋯**石川氏粗鰭魚**

  2c. 體成帶狀，向後漸狹。體長爲頭長之 4～10倍，吻長大於眼徑，頭部背面輪廓近於垂直。背鰭IV～VIII, 120～170，各鰭條不顯著延長，其最長者較後部軟條爲短。體銀白色，有數枚大如眼徑之黑色眼斑⋯⋯⋯⋯⋯⋯⋯⋯⋯⋯⋯⋯⋯⋯⋯⋯⋯⋯⋯⋯⋯⋯⋯⋯**眼斑粗鰭魚**

1b. 腹鰭以一細長之絲狀物代表；無基蝶骨而有弱肋骨；腰帶骨大，其先端侵入左右匙骨間⋯⋯**皇帶魚科**

  3a. 體延長呈帶狀，甚側扁，背緣與腹緣均平直，體後部雖漸狹，但不顯著；D. 188～274 (340?)，第 1～5 鰭條呈細絲狀，其長約爲體長之 1/3，背鰭基底幾佔背部全長；P. 12，短小，僅略長於眼徑；V. 1；C. 4，與背鰭後端接近而不相連。生活時全體及各鰭淺紅色，體側有不規則的淺褐色斑點散在，液浸標本各鰭灰白色⋯⋯⋯⋯⋯⋯⋯⋯⋯⋯⋯⋯⋯**勒氏皇帶魚**

粗鰭魚科 TRACHIPTERIDAE

King of the Salmon, Ribbonfishes; 振袖魚科（楊）

體中等長，強度側扁。前部甚高，向後至尾部急遽纖細。頭短；眼大，側位。口較小，位於前端，前上頜骨能伸出。齒不發達；鰓蓋諸骨不被堅甲。左右鰓膜分離，不連於喉峽部。鰓 4 枚，第 4 鰓之後有裂孔。擬鰓發達，包於由黏膜所形成的囊胞中。幽門盲囊多數。鰾退化或缺如。骨骼較軟；脊椎多數。體裸出，皮膚光滑或佈滿小刺（或被易脫落之圓鱗或變形之櫛鱗）；側線存在。背鰭單一，由頭部延伸至尾部，完全由可彎曲的軟棘構成。尾鰭退化，或分爲兩部分，上部較大而成扇狀。胸鰭小；腹鰭胸位，1～10 軟條，往往延長如絲狀。唯常隨年齡而逐漸退化，無臀鰭。無肋骨；脊椎數 62～111。

飯島氏粗鰭魚 *Trachipterus ijimai* JORDAN and SNYDER

　　產澎湖。（圖 6-96）

石川氏粗鰭魚 *Trachipterus ishikawai* JORDAN & SNYDER

　　又名鮭頭；俗名白魚舅。產恒春、基隆。

眼斑粗鰭魚 *Trachipterus iris* （WALBAUM）

　　產臺灣。

皇帶魚科 REGALECIDAE

Oarfishes；鷄冠刀魚科（楊）

　　體延長，側扁，呈帶狀。頭小，大部分爲軟骨構成。吻鈍；口小，呈垂直形。兩領有齒或無齒，腭骨無齒。鰓蓋諸骨發達。體裸露無鱗，具許多瘤狀突起。背鰭基底長，鰭條多數（160～406），前方數鰭條有時延長呈絲狀。臀鰭有或無。左右腹鰭各具 1～5 枚長鰭條。肋骨不發達，無眶蝶骨。腰帶骨大形，其前方達左右鎖骨之間。無泳鰾。脊椎骨 90 個以上。臺灣產勒氏皇帶魚一種。

勒氏皇帶魚 *Regalecus russellii* （SHAW）

　　俗名白魚龍；日名龍宮之使。產基隆、東港、花蓮。（圖 6-96）

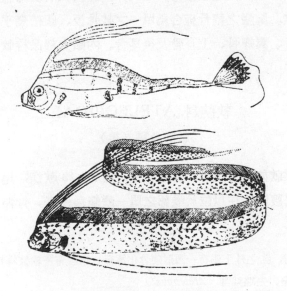

圖 6-96　上，飯島氏粗鰭魚（粗鰭魚科）；下，勒氏皇
　　帶魚（皇帶魚科）（上據松原，下據朱等）。

#鞭尾魚亞目 STYLOPHOROIDEI

=ATELAXIA

本亞目僅含一科一種 (STYLOPHORIDAE, *Stylophorus chordatus* SHAW, Tube-eye or Thread-tail)。體帶狀；背鰭基底由後頭部至尾基，鰭條 110～122。臀鰭具 16～17 軟條，胸鰭軟俸 10～11。腹鰭僅 1 短軟條。尾鰭分二部分，上部有 5 軟條，下部有 2 特別延長之鰭條。各鰭鰭條無關節。口小，能伸出。眼大而突出，如望遠鏡狀。上下頜有細齒。無泳鰾。後顳骨二分叉。無肋骨。

鞭尾魚分佈甚廣之深海魚類，往往垂直游動，以頭部在上，全長可達 31 公分。臺灣尚無報告。

軟腕亞目 ATELEOPODOIDEI

=CHONDROBRANCHII; 瓣魚亞目; 軟鰓類

體柔軟脆弱，尾部細長側扁。體大部分裸出，部分被散在之微小鱗片。側線管內壁底面有一縱列有孔之小圓鱗。各鰭棘，腹鰭胸位或喉位，有一長軟條及 2～3 短小軟條。背鰭基底短，接近頭部。臀鰭基底甚長，與尾鰭連續。口下位。上頜由前上頜骨構成邊緣，主上頜骨在其上方。兩頜無齒，或有絨毛狀齒帶。鰓孔大，鰓膜在喉峽部癒合。鰓 4 對。最後鰓弧之後有一裂孔。擬鰓無。胸鰭之輻骨癒合爲單一之軟骨板。腰帶幾乎未硬骨化，與烏啄骨相連。無眶蝶骨、基蝶骨、翼蝶骨、上耳骨及後耳骨。內顱大都保持軟骨性。無鰾。本亞目僅含軟腕科一科。

軟腕科 ATELEOPIDAE

軟鰓魚科（楊）

體延長，帶狀。柔軟如膠。眼小；背鰭甚短，有 3～13 軟條；尾鰭退化；臀鰭基底長，且與尾端相連。成魚之腹鰭往往以位於喉部之單一鰭條爲代表。骨骼大部分爲軟骨性。臺灣產本科魚類兩種。

1a. 腰帶較廣，有孔一對，孔之外上側有一圓形硬骨化薄板。腹鰭有一軟條特長，其下有 2～3 短軟條。
　　 D. 9～10；吻顯然突出，先端鈍圓 (*Ateleopus*)。
　　 臀鰭與尾鰭鰭條共約 120，胸鰭 13，腹鰭 6。體長爲頭長之 4.8～8.4 倍，體高之 8.7～17.3 倍。鰓被架 7～8；下鰓耙 8～10 ··· **日本軟腕魚**
1b. 腰帶較狹，僅有一中央小孔，無硬骨化薄板。腹鰭短，僅達胸鰭起點或鰓蓋後端 (*Ijimaia*)。

眼大，頭長爲眼徑之 5.8 倍。體長爲頭長之 6¾ 倍，體高之 7 倍。臀鰭與尾鰭鰭條共 107 枚…………
……飯島氏軟腕魚

日本軟腕魚 *Ateleopus japonicus* BLEEKER

東海大學生物系及臺大動物系均有標本，分別採自東港及大溪。SHEN & TING (1972) 認爲*A. purpureus* TANAKA 及 *A. tanabensis* TANAKA 均爲本種之異名。(圖 6-97)

飯島氏軟腕魚 *Ijimaia dofleini* SAUTER

水產試驗所有標本採自東港。又名巨軟鰓魚（楊）。

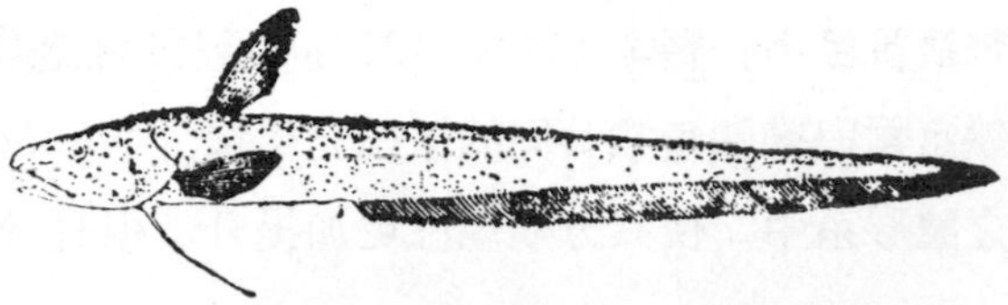

圖 6-97　日本軟腕魚。

#禿鰭鰯亞目 MIRAPINNATOIDEI

體中度延長。無鱗。鰓膜分離，並與喉峽部游離。鰓被架 3～5。各鰭無棘；鰭條均不分枝。背鰭與臀鰭對在，在體之後半。腹鰭喉位，有 4～10 軟條，基部肌肉發達。胸鰭側位。尾鰭變形，主鰭條 10+9。口傾斜或近於垂直，上頜以前上頜骨形成其邊緣，主上頜骨寬廣，有一中央縱走隆起線，並有上主上頜骨。前上頜骨上一列小尖齒，下頜骨有 3～5 列之同形牙齒。腭骨及鋤骨無齒。無擬鰓。

本亞目包含禿鰭鰯 (MIRAPINNIDAE, Hairfish) 與眞帶魚 (EUTAENIOPHORIDAE, Tapelail or Ribbonbearers) 二科，前者僅見於大西洋，後者分佈大西洋、印度洋及西太平洋，惟臺灣並無報告。

#巨鼻魚亞目 MEGALOMYCTEROIDEI

本亞目僅包括巨鼻魚科 (MEGALOMYCTERIDAE, Largenose fishes)。深海魚類，分佈大西洋及太平洋。體中度延長，側扁，嗅器特別膨大。各鰭無棘；腹鰭或有或無，背鰭與臀鰭接近尾鰭，脊椎骨 45～52。臺灣無報告。

*櫛刺目 CTENOTHRISSIFORMES

本目爲英國及黎巴嫩上白堊紀之化石海洋魚類，極似金眼鯛，可能爲其祖先。有特大之腹鰭，位於胸鰭直下。各鰭無棘，腹鰭胸位，有 7～8 軟條。有眶蝶骨。上頜由前上頜及主上領骨共同構成，後者有齒。尾鰭主要鰭條 19。胸鰭高位。 無中烏喙骨。 體被櫛鱗（如 *Ctenothrissa*) 或圓鱗（如 *Aulolepis*)。側線存在。

本目最早置於金眼鯛目中，以後 REGAN, C. T. 和 BERG, L. S. 將之置於鯡目中之亞目之一。BERTIN 和 ARAMBOURG (1958) 又將之改置於深海鯡目 (BATHYCLUPEIFORMES) 中。不過如櫛刺科 (Ctenotherissidae) 之各鰭無棘，腹鰭有 15 軟條，有二主上領骨，尾鰭分枝鰭條 17 枚，鰓被架 9，此均與深海鯡不同。而深海鯡目本身已被格林伍等 (1966) 取消，只保存深海鯡科而改列於鱸亞目中。 ROMER (1966) 認爲本目魚類之胸鰭向上移至胸帶外側，主上領骨已非口緣之一部分，故可能爲棘鰭魚類之直接祖先。格陵伍等 (1966) 列本目爲獨立之一目而置於原棘鰭首目中。羅申 (1971, 1973) 改置於棘鰭魚類中之未定地位，彼認爲本目魚類可能是准棘鰭魚類與棘鰭魚類共同的原始兄弟輩。NELSON (1976) 及其他學者則逕將本目置於本首目之鱸形系中，使其分類地位更加提升。但是 NELSON (1984) 又將本目改置於准棘鰭首目。

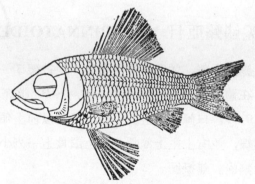

圖 6-98 櫛刺目一例 *Ctenothrissa vexillifer* （據 BOULENGER）。

金眼鯛目 BERYCIFORMES
=BERYCOIDEI; BERYCOMORPHIDA

本目爲多系起源之低等棘鰭魚類，具有由低等眞骨魚類演化而爲高等棘鰭魚類的過渡體制。其主要特徵爲頭部黏液腔發達，尾鰭主要鰭條 17 枚（有例外），主上領骨通常形成口裂之一部分； 眶蝶骨或有或無； 腹鰭如存在， 軟條 5 枚以上。 其他共同特徵固難以列舉，其分類範疇亦言人人殊，並且自格陵伍等 (1966) 以來，又有很大的改變。根據羅申和派特森 (1969) 的主張， 銀眼鯛亞目 (POLYMIXIOIDEI) 成爲獨立之一目而改列於准棘鰭首目中，原棘鰭首目中之仿鯨目 (CETOMIMIFORMES) 取消， 其中之軟腕亞目及禿鰭鱈亞目改列入月魚目中，而仿鯨亞目與長尾亞目則改列入本目中。只是長尾亞目的地位學者們意見仍不一致。羅申（1973）認爲長尾亞目與合齒科及鐮齒科的關係相近，應併入槍蜥魚亞目（ALEPI-SAUROIDEI）中。本書現列爲仙女魚目中亞目之一。因羅申和派特森（1969）的主張（尾骨構造的相似）已遭多位學者摒棄，NELSON（1984）的新分類系統又把銀眼鯛亞目改列金眼鯛目中，本書今依之。

金眼鯛目 4 亞目檢索表：

1a. 下頜縫合部直後有鬚一對；鰓被架 4；背鰭一枚，無缺刻，具 V 棘；臀鰭 III～VI 棘⋯⋯⋯⋯⋯⋯⋯⋯⋯⋯⋯⋯⋯⋯⋯⋯⋯⋯⋯⋯⋯⋯⋯⋯⋯⋯⋯⋯⋯⋯⋯⋯銀眼鯛亞目 POLYMIXIOIDEI

1b. 下頜縫合部直後無鬚；鰓被架一般爲 8 枚。

2a. 上頜前緣由前上頜骨形成。

3a. 主上頜骨大形，上主上頜骨缺如或退化爲小三角形。無眶蝶骨及眶下支骨。腹鰭腹位或次腹位，鰭條 5～6（I, 4～5）。體被圓鱗（部分櫛鱗）*⋯⋯⋯⋯⋯⋯*奇鯛亞目 STEPHANOBERYCOIDEI

3b. 主上頜骨大形，上主上頜骨 1～2 片。有眶蝶骨及眶下支骨。腹鰭胸位，鰭條 7～8（或 I, 7～13）（松毬魚因退化之結果而僅存 3 軟條）。近海種被強櫛鱗，深海種類被弱櫛鱗，圓鱗或無鱗。臀鰭具 2～4 棘 ⋯⋯⋯⋯⋯⋯⋯⋯⋯⋯⋯⋯⋯⋯⋯⋯⋯⋯⋯⋯⋯⋯金眼鯛亞目 BERYCOIDEI

3c. 主上頜及上主上頜骨均小形。腹鰭如存在，微小，腹位。無眶蝶骨。眼小或缺如⋯⋯⋯⋯⋯⋯⋯⋯⋯⋯⋯⋯⋯⋯⋯⋯⋯⋯⋯⋯⋯⋯⋯⋯⋯⋯⋯*仿鯨亞目 CETOMIMIOIDEI

*恐鰭亞目 DINOPTERYGOIDI

本亞目包括見於上白堊紀之 DINOPTERYGIDAE, PYCNOSTEROIDIDAE, AIPICHTHYIDAE, PHARMACICHTHYIDAE 等科化石魚類。

銀眼鯛亞目 POLYMIXIOIDEI

本亞目原根據羅申和派特森（1969）置於准棘鰭首目中，彼等主要根據尾骨的相似而認爲銀眼鯛與鮭鱸目的祖先型相近。此等主張現已被多位學者摒棄。現依 NELSON（1984）而改置於金眼鯛目中列爲亞目之一。

銀眼鯛科 POLYMIXIIDAE

Barbudos; Beardfishes

體延長，側扁；頭側扁，背側隆起成弧形；口裂水平，頤部有肉質長鬚一對；上下頜及腭骨具絨毛狀齒帶。鰓裂大，左右鰓膜不連接，並在喉峽部游離；前鰓蓋骨有鋸齒緣。背鰭中等，連續，具 4～6 棘，第 I 枚最短，26～38 軟條，向後逐漸增長；臀鰭 III 或 IV 棘，

13～17 軟條；胸鰭軟條分叉；腹鰭胸位或次腹位，各具 I 棘 6 ～ 7 軟條。尾鰭分枝軟條 16 枚。上主上頜骨二片，有眶下骨棚，眶蝶骨，及基蝶骨；尾上骨三片。鰓被架 4；鰓耙10～22，脊椎 29～30 枚。

臺灣產銀眼鯛科 1 屬 2 種檢索表：

1a. D. V. 33～34, A. III～IV, 15～16； P. 16～17；L. l. 55～60。體背側灰白色，腹面銀白色，尾鰭上下葉先端及背鰭軟條部前方暗褐色……………………………………………**銀眼鯛**

1b. D. V. 27～30; A. IV, 16～18；P. 15～17；L. l. 50。體色同上種，但尾鰭末端和背鰭軟條部末端不為暗褐色……………………………………………………………**貝氏銀眼鯛**

銀眼鯛 *Polymixia nobilis* LOWE

　　產東港。*P. japonica* GÜNTHER 為本種之異名。（圖 6-99）

貝氏銀眼鯛 *Polymixia berndti* GILBERT

　　產本省西南部海域。

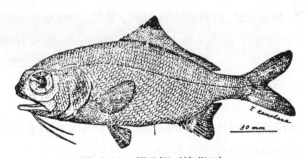

圖 6-99　銀眼鯛（據蒲田）。

＃奇鯛亞目 STEPHANOBERYCOIDEI
＝XENOBERYCES 之一部分

　　本目為稀見之深海魚類，體長卵形，各鰭無棘，腹鰭腹位或次腹位，具 5 ～ 6 軟條。無眶蝶骨，亦無眶下骨棚。吻短，口大，上頜向後超過眼窩，其長度殆超過頭長之半。上主上頜骨退化或缺如。頭骨非薄，多孔性，背面有隆起稜線。兩頜有狹齒帶，腭骨無齒。鰓 4 對，最後鰓弧之直後有一孔，擬鰓存在。左右鰓膜不相連，並在喉峽部游離。體被圓鱗，或具櫛鱗，其中央或後部 1 ～ 6 枚直立之大棘。尾鰭主要鰭條 19，鰾為通鰾型，或退化而不存在。

　　本亞目包括奇鯛 (STEPHANOBERYCIDAE)，大鱗魚 (MELAMPHAIDAE)，吉伯魚 (GIBBERICH-THYIDAE) 等科，臺灣均無報告。

金眼鯛亞目 BERYCOIDEI

體卵圓形或長卵形，側扁。近岸種類被強棘鱗，具銳利之鋸齒緣，或變形爲硬骨板。深海種類被弱櫛鱗、圓鱗，有的裸出。側線存在（黑銀眼鯛例外），頭部一般被鱗，頭頂有強棘或明顯之骨質稜脊，並且有發達之黏液管及黏液腔。鰓蓋諸骨發達，往往具鋸齒緣及強棘。腹鰭胸位，通常具 I 棘 3～13 軟條（通常爲 7 軟條）。臀鰭基底長，具 II～IV 棘。尾鰭主要鰭條 18～19。腰帶直接連於匙骨。鰓 4 對，第 4 鰓弧之直後通常有一孔。鰓被架 6～7。擬鰓存在。口大，斜裂；吻短，上頜能伸出。上主上頜骨 1 或 2 片。齒小、多數，在兩頜成絨毛狀狹齒帶；鋤骨、腭骨均有齒。頭骨有發達之眶蝶骨，翼蝶骨位於其直後方。有眶下骨棚（有例外）。本亞目除下列六科外，尚包括 KORSOGASTERIDAE, ANOPLOGASTERIDAE 二科，不見於臺灣。

臺灣產金眼鯛亞目 6 科檢索表:

1a. 上主上頜骨 (Supramaxillae) 2 片。

  2a. 背鰭中部有深缺刻，X～XIII 強棘；腹鰭 I, 7；臀鰭棘 IV 枚。鱗片強硬粗雜⋯⋯⋯⋯**金鱗魚科**

  2b. 背鰭中部無缺刻，棘 II～VIII 枚；腹鰭 I, 7；或 I, 11～12（或無棘）；臀鰭棘 IV 枚；臀鰭基底顯然較背鰭基底爲長；背鰭及臀鰭之鰭膜基部無輻間孔 (Interradial window)。眼下區狹⋯⋯⋯⋯⋯⋯⋯⋯⋯⋯⋯⋯⋯⋯⋯⋯⋯⋯⋯⋯⋯⋯⋯⋯⋯⋯⋯⋯⋯⋯⋯⋯⋯⋯⋯**金眼鯛科**

1b. 上主上頜骨 1 片。

  3a. 無側線；背鰭及臀鰭均無棘。成魚之背鰭及臀鰭之鰭膜基部有輻間孔⋯⋯⋯⋯⋯**黑金眼鯛科**

  3b. 側線存在。背鰭棘 III～VIII 枚。

    4a. 有眶下發光器；腹鰭鰭條 6 ⋯⋯⋯⋯⋯⋯⋯⋯⋯⋯⋯⋯⋯⋯⋯⋯⋯⋯**燈眼魚科**

    4b. 無眶下發光器。

      5a. 腹鰭 I, 5 或 I, 6；臀鰭棘 I～II 枚；臀鰭基底較背鰭基底爲短；眼下區較寬。鱗片大小厚薄不一，彼此絕不癒合⋯⋯⋯⋯⋯⋯⋯⋯⋯⋯⋯⋯⋯⋯⋯⋯⋯⋯⋯⋯⋯⋯⋯**燧鯛科**

      5b. 腹鰭 I, 2～3，軟條微小。背鰭二枚，前爲硬棘部，後爲軟條部。鱗片爲大形之骨板，並且相互堅強癒合，上有隆起稜脊⋯⋯⋯⋯⋯⋯⋯⋯⋯⋯⋯⋯⋯⋯⋯⋯⋯⋯⋯⋯**松毬魚科**

金鱗魚科 HOLOCENTRIDAE

Soldier Fishes; Squirrel Fishes; 鰃科（動典）

體橢圓，或卵圓，側扁。眼大形，在頭側。口裂斜，前上頜骨能伸縮，主上頜骨基底寬，上主上頜骨二片。上下頜有絨毛狀齒帶，鋤骨、腭骨有齒。頭部有發達之黏液腔。頭部膜性骨片及鰓蓋諸骨均有強鋸齒緣，前鰓蓋及鰓蓋主骨往往有棘。鰓膜不相連，且在喉峽部游離。

鰓 4 枚，有擬鰓，鰓被架 7～8。脊椎 27。幽門盲囊 8～25。鰾大形，有時與聽覺器相連。被強櫛鱗，側線存在。眼大。背鰭一枚，但中間凹入，硬棘部基底遠較軟條部為長，且可倒伏於鱗鞘溝中。臀鰭在背鰭軟條部正下方，有Ⅳ硬棘，第Ⅲ棘最長。尾鰭主要鰭條 18 或 19，深分叉。腹鰭 I，5～8（通常為 7）。腰帶骨在中央相互癒合。脊椎 26～27。體鮮紅色。多產於熱帶海洋中，珊瑚礁中尤為常見。大都於夜間活動，晝間隱於洞穴中。幼魚吻部尖銳。

臺灣產金鱗魚科 2 亞科 4 屬 16 種檢索表如下：

1a. 前鰓蓋骨下角無強棘。臀鰭最長之棘通常短於背鰭最長之棘。泳鰾在前方 1/3 處緊縊，前部有二向前側方伸出之突起（MYRIPRISTINAE）。

　2a. 鱗片大而粗雜，具有明顯的平行條紋；鰓蓋棘強大；背鰭 XI-I 棘，最後 I 棘與前 I 棘相等或稍長；眶下骨無棘（*Ostichthys*）。

　D. XI-I, 13；A, IV, 10～12；L. l. 28～29；L. tr. 4/7～8，鰓耙 5～6+11～12。生活時鮮紅色，鱗片閃光‥‥‥‥‥‥‥‥‥‥‥‥‥‥‥‥‥‥‥‥‥‥‥‥‥‥‥‥‥‥‥‥‥‥**金鱗魚**

　2b. 鱗片較平滑；鰓蓋骨上方有一短棘；背鰭棘 XI 或 X-I，最後 I 棘與前 I 棘等長，並且與第 1 軟條相接（*Myripristis*）。

　3a. 側線鱗片 27～31。

　　4a. 尾鰭後端有濶黑邊；背鰭與臀鰭之前緣黑色；背鰭硬棘部外側三分之一黑色，基部暗色，中間有一無色區域。鰓蓋之後部有一黑斑，位於鰓蓋棘附近。有孔之側線鱗片 27～29。鰓耙 12～14 +23～26‥‥‥‥‥‥‥‥‥‥‥‥‥‥‥‥‥‥‥‥‥‥‥‥‥‥‥‥‥‥‥‥‥**焦松毬**

　　4b. 尾鰭後端無濶黑邊。

　　　5a. 側線以上暗色，眶間區及肩部近於黑色。尾鰭後部淡黃色，背鰭與臀鰭之軟條部淡黃色，背鰭硬棘部亦淡黃色，鰓蓋後部有褐色斑。臀鰭第 III 棘較第 IV 棘為短；頭頂有四條縱脊，其間有大形黏液腔。有孔之側線鱗片 27～29。鰓耙（上枝）12～16‥‥‥‥‥‥‥‥‥‥**紫松毬**

　　　5b. 側線以上不較其他部分色暗。有孔側線鱗片 27～31。鰓耙（上枝）10～14。

　　　　6a. 頭長為眶間區之 4 倍或 4 倍以上。尾鰭後部暗色，背鰭、臀鰭之前方數軟條之外側暗色或黑色，背鰭硬棘部淡黃色，鰓蓋後部之黑斑向下延伸至胸鰭基部上方‥‥‥‥‥‥‥‥‥‥**赤松毬**

　　　　6b. 頭長為眶間區之 4 倍以下。體色大致同上種而稍淡‥‥‥‥‥‥‥‥‥‥‥‥‥‥**小齒松毬**

　3b. 側線鱗片 35 以上。

　　　　7a. 鰓蓋膜暗褐色，並擴展至鰓蓋骨、匙骨及上匙骨之露出部分，形成長方形之斑紋，由鰓裂之上緣，向下至胸鰭之腋部。有孔之側線鱗片 37～44‥‥‥‥‥‥‥‥‥‥**康提松毬**

　　　　7b. 鰓蓋膜在鰓蓋棘上方暗褐色或黑色，絕不達鰓蓋棘下方凹入部之下緣。有孔之側線鱗片 35～42‥‥‥‥‥‥‥‥‥‥‥‥‥‥‥‥‥‥‥‥‥‥‥‥‥‥‥‥‥‥‥‥‥‥‥‥**堅松毬**

1b. 前鰓蓋骨下角有一尖而長的強棘。臀鰭軟條 10 以下，最長之臀鰭棘通常長於或等於最長之背鰭棘。泳鰾管狀，佔軀幹之全長（HOLOCENTRINAE）。

8a. 背鰭最後一棘較前一棘爲長，並且與第一軟條相接 (*Flammeo*)。

D. XI–I, 12～13；A. IV, 8；L. l. 40～43。背鰭棘部有一大形黑色縱斑。背鰭、臀鰭軟條部之前緣，以及尾鰭之上下緣黑色。體側有約 10 縱列密集黑點。頰部有 5 或 6 列黑點⋯⋯⋯⋯⋯⋯⋯⋯⋯⋯⋯⋯⋯⋯⋯⋯⋯⋯⋯⋯⋯⋯⋯⋯**莎姆金鱗魚**

8b. 背鰭最後一棘最短，與第一軟條不相接 (*Adioryx*)。

9a. 背鰭棘部與側線間鱗片 3.5 或 4 枚。

外鼻孔邊緣無小棘，但鼻骨前端有二小棘。吻部尖銳，稍長於或等於眼徑。眶後區及胸鰭基部紅色，體側鮮紅色而有珠光斑點，背鰭棘部朱紅色，其他各鰭帶黃色，前鰓蓋上方有暗斑。L. l. 42～46 ⋯⋯⋯⋯⋯⋯⋯⋯⋯⋯⋯⋯⋯⋯⋯⋯⋯⋯**尖吻金鱗魚**

9b. 背鰭棘部與側線間鱗片 2.5 或 3 枚。

10a. 有孔之側線鱗片 32～38 枚。

11a. 外鼻孔邊緣有小棘。體有黃色縱帶，上側縱帶並且與褐色縱帶相間。背鰭、臀鰭軟條部之基部及尾鰭之基部各有一黑斑。L. l. 35～36 ⋯⋯⋯⋯**鼻棘金鱗魚**

11b. 外鼻孔邊緣無小棘。

12a. 鼻骨之後部有小棘。體側有 9～10 條銀白色縱帶，各鰭與體側同色，或有黑色斑點。L. l. 37～38 ⋯⋯⋯⋯⋯⋯⋯⋯⋯⋯⋯⋯⋯⋯⋯**厚殼丁**

12b. 鼻骨之後部無小棘，但其前端有鈍棘。體側有 8～9 條暗褐色縱帶。尾鰭之上下緣及臀鰭第 2～3 棘之間暗褐色。L. l. 33～36 ⋯⋯⋯⋯⋯**黑帶金鱗魚**

10b. 有孔之側線鱗片 40 枚以上。

13a. 外鼻孔邊緣有小棘。鼻骨前端有二鈍棘。體深紅色而有暗色條紋。尾柄部有銀灰色斑塊，胸鰭基部色暗。L. l. 41～44 ⋯⋯⋯⋯⋯⋯⋯**尾斑金鱗魚**

13b. 外鼻孔邊緣無棘。尾柄部無銀灰色斑塊。

14a. L. l. 42～46。

體銀白色，背部稍暗。背鰭棘部外側有紅色寬帶。液浸標本體側有褐色小點⋯⋯⋯⋯⋯⋯⋯⋯⋯⋯⋯⋯⋯⋯⋯⋯⋯⋯⋯⋯⋯⋯⋯⋯⋯**白斑金鱗魚**

14b. L. l. 47～51。

15a. 背鰭棘部大部分爲黑色，有二條白色橫帶，鰭之外緣亦白色。體側有 9 條銀白色縱帶。L. l. 46～49 ⋯⋯⋯⋯⋯⋯⋯⋯⋯⋯⋯**銀帶金鱗魚**

15b. 背鰭棘部紅色，中央有一白色縱條紋，第一至第三棘間有一黑斑。L. l. 47～49 ⋯⋯⋯⋯⋯⋯⋯⋯⋯⋯⋯⋯⋯⋯⋯⋯⋯⋯⋯⋯⋯**日本金鱗魚**

金鱗魚 *Ostichthys japonicus* (Cuvier & Valenciennes)

英名 Rough Soldier fish；日名夷鯛，亦名金鯛，錦鯛；海金鯛（動典）。產臺灣。味劣。

焦松毬 *Myripristis adustus* Bleeker

英名 Shadowfin soldier, Blue squirrelfish。產高雄。

紫松毬 *Myripristis violaceus* BLEEKER

英名 Violet squirrelfish, Small-eyed squirrelfish，產澎湖。*M. microphthalmus* BLEEKER 爲其異名。（圖 6-100）

赤松毬 *Myripristis murdjan* (FORSSKÅL)

產高雄、恒春。英名 Blotcheye soldier, Crimson squirrelfish。（圖 6-100）

小齒松毬 *Myripristis parvidens* CUVIER

英名 Small-toothed Squirrelfish。產蘭嶼、蘇澳、恒春。*M. bowditchae* WOODS 爲其異名。

康提松毬 *Myripristis kuntee* CUVIER

產蘭嶼。*M. multiradiatus* GÜNTHER 爲其異名。

堅松毬 *Myripristis pralinius* CUVIER & VALENCIENNES

英名 Onebar soldier。產東港、大溪。

莎姆金鱗魚 *Flammeo sammara* (FORSSKÅL)

英名 Sam Soldier, Blood-spot Squirrelfish。產恒春、蘭嶼。

尖吻金鱗魚 *Adioryx spinifer* (FORSSKÅL)

英名 Spiny Squirrelfish, Sabre soldier。產高雄、基隆。DE BEAUFORT (1929) 列 *Holocentrus andamanensis* DAY 爲本種之異名，但 SMITH (1961) 則仍列後者爲獨立之種，CHANG 等 (1983) 亦列後者產於綠島。筆者認爲二者差別甚微，可能僅係年齡所致。

鼻棘金鱗魚 *Adioryx cornutus* (BLEEKER)

英名 Horned Squirrelfish。產臺灣。

厚殼丁 *Adioryx spinosissimus* (TEMMINCK & SCHLEGEL.)

日名一等鯛；亦名鰃（動典）；厚殼丁爲臺灣南部俗名。產本省沿海。味劣。

黑帶金鱗魚 *Adioryx ruber* (FORSSKÅL)

英名 Red squirrelfish, Redcoat soldier。酷似厚殼丁，亦名 Tseum Keung Kea（正金甲？），Kiṅ Lin Kea（金鱗甲？—F.）。產基隆、澎湖、東港、小琉球。（圖 6-100）

尾斑金鱗魚 *Adioryx caudimaculatus* (RÜPPELL)

英名 Tail-spot squirrelfish, Silverspot soldier。產恒春、蘭嶼。

白斑金鱗魚 *Adioryx lacteoguttatus* (CUVIER)

英名 White-spotted squirrel。產蘭嶼、蘇澳、恒春。（圖 6-100）

銀帶金鱗魚 *Adioryx diadema* LACÉPÈDE

英名 Crowned squirrelfish, Crown soldier。產高雄、恒春。*Holocentrus praslin* JOR-DAN & SEALE 當爲其異名。（圖 6-100）

日本金鱗魚 *Adioryx ittodai* JORDAN & FOWLER

產臺灣。本書舊版所記 *Holocentrus microstomus* GÜNTHER 當爲本種之誤。

金眼鯛科 BERYCIDAE

Berycoids; Alfonsinos

體延長，或呈卵圓形，側扁。頭部有大形黏液腔，掩於皮膜之下。口大而傾斜；前上領骨能伸縮；主上領骨較大，常具有上主上領骨一片。眼大，下眶骨較狹，不掩蓋頰部。上下領具絨毛狀齒帶，鋤骨、腭骨有齒或無齒。鰓蓋諸骨有棘；左右鰓膜不連合，並在喉峽部游離；鰓被架 7 或 8。擬鰓存在。體被櫛鱗或圓鱗，頰部與鰓蓋亦被鱗。無鬚。背鰭連續，無深缺刻，具 II～VIII 弱棘，12～19 軟條；臀鰭 II～IV 棘；腹鰭胸位，多數具 I 棘 7～13 軟條；尾鰭分叉。幽門盲囊多數。多數爲深海產，身體紅色或黑色。

臺灣產金眼鯛科 1 屬 3 種檢索表:

1a. 下領之稜脊無鋸齒。

　2a. D. IV, 13～15; A. IV, 26～29; P. 17～18; V. I, 9～10. L. l. 69～76。鱗較薄弱，眼前棘較小
　‥‥‥‥‥‥‥‥‥‥‥‥‥‥‥‥‥‥‥‥‥‥‥‥‥‥‥‥‥‥‥‥**正金眼鯛**

　2b. D. IV, 16～20; A. IV, 27; P. 18; L. l. 64～66。鱗較粗大；眼前棘強大‥‥‥‥‥**夷金眼鯛**

1b. 下領稜脊有鋸齒。

　D. IV, 12～13; A. IV, 28～31; P. 16; V. I, 10; L. l. 67～70＋9～11‥‥‥‥‥‥‥‥**軟金眼鯛**

正金眼鯛 *Beryx splendens* LOWE

　產東港。（圖 6-100）

夷金眼鯛 *Beryx decadactylus* CUVIER & VALENCIENNES

　產綠島附近。

軟金眼鯛 *Beryx mollis* ABE

　據沈世傑教授（1984）偶有捕獲，產地未明。

黑銀眼鯛科 DIRETMIDAE

Spinyfins

體甚高，近於圓形，側扁。腹緣有骨板形成之銳稜。頭大而高；尾柄短而側扁；吻極短；眼大。口大而傾斜。前上領骨後部濶大。前鰓蓋骨向腹側延長。擬鰓存在，鰓被架 7。

體軀及頰部均被鱗，但無側線。背鰭、臀鰭均較長，無棘，軟條簡單；腹鰭有一扁棘，6 軟條；尾鰭截平；胸鰭中等；腹鰭小，胸位。

　　臺灣產黑銀眼鯛 1 種，體短而極度側扁，被粗糙有棘的小鱗片；無側線。D. 27; A. 22; 鰓蓋與尾柄間鱗片 60，一橫列鱗片 50。體銀灰色，喉部黑色。

黑銀眼鯛 *Diretmus argenteus* JOHNSON

　　產東港。（圖 6-100）

燈眼魚科 ANOMALOPIDAE

Lanterneye Fishes

　　體高，或多少延長，側扁，腹緣有稜脊。頭較大，無特別發達之黏液腔。眼下有大型發光器，並有各種控制發光頻率之構造。上下頜及腭骨有齒帶，鋤骨無齒。背鰭及臀鰭棘少數。腹鰭胸位，具 1 棘 5～6 軟條。尾鰭分叉。有眶蝶骨及短眶下骨棚。被粗雜櫛鱗。

　　臺灣產燈眼魚一種。背鰭二枚，D¹. V; D². I, 14; A. II, 11～12. L. l. circa 75。液浸標本褐色，第 1 背鰭黑色，第 2 背鰭無色，基部以及外側下方各有一褐色縱帶。尾鰭基部暗褐色。

燈眼魚 *Anomalops katoptron* (BLEEKER)

　　產蘭嶼。（圖 6-100）

燧鯛科 TRACHICHTHYIDAE

Slimeheads; 獅魚科（楊）

　　體較高，或稍延長，極度側扁。腹緣有稜鱗一列，成鋸齒狀。頭大而高。皮下有大形黏液腔。口大而傾斜，上下頜及腭骨有絨毛狀齒帶，鋤骨有齒或無齒。眼大，下眼眶掩覆頰部。鰓裂大；鰓絲短；鰓被架 8 枚。背鰭單一，無深缺刻，棘少數；臀鰭比背鰭為小，具 I～III 棘；腹鰭胸位，具 I 棘 6 軟條；尾鰭分叉。鱗小或中等，櫛鱗或部分為圓鱗。脊椎 26～28。完全為深海產，體色暗淡或呈黑色。

臺灣產燧鯛科 3 屬 3 種檢索表：

1a. 肛門遠在腹鰭之後；肛門前方腹緣鱗片具強棘，形成隆起稜。

　　2a. 背鰭棘 VII～VIII，中央棘最長；鋤骨有細齒⋯⋯⋯⋯⋯⋯⋯⋯⋯⋯⋯⋯⋯⋯橋金眼鯛

　　2b. 背鰭棘 VI 枚，最後棘最長；鋤骨無齒 ⋯⋯⋯⋯⋯⋯⋯⋯⋯⋯⋯⋯⋯⋯⋯⋯⋯⋯⋯燧鯛

1b. 肛門位於兩腹鰭之間；肛門後方腹緣鱗片具強棘，形成隆起稜⋯⋯⋯⋯⋯⋯⋯⋯⋯准燧鯛

橋熁鯛 *Gephyroberyx japonicus* (DÜDERLEIN)

　　又名日本獅魚。產東港。（圖 6-100）

熁鯛 *Hoplostethus mediterraneus* (CUVIER & VALENCIENNES)

　　又名獅魚。產東港。

准熁鯛 *Paratrachichthys prosthemius* JORDAN & FOWLER

　　又名燈籠獅魚。產高雄。

松毬魚科 MONOCENTRIDAE
Pine Cone Fishes

　　體短高，側扁，頭部大；吻鈍圓。眼大形，上頜有一片副骨。口裂大，上下頜及腭骨有齒帶。頭部有許多黏液腔，被掩於皮膜之下。下頜先端有一對小發光器。背鰭棘 V～VI 枚，彼此分離而無鰭膜為之聯絡；臀鰭無棘或有棘 I～II 枚。尾鰭分叉；胸鰭大形；腹鰭有 I 枚大棘及 2～3 枚退化之軟條。鱗片甚大，為厚骨板狀，不能活動，無側線孔。淺海近岸性魚類。

　　臺灣產松毬魚一種: D. V-VII-10～12; A. 9～11; P. 13～15; V. I, 2～3; L. l. 13～16; L. tr. 2/4; 鰓耙 6～8+12～12。

松毬魚 *Monocentrus japonicus* (HOUTTUYN)

　　英名 Pinecone fish, Pineapple fish。產東港。（圖 6-100）

⁺仿鯨亞目 CETOMIMOIDEI
=CETUNCULI; XENOBERYCES 之一部分

　　小形深海魚類。體鯨形，短而側扁，口極大，胃能極度脹大。眼正常或退化。皮膚肌肉柔軟。上頜邊緣由前上頜骨構成。上主上頜骨微小，在主上頜骨後端背側。口裂達頭頂後端下方，或超過之。肩帶不與頭頂後端相接。在肛門周圍至臀鰭前部鰭條之基部有多孔性發光組織。側線顯著，由大形中空之側線管形成。頭骨多孔性。基蝶骨、眶蝶骨缺如；前鰓蓋後緣有鋸齒。腹鰭小，腹位，或無腹鰭。背鰭、臀鰭均大形，在體之後部對在，各鰭均無棘。無鰾。生活時橘紅色或赤褐色。

　　本亞目包括 RONDELETIIDAE (Redmouth Whalefishes), BARBOURISIIDAE, 以及 CETOMIMIDAE (Flabby Whalefishes) 等科，臺灣均無報告。

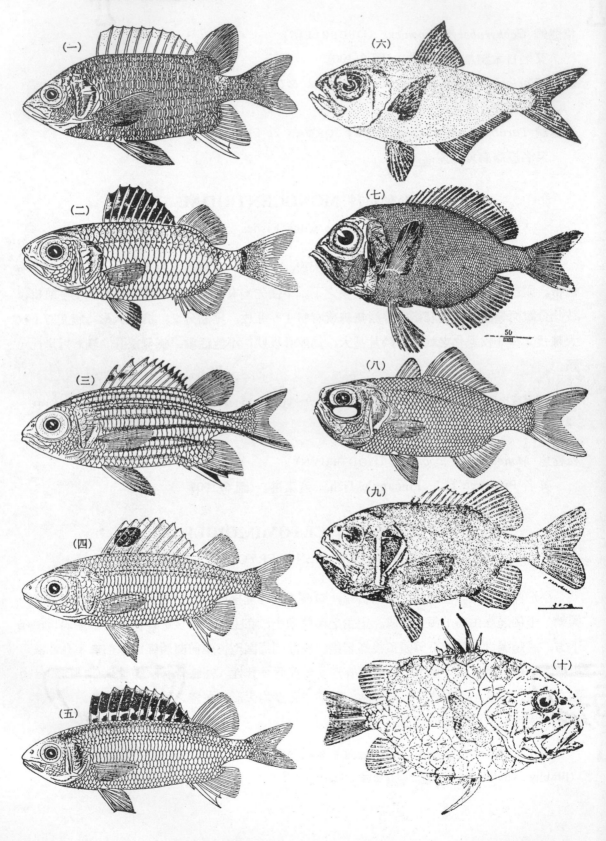

棘魚目 GASTEROSTEIFORMES

＝總鰓類＋管口類＋胸骨類

LOPHOBRANCHII＋AULOSTOMI＋THORACOSTEI

本目包含許多形態特異之海產或淡水產小魚（馬鞭魚可達 1.5 公尺）。體被由鱗片變形之骨板或小形骨片。口小，開於多少延長之吻端，近於垂直。下頜骨與方骨間之關節在眼窩之前。鰓被架 1～5，與鰓蓋之呼吸機能無關。無前上頜骨、眶蝶骨及基蝶骨。後匙骨退化為單一骨條或缺如。背鰭硬棘部或有或無，軟條部在臀鰭上方或其後方。腹鰭次胸位或腹位。尾鰭鋸齒狀或圓形，尾下支骨與副尾下支骨（Parahypural）往往與最後一椎體相癒合而成為尾下板。本目中如棘魚（*Gasterosteus*）（屬於棘魚亞目 GASTEROSTEOIDEI）之類，體仍為普通魚類之紡錘形；背鰭與臀鰭對在，位於身體後部，背鰭前方有 II～XXVI 枚游離硬棘；腹鰭次胸位，具 I 棘，0～4 軟條。前方脊椎骨正常，肋骨發達。鰾不具氣道。骨板僅見於局部（側線上），頗與真鰺（*Caranx*）之盾狀鱗相似。其他如馬鞭魚、海馬、海龍之類，分屬於管口亞目（AULOSTOMOIDEI）與海龍亞目（SYNGNATHOIDEI），其背鰭、臀鰭及胸鰭之鰭條均不分枝，腹鰭及尾鰭之一部分鰭條具分枝；第一背鰭如存在，概係硬棘；腹鰭如具有，腹位次或腹位，有 3～7 軟條。口在吻之先端，由前上頜骨，或前上頜骨與主上頜骨為邊緣。吻管狀，由鋤骨、中篩骨、方骨，前鰓蓋骨延長而合成。除馬鞭魚外，肋骨缺如。前方 3～6 枚脊椎骨彼此癒合而不能活動。鰾無氣道。

本目之分類，學者間意見尚未一致。McALLISTER（1968）認為棘魚之類有肋骨及頂骨，額骨形成吻部之背側，舌弧正常，尾柄部有一稜脊；海龍之類則反是。棘魚之類的腹鰭位於胸鰭中部下方，背鰭、臀鰭之鰭條分枝，有複雜的生殖行為。海龍之類的腹鰭在胸鰭後下方，背鰭、臀鰭之鰭條不分枝，生殖行為簡單，故把二者列為獨立之二目。不過 GOSLINE（1971）認為印度管口魚（*Indostomus*）的地位可能介於二者之間，益以具有以上共同特徵，所以置於同一目中。NELSON（1984）則以棘魚類之上頜能伸出，前上頜骨有發達之升突，無後匙骨；圍眶骨存在，並有一淚骨；有鼻骨及頂骨；前部之脊椎不延長。海龍之類的口小而開於吻端（有例外），有的具總狀鰓；腹鰭如存在，腹位；上頜不能伸出；有淚骨而無其他圍眶骨；前方 3～6 個脊椎延長；部分種類為無脈球腎臟。所以把二者分列為獨立之二目。但是多數學者仍主張將二者合併，稱棘魚目或海龍目（SYNGNATHIFORMES）。

圖 6-100　（一）紫松毬；（二）赤松毬；（三）黑帶金鱗魚；（四）白斑金鱗魚；（五）銀帶金鱗魚（以上金鱗魚科）；（六）正金眼鯛（金眼鯛科）；（七）黑銀眼鯛（黑銀眼鯛科）；（八）燈眼魚（燈眼魚科）；（九）橋燧鯛（燧鯛科）；（十）松毬魚（松毬魚科）（一～五，八據 FOWLER；六，九據蒲原；七據松原）。

臺灣產棘魚目 2 亞目 6 科檢索表:

1a. 腹鰭接近胸鰭，具 I 棘 0～4 軟條。背鰭具分離之棘至少 II 枚。體紡錘形或延長，體側有一列骨板，或裸出（棘魚亞目 GASTEROSTEOIDEI，不見於臺灣）。

1b. 腹鰭如有，遠在胸鰭之後，無棘而具 3～7 軟條。背鰭有棘或無棘。體形不一。有後匙骨。上頜不能伸出。除淚骨外，不具其他圍眼骨，腎臟爲無脈球型 (Aglomerular)。

2a. 鰓櫛狀；吻延長爲管狀，口小，開於管之先端，有細齒或無齒；脊椎骨有關節突起，前方 4～6 脊椎延長，略有變化；側線發達或無側線；具後匙骨及後翼骨；腹鰭腹位或次腹位；鰓被架 4～5（**管口亞目 AULOSTOMOIDEI**）。

3a. 口有齒；鰓裂廣；體被鱗或小棘，或裸出；側線連續；背鰭兩枚，或僅具軟條部；腹鰭腹位，有 6 軟條；前部 4 個脊椎延長。

4a. 體延長，前方平扁；體全裸，或被微小而有鈎之刺；無鬚，前上頜骨有齒；肛門偏前，與腹鰭接近；背鰭僅有軟條部；尾鰭後緣凹入，中央 2 鰭條特別延長爲絲狀……………………**馬鞭魚科**

4b. 體略延長，側扁；被小櫛鱗；下頜縫合部有鬚一枚；前上頜骨無齒；肛門偏後，接近於臀鰭；背鰭兩枚；尾鰭後緣鈍圓，中央鰭條不延長爲絲狀……………………**管口科**

3b. 口無齒；體不被鱗或被粗雜細鱗，無側線；背鰭、臀鰭偏於身體後部；前部 5～6 個脊椎延長。

5a. 頭部及軀幹部被粗雜細鱗；身體及腹面有多數分離的不活動性骨板；頭部有側線管；尾部不向下屈………………………………………**鷸嘴魚科**

5b. 不被鱗片，全身爲一眞皮性堅強骨甲所包被，並與內部骨骼相連接；第一背鰭之第 I 棘向後伸展如尾，第二背鰭、尾鰭、及臀鰭均屈向此尾部下方………………**蝦魚科**

2b. 鰓總狀或多少爲葉狀；吻延長爲管狀，口小，開於管之先端，概無齒；脊椎無關節突起，前方 3 脊椎固着，僅留有縫合線；均無側線；鰓被架 1～3；無後匙骨及後翼骨；腹鰭腹位，或缺如（**海龍亞目 SYNGNATHOIDEI**）。

6a. 背鰭兩枚；腹鰭 I, 6，大形，腹位，正在第一背鰭下方；臀鰭與第二背鰭相對，二者基底均略突起；尾短，但有極長之尾鰭；鼻孔每側一枚；鰓裂廣，鰓被架 1 枚，雌者有孵卵囊…………………………………………………………………**溝口科**

6b. 背鰭一枚，全部爲軟條；腹鰭缺如；臀鰭甚短，通常在背鰭下方；胸鰭小或缺如；尾細長，尾端有小形之尾鰭，或無尾鰭，而尾端能卷曲；鼻孔每側兩枚；鰓裂僅留一小孔，在鰓蓋之上方；鰓被架 1～3 枚；雄者有孵卵囊………………………**海龍科**

棘魚亞目 GASTEROSTEIFORMES
=THORACOSTEI

上頜能伸出，前上頜骨之升突發達。無後匙骨。除淚骨外，並具有其他圍眼骨。具鼻骨及頂骨。鰓膜相互連接而與喉峽部游離。或連於喉峽部。鰓蓋諸骨完全，後緣無棘。

本亞目包含觧魚 (AULORHYNCHIDAE, Tubesnouts) 與棘魚 (GASTEROSTEIDAE, Sticklebacks) 二科，概產於華北河川，以及旦、韓各地，華南及臺灣均無報告。產於旦、韓一帶的 HYPOPTYCHIDAE (Sandeel) 或亦應列於本亞目中。

管口亞目 AULOSTOMOIDEI

＝SOLENICHTHYS 之一部分

鰓櫛狀，前方 4～6 脊椎延長並變形。各脊椎具關節突。後匙骨及後翼骨存在。有黏液管。齒微小或缺如，側線發達或缺如。鰓被架 4～7。鰓孔寬大，具感覺管。

馬鞭魚科 FISTULARIIDAE

Cornet Fishes; Flutemouth; Hair-tailed Flutemouth; 煙管魚科

體延長，前方平扁，"寬" 大於 "高"，後方圓柱狀。頭長，吻延長爲管狀，其橫截面呈六角形；頭後有發達之頸板 (Nuchal plates)。口小，開於吻端；上下頜有細齒，鋤骨及腭骨有的具細齒，翼骨無齒。鰓膜分離，並在喉峽部游離。鰓耙退化；具擬鰓。鰓被架 5～7。脊椎多數，前方 4 枚延長，無肋骨。體全裸，或被細鈎刺，成長後往往消失；此外在身體背面及腹面正中線往往有一列稜鱗。側線完全，自胸鰭上方向後下方沿體側中央縱走，直達尾端（並伸入尾絲），前部呈腺狀，不明顯；後方呈鋸棘狀。背鰭一枚，無棘，偏於體之後方，軟條 16～18，前方 3 軟條特短；臀鰭與背鰭對在，軟條 15～17。尾鰭凹入，中央二鰭條延長爲絲狀，是曰尾絲 (Caudal filament)。胸鰭發育完善，基部寬廣，其前方有一光滑區域。腹鰭小，左右腹鰭遠離，腹位，遠在背鰭之前，距胸鰭較近，具 6 軟條。肛門開於腹鰭略後。鰾大，腸短。腹椎有二橫突起，後方者漸退化。脊椎 76～87。本科爲熱帶沿海魚類，可供食用，其頭部乾燥後能治腎病。

臺灣產 2 種：一爲馬鞭魚，體裸出，背上中央線亦無鱗。兩眼間隔近於平坦。吻部背面的二條隆起稜在吻的前部逐漸遠離，在最前部則又互相接近。一爲棘馬鞭魚，體面密被小棘，故呈粗糙狀，背中央線有一列狹長之稜鱗；兩眼間隔凹入。吻部背面的二條隆起稜近於平行，至吻之前半部互相接近。

馬鞭魚 *Fistularia petimba* LACÉPÈDE
　　英名 Smooth Flutemouth。亦名鱗煙管魚，笛魚（鄭），赤箭柄（動典），煙管魚；俗名馬鞭、火管、火鱴、馬戍；日名赤觧魚。產高雄、澎湖。(圖 6-103)

棘馬鞭魚 *Fistularia villosa* KLUNZINGER
　　英名 Rough Flutemouth。亦名毛煙管魚，箭柄魚（動典）；日名靑觧魚。產高雄。

管口科 AULOSTOMIDAE
Trumpet fishes

體中等延長。頭長，吻亦延長為管狀，但均顯然側扁，口位於吻端，體被小櫛鱗，僅頭部及背部前方無鱗。側線完全，與鱗列無關。鋤骨前方有齒，成為狹長之一簇；內翼骨、中翼骨有齒，成為卵圓形之一簇；下頜前方亦有齒一簇，但前上頜骨、腭骨均無齒。下頜突出，前下方有一鬚。鰓 4 枚；鰓耙退化。幽門盲囊 2。前方 4 脊椎延長。背鰭硬棘部由 8～12 個分離的小棘合成。背鰭軟條部與臀鰭對在，偏於體之後部，各有 23～29 軟條。腹鰭偏於體之後半部，在背鰭硬棘部之中部下方，近於圓形。胸鰭圓形。尾鰭小，菱形，中央鰭條最大，但不延長為絲狀。腹椎具二等大之橫突起；肌肉系統中有網狀之骨質支柱，相互交織。脊椎 59～64。

臺灣產中國管口魚一種，D. XI. 26; A. 26。

中國管口魚 *Aulostomus chinensis* (LINNAEUS)

英名 Painted Flutemouth。亦名筦箭柄（動典），俗名海龍鬚；日名筦籡魚。產基隆。（圖 6-103）

鷸嘴魚科 MACRORHAMPHOSIDAE
Snipefishes

體延長，側扁。頭部延長為長管狀，上下頜位於管端。無齒。有鼻骨及眶前骨。鰓裂廣；鰓 4 枚，櫛狀，開於第 4 鰓之後。擬鰓大形。鰓被架 4。脊椎數 24。前方 5～6 脊椎延長，變形，但其橫突起通常互相分離。無幽門盲囊。體軀與頭部被粗雜小鱗，此乃由表皮中的鱗板 (Scaly plate) 所形成，其後緣多少呈鋸齒狀，表面有一至數條稜脊；每一鱗片具有一柄狀部，以與真皮中的骨板 (Bony plate) 相連接。軀幹部背側與腹面有多數大形而不活動之骨板，背側有二縱列，下列骨板一部分與脊椎骨之橫突起相連接，腹面之骨板共三列，由喉峽部至肛門形成銳稜。側線或有或無。背鰭二枚，互相連續或具缺刻，或兩者以一列游離的短棘相連接；第一背鰭 IV～VIII 棘，第 II 棘特強，棘間有膜相連。背鰭軟條部及臀鰭中等。尾鰭近於截平，中央之鰭條不延長。胸鰭短。腹鰭小，腹位，無棘。熱帶及亞熱帶海產小魚，無食用價值。

臺灣產鷸嘴魚一種，體長為體高之 4.5 至 5.2 倍；D. IV～V, 11; A. 18～19。

鷸嘴魚 *Macrorhamphasus scolopax* (LINNAEUS)

產東港。*M. japonicus* (GÜNTHER) 當為其異名。（圖 6-103）

蝦魚科 CENTRISCIDAE

=AMPHISILIDAE; Shrimp Fishes; Razorfish; 兵兒鮎科（日）

此爲沿海之奇形小魚，並無經濟價值。游泳時體直立，頭部向上（或謂向下），尾部向下。但此所謂尾部，實係第一背鰭之第Ⅰ硬棘，至於第一背鰭之其他硬棘，以及第二背鰭、尾鰭、臀鰭，均屈向所謂尾部之下方。體強度側扁，透明，外被由脊柱擴展而成之薄骨板，分節而密接，腹緣銳利如刀鋒。吻延長爲管狀，似並非單純由上下頜骨構成，口甚小，端位，無齒。前鰓蓋骨、方骨等亦構成管之後部。鰓四枚，完全，櫛狀。擬鰓大形。胸鰭發達，側位。腹鰭很小，腹位。無頂骨。後顳骨與顱骨相接。肋骨發達。無側線。

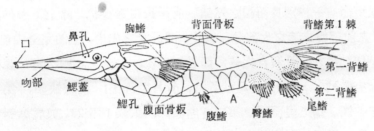

圖 6-101　蝦魚之外形（據 MUNRO）。

臺灣產蝦魚科 2 屬 3 種檢索表：

1a. 背鰭第Ⅰ硬棘與體軀最後端之骨板成爲可動關節；眶間區凸起而無縱走溝。D. Ⅲ+9～10；A. 11～12；P. 11～12；V. 4；體長爲體高之 8 ～ 9 倍（體長由吻端至第一背鰭第Ⅰ硬棘之後端）……**條紋蝦魚**

1b. 體軀最後骨板終於一棘狀突起，但背鰭第Ⅰ硬棘並不與彼成關節；眶間區凹入，或有一縱溝，與頭部之條紋相連接。

2a. 頭部比較的長，體長短於頭長之 3 倍；體長爲體高之 6.81 倍；腹鰭鰭條 4 枚，其位置在 "吻端至最後臀鰭鰭條" 間距離之中點以後；D. Ⅲ+10；A. 12；P. 10；V. 4……………………**臺灣蝦魚**

2b. 頭部比較的短；體長等於頭長之 3 倍（或長於 3 倍）；體長爲體高之 7.63 倍；腹鰭鰭條 3 枚；其位置正在 "吻端至最後臀鰭鰭條" 間距離之中點；D. Ⅲ+10；A. 12；P. 10；V. 3……………**蝦魚**

條紋蝦魚 *Aeoliscus strigatus* (GÜNTHER)

英名 Razorfish, Shrimpfish。亦名甲香魚；日名兵兒鮎。產高雄。（圖 6-103）

臺灣蝦魚 *Centriscus capito* OSHIMA

英名 Taiwan Amour Fish。　產東港，可能爲下種之異名。

蝦魚 *Centriscus scutatus* LINNAEUS

英名 Amour Fish, Guttersnipefish, Wafer。產臺南。

海龍亞目 SYNGNATHOIDEI

=LOPHOBRANCHII; SOLENICHTHYS 之一部分

鰓總狀或多少爲成簇之瓣狀。前方三脊椎延長；各脊椎無關節突。無後匙骨及後翼骨。亦無黏液管。鰓孔小。無齒。無腹鰭，亦無側線。鰓被架 1 ～ 3 。

溝口科 SOLENOSTOMIDAE

=SOLENOSTOMATICHTHYIDAE

Ghost Pipefishes

體側扁，尾極短而有一特別長而濶之尾鰭。吻延長爲扁管狀，除上下頜外，以方骨、接續骨、及前鰓蓋骨之前部構成管之大部分。口小，開於管之先端，上頜完全由前上頜骨構成。無齒。鼻孔每側一個。鰓蓋諸骨發育完善；鰓被架 1 枚，二分叉。鰓裂寬；鰓四枚，葉狀；擬鰓大形。皮膚上有數列（3、4 列）星狀骨片，骨片間裸出；側線缺如。第一背鰭無棘，而有 5 枚不分枝之軟條，基底短而高；第二背鰭甚低，軟條 18～23，與臀鰭對在；胸鰭亦甚小，但有較寬之基底。腹鰭、尾鰭特大，前者 7 軟條，後者殆與軀幹部同長；雌者腹鰭一部分變形爲孵卵囊（Brood pouch）。近岸海藻間小魚。

臺灣產溝口科 1 屬 4 種檢索表:

1a. 背面無鋸齒，吻部近於平直而不顯著彎曲。

  2a. 尾柄長大於高，尾鰭鰭膜距第二背鰭及臀鰭略遠。D. V, 18 ～22；A. 18～23；P. 24～26；第一背鰭有大形暗色斑駁，尾鰭倉黑色 ·······························剃刀魚

  2b. 尾柄高大於長；尾鰭鰭膜距第二背鰭極近及臀鰭甚近。D. V, 18～20；A. 16～20；P. 29～27。第一背鰭有二大形長黑斑 ··藍鰭剃刀魚

1b. 吻部背面有鋸齒緣。

  3a. 尾柄長小於高。吻自眼之前方稍形上彎。吻較高，吻長爲吻高之 3 倍 ·····················鋸吻剃刀魚

  3b. 尾柄長大於高。吻近末端顯著上翹；吻長爲吻高之 9 倍 ·····················甲胄剃刀魚

剃刀魚 *Solenostomus paradoxus* (PALLAS)

  亦名漂潮魚（動典）。產高雄。（圖 6-103）

藍鰭剃刀魚 *Solenostomus cyanopterus* BLEEKER

  產臺東、蘭嶼。

鋸吻剃刀魚 *Solenostomus paegnius* JORDAN & THOMPSON

  產臺灣。

甲冑剃刀魚 *Solenostomus armatus* WEBER

　　產蘭嶼、臺東。

海龍科 SYNGNATHIDAE

Pipefishes and Seahorses

　　體延長，纖細，或稍短壯；側扁，或圓柱狀，或四方柱，六角柱狀。頭亦延長，與軀幹部在同一直線上，或直角相交。吻延長爲管狀，口開於吻端，無齒。口由前上頜骨、主上頜骨、及下頜骨所構成。鼻孔每側兩個。鰓裂僅爲一小孔，開於鰓蓋上方；鰓被架 1 枚，先端二分叉。鰓四枚，總狀，附着於退化之鰓弧上，稱爲總鰓 (Lophobranch)。擬鰓發育完善。

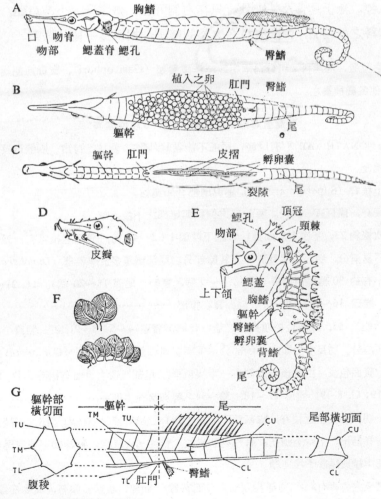

圖　6-102　海龍科外部特徵。A．海龍之側面觀；B．C．海龍之腹面觀；D．幼海龍之頭部；E．海馬之外形；F．總狀鰓之形態；G．海龍科軀幹之中部，示各稜線之位置：**TU.** 上軀稜；**TM.** 側軀稜；**TL.** 下軀稜；**CU.** 上尾稜；**CL.** 下尾稜。

鰓被架 1～3。體被密接之骨板，排列整齊，形成體環 (Rings or Annuli)。 由胸鰭後至肛門爲軀環 (Trunkrings)，肛門以後爲尾環 (Tail-rings)。軀環上通常有上、中、下三條稜線 (Superior, Median & Inferior trunk-ridges)，尾環上有上下兩條稜線 (Superior & Inferior tail-ridges)。軀環之下稜線以下，往往有一條腹中稜線 (Midventral abdominal ridge)，爲兩側軀環所共有。尾環之上稜線之先端往往下折而成爲極短之中稜線 (Median tail-ridge)。此軀環與尾環之上、中、下稜線，有時連接，有時間斷，變化多端，爲海龍科、屬、種區分之重要標準。背鰭一枚（亦有無背鰭者），無硬棘，具 15～60 軟條，通常位於微小而常存之臀鰭（具 2～6 軟條）之上方，尾長，有的能捲曲；尾鰭小，或缺如。概無腹鰭；胸鰭小（具10～27軟條）或缺如。雄者腹部或尾部有孵卵囊，乃腹面兩側的皮褶與骨板所形成。無側線，一般無泳鰾。無上匙骨及基蝶骨。只存右側腎臟，無脈球。小型魚類，多數爲海產。無食用價值；本科之乾製品，中國藥材名之爲龍落子，相傳爲一種壯陽劑。

　　根據孵卵囊之位置，海龍科又可分爲兩組：一爲腹囊類 (Gastrophori)，實珈海龍屬之；一爲尾囊類 (Urophori)，其他各屬種屬之。

臺灣產海龍科 2 亞科 16 屬 30 種檢索表:

1a. **海龍亞科** SYNGNATHINAE　有尾鰭，尾部不能卷纏外物；背鰭、臀鰭、胸鰭均具備；軀幹部與尾部之上稜線不相連。

　2a. 軀幹部之上稜脊 (Superior cristae) 不與尾部者相連續。

　　3a. 鰓蓋無稜脊，或只有一弱稜。軀幹部之側稜與尾部之下稜連續。

　　　4a. 背鰭軟條約 23，基底短於頭長；背鰭下體環 1+3～4；每一體環之後緣有一銳棘。吻部背面與前頭部不易清分，吻部顯然長於頭之其餘部分。尾部體環多於軀幹部 (Dunckerocamphus)。

　　　　體黃色，有約 30 個黑色環帶（頭部 7～9 個，軀幹、尾部 18～20 個）。D. 21～26；A. 4；P. 20～21；體環 16～18＋19～21。孵卵囊在腹部 ……………………………………**黑環海龍**

　　　4b. 背鰭軟條約 55，基底長於頭長之二倍；背鰭下體環 4～5＋8～9；每一體環平滑而無棘。吻部與前頭部清分。吻長小於頭之其餘部分。尾部體環顯然多於軀幹部 (Coelonotus)。

　　　　體褐色，腹面色淡，由眼後沿體側有一暗褐色帶，尾部體環之腹面有褐點。D. 51～60；A. 4；P. 17～19；C. 8～9；體環 17～18＋32～34。孵卵囊在腹部……………………………**無棘海龍**

　　3b. 鰓蓋有一明顯而完整之稜脊，或基部不完整之稜脊。軀幹部之側稜與尾部之下稜連續或不連續。

　　　5a. 鰓蓋脊凸出，上彎至鰓孔，有放射狀線紋。背鰭基底隆起。軀幹部下稜與尾部下稜不連續，軀幹部中稜與尾部下稜連續。

　　　　6a. 體環之邊緣有棘；吻部及頭部之背面有棘。頭部之眼眶區顯著，與吻部顯然清分 (Halicampus)。

　　　　　7a. 體環 16～18＋33～37。體褐色而有白色斑駁，鰓蓋上或有白色條紋。D. 19～22；A. 3～5；P. 16～19；C. 10；背鰭下體環 2～3＋1～3。孵卵囊在尾部 ………………**海蝎魚**

7b. 體環 14＋33〜37。D. 21〜23；P. 11〜14。頭長爲吻長之 2.4〜3 倍。體灰色至褐色，頭部稍暗。吻部及眶下區有三個褐色斑，體側有 11〜13 個散漫之灰色斑………**布氏海龍**

6b. 體環及稜脊之邊緣均平滑無棘，僅吻部中央有一具有鋸齒緣之稜脊。眼眶區明顯；吻部約與頭之其餘部分等長（*Trachyrhamphus*）。

8a. 體褐色，有 9〜12 條暗色寬環帶，帶上有淡色點，鰓蓋下有暗帶。頭長爲吻長之 2.2〜2.8 倍。D. 24〜29；A. 3〜4；P. 15〜17；C. 8〜10；體環 21〜23＋41〜48；背鰭下體環 2〜4＋2〜3。孵卵囊在尾部 ……………………………**鋸吻海龍**

8b. 體褐色，無明顯之斑紋，有時可見有 12〜13 個暗斑。頭長爲吻長之 1.9〜2.1 倍。D. 26〜30；P. 16〜19。體環 21〜24＋42〜53；背鰭下體環 3〜2＋1〜4……**長吻海龍**

5b. 鰓蓋稜脊直線狀，完整或不完整；背鰭基底不隆起。

9a. 軀幹部體環多於尾部；背鰭基底大部分在軀幹部。尾鰭長於頭長之半（*Doryrhamphus*）體灰褐色至暗褐色，由吻部向後至體側及尾側有一暗色帶，向後漸寬，尾鰭後部或爲黑色。D. 21〜25；A. 4；P. 19〜22；C. 10；體環 16〜18＋13〜15；背鰭下體環 4〜6＋2〜4。孵卵囊在腹部………………………………………………**黑腹海龍**

9b. 軀幹部體環等於或少於尾部。基鰭基底大部在尾部。尾鰭等於或短於頭部之眶後區。

10a. 孵卵囊在腹部。肛門在體軀中點以後。吻部較頭之其餘部分爲長（*Microphis*）。

11a. 體軀之下稜不與尾部之下稜連續，體軀之中稜與尾部之下稜連續。吻長小於頭部眶後區之二倍。體長約爲頭長之 7 倍。體褐色，由吻端至鰓蓋後緣有一暗色狹縱帶。D. 35〜42；A. 3〜4；P. 18〜20；體環 20〜22＋24〜27；背鰭下體環 2〜3＋6〜7 …………………………………………………………………**印尼海龍**

11b. 體軀下稜與尾部下稜連續；體軀中稜不與尾部下稜連續，而多少與尾部上稜連續。體長約爲頭長之 4.5〜5.5 倍。體綠色，腹面黃色，尾部向後漸黑，吻部有不規則之黑斑。D. 47〜61；A. 3〜5；P. 23〜27；體環 21〜24＋34〜40；背鰭下體環 2〜5＋6〜7 …………………………………………………………………**寶珈海龍**

10b. 孵卵囊在尾部。

12a. 軀幹部下稜與尾部下稜連續，軀幹部中稜不與尾部下稜連續。

13a. 吻部背面與前頭部在同一直線上而不成角度；眼眶邊緣不突出。

14a. 體軀中稜向腹方傾斜而多少與尾部下稜相接近（*Hippichthys*）。

15a. 背鰭起點在軀幹部最後一體環，全部體環數少於 50。體褐色，軀幹部側面有暗色橫帶，尾部有不規則的白色小點。D. 21〜25；A. 2〜3；P. 12〜16；C. 10。體環 13〜14＋32〜36；背鰭下體環 1＋4〜5 …………………………………………………………………**藍點海龍**

15b. 背鰭完全在尾部。體環數超過 50。

16a. 吻部兩側有明顯的稜脊；吻長顯然小於頭之其餘部分，而等於或略短於頭部之眶後區。體褐色而有網狀斑紋，尾鰭較暗，眼外有三條放射狀黑帶。D. 23～29; A. 2～3; P. 13～16; C. 10; 體環 14～16＋39～43; 背鰭下體環 0＋5～6……………………………………………………………**七角海龍**

16b. 吻部兩側無稜脊，吻長小於頭之其餘部分而大於頭部之眶後區。體灰褐色至綠褐色，軀幹部腹面有 13～15 個暗色橫斑，吻部腹面有暗色小點。D. 25～31; A. 2～3; P. 14～18; C. 10; 體環 14～16＋37～42; 背鰭下體環 0＋6～7………………………………………………**橫帶海龍**

14b. 體側中稜不向腹方傾斜，但多少與尾部上稜連續 (*Syngnathus*)。

17a. 鰓蓋上有一直走之完全稜脊。背鰭完全在尾部。

吻部長於頭之其餘部分，等於眼之前緣至胸鰭基部之距離，有明顯之眶上脊。體褐色，體側有七縱列珠色眼狀斑，尾部有不規則之斑駁，鰓蓋下方有 1～3 條平行淡條紋。D. 25～29; A. 3～4; P. 14～17; C. 10; 體環 15～17＋37～41; 背鰭下體環 0＋1～5 或 2～6, 或 2～7 ………………………………………………………………………**銀點海龍**

17b. 鰓蓋上有一較短之稜脊。

18a. 吻部多少平扁，等於頭之其餘部分；眶環明顯，但平滑無棘。體褐色，軀幹部體環有不明顯的淡色橫斑，尾部有較疏之橫斑。D. 33; A. 4; P. 13～14; C. 10。體環 17＋32～35。背鰭下體環 1～2＋6 ………………………………………………………………**遠洋海龍**

18b. 吻端略向上彎，長於頭長之半。體褐色而有深褐色橫帶。D. 35～45; A. 4; P. 12～14。體環 18～19＋38～44。背鰭下體環 1＋7～11 或 2＋8 ………………………………………………………**弓形海龍**

13b. 吻部背面與眼眶部形成角度，眼眶邊緣隆起 (*Corythoichthys*)。

19a. 軀幹部體環 15～17 (多數為 15 或 16); 體長為頭長之 9.2 倍 (平均)，頭長為吻長之 1.9～2.6 倍。體灰色，背側方有約 20 條褐色橫斑。D. 30～35; P. 13～17; 體環 15～17＋35～39; 背鰭下體環 0＋6 ……………………………………………**黃帶海龍**

19b. 軀幹部體環多數為 17; 體長為頭長之 6.3～9.4 倍(平均 7.96)，頭長為吻長之 1.9～2.4 倍 (平均 2.05)。體淡灰色，有多數由暗色縱條紋所成之寬橫帶，鰓蓋有多數暗色縱條紋；喉部中央有一黑色條紋，其後有二、三條黑色橫帶。D. 25～32; A. 3～4; P. 14～18; C. 9～10; 體環 15～18＋33～37; 背鰭下體環 0～1＋5～6 ………………………………………………………………**冠海龍**

12b. 軀幹部下稜與尾部下稜不連續，軀幹部中稜與尾部下稜連續；吻部與眼眶部成角度 (*Micrognathus*)。

20a. 吻背中央無稜脊，吻部等或略短於眶後區。體色不一，通常為

暗褐色，背面有淡色橫斑。雌魚體色較淡。D. 17～22；A. 2～
4；P. 9～14。體環 15～17＋27～32……………………**短吻海龍**

20b. 吻背中央有一稜脊，有一列 4～6 枚強齒；吻部顯然短於頭之
睛後區。體白色，中列骨板上有一褐邊之斑點，體側有 10～11
個白色橫斑，3 個在背鰭之前，2 個在背鰭下方，其他在尾部。
D. 21～23；A. 2～3；P. 12～13；C. 10；體環 15＋34～35；
背鰭下體環 1＋4……………………………………**馬塔法海龍**

2b. 軀幹部之上稜與尾部之上稜連續。

21a. 孵卵囊在腹部；肛門在體軀中點之後；鰓蓋上有一完整之縱
稜；軀幹部體環數 25 以下 (*Choeroichthys*)。
體暗褐色；尾鰭後緣白色，或有一對白點；或每一體環有一大
形暗色圓斑。D. 27～34；A. 3～4；P. 18～21；C. 9～10；
體環 18～21＋21～25；背鰭下體環 5～7＋2………**彫紋海龍**

21b. 孵卵囊在尾部；肛門在體軀中點之前；鰓蓋上有一完整或不
完整之縱稜，或無之。軀幹部體環約 30～50 (*Ichthyocampus*)。
軀幹部之中稜直線狀，達尾部第二或第三體環；鰓蓋上稜脊只
達前方 1/3。體暗褐色而有不明顯的暗色橫帶，每帶佔 2～3
體環。D. 20～23；A. 3；P. 12；C. 10；體環 15～16＋30～
31；背鰭下體環 1～2＋4…………………………………**黑海龍**

1b. 海馬亞科 HIPPOCAMPINAE　　尾鰭缺如，尾部能卷纏他物。

22a. 體軀平扁或近於圓柱狀。

吻較短，約爲睛後部之 2 倍；腹面寬廣，雄者以其柔軟之皮膚將卵半埋以保護之，無孵卵囊。無頸
前板；鰓蓋無稜脊 (*Syngnathoides*)。
體淡綠色或褐色，在腹部沿體側中央隆起線有暗褐色點。D. 40～45；A. 4～6；P. 20～23；體環
15～18＋40～55；背鰭下體環 1～2＋8～10………………………………………………**棘海龍**

22b. 體軀多少側扁。

23a. 背鰭基底隆起；背鰭跨於軀幹與尾部之間。鰓蓋上之凸起稜脊上彎至鰓孔。

24a. 頭部與軀幹部之縱軸在一平面上；頸前板上無冠狀突起；體軀及尾部各骨板邊緣之強棘基部
有細長之皮質附肢。卵多數，分離，包於肛門後由一對側皮褶所形成的孵卵囊內(*Haliichthys*)。
體褐色，有不規則的暗色橫帶，腹面白色，皮質附肢黑色。體長約爲頭長之 5 倍。D. 24～26；
A. 4；P. 20～21；體環 19＋44～45；背鰭下體環 3～4＋2…………………………**皮肢海馬**

24b. 頭部之縱軸與體軸成一直角。頸前板上有一冠狀突起 (是日頂冠 Coronet)。體表一般無皮
質附肢。孵卵囊爲永久性，在尾之基部 (*Hippocampus*)。

25a. 頂冠後之枕脊上有二明顯之枕棘；頂冠上之棘細長。

26a. 枕棘約與頂冠等高；稜脊上之棘約與眼徑相等。吻長大於頭之其餘部分，約爲睛後區長

之倍。體褐色，有白色及灰色帶狀紋及斑點。〔D. 17～19；A. 4；P. 17～18；體環 11＋35～38。背鰭下體環 2＋1 ·· **長棘海馬**

26b. 枕棘較頂棘為低；稜脊上之棘短於眼徑。吻長小於或等於頭之其餘部分，約為頭之眶後部之 1.4 倍。體灰褐色，頭部有不明顯的暗色細條紋。D. 17～19；A. 4；P. 16～19。體環 11＋35～37；背鰭下體環 2＋1 ···································· **棘海馬**

25b. 頂棘後之枕脊上無長棘，而只為粗糙之脊狀；各稜脊上之棘不延長，顯然較眼徑為短。

27a. D. 19～21；A. 4；P. 17～18；體環 11＋38～41；背鰭下體環 2＋2。體灰褐色至黑褐色，軀幹部背方有三個黑斑·· **三斑海馬**

27b. D. 15～18；A. 4；P. 15～17；體環 11＋33～37；背鰭下體環 2＋2。體灰褐色至黑褐色，有暗色橫帶或長斑，或有不規則的淡色斑點················· **庫達海馬**

23b. 背鰭基底不隆起；背鰭完全在尾部；鰓蓋上無稜脊，平滑，或有放射狀稜線。體之側面觀除尾部卷曲外，近於直走，頭部與軀幹可能成一鈍角；頸前板上無頂冠突起；軀幹部與尾部之上稜線不相連，二者下稜線相連，軀幹部之中稜線與尾部之上稜線相連（但亦有不連者）；孵卵囊在尾之前部（*Solegnathus*）。

28a. D. 35～36；A. 4；P. 26～27；體環 22～23＋50～56；背鰭下體環 0＋10。吻長為眶後區長之二倍，尾部與軀幹約等長。體黃褐色，骨板背面各有一褐點，尾部有 7～8 條濶帶··· **萊提柄頜海龍**

28b. D. 43；A. 4；P. 23～24；體環 27＋50；背鰭下體環 0＋10～11。吻長約與頭之其餘部分等長，而為眶後區之三倍。體灰褐色，體側背方各側板之背緣有一暗褐色點 ··· **哈氏柄頜海龍**

28c. D. 46；A. 4；P. 22～26；體環 24＋53；背鰭下體環 0＋11～12。吻長約為眶後部分之 3 倍，佔頭部全長之 2/3。身體背面有 7～8 個黑色圓斑，4～5 個在軀幹部··· ··· **貢氏柄頜海龍**

黑環海龍 *Dunckerocamphus dactyliophorus* (BLEEKER)

英名 Banded pipefish。產恒春。

無棘海龍 *Coelonotus liaspis* (BLEEKER)

產花蓮。

海蠋魚 *Halicampus grayi* KAUP

產大溪。*Syngnathus koilomatodon* BLEEKER 為其異名。

布氏海龍 *Halicampus brocki* (HERALD)

據 DAWSON (1985) 產臺灣近海。

鋸吻海龍 *Trachyrhamphus serratus* (TEMMINCK & SCHLEGEL)

又名粗吻海龍；日名火吹楊枝魚。產澎湖、大溪、高雄。（圖 6-103）

長吻海龍 *Trachyrhamphus longirostris* KAUP

　　據 DAWSON（1985）產臺灣近海。

黑腹海龍 *Doryrhamphus excisus excisus* KAUP

　　英名 Black-sided pipefish, Bluestripe pipefish。產小琉球、恒春、大溪。*D. melano-pleura*（BLEEKER）為其異名。

印尼海龍 *Microphis manadensis*（BLEEKER）

　　英名 Menado pipefish。產屏東。

寶珈海龍 *Microphis boaja*（BLEEKER）

　　日名臺灣楊枝。產臺灣。（圖 6-103）

藍點海龍 *Hippichthys cyanospilus*（BLEEKER）

　　英名 Blue-spotted pipefish, Bluespeckled pipefish, Tooth-pick fish。又名藍海龍；日名楊枝魚。產臺灣。

七角海龍 *Hippichthys heptagonus*（BLEEKER）

　　英名 Belly pipefish, Reticulated Freshwater pipefish。又名低海龍（朱）。產東港。

橫帶海龍 *Hippichthys spicifer*（RÜPPELL）

　　英名 Banded Freshwater pipefish, Bellybarred pipefish。產臺北之淡水河口。

銀點海龍 *Syngnathus S. argyrostictus* KAUP 為其異名。*penicillus* CANTOR

　　產臺灣。

遠洋海龍 *Syngnathus pelagicus* LINNAEUS

　　產基隆。

弓形海龍 *Syngnathus acus* LINNAEUS

　　產東部近海及蘭嶼。

黃帶海龍 *Corythoichthys flavofasciatus*（RÜPPELL）

　　產綠島。

冠海龍 *Corythoichthys haematopterus*（BLEEKER）

　　產東港。*Corythoichthys fasciatus*（GRAY）為其異名。

短吻海龍 *Micrognathus brevirostris*（RÜPPELL）

　　英名 Short-nose pipefish。產臺灣南端岩礁中。

馬塔法海龍 *Micrognathus mataafue*（JORDAN & SEALE）

　　產恒春。

彫紋海龍 *Choeroichthys sculptus*（GÜNTHER）

　　英名 Sculptured pipefish。產臺東。

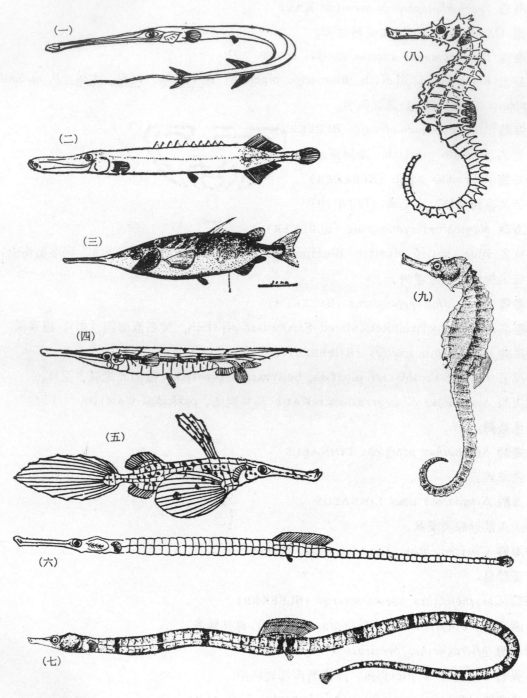

圖 6-103　（一）馬鞭魚（馬鞭魚科）；（二）中國管口魚（管口科）；（三）鷸嘴魚（鷸嘴魚科）；（四）條紋蝦魚（蝦魚科）；（五）剃刀魚（溝口科）；（六）實珈海龍，（七）鋸吻海龍；（八）長棘海馬；（九）庫達海馬。（以上海龍科）。

黑海龍 *Ichthyocampus belcheri* (KAUP)

產恒春、臺東。*I. nox* SNYDER 爲其異名。

棘海龍 *Syngnathoides biaculeatus* (BLOCH)

英名 Alligator pipefish, Double-ended pipefish; 又名擬海龍。產臺南、東港。

皮肢海馬 *Haliichthys taeniophorus* GRAY

產高雄。

長棘海馬 *Hippocampus histrix* KAUP

英名 Sping-bearing seahorse, Thorny seahorse; 亦名珊瑚海馬, 肖海馬（梁）, 龍落子（鄭）, 棘海馬; 俗名龍仔、藻龍; 日名茨海馬。產臺灣。(圖 6-103)

棘海馬 *Hippocampus erinaceus* (GÜNTHER)

產東港。*H. spinosissimus* M. WEBER 爲其異名。

三斑海馬 *Hippocampus trimaculatus* LEACH

英名 Longnose seahorse。產東港。*H. takakurai* TANAKA 爲其異名。

庫達海馬 *Hippocampus kuda* BLEEKER

英名 Spotted seahorse, Yellow seahorse; 又名大海馬。日名管海馬。產高雄、臺東。WEBER & DE BEAUFORT (1922) 列 *H. kelloggi* JORDAN & SNYDER, 以及 *H. atterimus* JORDAN & SNYDER 均爲本種之異名。李信徹博士 (1982), 亦持同樣看法。

萊提柄頜海龍 *Solegnathus lettiensis* BLEEKER

產南部近海。

哈氏柄頜海龍 *Solegnathus hardwickii* (GRAY)

又名刁海龍。產高雄。

貢氏柄頜海龍 *Solengnathus güntheri* DUNCKER

據沈世傑教授 (1984) 產本省西南部及澎湖海城, 李信徹博士 (1983) 亦認本種爲獨立之種, 但 DAWSON (1982, 1985) 列本種爲萊提柄吻海龍之異名。

#印度管口魚目 INDOSTOMIFORMES

本目只包含分佈緬甸的印度管口魚 (*Indostomus paradoxus*) 一種, 其分類地位迄未決定。一般將其列於棘魚類和海龍類同一系統, 而與海龍類相近, 其近親可能爲籮魚類(Aulorhynchids) 或管口魚類 (Aulostomids)。但 BANISTER (1970) 根據對骨骼的研究, 而主張把印度管口魚列爲獨立的一目, 置於准棘鰭首目中, 可能與蟾魚目、鮟鱇目及奇鰭目有親緣關係。不過到目前爲止, 由該印度管口魚的特徵, 仍難肯定其與准棘鰭類的親緣關係, 亦未能排除其與棘魚類和海龍類之間的親緣關係。本書玆依 NELSON (1984) 暫置於在形態上最接近的分類位置。

海蛾目 PEGASIFORMES

＝下口目，HYPOSTOMI, Dragon Fishes

本目形狀奇特，其親緣關係不甚明瞭。其體形略似平鰭鰍，但全體被骨板，彼此癒合，僅尾部可以活動。軀幹部及頭部平扁，二鼻骨相癒合並向前突出爲篋片狀之吻。口在吻之下方，無齒。鰓四枚，鰓絲總狀或瓣狀；無擬鰓；外鰓裂呈小裂隙狀，開於胸鰭基部直前；鰓蓋爲一大形骨片，由鰓蓋主骨，前鰓蓋骨及下鰓蓋骨所合成。鰓被架 5 枚，發育不良。無後耳骨，翼蝶骨，眶蝶骨，基蝶骨，內翼骨及後翼骨。眼側位；外鼻孔一對，大形，開於眼之前緣。背鰭、臀鰭均僅一枚，位於尾部，甚短，各由 5 條不分枝之軟條構成。胸鰭向水平位擴展如翼狀，由 10～18 條不分枝軟條構成，基部有關節，故可活動；各軟條之近基部雖堅硬如棘，後部則仍柔軟。腹鰭小，腹位，具 I 短棘及 1～3 軟條。尾鰭由 8 條不分枝軟條構成。尾柄四角形。脊椎 19～24，最前 6 枚不能活動。無肋骨。第七脊椎具強肋骨。無鰾。

多數學者認爲海蛾目與海龍類、八角魚類 (Agonids) 有親緣關係，或與鮋目的祖先型相近。PIETSCH (1978) 研究棘魚類和海龍類的解剖和分類系統後，認爲海蛾類與管口魚及海龍的關係最爲密切，而置於他的棘魚目中的海龍亞目中。惟此項主張尙未獲得普遍支持。本書仍將海蛾類列爲獨立之一目，但地位與海龍類相近。本目僅包括海蛾一科。

海蛾科 PEGASIDAE[①]

Sea Moths, Winged Dragonfish; 海天狗科（日）

頭及軀幹平扁而寬，包於由骨質環癒合而成之堅硬甲冑內，尾部由四角形之骨環合成，多少能屈曲。口小，無齒，位於長吻之下方（吻由鼻骨癒合而成），上頜邊緣由前上頜骨構成，前上頜骨與主上頜骨之間有一大形骨片。眼下骨 2，發育完善，與前鰓蓋骨縫合固着。背鰭與臀鰭對在；腹鰭在大形而向水平擴展之胸鰭之後方。

臺灣產海蛾科 3 屬 3 種檢索表:

1a. 尾部（連尾鰭）短，由 8 環構成，約爲體長之 1/2。後部呈方柱形。胸鰭鰭條硬棘狀，第 5 條不特別強壯。枕部有二凹窩··**海蛾**

1b. 尾部由 11～12 環合成。胸鰭鰭條不爲硬棘狀。枕部無凹窩。軀幹背面有二條縱走稜脊，直達尾端；

---

① 另據 RICHARDSON (1846) 我國另產一種稱 *Pegasus laternarius* CUVIER, DUMERIL (1856) 報告亦見於馬祖島。

　　兩側各有一條縱走稜脊，由胸鰭上方至尾部側方‥‥‥‥‥‥‥‥‥‥‥‥‥‥‥‥‥‥**飛海蛾**

1c. 尾部由 12 環合成。胸鰭鰭條不爲硬棘狀。軀幹背面有二縱走稜脊，但較平滑‥‥‥‥‥‥‥**擬海蛾**

海蛾 *Zalises draconis* (LINNAEUS)

　　英名 Sea Moths；　亦名翼海馬（梁）；　日名海天狗。水產試驗所有此標本一尾。

　　Z. umitengu JORDAN & SNYDER 爲其異名。(圖 6-104)

飛海蛾 *Pegasus volitans* LINNAEUS

　　產東港。

擬海蛾 *Parapegasus natans* (LINNAEUS)

　　產臺灣。英名 Longtail Seamoth。DE BEAUFORT & BRIGGS (1962) 認爲本種爲上
種之異名。(圖 6-104)

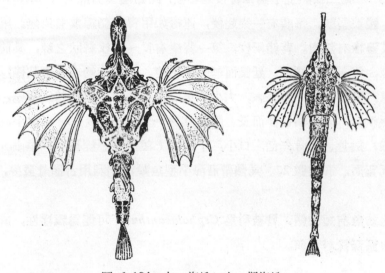

圖 6-104　左，海蛾；右，擬海蛾。

飛角魚目 DACTYLOPTERIFORMES

=CEPHALACANTHIFORMES; Flying Gurnards; 豹魴鮄目

　　本目魚類外形酷似角魚科，但內部構造顯然有別。其左右鼻骨癒合而在吻的背面中央形
成骨板，顱骨之後方有大形後顳骨，以骨縫與翼耳骨，案骨及側枕骨相連。案骨每側兩對，有
感覺管橫過其上，後一對大形。在第一眶下骨與前鰓蓋骨之間有一小形 "橋骨"（Pontinal），
亦名感覺管通過其上。第一眶下骨之腹側與前鰓蓋骨相接。頂骨不與案骨相癒合。無中篩骨
及後耳骨。副蝶骨與額骨鄰接，以骨縫與翼蝶骨相連。前方三脊椎以骨縫相連。無下肋骨而
有上肋骨。脊椎 22 枚。髆骨與烏喙骨相接。胸鰭內有 4 枚棒狀之鰭輻骨。胸鰭大形，似可

分爲兩部分。嗅神經通過眼窩之前緣。PIETSCH（1978）認爲本目魚類或與海蛾類及海龍類有親緣關係。

本目僅含飛角魚一科，分佈太平洋、印度洋、以及大西洋之溫暖區域。

飛角魚科 DACTYLOPTERIDAE

=CEPHALACANTHIDAE; Flying Gurnards; Long-finned Gurnards;

豹魴鮄科（朱）

體延長，近於四方柱狀，向後漸細。頭方形，頭部完全爲骨質板所包被，形成盔狀。鼻骨、眶前骨、眶下骨、以及顱頂諸骨互相癒合，此骨板在枕部後方兩側向後各生一骨稜，稜之後端成一強棘，伸達背鰭前部。眶間區深凹，眶前骨向前形成上頜上方之骨棚。胸鰭鰭輻骨四枚，短而寬；中間二枚與上下烏喙骨後端相接，此點極似海鱸科（SERRANIDAE）。前鰓蓋下角有長棘。體被堅鱗，每鱗有一突起稜，連綴如甲冑；側線或有或無。尾基每側有兩個双狀突出物，其邊緣有鋸齒。背鰭兩枚，第一背鰭有Ⅳ～Ⅴ枚絲狀之棘，其前方或有Ⅰ個或多個分離之硬棘，第一棘在頭部，延長而無鰭膜相連。第二背鰭有少數軟條；二背鰭間有一不能活動之短棘。臀鰭較短，無強棘，大小與第二背鰭相當。胸鰭特別發達，分上下兩部，上部僅有 6 個短軟條，下部鰭條多而長。腹鰭 I, 4～5，兩側接近。尾鰭小，呈半月形。上下頜有顆粒狀齒，鋤骨、腭骨無齒。口小，下頜被上頜掩覆。鰓裂狹，垂直。鰓耙微小；擬鰓大形。喉峽部寬廣。脊椎數 22。爲熱帶沿海小型魚類，能利用舌頜骨發聲，利用腹鰭在海底"步行"。

本科魚類之幼魚有短胸鰭，曾被稱爲 *Cephalacanthus*，可能爲飄浮性，成魚則在海底覓食，以胸鰭前方鰭條探尋食餌。

臺灣產飛角魚科 3 屬 4 種檢索表:

1a. 側線缺如；後頭部有一延長之軟條狀游離棘。

　2a. 在第一背鰭前方（亦卽後頭棘之後方）有一分離之小棘（*Dactyloptena*）。

　　3a. 吻比較的長，頭長爲吻長之 2.8 倍；眶間區較狹，頭長爲眶間區之 2 倍；左右頸棘間之凹入部較深，向前漸狹。D¹. Ⅰ+Ⅰ+Ⅴ+Ⅰ; D². 8; A. 6; l. l. 47～48 ……………………東方飛角魚

　　3b. 吻比較的短，頭長爲吻長之 3.1 倍；眶間區較寬，頭長爲眶間區之 1.4 倍；左右頸棘間之凹入部較淺而寬。D¹. Ⅰ+Ⅰ+Ⅴ+Ⅰ; D². 8; A. 6; l. l. 43～47 ……………………吉氏飛角魚

　2b. 第一背鰭之前方無分離之小棘（*Daicocus*）。

　　頭部紅色，背部紅褐色，腹部銀白色，頭部及背部有黑點散佈其間，胸鰭上亦然，背鰭、尾鰭鰭條上有黑白點分節的存在，其餘同上種。D¹. 1（後頭棘）+Ⅴ; D². 8; A. 6; P. 33; l. l. 46 …………
　　……………………………………………………………………………星蟬飛角魚

1b. 側線發育完善，背鰭前方有後頭棘，亦有分離之第 I 棘（*Ebisinus*）。

體深褐色，背部有五、六個不規則的橫斑，最後二個中央白色，第一背鰭及胸鰭深色，胸鰭中部有一黑斑，第二背鰭及尾鰭鰭條上有黑點，腹鰭、臀鰭白色。D¹. 1（後頭棘）+V；D². 6；A. 6；l. l. 44～46……………………………………………………………埃比蘇飛角魚

飛角魚 *Dactyloptena orientalis* (CUVIER & VALENCIENNES)

亦名鯼（動典），豹魴鮄（動典），東方豹魴鮄（朱）；飛魴鮄（袁）；俗名角仔魚；日名蟬魴鮄。英名 Flying gurnard, Purple Flying gurnard。產宜蘭。（圖 6-105）

吉氏飛角魚 *Dactyloptena gilberti* SNYDER

亦名吉氏豹魴鮄（朱）。產鎖管港。

星蟬飛角魚 *Daicocus peterseni* (NYSTRÖM)

亦名星鯼（動典）；單棘豹魴鮄（朱）；日名蟬魴鮄。英名 Starry Flying gurnard。產臺灣。（圖 6-105）

埃比蘇飛角魚 *Ebisinus cheirophthalmus* (BLEEKER)

產高雄。埃比蘇日語魚神也。

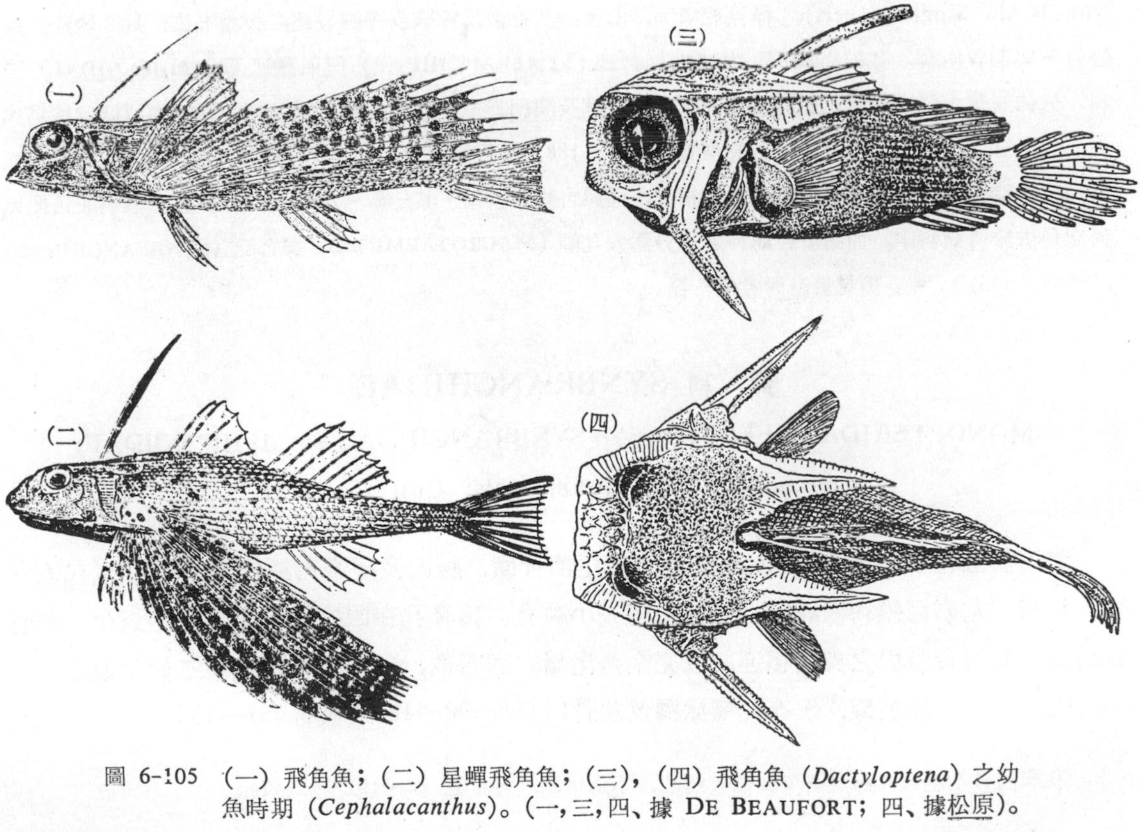

圖 6-105　(一) 飛角魚；(二) 星蟬飛角魚；(三)，(四) 飛角魚 (*Dactyloptena*) 之幼魚時期 (*Cephalacanthus*)。(一,三,四、據 DE BEAUFORT；四、據松原)。

合鰓目 SYNBRANCHIFORMES

=SYNBRANCHIDA, SYMBRANCHII

體形似鰻。皮膚全裸，或被微細之鱗片（少數種類被卵圓形鱗片，主要限於尾部）；側線完全。頭骨延長，上枕骨因頂骨介入而與額骨分離，前耳骨與眼窩後壁之間顯著擴展，基蝶骨、鋤骨，以及副蝶骨均延長，副蝶骨之後端叉狀。腭骨與鋤骨固接。鋤骨延長而無齒，額骨向下與基蝶骨相接。左右頂骨在中央線相接。口不能伸縮；上頜邊緣主要由前上頜骨構成，主上頜骨位於前上頜骨之後方且與之平行。鰓蓋骨正常。前方脊椎無變化，不形成魏勃氏器。胸鰭、腹鰭缺如；肩帶骨部分殘留（*Alabes* 在喉部有腹鰭痕跡）。背鰭、臀鰭亦僅殘留為皮膚上之低褶襞，在後端與微小之尾鰭相連合。上下頜有齒若干列成為一帶；腭骨、翼骨亦有齒。鰓裂小，左右相連成為橫過喉峽之單一裂孔，但亦有鰓膜在喉峽部游離者。眼小，比較接近吻端，位於上唇中點之上方，為厚皮膚所掩蓋，每側鼻孔成對。肛門位於體長之前半。無鰾，亦無肋骨。

本目向來分為鰭鰓（ALABETOIDEI）與合鰓（SYNBRANCHOIDEI）二亞目，前者僅包括鰭鰓科（AL-ABETIDAE, Singleslit eels），僅見於澳洲，海生，其特徵為背鰭及臀鰭發達，腹鰭喉位，具 2 軟條。副蝶骨不與額骨癒合。脊椎骨數 75。後者包括合鰓（SYMBRANCHIDAE）與氣囊鰓（AMPHIPNOIDAE）二科，分佈新舊大陸之熱帶及亞熱帶地區。尤以亞洲及澳洲為主，其主要特徵為背鰭及臀鰭僅以低皮摺為代表。無腹鰓。副蝶骨與額骨癒合。脊椎骨數 100～188。惟近據羅申與格陵伍 (1976) 之研究，鰭鰓科魚類在內部構造方面與熱帶之鯻科魚類更為相近，而與合鰓科較遠，其他學者亦早有此種主張。他們並且把氣囊鰓科併於合鰓科中，而另於合鰓科之下分為大孔鱓（MACROTREMINAE）與合鰓（SYNBRANCHINAE）二亞科，共分 15 種。但見於臺灣者僅一種。

鱓 科 SYNBRANCHIDAE

=MONOPTERIDAE (FLUTIDAE) + SYNBRANCHIDAE + AMPHIPNOIDAE;

Synbranchoid Eels; Swamp-eels; Cutthroat-eels

體近於圓柱狀，尾部側扁。全裸，僅尾部背面、腹面及尾端有極低之皮褶，以代表背鰭、臀鰭。左右鰓膜在喉峽部連合，僅留一小裂孔。後鼻孔在眼之內背方。尾鰭退化，無骨質鰭條，而與背腹面之皮摺相連，或完全無尾鰭。鰓四個，發育完善，或僅三個而退化。眼小，隱於皮下。鰓被架 4～6；無泳鰾及肋骨；脊椎 98～188（腹椎 51～135）。

我國及日本均只產鱓魚一種。體較短壯，不為鞭狀。脊椎數 88～102＋45～74。

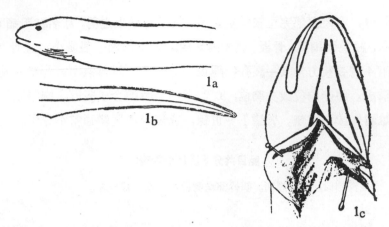

圖 6-106　鱔魚（合鰓目）之頭部 (1a)，尾部 (1b)，及喉部剖開，表示
　　　其三個退化之鰓 (1c)。

鱔魚 *Monopterus alba* (ZUIEW)

英名 Rice-field eel, yellow eel, Mud eel, Rice eel；亦名黃鱔、田鰻、坦鰻。產全島
各地池沼、河川、水田中。*M. xanthognathus* RICHARDSON 以及 *M. cinereus* RICH-
ARDSON 均為其異名。

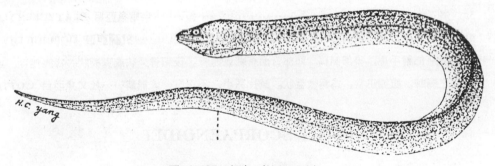

圖 6-107　鱔魚（據楊鴻嘉）。

鮋 目 SCORPAENIFORMES

=CATAPHRACTI 之一部分；LORICATI；PAREIOPLITAE；

COTTOMORPHI；COTTOIDEI；SCLEROPAREI 之一部分；

PAREIOPLITAE；Mail-cheeked Fishes

本目魚類之基本特徵與鱸形目大致相似， 但頭部具有發達的硬棘， 第三眶下骨 (third
infraorbital) 向後延伸與前鰓蓋骨相連合，而成為眶下棚（或稱眶下支骨 Suborbital stay)；
頂骨與案骨 (Tabulars，即外髗骨 Extrascapulars) 相癒合；鼻骨不相癒合，亦不與額骨相連；
前上領骨向後上方有一柱狀突起。後顯骨分叉或不分叉。有中篩骨及後耳骨。前鰓蓋與鰓蓋上往往有許多硬棘，有時頭部完全被骨質之甲，故又有頰甲之稱，亦名被甲類 (LORICATI)。體被櫛鱗或圓鱗、絨毛狀細刺、骨板、或光滑無鱗。上下頜齒一般細小，鋤骨及腭骨常具齒。擬鰓常存在；第 4 鰓弧後方常具一裂孔；鰓被架 5～7。鰾無氣道。背鰭一枚或二枚，由硬棘部與軟條部構成。腹鰭胸位或次胸位，I. 2～5；有時連合成吸盤。胸鰭寬大，後緣近於圓形或指狀，游離鰭條或有或無。臀鰭 I～III 棘，或無棘。尾鰭通常不分叉。

鮋目共分 6 亞目檢索表:

1a. 頭部側扁，或長寬相似，甚不規則。軀幹部均側扁。腹鰭一般正常。

　2a. 每側鼻孔一對。

　　3a. 頭部背面有骨板或稜脊。背鰭硬棘部發達；左右腹鰭互相鄰近 ………**鮋亞目** SCORPAENOIDEI

　　3b. 頭部背面無骨板或稜脊。背鰭硬棘纖弱。頭部，軀幹部均被鱗片……………………………………………………………………………………………………**六線魚亞目** HEXAGRAMMOIDEI

　2b. 每側鼻孔單一。背鰭硬棘部發達。鰓裂狹短；吻尖口小 …………**南鮋亞目** CONGIOPODOIDEI

1b. 頭部平扁；軀幹部平扁，或僅後部稍側扁。

　　4a. 軀幹部平扁，或僅後部稍側扁。頭部背面脊稜發達；後顳骨分叉。背鰭棘部正常。腹鰭發達，鰭基相互遠離。

　　5a. 鱗正常 ……………………………………………**牛尾魚亞目** PLATYCEPHALOIDEI

　　5b. 除棘板外，體不被鱗片 …………………………………**針鮋亞目** HOPLICHTHYOIDEI

　　4b. 軀幹前部稍平扁，後部側扁。頭部背面有棘或無棘。後顳骨叉狀或寬板狀。背鰭無棘，或有能彎曲之弱棘。腹鰭正常，或為吸盤狀。鱗片甚小，不正常，或無鱗……**杜父魚亞目** COTTOIDEI

鮋亞目 SCORPAENOIDEI

頭部側扁或高寬相近，甚不規則。頭部表面大部為骨板，或有棘突或稜脊。軀幹部側扁。體被鱗或無鱗。背鰭棘部發達。腹鰭具 2～5 軟條，或退化。第 4 鰓弧後方裂孔或大，或小，或無。後顳骨叉狀，與頭骨相連。

本亞目除臺灣有報告之四科之外，尚包括僅見於澳洲之船首魚科 (PATAECIDAE)。

臺灣產鮋亞目 4 科檢索表:

1a. 頭部有棘突或棘稜，表面無大形骨板。棘突及各鰭之硬棘之基部有毒腺。

　2a. 鰓膜分離，亦不與喉峽部相連。背鰭硬棘部基底長於軟條部。腹鰭正常。

　　鱗片正鱗，或無鱗或有隱於皮下之細鱗。第 4 鰓弧後方裂孔或有或無。背鰭棘部發達，始於項背或眼之上方。腹鰭 I 棘 2～5 軟條。臀鰭 III 棘，少數 II 棘或 I 棘，或弱或強…………………………**鮋科**

　2b. 鰓膜分離，與喉峽部相連。

3a.　體不顯著側扁，臀鰭 II 或 III 棘。鰓裂廣。腹鰭正常，I，3～5；背鰭硬棘部基底長於軟條部………

………………………………………………………………………………………………………**毒鮋科**

3b.　體顯著側扁。臀鰭 II 短棘。鰓裂狹。腹鰭退化，背鰭硬棘部基底短於軟條部 …………**棘頰鮋科**

1b.　頭部背面及兩側包被骨板。背鰭硬棘部基底短於軟條部，二者有時分離。鰓膜在喉峽部游離。胸鰭下

方 2 或 3 不分枝鰭條游離，多少如指狀。臀鰭 I 棘或無棘……………………………………**角魚科**

鮋　科 SCORPAENIDAE

Rockfishes;　Scorpion Fishes;　大目鱸科

　　體延長，側扁，形似石鱸，但變化甚大。體表全部被小型或中型櫛鱗或圓鱗，或頭部裸
出，軀幹部裸出；或被退化之鱗片；側線一條，在無鱗之例則以少數小孔代表。頭大，頭頂
通常有棘突或棘稜。後顳骨前方分叉，附着於頭顱上，但並不形成顱骨之一部分。眼上側位，
第三眶下骨向後延伸為一骨突，與前鰓蓋骨相連接；眶前骨有棘。口大或中等，前位，斜
裂；前上領骨能伸縮，上領骨寬，無上主上領骨。上下領及鋤骨均有絨毛狀齒，腭骨有齒或
無齒。鰓 $3\frac{1}{2}$～·4 枚，最後鰓弧之後無裂孔，或有而極小；擬鰓發達。前鰓蓋具 4～5 棘，鰓
蓋主骨有 1～2 棘；鰓裂寬大，鰓膜不與喉峽部相連。鰾或有或無。背鰭連續，始於眼之後
方，有 11～17 壯碩之硬棘，及 8～18 軟條。臀鰭 I～III 棘，3～13 軟條（通常為 5）。腹鰭
胸位，具 1 棘 2～5 軟條。胸鰭發達，具 12～25 軟條，下部鰭條不游離（至少基部有膜相
連，偶或有一游離之不分枝軟條）。脊椎數 24～40。各鰭硬棘之基部有毒腺。溫帶及熱帶近
海肉食性魚類，常棲於岩礁中，種類甚多。

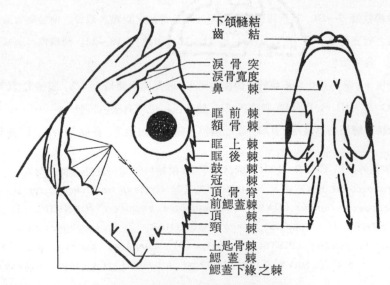

圖 6-108　鮋科魚類頭部稜脊識別圖解。

臺灣產鮋科 34 屬 60 種檢索表[1][2]：

1a. 背鰭起點在眼之上方附近。鰓膜在喉峽部游離。

　2a. 臀鰭具 III 強棘， 多數種類之最後軟條與尾柄之間無鰭膜相連， 至少部分軟條分枝。 體表被小圓鱗，或裸出，或被變形之毛髮狀鱗片。

　　3a. 體被圓鱗。

　　　4a. 下頜有銳利之髓合瘤。背鰭起點在眼窩中點以後之上方。鱗片雖埋入皮下而仍顯然可見。背鰭硬棘部前方鰭膜深凹而幾達基底，前部數棘不顯著長於其他各棘。臀鰭最後軟條與尾柄之間有鰭膜相連。鰓被架 6～7 (*Neocentropogon*)。

　　　　D. XV, 7; A. III, 7; P. 15; V. I, 5。側線孔 23，鰓耙 15～17。體色爲一致之灰褐色⋯⋯⋯⋯⋯⋯⋯⋯⋯⋯⋯⋯⋯⋯⋯⋯⋯⋯⋯⋯⋯⋯⋯⋯⋯⋯⋯⋯⋯⋯⋯⋯**日本絨鮋**

　　　4b. 下頜無髓合瘤。背鰭起點在眼窩之前半上方。臀鰭最後軟條與尾柄之間無鰭膜。

　　　　5a. 背鰭第 2～4 棘並不顯著長於以後各棘。鱗片稀疏，不埋於皮下，厚重或成顆粒狀。背鰭硬棘部鰭膜凹陷約達棘長之 1/4。頭部背面在眼之前方突出。鰓被架 7 (*Snyderina*)。

　　　　　D. XIII, 10 (11); A. III, 7; P. 15; V. I, 5。 側線孔 20～22；鰓耙 14～16。體紅褐色，有不規則之蠕蟲狀斑駁⋯⋯⋯⋯⋯⋯⋯⋯⋯⋯⋯⋯⋯⋯⋯⋯⋯⋯⋯⋯⋯⋯**山魈絨鮋**

　　　　5b. 背鰭第 2～4 棘顯然長於其他各棘， 成鳥冠狀。 鱗片微小， 多少埋於皮下。背鰭棘 XV～XVII，鰭膜微凹。鰓被架 5～6。體無蠕蟲狀斑駁 (*Amblyapistus*)。

　　　　　6a. 臀鰭軟條 7～8， 其基底短於由腹鰭起點至臀鰭之距離。淚骨後 (上) 突顯然長於前 (上) 突；背鰭、臀鰭、胸鰭之軟條分叉。D. XVII, 7～8; A. III, 5～8; P. 11～12. V. I, 5；側線孔 21～24。體長卵形，橄綠色至紅褐色，有微細之暗色縱條紋，各鰭暗色，邊緣白色⋯⋯⋯⋯⋯⋯⋯⋯⋯⋯⋯⋯⋯⋯⋯⋯⋯⋯⋯⋯⋯⋯⋯⋯⋯⋯⋯⋯⋯⋯⋯⋯⋯⋯⋯⋯**長絨鮋**

　　　　　6b. 臀鰭軟條 9～10， 其基底長於由腹鰭起點至臀鰭之距離。淚骨之前後突大致相等。背鰭及臀鰭之軟條簡單。D. XV, 7(8); P. 11～12；側線孔 18～22。體橄綠色至紅褐色，無暗色條紋，各鰭暗色⋯⋯⋯⋯⋯⋯⋯⋯⋯⋯⋯⋯⋯⋯⋯⋯⋯⋯⋯⋯⋯⋯⋯**長棘絨鮋**

　　3b. 鱗片埋於皮下，後部退化爲小棘狀。體側扁而高，體高約爲體長之 1/2。腹鰭 I, 5(*Taenianotus*)。

　　　　D. XII, 11; A. III, 7; P. 14；側線孔 23。體黃色，尾部有褐色斑駁⋯⋯⋯⋯⋯⋯⋯**三棘高身鮋**

　　3c. 體裸出無鱗。體高約爲體長之 1/3。下頜無髓合瘤。鰓被架 7，脊椎 26～29。腹鰭 I, 5 (*Ocosia*)。

---

① 除以上所列 59 種外，L. CHEN (1981) 認爲以下 12 種鮋科魚類可能亦分佈臺灣附近。(1) *Trachicephalus uranoscopus* BLOCH & SCHNEIDER, (2) *Gymnapistes leucogaster* RICHARDSON, (3) *Paracentropogon indicus* (DAY), (4) *Setarches guentheri* JOHNSON, (5) *Lioscorpius longiceps* GÜNTHER, (6) *Rhinopias frondosa* GÜNTHER, (7) *Scorpaenodes corallinus* SMITH, (8) *Scorpaenopsis fowleri* (PIETSCHMANN), (9) *Scorpaena hatizyoensis* MATSUBARA, (10) *Inimicus joubini* (CHEVY), (11) *Inimicus japonicus* (CUVIER), (12) *Caracanthus unipinna* (GRAY)。

② 有的學者把 *Aploactis, Erisphex, Paraploactis* 等屬獨立爲絨皮鮋科 (APLOACTINIDAE)。

7a. 眶前骨側面在其後突之基部有一小棘，　在眼窩正下方之第二眶下骨上有另一小棘。D. XVI, 9；A. III, 6；P. 13；側線孔 17。體紅褐色，眼周圍有放射狀條紋………**裸棘絨鮋**

7b. 眶前骨側面或第二眶下骨上均無小棘。

　　8a. 頭部背側由背鰭起點急峻下斜，眼眶下緣前方深凹。前鰓蓋具 5 棘。D. XV〜XVII, 7〜9；A. III, 5〜7；P. 12〜13。側線孔 12〜18。鰓耙 8〜13。體紅色，體側有 5 個大形暗色斑塊……………………………………………………………………**裸帶絨鮋**

　　8b. 頭部背側由背鰭起點向前下方傾斜，眼眶前下方不顯著凹陷。前鰓蓋具 4 棘。D. XIV 〜XVI, 8〜9；A. III, 5〜6；P. 12。側線孔 12〜15。鰓耙 6〜10。體淡褐色，體側有 5 條不規則的暗色橫帶………………………………………………………………**裸絨鮋**

3d. 體被小圓鱗，埋於皮下，或近於裸出。　體高約爲體長之 1/2。腹鰭 I, 4。下頜無髭合瘤。脊椎 24〜27 (*Hypodytes*)。

　　D. XIV〜XV, 6〜7；A. III, 3〜4；P. 11。側線孔 17〜20。體紅褐色，有不規則的暗色斑駁……

……………………………………………………………………………………**葉絨鮋**

2b. 臀鰭具 1 弱棘，最後軟條與尾柄之間有鰭膜相連。各鰭軟條簡單而不分枝。體表被小棘狀或乳突狀變形鱗片。腭骨有齒。

　　　　9a. 腹鰭 I, 3。體表密被小棘狀變形鱗片。脊椎數 26〜28。鰓被架 6 〜 7 (*Paraplo-actis*)。

　　　　下頜腹面有多數小棘狀或乳突狀絨毛，其內外緣有觸鬚。D. XIV, 10；A. I, 9；P. 13；V. I, 3。側線孔 12。體黑色，除背鰭硬棘部外，其他各棘有白色小圓斑散在 …

…………………………………………………………………………**鹿兒島絨鮋**

　　　9b. 腹鰭 I, 2。

　　　10a. 眶前骨之棘鈍短，結狀。體延長。前鰓蓋具 5 鈍棘。無鰾，脊椎數 29 (*Aploactis*)。

　　　　D. XIII, 12〜13；A. I, 13；P. 13；V. I, 2。側線孔 13〜14。體棕褐色，腹面由喉峽部至肛門較淡。各鰭較暗，但其末端常爲白色。口腔白色，鰓腔淡黃色………

………………………………………………………………………………**絨皮鮋**

　　　10b. 眶前骨之棘尖銳，棘狀。體卵圓形。前鰓蓋具銳棘 4 枚。有鰾 (*Erisphex*)。

　　　　11a. 體褐色，紅色或白色，有很多不規則之暗色斑紋。變形之鱗片細長，毛刺狀。

　　　　D. XII, 12；A. I, 11；P. 12。側線孔 9〜13………………………………**絨鮋**

　　　　11b. 體色爲一致之褐色，無顯著之暗色斑紋。鱗片較短，其長不達濶之 2 倍。D. XI, 13；A. I, 12；P. 13。側線孔 12〜15 ………………………**平滑絨鮋**

1b. 背鰭起點遠在眼後之上方。體被中小型圓鱗或櫛鱗。臀鰭最後軟條與尾柄之間無鰭膜相連。

　　　　12a. 頤部有鬚 3 枚，兩側者較長。胸鰭延長，最下方之一枚鰭條不分枝而完全游離。眶前骨上有一長棘向後伸出。眶間區甚狹（不及頭骨基底寬度之 1/10）；額稜顯著，中間有一深狹之溝。鰾爲胡蘆狀 (*Apistus*)。

　　　　體青灰色，腹面色淡，背鰭硬棘部有一大黑斑，胸鰭黑色，臀鰭有一黑色縱

帶。D. XIV～XV, 8 ～10；A. III, 7～8；P. 11～12；L. 1. 約 72；側線孔
24～30···**鬚鮋**

12b. 頤部無鬚。胸鰭下方鰭條不游離，至少在基部有鰭膜相連。

13a. 側線管露出， 未被鱗片掩覆。體被小圓鱗， 側線至背鰭起點間一列鱗片
10 枚或更多。眶下棘不發達。前鰓蓋具 5 棘。

14a. 沿上頜骨全長有一縱脊。前鰓蓋棘長，第 2 棘約與第 1 , 3 棘等長。D.
XII, 9～10；A. III, 6～7；P. 17～20。 體爲一致之黑色，口腔黑色而有
橙色及紅色斑駁··**深海鮋**

14b. 上頜骨無骨質稜脊。第 2 前鰓蓋棘約與第 5 棘等長，而顯然較第 1 第 3
棘爲小。胸鰭末端達臀鰭起點上方。D. XII, 10；A. III, 5；P. 23；L. 1.
約 45。側線孔 25。體紅色，背部較暗，口腔及鰓腔灰褐色······**長臂簑鮋**

13b. 側線管掩於鱗下。通常具較大形之櫛鱗。

15a. 胸鰭末端通常接近或超過臀鰭起點上方。背鰭各棘延長，殆與體高相
等 (*Dendrochirus sp.* 以及 *Brachypterois serrulatus* 除外)，棘膜深
凹而幾達基底，大形標本之頭脊成鋸齒狀。

16a. 胸鰭各鰭條分枝（上方 1～2 鰭條除外）， 鰭膜不顯著凹陷。背鰭
硬棘 XIII。

17a. 臀鰭 II, 7～8。尾鰭後緣截平，成魚尾鰭上下方 1 ～ 2 鰭條延長
爲絲狀。眶前骨有多數下伸之棘 (*Parapterois*)。

頭部各瓣狀物不發達（眶間區無觸鬚狀皮瓣）。 體紅褐色， 體側有
8，9 條不甚明顯之橫帶， 奇鰭淡褐色， 有若干暗褐色之小斑點。
偶鰭深褐色或黑褐色 。 D. XIII, 9 （硬棘長者與頭長相等）；P.
18～20 （達尾柄中部）；L. 1. 43；側線孔 25～27。前鰓蓋棘 3 枚
···**異尾簑鮋**

17b. 臀鰭 III, 5～8。尾鰭後緣圓形，上下鰭條不延長爲絲狀。

18a. 臀鰭軟條 7 ～ 8；雄 魚 之頂骨脊增大爲垂直之鳥冠狀薄骨板
（易碎）， 約如眼大，在背鰭起點之前。D. XII～XIII, 9；P. 16
（達尾柄中部）；側線孔 24～26 ·······················**烏帽子簑鮋**

18b. 臀鰭軟條 5 ～ 6；枕區兩側無直立之鳥冠狀薄骨板。

19a. 腹鰭黑色而有白邊。背鰭軟條部有 2 眼狀斑，外緣白色。胸
鰭白色，有 4 條暗色橫帶。鼻瓣延長如帶狀。D. XIII, 9；
A. III, 6；P. 18。L. 1. 43······························**雙斑臂簑鮋**

19b. 背鰭軟條部無眼狀斑。

20a. 眼上觸角長於眼徑。臀鰭軟條 6 。眼上緣及其他頭部突起
稜無細鋸齒緣。D. XIII, 10；P. 17。側線孔 27。體紅色。

　　　　體側有 7～8 條暗褐色寬橫帶。

　　　　前鰓蓋後下方有一大黑斑。奇鰭黃色，有許多小黑斑。胸鰭淡黃色，有多條暗色橫條紋。腹鰭黑色。前鼻孔有一細絲狀長鼻瓣……………………………………………**花斑簑鮋**

20b. 眼上觸角短於眼徑。臀鰭軟條 6。

　　21a. 下頜腹面無細鋸齒狀稜脊。前鰓蓋棘 3，鰓蓋無棘。背鰭之多數硬棘長於體高之半。眼上緣及頭部其他突起稜有細鋸齒﹔眶前骨下緣有皮瓣。眼上棘有一皮瓣。D. XIII, 9; P. 17。側線孔 24～26。體灰紅色，體側有 5～6 條寬橫帶。胸鰭有 7～8 條暗色橫帶。背鰭軟條部，尾鰭、臀鰭均有暗色斑點……………………………**赤斑臂簑鮋**

　　21b. 下頜腹面有細鋸齒狀稜脊（較大標本）。前鰓蓋棘 5，鰓蓋 1 棘。背鰭各棘短於體高之半。頭部無皮瓣。體側有 6 條暗色橫帶，腹方較淡。頭側及鰓蓋各有一紅黑斑。背鰭棘部有 2 條，軟條部有一條暗色縱斑。臀鰭有 3～4 條斜條紋，腹鰭有 4～5 列小點。D. XIII, 10～11; P. 15。側線孔 25～27 ………………………**鋸稜短簑鮋**

16b. 胸鰭各鰭條不分枝，上部鰭條間之鰭膜深凹，殆接近鰭之基部。背鰭硬棘 XII～XIII。

　　22a. 體被圓鱗。背鰭硬棘通常為 XIII，胸鰭軟條 13～14。

　　　23a. P. 13。體側有約 20 條褐色橫條紋。下頜腹面無縱走條紋。項部有鱗。

　　　　24a. 側線上橫列鱗片數 65～70，側線至背鰭硬棘部之間鱗片 6～8，側線至臀鰭起點間鱗片 14～15。尾鰭紅色無斑點。背鰭軟條部及臀鰭多少有斑點。腹鰭有數列暗色斑點。胸鰭有 6 或更多列形狀不一之黑點。眼下稜有許多不規則之小鋸齒……**龍鬚簑鮋**

　　　　24b. 側線上橫列鱗片數約 80，側線至背鰭硬棘部之間鱗片 9～12，側線至臀鰭起點間鱗片 15～18。背鰭軟條部、臀鰭、尾鰭無斑點。腹鰭有黃色小點，胸鰭有不規則的黑點散在。眼下稜只有 2 枚小棘……………………………………………**索尾簑鮋**

　　　23b. P. 14，下頜腹面有暗色縱條紋，背鰭軟條部，及尾鰭、臀鰭均有斑點。側線上橫列鱗片數 90～106，側線至背鰭硬棘部之間鱗片 12～14，側線至臀鰭起點之間鱗片 19～21，項部裸出。胸鰭腹鰭暗褐色，有較大之斑點。D. XIII, 11; A. III, 7; 側線孔 27～30………………………………………………………………**魔鬼簑鮋**

22b. 體被櫛鱗； 背鰭硬棘通常為 XII； 胸鰭軟條通常為 16。

25. 眼上觸角暗褐色，末端白色，吻部無暗色斑紋。頭部有三條暗色寬橫帶，第一條橫過眼窩。體側有五條寬橫帶，帶間有乳白色線。尾柄有三條暗色縱帶，胸鰭基底有二條半月形橫帶。D. XII, 11, A. III, 6; 側線孔 27。側線上橫列鱗片35………………………………………………………………**輻紋簑鮋**

26. 眼上觸角有 4～5 個橫環，吻部側面有一暗色斑塊。頭部有五條橫帶，第二條橫過眼窩。體側有多條暗色橫帶，尾柄部無縱帶，胸鰭基部有一大形有白邊之暗斑。D. XII, 10～12; A. III, 6～6; P. 16～17。側線孔 26(24)。側線上橫列鱗片 34(35) ……………**觸角簑鮋**

15b. 胸鰭末端甚少超過臀鰭起點。背鰭硬棘部之高顯然小於體高，棘膜不深凹至鰭之基底 (*Neosebastes extaxis* 例外)。

27a. 背鰭硬棘 XIII。

28a. 腭骨有齒。

29a. 背鰭第 3，4 棘之長約與體高相等。胸鰭軟條 20。側線孔 33～37。D. XIII, 8; A. III, 5。體暗紅色，體側有三條寬橫帶，第一條在背鰭前方 7 硬棘之下方，第二條在第 9，10 二棘之下方，第三條在軟條部之下方。尾鰭有 6～7 列暗褐色斑點。背鰭硬棘部有不規則之暗色斑駁，軟條部外側有 4～5 列暗褐色斑點………………………………………………**隆額簑鮋**

29b. 背鰭第 3，4 棘顯然短於體高。胸鰭 17 軟條，側線孔約 24。D. XIII, 11; A. III, 5; P. 18。前鰓蓋無強棘，頭頂及沿側線有皮鬚。體色平常，在背鰭第一棘下方有一暗色斑塊，第二個在硬棘部中點下方，另一個在最後一棘下方。在第 9～11 棘之間有一大形黑斑，其他各鰭無色…………………………**皮鬚鮋**

29c. 背鰭第 3，4 棘顯然短於體高，P. 15～17 (多數 16)。D. XIII, 14～15; A. III, 7。眼大形，約為頭長之 1/3。赤色，有 6 條顯著之黑色橫帶，最後一條在尾柄基部上方。側線孔

47～53……………………………………………………………………**裴納氏大目鮋**

28b. 腭骨無齒。

 30a. 臀鰭第一棘甚短，約爲第二棘之 1/5 或更短。臀鰭通常爲 II, 6～7。少數 III, 5。D. XIII, 9; P. 17～18。側線孔 24。體淡灰色，體側有五條不規則之暗褐色橫帶，向上擴展至背鰭。頭頂有五個暗斑，鰓蓋有二條斜帶。各鰭有不規則的暗褐色斑塊。主上頜骨外側有小鱗一簇，眼下稜脊有棘多枚，前鰓蓋有棘 5 枚……………………………………………………**棘鮋**

 30b. 臀鰭第一棘長約爲第二棘之 1/2。臀鰭通常爲 III, 5。主上頜骨外側無鱗。前鰓蓋 4 棘。

  31a. 眶前骨之側方有一棘，在眼窩之前，鼻孔下方。在上頜骨後端上方，眼下稜脊之下方或另有一棘 (*Scorpaenodus*)。

  32a. 側線上橫列鱗數 35 以下。背鰭軟條通常爲 8 ～ 9。

   33a. P. 17～18。眶下稜脊具 4 棘，在稜脊之下方另有一棘。側線上橫列鱗數 29～30，側線孔 23。體鮮紅色，有暗紅色橫斑，一在頭部，一在背鰭第 2 ～ 4 棘下方，一在背鰭硬棘部後半之下方，一在軟條部下方，一在尾柄部，各斑向上擴展至背鰭。背鰭第 3 ～ 4 棘之間有一黑斑。眼上棘有肉質觸角。吻部及頭頂各棘大都有簡單之觸角……………………………………**鬚小鮋**

   33b. P. 18～19 (少數爲 20)。眼下稜脊有棘 3 ～ 4 枚，稜脊下方無棘。側線上橫列鱗數 30。體褐色、灰色或白色，體側有三條橫帶，眼下方有一黑斑…**克氏小鮋**

  32b. 側線上橫列鱗數 38～40。P. 17～18。眶下稜脊具棘 2 ～ 3 枚。側線孔 23～25。體淡紅色，頭部有不規則的紅色斑塊，鰓蓋上方黑色。背鰭第 9～12 棘之間有一黑斑。胸鰭中部有一三角形黑斑……………………**花翅小鮋**

  32c. 側線上橫列鱗數 40 以上。

   34a. 側線上橫列鱗數45～55；眶下稜脊有棘 5 ～ 9 枚或更多；冠脊有棘，後額骨有棘。P. 17～18，體被粗糙櫛鱗，下頜有髓合瘤。體紅色，體側有 2 ～ 4 條暗紅色狹橫帶。體之前部及背側有暗綠色斑駁。主上頜骨有鱗一簇……………………………**短翅小鮋**

   34b. 側線上橫列鱗數45。眶下稜脊有棘 3 枚。背鰭具 9 軟條。P. 17～19；側線孔 24～26。體暗紅色，

有五條不甚明顯之暗色橫帶。各鰭紅色而有不規則
的暗色斑點，背鰭硬棘部有 2～3 縱列白色斑點，
前鰓蓋下方有一大形黑斑，眼之外圍有四個輻狀黑
斑‧‧**淺海小鮋**

34c. 側線上橫列鱗數 42～44。眶下稜脊有棘 3 枚（少
數 2 或 4 枚）。側線孔 22～25。無冠脊及後額棘。
眶間區有鱗。體大都為褐色，有暗紅色斑點及五、
六條不明顯且不規則之橫斑。鰓蓋通常有一黑斑‧‧‧
‧‧**關島小鮋**

27b. 背鰭棘 XII～XIII。

35a. 無鼻棘；眼眶聳起。D. XIII, $9\frac{1}{2}$；A. III, $5\frac{1}{2}$；眶下稜脊
具 4 棘。胸鰭各鰭條不分枝。尾鰭分枝鰭條 9。胸鰭、腹鰭、
及臀鰭黑色，其他各鰭有黑色或暗色斑駁‧‧‧‧‧‧‧‧‧**魔翅鮋**

35b. 無鼻棘；眼眶聳起；D. XII, $9\frac{1}{2}$；A. II, $6\frac{1}{2}$；眶下稜脊上
之棘不顯；尾鰭鰭條均不分枝。液浸標本有暗色斑紋，各鰭條
有橫條紋‧‧‧‧‧‧‧‧‧‧‧‧‧‧‧‧‧‧‧‧‧‧‧‧‧‧‧‧‧‧‧‧‧‧**安朋魔翅鮋**

35c. 具鼻棘；眼眶不聳起。

36a. 背鰭軟條 6～7。眼下稜脊特強，向前延伸至吻端。無前
腭突；頭比較平扁。胸鰭下方鰭條成葉狀突出。P. 20～23。
側線上橫列鱗數 30～35。側線孔 27～29。背鰭第 5 棘與最
後 1 棘約等長，後者約為第 11 棘長之倍，為第 10 棘之 4
倍。生活時紅色，背鰭第 1～6 軟條間有一大形黑色圓斑。
胸鰭及尾鰭之後部有 1～2 黑色橫斑‧‧‧‧‧‧‧‧‧‧**平額石狗公**

36b. 背鰭軟條 9 枚或更多。眶下稜脊在眼前方不明顯。

37a. 背鰭軟條 11～12 枚；眶下稜脊不發達，通常無棘。

38a. 無冠棘；鰓腔膜黑色；無泳鰾。

D. XII, 11～13；A. III, 4～6；P. 16～20。側線孔
25～30，側線上橫列鱗數 35～42。眼上棘有一短觸角。
體灰紅色，體側上方有五個不規則的暗色橫斑，在頭頂
及尾柄各一個。各鰭顏色一致‧‧‧‧‧‧‧‧‧‧‧‧‧‧‧‧‧**無鰾鮋**

38b. 有冠棘；鰓腔膜白色。具泳鰾。

39a. 第二眶下骨之上緣有一銳棘，P. 16～18（通常為
17）。D. XII, 12～13；側線孔 49～53。體赤黃色，
有不規則的黃色雲狀斑駁‧‧‧‧‧‧‧‧‧‧‧‧‧‧**白條紋石狗公**

39b. 第二眶下骨之上緣無棘。P. 18～19。

40a. P. 18。第一鰓弧外列鰓耙 24 或更少。D. XII, 11～13。 側線孔 49～54。眶間區深凹；眼較小，約爲頭長之 1/4。體紅褐色至深褐色，沿背鰭基底及尾柄有五個白斑，但有時亦爲不規則之斑駁‧‧‧**石狗公**

40b. P. 19。第一鰓弧外列鰓耙 24 或更多。D. XII, 12；側線孔 49～54。體淡紅色，有的在頭部背面有綠色斑紋‧‧‧‧‧‧‧‧‧‧‧‧‧‧‧‧‧‧‧‧‧‧‧‧‧‧‧‧‧‧‧‧‧‧‧‧‧**三色石狗公**

37b. 背鰭軟條 9～10；眶下稜脊發達並具棘 (*Sebastapistes albobrunnea* 例外)。

41a. 背鰭第 4 棘顯然較第 3，5 棘爲長（大形標本），最後一棘約爲前一棘長之 3 倍。在第 1～3 或 2～3 棘之間有黑點。 眶下稜脊之後端有一棘， 眶前骨具 2 棘。 腭骨無齒。 D. XII, 9；P. 18（少數 17 或 19）。橫列鱗片數約 65～75‧‧‧‧‧‧‧‧‧‧‧‧‧‧**斑點紅鮋**

41b. 背鰭第 4 棘不較第 3，5 棘特別延長，最後一棘約爲前一棘長之 2 倍或更短。

42a. 腭骨無齒。

43a. 側線不完全，只以鰓孔上方 4～5 個有孔鱗片爲代表。眶前骨前突鈍圓。第一鰓弧外列鰓耙 19～22。有大形明顯之下頜孔。生活時體紅色，液浸標本灰褐色，背鰭第 6～7 棘間有一暗褐至黑色斑。眶下稜脊有 6～7 棘。前鰓蓋棘 4。橫列鱗數 30＋3‧‧‧**大眼鮋**

43b. 側線完全，眶前骨前突爲一前伸之棘。第一鰓弧外列鰓耙 11～16。下頜孔不明顯。體有不規則之暗色斑駁。

44a. 眶間區狹， 小於眼徑。 下頜腹面有發達之皮瓣或觸角； 眶前骨之側面有一棘， 在其後突之上方。 頭棘明顯， 頭頂之稜脊無鋸齒。 胸鰭後端不達胸鰭起點。D. XII, 9～10；P. 17～18（下方 10～12 軟條不分枝）；側線孔 23～25。側線上橫列鱗片數 43～45。枕部凹陷不顯，背鰭前方不顯著隆起。體紅褐色，有不規則的深色斑駁。胸鰭內外面顏色相似（內面不爲黃色）， 腋部不爲橙黃色‧‧‧**鬼石狗公**

44b. 眶間區大於眼徑。下頜腹面皮瓣不發達或無皮瓣。枕部深凹，背鰭前方有圓形隆突。胸鰭較長，往往達臀鰭起點之後方。胸鰭內面大部分橙黃色。

45a. 沿胸鰭外部內面有一弧狀寬橫帶，近腋部有約 20 個大小不等之黑點。老成標本頭部各稜脊有小鋸齒，因此各棘不顯‧‧‧‧‧‧‧‧‧‧‧‧‧‧‧‧‧‧‧‧‧‧‧‧‧‧‧**常石狗公**

45b. 胸鰭外部內面上半有一短黑帶，腋部暗色。頭部各稜脊無鋸齒‧‧‧**魔石狗公**

42b. 腭骨有齒。

46a. 胸鰭軟條全部不分枝。

D. XII, 9；P. 16～17。 側線孔 25。 由眼上棘之後緣伸出一肌肉質之長觸角。生活時鮮紅色，側線上方有四條不規則之黑橫帶，頭部及各鰭（腹鰭除外）有不規則之斑駁及小黑點‧‧‧‧‧‧‧‧‧‧‧‧‧‧‧‧‧‧‧‧‧‧‧‧**深海觸手鮋**

46b. 胸鰭上部鰭條分枝（上方 1～2 鰭條除外）。

47a. 體被圓鱗。眶前骨之後突向下方伸出，其後緣向前彎屈。

48a. 眶下稜脊具 2 棘，P. 17～18；D. XII, 9～10。側線上橫列鱗片約 45。背鰭前中央鱗片，到達眼間區。生活時綠褐色，有深淡不一之斑駁⋯⋯⋯⋯⋯⋯⋯⋯⋯⋯⋯⋯⋯⋯⋯⋯⋯⋯⋯⋯⋯⋯⋯⋯⋯⋯⋯**圓鱗鮋**

48b. 眶下稜脊具 3 棘。

49a. 背鰭硬棘部後方有一明顯之黑色圓斑。眼上觸角邊緣完整。D. XII, 8～9；P. 16。側線孔 23～24，側線上橫列鱗片約 36。液浸標本淡褐色，有深色斑駁，形成不規則之橫斑，後方二斑較明顯，一在背鰭軟條部下方，一在尾柄，胸鰭有不規則的橫列斑點⋯⋯⋯⋯⋯⋯⋯⋯⋯⋯⋯⋯⋯⋯⋯⋯⋯⋯⋯⋯⋯⋯⋯⋯⋯⋯⋯**斑翅鮋**

49b. 背鰭硬棘部無黑色圓斑。眼上觸角纖毛狀或無觸角；背鰭前中央鱗片止於項棘所在處。D. XII, 8～9；P. 15～17。側線孔 23～25；側線上橫列鱗片 39～42。幼魚黃紅色，有紅色斑駁；成魚暗紅褐色而有淡紅色斑駁。背鰭硬棘部有不規則之暗色斑點，軟條部前下方有一斜斑，外側有一橫斑，臀鰭有三條不規則的橫斑，尾鰭及胸鰭亦均有橫列條斑⋯⋯⋯⋯⋯⋯⋯⋯⋯⋯⋯⋯⋯⋯⋯⋯⋯⋯**金色鮋**

47b. 體被櫛鱗。眶前骨後突之後緣不向前彎屈。

50a. 在頭頂眼後有一大形深陷之枕窩(Occipital pit)。額稜明顯。

51a. 胸鰭上腋部有一扁平皮瓣；胸鰭 19 軟條，下方 9～10 軟條不分枝；幽門盲囊 6～9（多數爲 7～8）；眼前骨之下緣最後一棘垂直向下；體紫紅色，下部有金色光澤，腹面白色，到處有不規則的斑紋。D. XII. 9（偶成 8,10）；A. L. 1. 44（有孔鱗片 23～24）⋯⋯⋯⋯⋯⋯⋯⋯⋯⋯⋯⋯⋯**伊豆石狗公**

51b. 胸鰭上腋部無皮瓣；胸鰭 15～17 軟條，下方 9～10 軟條不分枝；幽門盲囊 4～5；眶前骨下部最後一棘向後下方走。頭部有發達的皮瓣，無第三眶下骨而有第四眶下骨，第二眶下骨與眶蝶骨游離；眶前骨下緣之最後一棘以上無棘。液浸標本淡色，有明顯的斑紋，雄者背鰭第 IV 與第 V 棘之間有一明顯之黑斑。D. XII. 9（偶或 8,10）；L. 1.（有孔之鱗片）23～24⋯⋯⋯⋯⋯⋯⋯⋯⋯⋯⋯⋯⋯⋯⋯⋯⋯⋯⋯⋯**絡鰓石狗公**

50b. 在頭頂眼後無明顯之凹陷部。

52a. P. 15～16。眶前骨前突向前伸出。

53a. 眶前骨後突之上方有一強棘。眶下稜脊無棘。頭部無皮瓣，下頜腹面無暗色橫帶。胸鰭 16 軟條，下方 10 軟條不

分枝。液浸標本淡褐色，有不規則的褐色斑紋，有的無斑
紋。D. XII. 9；側線孔 24 或 25 ……………………**兩色石狗公**

53b. 眶前骨後突無棘；眶下稜脊有棘。胸鰭 15 軟條，下方
8～10 軟條不分枝；頭部無皮瓣。體紫褐色，有不規則的
黑褐色斑紋。D. XII. 9；側線孔 23～25；側線上橫列鱗
片 38～45 …………………………………**貝諾石狗公**

52b. P. 18～19。眶前骨前突向下或向後下方伸出。

54a. P. 18。眶下稜脊有棘 3 枚；眶下骨突起上方無棘。前
鰓蓋 5 棘。背鰭第 III 棘最長。D. XII, 8～9；P. 18。
側線孔 20～24。橫列鱗片 30～35。生活時灰綠色。液
浸標本灰色，上側及上側較深。有不明顯的深色蟲斑…
……………………………………………**鈍吻新棘鮋**

54b. P. 19。眶下稜脊有棘 4 枚，最前方一棘在眶前骨二突
起之間。前鰓蓋 4 棘。

55a. 背鰭第 IV 棘最長。下頷伸出而稍超越上頷。D.
XII, 9；P. 18～20（多數爲 19）。側線孔 22～25。橫
列鱗片 36～41 …………………………**大鱗新棘鮋**

55b. 背鰭第 III 棘最長；上下頷相等。D. XII, 9；P.
18～20（多數爲 19）。側線孔 23～24。橫列鱗片約 40
……………………………………………**曲背新棘鮋**

日本絨鮋 *Neocentropogon aeglefinus japonicus* MATSUBARA

　　產高雄、東港。

山魈絨鮋 *Snyderina yamanokami* JORDAN & STARKS

　　產大溪。

長絨鮋 *Amblyapistus taenianotus* (CUVIER & VALENCIENNES)

　　英名 Whitenose scorpionfish。產澎湖、恒春。（圖 6-109）

長棘絨鮋 *Amblyapistus macracanthus* (BLEEKER)

　　產東港、澎湖、大溪。

三棘高身鮋 *Taenianotus triacanthus* LACÉPÈDE

　　英名 Paperfish, Three-spinned scorpionfish。又名黃絨鮋。產臺東。（圖 6-109）

裸棘絨鮋 *Ocosia spinosa* L. CHEN

　　產臺東。（圖 6-109）

裸帶絨鮋 *Ocosia fasciata* MATSUBARA

　　產大溪、基隆。

裸絨鮋 *Ocosia vespa* JORDAN & STARKS

　　產東港。

葉絨鮋 *Hypodytes rubripinnis* (TEMMINCK & SCHLEGEL)

　　高市漁會原有一標本，採集地不明。該標本現已不存在，故其是否分佈臺灣附近存疑。

鹿兒島絨鮋 *Paraploactis kagoshimensis* (ISHIKAWA)

　　產龜山島。

絨皮鮋 *Aploactis aspera* RICHARDSON

　　產高雄。

絨鮋 *Erisphex pottii* (STEINDACHNER)

　　又名蜂鮋。日名虻䲁。產高雄、基隆、大溪。（圖 6-109）

平滑絨鮋 *Erisphex simplex* L. CHEN

　　產高雄、大溪。

鬚鮋 *Apistus carinatus* (BLOCH & SCHNEIDER)

　　英名 Long-finned rockfish, Bearded waspfish, Scorpion fish，又名鬚簑鮋。日名蜂
鮋；俗名國公，國光，亦名襟鮋（動典）。產高雄、澎湖。*A. venenans* JORDAN &
STARKS, *A. evolans* JOR. & STARKS 均爲其異名。（圖 6-109）

深海鮋 *Ectreposebastes imus* GARMAN

　　英名 Garman's Deep-water scorpion fish。產東港。（圖 6-109）

長臂簑鮋 *Setarches longimanus* (ALCOCK & McGRICHRIST)

　　又名長臂囊頭鮋，赤鮋。產東港、大溪。

異尾簑鮋 *Parapterois heterurus* (BLEEKER)

　　英名 Blackfoot firefish。又名擬簑鮋，截尾簑鮋。日名臺灣簑鮋。產高雄、基隆、大溪。
Pterois jordani REGAN, *Ebosia starksi* FRANZ, *Pterois tanabensis* TANAKA,
Ebosia pava SCHMIDT，均爲本種異名。

烏帽子簑鮋 *Ebosia bleekeri* (DÖDERLEIN)

　　產基隆、大溪。

雙斑臂簑鮋 *Dendrochirus biocellatus* (FOWLER)

　　據 BURGESS & AXELROD (1974) 產臺灣。（圖 6-109）

花斑簑鮋 *Dendrochirus zebra* (CUVIER)

　　英名 Zebra turkeyfish, Dwarf lionfish, Zebra butterfly-cod。又名花斑叉指鮋。

產恒春。*Brachirus zebra* MATSUBARA, *Pterois zebra* QUOY & GAIMARD 均爲其異名。

赤斑臂簑鮋 *Dendrochirus bellus* (JORDAN & HUBBS)

又名美麗短簑鮋。產澎湖、基隆、大溪、東港。

鋸稜短簑鮋 *Brachypterois serrulatus* (RICHARDSON)

產基隆、大溪、東港。

龍鬚簑鮋 *Pterois lunulata* TEMMINCK & SCHLEGEL

亦名環紋簑鮋，長翅石狗公（梁），龍鬚魚（R.）。產臺灣。

素尾簑鮋 *Pterois russelli* BENNETT

英名 Plaintail Firefish。又名勒氏簑鮋。產基隆、大溪、東港。

魔鬼簑鮋 *Pterois volitans* (LINNAEUS)

英名 Rock Fish, Lion Fish, Devil Firefish, Red Firefish, Scorpion-cod, Ornate Butterfly-cod，亦名 Kew yu（鬼魚？），Mow yu（魔魚？），King yu（均據 R.）；俗名國公，石狗敢；日名大簑鮋。產臺灣。

輻紋簑鮋 *Pterois radiata* CUVIER

英名 Radial Firefish。產恒春、小琉球。

觸角簑鮋 *Pterois antennata* (BLOCH)

英名 Broad barred firefish, Rough-scaled Turkeyfish, Ragged-finned butterfly-cod。產恒春。（圖 6-109）

隆額簑鮋 *Neosebastes entaxis* JORDAN & STARKS

產東港、高雄、基隆、大溪。

皮鬚鮋 *Thysanichthys crossotus* JORDAN & STARKS

產大溪。（圖 6-109）

裘納氏大目鮋 *Sebastes joyneri* (GÜNTHER)

俗名大目鱸，產本島近海。L. CHEN (1981) 認爲本種爲溫帶魚類，前人之記錄可能有誤，惟東海大學生物系的確有本種標本採自基隆。

棘鮋 *Hoplosebastes armatus* SCHMIDT

又名棘鱸鮋。產基隆、大溪、澎湖。

鬚小鮋 *Scorpaenodus hirsutus* (SMITH)

英名 Hairy Scorpion fish。產恒春。

克氏小鮋 *Scorpaenodus kelloggi* (JENKINS)

英名 Kellogg's scorpionfish。產恒春。

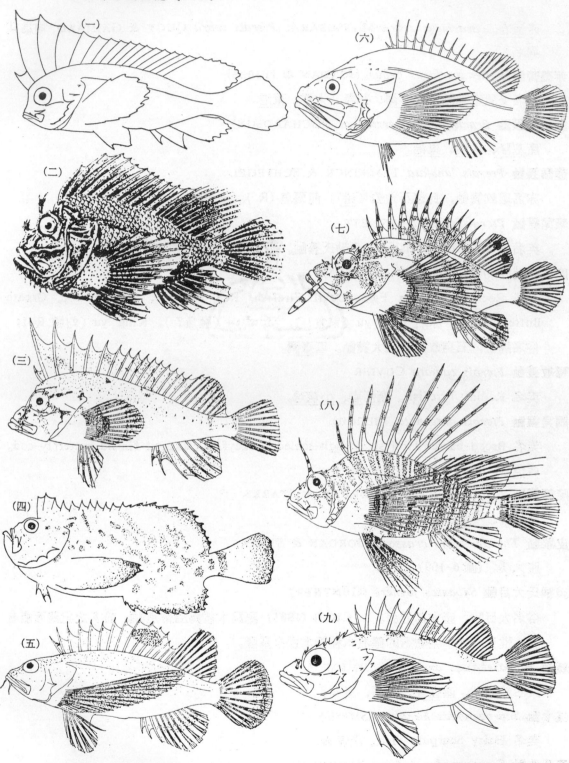

圖 6-109　（一）長絨鮋；（二）三棘高身鮋；（三）裸棘絨鮋；（四）絨鮋；（五）鬚
鮋；（六）深海鮋；（七）雙斑臂簑鮋；（八）觸角簑鮋；（九）皮鬚鮋（二，
據 TINKER；其他均據 L. C. CHEN）。

花翅小鮋 *Scorpaenodus varipinnis* SMITH

  產恒春。（圖 6–110）

短翅小鮋 *Scorpaenodus parvipinnis* (GARRETT)

  英名 Small-finned Scorpion fish。產恒春。

淺海小鮋 *Scorpaenodus littoralis* (TANAKA)

  英名 Shore Line scorpionfish。產宜蘭。

關島小鮋 *Scorpaenodus guamensis* (QUOY & GAIMARD)

  英名 Guam scorpionfish。產恒春、大溪、澎湖、小琉球。YU & CHUNG (1975) 曾記載 *S. scabra* (RAMSAY & OGILBY) 產於小琉球。其與本種之區別爲臀鰭第二棘較長，眶前骨後下角有小棘。SMITH (1957) 將其列爲本種之異名，其差別可能爲雌雄異型之故。

魔翅鮋 *Pteropelor noronhai* FOWLER

  產基隆。

安朋魔翅鮋 *Pteroidichthys amboinensis* BLEEKER

  據 CHEN & LIU (1984) 產枋寮。

平額石狗公 *Plectrogenium nanum* GILBERT

  又名姬鮋（楊）。英名 Small Scorpion fish。產東港。（圖 6–110）

無鰾鮋 *Helicolenus hilgendorfi* (STEINDACHNER & DÖDERLEIN)

  產大溪、東港。

白條紋石狗公 *Sebastiscus albofasciatus* (LACÉPÈDE)

  產基隆。

石狗公 *Sebastiscus marmoratus* (CUVIER & VALENCIENNES)

  石狗公當係本科一般俗名；日名笠子；亦名笠子魚，褐菖鮋，鮋（動典）。產基隆、澎湖。

三色石狗公 *Sebastsicus tertius* BARSUKOV & CHEN

  產基隆。本種可能爲上種之深海種型。

斑點紅鮋 *Iracundus signifer* JORDAN & EVERMANN

  據 J. E. RANDALL 於 1978 年在南灣（恒春）採得標本。英名 Spot-bearing Scorpion fish。

大眼鮋 *Phenacoscorpius megalops* FOWLER

  英名 Large-eyed Scorpion fish。產東港。

鬼石狗公 *Scorpaenopsis cirrohsa* (THUNBERG)

亦名石祟 (F.)，鬚擬鮋，石獅子 (R.)，虎魚；英名 Raggy scorpionfish, Weedy sti-ngfish。日名鬼鮋。產臺灣、澎湖。JONES 等 (1972) 之 *S. cacopsis* 爲本種之異名。

常石狗公 *Scorpaenopsis neglecta* HECKEL

產基隆、大溪、澎湖、高雄。本書舊版原記 *S. gibbasa* (BLOCH & SCHNEIDER) 產臺灣，近據 ESCHMEYER & RANDALL (1975)，CHEN (1981) 稱，臺灣所產者應爲本種，*S. gibbosa* 之分佈僅限於印度洋。惟就東海大學魚類研究室現有標本看來，二者之分野似乎尚難謂肯定。

魔石狗公 *Scorpaenopsis diabolis* CUVIER

英名 Humped scorpionfish。產臺東、小琉球。

深海觸手鮋 *Pontinus tentacularis* (FOWLER)

產高雄。(圖 6-110)

圓鱗鮋 *Parascorpaena picta* (KUHL & VAN HASSELT)

英名 Painted Stingfish。產恒春、臺東。(圖 6-110)

斑翅鮋 *Parascorpaena maculipinnis* SMITH

英名 Ocellated Scorpionfish。產恒春。

金色鮋 *Parascorpaena aurita* (RÜPPELL)

英名 Golden Scorpion Fish。產小琉球、恒春、東港、基隆、宜蘭、臺東。*P. mos-sambica* (PETER)，*Scorpaena zanzibarensis* 均其異名。

伊豆石狗公 *Scorpaena izensis* JORDAN & STARKS

伊豆爲日本地名。亦名雲鮋（動典），裸胸鮋，伊豆鮋。產基隆。

絡鰓石狗公 *Scorpaena neglecta* TEMMINCK & SCHLEGEL

日名總鮋，形容其面部有許多鬚狀突起也；動典譯爲髭鮋，恐與鬚鮋混淆，故改訂如上。又名斑鰭鮋，常鮋。產臺灣。(圖 6-110)

兩色石狗公 *Scorpaena albobrunnea* GÜNTHER

產基隆。*S. tinkhami* FOWLER 爲其異名。(圖 6-110)

貝諾石狗公 *Scorpaena bynoensis* RICHARDSON

俗名 Ho hii（虎魚）；產高雄。JOR. & RICH. 所謂 *Sebastapistes tristis* (KLUNZ.)，當係本種異名。

鈍吻新棘鮋 *Neomerinthe rotunda* L. CHEN

產高雄、臺灣海峽。

大鱗新棘鮋 *Neomerinthe megalepis* (FOWLER)

產東港。

曲背新棘鮋 *Neomerinthe procurva* L. CHEN

產大溪。

圖 6-110　（一）花翅小鮋；　（二）平額石狗公；　（三）深海觸手鮋；　（四）圓鱗鮋；
（五）絡鰓石狗公；　（六）兩色石狗公（以上均據 L. C. CHEN）。

毒鮋科 SYNANCEIIDAE

=SYNANCEJIDAE；鰧科（初版）；Stonefishes

　　體延長，側扁，似鮋而體裸出，只沿側線及其他部分有埋於皮下之少數鱗片，皮下往往
埋有腺體，在背鰭棘之基部附近有毒腺，觸之釋出致命性神經毒素。有的具真皮性之觸鬚狀
突起。頭大，頭高與頭寬約相等或稍側扁；常具凹陷和稜脊或突起，很不規則；後顬骨前部
分叉，固着于頭顱上。口大，斜裂，或近於垂直，閉合時下頜向前突出；上頜向後不達眼眶

中部下方。眼中等大，上側位；眶上緣及下頜有細鬚。上下頜有絨毛狀齒，鋤骨有齒一簇或二簇，腭骨無齒。前鰓蓋骨 4 或 5 棘，鰓蓋主骨 2 棘。鰓裂大，鰓膜在喉峽部相連。背鰭連續，棘數少而纖細，或數多而粗壯（VIII～XVIII, 5～14）。臀鰭 II 或 III 棘，6～10 軟條。胸鰭中型或大型，下方有 1 或 2 枚游離而不分枝之軟條。腹鰭 I, 5 或 I, 4，至少一部分有膜連於胸部。鰾或有或無。幽門盲囊小或大，數少。熱帶印度洋太平洋各處，由南非、澳洲，北至日本，均有分佈。

臺灣產毒魟科 4 屬 11 種檢索表①:

1a. 背鰭硬棘 VIII～XII；臀鰭硬棘 II 枚；腹鰭 I, 5；胸鰭最下方有 1 游離而不分枝之軟條，末端有一特殊 "蓋帽"；中翼骨為新月形；背鰭各棘間之鰭膜缺刻，前部者較深，後部者較淺。額骨、頂骨及翼耳骨上有多數小瘤狀突起（MINOINAE）。

2a. 背鰭第一棘等於或長於第二棘，該二棘之基部分離。

3a. 尾鰭有 2～3 暗色橫帶；背鰭第 1～4 軟條間外側有一大形黑斑。胸鰭內面一色。有鰾，眼眶上有少數小皮瓣。D. IX～XI, 10～12; P. 11+1; A. II, 7～10；側線孔 18～20。體色不一，背側有不規則之斑點與條紋 ……………………………………………………………**單指毒魟**

3b. 尾鰭無暗色橫帶；背鰭外側無黑斑；胸鰭內側有與鰭平行之暗色條紋。無鰾。D. VIII～IX, 12～14; A. II, 8～10；側線孔 16～18。體色不一，背鰭前方四棘外側暗色，臀鰭前部黑色，胸鰭基部白色……………………………………………………………………………**五脊毒魟**

2b. 背鰭第一棘顯然較第二棘為短，該二棘之基部近於相接。

4a. 背鰭硬棘較為細弱，毛髮狀；尾鰭有 3～4 橫列小暗點。D. IX～XII, 9～11; A. II, 8～9；側線孔 14～18。無鰾。背面有褐或灰色斑紋，腹面白色無斑紋。背鰭前部外緣黑色，胸鰭外側黑色，基部灰色………………………………………………………………………**細鰭毒魟**

4b. 背鰭硬棘較為粗壯。尾鰭無暗色斑點。

5a. 背鰭軟條 8～10（通常為 10）；臀鰭硬棘與軟條共 9～11。眼眶上部有 2～4 條細長之皮瓣。眶前骨有 2 短棘，等長。D. X～XI, 8～10; A. II, 7～9。側線孔 15～16。無鰾。體背面灰褐色，腹面白色，胸鰭大部分黑色，基部灰色………………………………**粗首毒魟**

5b. 背鰭軟條 11～13（通常為 12）。臀鰭硬棘與軟條共 11～13。眶前骨二棘前短後長。尾鰭為一致之灰色。

6a. 胸鰭內面灰色而有不規則之黑色斑點。D. X～XI, 11～12; A. II, 9～10。側線孔 18～19有鰾。體色不一，背鰭後部有褐白相間之斜走條紋，延伸至背部。尾鰭灰色………**橙色毒魟**

---

① 本書舊版原記絲鰭毒魟 *Minous inermis* ALCOCK 產臺灣。楊鴻嘉（1967）亦報告產於基隆，俗名石狗公虎。惟據 ESCHMEYER 等（1979）稱本種主要產於印度洋北部，松原（1943）及 HERRE（1951）之日本標本及菲律賓標本應分別為 *M. quincarinatus* 與 *M. trachycephalus*。臺灣以前關於本種之記錄，可能均係 *M. quincarinatus* 之誤。

6b.　胸鰭內面有與鰭條平行之輻射狀灰色條紋或點紋。D. X～XI, 11～13; A. II, 9～11。側線孔 18～20。有鰾。體色不一，有的在體側有灰暗相間之斜帶。尾鰭灰色而有暗邊…………………………………………………………………………………………**斑翅毒鮋**

1b.　背鰭硬棘 XIV～XVIII 枚。

7a.　胸鰭下方有 2 枚游離之軟條；背鰭前方 III 棘分離；體不短壯；顱骨平扁；鰾缺如；幽門盲囊大形；前額骨甚長，側面深凹 (INIMICINAE)。

8a.　吻較頭之眼後區爲短；眶間區之寬度較吻長略小；頭部、軀幹部、及各鰭條上到處有小觸鬚存在。體深褐色以至紫紅色，各鰭有白點或白線，胸鰭內面有褐色斑點或條紋，有的有黑色斑點或斑塊。腹鰭完全連於胸部。D. XVI～XVIII, 5～8; A. II, 9～10; 側線孔 15～17 …………………………………………………**日本鬼鮋**

8b.　吻較頭之眼後區爲長。

9a.　胸鰭暗褐色，有不明顯的橫斑，內面有 20～30 個大小不一之淡色斑點。D. XVII～XVIII, 7～9; A. II, 12～13 …………………………………………**中華鬼鮋**

9b.　胸鰭基部灰色，後接一大形暗色區域，其後是一灰色橫帶，外緣暗色。其內面有白色條紋，有時成灰色圓斑塊狀。D. XV～XVII, 7～9; A. II, 10～12。側線孔 11。背鰭棘部皮瓣上有許多絲狀突起…………………………………**雙指鬼鮋**

7b.　胸鰭下方無游離之鰭條。背鰭硬棘不分離。

10a.　腹鰭 I, 4，上半以膜連於胸部。前鰓蓋具 5 強棘，眶間區有一寬廣之粗雜隆起稜，稜之後有一方形深凹窩，眼側位；口端位，傾斜，唇無皮瓣。無鰾 (EROSINAE)。

D. XIV, 7; A. III, 6; P. 15。側線孔 10～13。體色多變化，背部大都爲棕褐色，在背鰭第 V～XI 棘下方有一淡色區域，胸鰭、腹鰭及臀鰭有深色橫紋…**獅頭毒鮋**

10b.　腹鰭 I, 5，全部以膜連於胸部。前鰓蓋有 2～3 小棘，完全埋於皮下。眶間區無橫稜，亦無方形凹窩。眼在背面；口上位，垂直，唇有小皮瓣。有鰾 (SYNANCE-IINAE)。

D. XII～XIV, 5～8 (多數爲 XIII, 7); A. III, 5～7; P. 18～19。側線孔 11～12。皮粗厚，有許多大小形狀不一之皮質突起。體色不一，體側有三條寬橫帶；胸鰭前後各有一條弧狀寬紋，中間及外端色淡…………………………**玫瑰毒鮋**

單指毒鮋 *Minous monodactylus* (BLOCH & SCHNEIDER)

　　產臺灣。(圖 6-111)

五脊毒鮋 *Minous quincarinatus* (FOWLER)

　　產基隆、東港。

細鰭毒鮋 *Minous pusillus* TEMMINCK & SCHLEGEL

　　產基隆、大溪、澎湖。

粗首毒鮋 *Minous trachycephalus* (BLEEKER)

　　產高雄、澎湖、基隆、東港。

橙色毒鮋 *Minous coccineus* ALCOCK

　　據 ESCHMEYER 等 (1979) 報告產臺灣。

斑翅毒鮋 *Minous pictus* GÜNTHER

　　產大溪、東港。

日本鬼鮋 *Inimicus japonicus* (CUVIER & VALENCIENNES)

　　亦名貓魚。產臺灣。

中華鬼鮋 *Inimicus sinensis* (CUVIER & VALENCIENNES)

　　產東港、澎湖、高雄。（圖 6-111）

雙指毒鮋 *Inimicus didactylus* (PALLAS)

　　英名 Demon Stinger。產澎湖。

獅頭毒鮋 *Erosa erosa* (LANGSDORF)

　　亦名虎魚。產臺灣。（圖 6-111）

玫瑰毒鮋 *Synanceia verrucosa* BLOCH & SCHNEIDER

　　英名 Reef Stonefish; 又名腫瘤毒鮋。產蘭嶼、恒春。（圖 6-111）

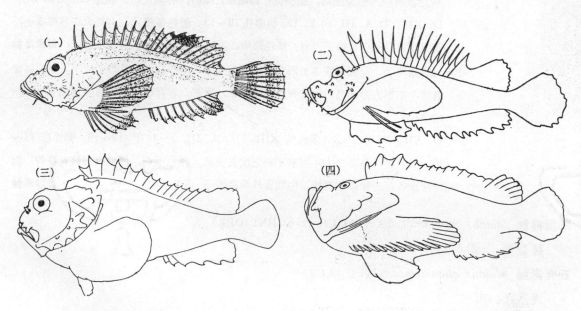

圖 6-111　（一）單指毒鮋；（二）中華鬼鮋；（三）獅頭毒鮋；（四）玫瑰毒鮋
　　　　　（均據 L. C. CHEN）。

棘頰鮋科 CARACANTHIDAE

Orbicular Velvetfishes, Coral Crouchers

體卵圓形，極度側扁，頭長小於頭高。全身無鱗，但軀幹及尾部密被垂直排列之粗糙小乳突或絨毛。口小，端位。背鰭硬棘部與軟條部之間有缺刻，具 VI〜VIII 棘，11〜13 軟條，軟條部顯然較高。臀鰭有 II 銳棘，11〜14 軟條。腹鰭甚短，具 I 棘 2 軟條。胸鰭短，無分離之軟條。上下頜有細齒，腭骨無齒。鰓孔狹小，鰓膜連於喉峽部。脊椎24。無肋骨。

臺灣產斑點棘頰鮋一種。前鰓蓋有二鈍棘，間鰓蓋骨後方一棘，有一小鼻棘，沿眶間區及枕部有一列棘狀突起。眶前棘之下面有二小棘。 D. VI〜VIII, 12〜13; A. II, 11〜14; P. 5〜6+8。體紫色或灰褐色，有不規則的猩紅色斑點。

斑點棘頰鮋 *Caracanthus maculatus* (GRAY)

英名 Spotted Croucher。產恒春。(圖 6-112)

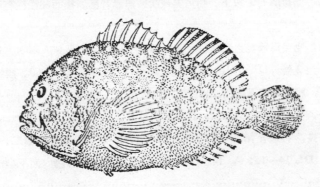

圖 6-112　斑點棘頰鮋 (據 TINKER)。

角魚科 TRIGLIDAE

Gurnards; Searobins, Crocodilefish;

魴鮄科 (日)；竹麥魚科 (動典)；包括 PERISTEDIIDAE (黃魴鮄科) 在內

體延長，多少為紡錘狀；或前部稍平扁，後部漸細。頭部完全被骨質甲，有時具棘。有的體被骨板，每板有一強棘。吻端截平，眶前骨有向前突出之角 (所謂吻突 Rostral process)；角緣光滑或有鋸齒，故有角魚之稱。前頜骨有的能仲山；主上頜骨被眶前骨所掩蓋，無上主上頜骨。眼上側位。口小，下位。鰓裂寬大，鰓膜不與喉峽部相連。體被圓鱗、櫛鱗、或骨板；背鰭基底有時具一列小棘。背鰭一枚或兩枚，第一背鰭 (VI〜XI) 較第二背鰭短；第二背鰭 16〜20 軟條。臀鰭與第二背鰭相當，有 16〜20 軟條。腹鰭 I. 5，胸位，正在胸鰭下方，左右遠離。胸鰭大，下方 2 ～ 3 枚游離鰭條，成爲觸角狀，賴以搜索食餌。尾鰭後緣淺凹。上下頜無齒，或有細齒成一帶，有時見於鋤骨或腭骨。頤部有鬚或無鬚。有鰾。能發聲。多數爲深海中型食肉性魚類，或出沒岩礁間。

臺灣產角魚科 7 屬 19 種檢索表:

1a. 胸鰭下方有 3 軟條游離而成觸角狀。兩頜有齒；鱗片不爲骨板狀。下頜無鬚 (TRIGLINAE)。

  2a. 前後背鰭基底兩側各有一列有棘盾板。

    3a. 鱗細小，側線鱗 70 以上。吻角鈍圓；有鋤骨齒。後頭部無明顯之枕溝 (*Chelidonichthys*)。

      D^1. IX～X；D^2. 14～17；P. 11＋3. L. 1. 約 130。背鰭基底兩側有棘盾板 23～25 片。體長約爲頭長之 3 倍。胸鰭寬大，圓形，後端達臀鰭第 7，8 軟條。體朱紅色。

      4a. 胸鰭內面淡藍色，下部有一大形漆黑色斑塊，其周圍有多數灰色斑點。眼徑較大，約爲吻長之半；眶間區較狹，肩棘長顯然大於眶間區 ·······················**黑角魚**

      4b. 胸鰭色暗，有紅色及白色小點，內面藍黃色，外緣藍色，下半有很多藍色或灰色小點。眼徑較小，小於吻長之半。眶間區較廣，肩棘之長小於或等於眶間區 ·····················**棘角魚**

    3b. 體被大形櫛鱗，側線鱗 70 以下。吻角尖棘狀；無鋤骨齒。後頭部往往有明顯之枕溝 (*Lepidostrigla*)。

      5a. 無鋤骨齒；吻突爲較寬之三角形，兩側緣有小鋸齒而無小棘；兩吻突先端間之距離，約爲眶間隔之 1.5 至 2 倍。D^1. VIII～IX；D^2. 16～17；A. 16；L. 1. 60。體鮮紅色，腹部、臀鰭、腹鰭均白色，胸鰭內側黃綠色，外側乳白色 ·····················**紅雙鎗角魚**

      5b. 鋤骨有齒，吻突爲細長之棘狀，棘緣更有小棘。

        6a. 胸鰭甚長，伸展至第二背鰭中央下方或以後；腭骨有絨毛狀齒二、三列，埋沒於皮下；D^1. IX；D^2. 14～15；A. 14；L. 1. 約 60。體紅色，胸鰭內面下半部有一橢圓形黑斑······
·······················**日本角魚**

        6b. 胸鰭較短，不伸展至第二背鰭中央下方。

          7a. 胸鰭之最長游離軟條伸展至腹鰭後端。

            8a. 背鰭第 II 棘延長（遠較第 III 棘爲長），第 I 至 III 棘前緣具細鋸齒。D^1. VIII～IX；D^2. 15～16；A. 15～16；L. 1. 57～63 (68)。體紅色，胸鰭內側暗綠色，下半部有一橢圓形紫黑大斑，斑內有青色蠕蟲狀小點·····················**貢氏角魚**

            8b. 背鰭第 II 棘稍延長（略長於第 III 棘），前緣鋸齒弱；眼後棘一枚，體長爲體高之 4～4.5 倍。

              9a. 吻長大於眼徑。胸鰭內側下半部有一橢圓形黑色大斑，其他部分暗綠色，有白色的小圓點散在。D^1. IX；D^2. 15～19；A. 15～16；L. 1. 62～66·····················**臂斑角魚**

              9b. 吻比較的短，與眼徑相等或略短。胸鰭基底內面下半部之內斑不顯，除邊緣外，爲一致之濃紫色（雌），中央部分黃綠色。D^1. IX, D^2. 15；A. 15；L. 1. 54～59······
·······················**深海角魚**

7b. 胸鰭最長之游離軟條不達腹鰭後端。

　　　10a. 胸鰭內側下半部有一橢圓形黑色大斑，黑斑內有白色小點散在。吻突細長，約爲
　　　　　　眼徑之 2/3。D¹. VIII～IX；D². 14～15；A. 14～15；L. l. 60～65 ……………
　　　　　　……………………………………………………………………………………**岸上氏角魚**

　　　10b. 胸鰭內面橙紅色或磚紅色，無斑點。吻突中等長，一般較眼徑之 1/3 爲短。
　　　　　　D¹. VIII～IX；D². I, 15～16；A. 15～17；L. l. 64～68；L. tr. 5～6/18～19…
　　　　　　……………………………………………………………………………………**短鰭角魚**

2b. 僅第一背鰭基底兩側有棘狀突起或骨板，第二背鰭基底兩側可能有極微小之棘。

　　　　11a. 吻突較眼徑爲短，尖銳如槍頭，但側緣近於光滑（有極低之鋸齒）；第二背鰭
　　　　　　　（10～12 軟條）及臀鰭（I 棘 11 軟條）基底短；無鋤骨齒；一般無鼻棘
　　　　　　　(*Pterygotrigla*)。

　　　　　12a. 頂棘短，約爲眼徑之 1/3；肱棘 (Humeral spine) 亦短，約爲眼徑之 1/2；
　　　　　　　　鰓蓋棘 (Opercular spine) 發達，約爲眼徑之 1.5 倍；主上頜骨長，向後達
　　　　　　　　眼眶下方；眼下部之高，較眼徑略小。體上部灰色，下部灰白色，有雲狀斑，
　　　　　　　　背鰭第 IV～VI 棘之間有一顯著之黑斑 ………………………………**尖棘角魚**

　　　　　12b. 頂棘較眼徑爲長；肱棘約爲眼徑之 1.4 倍；鰓蓋棘僅有痕跡；主上頜骨不達
　　　　　　　　眼眶前緣；眼下部之高較眼徑略大……………………………………**琉球角魚**

　　　　11b. 吻突較眼徑爲長 (*Parapterygotriglu*)。

　　　　　13a. 胸鰭游離軟條較長，長度大致相等。吻突細長，其基部外側無棘。無鋤骨
　　　　　　　　齒。體色一致。胸鰭暗色（游離鰭條除外），背鰭硬棘部外部有暗色斑點 …
　　　　　　　　……………………………………………………………………………**長吻擬角魚**

　　　　　13b. 胸鰭游離鰭條較短，最上方之鰭條約爲胸鰭長之半。吻突不太長，其基底
　　　　　　　　外側有一銳棘。體橙黃色，上半部有暗褐色斑點散在。鋤骨有絨毛狀齒。
　　　　　　　　D¹. VII；D². 11；A. 12；L. l. 53 ………………………………**密點擬角魚**

1b. 胸鰭下方有 2 鰭條游離。至少下頜無齒。鱗片骨板狀。頤部有鬚 (PERISTEDIINAE)。

　　　　　14a. 上頜具絨毛狀齒帶，下頜無齒；頭寬扁；兩側緣有顯著的凹突，突起部
　　　　　　　　扁平而寬大；下頜鬚發達 (*Gargariscus*)。
　　　　　　　　D. VII, 14；A. 13～14；P. 12～13＋2。體黃褐色，體側有 5 條暗色橫帶
　　　　　　　　……………………………………………………………………………**波面黃魴鮄**

　　　　14b. 兩頜無齒。

　　　　　15a. 前鰓蓋骨後角無棘；頭部狹，其眼前背中線無棘 (*Peristedion*)。

　　　　　　16a. 肛門前方有 3 對腹板。體黃色，體側密佈暗褐色波狀斑紋，背鰭有
　　　　　　　　　2 列暗色斑點。D. VIII, 20；A. 19～20；P. 11～12＋2…………
　　　　　　　　　……………………………………………………………………**東方黃魴鮄**

16b. 肛門前方有 2 對腹板。體紅色，背鰭邊緣黑色，胸鰭有一、二條黑
色橫帶。D. VIII, 1, 21; A. 22; P. 11～12＋2…………**黑帶黃魴鯡**

15b. 前鰓蓋骨後角具一尖銳長棘；頭部寬，其眼前背中線具一小棘
(*Satyrichthys*)。

17a. 吻突呈三角形；下頜有 10 對觸鬚。體黃色，背鰭硬棘部邊緣褐
色。D. VI～VIII, 20～21; A. 20～22; P. 14～16＋2; 一縱列骨
板 36 個………………………………………………**鬚黃魴鯡**

17b. 吻突狹而細長；頭部諸骨除兩側下緣外不呈鋸齒狀。

18a. 肛門前方有 3 對腹板。體黃色，腹面白色，體側、頭側及背鰭
有褐色斑點散在…………………………………………**平面黃魴鯡**

18b. 肛門前方有 2 對腹板；吻突在前方互相接近。體紅色，前方背
側骨板之縫合部褐色；背鰭有黑色圓點散在…………**魏氏黃魴鯡**

黑角魚 *Chelidonichthys kumu* (LESSON & GARNOT)

英名 Sea Robin, Bluefin Gurnard, Red Gurnard; 亦名火魚（袁），紅角，藍翼魚
(R.)，竹麥魚（動典），綠鰭魚（朱）；俗名角魚，國公；日名魴鯡。產臺灣。（圖 6-
113）

棘角魚 *Chelidonichthys spinosus* (McCLELLAND)

英名 Red gurnard。產臺灣北部。

紅雙鎗角魚 *Lepidotrigla alata* (HOUTTUYN)

亦名紅娘魚，翼紅娘魚（朱），棘腭球（動典）；俗名角仔魚。產基隆、澎湖。*L. para-
doxa* MATSUBARA & HIYAMA 為本種之異名。

日本角魚 *Lepidotrigla japonica* (BLEEKER)

日名棘金頭；亦名日本紅娘魚（朱），棘球（動典），產臺灣、澎湖。（圖 6-113）

貢氏角魚 *Lepidotrigla guntheri* HILGENDORF

亦名貢氏紅娘魚（朱）；日名金戶。產基隆。（圖 6-113）

臂斑角魚 *Lepidotrigla punctipectoralis* FOWLER

又名斑鰭紅娘魚。產基隆。

深海角魚 *Lepidotrigla abyssalis* JORDAN & STARKS

產本省東北部海域。

岸上氏角魚 *Lepidotrigla kishinouyi* SNYDER

產基隆。（圖 6-113）

短鰭角魚 *Lepidotrigla microptera* GÜNTHER

據楊鴻嘉（1975）產高雄。（圖6-113）

尖棘角魚 *Pterygotrigla hemisticta* （TEMMINCK & SCHLEGEL）

又名尖棘角鮖鱝。日名底鮖鱝。產臺灣。

硫球角魚 *Pterygotrigla ryukyuensis* （MATSUBARA & HIYAMA）

又名琉球角鮖鱝。產臺灣。

長吻擬角魚 *Parapterygotrigla macrorhynchus* （KAMOHARA）

產東港。

密點擬角魚 *Parapterygotrigla multiocellata* MATSUBARA

產本省東北部海域。

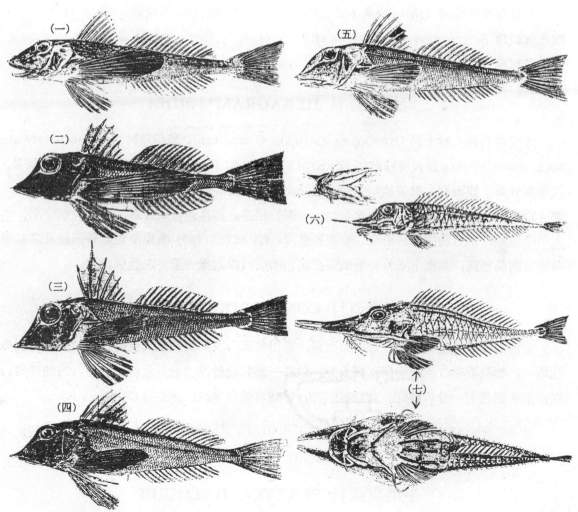

圖 6-113　（一）黑角魚；（二）日本角魚；（三）貢氏角魚；（四）岸上氏角魚；
（五）短鰭角魚；（六）東方黃鮖鱝；（七）平面黃鮖鱝之側面與腹面
（均據朱等）。

波面黃魴鮄 *Gargariscus prionocephalus* (DUMÉRIL)

亦名輪頭魴鮄，鈍頭黃魴鮄（梁）。*Peristedion undulatum* WEBER 爲其異名。產臺灣。

東方黃魴鮄 *Peristedion orientale* TEMMINCK & SCHLEGEL

產東港。（圖 6-113）

黑帶黃魴鮄 *Peristedion nierstraszi* WEBER

產東港。

鬚黃魴鮄 *Satyrichthys amiscus* (JORDAN & STARKS)

產東港。

平面黃魴鮄 *Satyrichthys rieffeli* (KAUP)

亦名高砂黃魴鮄（梁），磯角金頭（動典）；日名磯黃魴鮄。產臺灣。（圖 6-113）

魏氏黃魴鮄 *Satyrichthys welchi* (HERRE)

產東港。

六線魚亞目 HEXAGRAMMOIDEI

本亞目包括六線魚科（HEXAGRAMMIDAE, Greenlings），黑貂魚科（ANOPLOPOMATI-DAE, Sablefishes），以及櫛鰭魚科（ZANIOLEPIDIDAE, Combfishes）三科。頭及體軀側扁。頭部無骨板、或棘脊。體被鱗；背鰭、臀鰭均較長，鰭棘較細弱。側線發育完善。鰓4枚，第4鰓弧之後有一大裂孔。後顳骨叉狀，與頭骨相連。鰓膜連合或分離，不連於喉峽部。北太平洋魚類，部分種類見於渤海、黃海及東海。QUAST (1965) 認爲黑貂魚科與鮋目之其他各亞目關係甚疏，其眶下支骨可能爲獨立演化而成，故列爲一獨立之亞目。

*南鮋亞目 CONGIOPODOIDEI

分佈南半球之鮋目魚類，體較長而扁，裸出無鱗，有的具顆粒狀突起。吻較長，每側鼻孔單一。鰓孔退化，開於胸鰭基底上方。頭部一部分被骨板。上下頜有細齒帶，有的無齒。頰部至前鰓蓋有一骨質稜脊。背鰭有強棘，臀鰭有棘或無棘；側線發育完善。

本亞目僅包含南鮋科（CONGIOPODIDAE, Horsefishes, Racehorses, Pigfishes）一科，在南美、澳洲、非洲之南部之寒冷海域均有報告。

牛尾魚亞目 PLATYCEPHALOIDEI

頭平扁，有發達之骨稜和棘突，但大部分未被骨板。體平扁或僅後部稍側扁，被櫛鱗。背鰭硬棘部發達。腹鰭發達，胸位，少數爲喉位，有I棘5軟條。後顳骨叉狀，與頭骨相連。近於底棲性之肉食魚類。

本亞目僅含牛尾魚科一科。

牛尾魚科 PLATYCEPHALIDAE

Flatheads; 鮄科 (日);

包括 PARABEMBRIDAE (短鮄科)，BEMBRIDAE (赤鮄科)

體形頗似鮋魚，但頭與軀幹前部顯然平扁而延長，向後漸狹小。頭寬扁，上方通常有棘及鋸齒狀稜線，前方裸出，後方有鱗。體軀全部被細小之櫛鱗；側線完全，側線上鱗片有時一部或全部生有小棘。背鰭兩枚，互相接近，第一背鰭具 Ⅵ～Ⅺ 硬棘，第二背鰭具 11～14 軟條。臀鰭無棘（第 1 鰭條有時不分枝），正在第二背鰭下方，二者頗相類似。胸鰭無游離之指狀鰭條，腹鰭 I, 5，左右遠離，其起點在胸鰭起點之前或後方。口端位，下頜突出。眼大，上側位。上下頜、鋤骨、及腭骨均有絨毛狀齒帶，有時雜有少數犬齒。鰓裂廣，鰓膜在喉峽部游離。無鰾。脊椎 27。底棲性中型魚類，味美。

臺灣產牛尾魚科 9 屬 13 種檢索表:

1a. 臀鰭 III 棘 5 軟條；腹鰭起點在胸鰭基底前方或下方 (*Parabembras*)。

  D^1. VIII～IX；D^2. I, 8；P. I, 20；L. l. 35～38。眶間區狹，中央凹入；眼眶上緣有鋸齒。顱頂有棘
  　對，眼眶前上緣有　棘，後緣與鰓裂上端有四棘，眶前骨具二銳棘，鰓蓋主骨二棘，間鰓蓋骨一棘。
  眼下隆起稜脊上之三棘，與前鰓骨一棘成一縱列。生活時紅色……………………………………………**短鮄**

1b. 臀鰭無棘，軟條 11 或 11 以上。

  2a. 腹鰭起點在胸鰭起點之前；左右腰帶骨之內緣全長相連 (*Bembras*)。

  D^1. IX；D^2. I, 11；A. 14～15；P. 17。L. l. 54～56。顱頂有棘一對，眼眶前緣一棘，上緣 5～6
  棘。眶前骨三棘，眼眶後緣與鰓孔上端之間有數棘；鰓蓋主骨一棘，下鰓蓋骨與間鰓蓋骨各一棘，前
  鰓蓋骨四棘。眼下隆起稜脊有四棘成一縱列。眶間區稍凹入；鼻骨無棘。生活時橙黃色，尾鰭下部有
  一大形黑色斑……………………………………………………………………………………………………**赤鮄**

  2b. 腹鰭起點在胸鰭起點之後；左右腰帶骨僅前後端相連，中間留有空隙。

  3a. 頭部中庸平扁，有強隆起稜線及銳棘；前鰓蓋骨後緣有 1 枚肥大之棘；鋤骨齒為平行之二縱帶，
    腭骨齒一帶。

  4a. 前鰓蓋骨下緣有 1 向前逆向之棘；鰓蓋主骨邊緣無皮質突起；眼眶上緣無觸角狀突起；頭部各
    隆起稜線有鋸齒緣 (*Rogadius*)。

  D^1. IX；D^2. 11；A. 11；L. l. 54。體灰褐色，帶紫味，背部有不規則之橫斑，背鰭有數縱列
    黑斑，尾鰭、胸鰭有橫帶，腹鰭有大形黑斑，邊緣淡色…………………………………………**松葉牛尾魚**

  4b. 前鰓蓋骨無逆向之棘。

  5a. 頭側有一條隆起稜線；眼下隆起稜線密生鋸齒，眼上隆起稜線僅後半有鋸齒；眼眶（角膜）

有 1 枚小皮瓣，其前緣僅有 1 棘而無鋸齒；鱗較大，側線上有孔之鱗片約 40～50 枚，每鱗前方基底略形隆起而無棘；腹鰭中庸，不達臀鰭起點 (*Onigocia*)。

6a. 鱗片固着，側線前部約有 20 個鱗片各具一小棘。眶前骨有一短棘。前鰓蓋骨 4 ～ 5 棘，鰓蓋主骨 2 棘。體黃褐色，有不規的暗色寬橫帶（在二背鰭下方各有二條，尾柄有一條）。各鰭黃色，有褐色斑點。D¹. VIII～IX; D². 11～12; P. 20～21; L. l. 52～54 ……………………………………………………………………………………………**粒突牛尾魚**

6b. 鱗片固着，側線前部之 8～11 鱗具棘，眶前骨之下緣有 3 枚前向之棘，前鰓蓋骨 3 棘，鰓蓋主骨 2 棘。體淡褐色，背面有 5 條明顯之橫帶，奇鰭有暗色斜紋，胸鰭先端黑色，腹鰭中部黑色。D¹. IX; D². 11～12; A. 11～12; P. 21; L. l. 40～42 ……………**鬼牛尾魚**

6c. 鱗片易剝落，側線前部 2 ～ 4 鱗有棘；眶前骨下緣有 2 枚前向之棘。體淡灰色或淡黃褐色，有不明之污點，背面有五條不明顯的橫帶，偶鰭鰭膜上有斑點。D¹. IX; D². 11～12 A. 12～13; P. 21; L. l. 35～42 ……………………………………………**大鱗牛尾魚**

5b. 頭側各有二條隆起稜線；眼下隆起稜線有稀疏之鋸齒；眶前骨無前向之棘；眼眶無皮瓣；**鱗**較小，側線上有孔之鱗片 70～90。

7a. 頭部各隆起稜線上均有細鋸齒或顆粒狀突起；前鰓蓋骨有 2 ～ 3 棘；齒為絨毛狀狹帶，不能倒伏；眼下隆起稜線上有 4 ～ 6 棘；眼眶與後頭部之間有 1 條明顯之隆起稜線；鰓蓋主骨邊緣，相當於前鰓蓋骨棘之下方有 1 皮瓣 (*Suggrundus*)。

8a. 側線前方 1/3 鱗片均有小棘 (19～22 棘)；前鰓蓋骨 2 棘，其下方通常更有 2 微小之棘。體灰褐色，下部白色，有五個不規則之深色橫斑，橫過背部，背鰭、尾鰭深褐色，臀鰭淡色，胸鰭上半有六個以上之深色橫帶，下半及腹鰭先端黑色。D¹. I+VIII; D². 12; A. 11～12; L. l. 82～83 (有孔鱗 51～52)……………………………………**大棘牛尾魚**

8b. 側線上鱗片全部圓滑；前鰓蓋骨有 3 棘，在下方者最強，且終生存在。體灰色，頭及軀幹前部有污色小斑散在，尾鰭有數條不明之橫帶。D¹. I+VIII; D². 12; L. l. 75 （無棘）……………………………………………………………………………**大眼牛尾魚**

7b. 頭部各隆起稜線上無鋸齒或顆粒狀突起；前鰓蓋骨有 2 棘（幼時有 3 棘，最下 1 棘較小，成長後消失）。

9a. 側線上鱗片全部被小棘；鋤骨齒為卵圓形之二簇 (*Grammoplites*)。體褐色，腹部灰白色，體側有五、六條寬狹不等之黑色橫帶。D¹. I+VII～VIII; D². 12; A. 12; L. l. 105 (每隔 1 鱗有 1 棘，約 55 棘) ………………………………**橫帶牛尾魚**

9b. 側線上鱗片全部圓滑，或僅前部被小棘；眼下隆起稜線上僅有 2 棘；眼眶與後頭部之間有 1 條明顯之隆起稜線；齒為絨毛狀帶，成長後為顆粒狀。

10a. 鰓蓋主骨邊緣，相當於前鰓蓋骨棘之下方有 1 皮瓣；眶前骨中部無棘（偶或一側有棘）；前鰓蓋骨之主棘甚短（短於眼徑之 1/3）；背鰭、臀鰭均有 11～12 軟條 (*Inegocia*)。

11a. 背鰭、臀鰭均具 12 軟條；側線前部 6 ～ 8 枚鱗片有棘；頭長為眼徑之 4 ～ 5

倍。體上部灰褐色（生活時赤褐色？），有六條不甚明顯之橫帶，前後背鰭、尾
鰭、及胸鰭有許多黑點，往往排成若干列，臀鰭爲一致之淡色。D^1. IX；D^2. 12；
A. 12；L. l. 51～55 ···日本牛尾魚

11b. 背鰭及臀鰭均 11 軟條；側線前部 1～3 枚鱗片有棘； 頭長爲眼徑之 5.3～6
倍。體黃褐色，背面有 5～7 條明顯的暗色橫帶，並有細小褐色斑點散在，腹面
白色，第一背鰭後半部暗褐色。D^1. IX；D^2. 11；A. 11；L. l. 51～52 ········
···眼斑牛尾魚

10b. 鰓蓋主骨邊緣無皮瓣；眶前骨中部通常有 1 銳棘；前鰓蓋骨之主棘中庸長（約爲
眼徑之 2/5）；背鰭、臀鰭均有 11 軟條（*Cociella*）。
體暗紫灰色，有四、五條濶橫帶，頭頂、背部、體側有若干小黑點散在，第一背鰭
邊緣黑色，第二背鰭有二、三縱列之黑點，尾鰭有少數黑斑···········鱷形牛尾魚

3b. 頭大而平扁，僅有弱棘及稜線；鋤骨齒多少爲犬齒狀， 成一弧狀橫帶（與鋤骨直角相交），腭骨
齒僅一列，犬齒狀；前鰓蓋有 2 棘，鰓蓋邊緣有一皮質瓣狀物（*Platycephalus*）。
酒精浸標本褐色，腹面黃色，有八至九個不規則的雲狀斑， 橫過背面，自頭頂以至背部有不規則的
斑紋，尾鰭中軸部有一黑色縱帶， 其上下又各有一條黑色斜走帶， 其餘各鰭有若干列黑點。D^1. I
+VIII；D^2. 13；A. 13；L. l. 120（無棘）··························印度牛尾魚

短鮋 *Parabembras curtus* (TEMMINCK & SCHLEGEL)
　　<u>日</u>名姥鮋。產<u>基隆</u>。（圖 6-114）

赤鮋 *Bembras japonicus* CUVIER & VALENCIENNES.
　　又名紅鮋。產<u>基隆</u>。（圖 6-114）

松葉牛尾魚 *Rogadius asper* (CUVIER & VALENCIENNES)
　　又名倒棘鮋。<u>日</u>名松葉鮋。產<u>臺灣</u>。

突粒牛尾魚 *Onigocia tuberculatus* (CUVIER & VALENCIENNES)
　　據 DE BEAUFORT & BRIGGS (1962) 產<u>臺灣</u>。又名突粒鱗鮋。英名 Halfspined
flathead。

鬼牛尾魚 *Onigocia spinosa* (TEMMINCK & SCHLEGEL)
　　又名鋸齒鱗鮋。產<u>基隆</u>。

大鱗牛尾魚 *Onigocia macrolepis* (BLEEKER)
　　本種屬名爲日語鬼鮋之音譯。或名綠鰭（動典），梁譯綠鮋。又名大鱗鱗鮋。產<u>臺灣</u>。

大棘牛尾魚 *Suggrundus rodericensis* (CUVIER & VALENCIENNES)
　　產<u>高雄</u>。*Insidiator macracanthus* (BLEEKER), *Platycephalus macracanthus* (BLEEK-
ER), *Suggrundus macracanthus* (BLEEKER) 均其異名。

大眼牛尾魚 *Suggrundus meerdervoortii* (BLEEKER)

　　亦名大眼鯒，女鯒（動典）；日名女鮋，大眼鮋。產臺灣。（圖 6-114）

橫帶牛尾魚 *Grammoplites scaber* (LINNAEUS)

　　又名棘線鱷鯒。英名 Thornscale Flathead。　產高雄。

日本牛尾魚 *Inegocia japonica* (TILESIUS)

　　俗名 Gu bo（牛尾）；又名日本瞳鯒。日名蜥蜴鮋；產高雄。（圖 6-114）

眼斑牛尾魚 *Inegocia guttata* (CUVIER & VALENCIENNES)

　　又名斑瞳鯒。產基隆、澎湖。（圖 6-114）

鱷形牛尾魚 *Cociella crocodilus* (TILESIUS)

　　又名鱷鯒。英名 Crocodile Flathead；日名貓鮋、稻鮋。產臺灣、澎湖。（圖 6-114）

印度牛尾魚 *Platycephalus indicus* (LINNAEUS)

　　英名 Indian Flathead, Bar-tailed Flathead；亦名鬼鮋（鄭），鯒、鯒（動典）；俗名竹甲，牛尾，紅牛尾。產高雄、澎湖。（圖 6-114）

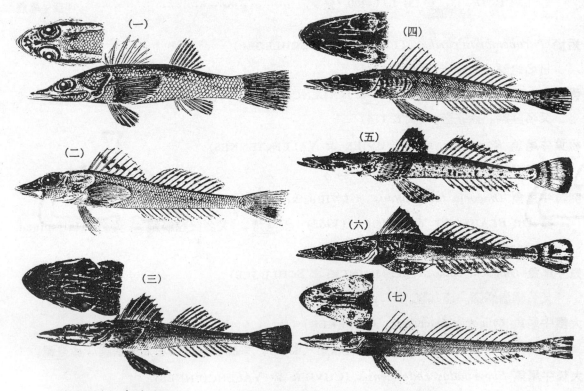

　　圖 6-114　　（一）短鯒；（二）赤鯒；（三）大眼牛尾魚；（四）日本牛尾魚；（五）眼斑牛尾魚；（六）鱷形牛尾魚；（七）印度牛尾魚（均據失等）。

針鮋亞目 HOPLICHTHYOIDEI

頭寬扁，多棘，背面及兩側為骨質。體平扁，背面及兩側各有一縱列骨板狀大鱗，他處無鱗。背鰭二枚，分離，第一背鰭為弱棘。臀鰭有 16～18 軟條。胸鰭低位，下方有 3 ～ 4 條游離之指狀鰭條。腹鰭 I, 5，左右距離中等。口前位；上下頜、鋤骨、腭骨均有絨粒狀細齒。無鰾。左右鰓膜分離，與喉峽部相連。有擬鰓。無間鰓蓋骨。

本亞目只含針鮋科一科。

針鮋科 HOPLICHTHYIDAE
=OPLICHTHYIDAE; Armature Fishes; Sping Flatheads,
Ghost flatheads

體形介乎牛尾魚與角魚之間，但與角魚之親緣關係較近。頭部與軀幹前部極平扁，向後漸狹小，類於前者；頭部上方、側方，軀幹部背面均被骨板，則又近於後者。頭寬平，粗糙，到處有棘，但腹部、胸部裸出。側線完全，上有盾板及向後之鉤棘。背鰭二枚，第一背鰭基底甚短。臀鰭在第二背鰭下方，彼此相似。腹鰭基底略在胸鰭以前。上下頜等長。眼大，上側位。深海底棲小魚，不能供食用。

臺灣產針鮋科 1 屬 4 種檢索表:

1a. 體長為頭長之 3 倍以上，頭長為兩眼間隔之 10 倍以上。胸鰭鰭條不成絲狀延長。

　2a. 口角後方叢生小棘，頰部有葉狀突起及強棘；側線上各盾板，每個僅一棘；D^1. IV；D^2. 15；A. 16；側線上有 28 個盾板‥‥‥‥‥‥‥‥‥‥‥‥‥‥‥‥‥‥‥‥‥‥‥‥‥雷根氏針鮋

　2b. 頭下面無棘，頰部葉狀突起顯著，上有弱棘（後方者較強）；A. 17～18。

　　3a. 側線上各盾板，每個有二硬棘。D^1. VI；D^2. 15；A. 17；側線上有 28 個盾板‥‥‥‥朗陶氏針鮋

　　3b. 側線上每盾板之下棘弱小，或隱於皮下；D^1. VI；D^2. 15；A. 17；側線上有 28 個盾板‥‥‥‥
　　　‥‥‥‥‥‥‥‥‥‥‥‥‥‥‥‥‥‥‥‥‥‥‥‥‥‥‥‥‥‥‥‥‥‥‥‥‥吉勒氏針鮋

1b. 體長為頭長之 3 倍以下，頭長為兩眼間隔之 10 倍以下。胸鰭鰭條略成絲狀延長。

　頭長為眼徑之 5 倍，為兩眼間隔之 3 倍。D^1. VI；D^2. 15；A. 17；P. 13+3。側線上有 27 個盾板。體暗褐色而有不甚明顯之橫帶‥‥‥‥‥‥‥‥‥‥‥‥‥‥‥‥‥‥‥‥‥‥‥‥‥橫帶針鮋

雷根氏針鮋 *Hoplichthys regani* JORDAN & RICHARDSON

　亦名針鱠（動典）。產臺灣。

朗陶氏針鮋 *Hoplichthys longsdorfii* CUVIER & VALENCIENNES

　產臺灣。（圖 6-115）

吉勒氏針鮋 *Hoplichthys gilberti* JORDAN & RICHARDSON

英名 Spring Flathead。產臺灣。*H. acanthopleurus* REGAN, *Monhoplichthys gregoryi* FOWLER, *M. smithi* FOWLER 均其異名。

橫帶針鮋 *Holichthys fasciatus* MATSUBARA

產本省東北部海域。

圖 6-115　朗陶氏針鮋（據朱等）。

杜父魚亞目 COTTOIDEI

頭部平扁，脊突或有或無。體後部側扁。無鱗，或有小鱗，或為突起，或為骨板狀。頭部無骨板，顳骨叉狀或寬板狀。肛門腹位或胸位。腹鰭正常，或鰭條甚短，呈吸盤狀，胸位或近似喉位，或無腹鰭。前鰓蓋通常有 1～4 棘突。最後鰓弧之後方無裂孔或有一小裂孔。左右鰓膜相連，但在喉峽部游離。背鰭兩枚，前後相連或分離。主要為北半球淡水，近海及深海魚類，種類甚多。

本亞目包括杜父魚科 (COTTIDAE)，冰魚科 (ICELIDAE)，脂魚科 (COMEPHORIDAE, Baikal Oilfishes)，湖杜父魚科 (COTTOCOMEPHORIDAE)，諾曼魚科 (NORMANICHTHYIDAE)，棘杜父魚科 (COTTUNCULIDAE)，冰杜父魚科 (PSYCHROLUTIDAE)，八角魚科 (AGONIDAE, Poachers)，圓鱗魚科 (CYCLOPTERIDAE) 等，共 580 餘種，臺灣只產二科二種。

臺灣產杜父魚亞目 2 科 2 種檢索表:

1a. 腹鰭正常，不為吸盤狀，或無腹鰭。有眼肌窩 (Myodome)。體前部平扁，軀幹部側扁。臀鰭無硬棘
…………………………………………………………………………………………**杜父魚科**

D. VIII～IX, 19～20; A. 17～18; P. 18; V. I. 4。體被絨毛狀軟刺。前鰓蓋骨有 4 棘，上棘最大而彎曲，最下棘向前。體黃褐色，體側有五、六條暗色橫帶，鰓膜及臀鰭基底橘紅色，背鰭硬棘部有一大形黑斑，尾鰭、臀鰭、背鰭及胸鰭均具黑色斑點，腹鰭白色…………………………**松江鱸魚**

1b. 腹鰭變為吸盤狀。無眼肌窩。體稍平扁或近於圓形，軀幹粗短或稍延長…………………**圓鰭魚科**

背鰭一枚連續，具 42～43 鰭條，無缺刻，硬棘與軟條不易淸分；臀鰭 34～35 鰭條；胸鰭 43～45 軟條；腹鰭連合成圓形吸盤，邊緣有 12 個圓形肉質突起；尾鰭後緣截平。體紅褐色，腹面淡色，體側有暗色縱走之不規則線紋⋯⋯⋯⋯⋯⋯⋯⋯⋯⋯⋯⋯⋯⋯⋯⋯⋯⋯⋯⋯⋯⋯⋯⋯⋯**細紋獅子魚**

杜父魚科 COTTIDAE

Sculpins

體中等延長，前部稍平扁，後部稍側扁，自頭向後漸狹小。眼上側位，眶間隔狹。第二眶下骨後延爲一骨突，與前鰓蓋骨相連。前鰓蓋骨 3 至 4 棘，上棘尖直，分叉或上彎具鈎棘。上下頜具絨毛狀齒帶，鋤骨、腭骨亦常具齒。前頜骨能伸縮，有主上頜骨而無上主上頜骨。最後鰓弧後方之小孔或有或無。鰓耙短小或消失。鰓膜寬而連合，常連於喉峽部。擬鰓存在。體裸出，或具不整齊之鱗片，被刺或被骨板。側線存在，單一。背鰭分離或相連，硬棘常細弱，VI～XVIII，常爲皮膚掩蓋。臀鰭與第二背鰭相似，無棘。胸鰭基底寬大，鰭條多不分枝。腹鰭胸位，具 I 棘，2～5 軟條。尾鰭圓形，有時分叉。幽門盲囊 4～8 個。多數無鰾。脊椎 30～50 個。

松江鱸魚 *Trachidermus fasciatus* HECKEL.

由黃海至中國海均有報告，在臺灣極少見。(圖 6-116)

圓鰭魚科 CYCLOPTERIDAE

Snailfishes, Lumpfishes

體呈球形，尾短小，側扁或前部平扁粗大，後部側扁延長。體光滑無鱗，或被顆粒狀小刺，或被骨質瘤狀突起。頭寬扁或近於圓形，爲皮膚所掩蓋，無稜與棘。第二眶下骨向後延伸爲一骨突，與前鰓蓋骨相連。口在吻端，上頜稍突出。上下頜齒尖細或成三叉形。排列成簇。鋤骨、腭骨均無齒。鰓裂小或中等，位於胸鰭基部上方；鰓膜連於胸鰭基底下部。擬鰓或有或無。背鰭二枚或一枚，棘細弱，常掩於皮下或消失。胸鰭寬大，基部向前延伸至頭下，下緣前半部有時有一缺刻。臀鰭短或延長。腹鰭連合成一吸盤，有時消失。尾鰭圓形，與背鰭、臀鰭相連或分離。深海性魚類。

細紋獅子魚 *Liparis tanakae* (GILBERT & BURKE)

產臺灣。(圖 6-116)

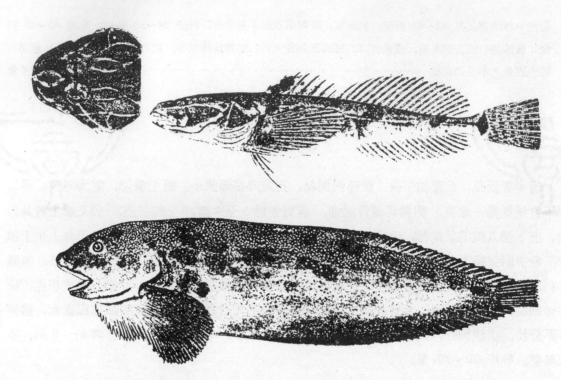

圖 6-116　上，松江鱸魚（杜父魚科）；下，細紋獅子魚（圓鰭魚科）（均據朱等）。

圓鰭魚科 CYCLOPTERIDAE

Snailfishes; Lump Fishes

臺灣脊椎動物誌＝A synopsis of the
vertebrates of Taiwan／陳兼善原著；于名
振增訂. --二次增訂版. --臺北市：臺灣商
務，民75
　　冊；　　公分
參考書目：面
含索引
ISBN 957-05-0409-9（一套：精裝）

1.脊椎動物 - 臺灣

388　　　　　　　　　　　82004132

臺灣脊椎動物誌（精裝三冊）

上冊　基本定價十八元

原 著 者	陳　兼　善
增 訂 者	于　名　振
發 行 人	張　連　生

出 版 者
印 刷 所　臺灣商務印書館股份有限公司

臺北市 10036 重慶南路 1 段 37 號

電話：(02)3116118・3115538

傳眞：(02)3710274

郵政劃撥：0000165－1 號

出版事業
登 記 證：局版臺業字第 0836 號

- 中華民國四十五年初版
- 中華民國五十八年五月增訂版第一次印刷
- 中華民國七十五年六月二次增訂版第一次印刷
- 中華民國八十二年九月二次增訂版第二次印刷

ISBN　957-05-0409-9（一套：精裝）　　　　43142
ISBN　957-05-0744-6（上冊：精裝）

ISBN 957-05-0744-6 （388）

00810